中国陆地生态系统固碳现状、速率和潜力研究专著

基于遥感和模型模拟的中国陆地生态系统碳收支

主　编　王绍强
副主编　王军邦　居为民

科学出版社
北　京

内 容 简 介

本书全面系统地介绍了应用卫星遥感和生态系统过程模型，开展陆地生态系统碳收支研究的模型方法，包括原有模型的改进、新模型的发展及基于模型数据融合方法的模型参数优化。在模型方法探讨基础上，分析了区域、全国，乃至全球尺度陆地生态系统碳固定和碳释放空间格局及近30年的动态变化，并阐释了其空间形成和年际变化机制。本书的研究内容是近年来国际研究热点和国际前沿，大部分内容和结论都是作者的原创性成果，为我国卫星遥感技术在生态系统监测及全球气候变化应用领域的研究打下了良好的基础。

本书可供从事全球环境和气候变化研究、生态环境保护及从事林业和农业研究的科技工作者和有关院校师生参考。

图书在版编目（CIP）数据

基于遥感和模型模拟的中国陆地生态系统碳收支/王绍强主编. —北京：科学出版社, 2016.5

ISBN 978-7-03-046641-9

Ⅰ.①基… Ⅱ.①王… Ⅲ.①遥感技术–应用–陆地–生态系–碳循环–系统建模–研究–中国 Ⅳ.①X511

中国版本图书馆 CIP 数据核字(2015)第 300846 号

责任编辑：王 静 李 迪 / 责任校对：郭瑞芝

责任印制：赵 博 / 封面设计：北京图阅盛世文化传媒有限公司

科学出版社 出版

北京东黄城根北街 16 号

邮政编码：100717

http://www.sciencep.com

北京中科印刷有限公司印刷

科学出版社发行 各地新华书店经销

*

2016 年 5 月第 一 版 开本：787×1092 1/16

2017 年 2 月第二次印刷 印张：22 1/2

字数：516 000

定价：180.00 元

(如有印装质量问题，我社负责调换)

《基于遥感和模型模拟的中国陆地生态系统碳收支》编辑委员会

序

根据联合国政府间气候变化专门委员会（IPCC）第5次评估报告，1880～2012年的近130多年间，全球地表平均温度上升约0.85℃；全球大气CO_2、甲烷和氧化亚氮等温室气体的浓度持续上升，由工业革命前的278ppm[①]增加到了2011年的390.5ppm（2014年达到了398.55ppm）；报告认为，化石燃料燃烧和土地利用变化导致的CO_2排放，是观测到的大气CO_2升高的决定因素；人类活动导致了20世纪50年代以来一半以上的全球气候变暖，这一结论的可信度在95%以上。而未来温室气体继续排放将导致全球气候系统进一步变暖，减缓气候变化需要大幅度和持续地减少温室气体的排放。因此，以人为温室气体排放为核心的气候变化问题已成为国际社会、科技界和社会公众关注的焦点之一，且已影响到了国际政治和外交层面。应对全球气候变化，承担温室气体减排责任，已经成为我国作为温室气体排放大国和发展中大国所面临的重大压力和挑战。

我国在应对全球气候变化政策制定方面，亟待组织全面系统的科学研究，解决应对气候变化及温室气体减排增汇的关键科学问题。因此，中国科学院于2011年启动了“应对气候变化国际谈判的关键科学问题”战略先导性科技专项，针对气候变化的原因和机制、影响与适应、生态系统固碳潜力与途径、应对气候变化国际谈判的政策等开展研究，以期在气候变化、地球系统科学和全球变化经济学理论研究上取得突破，并为我国参与国际谈判提供科技支撑和决策支持。其中，作为该战略先导性科技专项核心内容的“生态系统固碳现状、速率、机制和潜力”项目，重点是阐明我国陆地生态系统固碳能力、现状和未来潜力，该项目除了生态系统固碳清查课题之外，还设置了“中国陆地生态系统碳收支的定量认证与决策分析”子课题。该子课题的重要任务是研制“国家尺度陆地碳收支评估的生态过程-遥感集成模型”，进而通过地面系统调查、卫星遥感和多模型集成分析，定量评估国家尺度碳收支的时空变化格局。该研究不仅可以为科学认识生态系统与气候变化的相互作用关系，预测气候变化的影响提供理论基础，也可为我国气候变化外交谈判等提供科技支撑。

“国家尺度陆地碳收支评估的生态过程-遥感集成模型”研究专题的研究人员，通过为期5年的研究，取得了一系列研究成果。在已有观测、调查和资源清查数据基础上，结合大尺度、长时间序列的卫星遥感数据，开展了模型研发、碳循环模型数据融合系统构建、中国陆地碳水通量时空格局分析等研究。主要研究成果包括：①构建了新一代国家尺度的生态过程-遥感集成模型，实现了光能利用率模型与自养呼吸和异养呼吸的耦合；②发展了多源多尺度数据与生态模型的融合技术，构建了生态系统模型模拟不确定性分析方法体系，采用模型数据融合算法优化了模型参数；③利用生态过程模型、光能利用率模型和卫星遥感数据，并综合集成森林清查、土地覆被、通量观测和控制试验等

① $1ppm=1\times10^{-6}$

多源数据，综合分析了中国陆地碳收支格局的变化特征，评估了过去30年气候变化对中国和东亚地区陆地生态系统碳水通量的影响；④利用生态系统碳管理模型和多种情景，探讨了不同管理措施下中国森林和农田生态系统固碳潜力。这些研究成果推动了我国陆地生态系统固碳参量的遥感监测及估算技术发展，促进了我国陆地生态系统碳收支过程模拟-遥感评价技术体系的建立。

陆地生态系统长期观测和碳循环模拟是全球碳循环研究的主要方法。基于涡度相关理论的观测塔碳通量观测事业快速发展，长时间序列数据源源不断地输出。与此同时，生态系统碳循环模型也从简单的统计模型发展向基于一定生理生态学基础的过程模型方向发展，大量基于光能利用率概念的植被生产效率模型被不断提出和改进。但是这些模型的提出和发展基于不同的假设和应用条件，在模型应用过程中会带来较大的不确定性。因此，系统梳理和总结这些模型的原理、结构、参数、输入和输出等，对于进一步改进模型和降低模型的不确定性具有非常重要的意义。

这部专著反映了目前我国在基于卫星遥感数据模拟生态系统碳循环过程领域的最新研究成果，是对陆地生态系统碳收支遥感评估方法论的全面梳理和总结，是关于陆地净生态系统生产力的卫星遥感和模型模拟研究的系统性学术著作。该书内容系统深入，介绍了从植被光能利用效率及模型、生态系统碳循环过程机理模型、生态系统过程-遥感模型、生态系统碳管理模型及模型数据融合新算法等方面的研究进展，并应用多模型综合分析的技术途径评估了中国陆地生态系统碳收支时空格局。该书的研究内容是近年来国际全球变化研究热点和国际前沿，大部分内容和结论都是作者的原创性成果，对于推动我国全球变化科学、生态学、地理学和遥感科学等学科的发展具有重要意义。

该书作者团队都是奋斗在我国陆地碳循环与全球变化研究前沿领域的中青年学者，他们持之以恒，坚持不懈，勤于钻研的科学精神，令人欣慰。“百尺竿头，更进一步”。殷切希望王绍强研究员带领着团队继续努力，在未来的科研工作中能取得更大的突破。

于贵瑞

中国科学院地理科学与资源研究所副所长

2015年11月

前　言

控制温室气体排放，减缓和适应全球气候变暖，已经成为当今国际社会重大的科学和政治问题，也是全球气候变化国际谈判的核心议题。陆地生态系统固碳能力是目前较为经济可行和环境友好的减缓大气CO_2浓度升高的重要途径之一。自 20 世纪 80 年代以来，全球陆地生态系统由一个接近平衡的弱碳汇逐渐增强为较大碳汇，但是如何发现和评估“失踪的”陆地生态系统碳汇及其格局分布依然是一个重要的科学问题。基于清单法、模型模拟等方法，科学家对我国陆地生态系统碳汇大小进行了大量研究，但近 30 年的碳源汇时空格局及其机制仍然存在较大不确定性。因此，发展陆地生态系统碳循环模型，从国家尺度定量评估我国生态系统的固碳现状、速率与潜力，不仅是陆地生态系统碳循环过程机制研究的核心问题，也是我国陆地生态系统满足国家需求、对减排做贡献的一个重要方面。

卫星遥感技术及数据处理能力的迅速发展和基于遥感观测的生理生态理论研究的进展，使大尺度生态系统格局和过程的动态观测成为可能，以遥感数据驱动的植被生产力模型得到迅速发展和广泛应用，从而有力地推动了陆地生态系统碳循环的研究进展。目前国内外发展的陆地生态系统碳循环模型非常多，这些模型包括应用卫星遥感的生产效率模型、基于生理生态学机制的生态系统过程模型，以及将二者结合起来的生态系统过程-遥感模型。这些模型一方面是基于不同的概念或理论基础而提出的，另一方面，可能是针对某一特定的地区或植被类型发展而来的，导致这些模型纷繁复杂，科研人员也难以一一掌握，这阻碍了进一步对不同模型的应用和综合集成。

在国家 973 项目“中国陆地生态系统碳-氮-水通量的相互关系及其环境影响机制研究”，以及中国科学院战略先导性科技专项中的“生态系统固碳现状、速率、机制和潜力”项目等的支持下，在多年应用实践研究的基础上，我们课题组编撰了本书。我们期望尽可能全面系统地介绍陆地生态系统碳循环模型的基本理论、模型类型和模拟方法，包括模型的改进、新模型的发展及基于模型数据融合方法的模型参数优化等。同时，也介绍了课题组对区域尺度陆地生态系统碳收支时空格局动态变化的模拟结果，并试图阐释了其年际变化机制。编写本书的主要目的是向读者展示国内外在遥感应用于碳循环模型及碳管理模型方面最新的研究进展，并对未来的发展趋势进行评述，以促进陆地碳循环遥感及碳汇管理的研究。

本书共 8 章，第 1 章介绍了碳循环及其模型的研究背景，中间 6 章分别介绍了光能利用率模型、生态系统过程模型、蒸散模型、遥感-过程模型、碳管理模型及模型数据融合系统，最后一章通过多模型结果综合对比，分析了中国陆地生态系统碳收支时空格局及其变化机制。各章节的执笔人如下。

第 1 章　王绍强　陈蝶聪　李焱沐　王苗苗　李悦

第 2 章　黄昆　闫慧敏　王军邦　王绍强　陈静清

第 3 章　居为民

第 4 章　延昊　王绍强

第 5 章　周蕾　王军邦　高燕妮　黄昆

第 6 章　周蕾　张稳　王绍强　李悦

第 7 章　何洪林　张黎　任小丽等

第 8 章　王绍强　周蕾　王军邦　居为民　张黎　闫慧敏　延昊　林飞燕　蔡锦涛　王苗苗　王留林　廖亮林等

全书由王绍强、王军邦和居为民统稿。在本书的写作过程中，得到了许多同事和朋友的关怀和帮助，我们课题组的王苗苗、王留林、廖亮林、李悦等多位研究生为本书整理了大量文献，并做了处理插图及编辑格式等工作，在此一并致以诚挚的谢意。

由于编写者在知识积累、文献储备和科学研究等方面的局限性，尤其是在科学技术快速发展的今天，卫星遥感领域新技术和新方法日新月异，因此，本书难免挂一漏万，也可能错讹百出，敬请读者不吝指正。

王绍强

2015 年 11 月

目　录

第 1 章　生态系统碳循环模型

1.1　陆地生态系统碳循环

1.1.1　全球碳循环

大气中 CO_2、CH_4 和其他温室气体浓度升高导致的气候变化是人类共同关注的全球环境问题，是全球社会经济可持续发展所面临的最为严峻的挑战。全球碳循环和碳收支不仅是当前气候变化和区域可持续发展研究的核心问题之一，也是当前一系列大型国际科学计划（Future Earth、WCRP、IHDP、GCP 和 GLP 等）的主题。

地球生物圈生命系统的维持不但需要能量，而且也依赖于各种化学元素的供应。生态系统从大气、水体和土壤等环境中获取营养物质，通过绿色植物吸收，进入生态系统，被其他生物重复利用，最后再归还于环境中。生物圈可以通过这种过程不断地获取生命维持系统所需的生命元素和无机营养，这种生物圈过程被称为生物地球化学循环（biogeochemical cycle）。

生物地球化学循环过程的研究主要是在生态系统和地球生物圈两个不同尺度上开展的。地球生物圈的水循环和碳循环是与人类关系最为密切、意义最为重大的两个地球化学循环，是陆地表层系统物质能量循环的核心、地圈-生物圈-大气圈相互作用关系的纽带。碳水循环的特征是：它们都存在于极其活跃的大气库中，对人为干扰非常敏感，其变化的结果反过来会引起天气和气候系统的变化，长期以来地球的碳循环与水循环一直是地球系统科学（earth system science）和近年来兴起的全球变化科学（global change science）及系统生态学（system ecology）研究的核心问题。

1997 年《京都议定书》的签订使得森林碳循环机理及碳收支的研究得到了广泛的关注和重视，结合联合国政府间气候变化专门委员会（IPCC）、联合国粮食及农业组织（FAO）、世界资源研究所（WRI）等一些国际组织的研究计划，在全球范围内开展了大量的碳通量网络观测研究（Running et al.，1999；Massman and Lee，2002），一批全球和区域性的森林碳循环研究成果相继涌现（黄麟，2009）。按照《京都议定书》的承诺，到 2010 年，日本的 CO_2 排放应当比 1990 年的水平减少 6%，通量观测和模型模拟的结果指出，日本的森林总体上是碳汇，大致可以抵消 6%减排任务中的 3.9%。欧洲的类似研究表明，欧洲大陆的森林生态系统总体上是大气 CO_2 的吸收汇，在实现减排目标中能够发挥重要作用，在陆地碳汇时空格局的清查和评估基础上，增强陆地生态系统的碳汇管理，不仅可以为工业减排争取更大的空间，同时也是加快生态环境建设的重要举措。

根据 2014 年 IPCC 第 5 次评估报告，在海洋增暖方面，1971~2010 年，海洋变暖所吸收的热量占地球气候系统热能储量的 90%以上，几乎确定的是，海洋上层（0~700m）已经变暖（IPCC，2014）。与此同时，1979~2012 年，北极海冰面积以每 10 年 3.5%~4.1%

的速度减少；自 20 世纪 80 年代初以来，大多数地区多年冻土层的温度已升高，升温速度因地区的不同而不同（IPCC，2014）。同时，大气二氧化碳、甲烷和氧化亚氮的浓度至少已上升到过去 80 万年以来前所未有的水平；自工业化以来，二氧化碳浓度已增加了 40%，这首先是由于化石燃料的排放，其次是由于土地利用变化导致的净排放（IPCC，2014）。以上这些数据都说明了全球碳循环的研究对气候变化研究的重要性。

1.1.2 陆地碳循环过程

碳是生命物质的 3 个首要元素之一，是有机质的共同组分，其无机化合物 CO_2 是碳循环中最关键的物质形态。地球上的碳主要分布在大气、海洋和生物圈，在大气中，大部分碳以 CO_2 的形式存在；而在海洋中，则以二氧化碳（CO_2）、碳酸氢根（HCO_3^-）和碳酸根（CO_3^{2-}）等形式溶解在海水中。至于生物圈中的碳，则主要以有机物的形式被储存起来。在地球的碳循环各圈层中，与海洋、化石燃料及地壳的储存库相比，大气库中 CO_2 的储存量非常小。

地球规模的碳循环主要是指碳元素在大气、海洋、陆地三大碳库中的循环，通常可以将全球的碳库划分为生物、岩石土壤、陆地及海洋水体、大气 4 个相对独立的分室。地球上生命的出现，导致大气中的 CO_2 和溶解在海洋中的碳转变为陆地和海洋中无数的无机和有机化合物。大气、海洋、陆地和淡水系统各碳库间的自然流动和交换在空间与时间上是不断变化的。这种时间上的变化包括季节、年际、多年之间和百年之间不同时间尺度上的变化，特别是不同生态系统类型碳循环过程的特征具有很大的差异。碳在大气、海洋和陆地之间的自然交换现在被人类活动所干扰和调整，主要是化石燃料燃烧和土地利用变化的结果。

在工业革命以前，大气与陆地及海洋间的交换量如图 1.1 的实线所示，基本处于平

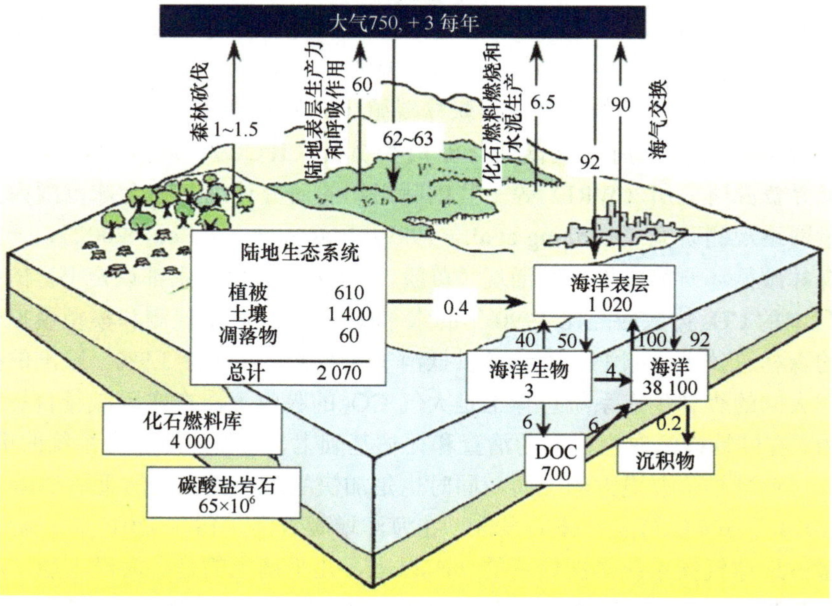

图 1.1 全球碳库储量和碳通量（单位：10^{15}g；改自全球碳计划网站 www.globalcarbonproject.org）

衡状态，但是工业革命以来，人类活动正在改变着地球固有的碳收支平衡关系，新增了大气 CO_2 库的输入来源，化石燃料的燃烧、农业活动、森林的破坏、土地利用与土地覆被的变化等因素都成为大气 CO_2 输入增加的重要因素。

碳在生态系统内部输入、转化、输出的过程如下：CO_2 通过植物叶片的气孔，被光合作用固定，以总初级生产力（GPP）的形式进入生态系统；又有大约一半的 GPP 被植物用来呼吸，转化为 CO_2 释放到大气中；除呼吸以外，植物还通过其他途径损失碳，其中最主要的部分是碳以凋落物的形式从植物向土壤转移，转化为土壤有机质（SOM），成为陆地生态系统中最大的碳库；最后，一部分土壤碳还会通过土壤呼吸分解，重新回到大气中。另外，人类活动和异养生物及降雨淋溶也会从植物中带走碳，占净初级生产力的 10%~15%（颜元，2010）。

1.1.2.1 光合作用

光合作用（photosynthesis）是指绿色植物叶绿体在光的作用下，将 CO_2 和水同化为碳水化合物并释放出氧气的过程，是由一系列生理生化反应组成的。限制光合作用的因素众多，可分为内部因素和外部因素。内部因素主要涉及光合器官叶片的发育和结构、CO_2 进入植物体的气孔阻力、光合作用限速酶 RuBP 的羧化与再生、形成“同化力”的磷之再生及光合产物的输出等。外部因素主要有光照、温度、水分、CO_2 及矿质营养等几个方面（程迁，2008）。光合作用是推动和支撑整个生态系统的原初动力，是陆地生态系统碳固定的主要途径，也是认识植被碳汇形成机理，构建陆地生态系统碳循环模型的理论基础。

光合作用的总反应式如下：

$$CO_2 + H_2O \longrightarrow (CH_2O) + O_2$$

需要注意的是：光合作用释放的氧气全部来自水，光合作用的产物不仅是糖类，还有氨基酸、脂肪，因此光合作用的产物应当是有机物。

光合作用的过程包括光反应阶段和暗反应阶段。光合作用第一个阶段中的化学反应，必须有光能才能进行，这个阶段称为光反应阶段。光反应阶段的化学反应是在叶绿体内的类囊体上进行的。暗反应阶段即光合作用第二个阶段中的化学反应，没有光能也可以进行，这个阶段称为暗反应阶段。暗反应阶段中的化学反应是在叶绿体内的基质中进行的。光反应阶段和暗反应阶段是一个整体，在光合作用的过程中，二者是紧密联系、缺一不可的。

两个阶段的反应式如下：

$$\text{光反应：} 12H_2O + \text{阳光} \longrightarrow 12H_2 + 6O_2$$

$$\text{暗反应：} 12H_2\text{（来自光反应）} + 6CO_2 \longrightarrow C_6H_{12}O_6\text{（葡萄糖）} + 6H_2O$$

在自然界中，不同植物功能型（plant functional type，PFT）的光能利用效率存在很大的差异。在光合作用的碳同化途径上，依据固定 CO_2 的最初产物的不同，分为 C_3、C_4 和 CAM 途径，它们的光合能力及光能利用效率也明显不同。

C_3 植物：在光合作用碳固定过程中，CO_2 首先结合于 RuBP（1,5-二磷酸核酮糖）受体在 RuBP 羧化酶（Rubisco）的催化下进行羧化，一个 6 碳分子的羧化产物立即分解成两个分子的 3-磷酸甘油酸（PGA）。这些最初固定的有机分子均含有 3 个碳原子，故此过

程称为 CO_2 同化的 C_3 途径，具有 C_3 途径的植物为 C_3 植物。

C_4 植物：在光合作用碳固定过程中，所固定的最初产物不是 3 碳分子，而是草酰乙酸，即具有 4 个碳原子的二羧酸，是由磷酸烯醇丙酮酸（PEP）的 β-羧化形成的，故称 C_4 途径，具有 C_4 途径或以此为主的植物为 C_4 植物。

CAM 植物：具景天酸代谢途径的植物，多为多浆液植物。在夜间通过开放的气孔吸收 CO_2，然后借助 PEP 羧化酶与磷酸烯醇丙酮酸结合，形成草酰乙酸，然后在苹果酸脱氢酶（NADPH）的作用下还原成苹果酸，进入液泡并积累变酸（pH 5~3）；第二天光照后，苹果酸从液泡中转运回细胞质和叶绿体中脱羧，释放的 CO_2 被 RuBP 吸收形成碳水化合物（戈峰，2002）。

过程机理模型用于表征生态系统碳氮水耦合循环的非线性机理，有助于诊断和解释生态系统过程的变化及其调控因素。过程机理模型可以详细地描述生态系统各个过程，如光合作用、碳分配、自养呼吸、凋落物分解等。过程机理模型的原理更加接近于生态系统过程本身，比较直观也容易理解，其中光合作用模型是过程机理模型中最为常用的碳模块。

叶片和大气中 CO_2 的物质交换遵循 Fick's 法则。净光合速率描述为 $A=g(C_a-C_i)$，其中 C_a 和 C_i 分别是大气和胞间 CO_2 浓度，g 为气孔导度。但是由于 C_i 是未知的，该方程并不能直接估算净光合速率。因此必须使 C_i 与其他已知的物理量联系起来，才能使得上述方程在数学上闭合该系统（Katul et al.，2000）。从表 1.1 中可以看出，不同光合作用模型的基本原理相同，但是 C_i 和 C_a 参数化的方案不同。Norman 模型中，C_i 和 C_a 的比值被认为是常数，并且可以由稳定性同位素 ^{13}C 测定（Katul et al.，2000）。Cowan 和 Farquhar（1977）提出的模型中，C_i 和 C_a 的比值是水分利用效率（WUE）和饱和水汽压差（VPD）的函数，其中 WUE 被认定为常数。Farquhar 等（1993）认为 WUE 与羧化速率有线性关系，并设定 C_i 和 C_a 的比值是空气饱和差（D）及叶片 CO_2 补偿点的函数。Ball-Berry 模型是广泛使用的气孔导度模型（Collatz et al.，1991），耦合了 Fick's 模型，C_i/C_a 可以表示为叶片相对湿度的非线性形式，而后又被 Leuning（1990）改进。Farquhar 模型是其中最复杂的光合作用模型，也是许多生态系统机理模型中最为常用的结构形式，描述的是瞬时时间内 C_3 植物叶片总光合速率的最小值。

$$W_c = V_m \frac{C_i - \tau}{C_i + K} \tag{1.1}$$

表 1.1　光合作用模型的不同形式（Katul et al.，2000）

模型	C_i 与 C_a 比值	净光合速率计算公式
Norman	$C_i / C_a = R_c$	$A = gC_a(1-R_c)$
Cowan 和 Farquhar（1977）	$C_i / C_a = 1 - \text{WUE}\cdot D / C_a$	$A = g(\text{WUE}, D)$
	$C_i / C_a = 1 - \sqrt{\frac{1.6D(C_a-\tau)}{\lambda_{cf} C_a^2}}$	$A = g(C_a - C_i)$
Ball-Berry	$C_i / C_a = 1 - 1/mRH$	$A = gC_a / mRH$
	$C_i / C_a = 1 - \frac{1-\tau/C_a}{m_L}(1+\frac{D}{D_0})$	$A = \frac{gC_a}{m_L}(1-\frac{\tau}{C_a})(1+\frac{D}{D_0})$
Farquhar	$A = f(C_i)$	$A = g(C_a - C_i)$

$$A = \min(W_c, W_j) - R_d W_j = J\frac{C_i - \tau}{4.5C_i + 10.5K} \tag{1.2}$$

$$R_d = 0.015V_m \tag{1.3}$$

式中，A 是指净光合速率；W_c 和 W_j 分别是指受到 Rubisco 限制和光限制的总光合速率，单位是 μmol/（$m^2·s$）；R_d 为白天的暗呼吸；V_m 为最大羧化速率；J 为电子传输速率；C_i 为胞间 CO_2 浓度；τ 为没有暗呼吸的 CO_2 补偿点；K 为酶动力学函数。

1.1.2.2　蒸散作用

蒸散作用是与光合作用相伴随的植物体及土壤水分散失的过程。在植物进行光合作用、同化 CO_2 的同时，水汽通过气孔由叶片内部进入大气这一过程称为蒸腾（陈新芳等，2009）。模拟植物的光合碳固定与蒸散的水输运，是评价全球和区域初级生产力、模拟作物生长、研究陆面过程与气候相互作用和预测生态环境变化等科学问题的关键环节，是研究地球表层物质迁移和能量流动、地球生物化学循环的重大基础问题。而植物的光合作用和蒸腾作用又共同受植被的气孔行为所控制，生态系统以气孔行为为接点把碳循环与水循环有机地耦联成为有机的整体（图 1.2）。

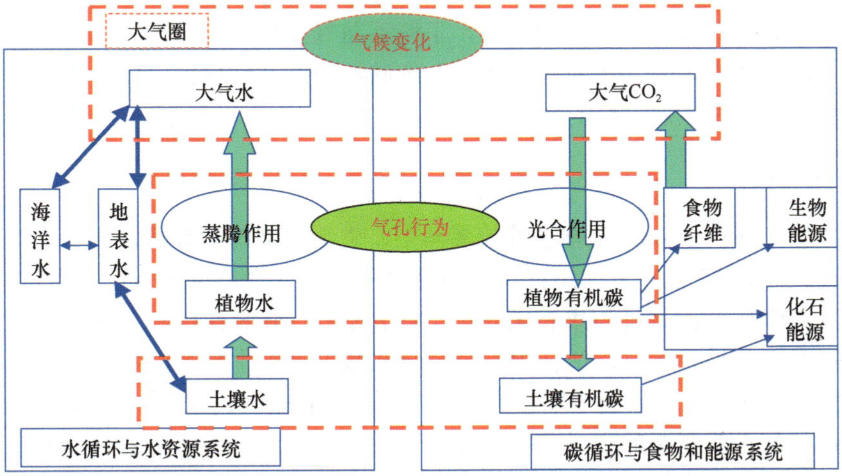

图 1.2　以气孔行为为接点的碳循环与水循环耦合关系（于贵瑞等，2004）

气孔是植物叶片与大气间进行 CO_2 和其他气体交换的通道，其开闭程度（导度）决定了光合作用和蒸腾速率。随着外界环境条件如气温、太阳辐射、饱和水汽压差和根层土壤含水量的变化，植被自动调节气孔的开闭程度（Jarvis，1976）。根据 BBL 气孔导度模型，可以写成如下形式：

$$g_s = \frac{A_n \cdot f(D) \cdot f(\theta)}{C_s - \Gamma^*} + g_0 \tag{1.4}$$

式中，g_s 为气孔导度[mmol/（$m^2·s$）]；A_n 为植物的净同化速率[mmol/（$m^2·s$）]；C_s 为 CO_2 浓度（mmol/mol）；Γ^*为 CO_2 补偿点（mmol/mol）；g_0 为剩余导度[mmol（$m^2·s$）]；$f(D)$ 和 $f(\theta)$ 分别为空气湿度响应函数和土壤湿度响应函数，为无量纲的经验函数，

土壤湿度响应函数也可以用植物水势响应函数 $f(\psi)$ 代替，其中 D 为空气饱和差（kPa），θ 为土壤体积含水量（cm^3/cm^3），ψ 为植物水势（MPa）（袁国富等，2012）。当土壤含水量处于田间持水量时，气孔导度最大，当土壤含水量下降到凋萎系数时，气孔导度减小到趋近于零；土壤含水量若大于田间持水量，气孔导度也将下降，在土壤含水量饱和时，气孔导度甚至可减小到最大值的一半（Chen et al.，2005）。气孔导度随着光强的增强而增大，但光强达到一定强度以后，这种增大的趋势会逐渐减弱。

气孔导度模型通常分为两种形式：①连乘模型（Jarvis，1976），描述气孔导度是独立连乘响应函数的产物，每一个连乘因子代表了单个环境因子的影响，这种形式的模型通常忽略了叶片生理与气孔导度的联系，需要校正多个模型参数，很多连乘形式的气孔导度模型加入叶水势的连乘因子来描述水分限制对气孔导度的影响；②光合与气孔导度耦合模型，基于叶片净光合速率与气孔导度的线性关系（Ball et al.，1987；Leuning，1995），代表性的模型是 BWB（Ball-Woodrow-Berry）模型，这种形式的模型基于生理假设，认为生物化学参数（V_{cmax}、J_{max} 等）降低了净光合速率，减少了对 CO_2 的需求，进而降低了气孔导度。同时为了考虑水分限制对植被气孔导度的影响，各类水分函数耦合到 BWB 模型中，通常采用土壤水含量（van Wijk and Bouten，2000）、黎明前的叶水势（predawn leaf water potential，Ψ_{pd}）（Misson et al.，2004）或者叶水势（Tuzet et al.，2003）的经验函数来表达光合与气孔导度关系的斜率。了解不同气孔导度模型形式及模拟干旱对气孔导度和碳循环的影响，有利于对森林生态系统碳汇源的准确模拟，同时对理解和预测全球环境变化对植被和生态系统的后续影响非常重要。

1.1.2.3 呼吸作用

呼吸作用（respiration）是指在酶的参与下，生活细胞内的有机物逐步氧化分解并释放能量的过程。植物通过光合作用把 CO_2 和 H_2O 转变为富含能量的有机质并释放出氧气，同时也通过呼吸作用把有机物质氧化分解、释放能量。呼吸作用不是在浪费碳，它是为植物的维持和生长提供能量，就像提供给动物和微生物以生长和维持生命所需的能量一样。所有植物将糖转化为新的生物量的效率是非常类似的（冯险峰，2004）。呼吸作用是植物体内进行的极其复杂的物质和能量代谢过程，其受到植物体内的内部因素与外界环境因素的影响。植物不同器官、不同部位由于其代谢类型、结构、生育特征、生理状况、发育期及呼吸底物等的差异，呼吸速率有明显的差异。同时，呼吸速率还受 O_2 浓度、CO_2 浓度、温度及水分条件等外部因素的影响。

（1）植物的呼吸作用

呼吸作用可分为自氧呼吸和异氧呼吸。其中自氧呼吸包括生长呼吸（新组织合成过程中的呼吸）和维持呼吸（已合成的活组织在维持功能状态过程中的呼吸）。植物的呼吸作用在生态尺度上包括非光合作用器官的线粒体呼吸及叶的夜间呼吸（Schlesinger，1997）。叶的夜间呼吸包含在总初级生产力（GPP）中。植物的全部呼吸（R_{plant}）分为 3 部分：生长呼吸（R_{growth}）、维持呼吸（R_{maint}）和离子传递的呼吸损耗（R_{ion}）（冯险峰，2004）。

$$R_{plant} = R_{growth} + R_{maint} + R_{ion} = \sum (R_{growth,j} + R_{maint,j}) + R_{ion} \tag{1.5}$$

式中，R_{ion} 通常很小，可忽略不计；j 为植物的叶、枝、干和根等不同组分的呼吸系数或呼吸指标。

对于 R_{growth}，实际计算时采取先总后分的方法，即先考虑总的生长呼吸占总光合量的比例，再考虑植物各组分的生长呼吸在总生长呼吸量中所占的比例。

$$R_{growth} = \gamma \times GPP \tag{1.6}$$

$$R_{growth,j} = R_{growth} \times r_{a,j} \tag{1.7}$$

式中，γ 为植物总生长呼吸占总光合量的比例；$r_{a,j}$ 为植物各组分的生长呼吸比例。

对于 R_{maint}，则采取先分后总的方法，利用植物不同组分的维持呼吸系数分别计算不同组分的维持呼吸量，然后总计。

$$R_{maint} = R_{maint,leaf} + R_{maint,branch} + R_{maint,stem} + R_{maint,root} \tag{1.8}$$

（2）土壤呼吸

土壤有机碳输出的主要形式为土壤呼吸，即排放 CO_2。土壤呼吸可反映土壤生物和根系新陈代谢的强度，同时也为植物光合作用提供 CO_2（冯险峰，2004）。虽然土壤中物理和化学过程，如有机质的氧化、溶解态 CO_2 的释放等也可以产生少量的 CO_2，但绝大部分的 CO_2 是由土壤中的生物过程产生的。土壤呼吸的实质是土壤微生物、土壤无脊椎动物和植物根系呼吸的总和。土壤无脊椎动物的呼吸往往可以忽略，其他两者的贡献所占的比例实际上很难精确测定。这主要是由于土壤中植物根系与根系微生物之间关系密切，难以分开。根系呼吸所占比重随环境的不同而有很大的差异（刘绍辉和方精云，1997）。

由于土壤微生物的活动依赖于植物地上部分和根系输入的有机物，并且植物根系也是土壤呼吸的重要组成部分，因此植被及地表覆被的凋落物的影响是十分重要的。此外，不同的植被使土壤有机质含量、pH、温度、湿度等直接影响因子也大不相同，从而土壤呼吸也随着发生变化。地表凋落物作为土壤有机质的主要来源及影响地表环境条件如温度、湿度等的因子对土壤呼吸也产生了显著作用（刘绍辉和方精云，1997）。

1.1.2.4　氮循环及其对碳循环过程的影响

氮循环的主要过程包括氮元素的输入、生态系统内的循环和输出三部分。输入过程主要包括生物固氮和氮沉降。其中冠层的郁闭度和能量的有效性限制了固氮作用。氮元素在生态系统内的转化过程为：动植物的残体在土壤中被微生物分解为植物可以利用的溶解有机氮（dissolve organic nitrogen，DON）。当 DON 不能满足氮的需求时，微生物通过从土壤溶液中吸收或化学固定额外的无机氮，使氮汇中的无机氮被取出，即发生固持作用。由于微生物的生长主要受碳的限制，而当碳不足时，微生物会裂解 DON 来维持能量的需要。同时将铵释放到土壤中，即发生矿化作用。氮从不溶解的有机氮到可溶解的无机氮是氮素矿化作用的最初步骤，也是限速步骤。大颗粒的有机氮的裂解与大颗粒的有机碳的裂解同时进行，且前者需要利用后者的产物。所以 DON 的产生与土壤有机质的分解过程受到相同条件（碳的品质、土壤微生物、凋落物的量及碳氮比、氧气、温度和水分）的制约。矿化过程释放的铵一部分通过硝化作用转化为硝酸根。有效态铵的数量成为决定硝化作用的直接因素。氮的输出主要通过氨的挥发，硝化反硝化作用释放到大气中，以淋溶的形式丧失和通过侵蚀丧失（颜元，2010）。

（1）氮元素对碳输入的影响

首先在输入方面，很多研究从单叶片的光合作用入手，对植物固碳的生理过程进行了研究。研究表明，植物叶片光合作用的速率是受到诸多因素限制的，其中养分元素的限制尤其是氮的限制作用比较明显。叶氮浓度对光能利用效率的影响达到 71%，对 GPP 的影响达到 62%（Kergoat et al.，2008）。植物种类之间的光合能力之所以相差 10~50 倍，是因为光合能力与叶片含氮量紧密相关，光合酶占叶氮的一大部分，而植物的生存环境则影响了叶片组织中的含氮量。例如，森林生态系统中土壤氮的循环速率决定了土壤中的有效氮，进而影响了植物的光合作用。研究观察表明，当土壤中的有效氮浓度由 $0.1g/m^2$ 增加到 $0.2g/m^2$ 时，植物叶片的最大光合速率和实际光合速率迅速增加10%以上，在植物生长季这种变化亦能够显著增加 GPP（Thornley，1998）。可见森林生态系统中冠层的光合作用受到叶氮浓度的直接影响。研究还表明，在氮不足的情况下，白千层属的乔木和桉树的生长速率、光合作用速率及叶面积的扩展速率都会明显降低，并且叶氮浓度较高的树种对氮不足有明显的抵御能力（Nguyen，2003）。在 C_3 植物中，叶氮浓度与光合作用速率存在着正相关的主要原因是叶氮主要用于生成暗反应中的酶和类囊体中的蛋白质，而类囊体中的氮含量又与叶绿素含量成正比，对于不同的物种，叶氮含量都与叶绿素及 RuBP 酶显著相关。随着单位叶面积的增加，类囊体中氮的比例为了保持不变，光合作用的酶相应增加，光合作用的速率也就相应加快（Evans，1999）。氮元素影响植物的光合作用既是碳氮循环耦合研究的重要方面，也是本书的研究重点和模型运行的基础。表现在 NPP 方面，研究发现中国的森林生态系统 NPP 与氮矿化速率及氮的积累都有显著相关关系（周才平等，2005）。氮元素对生态系统碳输入的影响主要体现在叶氮浓度对光合作用速率的控制环节，即使是对土壤氮素的研究也间接反映了叶氮浓度对光合速率的影响，这方面的研究主要集中在叶片尺度的生理生态方面。

（2）氮素对碳分配的影响

碳在生态系统中的分配也受到氮的影响。首先氮影响了光合作用固定的碳在植物体内的分配。对枫香树样地进行施肥试验发现，每年对样地追加 $200kg/hm^2$ 的氮肥可以使土壤有效氮、NPP 及氮的吸收与需求增加 1/3，增加的叶氮含量及叶片生产力增加了树干的生产力，使得更多的碳转化为木质，而缺乏有效氮使糖枫的叶、干、粗根及细根生长受到抑制，生长速率减少一半（Iversen and Norby，2008）。其他试验发现，施肥样地的芽根比达到 1∶1，氮缺乏的样地达到 1∶2，说明在缺乏氮的情况下，碳从叶优先向根转化（Burke and Raynal，1994）。也有研究表明在氮供应不足的情况下，叶片还会提高氮的利用效率，也会使大量的糖、淀粉等有机物在根、茎、叶中积累（Nguyen，2003）。有效氮的增加使木质部分分配的碳增加，细根部分减少，而叶片的分配量则相对稳定。氮素影响着光合作用新固定的碳在植物体内各器官组织的分配，以及组织中原有的碳向其他组织的转化。目前大多数研究的尺度为单株植物或特定物种，以植物碳库为主，土壤作为植物吸收有效氮的环境，而土壤碳的变化则较少涉及。

（3）氮素对生态系统呼吸作用的影响

自养呼吸反映了生态系统对温度、CO_2 浓度及氮沉降的响应，也是碳氮耦合循环研究中的重要组成部分（Ryan et al.，1996）。研究表明，植物各组织间的自养与其生物量和氮浓度均有显著相关性，但氮浓度是测定生物体组织自养呼吸的最佳指标（James et al.，2005）。因此氮元素与自养呼吸的关系近年来成为研究的热点。高光照强度条件下氨态氮的供给会使植物叶片的光呼吸速率加快，从而加速了碳的输出（Guo et al.，2007），而暗呼吸对碳损失没有明显的影响（Xu and Griffin，2008）。研究发现，叶氮含量与呼吸速率呈正相关，并且有一定的季节变化（Kruse and Adams，2008）。针叶树的叶、树干和粗根的呼吸速率都与其组织的氮含量有关，其中相关程度由高到低分别为叶、树干和粗根。但细根和枝条的呼吸与氮的关系不大（Vose and Ryan，2002）。研究同时解释了氮影响自养呼吸的原因：植物体吸收有效氮增加时也会增加能量消耗，也就加快了植物的呼吸速率，因而植物体的组织细胞需要达到最佳碳氮比（Vose and Ryan，2002）。不同尺度碳氮的协同分配成为碳氮耦合循环的研究重点，而不同的植物器官呼吸作用对氮元素的响应程度也有所差别。

氮元素对异养呼吸的影响研究主要集中在凋落物和土壤有机质的分解等方面。土壤碳库作为全球最大的碳库，其循环特征对整个碳循环有着重要的影响。氮的输入潜力与凋落物层产生可溶性有机碳（DOC）存在一定的关系，研究表明，无机氨态氮显著增加了 DOC 从凋落物中的释放（Magill et al.，2000）。在氮沉降高的地区，土壤呼吸产生的部分 CO_2 重新被土壤内部的碳汇吸收，并归入腐生的次系统中。其中自养硝化作用是关键步骤，并且该吸收过程在硝酸根浓度最低的时候发生。除非有强烈的氮供给，固定的 CO_2 才会重新被释放（Fleischer and Bouse，2008）。模拟氮沉降对杉木人工林凋落叶分解试验表明，氮沉降在一定程度上增加了凋落叶中的氮含量，从而降低了碳氮比，除氮浓度在 240kg/hm^2 以下的林地凋落物分解系数与凋落物中的氮含量呈显著的正线性关系，而与碳氮比呈负相关（樊后保，2008）。氮素对异养呼吸的影响主要考虑了土壤氮库的变化，研究主要集中在土壤碳库伴随着氮在土壤中的矿化、硝化、固持作用等环节的变化。

1.2 陆地生态系统碳循环模型

由于人们无法在区域和全球尺度上，直接和全面地测量生态系统的所有碳循环过程，因此，利用数学模型估算大气、植被和土壤碳循环的动态变化已成为一种重要而广泛接受的研究方法，即通过模型模拟外推的方法将一些实验地点上得到的生态学假设演绎到区域乃至全球的范围。这种方法尽管存在时空尺度及不确定性问题，但仍然是使生态学实际问题简单化的重要方法。模型可以是物理模型，如模拟人工控制实验室，也可以是数学模型，用数学术语描述生态系统及有关问题的主要特性，模型可以对一些当前主要的生态过程进行研究，还可以揭示历史条件下的碳循环及未来气候情景下生态系统碳循环的动态变化。

对于碳循环的研究可以有样带调查、控制试验、定位观测、遥感、模型等多种方法，模型模拟是研究从叶片到全球尺度碳水交换及植被与气候相互作用的主要工具。最近 20 多年中，生态建模得到了非常迅速的发展，得益于如下 4 个因素。

1）信息技术的飞跃发展：计算机硬件快速换代，促进了计算能力和效率的快速提升，大容量存储设备的小型化和低价格，计算算法的进步，都推动了模型模拟在台式机或小型服务器上就能完成过去以往数天或者数月才能完成的工作。

2）定位观测和遥感数据的增加：全球碳水通量观测站点从20世纪90年代的三四十个猛增到目前的500个以上，观测技术的发展，大大增加了多种生态系统类型的长期连续观测数据，推动了生态模型参数验证和优化算法的发展，而对地观测卫星数量的增加，同样提供了覆盖整个全球的高精尖卫星遥感数据，拓展了遥感数据在模型中的应用范围和领域。

3）国家环境外交谈判的需要：气候变化和温室气体排放是关系到国家发展利益的重要方面，20世纪90年代以来联合国气候变化框架会议聚焦温室气体减排方案和效率、效益与公平问题，需要开展多种情景下的对策模拟分析，为维护国家环境外交谈判利益提供了重要的陆地生态系统碳收支模拟结果。

4）生态系统过程、格局与问题的认识显著得到提高：随着野外观测能力的提高、控制实验的长期积累，科学家对于生态系统过程和格局变化的认识有了显著提高，能够更好地揭示生态系统中的定量关系及生态特征和环境因素之间的定量关系。

陆地生态系统碳循环模型是指用数学方法定量描述陆地生态系统碳循环过程及其与全球变化之间的相互关系，从而利用计算机模拟碳循环的动态，估计土壤和植被的碳存储现状及预测未来的碳存储潜力（Cox et al.，2000）。陆地生态系统碳循环模型也包括可用于碳循环模拟和碳平衡估算的植被-气候模型或生产力模型。碳循环模型是深入研究陆地生态系统碳循环和全球气候变化相互作用的重要手段和工具，能够深入认识生态系统碳循环的组成成分同其他组分间的相互作用，是人们对生态系统碳循环特定问题的认识和假设，生态系统碳循环模型能够提供比统计分析更深刻的理解。模型作为研究生态系统养分循环及生物生理过程的有效工具，近年来越来越多地被科学研究者广泛应用。

1.2.1 陆地生态系统碳循环模型发展

陆地生态系统碳循环模型（简称陆地碳循环模型）的建立和研究主要是从20世纪60年代开始的，从最初大尺度植被生产力的估计到叶片尺度光合作用和呼吸作用的模拟、冠层尺度上碳水通量的计算，乃至在全球和区域尺度上净生态系统生产力估算和植被动态的模拟，模型经历了从简单的经验模型到复杂的基于植物生理生态的机理模型的发展历程。基于生理生态过程的机理模拟（mechanism or process modeling）是系统分析和定量表达跨尺度相互作用的最有效方法（Rastetter et al.，2003），生态系统模拟成为全球变化研究中发展最快的领域之一，各种类型的生态机理模型不断出现（顾峰雪，2007）。碳循环模型的发展主要经过了3个阶段。

第一阶段的陆地碳循环模型是碳平衡模型，根据陆地生态系统的分类，模拟各类生态系统的净初级生产力（NPP），并从实测数据分析不同生态系统类型的碳密度，再根据分布面积的估计，用简单相乘的方法计算全球陆地的碳平衡，属静态模型（张海清等，2005）。

第二阶段的陆地碳循环模型是在地理空间数据库的基础上，通过植被-气候关系模拟陆地潜在的植被分布，从而预测气候变化对陆地碳平衡的动态影响。但对不同生态系统的碳储量变化仍没有机理性的解释，并且没有包括土地利用和土地覆盖变化对潜在碳收支的影响。

第三阶段的模型发展是模拟生物地球化学循环的动态和机理过程，并将植被组成与结构变化及土地利用和土地覆盖变化（LUCC）等影响引入模型中，预测全球变化情景下陆地碳循环的动态变化。

以美国、欧洲为代表的发达国家和地区从 20 世纪 70 年代初就开始陆地生态系统碳循环模型的研究，20 世纪 90 年代以后由温室气体排放引起的全球环境问题越来越受到各国政府的重视，陆地生态系统模型特别是碳循环模型研究得到了普遍重视且有了飞速发展。模型已从最简单的静态回归模型发展成较为成熟的机理模型，从气候变量与一个或多个生物圈痕量气体通量的回归到试图模拟大面积植被层次的生物物理及生物地球化学过程的机理模型，同时在研究全球植被和土壤碳储量、NPP、净生态系统生产力（NEP）等的大小及地理分布格局中结合了遥感、地理信息系统等新手段。20 世纪 90 年代中期以来由于科学家已广泛认识到将大气和陆地生态系统作为一个整体来研究其过程和机理的重要性，陆地生态系统碳氮水耦合模型得到飞速发展（黄玫，2006）。

从 Lieth（1975）建立第一个第一性生产力的参数模型开始，过去 30 多年碳水耦合模型是伴随着多尺度的气象、植物生理的试验、观测而逐渐发展和应用的（Baldocchi and Wilson，2001）。20 世纪 80 年代以前，碳循环模型一般都是应用统计分析的方法在大尺度格局和状态变化与控制因素之间建立相关关系的（曹明奎等，2004）。Farquhar 等（1980）的光合模型和光合依赖的气孔导度算法（Ball et al.，1987）的提出为碳水耦合模型带来了革命性变化，它提供了一个将叶片尺度通量上升到站点尺度的理论基础（Baldocchi and Wilson，2001），使研究者可以建立基于过程的生态系统机理模型，在多尺度上研究生物地球化学、气候等问题（Woodward et al.，1995；Sellers et al.，1996，1997）。基于生理生态过程的机理模拟是定量分析和表达跨尺度相互作用的最有效方法，生态系统机理模型是过去 10 年碳循环研究中发展最快的领域之一，各种类型的生态机理模型不断出现。20 世纪 90 年代初开始有站点尺度的水碳耦合模型，但是最初由于缺少实际观测的数据对模型加以验证，参数也多来自文献而非实际观测。20 世纪 90 年代中期以后，各国都开始应用涡度相关技术进行水碳通量的连续观测，连续、长期的水碳通量观测及一些大型项目的实施为研究生态系统尺度水碳交换的时空变异（Baldocchi et al.，2000；Falge et al.，2002）和生态模型的验证提供了季节到年际时间尺度上的大量数据（Lloyd et al.，1995；Bonan，1992；Baldocchi，1997；Grant et al.，1999；Verhoef and Allen，2000；Baldocchi and Wilson，2001）。

1.2.2　陆地生态系统碳循环模型类型

模拟陆地生态系统碳循环的模型主要包括生物地理模型、生物地球化学模型、生物物理模型（Hurtt et al.，2002）。按照模拟方法的差异，也可以分为经验模型、过程机理模型和光能利用率模型等（表 1.2）。

1.2.2.1　生物地理模型

生物地理模型是描述大尺度上植被与气候之间关系的模型，基于生态生理制约因子

表 1.2　陆地生态系统碳循环模型分类

模型类型	植被碳交换	土壤碳交换	来源	备注
经验模型	Miami 模型	RR = 0.6323 exp (0.0512MAT) $\min(R_w, R_d)$	Yang et al.，2001	基于土壤碳平衡假设
过程模型	植被生物量方程	凋落物和土壤腐殖质方程	王绍强等，2001	分室模型
	Collatz 等（1991）的模型	$R_h = f(T)$	Soegaard and Nordstroem，1999	SPOTS 的大叶模型
	Farquhar 模型	CENTURY	Liu et al.，1997	BEPS In TEC 模型
			Chen et al.，2000a	
			Chen et al.，2000b	
遥感模型	CASA	Arrhenius 函数	Tate et al.，2000；Potter et al.，2001	
	TURC	$R_h = f(T)$	Lafont et al.，2002	
	PROMET-V	Arrhenius 函数	Schneider and Mauser，2001	

和资源限制因子两种类型的边界条件，预测不同环境中各种植物类型的优势度。生态生理制约因子决定主要植物的分布情况，在模型中是通过计算生长日数、冬季最低气温等生物气候变量来得到的；资源限制包括叶面积等主要植被结构特征。模型有两个基本假设：陆地植被与气候处于平衡状态且不存在滞后效应；气候因子决定不同植被类型的分布和特征。

生物地理模型模拟的是生态系统类型的潜在自然分布，以静态植被为基础，用气候和土壤的函数描述生态系统过程，能在一定程度上反映气候不变且生态系统平衡条件下的区域碳收支的基本特征，但模型没有考虑到植被变化的时间动态过程和变化发生的过程，不能反映生态系统与气候变化之间的相互作用。虽然建立了气候-植被-土壤之间的关系，但没有考虑人为活动、土地利用等对植被及土壤分布的影响，导致结果与实际偏离（彭少麟等，2005）。目前应用广泛的生物地理模型有 BIOME、DOLY、MAPSS 等模型（程迁，2008）。

1.2.2.2　生物地球化学模型

生物地球化学模型是使用数学模型来研究化学物质从环境到生物，然后再回到环境的生物地球化学循环过程，是生态系统物质循环的重要研究方法，模拟陆地生态系统中碳、氮和水分循环的动态模型，反映陆地生态系统对气候变化的响应与反馈过程及植被的变化速率等。

生物地球化学模型的基本结构包括植物、大气、土壤三个组分及植物-大气、植物-土壤和土壤-大气三大界面。这类模型主要考虑环境条件如何影响碳氮水循环，并以各种环境条件为输入变量，来模拟生态系统光合作用、呼吸作用和土壤微生物分解过程，计算碳和养分循环及温室气体通量，可以通过植被生态生理过程的反应直接模拟气候变化及大气 CO_2 浓度对 NPP 和植物水分利用效率的影响，预测气候变化对陆地碳循环的影响。

依据植被类型或结构组成能否自主适应环境的变化，生物地球化学模型分为静态模型和动态模型两类。静态模型以静态植被为基础，基本假设为：植被在区域内分布均匀，模拟过程中植被类型和土壤类型不变，即相应的植被生理生态参数不变。此类模型能够反映植被、地面凋落物和土壤有机质之间的碳和其他养分循环，可用于检验植被的生产力、碳储存和养分利用等。以 TEM（Raich et al.，1991）、BIOME-BGC（Running and Hunt，1993）、CENTURY（Parton et al.，1993）和 CEVSA 模型（Cao and Woodward，1998a）为代表。自 TEM 以后出现了大量的估计全球陆地生态系统碳循环的生物地球化学模型，如 HRBM、CARAIB、FBM、PLAI、SILVAN、BIOME-BGC、KGBM 等（Churkina et al.，1999）。动态模型即将静态模型中固定的初始植被类型用受气候和土壤变化影响的动态植被类型替代，使每一时刻的植被状况更接近实际（黄玫，2006）。这类模型的代表有 LPJ 和 HYBRID 模型。

生物地球化学模型填补了生物地理模型不能描述植被与环境之间动态相互作用过程的缺陷，有比较一致的结构框架和内部过程，但生物地球化学循环模型偏重于对小尺度（如叶片、植株和样点）生理生态过程及其环境变化的短期反应模拟，缺乏对大尺度长期植被动态的模拟，不能模拟气候变化导致的植被分布的变化（顾峰雪，2007）。而且，由于生态系统类型变化大、结构复杂、功能多样、时间和空间异质性高，很难通过建立一个简单的模型来研究所有生态系统问题（张海清等，2005）。

目前已有许多生物地球化学模型用于研究气候变暖与陆地生态系统碳循环之间的相互作用。Melillo 等（1993）利用生物地球化学模型 TEM 研究了全球植被 NPP 对气候变化的影响，Tian 等（1998）利用 TEM 模型研究了亚马孙河流域热带雨林对气候变暖的响应，Zhuang（2001）则利用 TEM 模型研究了气候变化对高纬度地区的影响。Schimel 等（1994）利用 CENTURY 模型研究了全球气温升高对土壤碳库的影响，Bachelet 等（2001）利用 MAPSS 模型结合 CENTURY 模型研究了美国陆地生态系统对气候变化的响应。Cao 和 Woodward（1998a）利用 CEVSA 模型研究了 1860~2070 年的生态系统碳动态变化及其对气候变暖的响应。Jones 等（2005）耦合 RothC 模型和 HadCM3 来预测未来气候情景下土壤碳库的动态。同时也有一部分生物地理模型和生物物理模型被用来研究气候变暖对陆地生态系统碳循环的影响，如 IPCC 指定 MAPSS 和 BIOME 模型作为估计气候变暖对全球潜在植被影响的生物地理模型。同时开展了模型比对研究工作，Cramer 等（2001）比较了 HYBRID、IBIS、LPJ、SDGVM、TRIFFID 和 VECODE 6 个模型在研究陆地生态系统结构和功能对气候变化响应中的差异，Schimel 等（2000）利用 CENTURY、TEM 和 BIOME-BGC 模型研究了美国陆地生态系统对气候变化的响应模拟过程中的差异。

动态植被模型是生物地理模型和生物地球化学循环模型的组合，综合了两类模型的优点，既可以模拟植被分布也可以模拟水碳循环的完整过程。这类模型有 LPJ 模型（Sitch et al.，2003；Gerten et al.，2004）、BIOME3 模型（Haxeltine and Prentice，1996）、Hybrid3.0 模型（Friend et al.，1997）、IBIS 模型（Foley et al.，1996）和 TRIFFID 模型（Cox，2001）。但是动态植被模型还只是生物地理模型与生物地球化学循环模型的直接组合，植被的动态由气候变化所决定，还不能描述大尺度植被格局和结构动态变化及其小尺度生理生态反应的机理联系（曹明奎等，2004）。

1.2.2.3 生物物理模型

生物物理模型是由大气环流模型的陆面参数化（LSP）子模块发展过来的，可以模拟植被-土壤-大气之间的物质、能量和动量转化交换过程。生物物理模型包括 SiB 模型、BATS 模型和 LEAF 模型等。由于在生物物理模型中强调了植被在地表能量平衡中的作用，因此陆面过程的模拟精度大大提高。但最初大部分模型仍然局限于研究陆地-大气之间的能量与水的平衡，模型中植被的叶面积指数是被事先规定的，不会随着外部气候变量的季节和年际变化而改变，使得植被的生物地球化学过程对大气过程的作用显得并不重要（Lu，2001），植被的生理生态过程和陆面的物理过程没有耦合起来。这类模型结合了陆地生态系统的生物地球化学过程来计算陆气之间的能量、水和碳通量。生物物理模型能直接对大气中 CO_2 的变化作出响应，从而使得模拟陆气之间的能量、水及生物地球化学循环成为可能（黄玫，2006）。但是模型中没有考虑植被格局和动态对气候变化的响应（顾峰雪，2007）。

1.2.2.4 经验模型

相关模型或经验模型就是根据植物生长量与环境因子相关原理，用统计关系或相关关系建立的数学模型估算植物生产力。它通常依据实验或调查结果建立变量之间的回归方程，但对方程的参数不能进行机理性解释。经验模型可以在生态系统的不同层次上建立，方法简单，但模型在外推时则具有很大的风险性。植物生产力的经验模型由于可以直接用于气候变化的研究而受到重视，但这些模型或者由于缺乏严密的生理、生态理论做依据，或者只能对潜在生产力进行研究，因此不能很好地反映现实，有以点代面的缺点。

CO_2FIX 是欧洲 CASFOR 开发的一个适用于多林分、生态系统水平的基于收获表的经验模型，适应于异龄林和混合林，可用于温带和热带森林（http://models.etiennethomassen.com）。此外，许多研究者在模型中耦合了土壤碳收支模型，从而得到森林生态系统现实碳收支的合理估算，此类模型有 FORTNITE、LINKAGE、FORCLIM、INTCARB 等（史军，2005）。CBM-CFS3 是 Mike Apps 和 Werner Kurz 发展的一个旨在《京都议定书》框架下模拟森林碳蓄积动态的模型，使用与森林管理规划所需类似的信息如森林调查资料、生长和收获曲线、自然和人类干扰信息、林分收获表、土地利用变化等，辅以生态参数信息，可用于估算过去、现在和预测未来的碳储量与储量变化（http://cfs.nrcan.gc.ca）。

1.2.2.5 过程机理模型

根据植物生理、生态学原理来研究植物生产力，其理论基础为：光合作用是生态系统生产力的第一驱动者，气候、生态系统类型及资源的重要性可根据它们对光合作用、生物量分配及呼吸作用的影响来评价。这种模型通常以 1 天或小于 1 天作为模拟步长且综合考虑温度、光合有效辐射、大气 CO_2 浓度、土壤水分、大气水分、土壤养分等调控因子影响光合作用和植物生长的生理过程。其优点是机理性强，可以与大气环流模型相耦合，有利于研究全球变化对陆地植被生产力的影响，可用来研究植被分布变化对气候的反馈作用。但过程机理模型比较复杂，网格内的特征参数必须利用土地覆被分类图获得，由于当前大多数生态系统都缺乏相应的实测参数，并且一些随物候变化的变量的时空分布的定量化也很困难，因此效果不十分满意。由于建立或检验模型的基本数据信息需要通过实验、观测等手段获得，在区域或国家尺度上，这些真实数据密度的增加需要相当的时间积累。

基于 Farquhar 方程和 Ball-Berry 气孔导度模型的生态机理模型都是基于叶片尺度上水碳交换的生理生态试验，这些模型应用到区域或全球尺度时，需要大量有关叶片光合和呼吸的生理生态和土壤的站点信息进行模型的参数化，模型的运行也需要大量输入数据作为支持。大多数模型在升尺度的过程中都是将基于小尺度建立的模型进行适度的简化，仅包含研究目的所需要的最重要的过程和最容易观测的驱动变量（Baldocchi and Wilson，2001）。另外，模型在区域到全球尺度上应用时，很难获得大范围连续的观测数据对模型的模拟结果进行测试和验证。由于不同模型对水碳循环关键生理生态过程的描述即参数获取存在差别，对区域碳源汇的格局模拟存在很大的不确定性。模型之间模拟结果的比较成为解决这些问题的方法之一。国际上组织了大量的模型对比实验（VEMAP Members，1995；Cramer et al.，1999），对比分析了各类生态模型的模拟结果，综合分析了不同模型对区域和全球水碳平衡、生产力和植被动态模拟结果的不确定性，并且模型的对比也成为模型开发和改进发展的重要途径之一（于贵瑞，2003）。

模拟林分生长动态和碳吸收、固碳能力的模型很多，多数模型只包括那些限制局部植物生长的重要变量，如森林生长和收获模型 TREEDYN3 和 FORGRO，是为受营养条件限制的欧洲森林所建立的模型，强调土壤元素循环和营养限制而极大地忽略了能量和水分平衡。SPM 模型包括了许多湿地松林碳吸收分配的细节，但不适用于受干旱胁迫的地区。PnET 模型是一个森林碳、水平衡相结合的模型，假设水的可获得性限制叶的生长，反过来叶生长与根生长有关，该模型能够很好地模拟大范围森林的生长。随着森林生态模型的发展，有研究将一系列模型嵌套成一个基于机理或半经验、半机理的混合模型，如从小时步长的 MAESTRO 林冠光合模型中抽出重要的简化假设，构建了日步长的 BIOMASS 森林生产量模型，再抽出 BIOMASS 中的原理进一步构建了 G'DAY 模型，仅用 10 个不同方程即可表示树木和土壤的碳氮随时间变化的动态，并可模拟增加的大气 CO_2 对森林生长的影响。

3-PG 模型是澳大利亚一个基于林分生长生理过程的森林简化过程模型，它利用 FOREST-BGC 和 BIOMASS 的原理，通过计算辐射吸收、树冠光合或总初级生产力，来估计净初级生产力和碳水化合物在树木不同部分间的分配。TRIPLEX 模型也是一个用来预测森林生长和碳氮动态的混合模型，结合了 3-PG、TREEDYN3 和土壤碳氮模型 CENTURY，模拟结果与观测值具有很好的一致性。这些模型阐述了森林生长和物质分配的主要过程，包括有机物在各部分的分配、年龄对生长的影响、树木竞争导致的死亡等。也有模拟人类管理对植被、土壤碳氮影响的森林生态模型，例如，GORCAM 模型用于分析评价某种生产活动对大气温室气体的净影响，模型最初是针对森林管理措施固碳效果开发的。InTEC 模型是一个陆地生态系统碳循环综合集成模型，最初应用于模拟加拿大北方森林生态系统，已成功地模拟了过去加拿大北部森林 100 年（1900~2000 年）碳源/汇的时空变化特征（Chen et al.，2000a，2000b），它是目前唯一考虑了林分年龄及森林扰动影响的模型，适合于研究各种森林管理措施对森林碳吸收的影响（黄麟，2009）。

1.2.2.6　光能利用率模型

光能利用率模型基于资源平衡观点（在某些极端情况下，如果完全适应不可能时，NPP 则受最紧缺资源的限制），利用植被所吸收的太阳辐射及其他调控因子来估计植被净初级生产力。Monteith（1972）首次引入光能利用率的概念，用其表示地上部分每年吸收 1 单位的太阳总辐射或光合有效辐射（PAR）所生产的干物质量或碳量。用植被所吸收的光合有效辐射 APAR 和光能转化效率 ε 计算作物 NPP，见公式（1.9）。

$$NPP=\varepsilon\times APAR \tag{1.9}$$

公式（1.9）中 APAR 可由植被对光合有效辐射的吸收比例 FPAR 与入射光合有效辐射求得，而 FPAR 可由遥感资料获得，这样由遥感所获得的 FPAR 可直接用于 NPP 的监测（于强等，1998）。

1.3 陆地生态系统碳循环模型介绍

1.3.1 生物地球化学模型

1.3.1.1 CEVSA 模型

CEVSA（Carbon Exchange between Vegetation，Soil，and Atmosphere）模型是一个基于生理生态过程模拟植物-土壤-大气系统能量交换和水碳氮耦合循环及其对环境变化响应和适应的生物地球化学模型（Cao and Woodward，1998a，1998b；Woodward et al.，1995），是目前广泛应用的生态机理模型的一个典型代表，它建立在 20 世纪 90 年代中期，主要模拟了区域和全球陆地生态系统碳氮水循环的时空变异及对气候变化的响应（Cao and Woodward，1998a，1998b；Cao et al.，2001，2003，2005）。

为描述这些过程及其与各种环境变量的相互作用，CEVSA 模型包括 3 个子模型：①估计植物-土壤-大气之间水热交换、土壤含水量和气孔传导等过程的生物物理子模型；②计算植物光合作用、呼吸作用、氮吸收速率、叶面积及碳氮在植物各器官之间分配、积累、周转和凋落物产生的植物生理生长子模型；③估计土壤有机质分解与转化和有机氮矿化等过程的土壤碳氮转化子模型（顾峰雪，2007）。模型的结构图见图 1.3。

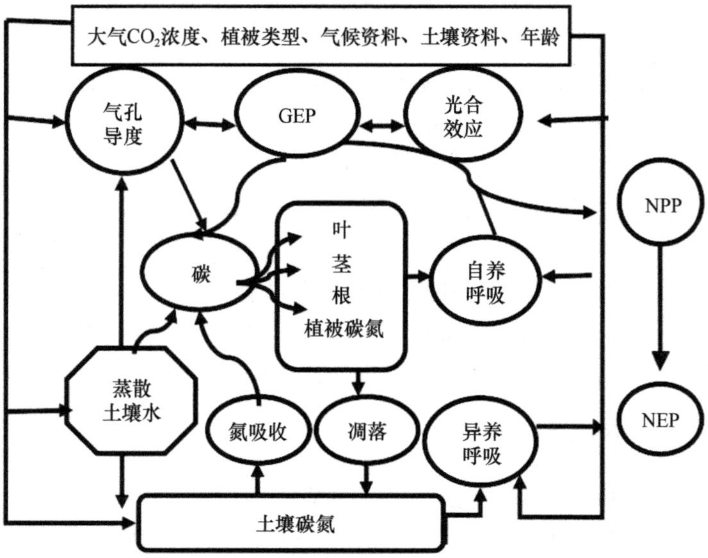

图 1.3 CEVSA 模型结构示意图（顾峰雪，2007）

CEVSA 模型应用的生物和生态学原理、计算方程和参数均来自于大量的实验室和野外试验观测。该模型曾使用叶片或植株生理试验、样点初级生产力观测和遥感反演数据进行了验证，模型估算的 NPP、叶面积指数及植被和土壤中的碳储量与实地调查和测定所得的实际值有很好的一致性（Cao and Woodward，1998b；Woodward et al.，1995），目前应用了连续的水碳通量数据对模型的生理生态过程机理进行了检验（Gu et al.，2010；Zhang et al.，2012）。为了进一步提高该模型模拟结果的可靠性和可信度，需要检验基于叶片尺度生理生态过程建立的模型能否通过积分途径正确模拟冠层尺度的光合速率和蒸散速率，以及模型能否准确模拟水碳循环中各个分量（如光合碳固定和呼吸、蒸散等）的动态（顾峰雪等，2010）。

1.3.1.2　CENTURY 模型

CENTURY 模型是美国科罗拉多州立大学建立的，开始是基于草地生态系统发展而来的，现已扩展到农业生态系统、森林生态系统及稀树大草原生态系统中（savanna）（Song and Woodcock，2003；Foereid and Hogh，2004），主要用于模拟不同土壤-植被系统间碳、氮、磷、硫的长期动态变化。CENTURY 模型是一个土壤-植被-大气系统过程模拟模型，包括有机质子模块、土壤水和温度子模块、养分子模块、作物生产力子模块和管理子模块，可以模拟植被生产力、碳和其他养分在植被与土壤中的分布格局和动态，以及环境因子、管理方式的变化对于生态系统的影响等。其中土壤有机质子模块基于土壤有机质的多个分室，与其他模型中的土壤有机质动态相似，采取了将土壤有机质库划分为多个分室的建模思想。CENTURY 模型包括具有不同分解速率的活性、慢性、惰性土壤有机质库，地上和地下植物残体库，以及与地表残体分解速率相关的地表微生物库，根据凋落物中木质素和氮的比率，地上和地下植物残茬及动物排泄物被分配到结构库和代谢库中；结构库包括全部的植物木质素，结构库的分解速率比代谢库的分解速率慢得多。

CENTURY 模型模拟以月为步长，将生态系统划分为 8 个碳库，强调氮循环和氮的可用性对于碳的吸收和储存的控制作用。模型中最大植被生产力取决于土壤温度、土壤有效水分、叶面积指数和林分的年龄，初次计算的生产力要经过地上生物量、大气 CO_2 和土壤有效氮来修正，修正结果才为实际生产力。目前该模型主要应用于研究各尺度上环境因子和管理方式对自然及人工生态系统的影响。

1.3.1.3　BIOME-BGC 模型

BIOME-BGC 模型是从森林动力学模型发展而来的，以光合反应和土壤水分平衡为基础，计算光合作用强度和初级生产力。模拟以日为步长，将生态系统划分为 4 个碳库，强调水分循环和水分有效性对于碳的吸收和储存的控制作用，考虑了土壤温度、含水量和枝叶脱落物木质素含量对有机质分解带来的影响（曹明奎和李克让，2000）。

1.3.1.4　TEM 模型

TEM 模型是 Melillo 等建立的陆地生态系统动态模型，它利用气候、纬度、土壤类型、植被、水分利用效率等来估算碳氮通量和库的大小。模型模拟以月为步长，将生态系统划分为 18 个类型，通过设定各类型的生理生态参数来模拟植被生产力和碳氮循环。

在生产力的模拟中，模型以吸收大气的碳与植物呼出的碳之差作为第一性生产力。该模型对碳氮的估计仅适用于成熟的未被破坏的植被，没有考虑土地利用方式（彭少麟等，2005），且使用大量经验参数和经验公式，没有对光合作用、光合产物分配、气孔传导、叶片形成和枝叶脱落等过程进行描述，因而在估计植物生产力和物候变化方面有很多不足（曹明奎和李克让，2000）。

1.3.1.5 CASA 模型

CASA 模型是一个基于过程的模型（Potter et al.，1993，1994），耦合了生态系统生产力和土壤碳氮通量，由格网化的全球气候、辐射、土壤和遥感植被指数数据集驱动。模型包括土壤有机物、微量气体通量、营养物利用率、土壤水汽、温度、土壤结构和微生物循环。模型以月际时间分辨率来模拟碳吸收、营养物分配、残落物凋落、土壤营养物矿物化和 CO_2 释放的季节模式。Potter 和 Klooster（1997）为了包括人为活动导致的土地覆盖变化，对 CASA 模型及某些参数做了一些调整，来改善与植物吸收需求有关的土壤碳循环和总生态系统氮量可行性的计算。

1.3.1.6 HYBRID 模型

HYBRID 模型包括了生态系统植被演替更新和碳、氮、水收支动态的计算过程。在植被动态模拟方面，HYBRID 模型的思路是大量植物斑块竞争形成植被景观，并假定每个斑块的光照、水分和养分都是平均分配的。该模型可以模拟从树种到植被功能型的个体以年为步长的演替更新，对于不同类型的植被，更新的设定条件是不一样的，而模型的最后对各个斑块更新的结果进行平均，这样可以避免由单个斑块偶然造成的误差。HYBRID 模型能够进行从叶片、斑块到景观尺度的模拟，但在较大尺度上相关参数较难确定，因此容易出现较大误差（程迁，2008）。

1.3.1.7 LPJ-DGVM 模型

LPJ-DGVM（Lund-Potsdam-Jena Dynamic Global Vegetation Model）模型是 Sitch 等（2003）在 BIOME3 的基础上发展起来的全球植被动态模式。该模型考虑了植被与环境之间相互作用的动态过程，可以很好地模拟植被的瞬时变化与气候的动态影响，且将大尺度陆地植被动态与陆-气之间的碳水交换过程相结合，考虑了植物体的生理生态适应性、自然衰亡过程、外界环境的胁迫，以及火干扰的影响，具体模拟了植物的光合作用、呼吸作用、干物质的分配、组织的周转、资源的竞争、种群的建立和死亡、枝叶的形成和凋落及凋落物的分解等过程。LPJ-DGVM 用 10 个植被功能型来描述植被，达到了解释植被间结构和功能变化的目的。为了控制植被生理和动态，每种植被功能型都相应地设置了生物气候学阈值，这些阈值决定了各植被功能型能够生存的潜在空间、形态、物候、生理和生活史特征，而这些特征又影响了它们的生长和竞争。LPJ-DGVM 还对各植被功能型之间的结构、动态、竞争做了清晰的描述（程迁，2008）。

1.3.1.8 PnET 模型

PnET（Photosynthesis，Nitrogen and ET）模型是美国新罕布什尔大学复杂系统研究中心（Complex System Research Center）开发研制的，包含了森林生态系统碳、氮、水动态模拟模块。该模型的模拟基础是林木生理生态过程和土壤水分动态变化。其林木生理生态过程主要包括同化作用、呼吸作用、蒸腾作用、干物质的分配等，而对于生产过程中害虫等的影响则不予考虑。PnET 模型从简单的森林冠层模型起步，但经多方改进，形成了可以在所有陆地生态系统使用的模型。巴特尔·巴克等（2008）认为，PnET 模型属于模拟碳循环行为的生物地球化学模型，但与现有的森林碳循环模型一样，是有机结合经验模型和机理模型的混合模型。

PnET 模型有 PnET-Day、PnET-II 和 PnET-C&ET AL 版本，还有与其他模型结合形成的 PnET/CHESS 模型（Aber and Driscoll，1997；Aber and Federer，1992；Aber et al.，1997）。这些版本的关系根据模型所包含的算法函数及其模拟能力可形成嵌套式模型。该模型的各种版本均由标准化模块组成。光合作用的运算法则在不同版本中是类似的，只不过后续版本增加了更多的算法和过程。PnET-Day 为实时冠层通量模型，该版本可以模拟林木冠层光合作用及蒸腾蒸发动态。PnET-II 增加了营养元素分配、水量平衡和土壤呼吸过程函数，模型以氮素有效性为驱动量模拟碳水平衡月变化。PnET-CN 中增加了林层生物量和土壤有机质动态变化过程，模拟生物量增加、枯枝落叶和土壤有机质分解过程。PnET-BGC 包含了多种元素对净初级生产力的限制及各种元素浓度变化模拟。这个版本与土壤化学模型 CHESS（Chemical Equilibria in Soil and Solution）相连形成了功能强大的土壤化学模块。目前的 PnET 使用 VB 和 Matlab 编程作为编程语言，有友好的图形用户界面。

1.3.1.9 AVIM 模型

大气-植被相互作用模型 AVIM（Atmosphere-Vegetation Interaction Model）是具有我国自主知识产权的陆地生物圈碳循环模型，是在对陆面物理传输过程和植被生理生态过程参数化的基础上建立的动态陆地生物圈模型，其模型在建立之初就体现了大气与植被相互作用的概念。AVIM 能模拟能量和水分在大气、植被及土壤之间的分配等大气物理过程，模拟植物的光合作用、呼吸作用、凋落、物候等植物生理生长过程，且植物生长所引起的植被形态特征变化又反作用于大气从而影响陆地表面的物理过程。因此它属于模拟大气与植被相互作用的耦合模型（黄玫，2006）。季劲钧的 AVIM 模型是第一个真正意义上的耦合模型，其后又出现了 HYBRID 等（Friend et al.，1997）耦合模型（顾峰雪，2007）。AVIM 曾在内蒙古半干旱草原、长白山森林和华北农田等生态系统模拟了在大气状况强迫下，各类生态系统初级生产力及植被与大气间的 CO_2 通量，取得了令人满意的结果（Ji，1995；季劲钧和苗曼倩，1994；季劲钧和玉春，1999）。李银鹏和季劲钧（2001）曾利用 AVIM 计算了全球陆地生态系统的 NPP，并与国际知名模式 BIOME-BGC、CASA、SIB2、TEM 等的模拟进行了比较。比较表明 AVIM 模式在众多陆地生态系统碳循环模式中是优秀的（黄玫，2006）。

1.3.2 生态过程-遥感模型

1.3.2.1 BEPS 模型

BEPS（Boreal Ecosystem Productivity Simulator）模型是 Liu 和 Chen 等在 FOREST-

BGC 模型的基础上发展起来的遥感机理模型（Running and Coughlan，1988）。该模型最初用于模拟加拿大北方森林（Boreal Forest）生产力。而后由 Bunkei 和 Masayuki（2002）、刘明亮（2001）等分别用于东亚地区、中国等地陆地生态系统生产力的模拟。Liu 等对 BEPS 模型进行了多次修改和完善，成功地耦合了碳水过程。这一模型是基于过程的生物地球化学模型，涉及生化、生理和物理等机理方法。结合了生态学、生物物理学、植物生理学、气象学和水文学的方法来模拟植物的光合、呼吸、碳的分配、水分平衡和能量平衡关系。这一模型参数较少，其中地表植被的信息源于适时的遥感数据，模型高效、适时而实用（冯险峰，2004）。

BEPS 模型的基础是叶片尺度生理生态模型。其空间分辨率取决于输入数据的空间分辨率；而时间分辨率为混合时间分辨率，在模拟水循环过程、光合作用和呼吸作用过程时以天为尺度，在模拟生态系统生产量的动态过程时以年为尺度。因此输入数据的时间分辨率也不尽相同（冯险峰，2004）。

模型模拟了碳循环和水循环过程，而通过以气孔导度模型为主的生理调节子模型将碳、水循环紧密联系在一起（图1.4）。其中碳循环过程主要包括植物的光合作用、呼吸作用、碳分配、净生产及土壤呼吸等生理过程；水循环过程主要包括降水、融雪、冠层截留、冠层蒸腾、冠层土壤蒸发、土壤水分变化等生物物理过程；而在叶片尺度的碳水循环过程中，CO_2 和水汽输送的通量取决于气孔导度、边界层导度及气孔下腔与大气中的 CO_2 或水汽的浓度差。因此气孔通过其开度来调节植物得到的 CO_2 和失去的水分，进而影响蒸腾作用和热量平衡（冯险峰，2004）。

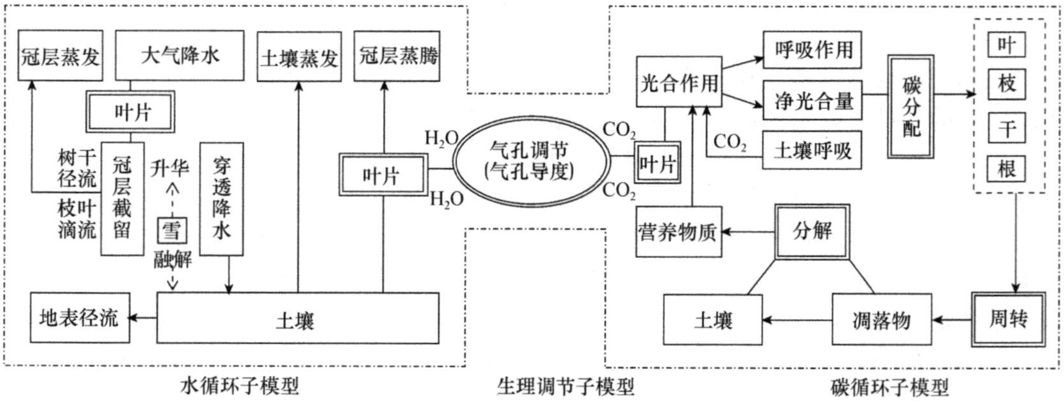

图 1.4　BEPS 模型的结构（根据 Jing M. Chen 及张娜等作者的图修改）

BEPS 模型模拟的主要步骤及所需的输入参数如图 1.5 所示，大体可以分为 5 个步骤：①土壤水分平衡模拟；②气孔传导过程和叶肉传导过程模拟；③光合作用过程和呼吸作用过程模拟；④每日 NPP 和 ET 模拟；⑤全年 NPP 和 ET 的模拟（冯险峰，2004）。

1.3.2.2　GLO-PEM 模型

GLO-PEM（Global Production Efficiency Model）是一个主要由遥感资料驱动的生产力效率模型（图 1.6），由描述冠层辐射吸收、利用、自养呼吸及这些过程如何受环境条件控制等几个相互联系的部分组成（Prince and Goward，1995；Goetz et al.，1999；Cao et al.，2004）。

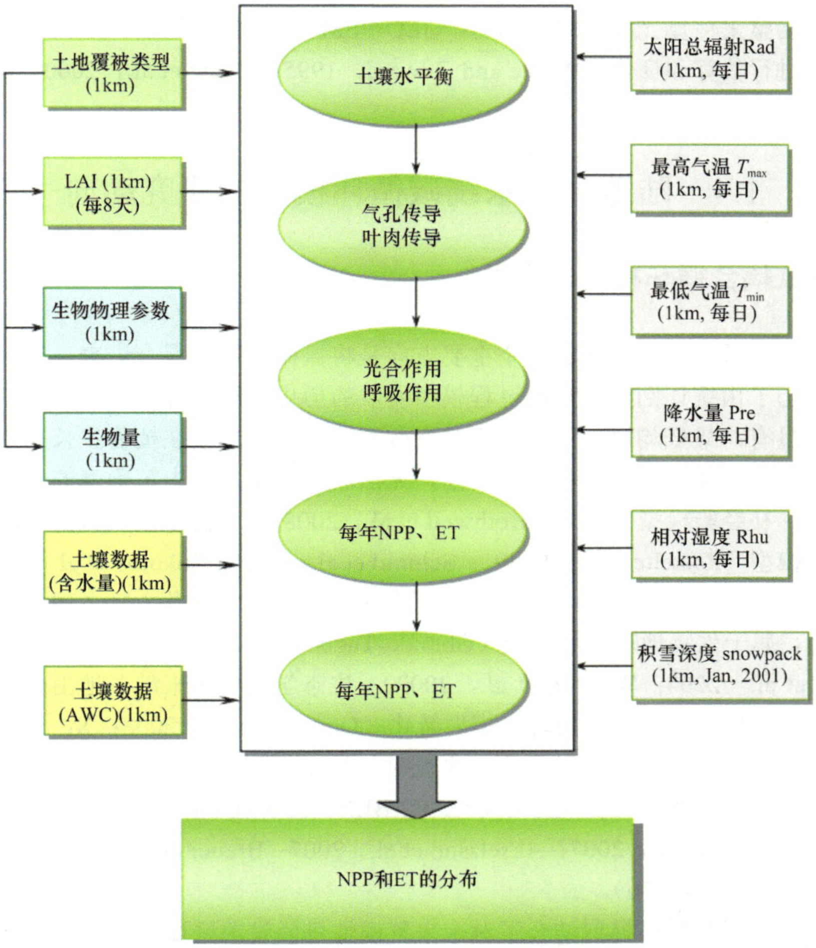

图 1.5　BEPS 模型模拟步骤及输入数据简图

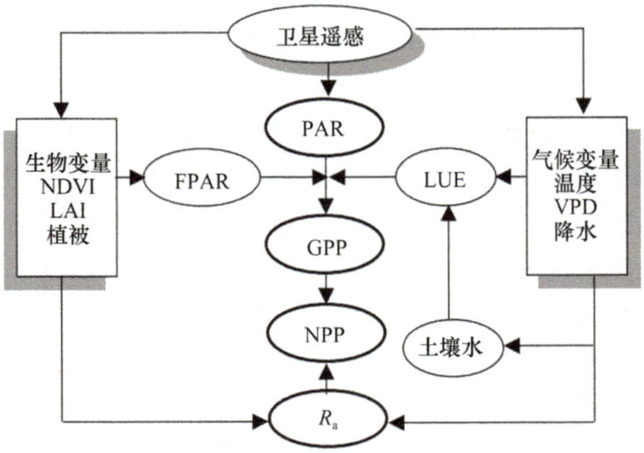

图 1.6　GLO-PEM 模型原理示意图

该模型的一个显著特点是其主要驱动变量数据来自于卫星遥感观测，尤其是气象数据。而且，GLO-PEM 是基于植物光合作用和自养呼吸的机理过程，而不是对各种植被类型值进行规定或调整来估算光能利用效率的。GLO-PEM 已被用于在区域及全球尺度对 NPP 的时空变化进行估算和评价（Prince and Goward，1995；Goetz et al.，2000；Cao et al.，2004）。

1.4 陆地生态系统碳循环模型的研究动向

1.4.1 碳氮耦合循环模型的发展

生态系统碳循环模型发展的一个重要方向是将氮循环过程耦合进来，碳氮耦合循环的模型也经历了由统计回归模型向过程模型发展的历史。经验模型如多元回归模型中用于回归的变量有：最低均温、固碳速率及有效氮等。这些参数在植物生长初期对生长起决定作用，但经验模型缺乏弹性及灵活性，无法满足模拟时段内精确度的要求。过程机理模型能够弥补经验模型的不足（Rothwell et al.，2008）。目前涉及碳氮耦合的模型主要是过程机理模型（Rastetter et al.，1991；Schmid et al.，2006；Sokolov et al.，2008；Wang and Houlton，2009）。这些模型模拟的主要对象涉及植物、土壤及大气之间碳氮循环过程的相互作用，属于生物地球化学模型（Gbondo-Tugbawa et al.，2001；Meixner and Bales，2003；Pan et al.，2004；Weedon et al.，2009）。生态学模型越来越多地由静态模型向模拟生态系统碳、氮和水分循环的动态模型转化（Ouyang et al.，2008；Xu et al.，2008；Wang et al.，2010），力求反映陆地生态系统对气候变化的响应与反馈过程及植被的变化速率。典型的生物地球化学模型有 O-CN、CABLE、CENTURY、DNDC 等模型（McNeil et al.，2006；Bunge et al.，2007；Akselsson et al.，2007；Breuer et al.，2008；Wang et al.，2010；Zaehle et al.，2010a）。

新一代碳氮耦合循环模型结合了对未来气候情景假设的区域气候模式和对复杂地表过程进行描述的陆面过程模型。在未来气候模式中陆地生态系统对大气 CO_2 浓度增加的响应是控制化石燃料燃烧排放 CO_2 的一种重要方法，并受到气候波动和气候变化的影响。而陆面过程模式中的碳氮相互作用过程决定了植物、凋落物和土壤有机质碳库和氮库的长期演变及其对大气成分和气候变化的响应，这一响应过程与未来大气 CO_2 浓度及温度的变化有着密切的关系（Thornton et al.，2007；Zaehle et al.，2010a，2014；Medlyn et al.，2015）。未包含氮限制的碳循环模型预测的未来 100 年陆地生态系统生产力对 CO_2 升高的响应与预测的对无机氮供给的响应趋势相悖。由于 CO_2 浓度升高导致土壤氮供给不足，氮限制将降低陆地生态系统对 CO_2 浓度升高的负反馈强度（Reich et al.，2006）。因此单纯的碳循环模型显著高估了陆地生态系统生产力对大气 CO_2 浓度升高的响应，而添加了氮限制的碳氮耦合循环模型包含了碳氮相互作用对气候变化响应的重要反馈机理，如增温对异养呼吸和光合作用的影响、无机氮的供给与矿化作用的关系等（Thornton et al.，2007）。这些机理降低了陆地生态系统生产力对温度的响应程度，缩小了由于增温和 CO_2 浓度升高导致的碳源的范围，能够更加真实地反映陆地生态系统对气候变化的响应（Zaehle et al.，2010a）。

碳氮耦合循环模型的发展趋势主要有：①将不同模型的模块进行改进和重组，扬长避短生成新的模型，新模型能够发挥原模型各自的优势，使模拟结果更加接近真实值；

②更加注重氮沉降对生态系统碳循环过程的影响，加强了碳氮水耦合循环过程的调控机理；③考虑植物-土壤-微生物不同组分内的碳氮磷生态化学计量比的动态变化；④与遥感和 GIS 结合，模拟区域尺度或长时间序列生态系统碳氮水循环特征（Ollinger et al.，1993；Smith et al.，2002；Chen and Driscoll，2005a；Homann et al.，2008）。例如，使用遥感反演的叶氮浓度作为模型的输入数据，从而获得整个区域的地上生物量（Smith et al.，2002）。

1.4.2 应用生态试验改进生态系统碳循环模型

在气候变化预测中，CO_2 浓度升高对生态系统的响应是一个主要的不确定性来源（Medlyn et al.，2015）。生态系统尺度的自由大气 CO_2 富集（free-air CO_2 enrichment，FACE）实验得到的数据为减小这个不确定性提供了一种独特的方法。FACE 实验是通过改变植物和生态系统的微气候环境条件来模拟未来气候变化的一种技术手段。通过这种技术，可以使人们了解在未来大气 CO_2 浓度增加后陆地生物圈系统的变化过程。FACE 系统是指一个模拟未来大气 CO_2 浓度增加的人工控制小环境，该系统主要由 CO_2 气体供应装置和控制系统组成，其中气体供应装置由储气罐、液态 CO_2 汽化装置、送气和放气管道等部件组成；控制系统由主控计算机、放气控制系统和 CO_2 采样分析系统组成。根据冠层 CO_2 浓度测定结果，由控制系统实时调节 FACE 圈层内的 CO_2 浓度，使之保持在高于对照的设定浓度值。由于 FACE 圈没有任何隔离设施，气体可以自由流通，因此系统内部通风、光照、温度、湿度等条件十分接近自然生态环境。因此，在这样的微域环境条件下进行 CO_2 增加的模拟试验获得的数据更接近于真实情况。

最近，欧美发起的 FACE-模型-数据集成计划（FACE-MDS）的主要目标就是使用森林 FACE 实验观测数据来评估和改进陆地生态系统模型（Medlyn et al.，2015）。新的“以假设为中心”（assumption-centred）的模型比对方法，采用试验数据来评估描绘关键生态过程的模型。通过识别和评估造成模型间差异的主要假设，以假设为中心的模拟方法为减少模型的不确定性提供了一个清晰的思路，这种方法能用于其他模型比对当中，能更好地改善人们对地球系统的认识与预测（Medlyn et al.，2015）。

由于陆地生态系统碳循环和大气之间的关键反馈，陆地生物圈对大气 CO_2 浓度升高的响应是预测未来气候变化不确定性的主要来源（Gregory et al.，2009；Arora et al.，2013；Friedlingstein et al.，2014）。目前地球系统模型对这反馈的尺度或大小有很大的不一致性（Arora et al.，2013）。这一分歧源于对 CO_2 施肥效应导致植被生产力增加的预测上的差异，包括 CO_2 施肥效应与陆地氮（Thornton et al.，2007；Sokolov et al.，2008；Zaehle and Dalmonech，2011）、磷（Zhang et al.，2014）循环的相互作用，也包括陆地生态系统碳周转时间上的差异（Friend et al.，2013）。不同模型间的这些差异意味着人们对大气 CO_2 浓度增加对陆地碳储量影响的预测能力还很低（Medlyn et al.，2015）。

FACE 实验的主要目的在于研究陆地生态系统对大气中 CO_2 浓度增加的响应。通常，FACE 实验是生态系统水平、长时间序列、多种调查的实验，这为植被和土壤对 CO_2 浓度升高的响应提供了丰富的数据源（Ainsworth and Long，2005；Norby and Zak，2011）。然而，这些实验很少被用于控制模型的不确定性，通常模型输出数据只与 NPP 的响应进行比较（Hickler et al.，2008；Zaehle et al.，2010b；Piao et al.，2013）。

FACE-模型-数据集成计划（FACE-MDS）（Walker et al.，2014）的主要目标在于从这些实验中获得多源观测数据，更好地限定模型中有关对 CO_2 浓度升高的响应。为了达到目的，科学家采用了一种“以假设为中心”的方法，研究描绘了关键生态过程模型中的基本假设，并且评估了何种假设最能代表实验数据。科学家选取了 11 个过程模型，包括 4 个站点尺度的生态模型[DAYENT（Parton et al.，1983）、ED2（Medvigy et al.，2009）、GDAY（Comins and McMurtrie，1993）和 TECO（Weng and Luo，2008）]，5 个陆面模型[CABLE（Wang et al.，2011）、CLM4（Oleson et al.，2010）、EALCO（Wang et al.，2007）、ISAM（Jain et al.，2009）和 O-CN（Zaehle et al.，2010b）]和两个动态植被模型[LPJ-GUESS（Smith et al.，2014）和 SDGVM（Woodward et al.，1995）]。这些模型模拟结果都与两个温带人工林 FACE 实验观测数据进行了对比：杜克大学火炬松 FACE 实验和橡树岭国家实验室（ORNL）北美枫香 FACE 实验（Norby et al.，2010）。这两个实验地都开展了站点尺度上的多个控制实验，与生态系统尺度的模型能较为容易地开展对比。两个实验运行都已经 10 年以上，期间都积累了许多生态功能方面的实验数据。

科学家研究的过程主要包括净初级生产力（NPP）和氮循环（Zaehle et al.，2014）、水分利用和水分利用效率（WUE）（de Kauwe et al.，2013），以及碳分配和周转时间（de Kauwe et al.，2014）。这两个实验用于论证这些生态过程的不同响应。在杜克站开展的 NPP 对大气 CO_2 增加刺激的模拟差异取决于临近 FACE 圈的土壤氮的有效性，但是整个实验期间站点尺度平均的响应仍然很强（McCarthy et al.，2010；Oren et al.，2001）。碳分配模式的变化并不大，所以在实验结束时 NPP 的增加导致了更高的叶面积指数（LAI）（McCarthy et al.，2007）和更高的植被碳储量。总的植物水分利用变化很小（Domec et al.，2009）。相反地，在 ORNL 站，CO_2 增加刺激的初期 NPP 下降是由于不断发展的养分限制作用，以及碳分配较大地迁移到地下（Norby et al.，2004），导致 LAI 或碳储量没有变化，除了植被的水分利用降低之外（Warren et al.，2011）。两个 FACE 实验之间的对比有利于模型发展得更加精确，Medlyn 等（2015）通过综合研究，探讨模型应用生态实验观测结果来发展和优化模型，相互对比和验证建模方法的可行性，从而减少模型的不确定性。

（1）以假设为中心的方法

模型比对通常使用“基准方法”（benchmarking approach）（Luo et al.，2012）（图 1.7A），即模型与一套观测的系统特征进行比较，然后根据模型对观测模式的重复情况进行排序。虽然该方法能用给定的一套数据库识别出一个“最优”模型，但是它对模型的改进几乎没有作用，因为该方法不能确定一个好或坏模型表现的原因。它也忽视了对等性和参数调整的问题，这可能导致由于错误，模型模拟效果好（Medlyn et al.，2005）。

相比之下，在 FACE-模型-数据集成计划（FACE-MDS）中“以假设为中心”的模拟方法的明确目标是确定和评估造成模型间差异的假设（图 1.7B）。这一方法充分利用了生态模型核心部分都具有的相似结构（Luo and Weng，2011）。参与 FACE-MDS 的每个模型都包含有驱动树和土壤组分之间碳、水分和氮通量的主要过程。模型间的差异源于在各个过程中特定的假设和参数值的设定。因此，该项目直接比较不同模型在各个过程中的假设，可以评估这些过程对 CO_2 浓度升高的响应（Medlyn et al.，2015）。

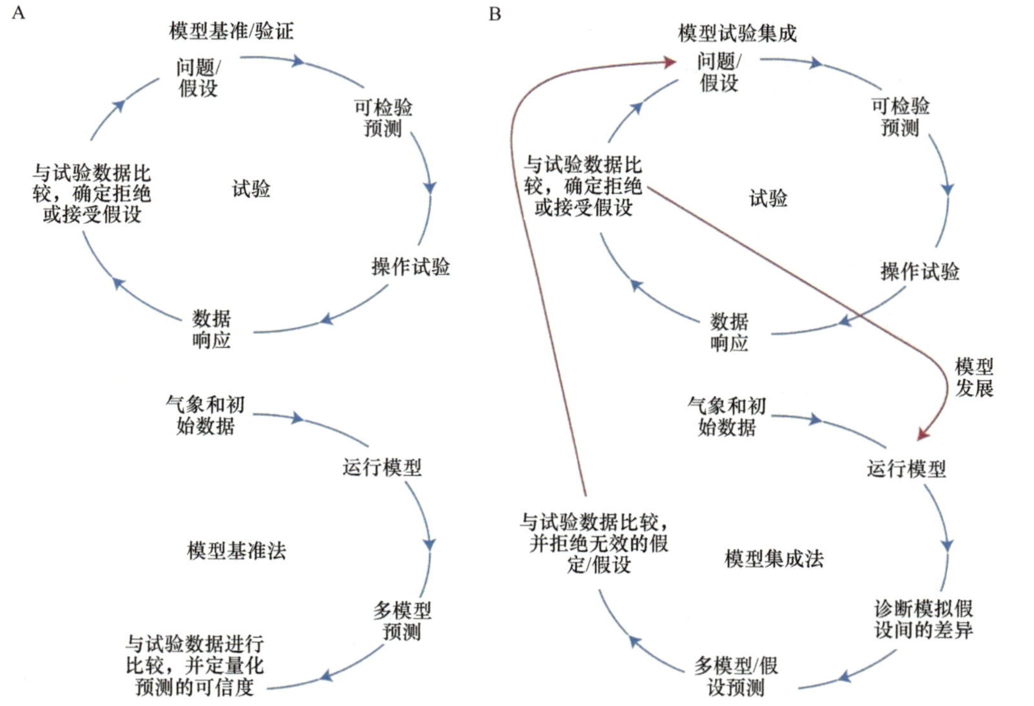

图 1.7　在模型相互对比中基准法和模型数据集成法的比较（Medlyn et al.，2015）

A. 模型基准/验证；B. 模型试验集成。以假设为中心的方法将模型评估转为假设检验，允许建模和试验间信息的双向流动，从而改善对系统预测的理解

“以假设为中心”的建模方法的基础是每次检查模型的一个子过程，而不是调查生态系统尺度上突然出现的响应（Medlyn et al.，2015）。科学家使用两个关键的分析工具进行研究。一是模型简化：对于一个给定的生态过程，确定该过程一个最简单的描述方式，然后与每个模型的模拟结果进行比较。然后提出问题：模型中的假设能解释多少与最简单的描述之间的差异？第二个工具是过程分解：从数学上将组合变量分解成组分变量，即每个组分变量代表目标过程的一个子过程。这些类型的分析通过确定造成模型预测间差异的关键假设，能够让人们深入认识模型行为。

研究人员将模拟的过程响应与相关实验数据进行对比，以此确定哪种假设被观测支持或不支持。在 FACE-MDS 中研究人员有时候能使假设与有效观测拟合较好。有时候，FACE 实验并不足以辨别各种假设中的差异，表明还需要额外的观测数据，包括一些非 FACE 数据。在其他情况下，模型都不能正确捕捉到实验中的响应，证明需要发展新的理论（Medlyn et al.，2015，图 1.8）。

（2）不同模型假设之间的区分

对于图 1.8 所示的生态过程（如绿色部分），可以对最能捕捉到试验响应的模型假设进行区分，从而明确使用何种类型的模型。

气孔导度：气孔导度和光合作用对 CO_2 浓度升高时的响应关系为光合作用增加最弱时，气孔导度降低就最强，反之亦然（Medlyn et al.，2001）。因此，模型中通常将气孔对 CO_2 浓度的响应表示为一个同化作用的函数。最广泛使用的气孔导度模型假设同化作

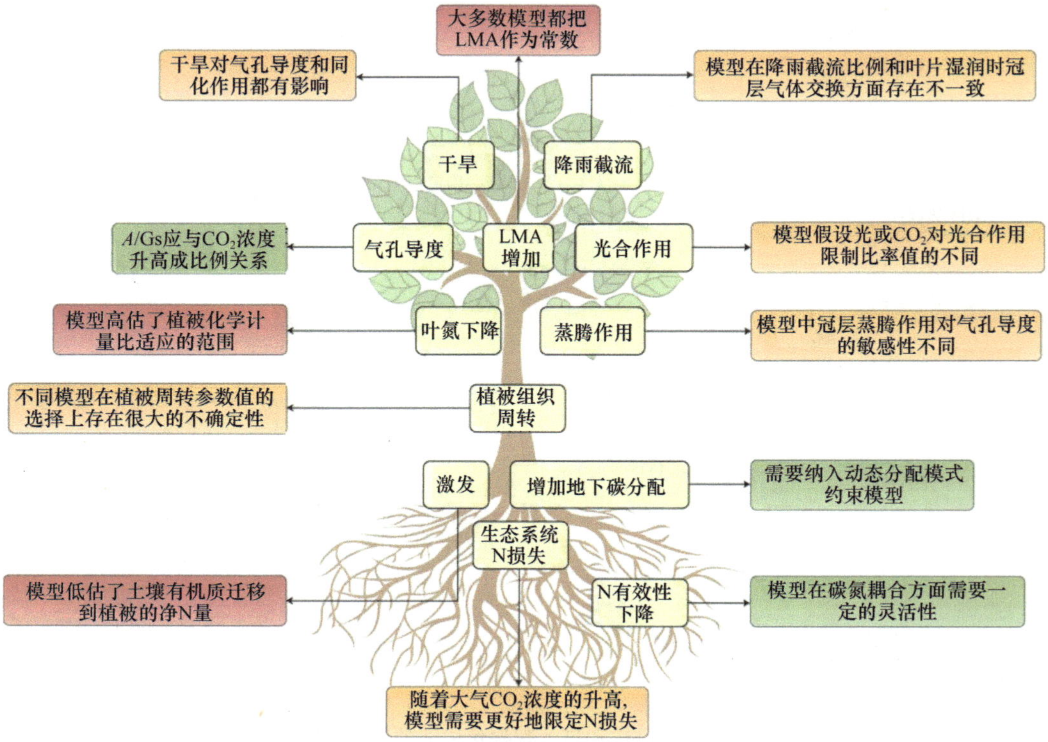

图 1.8　FACE-MDS 计划相关模型过程研究总结（Medlyn et al.，2015）

绿色：FACE 数据集区分模型各假设的过程。红色：FACE 数据集明确缺失或错误假设的过程。橘色：需要额外数据区分模型间假设的过程。*A*. 同化；Gs. 气孔导度

用对气孔导度的比率与 CO_2 浓度成正比，但是模型的一些变量的假设存在不同的关系（Medlyn et al.，2015）。经过其他一系列广泛试验后（Ainsworth and Rogers，2007；Barton et al.，2011），两种森林 FACE 实验支持该比例关系的数据表明，当前最广泛使用的模型是合适的（de Kauwe et al.，2013）。

分配（allocation）：分配描述的是 NPP 产物在不同植物器官（叶、茎和细根）间的分配。基于对分配假设的思考，科学家发现，“功能关系”分配模型最能捕捉到观测的一般特征，即分配是根据随着资源有效性而变化的各植物器官中的异速生长关系来计算的。有些模型假设 NPP 分配给各组织器官间的比例是恒定的，即分配系数为常数，但是在 FACE 实验中的分配是随着 CO_2 浓度升高而有动态响应的，在 ORNL 的实验（Iversen et al.，2008）中根上的分配明显更大，而在 Duke 的实验（McCarthy et al.，2010；de Kauwe et al.，2014）中茎上的分配略大，因此，分配系数为常数的模型效果并不好。同样地，使用不受植被生物量组分间关系约束的分配系数的模型模拟的结果与观测数据不一致。因此，科学家推荐包括动态异速生长限制的分配模型（de Kauwe et al.，2014）。这些模型可能包括经验的、最优的或竞争性的方法（Franklin et al.，2012）。

N 限制：生态模型在 CO_2 浓度升高导致 N 有效性下降速度方面存在不同，因为这种关系限制了植物的生产力。在两个模型中，即便在实验之初，N 限制也被假定有效排除了任何对生产力的刺激作用（Medlyn et al.，2015）。由于两个站点试验的前几年，平均

生产力都得到强烈地刺激，因此这一假设不被任何一个试验支持。在 ORNL 站随后几年的试验中，受到 N 有效性影响的大气 CO_2 浓度升高的效应逐渐有所限制。这些结果明确表明模型在需要碳氮循环耦合方面允许一定的灵活性（Zaehle et al.，2014）。

（3）缺失或错误的模型假设

科学家发现模型中的一些过程不能正确描述试验中的状况（图 1.7 中的红色部分）。这些情况表明这一领域需要有新的理论。

比叶重（LMA）：比叶重是决定 LAI 的重要因子，是一个关键的生态系统属性。试验表明，在 CO_2 浓度升高的情况下 LMA 是增加的，尤其在物种单一更均质的 ORNL FACE 实验中，这意味着 LAI 对 CO_2 浓度升高的响应不像叶片生物量那么强烈。CO_2 浓度升高试验中 LMA 的增加是常见现象（Ainsworth and Long，2005），但是在所有模型中都未能捕捉到。实际上，大多数模型都将 LMA 作为一个常数。进一步的理论需要预测 LMA 的变化，避免高估在 CO_2 浓度升高试验中对 LAI 的影响（Oren et al.，2001）。

植被化学计量的灵活性：提高器官的碳氮比（C/N）是使植被在养分限制条件下还能保持高生产力的一个机理。试验数据一致显示叶片 N 浓度随着 CO_2 浓度升高存在下降趋势。经研究，部分生态模型包含这种气候适应过程，增强了与观测数据的一致性。然而，所有的模型都高估了化学计量比适应的范围，表明目前的模型缺乏一个调控叶片 N 分配平衡的合适的描述形式。叶 N 需求的理论还在不断发展中（Maire et al.，2012），可能有助于确定超出简单化学计量比系数的叶 N 需求（Medlyn et al.，2015）。

土壤 N 释放的激发过程：模型低估了观测到的与 CO_2 浓度升高相关的土壤有机质迁移到植被的净 N 量，也表明比 Duke 站观测到的 N 限制作用更加强烈，该站点净 N 量的转移是较大的。模型模拟失败的原因在于：两个站点都观测到随着植被根际沉积的增加，土壤有机质周转也将增加，但是模型缺乏对该过程的描绘。然而，这种影响在站点间的差异较大，Duke 站点常绿针叶林 N 的限制得到了缓解，但是 ORNL 站点落叶阔叶林 N 的限制没有得到缓解。模型要包括或纳入该影响需要新的理论（Grant，2013；Cheng et al.，2014）。另外，土壤有机质的缓慢自然增长速率和较大的观测标准误差很难对模型错误进行定量化，所以，提高土壤有机质记录的准确性至关重要（Zaehle et al.，2014）。

（4）区分需要额外的数据

在很多情况下（图 1.8），模型间差异的原因并不只体现在 CO_2 浓度升高的响应上面，而是与模型对植被生态生理功能的描述有关。在某些情况下，则需要更广泛的数据集和数据集成限定模型。

电子传送和 1,5-二磷酸核酮糖羧化酶（Rubisco）限制光合作用的相对重要性：大多数模型都采用 Farquhar（1980）的光合作用模型，该模型的光合作用主要由电子传送和 1,5-二磷酸核酮糖羧化酶（Rubisco）活性过程的限制所决定。受 Rubisco 限制的光合作用对 CO_2 浓度变化的响应强度大于受电子传送限制的光合作用。Rubisco 限制占主导的模型预测冠层光合作用对 CO_2 浓度升高会产生更大的直接响应（Zaehle et al.，2014）。两种限制作用的比率在叶片（Xu et al.，2012）和冠层尺度（Friend，2001）上如何变化的理论预测的直接经验检验，可能是有助于这些过程参数化的最好方法，可减少模型间的差异。

蒸腾作用对气孔导度的敏感性：造成模型间预测大气 CO_2 浓度升高对水分利用效率（WUE）影响差异的一个重要原因是，各个模型在冠层的蒸腾作用对气孔导度的敏感性方面存在显著不同。虽然，多数模型预测气孔导度会随着大气 CO_2 浓度升高而显著降低（见“气孔导度”部分），但蒸腾作用随气孔导度的变化则存在较大不确定性。尽管以前有大量的研究分析了蒸腾作用与冠层导度耦合的强度（Jarvis and Mcnaughton，1986；Raupach and Finnigan，1988；Wullschleger et al.，2002），但是研究结果之间的差异较为显著，因此，需要利用现有的冠层耦合数据来解决该问题（de Kauwe et al.，2013）。

截流：各模型在降雨有多少比例被冠层截流（蒸发）和冠层湿润时冠层气体交换如何被影响方面存在不一致。如同大气 CO_2 浓度升高影响了叶片预计的覆盖度，这两部分都显著地影响了整体的水分收支对 CO_2 浓度升高的响应。以模型为导向的湿润冠层功能的数据评估将有助于减小在水分平衡方面代表性的不确定性（de Kauwe et al.，2013）。该问题对于有较高叶面积指数的潮湿冠层尤为重要，如热带雨林。

干旱：土壤水分有效性较低是否会影响气孔导度与光合作用间的比率，或光合作用的生物化学过程，或者对两者都有影响，不同的模型都不一致（de Kauwe et al.，2013）。这一假设会显著影响土壤水分有效性较低的情况下 WUE 对 CO_2 浓度升高的响应。已有的干旱对气体交换影响的研究表明（Egea et al.，2011；Zhou et al.，2013），干旱对两个过程均产生影响，模型需要包括这两个方面的影响。

周转时间：植被器官尤其是树干的周转速率显著影响到 CO_2 浓度升高对生物量积累的影响。大多数模型都采用相对简单的参数化描述该过程，不同模型对参数值的选择也极其不同，这都说明了该过程存在着很大的不确定性（de Kauwe et al.，2014）。然而，对于长期过程来说，FACE 实验的时间尺度（10 年）太短了。限制模型这一方面的数据来源于观测研究而不是人为控制试验（Dietze and Moorcroft ，2011；Carvalhais et al.，2014）。

生态系统 N 损失：模型在 CO_2 浓度升高影响生态系统矿物质 N 通过淋溶损失的大小量级方面有很大的不一致性。在 FACE 实验 10 年时间尺度上，该不一致性对植被 N 吸收的影响很小，因为土壤有机 N 周转时间的变化的影响更大（de Kauwe et al.，2014）。然而，随着生态系统 N 损失变化的积累，对于长期模拟，我们需要更好地限定这一损失。

11 个模型概述及碳氮循环中关键过程总结如表 1.3 所示。

用于“以假设为中心”的方法分析的工具

模型简化：该技术是对给定过程的所有输出结果进行比较，并非那些有“最低共同要素”的简单模型。例如，11 个模型中有 10 个使用了相似的气孔导度过程，所有模型都使用了 Ball、Woodrow 和 Berry 的不同版本的气孔导度模型（Medlyn et al.，2015；Ball et al.，1987）。模型最简单的可能应用是预测水分利用效率（定义为冠层同化效率除以蒸腾作用），应该与 CO_2 浓度升高成正比，这是与模型参数化过程相独立的。因此，科学家将模拟的水分利用效率与这种简单的预测进行了对比。在这两个模型里，简单模型的差异可能源于他们使用了 Ball、Woodrow 和 Berry（Ball et al.，1987）模型结构上的不同变体，而这些变体对 CO_2 浓度升高有不同比例的响应。两个试验中叶片尺度上的气体交换数据支持了最简单的模型而不是这些模型的变体（de Kauwe et al.，2013）。因此，这一方法告诉人们不仅需要认清模型假设间的重要差异及预测生态系统尺度上的 CO_2 施肥效应的重要性，而且要清楚哪些假设是被观测所支持的。

表 1.3　模型概述及碳氮循环中关键过程（Zaehlet et al.，2014）

		CABLE	CLM4	DAYCENT	EALCO
主要参考文献		Wang 等（2010，2011）	Thornton 和 Zimmermann（2007），Thornton 等（2007）	Parton 等（2010）	Wang 等（2001）
步长		30min	30min	1 天	30min
植物碳获取	同化作用（GPP）	Farquhar 等（1980）	Collatz 等（1991）	2×NPP_{act}	Farquhar 等（1980）
	总光合作用对 N 的依赖性	*f*（叶 N）	NPP_{act}/NPP_{pot}	无	*f*（叶 N）
	自养呼吸	*f*（组织 N，*T*）+*f*（生长速率）	*f*（组织 C，*T*）+*f*（生长速率）	0.5×GPP	*f*（组织 C，*T*）+*f*（生长速率）
	植物生长（或净初级生产力 GPP-R_a）对 N 的依赖性	无	对于新的组织生长潜在生长（NPP_{pot}）受化学计量 N 的需求限制	对于新的组织生长潜在生长[*f*(PAR，*T*，湿度，CO_2)]受化学计量 N 的需求限制	无
植物氮获取	N 固定	基于 Wang 和 Houlton（2009）定值	*f*（NPP）	植物相关的 N 固定：*f*（N：P，植物 N 需求）；土壤 N 固定：*f*（AET）	无
	N 吸收	*f*（植物 N 需求，土壤有效 N）	*f*（植物和微生物 N 需求的相对强度，无机 N 库大小）	*f*(根生物量，植物 N 需求，土壤有效 N）	植物和微生物间对土壤矿物 N 的竞争
植物生长	分配原则	分配比例固定（该比例根据物候状况变化）	分配比例固定（根据站点的观测值）	分配因子等级化（按照固定的最大库容量，细根优于叶和茎）	分配比例固定（该比例根据物候状况变化）
	最大叶面积指数	固定（LAI=8；剩余 C 分配给茎和根）	预测	预测	根据站点观测数据赋值
	N 对分配的影响	无	无	N 胁迫增加对根的分配	无
	植物组织 C、N 化学计量比	在 C/N 平均值的 10%范围内灵活变化	固定	在固定范围内灵活变化	在固定范围内灵活变化
植物 N 周转	N 对周转时间/死亡率的影响	无	通过 NPP 的变化间接影响	随叶片 N 浓度，叶片周转时间呈线性增加	无
	叶片和根脱落的 N 截留	叶片 N 的 50%，根 N 的 10%	凋落物 C/N 固定（PFT 特性）	叶片 N 的 50%	根据当前组织的 C/N 确定截留比例
土壤 N 周转	SOM 衰退（并不仅仅依赖土壤 *T* 和湿度）	3 个凋落物库（代谢、结构、粗木质残体），具有不同周转时间的 3 个 SOM 库，一阶分解函数	均具有不同周转速率的 3 个凋落物库和 4 个 SOM 库，一阶分解函数	均具有不同周转速率的 3 个凋落物库（地上和地下结合），4 个 SOM 库，一阶分解函数	均具有不同周转速率的 3 个凋落物库和 4 个 SOM 库，一阶分解函数
	N 对分解作用的影响	木质素与 N 的比率影响微生物效率和分解速率。土壤无机有效 N 含量限制固定作用	土壤有效 N 的含量限制凋落物分解	木质素与 N 的比率影响微生物效率和分解速率。土壤无机有效 N 含量限制固定作用	土壤有效 N 的含量限制凋落物分解
	土壤 C、N 化学计量比	各库均为定值	各库均为定值	*f*（无机 N 浓度，允许范围内）	*f*（无机 N 浓度，允许范围内）
生态系统 N 损失	N 淋溶	无机 N 库比例	*f*（土壤水的 N 浓度，排水）	DON+ N 淋溶=*f*（降水，NO_3 库大小）	*f*（无机 N 浓度，排水，地表径流）
	气体 N 损失	与净 N 矿化速率成正比	与总 N 矿化+土壤中无机 N 含量的 10%成正比	NO_x、N_2O、N_2 通量，是土壤 N 库大小、温度和水分的函数	无

注：C：碳；N：氮；P：磷；PFT：植物功能型；*T*：温度；*f*（*x*）：*x* 的函数

续表

		ED2.1	GDAY	ISAM	LPJ-GUESS
主要参考文献		Medvigy 等（2009）	Comins 和 Mcmurtrie（1993）	Yang 等（2009）	Smith 等（2001，2013）
步长		15min	1 天	30min	1 天
植物碳获取	同化作用	Farquhar 等（1980）	Sands（1995，1996）	Farquhar 等（1980）	Collatz 等（1991），Haxeltine 和 Prentice（1996）
	总光合作用对 N 的依赖	无	f（叶 N）	V_{cmax} 的光化学计量下调	f（叶 N）
	自养呼吸	f（组织 C，T）+f（GPP）	0.5×GPP	f（组织 N，T）	f（组织 N，T）+f（GPP）
	植物生长（或净初级生产力 GPP-R_a）对 N 的依赖	对于新的组织生长潜在生长受化学计量 N 的需求限制	无	无	无
植物 N 获取	N 固定	无	定值	预测	定值
	N 吸收	f（根生物量，植物 N 需求，土壤有效 N）	根据无机 N 库大小确定的固定比例	米氏方程，随着植物 N 需求的增加而增加	f（植物 N 含量，土壤 T）
植物生长	分配原则	叶、边材（pipe 模型）和边材、细根生物量呈函数关系	分配比例固定（根据站点的观测值）	动态分配比例（根据光、水和物候学）	叶、边材（pipe 模型）和叶、细根生物量呈函数关系
	最大叶面积指数	预测	预测	预测	预测
	N 对分配的影响	N 胁迫减少叶根比例	无	无	N 胁迫减少叶根比例
	植物 C、N 化学计量比	固定	灵活变化	在固定范围内灵活变化	在固定范围内灵活变化
植物 N 周转	N 对周转时间/死亡率的影响	通过 NPP 变化间接影响	无	通过 NPP 变化间接影响	通过 NPP 变化间接影响
	叶片和根脱落的 N 截留	50%的 N 随着叶片凋落得以留存，但根的周转没有截留 N	50%的 N 随着叶片凋落得以留存，但根的周转没有截留 N	与生物群落有关	50%的 N 截留
土壤 N 周转	SOM 分解（并不仅仅依赖于土壤温度和湿度）	不同周转速率的 3 个 SOM 库	4 个凋落物库（地上、地下代谢性凋落物和地上、地下结构性凋落物）和不同周转速率的 3 个 SOM 库	不同周转速率的 4 个凋落物/SOM 地上库，4 个凋落物/SOM 地下库和 1 个惰性有机质库	不同周转速率的 5 个凋落物库（地上、地下代谢性和结构性凋落物，附加 1 个 CWD 凋落库）和 5 个 SOM 库
	N 对分解作用的影响	凋落物分解受土壤有效 N 的限制	木质素与 N 的比率影响微生物效率和分解速率。土壤无机有效 N 含量性限制固定作用	凋落物分解受土壤有效 N 的限制	凋落物分解受土壤有效 N 的限制
	土壤 C、N 化学计量比	快库：是无机 N 的函数。慢库和结构库：固定的碳氮比	f（无机 N 浓度，允许范围内）	固定	f（无机 N 浓度，允许范围内）
生态系统N损失	N 淋溶	无	根据无机 N 库大小确定的固定比例	f（N 库大小，排水）	f（无机 N 浓度，排水）
	气体 N 损失	无	无	NH_3 挥发和反硝化损失	无

续表

		OCN	SDGVM	TECO
主要参考文献		Zaehle 和 Friend（2010）	Woodward 等（1995）	Weng 和 Luo（2008）；更新
步长		30min	1天	30min
植物碳获取	同化作用	Farquhar 等（1980）；Kull 和 Kruijt（1998）	Farquhar 等（1980）；Harley 等（1992）	Farquhar 等（1980）
	总光合作用对 N 的依赖性	*f*（叶 N）	*f*（叶 N）	*f*（叶 N）
	自养呼吸	*f*（组织 N）+*f*（生长速率）+额外呼吸（因受限于易分解 C 库大小，如果易分解 C 库超出其存储容量，植物就需要额外的呼吸）	*f*（组织 N，*T*）	*f*（叶面积，根和边材 C）
	植物生长（或净初级生产力 GPP-R_a）对 N 的依赖性	*f*（易分解 C 库大小，植物新组织生长需要的 N 化学计量）	无	N 胁迫下剩余 C 分配给茎生物量
植物 N 获取	N 固定	定值	无	定值
	N 吸收	米氏动力学，随着植物 N 含量增加而增加，与根生物量成正比	*f*（土壤有机 C 和 N）	*f*（根 C，植物 N 需求）
植物生长	分配原则	与叶、边材（pipe 模型）和叶、细根生物量呈函数关系	叶的分配由前一年最低层 LAI 的 C 平衡决定。如果 GPP>0，根和茎的分配比例固定	资源限制方法，叶的分配优先于根和茎
	最大叶面积指数	预测	预测	根据植物功能型赋值
	N 对分配的影响	随植物 N 需求的增加，根叶比例增加	无	N 的限制增加对木质生物量的分配
	植物 C、N 化学计量比	在固定范围内灵活变化	根据观测值设定叶片 N	在固定的小范围内灵活变化
植物 N 周转	N 对周转时间/死亡率的影响	通过 NPP 变化间接影响	无	无
	叶片和根脱落的 N 截留	50%的 N 留存	无	50%的 N 留存
土壤 N 周转	SOM 衰减（并不仅仅依赖于土壤 *T* 和湿度）	3 个凋落物库；不同周转时间的 4 个 SOM 库，一阶分解函数	均具有不同周转时间的 4 个凋落物库，4 个 SOM 库，一阶分解函数	不同周转速率的 5 个 SOM 库（代谢凋落物库、结构凋落物库、快速 SOM 库、慢性 SOM 库和惰性 SOM 库），一阶分解函数
	N 对分解作用的影响	木质素与 N 的比率影响微生物效率和分解速率。土壤无机有效 N 限制固定作用	不适用	
	土壤 C、N 化学计量比	*f*（无机 N 浓度，允许范围内）	固定	灵活变化的 C/N
生态系统 N 损失	N 淋溶	*f*（无机 N 浓度，排水）	无	*f*（无机 N，径流量）
	气体 N 损失	*f*（无机 N 浓度，土壤温度，湿度和呼吸）	无	受土壤温度调控的无机 N 的比例固定

模型分解：第二项技术是将过程分解成不同组分，从而研究哪种隐含假设导致模型之间的差异（Zaehle et al.，2014；Xia et al.，2013）。例如，将NPP[g C/（$m^2 \cdot a$）]分解成氮利用效率（NUE，gC/gN）和氮吸收[N_{up}，g N/（$m^2 \cdot a$）]（Zaehle et al.，2014）：

$$NPP=NUE \times N_{up} \quad (1.9)$$

利用这一分解式，Zaehle表明虽然有些模型能正确地估算CO_2浓度升高对NPP的影响，但是它们是基于以下错误的原因：尽管高估了CO_2浓度升高对NUE的影响，但是低估了对N_{up}的影响。

（5）主要分析结果

第一，在FACE-MDS计划中模型数据对比使用的"以假设为中心"的新方法，在一些方面证明是非常成功的，改善了模型在CO_2浓度升高对森林影响方面的预测能力，为建模者和试验员强调了关键的科研任务（Medlyn et al.，2015）。

第二，科学家的方法为模型的一致性提供了严格的检验。每个模型需要输出碳、水和养分收支的相关信息，从而验证模型的质量守恒及能量守恒，同时各模型间的通量定义也保持一致。利用模型假设的工具进行验证和具体的模拟分析，表明模型假设要么存在操作上的错误，要么得到预料外的结果（Oren et al.，2001）。科学家建议建模者采用"以假设为中心"的分析工具作为模型结果验证的一种方法，用于模型对比和单个模型的运行（Medlyn et al.，2015）。

第三，FACE-MDS计划对于模型如何及为什么会在生态系统对CO_2浓度升高上有不同的响应提供了一种实际的认识（Medlyn et al.，2015）。这些认识并不仅仅局限于参与FACE-MDS研究的模型。科学家强调导致模型间差异的关键假设，能根据模型所利用的假设对模型进行分类，并解释模型的输出结果（Medlyn et al.，2015）。例如，JULES模型（Best et al.，2011）的假设检验表明蒸腾作用应该与气孔导度有很强的耦合性，说明JULES模型中WUE对CO_2浓度升高的响应应该大于那些耦合度小的模型，如LPJ模型（Sitch et al.，2003）。

模型比对的方法也适用于那些具有相似目标的模型，即将数据丰富的生态系统控制试验结果集成到基于过程的生态系统模型中。科学家特别鼓励新的实验和计划采纳模型框架，事先准备能增强试验数据收集及组织的效率，先验模型允许产生可检验的假设从而更好地指导试验观测（Medlyn et al.，2015）。

参 考 文 献

巴特尔·巴克，张旭东，彭镇华，等. 2008. 森林生态系统碳循环研究的模型方法. 世界林业研究, (01): 9-13.

曹明奎，李克让. 2000. 陆地生态系统与气候相互作用的研究进展. 地理科学进展, 15(4): 446-445.

曹明奎，于贵瑞，刘纪远，等. 2004. 陆地生态系统碳循环的多尺度试验观测和跨尺度机理模拟. 中国科学(D辑), 34(增刊Ⅱ): 1-14.

陈新芳，居为民，陈镜明，等. 2009. 陆地生态系统碳水循环的相互作用及其模拟. 生态学杂志, 28(8): 1630-1639.

程迁. 2008. 草地碳循环过程及其对全球变化的响应研究. 北京：中国科学院研究生院硕士学位论文.

樊后保. 2008. 氮沉降下杉木(*Cunninghamia lanceolata*)人工林凋落叶分解过程中C、N元素动态变化. 生态学报, (03): 28.

冯险峰. 2004. 基于过程的中国陆地生态系统生产力和蒸散遥感研究. 北京：中国科学院研究生院博士学位论文.

戈峰. 2002. 现代生态学. 北京：科学出版社: 77-78.

顾峰雪. 2007. 典型陆地生态系统水碳循环关键过程的机理模拟及其与通量观测的比较研究. 北京: 中国科学院研究生院博士学位论文.
顾峰雪, 陶波, 温学发, 等. 2010. 基于 CEVSA2 模型的亚热带人工针叶林碳通量及碳储量模拟. 生态学报, 30(24): 6598-6605.
黄麟. 2009. 南方红壤丘陵区人工造林的碳蓄积过程. 北京: 中国科学院研究生院博士学位论文.
黄玫. 2006. 中国陆地生态系统水、热通量和碳循环模拟研究. 北京: 中国科学院研究生院博士学位论文.
季劲钧, 苗曼倩. 1994. 不均匀植被分布对地表面和大气边界层影响的数值模拟. 大气科学, 18(3): 293-302.
季劲钧, 玉春. 1999. 一个植物冠层物理传输和生理生长过程的多层模式. 气候与环境研究, 4(2): 152-164.
李银鹏, 季劲钧. 2001. 全球陆地生态系统与大气之间碳交换的模式估计. 地理学报, 56(4): 379-389.
刘明亮. 2001. 中国土地利用/土地覆被变化与陆地生态系统植被碳库和生产力研究. 北京: 中国科学院遥感应用研究所博士学位论文.
刘绍辉, 方精云. 1997. 土壤呼吸的影响因素及全球尺度下温度的影响. 生态学报, 17(5): 469-476.
彭少麟, 张桂莲, 柳新伟. 2005. 生态系统模拟模型的研究进展. 热带亚热带植物学报, 13(1): 85-94.
史军. 2005. 造林对中国陆地碳循环的影响研究. 北京: 中国科学院研究生院博士学位论文.
王绍强, 许珺, 周成虎. 2001. 土地覆被变化对陆地碳循环的影响——以黄河三角洲河口地区为例. 遥感学报, (02): 142-148.
颜元. 2010. 鄱阳湖流域人工针叶林碳氮循环对气候变化响应的模拟研究. 北京: 中国科学院研究生院硕士学位论文.
于贵瑞. 2003. 全球变化与陆地生态系统碳循环和碳蓄积. 北京: 气象出版社: 43-96.
于贵瑞, 王秋凤, 于振良. 2004. 陆地生态系统水—碳耦合循环与过程管理研究. 地球科学进展, 19(5): 831-839.
袁国富, 庄伟, 罗毅. 2012. 冬小麦叶片气孔导度模型水分响应函数的参数. 植物生态学报, 36(5): 463-470.
张海清, 刘琪璟, 陆佩玲, 等. 2005. 陆地生态系统碳循环模型概述. 科技论坛, 13: 19.
周才平, 欧阳华, 宋明华. 2005. 中国森林生态系统氮循环特征与生产力间的相互关系. 应用生态学报, (02): 203-206.
Aber J D, Driscoll C T. 1997. Effects of land use, climate variation, and N deposition on N cycling and C storage in northern hardwood forests. Global Biogeochemical Cycles, 11: 639-648.
Aber J D, Federer C A. 1992. A generalized, lumped-parameter model of photosynthesis, evapotranspiration and net primary production in temperate and boreal forest ecosystems. Oecologia, 92: 463-474.
Aber J D, Ollinger S V, Driscoll C T. 1997. Modeling nitrogen saturation in forest ecosystems in response to land use and atmospheric deposition. Ecological Modelling, 101: 61-78.
Ainsworth E A, Long S P. 2005. What have we learned from 15 years of Free-Air CO_2 Enrichment(FACE)? A meta-analytic review of the responses of photosynthesis, canopy properties and plant production to rising CO_2. New Phytologist, 165(2): 351-372.
Ainsworth E A, Rogers A. 2007. The response of photosynthesis and stomatal conductance to rising [CO_2]: Mechanisms and environmental interactions. Plant Cell Environment, 30(3): 258-270.
Akselsson C, Westling O, Sverdrup H, et al. 2007. Nutrient and carbon budgets in forest soils as decision support in sustainable forest management. Forest Ecology and Management, 238(1-3): 167-174.
Arora V K, Boer G J, Friedlingstein P, et al. 2013. Carbon-concentration and carbon-climate feedbacks in CMIP5 Earth system models. Jorunal of Climate, 26(15): 5289-5313.
Bachelet D, Neilson R P, Lenihan J M, et al. 2001. Climate change effects on vegetation distribution and carbon budget in the United States. Ecosystems, 4(3): 164-185.
Baldocchi D D, Wilson K B. 2001. Modeling CO_2 and water vapor exchange of a temperate broad leaved forest across hourly to decadal time scales. Ecological Modelling, 142: 155-184.
Baldocchi D, Finnigan J, Wilson K, et al. 2001. On measuring net ecosystem carbon exchange over tall vegetation in complex terrain. Boundary Layer Meteorology, 96(1-2): 257-291.
Baldocchi D, Kelliher F M, Black T A, et al. 2000. Climate and vegetation controls on boreal zone energy exchange. Global Change Biology, 6(Suppl. I): 69-83.
Baldocchi D. 1997. Measuring and modeling carbon dioxide and water vapor exchange over a temperate broad-leaved forest during the 1995 summer drought. Plant Cell and Environment, 20(9): 1108-1122.
Ball J T, Woodrow I E, Berry J A. 1987. A model predicting stomatal conductance and its contribution to the control of photosynthesis under different environmental conditions, *In*: Biggins I. Progress in Photosynthesis Research, vol 4. Dordrecht, The Netherlands: Martinus Nijhoff Publishers: 221-224.
Barton C V M, Duursma R A, Medlyn B E, et al. 2012. Effects of elevated atmospheric [CO_2] on instantaneous transpiration efficiency at leaf and canopy scales in *Eucalyptus saligna*. Global Change Biology, 18(2): 585-595.
Best M J, Pryor M, Clark D B, et al. 2011. The Joint UK Land Environment Simulator(JULES), model description – Part 1: Energy and water fluxes. Geoscientific Model Development, 4(3): 677-699.
Bonan G B. 1992, Soil temperature as an ecological factor in boreal forests. *In*: Shugart H H, Leemans R, Bonan G B. A Systems Analysis of the Global Boreal Forest. New York: Cambridge University Press: 126-143.

Breuer L, Vache K B, Julich S, et al. 2008. Current concepts in nitrogen dynamics for mesoscale catchments. Hydrological Sciences Journal-Journal Des Sciences Hydrologiques, 53(5): 1059-1074.

Bunge M, Kahkonen M A, Ramisch W, et al. 2007. Biological activity in a heavily organohalogen-contaminated river sediment. Environmental Science and Pollution Research, 14(1): 3-10.

Bunkei M, Masayuki T. 2002. Integrating remotely sensed data with an ecosystem model to estimate net primary productivity in East Asia. Remote Sensing of Environment, 81(1): 58-66.

Burke M K, Raynal D J. 1994. Fine-root growth phenology, production, and turnover in a northern hardwood forest ecosystem. Plant and Soil, 162(1): 135-146.

Cao M K, Prince S D, Small J, et al. 2004. Satellite remotely sensed interannual variability in terrestrial net primary productivity from 1980 to 2000. Ecosystems, 7: 233-242.

Cao M K, Prince S D, Tao B, et al. 2005. Regional pattern and interannual variations in global terrestrial carbon uptake in response to changes in climate and atmospheric CO_2. Tellus Series B-Chemical and Physucal, 57(3): 210-217.

Cao M K, Tao B, Li K R, et al. 2003. Interannual variation in terrestrial ecosystem carbon fluxes in China from 1981-1998. Acta Botanica Sinica, 45(5): 552-560.

Cao M K, Woodward F I. 1998a. Dynamic responses of terrestrial ecosystem carbon cycling to global climate change. Nature, 393: 249-252.

Cao M K, Woodward F I. 1998b. Net primary and ecosystem production and carbon stocks of terrestrial ecosystems and their responses to climate change. Global Change Biology, 4: 185-198.

Cao M K, Zhang Q F, Shugart H H. 2001. Dynamic responses of African ecosystem carbon cycling to climate change. Climate Research, 17(2): 183-193.

Carvalhais N, Forkel M, Khomik M, et al. 2014. Global covariation of carbon turnover times with climate in terrestrial ecosystems. Nature, 514(7521): 213-217.

Chen J M, Chen X Y, Ju W M, et al. 2005. Distributed hydrological model for mapping evapotranspiration using remote sensing inputs. Journal of Hydrology, 305(1-4): 15-39.

Chen J, Chen W, Liu J, et al. 2000a. Annual carbon balance of Canada's forests during 1895-1996. Global Biogeochemical Cycles, 14(3): 839-849.

Chen L M, Driscoll C T. 2005a. Regional application of an integrated biogeochemical model to northern New England and Maine. Ecological Applications, 15(5): 1783-1797.

Chen L M, Driscoll C T. 2005b. Regional assessment of the response of the acid-base status of lake watersheds in the adirondack region of New York to changes in atmospheric deposition using PnET-BGC. Environmental Science & Technology, 39(3): 787-794.

Chen W J, Chen J M, Liu J, et al. 2000b. Approaches for reducing uncertainties in regional forest carbon balance. Global Biogeochemical Cycles, 14(3): 827-838.

Cheng W, Parton W J, Gonzalez-Meler M A, et al. 2014. Synthesis and modeling perspectives of rhizosphere priming. New Phytologist, 201(1): 31-44.

Churkina, G, Running S W, Schloss A L, et al. 1999. Comparing global models of terrestrial net primary productivity(NPP): the importance of water availability. Global Change Biology, 5(Suppl. I): 46-55.

Collatz G J, Ball J T, Grivet C, et al. 1991. Physiological and environmentalregulation of stomatal conductance, photosynthesis and transpiration – a modelthat includes a laminar boundary layer. Agricultural and Forest Meteorology, 54: 107-136.

Collatz S. 1991. Model studies on neutron-flux fluctuation in pressurized water-reactors due to collective motions of the control elements. Kernenergie, 34(6): 249-252.

Comins H, McMurtrie R E. 1993. Long-term biotic response of nutrient-limitedforest ecosystems to CO_2-enrichment: equilibrium behaviour of integratedplant–soil models. Ecological Applications, 3: 666-681.

Cowan I R, Farquhar G D. 1997. Stomatal function in relation to leaf metabolism and environment. Symposia of the Society for Experimental Biology, 31: 471-505.

Cox P M, Betts R A, Jones C D, et al. 2000. Acceleration of global warming due to carbon-cycle feedbacks in a coupled model. Nature, 408(6809): 184-187.

Cox P. 2001. Description of the "TRIFFID" dynamic global vegetation model. Brachell, Berks, Hadley Centre, UK Met Office.

Cramer W, Bondeau A, Woodward F I, et al. 2001. Global response of terrestrial ecosystem structure and function to CO_2 and climate change: results from six dynamic global vegetation models. Global Change Biology, 7(4): 357-373.

Cramer W, Kicklighter D W, Bondeau A, et al. 1999. Comparing global models of terrestrial net primary productivity(NPP): overview and key results. Global Change Biology, 5(Suppl. I): 1-15.

de Kauwe M G, Medlyn B E, Zaehle S, et al. 2013. Forest water use and water use efficiency at elevated CO_2: A model–data intercomparison at two contrasting temperate forest FACE sites. Global Change Biology, 19(6): 1759-1779.

de Kauwe M G, Medlyn B E, Zaehle S, et al. 2014. Where does the carbon go? A model–data intercomparison of vegetation carbon allocation and turnover processes at two temperate forest Free-Air CO_2 Enrichment sites. New Phytologist,

203(3): 883-899.

Dietze M C, Moorcroft P R. 2011. Tree mortality in the eastern and central United States: patterns and drivers. Global Change Biology, 17(11): 3312-3326.

Domec J C, Palmroth S, Ward E, et al. 2009. Acclimation of leaf hydraulic conductance and stomatal conductance of Pinus taeda(loblolly pine)to long-term growth in elevated CO_2(Free-Air CO_2 Enrichment)and N-fertilization. Plant Cell and Environment, 32(11): 1500-1512.

Drake J E, Darby B A, Giasson M A, et al. 2013. Stoichiometry constrains microbial response to root exudation- insights from a model and a field experiment in a temperate forest. Biogeosciences, 10(2): 821-838.

Egea G, Verhoef A, Vidale P L. 2011.Towards an improved and more flexible representation of water stress in coupled photosynthesis–stomatal conductance models. Agricultural and Forest Meteorology, 151(10): 1370-1384.

Evans J R. 1999. Leaf anatomy enables more equal access to light and CO_2 between chloroplasts. New Phytologist, 143(1): 93-104.

Falge E, Baldocchi D, TenhunenJ, et al. 2002. Seasonality of ecosystem respiration and gross primary production as de rived from FLUXNET measurements. Agricultural and Forest Meteorology, 13(4): 53-74.

Farquhar G D, Caemmerer S V, Berry J A. 1980. A biochemical model ofphotosynthetic CO_2 assimilation in leaves of C3 species. Planta, 149(1): 78-90.

Farquhar G D, Lloyd J, Taylor J A.1993. Vegetation effects on the isotope composition of oxygen in atmospheric CO_2. Nature, 363(6428): 439-443.

Farquhar G D, von Caemmerer S. 2011. Modelling of photosynthetic response to environmental conditions. *In*: Lange O L, Nobel P S, Osmond C B, et al. Physiological Plant Ecology II.Berlin Heidelberg, New York: Springer: 549-587.

Fleischer S, Bouse I. 2008. Nitrogen cycling drives a strong within-soil CO_2-sink. Tellus Series B-chemical and Physical Meteorology, 60(5): 782-786.

Foereid B, Hogh J H. 2004. Carbon sequestration potential of organic agriculture in northern Europe: a modeling approach. Nutrient Cycling in Agroecosystems, 68(1): 13-24.

Foley J A, Prentice I C, Ramankutty N, et al. 1996. An integrated biosphere model of land surface process, terrestrial carbon balance and vegetation dynamics. Global Biogeochemical Cycles, 10(4): 603-628.

Franklin O, Johansson J, Dewar R C, et al. 2012. Modeling carbon allocation in trees: a search for principles. Tree Physiology, 32(6): 648-666.

Friedlingstein P, Meinshausen M, Arora V K, et al. 2014. Uncertainties in CMIP5 climate projections due to carbon cycle feedbacks. Journal of Climate, 27(2): 511-526.

Friend A D, Lucht W, Rademacher, et al. 2013. Carbon residence time dominates uncertainty in terrestrial vegetation responses to future climate and atmospheric CO_2. Proceedings of the National Academy of Sciences of the United States of America, 111(9): 3280-3285.

Friend A D, Steven A K, Knox R G, et al. 1997. A process-based, terrestrial biosphere model of ecosystem dynamics (Hybrid v3.0). Ecological Modelling, 95(2-3): 249-287.

Friend A D. 2001. Modelling canopy CO_2 fluxes: Are 'big-leaf ' simplifications justified? Global Ecology and Biogeography, 10(6): 603-619.

Gbondo-Tugbawa S S, Driscoll C T, Aber J D, et al. 2001. Evaluation of an integrated biogeochemical model(PnET-BGC)at a northern hardwood forest ecosystem. Water Resources Research, 37(4): 1057-1070.

Gerten D, Schaphoff S, Haberlandt U, et al. 2004. Terrestrial vegetation and water balance: hydrological evaluation of a dynamic global vegetation model. Journal of Hydrology, 286(1-4): 249-270.

Goetz S J, Prince S D, Goward S N, et al. 1999. Satellite remote sensing of primary production: an improved production efficiency modeling approach. Ecological Modelling, 122(3): 239-255.

Goetz S J, Prince S D, Small J, et al. 2000. Interannual variability of global terrestrial primary production: results of a model driven with satellite observations. Journal of Geophysical Research, 105(D15): 20077-20091.

Grant R F, Black T A, Den Hartog G, et al. 1999. Diurnal and annual exchanges of mass and energy between an aspen hazelnut forest and the atmosphere: testing the mathematical model ecosystem with data from the BOREAS experiment. Journal of Geophysical Research, 104(D22): 27699-27717.

Grant R F. 2013. Modelling changes in nitrogen cycling to sustain increases in forest productivity under elevated atmospheric CO_2 and contrasting site conditions. Biogeosciences, 10(11): 7703-7721.

Gregory J M, Jones C D, Cadule P, et al. 2009.Quantifying carbon cycle feedbacks. Journal of Climate, 22(19), 5232-5250.

Gu Fengxue, Zhang Yuandong, Tao bo, et al. 2010. Modeling the effects of nitrogen deposition on carbon budget in two temperate forests. Ecological Complexity, 7(2): 139-148.

Guo S, Zhou Y, Shen Q, et al. 2007. Effect of ammonium and nitrate nutrition on some physiological processes in higher plants-Growth, photosynthesis, photorespiration, and water relations. Plant Biology, 9(1): 21-29.

Harley P C, Loreto F, Marco G D, et al. 1992. Theoretical considerationswhen estimating the mesophyll conductance to CO_2 flux by analyses of theresponse of photosynthesis to CO_2. Plant Physiology, 98(4): 1429-1436.

Haxeltine A, Prentice I C. 1996. Biome3: An equilibrium terrestrial biosphere model based on ecophysiological constraints,

resource availability, and competition among plant functional types. Global Biogeochemical Cycles, 10(4): 693-709.
Hickler T, Smith B, Prentice I C, et al. 2008. CO_2 fertilization in temperate FACE experiments not representative of boreal and tropical forests. Global Change Biology, 14(7): 1531-1542.
Homann P S, Bormann B T, Boyle J R, et al. 2008. Soil C and N minimum detectable changes and treatment differences in a multi-treatment forest experiment. Forest Ecology and Management, 255(5-6): 1724-1734.
Hurtt G C, Pacala S W, Moorcroft P R, et al. 2002. Projecting the future of the US carbon sink. PNAS, 99(3): 1389-1394.
IPCC, 2014. Climate Change 2014 synthesis report.
Iversen C M, Hooker T D, Classen A T et al. 2011. Net mineralization of N at deeper soil depths as a potential mechanism for sustained forest production under elevated [CO_2]. Global Change Biology, 17(2): 1130-1139.
Iversen C M, Ledford J, Norby R J. 2008. CO_2 enrichment increases carbon and nitrogen input from fine roots in a deciduous forest. New Phytologist, 179(3): 837-847.
Iversen C M, Norby R J. 2008. Nitrogen limitation in a sweetgum plantation: implications for carbon allocation and storage. Canadian Journal of Forest Research-Revue Canadienne de Recherche Forestiere, 38(5): 1021-1032.
Jain A, Yang X J, Kheshgi H, et al. 2009. Nitrogen attenuation of terrestrial carbon cycle response to global environmental factors. Global Biogeochemical Cycles, 23: 4028.
James J J, Tiller L, Richards J H. 2005. Multiple resources limit plant growth and function in a saline-alkaline desert community. Journal of Ecology, 93(1): 113-126.
Jarvis P G, Mcnaughton K G. 1986.Stomatal control of transpiration: scaling up from leaf to region. Advaces in Ecological Research, 15: 1-49.
Jarvis P G. 1976. The interpretation of the variations in water potential and stomatal conductance found in canopies in the field. Philosphical Transactions of the Royal Society of London, Series B, 273: 593-610.
Ji J. 1995. A climate-vegetation interaction model-simulating the physical and biological processes at the surface. Journal of Biogeography, 22(2-3): 445-451.
Jones C, Mcconnell C, Coleman K, et al. 2005. Global climate change and soil carbon stocks: predictions from two contrasting models for the turnover of organic carbon in soil. Global Change Biology, 11(1): 154-166.
Kergoat L, Lafont S, Arneth A, et al. 2008. Nitrogen controls plant canopy light-use efficiency in temperate and boreal ecosystems. Journal of Geophysical Research Biogeosciences, 113: G04017, http: //dx.doi.org/10.1029/2007 JG000676 .
Kruse J, Adams M A. 2008. Sensitivity of respiratory metabolism and efficiency to foliar nitrogen during growth and maintenance. Global Change Biology, 14(6): 1233-1251.
Kull O, Kruijt B. 1998. Leaf photosynthetic light response: amechanistic model forscaling photosynthesis to leaves and canopies. Functional Ecology, 12(5): 767-777.
Lafont S, Kergoat L, Dedieu G, et al. 2002. Spatial and temporal variability of land CO_2 fluxes estimated with remote sensing and analysis data over western Eurasia. Tellus Series B-Chemical and Physical Meteorology, 54(5): 820-833.
Leuning R. 1990. Modeling stomatal behavior and photosynthesis of eucalyptus-grandis. Australian Journal of Plant Physiology, 17(2): 159-175.
Leuning R. 1995. A critical-appraisal of a combined stomatal-photosynthesis model for C-3 plants. Plant Cell and Environment, 18(4): 339-355.
Lieth H. 1975. Modeling the primary productivity of the world. *In*: leith H, Whittaker R H. Primary Productivity of the Biosphere. Berlin: Springer - Verlag: 238-262.
Liu J, Chen J M, Cihla J, et al. 1997. A process-based boreal ecosystem productivity simulator using remote sensing inputs. Remote Sensing of Environment, 62(2): 158-175.
Lloyd J, Grace J, MirandaAC, et al. 1995. A simple calibrated model of Amazon rainforest productivity based on leaf biochemical properties. Plant Cell and Environment, 18(10): 1129-1145.
Lu Lixin. 2001. Implementation of a tow-way interactive atmospheric and ecological model and its application to the central united states. Journal of Climate, 14: 900-919.
Luo Y Q, Randerson J T, Abramowitz G, et al. 2012. A framework for benchmarking land models. Biogeosciences, 9(10): 3857-74.
Luo Y Q, Weng E S. 2011. Dynamic disequilibrium of the terrestrial carbon cycle under global change.Trends in Ecology & Evolution, 26(2): 96-104.
Magill A H, Aber J D, Berntson G M, et al. 2000. Long-term nitrogen additions and nitrogen saturation in two temperate forests. Ecosystems, 3(3): 238-253.
Maire V, Martre P, Kattge J, et al. 2012. The coordination of leaf photosynthesis links C and N fluxes in C3 plant species. Plos One, 7(6): e38345.
Massman W J, Lee X. 2002. Eddy covariance flux corrections and uncertainties in long term studies of carbon and energy exchanges. Agricultural and Forest Meteorology, 113(1-4): 121-144.
McCarthy H R, Heather R, Oren R, et al. 2010. Re-assessment of plant carbon dynamics at the Duke Free-Air CO_2 Enrichment site: Interactions of atmospheric [CO_2] with nitrogen and water availability over stand development. New

Phytologist, 185: 514-528.
McCarthy H R, Oren R, Finzi A C, et al. 2007. Temporal dynamics and spatial variability in the enhancement of canopy leaf area under elevated atmospheric CO_2. Global Change Biology, 13(12): 2479-2497.
Mcneil B E, Martell R E, Read J M. 2006. GIS and biogeochemical models for examining the legacy of forest disturbance in the Adirondack Park, NY, USA. Ecological Modelling, 195(3-4): 281-295.
Medlyn B E, Barton C V M, Broadmeadow M S J, et al. 2001. Stomatal conductance of forest species after long-term exposure to elevated CO_2 concentration: a synthesis. New Phytologist, 149(2): 247-264.
Medlyn B E, Robinson A P, Clement R, et al. 2005. On the validation of models of forest CO_2 exchange using eddy covariance data: some perils and pitfalls. Tree Physiology, 25(7): 839-857.
Medlyn B E, Zaehle S, de Kauwe M G, et al. 2015. Using ecosystem experiments to improve vegetation models. Nature Climate Change, 5(6): 528-534.
Medvigy D, Wofsy S C, Munger J W, et al. 2009. Mechanistic scaling of ecosystem function and dynamics in space and time: Ecosystem demography model version 2. Journal of Geophysical Research Biogeosciences, 114: G01002.
Meixner T, Bales R C. 2003. Hydrochemical modeling of coupled C and N cycling in high-elevation catchments: Importance of snow cover. Biogeochemistry, 62(3): 289-308.
Melillo J M, McGuire A D, Kicklighter D W, et al.1993.Global climate change and terrestrial net primary production. Nature, 363(6426): 234-240.
Misson L, Panek J A, Goldstein A H. 2004.A comparison of three approaches to modeling leaf gas exchange in annually drought-stressed ponderosa pine forests. Tree Physiology, 24(5): 529-541.
Monteith J L. 1972. Solar-radiation and productivity in tropical ecosystems. Journal of Applied Ecology, 9(3): 747-766.
Nguyen C. 2003. Rhizodeposition of organic C by plants: mechanisms and controls. Agronomie, 23(5-6): 375-396.
Norby R J, Ledford J, Reilly C D, et al. 2004. Fine-root production dominates response of a deciduous forest to atmospheric CO_2 enrichment. Proceedings of the Nationsl Academy of Sciences of the USA, 101(26): 9689-9693.
Norby R J, Oren R, Boden T A, et al. 2015. Phase 1 Free Air CO_2 Enrichment Model-Data Synthesis(FACE-MDS): Meteorological Data (Carbon Dioxide Information Analysis Center, 2015); http://cdiac.ornl.gov/face/metdata1.html [2015-09-15].
Norby R J, Warren J M, Iverson C M, et al. 2010. CO_2 enhancement of forest productivity constrained by limited nitrogen availability. Proceedings of the Nationsl Academy of Sciences of the USA, 107(45): 19368-19373.
Norby R J, Zak D R. 2011. Ecological lessons from Free-Air CO_2 Enrichment(FACE)experiments. Annual Review of Ecology, Evolution, and Sustematics, 42: 181-203.
Oleson K W, Bonan G B, Feddema J, et al. 2010. Effects of white roofs on urban temperature in a global climate model. Geophysucal Research Letters, 37: L03701.
Ollinger S V, Aber J D, Loveit G M, et al. 1993. A spatial model of atmospheric deposition for the northeastern United-States. Ecological Applications, 3(3): 459-472.
Oren R, Ellsworth D S, Johnsen K H, et al. 2001. Soil fertility limits carbon sequestration by forest ecosystems in a CO-enriched atmosphere. Nature, 411(6836): 469-472.
Ouyang X J, Zhou G Y, Huang Z L, et al. 2008. Effect of N and P addition on soil organic C potential mineralization in forest soils in South China. Journal of Environmental Sciences-China, 20(9): 1082-1089.
Pan Y D, Luo T X, Birdsey R, et al. 2004. New estimates of carbon storage and sequestration in China's forests: Effects of age-class and method on inventory-based carbon estimation. Climatic Change, 67(2-3): 211-236.
Parton W J, Anderson D W, Cole C V, et al. 1983. Simulation of soil organic matter formations and mineralization in semiarid agroecosystems. *In*: Lowrance R R, Todd R L, Asmussen L E, et al. Nutrient Cycling in Agricultural Ecosystems. Athens, Georgia: The Univ. Georgia, College of Agriculture Experiment Stations, Special Publ. No. 23. : 533-550.
Parton W J, Hanson P J, Swanston C, et al. 2010. For Cent model development and testing using the Enriched Background Isotope Study experiment. Journal of Geophysical Research, 115: G04001.
Parton W J, Scurlock M O, Ojima D S, et al. 1993. Observations and modeling of biomass and soil organic matter dynamics for the grassland biome worldwide. Global Biogeochemical Cycles, 7(4): 785-809.
Phillips R P, Finzi A F, Bernhardt E S. 2011. Enhanced root exudation induces microbial feedbacks to N cycling in a pine forest under long-term CO_2 fumigation. Ecology Letters, 14(2): 187-194.
Piao S L, Sitch S, Ciais P, et al. 2013. Evaluation of terrestrial carbon cycle models for their response to climate variability and to CO_2 trends. Global Change Biology, 19(7): 2117-2132.
Potter C S, Klooster S A. 1997. Global model estimates of carbon and nitrogen storage in litter and soil pools: response to changesin vegetationquality andbiomass allocation. Tellus Series B-Chemical and Physical Meteorology, 49(1): 1-17.
Potter C S, Matson P A, Vitousek P M. 1994. Evaluation of soildata base attributes in a global carbon cycle model: implications for global change research. *In*: Michener W. Environmental Information Management And Analysis: Ecosystemto Globalscales. London, UK: Taylor and Francis: 281-302.
Potter C S, Randerson J T, Field C B, et al. 1993. Terrestrial ecosystem production, a process model based on global

satellite and surface data. Global Biogeochemical Cycles, 7(4): 811-841.

Potter C, Klooster S, de Carvalho C R, et al. 2001. Modeling seasonal and interannual variability in ecosystem carbon cycling for the Brazilian Amazon region. Journal of Geophysical Research-Atmospheres, 106(D10): 10423-10446.

Prince S D, Goward S N. 1995. Global primary production: a remote sensing approach. Journal of Biogeography, 22(4-5): 815-835.

Raich J W, Rastetter E B, Melillo J M, et al. 1991. Potential net primary productivity in south America: application of a global model. Ecological Applications, 1(4): 399-429.

Rastetter E B, Aber J D, Peters D P C, et al. 2003. Using mechanistic models to scale ecological processes across space and time. Bioscence, 53(1): 68-76.

Rastetter E B, Ryan M G, Shaver G R, et al. 1991. A general biogeochemical model describing the responses of the C and N cycles in terrestrial ecosystems to changes in CO_2, climate, and N deposition. Tree Physiology, 9(1-2): 101-126.

Raupach M, Finnigan J. 1988. 'Single-layer models of evaporation from plant canopies are incorrect but useful, whereas multilayer models are correct but useless': Discuss. Australian Journal of Plant Physiology, 15(6): 705-716.

Reich K J, Bjorndal K A, Martinez Del Rio C. 2006. Icorporation and isotopic of C-13 and N-15 in a rapidly growing ectotherm, consequences of growth and tissue type. Integrative and Comparative Biology(Suppl I), 46: E115-E115.

Rothwell J J, Futter M N, Dise I N B. 2008. A classification and regression tree model of controls on dissolved inorganic nitrogen leaching from European forests. Environmental Pollution, 156(2): 544-552.

Running S W, Baldocchi D D, Turner D P, et al. 1999. A global terrestrial monitoring network integrating tower fluxes, flask sampling, ecosystem modeling and EOS satellite data. Remote Sensing of Environment, 70(1): 108-127.

Running S W, Coughlan J C.1988. A general model of forest ecosystem processes for regional applications I. Hydrologic balance, canopy gas exchange and primary production processes. Ecological Modeling, 42(2): 125-154.

Running S W, Hunt E R. 1993. Generalization of a forest ecosystem process model for other biomes, BIOME-BGC, and an application for global-scale models. *In*: Ehleringer J R, Field C B. Scaling Physiological Processes: Leaf to Globe. New York: Academic Press, Inc.: 141-158.

Ryan M G, Hubbard R M, Pongracic S, et al. 1996. Foliage, fine-root, woody-tissue and stand res-piration in Pinus radiata in relation to nitrogen status. Tree Physiology, 16: 333-343.

Sands P J. 1995. Modelling canopy production I. Optimal distribution ofphotosynthetic resources. Australian Journal of PlantPhysiology, 22(4): 593-601.

Sands P J. 1996. Modelling canopy production III. Canopy light-utilisationefficiency and its sensitivity to physiological and environmental variables. Australian Journal of Plant Physiology, 23(1): 103-114.

Schimel D S, Braswell B H, Holland E A, et al. 1994. Climatic, edaphic and biotic controls overstorage and turnover of carbon in soils. Global Biogeochemical Cycles, 8(3): 279-293.

Schimel D, Melillo J, Tian H, et al. 2000. Contribution of increasing CO_2 and climate to carbon storage by ecosystems in the United States. Science, 287(5460): 2004-2006.

Schinel D S, Braswell B H, Parton W J. 1997. Equilibration of the terrestrial water, nitrogen, and carbon cycles. Proceedings of the National Academy of Sciences of the United States of America, 94(16): 8280-8283.

Schlesinger W H. 1997. Biogeochemistry: An Analysis Of Global Change. San Diego, CA: Academic Press.

Schmid S, Zieral B, Bugmeann H. 2006. Analyzing the carbon dynamics of central European forests: comparison of Biome-BGC simulations with measurements. Regional Environmental Change, 6(4): 167-180.

Schneider K, Mauser W. 2001. Using remote sensing data to model water, carbon and nitrogen fluxes with PROMET-V. Remote Sensing for Agriculture, Ecosystems, and Hydrology II, 4171: 12-23.

Sellers P J, Dickinson R E, Randall D A, et al. 1997. Modeling the exchanges of energy, water and carbon between continents and the atmosphere. Science, 275(5299): 502-509.

Sellers P J, Randall D A, Collatz G J, et al. 1996. A revised land surface parameterization(SIB2)for atmospheric GCMs. Part 1. Model formulation. Journal of Climate, 9(4): 676-705.

Sitch S, Smith B, Prentic I C, et al. 2003. Evaluation of ecosystem dynamics , plant geography and terrestrial carbon cycling in the LPJ dynamic global vegetation model. Global Change Biology, 9(2): 161-185.

Smith B, Prentice I C, Sykes M T. 2001. Representation of vegetation dynamics in the modelling of terrestrial ecosystems: comparing two contrasting approaches within European climate space. Global Ecology and Biogeography, 10(6): 621-637.

Smith B, Warlind D, Arneth A, et al. 2013. Implications of incorporating N cycling and N limitations on primary production in an individual-based dynamic vegetation model. Biogeosciences Discussions, 10: 18563-18611.

Smith B, Warlind D, Arneth A, et al. 2014. Implications of incorporating N cycling and N limitations on primary production in an individual-based dynamic vegetation model. Biogeosciences, 11(7): 2027-2054.

Smith M L, Ollinger S V, Martin M E, et al. 2002. Direct estimation of aboveground forest productivity through hyperspectral remote sensing of canopy nitrogen. Ecological Applications, 12(5): 1286-1302.

Soegaard H, Nordstroem C. 1999. Carbon dioxide exchange in a high-arctic fen estimated by eddy covariance measurements and modelling. Global Change Biology, 5(5): 547-562.

Sokolov A P, Kicklighter D W, Melillo J M, et al. 2008. Consequences of considering carbon-nitrogen interactions on the feedbacks between climate and the terrestrial carbon cycle. Journal of Climate, 21(15): 3776-3796.

Song C H, Woodcock C E. 2003. A regional forest ecosystem carbon budget model: impacts of forest age structure and land use history. Ecological Modelling, 164(1): 33-47.

Tate K R, Scott N A, Parshotam A, et al. 2000. A multi-scale analysis of a terrestrial carbon budget-Is New Zealand a source or sink of carbon? Agriculture Ecosystems & Environment, 82(1-3): 229-246.

Thornley J H M, 1998. Dynamic model of leaf photosynthesis with acclimation to light and nitrogen. Annals of Botany, 81(3): 421-430.

Thornton P E, Lamarque J F, Rosenbloom N A, et al. 2007. Influence of carbon-nitrogen cycle coupling on land model response to CO_2 fertilization and climate variability. Global Biogeochemical Cycles, 21(4): 1-15.

Thornton P E, Zimmermann N E. 2007. An improved canopy integration scheme for a land surface model with prognostic canopy structure. Journal of Climate, 20(15): 3902-3923.

Tian H Q, Hall C A S, Qi Y. 1998. Modeling primary productivity of the terrestrial biosphere in changing environment: toward a dynamic biosphere model. Critical Reviews in Plant Sciences, 17(5): 541-557.

Tuzet A, Perrier A, Leuning R. 2003. A coupled model of stomatal conductance, photosynthesis and transpiration. Plant Cell and Environment, 26(7): 1097-1116.

van Wijk M T, Bouten W. 2000. Analyzing latent heat fluxes of coniferous forests with fuzzy logic. Water Resources Research, 36(7): 1865-1872.

VEMAP Members. 1995. Vegetaion/ecosystem modeling and analysis project: Com paring biogeography and biogeochemistry models in a continental-scale study of terrestrial ecosystem responses to climate change and CO_2 doubling. Global Biogeochemical Cycles, 9(4): 407-437.

Verhoef A, Allen S J. 2000. ASVAT scheme describing energy and CO_2 fluexes for multi-component vegetation: calibration and test for a Sahelian savannah. Ecological Modelling, 127: 245-267.

Vose J M, Ryan M G. 2002. Seasonal respiration of foliage, fine roots, and woody tissues in relation to growth, tissue N, and photosynthesis. Global Change Biology, 8(2): 182-193.

Walker A P, de K M G, Medlyn B E, et al. 2015. Phase 1 Free Air CO_2 Enrichment Model-Data Synthesis(FACE-MDS): Model Output Data (Carbon Dioxide Information Analysis Center); http://cdiac.ornl.gov/face/model1.html[2015-10-23].

Walker A P, Hanson P J, de K M G, et al. 2014. Comprehensive ecosystem model-data synthesis using multiple data sets at two temperate forest Free-Air CO_2 Enrichment experiments: Model performance at ambient CO_2 concentration. Journal of Geophysical Research. Biogeoscience, 119(5): 937-964.

Wang S, Grant R F, Verseghy D L, et al. 2001. Modelling plant carbon and nitrogen dynamics of a boreal aspen forest in CLASS the Canadian Land Surface Scheme. Ecological Modelling, 142(1-2): 135-154.

Wang S, Trishchenko A P, Sun X. 2007. Simulation of canopy radiation transfer and surface albedo in the EALCO model. Climate Dynamics, 29(6): 615-632.

Wang Y P, Houlton B Z. 2009. Nitrogen constraints on terrestrial carbon uptake: Implications for the global carbon-climate feedback. Geophysical Research Letters36: L24403. doi: 10.1029/2009GL041009.

Wang Y P, Kowalczyk E, Leuning R, et al. 2011. Diagnosing errors in a land surface model(CABLE)in the time and frequency domains. Journal of Geophysical Research-Biogeoscience, 116: 652-670 .

Wang Y P, Law R M, Pak B. 2010. A global model of carbon, nitrogen and phosphorus cycles for the terrestrial biosphere. Biogeosciences, 7(7): 2261-2282.

Warren J M, Norby R J, Wullschleger S D. 2011. Elevated CO_2 enhances leaf senescence during extreme drought in a temperate forest. Tree Physiology, 31(2): 117-130.

Weedon J T, Cornwell W K, Cornelissen J H C, et al. 2009. Global meta-analysis of wood decomposition rates: a role for trait variation among tree species? Ecology Letters, 12(1): 45-56.

Weng E, Luo Y. 2008. Soil hydrological properties regulate grassland ecosystem responses to multifactor global change: a modeling analysis. Journal of Geophysical Research-Bigeosciences, 113(G3): G03003.

Woodward F I, Smith T M, Emanuel W R. 1995. A global land primary productivity and phytogeography model. Global Biogeochemical Cycles, 9(4): 471-490.

Wullschleger S D, Gunderson C, Hanson P, et al. 2002. Sensitivity of stomatal and canopy conductance to elevated CO_2 concentration-interacting variables and perspectives of scale. New Phytologist, 153(3): 485-496.

Xia J Y, Luo Y Q, Wang Y P, et al. 2013. Traceable components of terrestrial carbon storage capacity in biogeochemical models. Global Change Biology, 19(7): 2104-2116.

Xu C Y, Griffin K L. 2008. Scaling foliar respiration to the stand level throughout the growing season in a *Quercus rubra* forest. Tree Physiology, 28(4): 637-646.

Xu C, Fisher R, Wullschleger S D, et al. 2012. Toward a mechanistic modeling of nitrogen limitation on vegetation dynamics. Plos One, 7(5), e37914.

Xu S Y, Peddle D R, Coburen C A, et al. 2008. Sensitivity of a carbon and productivity model to climatic, water, terrain, and biophysical parameters in a Rocky Mountain watershed. Canadian Journal of Remote Sensing, 34(3): 245-258.

Yang X, Wang M X, Huang Y. 2001. The climatic-induced net carbon sink by terrestrial biosphere over 1901-19950. Advances in Atmospheric Sciences, 18(6): 1192-1206.

Yang X, Wittig V, Jain A K, et al. 2009. The integration of nitrogen cycle dynamics into the Integrated Science Assessment Model(ISAM)for the study of terrestrial cosystem responses to global change. Global Biogeochemical Cycles, 23: GB4029.

Yu Q, Wang T D. 1998. Physiological responses of C3 plant leaf to environmental factors based on combined photosynthesis, transpiration and stomatal conductance model. Acta Botanica Sinica, 40(8): 740-754.

Zaehle S, Dalmonech D. 2011. Carbon-nitrogen interactions on land at global scales: Current understanding in modelling climate biosphere feedbacks. Current Opinion in Environmental Sustainability, 3(5): 311-320.

Zaehle S, Friedlingstein P, Friend A D. 2010b. Terrestrial nitrogen feedbacks mayaccelerate future climate change. Geophysical Research Letters, 37: L01401.

Zaehle S, Friend A D, Friedlingstein P, et al. 2010a. Carbon and nitrogen cycle dynamics in the O-CN land surface model: 2. Role of the nitrogen cycle in the historical terrestrial carbon balance. Global Biogeochemical Cycles, 24: GB1006.

Zaehle S, Friend A D. 2010. Carbon and nitrogen cycle dynamics in the O-CNland surface model: 1. Model description, site-scale evaluation, and sensitivityto parameter estimates. Global Biogeochemical Cycles, 24: GB1005.

Zaehle S, Medlyn B E, de K M G, et al. 2014. Evaluation of 11 terrestrial carbon-nitrogen cycle models against observations from two temperate Free-Air CO_2 Enrichment studies. New Phytologist, 202(3): 803-822.

Zhang Li, Yu Guirui, Gu Fengxue, et al. 2012. Uncertainty analysis of modeled carbon fluxes for a broad-leaved Korean pine mixed forest using a process-based ecosystem model. Journal of Forest Research, 17(3): 268-282.

Zhang Q, Wang Y P, Matear R J, et al. 2014. Nitrogen and phosphorus limitations significantly reduce future allowable CO_2 emissions. Geophysical Research Letters, 41(2): 632-637.

Zhou S, Duursma R A, Medlyn B E, et al. 2013. How should we model plant responses to drought? An analysis of stomatal and non-stomatal responses to water stress. Agricultural and Forest Meteorology, 182: 204-214.

Zhuang Q L. 2001. Modeling the Influences of Climate Change, Permafrost Dynamics, and Fire Disturbance on Carbon Dynamics of High Latitude Ecosystem. PhD dissertation, University of Alaska, USA.

第 2 章　生态系统光能利用率模型

2.1　植被光能利用效率（LUE）研究

2.1.1　LUE 不同定义及其内涵

物理学和化学对系统效率的定义是该系统输出的有效能量与接收的总输入能量之比，为无量纲的百分数（Grace et al.，2007）。生物学中常见的系统效率概念，其定义相对宽泛，不同研究人员往往根据研究对象的特点来定义相应系统的效率（Grace et al.，2007）。其中常采用的植物光合作用能量利用效率及与之相关的概念主要包括以下几个。

2.1.1.1　表观量子效率

光合作用量子利用效率，定义为光合器官每吸收 1mol 光量子所释放的 O_2 或同化固定的 CO_2 的物质的量，其倒数为光量子需要量（Emerson et al.，1957）；而量子效率的单位为 μmol CO_2/（$m^2 \cdot s$）[μmol 光子/（$m^2 \cdot s$）]，或简记为 mol/mol，一般可根据光合响应曲线进行参数拟合获得（Gilmanov et al.，2005）。光响应曲线的初始斜率可看作最大表观量子效率，之所以称之为“表观”，是因为它是根据入射而不是吸收光通量计算的；如果考虑反射和透射光，那么就得到了真实的最大量子效率。于沪宁等（1982）将光合过程分成 3 个阶段来剖析：第 1 阶段是能源和原料的输送阶段；第 2 阶段是能量转化阶段，无机物转化为有机物，光能转化为生物化学潜能；第 3 阶段为生物化学阶段，叶子中初步合成的碳水化合物用于生长发育和转运到其他器官中储藏。根据光合作用过程中电子传递过程推算，固定 1mol CO_2 需要传递 4mol 电子，又由于电子传递过程涉及两个光系统，那么至少需要 8mol 光量子（Bjorkman and Demmig，1987），因此，表观量子效率的上限为 0.125mol/mol，即对绿色植物而言，其叶片水平最大光能利用效率（LUE_{max}）的上限为 0.125mol/mol。

表观量子效率反映了植物在光强低于植物光饱和点的弱光条件下光合作用的生物物理特性，表征了植物物种的耐阴性，耐阴的植物往往具有较高的量子效率和适应低光照的生理生态特征。在生态系统碳循环研究中，基于通量观测数据拟合的表观量子效率成为基于遥感的光能利用率模型参数标定的依据（Ehleringer et al.，1997；Xiao，2006）。

2.1.1.2　辐射利用效率（RUE）

作物学和林学中，一般采用单位时间内单位面积上农田或森林植被利用太阳辐射生产作物（或木材）产量与所截获太阳辐射量之比表示农田（或森林）的辐射利用效率（radiation use efficiency，RUE）（Monteith，1977），根据热值（每克干物质燃烧所释放的能量）可换算以能量为基础的百分比（%）量纲，也可直接以干物质量或者不同器官含碳量表示为克干重每兆焦耳能量（g CM/MJ），或克碳每兆焦耳能量（g C/MJ）（Gower et al.，1999；Ruimy et al.，1999）。RUE 反映了群落水平的光能利用效率（Grace et al.，2007）。

2.1.1.3　光能利用效率（LUE）

对陆地生态系统碳源汇时空格局的广泛关注，使基于卫星遥感的生产效率模型成为研究热点之一。光能利用效率（light use efficiency，LUE）被定义为生态系统或植物群落每吸收 1mol 光量子所固定的大气中 CO_2 的物质的量，其单位为 μmol CO_2/μmol Photons/(m^2·s)（Monteith，1977）。LUE 是植物资源利用效率的一种定义，是植物光合作用的重要概念，也是以遥感参数模型监测区域尺度植被生产力的理论基础（Monteith，1977；Gower et al.，1999；Ruimy et al.，1999）。根据 LUE 的定义，可表示为产量（*P*）与辐射（*R*）的比值，即：LUE=*P*/*R*，其中，产量 *P* 可以是总初级生产力（gross primary productivity，GPP）也可以是净初级生产力（et primary productivity，NPP）；根据辐射光光质不同，辐射 *R* 可以是太阳总辐射或光合有效辐射（photosynthetically active radiation，PAR），也可以是入射（incident）、截获（intercepted）或吸收（absorbed）辐射（Gower et al.，1999；Grace et al.，2007）。因此，根据测定方法及研究领域的不同，LUE 存在两种度量指标：当表征植物固定太阳能效率的指标时，用%表示；当表征植物将截获或吸收的能量转化为有机干物质的效率时，用含碳量或干物质重表示截获或吸收量，分母项以能量（焦耳），或以光量子量（物质的量）表示。

Gilmanov 等（2005）将基于入射光合有效辐射（PAR）的 LUE 定义为生态光能利用效率（LUE_{eco}= GPP/PAR），将基于植被吸收光合有效辐射（APAR）的 LUE 定义为生理光能利用效率（LUE_{phy}= GPP/APAR）。Gilmanov 等（2005）认为，对于生态系统水平碳循环研究而言，采用 LUE_{eco} 更为适宜，因为它不仅反映了整个生态系统植物生理过程对光能的利用效率，还反映了群落结构特征，如植物种群密度、地上生物量及叶面积指数等，以及对生态系统光能利用的影响；但在分析不同生态系统光能利用效率的环境控制机理时，LUE_{eco} 包含了过多的环境影响要素从而较 LUE_{phy} 具有更大的变异性且控制机制更为复杂。因此，采用 LUE_{phy} 可能更易于分析影响机理。其他研究也表明，由于在 LUE 计算过程中采用光合作用项和辐射项不同，影响估算的生产力季节变化特征，也影响对生产力变化机理的解释，因此，今后研究中有必要建立一个“标准”的 LUE 定义（Gitelson and Gamon，2015）。

另外，有些植被光能利用率模型采用基于净初级生产力（NPP）估算得到的最大光能利用率。由于不同植被类型的呼吸机理不同，在进行光合作用过程中，部分植被直接将光合产物用于呼吸作用，而有些植被则存在延迟，另外，各植被类型将光合产物用于呼吸作用的比例也存在差异。还有研究表明，随着生物量和温度的升高，植物将吸收的光合有效辐射能转化为自身干物质的效率会降低，从而使得更多的同化物用于自养呼吸。因此，基于 NPP 计算的最大光能利用率相对于基于 GPP 计算的结果的变异性要大（Goetz and Prince，1999）。

总之，光能利用效率（LUE）的定义因观测空间尺度（从叶片、群落到生态系统）及所测定项的时间尺度而不同（Grace et al.，2007）。叶片水平表观量子效率（AQY）的研究主要为瞬时测定，时间尺度在秒到分钟之间；尽管可以利用一年内不同时间多次测定描述其季节动态，但 AQY 依然主要反映植物叶片生理水平对光强变化的快速响应特征，而无法描述整个植物群落或生态系统对辐射环境变化的响应过程。RUE 的研究多采用生物量收获法进行，时间尺度往往在一个生长季以上，反映了植物群落对太阳辐射的长期利用特征，主要表征不同植物群落类型对所处环境的长期适应特性。基于微气象观测方法的 LUE，由于仪器具有连续自动观测的特点，其时间尺度可以从小时到年际尺度不等，往往根据研究目的与分析方法的不同而变化。其观测空间范围也根据生态系统植被状况、下垫面特征而发生变化，如对于草地、农田等低矮冠层的生态系统，其空间尺度往往在数十米到数百米；而对于森林等具有高大冠层的生态系统，其空间尺度一般在数千米范围以内。特别是利用多个站点不同生态系统进行联网监测可以实现对不同生态系统 LUE 空间变化格局的深入分析；这些显著优势使得基于微气象观测方法的 LUE 研究近年来在全球各地广泛开展（Turner et al.，2002）。

2.1.2　LUE 测算方法

由于研究领域、研究方法、测量仪器的不同，以及新技术发展与仪器设备更新，LUE 的测定方法主要有以下 4 种。

2.1.2.1　生物量收获法

对于草本和经济作物，通过直接收获生长期末样地中全部地上生物量及地下生物量，并烘干至恒重即可获得植物群落的干物质产量，再测定其热能值，计算得到其所含能量，然后根据入射太阳辐射量就可以得出 LUE，这种方法得出的 LUE 为百分数。对于木本植物，观测方法要复杂一些，通常需要对样地进行每木调查，用标准木进行树干解析，获得单株各器官生物量和树高、胸径的关系，以及材积和生物量间关系式，估算样地生物量；通过不同时期生物量或树木生长方程，估算年生长量，测定热值以计算干物质所含能量与太阳辐射量的百分比，即光能利用率。也可根据不同器官含碳率将生物量换算为样地给定时间段内碳固定量，即测定出群落的 NPP；如果收获时仅包含地上部分，则为地上部分净初级生产力（ANPP）。为了获得 GPP，还需要辅以植被自养呼吸的观测或者确定不同生态系统 NPP 与 GPP 之间的比例，最后结合同时测定的光合有效辐射的收支状况可进一步计算出 APAR 与 LUE（Monteith，1977）。

作为传统的调查方法，生物量收获法到目前为止一直被广泛采用，其主要优点在于所需仪器设备简单，可操作性强。缺点是工作量大、耗时费力、对植被的采样具有破坏性，更为重要的是，生物量收获法仅能获得较长时间尺度的数据，无法获得短时间（如季节）尺度上 LUE 的变异特征。

2.1.2.2　光量子效率推算法

表观量子效率反映了植物生理水平对光强变化的快速响应特征，其数值代表了自然状态下植被光合作用的最大光能利用效率（Xiao，2006）。依据光合速率参数测定方法的不同，可分为基于涡度相关（EC）技术和基于便携式光合仪观测的 LUE 估算。

涡度相关技术是目前连续直接测定植被冠层与大气间的 CO_2 和水热交换量的唯一方法。最近 20 年来，随着微气象涡度相关技术的发展，使用该技术测定陆地生态系统与大气之间 CO_2 净交换通量的研究有了长足的进步，并逐渐形成了覆盖全球主要气候区和生态系统类型的洲际和全球通量观测研究网络（Baldocchi et al.，2001）。涡度相关技术为研究生态系统尺度的光合特征参数提供了有效途径，它不仅为估算 APAR 和 GPP 提供了机会，也使得人们有可能从冠层到景观水平估计 LUE，并且其估算的时空尺度可以与基于卫星遥感的尺度相关联（Ruimy et al.，1996）。基于涡度相关技术的 LUE 估算方法基于光响应方程，利用涡度通量数据进行方程参数拟合而获得 LUE。在估算过程中，LUE 的估计在很大程度上取决于光响应方程的选择，即 GPP 和 APAR 间是线性还是非线性关系（一般采用双曲线关系）。理论上，冠层在低 LAI 或低光合能力情况下，最有可能出现的就是双曲线关系；而线性关系的趋势可能在较高 LAI 情况下会出现，原因在于叶片间的相互遮荫使得更多叶片的光合对光照的响应为线性。

Turner 等（2003b）利用 EC 技术测定的逐日 GPP 数据和样地调查的 LAI 数据对生态系统逐日 LUE 的季节动态及环境控制机理进行了分析，结果表明对于北美 4 类典型生态系统（草地、农田、阔叶林和针叶林），除了草地生态系统在生长季内逐日 GPP 和 APAR 表现为典型的线性关系（即 LUE 趋于常数）以外，其他 3 类植被逐日 GPP 和 APAR 都表现为非线性相关关系，而且随着 APAR 增加，GPP 增加速率变小，即高 APAR 情景下植被的 LUE 低于低 APAR 情景下的 LUE；进一步分析发现这种变化不仅受到不同生态系统植被特征本身（包括 LAI 及物种组成）的影响，还与冠层氮素含量、辐射环境与天气状况等密切相关，因此，Turner 等（2003b）认为目前多数遥感生产效率模型仅仅考虑温度和水分状况对生态系统实际 LUE 的影响，可能是模型模拟效果欠佳的主要原因。

涡度相关技术适宜于对满足观测条件的典型生态系统进行长期的连续自动监测，但其显著缺点在于建设及维持费用较高，而且并非所有生态系统都可以进行 EC 观测（Goulden et al.，1996）。对冠层较低矮的生态系统（如草地和农田），便携式光合作用测定仪也是一种广泛采用的测定生态系统净光合速率并进一步估算其瞬时光能利用效率的主要方法（彭少麟和张祝平，1994）。便携式光合作用测定仪一般根据一定时间内单位面积上植物叶片测定室与参比室中 CO_2 的浓度变化及空气流速、温度和大气压等环境参数计算植物叶片净光合速率。目前的便携式光合作用测定仪一般可以即时测定叶片净光合速率、呼吸速率、蒸腾速率、气孔导度及胞间 CO_2 浓度等多达 60 余项植物生理生态学参数或变量，并同时记录相应环境要素的变化；结合不同辐射状况进行测定，则可推算叶片光能利用效率的变异特征（崔骁勇等，2001）。根据群落结构实施多次的分层或随机采样，则可估算出整个植物群落的光能利用效率（彭少麟和张祝平，1994）。

2.1.2.3 生产力模型估算法

除了采用量子效率估算最大光能利用率外，人们还经常采用生产力模型来推算 LUE，主要包括经验模型、过程模型及遥感参数模型。袁嘉祖（1988）应用 Miami 模型估算了黄土高原各地区的植物气候产量，光能利用率只有 0.1%~0.2%。Running 等（2000）根据生理生态过程模型 BIOME-BGC 对陆面主要植被类型的最大光能利用率进行了模拟，结果被应用于 MODIS 初级生产力产品（MOD17）的生产。近年来，基于遥感参数化的光能利用率模型得到了快速发展与广泛应用，这类模型以 Monteith 方程和资源平衡的观点为理论基础，采用 GPP 与 APAR 的比值来计算 LUE。

张娜等(2003)应用景观尺度生态系统生产力过程模型(ecosystem productivity process model for landscape，EPPML)，模拟了长白山自然保护区主要植被类型的 NPP 和太阳总辐射量，进而间接刻画了景观尺度上 LUE 的季节动态特征，结果表明 EPPML 模拟的 LUE 与样地实测 LUE 的大小及季节动态均较为一致，表明模型可应用于推算景观尺度 LUE。朱文泉等（2006）利用遥感数据、气象数据及实测 NPP 资料对我国典型植被最大 LUE 进行了模拟，并对不同植被分类精度可能带来的误差进行了敏感性分析。根据朱文泉等（2006）的研究，我国典型植被基于 NPP 的最大 LUE 介于常用的生产效率模型（CASA）和生理生态过程模型（BIOME-BGC）的模拟结果之间，如落叶针叶林最大 LUE 为 0.159~2.453g C/MJ，常绿针叶林最大 LUE 为 0.204~2.553g C/MJ，常绿阔叶林最大 LUE 为 0.407~2.194g C/MJ。彭少麟等（2000）利用 GIS 技术和遥感数据对广东植被 LUE 的分析认为，CASA 模型中使用的全球植被最大光能利用效率（0.389g C /MJ）对广东植被偏低，广东地区植被的年均 LUE 为 0.691~1.047g C/MJ，而且即使植被类型相似，不同地区植被的最大 LUE 也依然存在差异，这与生产效率模型所采用的相同植被类型具有相同的最大 LUE（Running et al.，2004）的假设不相一致。在区域尺度上，Still 等（2004）用全球不同地点大气 CO_2 浓度测定数据、卫星遥感监测数据及大气传输反演模型对基于 NPP 的 LUE 进行了模拟，结果发现北方针叶林地区及北半球热带地区 LUE 最高，而欧亚大陆北方针叶林 LUE 高于北美大陆，并且欧亚大陆北方针叶林 LUE 存在明显的季节变化特征，原因分析认为，大量落叶松林的存在导致欧亚大陆针叶林具有较高的 LUE，而热带地区多云天气及 C_4 植物分布较多，可能是热带植被具有较高 LUE 的原因。这类研究为辨识陆地生态系统 LUE 在大尺度上的空间格局奠定了基础，同时也为校验生态系统模型提供了重要的参考依据（Ruimy et al.，1999）。

2.1.2.4　光化学指数遥感法

除了上述方法以外，根据光合器官对光能的利用途径，人们发展了间接估测 LUE 的方法。目前研究已证实光能被叶绿素吸收后，有 3 个主要去向：一是推动光化学反应；二是转变成热耗散掉；三是以叶绿素荧光形式发射出来（陈晋等，2008）。当叶绿素吸收的光能超过自身光合作用利用能力时将会导致激发能过剩，在环境胁迫条件下，如果这部分过剩激发能不能及时耗散将对植物光合器官造成不可逆的伤害；在长期适应进化过程中植物形成了依赖叶黄素循环的热耗散过程以释放过剩激发能的机理（Gamon et al.，1997）。叶黄素循环是指光能过剩时，紫黄质在紫黄质脱环氧化酶的催化下，经过花药黄质转化为玉米黄质；而在光能不足时，则在环氧化酶的作用下朝相反的方向进行，形成一个循环；整个过程可耗散过剩的激发能（Gamon et al.，1997）。Gamon 等（1997）证实叶黄素循环色素间的相互转换可以在完整叶片对 531nm 波段反射光谱的敏感变化中检测出来，并建立了基于 531nm 波段反射光谱的光化学反射指数（PRI）。

$$\mathrm{PRI}=\frac{R_{531}-R_{570}}{R_{531}+R_{570}} \tag{2.1}$$

式中，R_{531} 和 R_{570} 分别表示植被对 531nm 和 570nm 波段光谱的反射率，一般将 R_{531} 称为测量波段，R_{570}称为参照波段，因为570nm波段的反射率随叶黄素循环不产生明显变化。

由于叶黄素循环能量耗散与光合作用过程密切相关（当植物LUE较高时，热耗散相对较少，531nm波段处反射率下降程度较低，PRI相应较高，即LUE与PRI呈正相关关系），PRI在直接估计植被实际的LUE方面显示了极大的潜力。大量研究从叶片尺度（Gamon et al.，1997）到冠层尺度（Gamon et al.，1992）及景观尺度（Drolet et al.，2008）都证实PRI与LUE之间存在线性正相关关系。

尽管利用便携式光谱仪测定的叶片尺度的PRI与LUE相关关系较高，但这种相关性受到叶片色素含量变化、光照强度等生物或环境要素的干扰，因此，需要针对不同物种、叶龄和生育期建立特定的PRI-LUE关系，以实现对LUE的准确估算。而冠层、景观尺度的PRI则由于观测条件限制，以及群落结构、天气条件等因素的影响，只有在较高LAI且物种单一的情况下，二者的关系才足以用于估算LUE，相关的经验关系还有待进一步验证（陈晋等，2008）。尽管存在这些问题，但未来从地面测量到机载、星载高精度高光谱传感器的发展，仍然使得利用PRI估算区域LUE具有最引人瞩目的吸引力，而且可能在大面积作物估产、精准农业、森林健康状况评价及区域碳循环研究等方面产生广泛的应用价值（Grace et al.，2007；Drolet et al.，2008）。此外，部分研究还利用叶绿素荧光反演生态系统水平植物的光能利用效率，其原理与根据PRI反演LUE相似，只是采用叶绿素荧光作为LUE的表征指标，此处不再做具体介绍，相关内容可参考Grace等（2007）和Damm等（2010）的研究。

2.1.3 影响LUE的环境和生物要素

根据植物群落的光合生产过程可知，其光能利用效率首先取决于群落中各个物种的量子效率，其次受到群落结构的影响；因此，影响植物量子效率的各种要素必将影响整个生态系统的光能利用效率（许大全，1988）。不同时间与空间尺度下影响LUE的因素不尽相同。不同物种的内在生理机理对LUE的影响差异较大，当外界条件改变时光合速率的改变也不相同。由此，可将植物LUE的影响因子划分为植物内在因素和外在环境因素两类。内在和外在因素之间并不是独立存在的，它们之间相互影响、相互制约；植物LUE的变化是植物内在因素和外在环境因素共同作用的结果。

2.1.3.1 植物内在因素

LUE受植物内在生理机理的影响较大。影响LUE的内部因素主要是植物光合碳代谢途径，其他内在因素还包括羧化酶含量及植物的适应或驯化能力（acclimation）等。此外，叶片类型和叶子物候期（叶片萌发、舒展、枯萎、凋落）的差异也会使植被冠层截获的光量不同，从而影响光能利用率。

1. 碳同化途径

大量研究证实C_4植物（如玉米、甘蔗、高粱等）光能利用效率高于C_3植物（如水稻、小麦、大豆等），因为它们具有不同的光合碳代谢途径。C_4植物每固定1分子CO_2要比C_3植物多消耗2分子三磷酸腺苷（ATP），因此C_4植物量子效率比C_3植物低30%左右。另外，在自然条件下 C_3 植物的光呼吸过程导致了额外的能量损耗，使得 C_3 植物表观量子效率较 C_4 植物低 30%左右，进而使得其群落 LUE 相对偏低（Ehleringer et al., 1997）。

然而大量实验证实当植物没有受到环境胁迫时，相同光合碳同化途径（C_3、C_4 或景天酸代谢 CAM 途径）的植物其表观量子效率相对恒定。例如，温度、水分等环境条件适宜而 CO_2 达到植物生理饱和点的情况下，37 种 C_3 植物的表观量子效率平均值为 0.106mol/mol，5 种 C_4 植物的表观量子效率平均值为 0.0692mol/mol；由于 C_3 植物光呼吸速率随温度升高而显著增加，在光呼吸强烈而能量有额外损失时，C_3 植物的量子效率为 0.050~0.055mol/mol，而 C_4 植物的量子效率为 0.060~0.070mol/mol（Bjorkman and Demmig, 1987），即自然状态下大部分 C_3 植物的量子效率低于 C_4 植物。而当环境条件不适于植物以最大效率进行光合作用时，植物表观量子效率将显著降低（许大全，1988）。

崔骁勇等（2001）对内蒙古半干旱草原 6 种主要植物的光合和水分利用特征的实验观测表明，C_4 植物（木地肤、糙隐子草）的 LUE 较相同环境下生长的 C_3 植物高，并且对土壤水分条件的变化不敏感，在干旱条件下依然能够维持较高的 LUE，而多数 C_3 植物往往因为干旱胁迫而 LUE 降低。Turner 等（2002）对美国伊利诺伊州中部 $25km^2$ 范围内各占 44.4%面积的玉米和大豆地，在①假设研究区内均为玉米（C_4）；②假设研究区内均为大豆（C_3）；③基于高分辨率的遥感数据获得准确的土地利用覆盖图等 3 种土地覆盖模式下利用生态模型估计了其净初级生产力，最后与地面实测的 NPP 进行了比较，从而间接反映出不同碳同化途径 LUE 的差异。结果发现模式①高估 NPP 达到 26.4%，模式②低估 NPP 13.6%，而模式③低估 NPP 5.3%；说明在区域尺度上 C_3 作物 LUE 依然低于 C_4 作物。在实际观测方面，高阳等（2009）通过长达两个生长季（2006~2007 年）的大田试验，研究了 1∶3 和 2∶3 两种间作模式和单作种植模式对玉米和大豆群体光能利用效率的影响，结果表明玉米/大豆 1∶3 间作群体的 LUE 为 3.51g C/MJ，而 2∶3 间作群体的 LUE 为 3.49g C/MJ，约为单作大豆 LUE 的 2.8 倍，但都低于单作玉米的 LUE（3.56g C/MJ）。这一观测事实充分说明了 C_3 植物与 C_4 植物之间 LUE 的差异。

此外，植物的耐阴性也会影响生态系统的 LUE，耐阴植物的光补偿点和光饱和点都较阳生植物低，其量子效率因此往往较阳生植物高，因而 LUE 也相对较高（许大全，1988）。

2. 群落结构特征

群落结构特征主要通过影响生态系统尺度光合作用碳固定过程的第一阶段（能量和原料的输送阶段）来影响生态系统的光能利用效率（于沪宁和赵丰收，1982）。在较长时间尺度上（一个生长季或以上），植物群落可以通过调整冠层分布特征、叶面积指数及阴生叶和阳生叶的位置使整个生态系统充分利用光能，进而使生态系统 LUE 趋于常数（Field，1991）。在长期适应进化过程中，特定生态系统一般通过叶面积指数的季节性变化来适应当地不同季节光照环境的变化，从而充分利用光能资源。然而，整个生态系统的光照环境往往在较短的时间内就发生显著变化，不仅具有明显的季节变化特征，还具有显著的日变化，因此，短时间尺度上群落结构往往来不及对光照环境的快速变化产生及时的响应，这导致 LUE 在短时间尺度上存在较大变异。

Pangle 等（2009）利用生物量收获法研究了阿巴拉契亚山脉南部阔叶林和针叶林的LUE 的差异，发现尽管两种林分所处环境条件相似，但 LUE 差异显著，阔叶林 LUE 为1.25g C/MJ，显著高于针叶林（0.63g C/MJ）；然而两种林分的 ANPP 却比较接近，分别为 11.5Mg/（hm^2·a）和 10.2Mg/（hm^2·a）。进一步分析其原因发现，LUE 的差异主要源于不同林分 APAR 存在显著差异，而 APAR 的差异主要源于林分最大叶面积指数（LAI_{max}）的显著不同，阔叶林和针叶林 LAI_{max} 分别为 7.4m^2/m^2 和 6.1m^2/m^2。对人工针叶林的实验研究却表明，在施肥管理时林分 ANPP 的增加可能源于土壤营养条件改善后植物叶片生物量及 LAI 的增加两个方面，但二者到底哪个因素起主要作用还难以区分（Gough et al.，2004）。部分研究亦发现 LAI 增加和 ANPP 及 LUE 增加的关系在不同树种之间并不一致，并且在不同环境条件下对针阔混交林的影响也不一样（Allen et al.，2005）。

3. 生长发育阶段

Field 和 Mooney（1983）最早在关于自然生境下山羊角树灌丛的研究中就已经发现，随着灌丛叶龄增加，其光合速率、叶片 N 含量、气孔导度等都会显著下降，尽管表观量子效率没有明显变化，但生态系统 LUE 显著降低，说明灌丛叶龄增加主要通过影响群落水平的光捕获能力而非生理水平的光能转化能力使得 LUE 下降。Hember 等（2010）利用涡度相关技术对 3 个不同林龄的加拿大花旗松林 LUE 的分析亦表明，即使气候环境条件相似，不同林龄样地间最大 LUE 的差异也受到林龄的显著影响，LUE 在 1.28~4.42g C/MJ 变化较大。尽管多数研究表明，植物成熟之后随着叶龄或林龄的增加，其 LUE 会降低，但 LUE 与叶龄或林龄的关系并非一直负相关，在生态系统达到稳定以前，LUE 会随叶龄或林龄增加而增加。Campbell 等（2009）通过调查疏伐对森林生物量及 LUE 的影响发现，木材、叶和根生物量在未疏伐控制样地最高，在疏伐 3 年后各器官生物量最低，疏伐后 16 年的样地居中。疏伐 3 年后林冠内上层及冠层下方灌木叶片 NPP 增加了两倍，部分抵消了疏伐导致的叶片 NPP 减少的影响；同样地，细根 NPP 增加，这在很大程度上抵消了粗根 NPP 的减少。灌木和细根 NPP 的增加使得整个疏伐林分 LUE 较未疏伐林分增加了 60%；而随着疏伐后恢复时间变长，整个生态系统 LUE 才逐渐趋于稳定。我国对于不同生长发育阶段对植被 LUE 影响的研究主要集中在农田生态系统，如同小娟等（2009）利用涡度相关通量观测对华北平原冬小麦/夏玉米轮作农田生态系统 LUE 及其影响要素进行分析，发现玉米 LUE 在营养生长阶段随 LAI 增加先增后降，而生殖生长阶段 LUE 随 LAI 减少而线性降低，在相同 LAI 情况下，玉米生殖生长阶段的 LUE 明显低于营养生长阶段。

不同生长发育阶段（叶龄、林龄或生育期等）植被 LUE 的差异源于多个方面，包括植物生理水平量子效率的变化，或者植物群落水平叶面积指数、群落结构等的改变，或者不同时期叶绿素、叶氮含量甚至环境条件变化而导致的影响。在当前的研究中，还无法进一步区分究竟是生育阶段本身还是其他环境要素影响了生态系统的 LUE。

2.1.3.2 外在环境因素

影响植物 LUE 的外在环境因素包括光强、温度、水分、养分、大气 CO_2 和臭氧浓度等（Green et al.，2003）。从光响应曲线可知，光强大小直接影响着 LUE，一般来说光强越小 LUE 越大。温度的变化通过改变酶活性来影响植物光合作用，进而影响 LUE。水分利用与碳循环通过叶片气孔紧密耦合，是一个不容忽视的 LUE 影响因素；在干旱缺水的环境下，植物会关闭气孔而影响光合作用吸收 CO_2；大量研究也表明植物光合作用与蒸腾速率之间存在明显的线性关系（王秋凤，2005）。土壤中的养分是植物光合作用等新陈代谢活动的基础，如氮（N）是参与植物光合作用和维持植物生命的重要元素，土壤中的 N 元素是光合酶形成的基础，直接影响植物 LUE。

1. 光照

自准确界定光合作用量子效率开始，Emerson 等（1957）就发现量子效率的高低与光质有关，如白光的量子效率大约仅是 625nm 光的 75%；同时，在可见光与远红光同时存在的条件下，量子效率可大幅提高，这种现象称为双光增益效应。已有观测亦表明，森林冠层顶部叶片的量子效率高于森林冠层基部叶片，其可能原因在于冠层上、下方光质的不同（Wofsy et al.，1993）。

此外，大量研究还证实整个植物群落的光能利用效率与入射 PAR 中直射和散射辐射的比例有关，植被冠层对散射辐射的利用效率显著高于直射辐射（Baldocchi，2008）。在相同辐射总量的情况下，多云天气下生态系统的光合作用要强于晴天（Gu et al.，2002；Urban et al.，2007），其光能利用效率也更高。这主要因为：①晴天冠层上部叶片的光合作用容易在高光强下光饱和（许大全，1988）；②晴天太阳光主要以平行光的形式到达叶片，冠层下方接受的辐射比例相对偏少，从而导致整个生态系统 LUE 降低；而阴天散射辐射比例大，进入冠层下部的光的比例显著增加，群落内部光能分布更加均衡：冠层上部叶片不至于光饱和，而下部叶片有光可用（Gu et al.，2002）；③阴天蓝光和红光之比相对晴天有所增加进而促进了光化学反应及植物叶片气孔的打开（Urban et al.，2007）；④阴天环境中温度和饱和水汽压差（VPD）相对较低；而晴天较高的气温和较大的 VPD 环境下，植物为了减少水分散失不得不关闭气孔使得气孔导度降低，这些过程一方面降低了胞间 CO_2 浓度，减小了叶片对 CO_2 的吸收，另一方面刺激了植物的光呼吸作用，降低了光合作用过程中 CO_2 的有效固定（Gu et al.，2002；Baldocchi，2008）。

当光强过高、植物叶片接受的光能超过其利用能力时，不仅发生依赖叶黄素循环的热耗散过程，还可能发生光抑制现象，从而降低量子效率；因此，光照强度也影响生态系统的光能利用效率。例如，大量观测证实植物光合“午休”现象与光强过高存在密切联系。黄成林等（2005）利用便携式光合仪对安徽休宁倭竹光合作用日变化的观测研究表明，在植被生长季每天 10:00 以前，光照强度低于 1022μmol/（m^2·s）时，LUE 相对较高，之后随着光照强度升高，LUE 显著下降，直到 14:00 之后光强下降时 LUE 才开始回升，全天 LUE 日变化表现为凹形，与光强显著负相关。Turner 等（2003b）对北美 4 个典型生态系统涡度相关数据的分析发现，在植被生长季（每年 6~9 月），逐日 LUE 也随 APAR 的增加而显著下降，说明在较短时间尺度上（小时到日），生态系统 LUE 不仅不是常数，反而表现出随环境条件改变出现较大程度的变异性（Hember et al.，2010）。

总之，光合作用的碳固定是绿色植物叶绿体在光照的作用下，将 CO_2 和水同化为碳水化合物，并释放出氧气的过程，没有光照植物光合作用就无法进行；而光照不仅是光合作用的动力，也是形成叶绿素、叶绿体及叶片的必要条件，光照还显著地调节光合酶的活性与气孔的开度，因此在一定程度上直接制约着光合速率及 LUE 的高低；但光照过强一方面降低了叶片水平的量子效率，另一方面通过影响冠层能量分布而降低生态系统水平的 LUE。

2. 温度

温度不仅影响光合作用过程中各种酶的催化反应速率，而且影响植物体内物质扩散过程，因此，不适宜温度往往成为抑制植物光合作用碳固定过程进而影响 LUE 的重要环境限制条件。植物光合作用对温度的响应曲线通常为抛物线，表现出明显的最低、最适和最高三基点温度。在极端低温条件下，叶绿体组织结构解体，光系统Ⅱ失活，一般认为大多数绿色植物的光合作用最低温度在–10~10℃（Running et al.，2004）；而最适温度往往随植物对温度的适应过程而产生变化，具有较大的变异范围。利用涡度通量观测数据分析发现植被冠层光合作用最适温度和当地夏季平均气温相当，欧洲多数生态系统的光合作用最适温度为 15~20℃，而北美典型生态系统的光合作用最适温度为 20~30℃（Baldocchi et al.，2001），因此，相对于欧洲森林，北美森林更能抵抗夏季的高温胁迫（Baldocchi，2008）。但是，温度过高将会破坏植物类囊体膜上的叶绿素蛋白，使光系统Ⅱ活动能力降低，同时增强光合器官的呼吸作用，进一步显著降低整个生态系统的光合作用速率（Bjorkman and Demmig，1987）。

光能利用效率是植物光合作用过程与辐射吸收过程的综合体现，由于光合作用受到温度的显著影响，因此 LUE 也与温度存在密切关系。例如，当温度由 6℃升高到 18℃时，紫花苜蓿的 LUE 由 0.6g C/MJ 增加到 1.6g C/MJ（Brown et al.，2006）。然而，对蓖麻的研究却表明，当水分受限时，LUE 随温度升高而降低（Kumar et al.，1996）。这可能是高温加剧了作物的干旱胁迫，促使叶片衰亡；而且温度较高时植物光呼吸作用增加使光合产物损耗加速。黄成林等（2005）对安徽休宁倭竹的研究亦表明，当温度在 28℃以下时，生态系统 LUE 较高，温度超过 28℃之后，LUE 开始下降；尽管午后 LUE 缓慢回升，但依然保持在较低水平，到傍晚温度为 30.3℃时，LUE 较上午 28℃时略高。由此可见，在生长季当温度超过 28℃之后，高温将使得休宁倭竹 LUE 下降。但温度过低时，叶片中光合色素含量将下降，造成叶片光合速率和净同化速率同时降低；而且低温还会使得气孔导度降低，从而影响 CO_2 同化；因此温度过低也会降低 LUE（Long，1983）。Bell 等（1992）在其他环境条件适宜的情况下，对花生进行了两年的控制实验，发现夜间温度每降低 1℃，其生长季 LUE 就减小 6%~12%。

相比之下，较大空间尺度上植被 LUE 随温度变化的特征目前还存在争议（Garbulsky et al.，2010）。例如，部分全球尺度的生态模型模拟结果显示，LUE 随纬度的增加而增加（Ruimy et al.，1999），即温度降低时 LUE 反而升高，这与 Still 等（2004）基于大气传输模型反演的中高纬度地区的结果相一致；另一些模型模拟的结果却相反，表明这些运用于全球尺度的生态模型对区域尺度上 LUE 空间格局的基本变异特征还缺乏共识（Ruimy et al.，1999）。Garbulsky 等（2010）发现尽管温度会影响部分站点（尤其是受到低温限制的中高纬度站点）生态系统短时间尺度上（8 天）的 LUE 变化，但生态系统年尺度上 LUE 的空间变异格局则主要受到水分条件的影响，而与温度不存在任何显著相关性。

3. 水分

水分供应不足将对植物的光合作用过程构成显著影响，按照气孔开闭特征可分为气孔限制和非气孔限制两类。所谓气孔限制是指在水分亏缺时，气孔局部关闭、导度下降，致使通过气孔进入叶片的 CO_2 减少，从而降低光合速率；而非气孔限制则是由于水分亏缺导致光合产物输出变慢、光合机构受损、光合作用有效叶面积扩展受到抑制等导致群落光合速率的降低。同样，水分过多也会使光合作用受到限制，其主要原因包括：植物根际缺氧导致其生理生化过程受阻；水分附着于叶面导致其气体交换过程受到抑制、叶肉细胞处于低渗状态等，这些特征都不同程度地降低了光合速率和叶片及生态系统水平的 LUE（张雷明，2006）。

通常情况下，水分亏缺、干旱胁迫会促使植物衰亡，降低植物干物质的积累，但由于环境条件的差异，不同研究得出的表征环境水分状况的参数，如饱和水汽压差（VPD）、年降水量或土壤水分含量等，与 LUE 的相关关系并不一致。Kumar 等（1996）发现雨养条件下蓖麻 LUE 与 VPD 呈正相关，而大麦、玉米和高粱的 LUE 却均随 VPD 的增加而降低（Kemanian et al.，2004）；也有研究表明 LUE 不随 VPD 的变化而明显改变（Kiniry et al.，2005），Muchow 和 Sinclair（1994）对 6 种不同环境条件下 LUE 的对比研究发现，当 VPD 由 1.6kPa 增加到 2.6kPa 时，LUE 随 VPD 的增加依然不显著；而且对小麦、豌豆和芥菜的研究亦表明，即使 VPD 较大时 LUE 也没有明显降低（O'Connell et al.，2004）。

利用北美和欧洲涡度相关通量观测网络监测数据的分析发现，虽然 VPD 对各个站点短时间尺度上 LUE 的影响并不相同，在热带雨林、稀树草原、亚热带常绿林、地中海森林，LUE 与 VPD 负相关；而在温带落叶林、温带常绿林，LUE 与 VPD 正相关；却发现年降水是不同站点年 LUE 差异的主要环境控制因子，实际蒸散与潜在蒸散之比可作为不同站点 LUE 季节变化的最佳表征指标（Garbulsky et al.，2010）。

4. CO_2 和 O_2 浓度

CO_2 和 O_2 分别是光合作用的反应物和产物，其浓度大小影响到相应环境条件下光合作用的速率及 LUE。在目前大气 CO_2 浓度持续增加的形势下，CO_2 浓度增加对生态系统光合作用及 LUE 影响的研究与报道相对较多，而 O_2 浓度变化对 LUE 的影响在文献中却少有报道。

大气 CO_2 浓度增加，除了通过温室效应导致全球气候变暖进而对植物产生影响以外，还直接影响植物的生长发育。目前大气中 CO_2 的浓度（390ppm）低于 C_3 植物的生理饱和点，如在 O_2 浓度为 21%、气温为 25℃的条件下，C_4 作物的 CO_2 补偿点一般为 0~50ppm，C_3 作物为 400~600ppm，因此 CO_2 依然是 C_3 植物光合作用的限制因子，对其光合作用的生理生化过程有制约作用。自 20 世纪 70 年代以来，国内外进行了大量关于大气 CO_2 浓度加富的控制实验，一般认为大气 CO_2 浓度增加对植物光合作用、蒸腾作用及气孔运动等过程都会产生较为显著的影响。Drake 等（1997）总结了文献报道的结果发现，大气 CO_2 浓度增加对陆地植物的主要影响为增加了植物的资源利用效率，包括水分利用效率、光能利用效率及氮素利用效率。大气 CO_2 浓度增加将使得植物气孔导度降低，减少蒸腾，并同时激发更高的光合速率，因此增加了水分和光能利用效率。蒋跃林等（2005）通过对不同大气 CO_2 浓度下作物生长进行控制实验发现，当大气 CO_2 浓度由 350ppm 增加到 550ppm 时，大豆开花期日均 LUE 提高了近 19%，而进一步增加到 750ppm 时，LUE 提高了 33.8%；同时，在不同生育期，CO_2 浓度增加对 LUE 提高的影响存在明显差异。相比之下，C_4 作物对环境中 CO_2 和 O_2 浓度变化的响应不明显。许大全（1988）报道，在西北高原观测的小麦、红豆草等的表观量子效率较上海为低，推测可能与西北高原空气中 CO_2 和 O_2 浓度偏低有关，并进一步在上海低压舱中进行控制实验证实了该推论。然而，在高 CO_2 浓度下，降低 O_2 浓度也会降低棉花等作物的量子效率，这说明 C_4 作物与 C_3 作物对 CO_2 和 O_2 浓度变化的响应并不一致（许大全，1988）。

Dermody 等（2008）在大豆大样地（直径 20m）中进行了开顶式大气气体浓度增加控制实验（SoyFACE），发现大气 CO_2 浓度由 380ppm 增加到 550ppm 时，大豆产量增加了 15%，截获的光合有效辐射提高了12%，但 LUE 仅提高了 3%；而增加臭氧浓度尽管加速了冠层的衰亡，但截获的光合有效辐射仅降低了3%，产量的大幅降低主要源于 LUE 降低了11%。这些研究表明大气 CO_2、O_2 或 O_3 浓度的变化对植被生产力的影响源于不同方面，包括植物生理功能的变化，也包括植物群落结构的变化。

5. 养分状况

良好的土壤养分状况有利于植物的生长与发育，将促进生态系统的光能利用效率。施加氮肥将促进植物叶片叶绿素的形成，在适宜范围内，氮（N）素水平提高将显著提高植物的光合速率，进而提高 LUE。吴朝阳等（2009）利用控制实验发现，施加当地农作物推荐剂量的一半 N 肥时，小麦叶片 LUE 在 0.53g C/MJ 左右；而施肥量增加 1 倍时，小麦叶片 LUE 提高到 0.59~0.64g C/MJ；施肥量增加 2 倍，LUE 提高到 0.69g C/MJ，并且最大值可达 0.75g C/MJ；分析 LUE 增加的主要原因在于施加不同剂量 N 肥后叶片叶绿素含量出现不同程度的增加，使得光合器官占叶片比例增加，因而增加了 LUE。Green 等（2003）对文献中各植物种的 LUE 进行综合分析后发现，植物 LUE 与叶 N 含量呈正相关，并基于叶 N 含量、年均空气温度构建了表征不同站点之间 LUE 差异的冠层植被指数。Kergoat 等（2008）进一步利用涡度相关通量观测数据分析发现，对温带和寒带生态系统而言，植物最大 LUE 变化的 71%可由叶 N 含量的变化进行解释，而包括空气温度与叶 N 含量的线性组合可解释其变化的 80%，表明叶 N 含量在决定 LUE 空间差异方面具有重要的意义。Turner 等（2003b）对美国中西部玉米 LUE 的研究也发现，玉米生育期后期 LUE 的下降可能主要由叶片 N 含量降低引起，说明叶 N 含量在 LUE 季节动态方面也同样具有重要作用。

LUE 随叶 N 含量的降低而降低，主要是由于较低的叶 N 含量将导致叶片光合能力显著下降（Kemanian et al.，2004）。然而，同样有研究表明施加 N 过多时 LUE 也会降低（Olesen et al.，2000），这是因为 N 施加量过多时，植物光呼吸作用增强，同时植物光合产物向营养器官分配转移的压力也有所增加。除了 N 元素含量显著影响植物的 LUE 外，对土壤施加 K 肥也会直接影响植物叶片的叶绿素含量，进而提高其 LUE（吴朝阳等，2009）。施加 K 肥，一方面提高了叶片叶绿素的含量，增强了光合作用反应酶的活性，促使叶片 LUE 提高；另一方面使得植株茎干抗倒伏能力增加，增强了群落的光捕获能力，因此提高了生态系统水平的 LUE。

2.1.4 典型陆地生态系统 LUE 的大小及变异特征

在 Potter 等(1993)发展的 CASA 模型中，全球不同生态系统逐月 LUE 通过公式(2.2)计算：

$$\mathrm{LUE}=\mathrm{LUE}_{\max}\times f\left(T_{\mathrm{opt}}\right)\times f\left(T\right)\times f\left(W\right) \tag{2.2}$$

式中，$\mathrm{LUE}_{\max}$ 为植被潜在的最大光能利用效率，$f(T_{\mathrm{opt}})$ 和 $f(T)$ 为温度胁迫因子；$f(W)$ 为土壤水分胁迫因子，等于实际蒸散与潜在蒸散之比。全球所有不同植被类型的 $\mathrm{LUE}_{\max}$ 根据当时所能获得的 17 个实测 NPP 数据，界定为 0.389g C/MJ。部分根据生物量收获法、模型反演法和涡度相关实测法的研究均已指出，CASA 模型中全球不同植被都采用一个固定的 $\mathrm{LUE}_{\max}$ 存在明显偏差，而且基本偏小（彭少麟等，2000；Running et al.，2000）。

为了论证 LUE 在不同植被类型间的变异性，Gower 等（1999）总结了 139 篇关于不同陆地生态系统生物量、生产力及光能利用效率的文献结果，由于大部分文献仅报道了地上部分净初级生产力，该研究根据不同植被类型地上和地下 NPP 比值的平均值，将 LUE 统一转换为基于植被 NPP 的光能利用效率（单位：g C/MJ）（图 2.1）。结果发现对整个植被生长季而言，农田 LUE 显著高于森林及草地生态系统，分析其主要原因可能在于大部分农田生态系统的水分和营养状况由于人工管理而得到了显著改善。同时还发现，对温带和寒带森林而言，落叶林的 LUE 高于常绿林，这一结果与后来 Law 等（2002）、Ahl 等（2004）和 Yuan 等（2007）通过涡度相关技术观测数据分析获得的结果相一致。

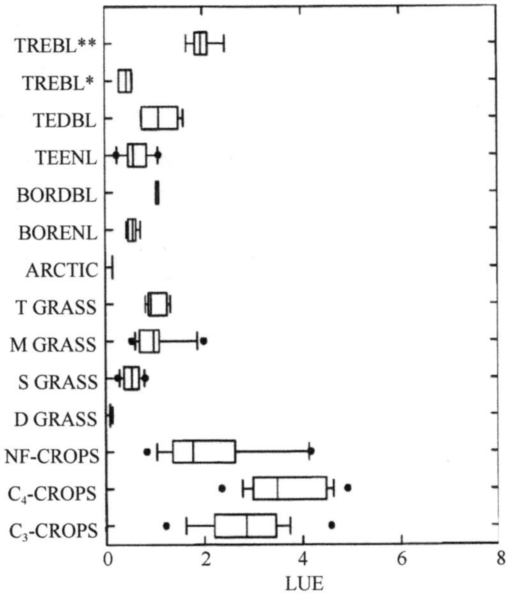

图 2.1　不同植被类型基于 NPP 的 LUE（g C/MJ）的大小及差异（Gower et al.，1999）

TREBL. 热带常绿阔叶林，**表示人工林（n=8），*表示天然林（n=5）；TEDBL. 温带落叶阔叶林（n=7）；TEENL. 温带常绿针叶林（n=15）；BORDBL. 北方落叶阔叶林（n=2）；BORENL. 北方常绿针叶林（n=4）；ARCTIC. 极地苔原；T GRASS. 高草草地（n=2）；M GRASS. 混合草地（n=7）；S GRASS. 矮草草地（n=4）；D GRASS. 荒漠草地（n=2）；NF-CROPS. 固氮作物（n=11）；C_4-CROPS. C_4 作物（n=17）；C_3-CROPS. C_3 作物（n=19）

Goetz 和 Prince（1996）对森林生物量的调查研究亦发现，明尼苏达州东北部的白杨树林 LUE 平均值（0.92g C/MJ）同样显著高于当地常绿黑云杉林（0.49g C/MJ）。然而，Goetz 和 Prince（1996）、Gower 等（1999）研究主要基于地面生物量调查，一方面多数没有包括地下生物量对 LUE 的贡献，或仅仅采用地上与地下 NPP 之比进行粗略估算，从而导致结果与真实值之间存在较大的偏差；另一方面基于生物量收获法的 NPP 在计算生态系统 LUE 过程中包含了植被自养呼吸（R_a）对 LUE 的贡献，而 R_a 在不同生态系统类型、气候条件下表现出较强的异质性，因此可能使得基于 NPP 的 LUE 在不同植被类型之间的变异更为明显（Goetz and Prince，1999；Running et al.，2004）。

涡度相关（EC）技术通过直接测定瞬时大气 CO_2 浓度的脉动得到生态系统与大气之间不同时间尺度的碳交换通量（NEE）（Baldocchi，2008），通过对 NEE 的分离可以得到总初级生产力（GPP）和生态系统呼吸（R_e）两项（Falge et al.，2001；Reichstein et al.，2005），结合同步观测的 PAR，可以实现对基于 GPP 的 LUE 的准确测算（Turner et al.，2003b）。Turner 等（2003b）率先利用 EC 观测对北美 4 种典型生态系统基于 GPP 的 LUE 进行了分析，发现整个生长季（6~9 月）农田 LUE 为 2.2g C/MJ，显著高于森林和草地生态系统的 LUE；而森林生态系统中落叶林 LUE 为 1.8g C/MJ，高于常绿林的 1.0g C/MJ；这些结果与 Gower 等（1999）对不同生态系统类型基于 NPP 的 LUE 的综合分析结果基本一致。

Gilmanov 等（2007）同样基于 EC 观测对欧洲大陆分布于不同纬度、气候条件和地理位置的 20 个典型草地生态系统的生态光能利用效率（LUE_{eco} = GPP/PAR）综合分析表明，不同站点周尺度上最大的 LUE_{eco} 表现出明显变异性，介于 0.38~2.29g C/MJ，均值为（1.43±0.52）g C/MJ。不同站点周尺度全年最高 LUE_{eco} 的低值出现在匈牙利干旱地区半自然干草草地生态系统，而峰值出现在高度人工管理的爱尔兰苜蓿草地；再次表明人工管理活动对草地生态系统 LUE 具有强烈影响。Kergoat 等（2008）对全球温带和寒带典型生态系统全年最大光能利用效率（LUE_{max}）的分析发现：草地和作物 LUE_{max} 为 1.37g C/MJ，高于森林；而落叶阔叶林 LUE_{max}（1.20g C/MJ）较常绿阔叶林高 50%以上；主要植被类型 LUE_{max} 均值为 0.97g C/MJ，变异系数为 37%（表 2.1）。

表 2.1　温带和寒带典型陆地生态系统最大光能利用效率（LUE_{max}）变异特征（Kergoat et al., 2008）

植被类型	LUE_{max}/（mmol/mol）	CV/%	*n*
落叶阔叶林	1.20	10	7
常绿阔叶林	0.77	43	3
混交林	1.00	17	3
常绿针叶林	0.83	32	19
苔原和湿地	0.62	41	3
C_3 草地和作物	1.44	42	3
C_4 草地和作物	1.31	28	4
全部草地和作物	1.37	32	7
全部植被类型	0.97	37	42

注：CV 为变异系数；*n* 为样本量

Garbulsky 等（2010）综合利用北美和欧洲通量观测数据分析了主要陆地生态系统 LUE 的大小和变异特征（图 2.2），分析表明年均 LUE 变化范围是从最低的苔原植被的 0.4g C/MJ 至热带雨林的 1.5g C/MJ；年最大 LUE 的变化范围是 0.55g C/MJ（苔原植被）到 2.8g C/MJ（一年生农作物）；其中年均和年最大 LUE 变异最大的是草地。该研究进一步分析了气候对 LUE 空间格局形成的影响，发现在全球尺度植被 LUE 首先受降水的影响，其次才是植被类型。

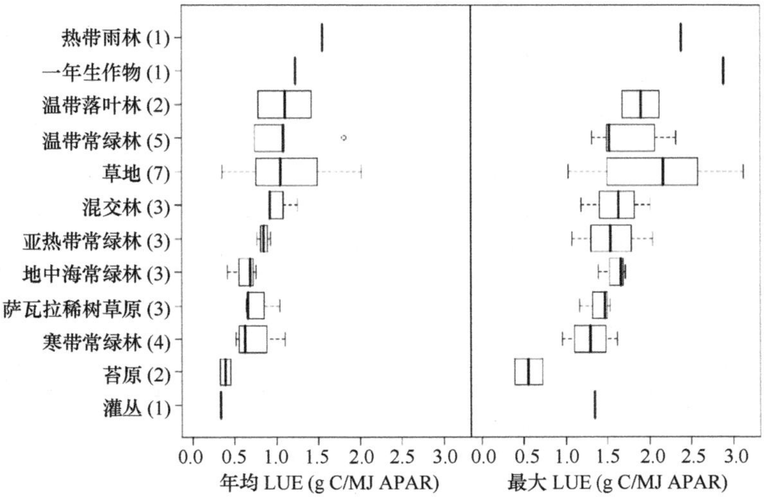

图 2.2　不同植被类型基于涡度相关 GPP 的年均 LUE（annual LUE）（g C/MJ）和全年最大逐日 LUE（maximum LUE）（g C/MJ）的大小及差异（Garbulsky et al.，2010）

纵坐标括号内数字表示每类生态系统类型样本数量

为了探索全球或区域尺度 LUE 的变化特征，Ruimy 等（1999）利用 12 个不同的均可适用于全球尺度的生态模型进行了对比研究，这些模型不仅包括基于 LUE 的生态系统生产力诊断模型，亦包括基于生理生态过程的预测模型，结果发现不同模型对全球陆地植被计算的全年平均 LUE 为 0.302~0.671g C/MJ，均值为 0.427~0.671g C/MJ；而尽管 NPP 和 APAR 在全球不同纬度均表现为双峰的地理分布格局，LUE 在不同纬度之间的变异性却相对较小，不同纬度 LUE 变异的程度仅与不同模型之间 LUE 的变异程度相当，说明基于模型的区域 NPP 格局主要受到 APAR 变化的影响，而不同模型之间全球 NPP 总量的差异则源自 LUE 的不同。

无论是基于生物量收获法还是基于涡度相关实测法的生态系统水平的 LUE 研究都已经比较广泛（Gower et al.，1999；Green et al.，2003；Gilmanov et al.，2007），这些数据为评价不同生态系统 LUE 大小及其变异特征提供了宝贵的资料。Gower 等（1999）分别系统整理了主要陆地生态系统类型的 LUE，尽管二者的结果存有差异，但这些基于“实测”的 LUE 数值在改进模型关键参数方面起到了重要作用。但是，由于研究对象和研究方法的不同，文献报道的 LUE 的计算采用了不同的定义，这对于分析其变异特征及控制机理都带来了不便。将近年来基于 EC 观测技术的不同生态系统类型最大光能利用效率（LUE_{max}）文献数据汇总于表 2.2 中，以期为分析 LUE 变异特征、改进生态系统模型提供参考。

表 2.2　来自文献资料的基于站点观测的不同生态系统最大光能利用效率

植被类型	纬度/（°）	经度/（°）	LUE_{max}/（g C/MJ）	MAT/℃	MAP/mm	LAI_{max}/（m^2/m^2）	参考文献
常绿针叶林	64.12	19.45	0.98	1	600	2.2	Kergoat et al.，2008
常绿针叶林	61.85	24.28	1.01	3.2	700	4	Markkanen et al.，2001
常绿针叶林	60.75	89.38	0.69	−1.5	—	2.4	Kergoat et al.，2008
常绿针叶林	60	17.5	0.53	5.5	520	4	Lindroth et al.，1998
常绿针叶林	56.5	−32.9	1.01	3.8	—	4.3	Kergoat et al.，2008
常绿针叶林	55.88	98.48	0.68	−2.9	—	3.9	Goulden et al.，1997
常绿针叶林	56	—	0.61	−2.9	—	2.1	Kergoat et al.，2008
常绿针叶林	56	—	0.36	−2.9	—	2.9	Kergoat et al.，2008
常绿针叶林	53.99	−104.69	0.70	1	448	3.8	Jarvis et al.，1997
常绿针叶林	53.92	−104.69	0.57	1	398	3	Baldocchi et al.，1997
常绿针叶林	52.2	5.74	1.24	10.3	786	3	Kergoat et al.，2008
常绿针叶林	50.3	13.5	1.47	8	823	6	Kergoat et al.，2008
常绿针叶林	50	—	0.84	5.8	—	5.3	Kergoat et al.，2008
常绿针叶林	45.2	68.67	1.03	6.7	988	5.3	Hollinger et al.，1999
常绿针叶林	44.7	−0.77	0.94	12.5	—	3.1	Berbigier et al.，2001
常绿针叶林	44.7	121.5	0.91	7.6	350	2.1	Law et al.，2001
常绿针叶林	44.4	121.5	0.66	7.6	350	2.1	Yuan et al.，2007
常绿针叶林	44.4	121.5	0.60	7.6	350	2.1	Yuan et al.，2007
常绿针叶林	40	−105.53	0.67	4	800	4.2	Monson et al.，2002
常绿针叶林	38.88	−120.63	0.68	10.4	1630	3.1	Goldstein et al.，2000
常绿针叶林	36	−79.8	0.78	15.5	1064	5.2	Kergoat et al.，2008
常绿阔叶林	41.7	12.3	1.13	15.5	740	3.5	Reichstein et al.，2002
常绿阔叶林	38.48	−8	0.43	15.5	669	2.3	Pereira et al.，2007
混交林	51.3	—	0.91	10.2	—	3.1	Kergoat et al.，2008
混交林	50.3	6	1.19	7	—	4.5	Aubinet et al.，2001
混交林	45.9	−90.27	0.90	6.6	—	5	Davis et al.，2003
落叶阔叶林	55.5	11.65	1.25	8.1	510	4.8	Kergoat et al.，2008
落叶阔叶林	53.63	−106.2	1.01	1	403	4.6	Kergoat et al.，2008
落叶阔叶林	53.7	−106.2	1.68	0.5	406	5	Barr et al.，2007
落叶阔叶林	48	7.08	1.38	9.2	820	5	Granier et al.，2000
落叶阔叶林	43	141.5	1.16	6.5	1100	4.5	Kergoat et al.，2008
落叶阔叶林	41.87	13.63	1.27	7	—	4.5	Valentini et al.，1996
落叶阔叶林	42.54	−72.17	1.25	8.5	1000	3.4	Wofsy et al.，1993
落叶阔叶林	35.58	−84.17	1.10	14.5	1372	6	Wilson and Baldocchi，2000
灌丛	33.38	−116.62	0.68	12.2	491	1.1	Stylinski et al.，2002
灌丛	33.37	−116.62	0.49	12.2	491	3	Stylinski et al.，2002
C_3作物	60.9	23.51	0.14	3.9	581	5	Kergoat et al.，2008
C_3作物	40	−88.29	0.86	11.2	990	6.7	Turner et al.，2003b
C_3作物	37	−97.08	1.21	15.3	942	5	Kergoat et al.，2008
C_3作物	29.2	−96.5	2.06	20	—	5.5	Campbell et al.，2001
C_4作物	40	−88.29	1.74	11.2	990	5.5	Turner et al.，2003b
苔原	71.32	−156.62	0.84	−12.4	124	1.5	Kergoat et al.，2008
苔原	70.28	−148.88	0.35	−8.2	345	1.5	Kergoat et al.，2008
苔原	69.15	−148.85	0.67	−11.7	345	1.5	Kergoat et al.，2008
草地	38.5	−8.03	0.96	15.5	669	4.5	Pereira et al.，2007
草地	36.93	−96.68	1.42	14.7	942	2.8	Suyker and Verma，2001
草地	34.97	−97.98	0.87	16.3	750	2.5	Meyers，2001
湿地	54.9	−112.47	0.88	5.8	910	2	Connolly et al.，2009
湿地	45.4	−75.5	0.75	2.1	504	2	Connolly et al.，2009

2.1.5　LUE 研究中的几个关键问题

2.1.5.1　最大光能利用效率的种间变异性

在很多基于卫星遥感的生产效率模型中，最大光能利用效率（LUE_{max}）给定为一个常数，与植物物种无关。然而，Prince（1991）和 Ruimy（1994）的研究认为，LUE 值在不同植物种之间有很大差异，从 0.22g C/MJ 到 3.59g C/MJ，Prince（1991）总结了禾本科 C_3 植物的光能利用率为 1.0~1.8g C/MJ，而 C_4 植物光能利用率较 C_3 植物高。还有研究表明由于随着生物量和温度的升高，吸收的光合辐射转换为干物质的效率会降低，从而导致更多的同化物被自养呼吸消耗，这说明基于 GPP 的 LUE 较之基于 NPP 的 LUE 在植被间变异小（Goetz and Prince，1999；Turner et al.，2002），因此后来很多模型开始尝试通过参数化环境条件及植被类型对 GPP 与 APAR 关系的影响来估算 LUE（Ruimy et al.，1996）。LUE 不仅在植物种间差异较大，而且存在较大的季节变异性（Gitelson et al.，2015）。LUE 在植被间的变异问题引发了对 LUE 多方面的研究，如 LUE 的时空异质性（Turner et al.，2003，2002）、LUE 变异产生的生物学机理和环境控制机理（Goetz and Prince，1999）等。

2.1.5.2　光能利用效率的空间异质性

最大光能利用效率在植物种间存在变异性，同时由于土地利用变化、干扰历史及植被演替阶段的不同，导致植物种内存在空间异质性（Madani et al.，2014；Xiao，2006）。基于 62 个涡度相关通量观测塔资料、气象数据、卫星遥感的植被吸收光合有效辐射比数据，通过对生产效率模型的参数拟合，获得优化的光能利用率（LUT_{opt}）；统计学分析表明，LUT_{opt} 在不同土地覆盖类型间和类型内部存在较大的空间异质性，叶氮含量和土壤湿度是解释 LUE_{opt} 空间变异的两大主导因素；利用优化的 LUE_{opt} 计算 GPP，其不确定性极大地降低（Madani et al.，2014）。由此表明，未来 GPP 估算不仅要考虑最大光能利用率在植物种间的变异性，同时也应该考虑同一植被类型内部的空间异质性。

2.1.5.3　散射光与光能利用率

光照强弱和光质都会影响陆地生态系统光合作用速率及光能利用效率（LUE）。当前，气候变化导致的天空云量变化及大气气溶胶改变导致的陆地生态系统所接受光质发生改变，使得生态系统光合作用由于入射光中散射光比例的增加而得到加强，进而提高了生态系统冠层 LUE（Gu et al.，2002）。阴天时入射光中的散射光比例增加，使冠层中光的分布更均匀，降低了冠层叶片出现光饱和的比例（He et al.，2013）。因此，冠层的光合作用过程在散射光照射下比在直射光照射下效率更高（Mercado et al.，2009）。此外，不同生态系统间由于冠层结构密度的差异，导致在稀疏冠层入射光能够更有效地穿透冠层，从而使得散射辐射增加导致的冠层 LUE 的上升幅度与生态系统类型有关（Urban et al.，2007）。因此，今后基于卫星遥感的生产效率模型应考虑散射光比例变化对 LUE 的影响。

2.1.5.4 基于叶绿素含量的 LUE 估计

光合作用中的捕光和固碳两大类反应是在叶绿体中同时进行的，在捕光反应中，叶绿素从可见光中捕获能量，所吸收的辐射能量转化为化学能。基于此，叶片中的叶绿素浓度可作为叶片吸收光能进行光合作用效率的指示器，进而可通过测定冠层尺度叶绿素含量，确定植被光能利用率，进而也可准确地估算 GPP 的变化（Hakala et al.，2015；Schull et al.，2015）。通过光谱估算叶绿素含量的研究较多，如 Coops 等（2003）、Lausch 等（2013）等，但一直存在空间分辨率较低、精度较低等问题（Gaulton et al.，2013）。Homolova 等（2013）认为由于目前基于冠层辐射传输模型的物理过程模型尚未建立，因而叶绿素浓度的遥感提取还是以经验统计方法为主。解决途径之一是发展高光谱被动激光雷达遥感技术，测定冠层结构及其光谱信息，进而反演叶绿素含量（Hakala et al.，2015）。

2.2 基于遥感的生态系统总初级生产力（GPP）模型研究

2.2.1 模型概述

光能利用率模型是目前广泛应用的一种遥感模型，其理论基础就是 Monteith（1972，1977）提出的光能利用率理论和后来 Field（1991）提出的资源平衡理论，即植物生产力与截获的太阳入射光合有效辐射成正比，并且陆地生态系统在长期的适应进化过程中趋于根据当地资源的可利用性（如辐射、温度、水分和营养状况等）调整系统群落结构以达到碳固定能力的最优化。光能利用率模型的一般形式可用下式表示：

$$GPP=\varepsilon^{*}\times Fs\times PAR\times FPAR \quad (2.3)$$

$$GPP=\varepsilon^{*}\times PAR\times FPAR \quad (2.4)$$

式中，GPP 为总初级生产力；ε^{*}为潜在最大光能利用率，是理想环境条件下，植被冠层将吸收的光合有效辐射能转化为自身生物化学能的效率；Fs 表示现实环境条件（如低温、高温、水分匮缺等）对最大光能利用率的限制作用（Turner et al.，2003）；PAR 为光合有效辐射；FPAR 表征植被冠层吸收的光合有效辐射占总光合有效辐射的比例（Turner et al.，1999）。

2.2.2 主要模型

目前发展了一系列基于光学遥感植被指数的光能利用率模型，这些模型可根据计算吸收的光合有效辐射（APAR）方法的不同，分为两类（图 2.3）（Xiao et al.，2005；Dong et al，2015）：一类是采用冠层水平 FPAR（$FPAR_{canopy}$）计算 APAR，如 GLO-PEM（Prince，1995）、CASA（Potter et al.，1993）、PSN（Running et al.，2000）；另一类模型是基于冠层光合器官（绿叶或叶绿体）FPAR 的概念计算 APAR。这类模型认为植被冠层由光合器官和非光合器官（枝干）构成，而基于冠层的 FPAR 受非光合器官的影响，从而导致估算的 GPP 存在较大不确定性；由此提出了基于冠层光合器官 FPAR（$FPAR_{Chl}$或 $FPAR_{green}$）的生产效率遥感模型，如 VPM 模型（Xiao et al.，2004a，2004b）、TG 模型（Sims et al.，2006）、

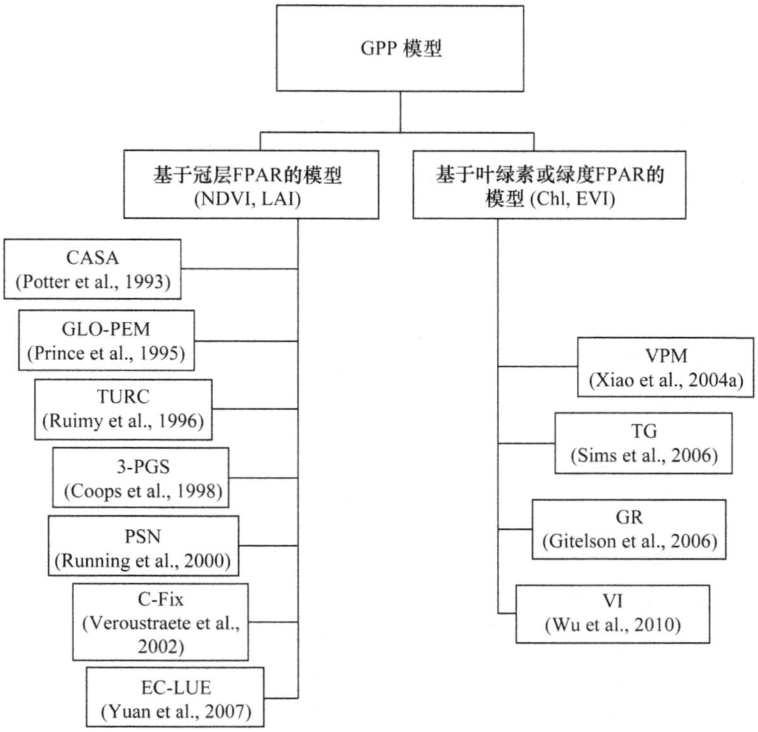

图 2.3　基于遥感的估算 GPP 的主要方法（Dong et al.，2015）

GR 模型（Gitelson et al.，2006）、VI 模型（Wu et al.，2010）。在对基于冠层光合器官的 FPAR 参数化时，应用了增强植被指数（EVI），且假设 $FPAR_{Chl}$ 或 $FPAR_{green}$ 与 EVI 呈截距为 0 和斜率为 1 的线性关系。表 2.3 列出了目前应用较为广泛的 GPP 遥感估算模型。

表 2.3　常用的 GPP 遥感估算模型

模型	算法	参考文献
GLO-PEM	$GPP=\sum_t\left[\left(\sigma_{T,t}\times\sigma_{e,t}\times\sigma_{s,t}\times\varepsilon^*_{g,t}\right)\times\left(N_t\times S_t\right)\right]$ $\varepsilon^*_{g,t}$ 即 LUE_{max}；$\sigma_{T,t}$、$\sigma_{e,t}$ 和 $\sigma_{s,t}$ 分别表示低温、VPD 和土壤湿度对光合作用的影响；N_t 即 FPAR；S_t 即入射 PAR	Prince and Goward，1995
3-PG	$GPP=\alpha_c\phi_{p,a}f_t f_w f_a$ α_c 表示冠层量子利用效率；$\phi_{p,a}$ 表示吸收的 PAR；f_t、f_w 和 f_a 分别表示温度、湿度和林龄对光合作用的影响	Landsberg and Waring，1997
C-Fix	$GPP=p(T_{atm})\times CO_2fert\times\varepsilon\times fAPAR\times c\times S_{g,d}$ ε 为光能利用率；p（T_{atm}）为标准化气温限制因子；CO_2fert 为标准化 CO_2 施肥效应因子；$S_{g,d}$ 为入射的太阳辐射；c 为 PAR 与 $S_{g,d}$ 的转化系数，0.48	Veroustraete et al.，2002
MODIS GPP	$GPP=\varepsilon_{max}\times m(T_{min})\times m(VPD)\times FPAR\times SWrad\times 0.45$ m（T_{min}）和 m（VPD）分别表征低温和 VPD 对 ε_{max} 的影响；SWrad 为太阳短波辐射	Running et al.，2004

续表

模型	算法	参考文献
VPM	$GPP=(\varepsilon_0\times T_{scalar}\times W_{scalar}\times P_{scalar})\times FAPAR_{PAV}\times PAR$ ε_0 即 ε_{max}；T_{scalar}、W_{scalar} 和 P_{scalar} 分别表示温度、水分和物候对 ε_0 的调节；$FAPAR_{PAV}$ 为植被光合有效部分吸收的 PAR 的比例	Xiao et al.，2004
EC-LUE	$GPP=\varepsilon_{max}\times\min(T_s,W_s)\times fPAR\times PAR$ T_s 和 W_s 分别表示温度和湿度对 ε_{max} 的影响	Yuan et al.，2007
TG	$GPP=(scaledEVI\times scaledLST)\times m$ m 为模型系数	Sims et al.，2008
VI	$GPP\propto VI\times VI\times PAR$	Wu et al.，2010
GR	$GPP\propto VI\times PAR_{in}$ $GPP\propto VI\times PAR_p$ PAR_{in} 和 PAR_p 分别表示入射 PAR 和潜在 PAR	Gitelson et al.，2006，2012

目前多数模型都依据植被类型确定模型参数值，计算初级生产力，因此，植被类型数据成为了模型输入不确定性来源之一；而作为模型简化的途径之一，就是尽可能减少依赖于植被类型的参数。Yebra 等（2015）发展了一个仅包括最大光能利用率和叶片内外 CO_2 浓度比值两个参数的 GPP 模型，而不需要植被类型数据输入，且模型还通过气孔导度耦合了植被蒸散和 GPP。该模型能够解释通量观测 GPP 季节变化的 72%（每日数据）、78%（每 8 天数据）和 79%（每月数据），能够解释观测 GPP 年际变化的 54%（Yebra et al.，2015）。

另外，目前多数模型还需要地面观测数据作为模型输入。如果地面观测数据的空间分辨率较粗，那么会导致估算的 GPP 较大误差，因此模型对地面观测数据的依赖在一定程度上限制了其在空间尺度的应用（Sims et al.，2006）。因此，目前模型发展尽可能减少或者避免模型对地面观测数据的依赖，以有利于模型在区域和全球尺度的应用，但是模型参数通常不具有明确的生态学含义（Yang et al.，2013）。

2.2.3 模型关键参数

2.2.3.1 最大光能利用效率

最大光能利用效率（LUE_{max}）是光能利用率模型的重要参数，也是引起 GPP 估算误差的主要原因之一（Ruimy et al.，1999；Gower et al.，1999）。已有研究表明，LUE_{max} 在不同植被类型间存在差异（Kergoat et al.，2008；Garbulsky et al.，2010）。Kergoat 等（2008）系统分析了全球温带和寒带典型生态系统 LUE_{max} 的变化，结果表明草地和农田生态系统的 LUE_{max} 要高于森林、苔原和湿地，各植被类型 LUE_{max} 的均值为 0.97g C/MJ，变异系数高达 37%。Garbulsky 等（2010）对北美和欧洲地区主要陆地生态系统 LUE_{max} 的研究表明，农田生态系统的 LUE_{max} 最高，其次是热带雨林和草地，苔原最低。Wang 等（2010）认为，由于物种组成和植物功能型的高度空间异质性，即使是同一土地覆盖类型的 LUE_{max} 也存在变化。

目前，GPP 遥感估算模型对 LUE_{max} 的设置主要有两种方式。一种是将 LUE_{max} 看作一个定值。例如，CASA 模型在估算生态系统净初级生产力（NPP）时将所有植被类型

的 LUE_{max} 统一取值为 0.389g C/MJ（Potter et al.，1993）。但是有学者指出，这一数值明显低于我国的实际情况（彭少麟等，2000；朱文泉等，2006）。GLO-PEM 模型将植被区分为 C_3 和 C_4 两类，前者的 LUE_{max} 利用量子产量进行计算，后者则直接给一定值（Prince and Goward，1995）。3-PG 模型在模拟森林生态系统 GPP 时将 LUE_{max} 取值为 1.8g C/MJ（Landsberg and Waring，1997）。C-Fix 模型假设 LUE_{max} 为 1.1g C/MJ（Veroustraete et al.，2002）。EC-LUE 模型将 LUE_{max} 设置为 2.14g C/MJ（Yuan et al.，2007）。以上研究虽然普遍将 LUE_{max} 看作一个定值，但是取值大小存在较大差异。

另一种是针对不同植被类型分别给定 LUE_{max} 值。例如，MODIS 初级生产力产品（MOD17）算法利用查表法确定不同植被类型的 LUE_{max}（Running et al.，2004）。VPM 模型基于文献调查或 NEE 与光量子通量密度（PPFD）之间的光响应方程确定不同植被类型的 LUE_{max}（Xiao et al.，2004a）。但是有研究指出，利用 NEE 与 PPFD 之间的函数关系确定的 LUE_{max} 在很大程度上取决于线性或非线性模型的选择(Xiao et al.，2004)。例如，Ruimy 等（1995）基于发表的 126 个数据集的 GPP 和 PPFD 数据，利用线性方程估算的 LUE_{max} 为 1.07g C/MJ，而利用直角双曲线方程估算的 LUE_{max} 为 2.35g C/MJ，两者的数值差别很大。

2.2.3.2　环境影响因子

不同的 GPP 遥感估算模型考虑的环境胁迫因子存在差异。多数模型将温度和水分作为影响 LUE_{max} 的主要环境因素。例如，GLO-PEM 模型考虑了低温、饱和水汽压差（VPD）和土壤湿度对光合同化的影响（Prince and Goward，1995）。MODIS GPP 算法选取低温和 VPD 作为调节 LUE_{max} 的环境因子（Running et al.，2004）。此外，还有模型进一步考虑了物候、林龄等的影响，如 3-PG 模型考虑了土壤干旱度、VPD 和林龄对森林生态系统 LUE_{max} 的影响(Landsberg and Waring，1997)。C-Fix 模型包含了温度和 CO_2 施肥效应的影响(Veroustraete et al.，2002)。VPM 模型将温度、陆地表面水分条件和物候作为影响 LUE_{max} 的主要因子(Xiao et al.，2004a)。EC-LUE 模型根据 Liebig 定律，选取表征温度和土壤湿度的指数的最小值来调节 LUE_{max}（Yuan et al.，2007）。但是，各模型即使考虑了相同的环境影响因子，其算法也有所不同。表 2.4 汇总了不同模型中 LUE_{max} 的环境胁迫因子的参数化形式。

2.2.3.3　植被吸收的光合有效辐射比例

早期的生产效率遥感模型采用归一化植被指数（NDVI）估算植被吸收的光合有效辐射比例（FPAR）。NDVI 是利用近红外波段（0.7~1.3μm）和红光波段（0.4~0.5μm）的地表反射率计算得到的一个比率，植被吸收红光而反射近红外光的特性使得 NDVI 成为研究植被较为有效的一个指标（Huete and Jackson，1987，1988）。Goward 等于 1985 年在北美不同植被类型研究中第一次阐述了 NDVI 与实测森林生产力的线性关系。在没有考虑其他任何可能限制最大生产力的环境因子（如温度、湿度）的情况下，Fung 等（1987）第一次提出了基于 NDVI 的全球尺度年际 NPP 的研究方法。

除了应用冠层辐射传输模型反演 FPAR 外，也通过与 NDVI 间线性关系估算 FPAR（Kumar and Monteith，1981）：

$$\text{FPAR}=a \times \text{NDVI}+b \tag{2.5}$$

公式（2.5）中，a 和 b 是与立地有关的系数，可能受其他环境因子，如森林生态系统的林龄、物种构成、土壤肥力、干旱、辐射、物候和温度等的影响。

表 2.4　LUE_{max} 的胁迫因子及其参数化方程形式

模型	胁迫因子	算法	参考文献
3-PG	温度	$f_t = 1 - \frac{D_{frost}}{D_0}$，$D_{frost}$ 为每月的有霜日；D_0 为每月的日数	Landsberg and Waring，1997
C-Fix		$p(T_{atm}) = \frac{e^{\left(C_1 - \frac{\Delta H_{a,p}}{R_g T}\right)}}{1 + e^{\left(\frac{\Delta S T - \Delta H_{d,p}}{R_g T}\right)}}$ C_1 为常数；$\Delta H_{a,P}$ 为活化能；R_g 为气体常数；ΔS 为 CO_2 熵因子；$\Delta H_{d,P}$ 为去活化能；T 为空气温度	Veroustraete et al.，2002
VPM、EC-LUE		$T_{scalar} = \frac{(T - T_{min})(T - T_{max})}{[(T - T_{min})(T - T_{max})] - (T - T_{opt})^2}$ T_{min}、T_{max} 和 T_{opt} 分别表示植物光合作用最低、最高和最适温度	Xiao et al.，2004a；Yuan et al.，2007
TG		$\text{scaledLST} = \min\left[\left(\frac{\text{LST}}{30}\right); (2.5 - (0.05 \times \text{LST}))\right]$ LST 为陆地表面温度	Sims et al.，2008
3-PG	水分	$f_w = \min\left(e^{-k_g D}, \frac{1}{1 + \left(\frac{1 - r_\theta}{c_\theta}\right)^{n_\theta}}\right)$ k_g 为系数，描述气孔导度与 VPD 之间的关系；D 为 VPD；c_θ、n_θ 为系数，随土壤类型而变化；r_θ 为湿度比	Landsberg and Waring，1997
VPM		$W_{scalar} = \frac{1 + \text{LSWI}}{1 + \text{LSWI}_{max}}$，LSWI 和 LSWI_{max} 分别表示陆地表面水分指数和最大陆地表面水分指数	Xiao et al., 2004a
EC-LUE		$W_s = \text{EF} = \frac{1}{1 + \beta}$，EF 和 β 分别表示蒸发比和波文比 $W_s = \frac{\text{LE}}{R_n}$， LE 和 R_n 分别表示潜热（等于蒸散）和净辐射	Yuan et al.，2007
VPM	物候	$P_{scalar} = \frac{1 + \text{LSWI}}{2}$，叶片萌生到完全伸展期 $P_{scalar} = 1$，叶片完全伸展之后	Xiao et al., 2004a
3-PG	林龄	$f_a = \frac{1}{1 + \left(\frac{F_a}{0.95}\right)^4}$，$F_a$ 为相对林龄（实际林龄和最大林龄的比率）	Landsberg and Waring，1997
C-Fix	CO_2 施肥	$CO_2\text{fert} = \frac{[CO_2] - \frac{[O_2]}{2s}}{[CO_2]^{ref} - \frac{[O_2]}{2s}} \frac{K_m\left(1 + \frac{O_2}{K_0}\right) + [CO_2]^{ref}}{K_m\left(1 + \frac{O_2}{K_0}\right) + [CO_2]}$ K_m 和 K_0 分别是羧化酶对 CO_2 和 O_2 的米氏常数 s 是 CO_2 与 O_2 的浓度比	Veroustraete et al.，2002

随着对 FPAR 认识的不断深入，传统的基于 NDVI-FPAR 关系的 GPP 模型受到了挑战。研究认为，基于 NDVI 的 FPAR 是整个冠层部分吸收的光合有效辐射量，冠层中只有叶片能进行光合作用，而枝干等是不参与光合作用的部分，由此提出了冠层光合器官吸收光合有效辐射量（$FPAR_{PAV}$）的概念，进一步提出了基于叶绿素吸收光合有效辐射比概念

（$FPAR_{Chl}$）的 GPP 估算模型（Xiao et al.，2004a）。在光合器官中，主要发挥作用的是叶绿素，由此，进一步可知 FPAR 主要受叶绿素（Chl）含量和干物质含量的影响；在冠层和生态系统水平，则主要受 Chl 含量、叶面积指数（LAI）和植被覆盖度等的影响。对不同尺度层次 FPAR 的试验观测和对比，也发现光合器官吸收部分的 FPAR 要小于整个冠层的 FPAR（$FPAR_{canopy}$）（Ogutu and Dash，2013a）；$FPAR_{canopy}$、叶片水平 FPAR（$FPAR_{leaf}$）和叶绿素水平 FPAR（$FPAR_{Chl}$）三者间确实存在较大差异，基于 $FPAR_{Chl}$ 计算的 $APAR_{Chl}$ 与通量观测 GPP 的相关关系明显高于基于 $FPAR_{canopy}$ 计算的 $APAR_{canopy}$（Zhang et al.，2009a）。

尽管在理论上提出了不同光合器官层次的 FPAR，但在实际参数化中存在很大挑战，因此在实际应用中采用了与 EVI 的线性关系，如 VPM 模型（vegetation photosynthesis model）（Xiao et al.，2004）、TG 模型（temperature and greenness model）（Wu et al.，2010a，2010c）及 VI 模型（vegetation index model）（Gitelson et al.，2008）。较之 NDVI，EVI 应用校正大气影响的蓝光波段，从而较 NDVI 对植被绿度变化更为敏感，从而有效提高了 GPP 估算精度。表 2.5 汇总了不同模型利用植被指数（VI）反演 FPAR 的经验方程。

表 2.5　FPAR 与植被指数的经验方程

模型	算法	参考文献
GLO-PEM	FPAR=1.67×NDVI–0.08	Prince and Goward，1995
C-Fix	FPAR=0.8642×NDVI–0.0814	Veroustraete et al.，2002
MODIS GPP	MOD15 FPAR 产品	Running et al.，2004
VPM	$FPAR_{PAV}$= EVI	Xiao et al.，2004a
EC-LUE	FPAR=1.24×EVI–0.168	Yuan et al.，2007
SCARF	$FPAR_{ps}$=0.76×MTCI+0.07	Ogutu et al.，2013b

2.2.3.4　光合有效辐射

PAR 是植物进行光合作用的能量来源，是光能利用率模型的主要输入变量。当前，除了 GLO-PEM 模型利用遥感数据反演 PAR（Prince and Goward，1995）和 TG 模型在一定程度上利用陆地表面温度（LST）来表征 PAR 的变化外（Sims et al.，2008），其余的 GPP 遥感估算模型主要依赖于地面观测的辐射数据来获取 PAR，其获取途径可以分为以下 3 种方式：一是利用直接观测的 PAR（Xiao et al.，2004a；Yuan et al.，2007）；二是利用 PAR 与短波辐射或太阳辐射的比例关系计算 PAR（Running et al.，2004；Veroustraete et al.，2002），这是因为目前尚未形成全球或区域尺度的 PAR 观测网络，而短波辐射或太阳辐射的观测站点较多，易于进行空间插值，并且有多个数据集可供下载，如 DAO 数据集、NLDAS-2 等；三是利用潜在 PAR（Gitelson et al.，2012），因为有研究表明，基于潜在 PAR 模拟的 GPP 精度更高。

2.2.3.5　叶绿素含量

在光能利用率模型中，不仅 FPAR 与叶绿素含量（Chl）紧密相关，而且实际光能利用效率（LUE）也与 Chl 含量具有很好的相关关系（Wu et al.，2010）。因此，部分研究以公式（2.2）、（2.3）为基础，从 Chl 含量的角度对 LUE 模型进行简化，由此形成了仅由 Chl 含量和 PAR 驱动的 GPP 模型。尽管 Chl 含量可以应用辐射传输模型进行模拟，但是由于这一方法的复杂性和不易操作性，现有的 GPP 遥感估算模型主要利用植被指数（VI）来表征 Chl 含量的变化。例如，VI 模型形式为 VI ×VI ×PAR（Wu et al.，2010）、GR 模型形式为 VI ×PAR（Gitelson et al.，2006，2012；Wu et al.，2011）。表 2.6 汇总了与 Chl 含量有关的各植被指数的算法。

表 2.6　与叶绿素含量有关的植被指数

植被指数	算法	参考文献
归一化植被指数（NDVI）	$\mathrm{NDVI}=\dfrac{\rho_{\mathrm{nir}}-\rho_{\mathrm{red}}}{\rho_{\mathrm{nir}}+\rho_{\mathrm{red}}}$	Rouse et al.，1974
增强植被指数（EVI）	$\mathrm{EVI}=G\times\dfrac{\rho_{\mathrm{nir}}-\rho_{\mathrm{red}}}{\rho_{\mathrm{nir}}+(C_1\times\rho_{\mathrm{red}}-C_2\times\rho_{\mathrm{blue}})+L}$，$G$=2.5，$C_1$=6.0，$C_2$=7.5，$L$=1	Huete et al.，2002
2 波段增强植被指数（EVI2）	$\mathrm{EVI}=2.5\times\dfrac{\rho_{\mathrm{nir}}-\rho_{\mathrm{red}}}{(1+\rho_{\mathrm{nir}}+2.4\times\rho_{\mathrm{red}})}$	Jiang et al.，2008
绿色叶绿素指数（$\mathrm{CI_{green}}$）	$\mathrm{CI_{green}}=\dfrac{\rho_{\mathrm{nir}}}{\rho_{\mathrm{green}}}-1$	Gitelson et al.，2003，2005
红边叶绿素指数（$\mathrm{CI_{red\ edge}}$）	$\mathrm{CI_{red\ edge}}=\dfrac{\rho_{\mathrm{nir}}}{\rho_{\mathrm{red\ edge}}}-1$	Gitelson et al.，2005
比值植被指数（SR）	$\mathrm{SR}=\dfrac{\rho_{\mathrm{nir}}}{\rho_{\mathrm{red}}}$	Jordan，1969
土壤调节植被指数（SAVI）	$\mathrm{SAVI}=(1+L)\times\dfrac{\rho_{\mathrm{nir}}-\rho_{\mathrm{red}}}{(\rho_{\mathrm{nir}}+\rho_{\mathrm{red}}+L)}$，$L$=0.5	Huete and Jackson，1988
改进土壤调节植被指数（MSAVI）	$\mathrm{MSAVI}=\dfrac{2\rho_{\mathrm{nir}}+1-\sqrt{(2\rho_{\mathrm{nir}}+1)^2-8(\rho_{\mathrm{nir}}-\rho_{\mathrm{red}})}}{2}$	Qi et al.，1994
优化土壤调节植被指数（OSAVI）	$\mathrm{OSAVI}=(1+0.16)\dfrac{\rho_{\mathrm{nir}}-\rho_{\mathrm{red}}}{(\rho_{\mathrm{nir}}+\rho_{\mathrm{red}}+0.16)}$	Rondeaux et al.，1996
改进叶绿素吸收反射率指数（MCARI）	$\mathrm{MCARI}=\left[(\rho_{700}-\rho_{670})-0.2\times(\rho_{700}-\rho_{550})\right]\times\dfrac{\rho_{700}}{\rho_{670}}$	Daughtry et al.，2000
转换叶绿素吸收反射率指数（TCARI）	$\mathrm{TCARI}=3\times\left[(\rho_{700}-\rho_{670})-0.2\times(\rho_{700}-\rho_{550})\times\dfrac{\rho_{700}}{\rho_{670}}\right]$	Haboudane et al.，2002
可见光大气阻抗植被指数（VARI）	$\mathrm{VARI}=\dfrac{\rho_{\mathrm{green}}-\rho_{\mathrm{red}}}{\rho_{\mathrm{green}}+\rho_{\mathrm{red}}-\rho_{\mathrm{blue}}}$	Gitelson et al.，2002
加权差分植被指数（WDVI）	$\mathrm{WDVI}=\rho_{\mathrm{nir}}-1.06\times\rho_{\mathrm{red}}$	Clevers，1989
三角植被指数（TVI）	$\mathrm{TVI}=0.5\times\left[120\times(\rho_{\mathrm{nir}}-\rho_{\mathrm{green}})-200\times(\rho_{\mathrm{nir}}-\rho_{\mathrm{green}})\right]$	Broge and Leblanc，2000
MERIS 陆地叶绿素指数（MTCI）	$\mathrm{MTCI}=\dfrac{\rho_{\mathrm{nir}}-\rho_{\mathrm{red\ edge}}}{\rho_{\mathrm{red\ edge}}-\rho_{\mathrm{red}}}$	Dash and Curran，2004
宽范围动态植被指数（WDRVI）	$\mathrm{WDRVI}=\dfrac{(\alpha\times\rho_{\mathrm{nir}}-\rho_{\mathrm{red}})}{(\alpha\times\rho_{\mathrm{nir}}+\rho_{\mathrm{red}})}$，$\alpha$=0.5	Gitelson，2004
	$\mathrm{WDRVI}=\dfrac{(\alpha\times\rho_{\mathrm{nir}}-\rho_{\mathrm{red}})}{(\alpha\times\rho_{\mathrm{nir}}+\rho_{\mathrm{red}})}+\dfrac{1-\alpha}{1+\alpha}$，$\alpha$=0.2	Peng and Gitelson，2011

2.2.4　小结

随着现代观测技术的发展，在积累了大量观测数据的同时，也进一步提升了人们对陆地生态系统功能和过程的认识，由此促进了现有模型的完善和新模型的发展。在人类日益提高的生态环境意识及生态系统管理理念促使下，具有时空连续地表过程观测优势的光能利用率模型，必然成为今后该领域的研究热点和发展方向。具体而言，植被光能利用率模型未来发展包括如下几个可能方向或方面。

1. 降低模型不确定性

由于卫星遥感数据的时空连续性，基于卫星遥感的植被光能利用率模型受到了广泛的关注，然而所有模型都是对现实世界的近似数学表达，必然存在一定的不确定性。光能利用率模型的不确定性是被广泛讨论的话题之一，也是模型发展需要解决的主要问题。植被光能利用率模型的不确定性，同样也来自于模型结构、模型参数和模型输入数据 3 个方面。由于每一个模型结构都是基于模型本身的一系列假设和理论基础，因此，不同模型结构的模拟能力总体上较为接近。例如，对 4 种主要光能利用率模型结构的比较研究表明，GLO-PEM、VPM 和 EC-LUE 解释观测 GPP 变化的能力相当，均在 68%左右；而直接输出 NPP 后换算为 GPP 的 CASA 模型，其模拟能力相对较低，为 58%（Zhang et al.，2015）。对模型结构争议较大的是模型对水分胁迫的参数化方案，特别是对基于 VPD 的 MODIS 的初级生产力产品（MOD17）算法讨论较多（Kanniah et al.，2009；Mu et al.，2007）。然而也有研究表明，不直接模拟土壤含水量变化胁迫的模型，还是能够捕捉到干旱对 GPP 影响的（He et al.，2013；Wagle et al.，2014）。

较之模型结构的不确定性，模型参数和模型输入数据对结果的影响可能更大（Bagnara et al.，2015）。袁文平等（2014）认为应该从如下几个方面降低模型的不确定性：发展高精度的模型驱动数据，进行模型结构分析发展多模式集合预估方法，并从算法、参数和驱动数据等方面对结果不确定性进行综合量化。

另外，需要强调的是，模拟结果与检验数据的可对比性是影响模型评价的一个重要因素。目前用于模型结果验证的数据主要有基于通量观测数据估计的 GPP，以及基于地面样方调查的地上生物量或者估算的 NPP。地面调查一般采用样方取样的方法，草地和农田样方大小一般为≤1m^2，森林样地一般为≤100m×100m；而模型输入的遥感数据 AVHRR 或者 MODIS，其空间分辨率是 1km^2，因此，观测数据与模拟数据之间存在空间尺度不匹配的问题。但是，多数模型的验证研究没有考虑这一问题，从而影响模型精度评价结论。对此，可借鉴 MODIS 数据验证项目 BigFoot 的尺度转换方法（Reich et al.，1999），将样地调查数据尺度外推用于模型评价。模型对比也是评价模型的一种方法，可分析模拟结果的不确定性来源及其大小，通过对比能提供较为科学的模拟结果（Cramer et al.，1995）。

2. 基于冠层叶氮浓度高光谱遥感的 GPP 模型发展

植物叶片氮浓度（FNC）是实现生态系统碳氮耦合循环的重要参量，也是进行区域生态系统碳循环和生产力准确评估必须考虑的因子。冠层叶氮浓度通过影响植物光合固碳过程，进而影响生态系统生产力和碳循环过程。森林冠层叶氮浓度（CNC）受树种组成和环境状况等多种因素的影响，具有较大的空间变异性。因此开展 CNC 的遥感反演，并探讨 CNC 空间变化的影响因素，分析 CNC 对森林总初级生产力（GPP）在空间格局上的影响特征，对于理解生态系统碳氮耦合机理，减小光能利用率模型结果的不确定性，评价气候变化背景下的区域生态系统碳平衡都十分必要。而可能的解决途径之一是利用高光谱遥感，结合地面实测叶片氮浓度数据，以及 CO_2 涡度相关观测数据，分析光谱指数对叶氮浓度的反演能力及对生产力变化的解释能力，构建基于冠层叶氮浓度高光谱遥感的 GPP 模型（于泉洲，2015）。

3. 人工植被生产力估算

在人工经营性植被中，2010 年人工林提供的木材占全球木材消费量的 39%，农作物占全球陆地面积的 33%；研究表明，养分和水分胁迫将通过影响叶面积指数和树木高度，进而影响植被对光合有效辐射的吸收，最终影响植被光能利用率和总初级生产力（Christina et al.，2015）。然而对人工植被生产力的估算，目前多数模型仍然按自然植被对待，没有考虑诸如灌溉、施肥、除草、病虫害防治等人工经营措施的影响（Kalfas et al.，2011；Sakamoto et al.，2011）。通过对比 4 个基于 EVI 的光能利用率模型对极端干旱时农田和草地 GPP 的模拟能力，发现 4 个模型对非干旱年份 GPP 的模拟能力相当，但在干旱年份其模拟能力存在一定差异，相对而言，考虑了陆表水分指数（LWSI）的 VPM 能够更好地反映水分变化对 GPP 的影响（Dong et al.，2015）。然而这些模型能否反映农作物对养分变化的响应，可能是今后植被生产力遥感模型从机理到应用需要加以关注的问题。

总之，无论是改进模型结构或优化模型参数，还是提高模型输入数据质量，进一步提高模型精度都是植被光能利用率模型发展的主要方向。在光学遥感基础上，不断发展的激光雷达等主动遥感传感器及其产品开发和应用，以及专业卫星传感器的研发，都为模型的发展和应用提供了新契机，必将大力推动这一领域的发展。

参 考 文 献

陈晋，唐艳鸿，陈学泓，等. 2008. 利用光化学反射植被指数估算光能利用率研究的进展. 遥感学报, 12(02): 331-336.
崔骁勇，陈佐忠，杜占池.2001. 半干旱草原主要植物光能和水分利用特征的研究. 草业学报, 10(02): 14-21.
黄成林，赵昌恒. 2005. 安徽休宁倭竹水分生理及生物量的研究. 水土保持学报, 01(047): 188-189.
蒋跃林，岳伟，张庆国，等. 2005. 大气 CO_2 浓度对大豆光能利用率和水分利用效率的影响. 耕作与栽培, 02: 2-3, 37.
彭少麟，郭志华，王伯荪. 2000. 利用 GIS 和 RS 估算广东植被光利用率. 生态学报, 20(06): 903-909.
彭少麟，张祝平. 1994. 鼎湖山地带性植被生物量、生产力和光能利用效率. 中国科学(B 辑：化学), 24(05): 497-502.
王春林. 2005. 鼎湖山针阔叶混交林生态系统碳通量观测研究. 北京：中国科学院研究生院博士学位论文.
吴朝阳，牛铮，汤泉，等. 2009. 不同氮、钾施肥处理对小麦光能利用率和光化学植被指数(PRI)关系的影响. 光谱学与光谱分析, 29(2): 455-458.
许大全. 1988. 光合作用效率. 植物生理学通讯, (05): 1-7.
于沪宁，赵丰收. 1982. 光热资源和农作物的光热生产潜力——以河北省栾城县为例. 气象学报, 3: 328-342.
于泉洲，王绍强，黄昆，等. 2015. 基于 Hyperion 高光谱数据的温带森林不同冠层结构的光谱特征分析.光谱学与光谱分析, (07): 1980-1985.
袁文平，蔡文文，刘丹，等. 2014. 陆地生态系统植被生产力遥感模型研究进展. 地球科学进展, (05): 541-550.
张娜，于贵瑞，于振良，等. 2003. 基于 3S 的自然植被光能利用率的时空分布特征的模拟. 植物生态学报, 27(03): 325-336.
朱文泉，潘耀忠，何浩，等. 2006. 中国典型植被最大光利用率模拟. 科学通报, 51(06): 700-706.

Alton P B, North P R, Los S O. 2007. The impact of diffuse sunlight on canopy light-use efficiency, gross photosynthetic product and net ecosystem exchange in three forest biomes. Global Change Biol, 13, 776-787.

Aubinet M, Chermanne B, Vandenhaute M, et al. 2001. Long term carbon dioxide exchange above a mixed forest in the Belgian Ardennes. Agricultural and Forest Meteorology, 108: 293-315.

Bagnara M, Sottocornola M, Cescatti A, et al. 2015. Bayesian optimization of a light use efficiency model for the estimation of daily gross primary productivity in a range of Italian forest ecosystems. Ecological Modelling, 306: 57-66.

Baldocchi D, Falge E, Gu L H, et al. 1999. FLUXNET: A new tool to study the temporal and spatial variability of ecosystem-scale carbon dioxide, water vapor, and energy flux densities. Bulletin of the American Meteorological Society, 82: 2415-2434.

Baldocchi D. 2008. Breathing of the terrestrial biosphere: lessons learned from a global network of carbon dioxide flux measurement systems. Aust J Bot, 56: 1-26.

Biradar C, Moore B. 2015. Comparison of four EVI-based models for estimating gross primary production of maize and soybean croplands and tallgrass prairie under severe drought. Remote Sensing of Environment, 162: 154-168.

Bjorkman O, Demmig B. 1987. Photon Yield of O-2 Evolution and chlorophyll fluorescence characteristics at 77-K among vascular plants of diverse Origins. Planta, 170: 489-504.

Bowling D R, Tans P P, Monson R K. 2001. Partitioning net ecosystem carbon exchange with isotopic fluxes of CO_2. Global Change Biol, 7: 127-145.

Breda N, Huc R, Granier A, et al. 2006. Temperate forest trees and stands under severe drought: a review of ecophysiological responses, adaptation processes and long-term consequences. Ann Forest Sci, 63: 625-644.

Christina M, Le Maire G, Battie-Laclau P, et al. 2015. Measured and modeled interactive effects of potassium deficiency and water deficit on gross primary productivity and light-use efficiency in Eucalyptus grandis plantations. Global Change Biology, 21: 2022-2039.

Cook E R, Woodhouse C A, Eakin C M, et al.2004. Long-term aridity changes in the western United States. Science, 306: 1015-1018.

Coops N C, Black T A, Jassal R P S, et al. 2007. Comparison of MODIS, eddy covariance determined and physiologically modelled gross primary production (GPP) in a Douglas-fir forest stand. Remote Sens Environ, 107: 385-401.

Cramer C T, Cooke S, Ginsberg L C, et al. 1995. Upregulation of glucose-6-phosphate dehydrogenase in response to hepatocellular oxidative stress: studies with diquat. Journal of Biochemical Toxicology, 10: 203-298.

Dai A G. 2011. Characteristics and trends in various forms of the Palmer Drought Severity Index during 1900-2008. J Geophys Res-Atmos, 116, D12.

Demmig-Adams B, Adams W W. 2000. Photosynthesis -Harvesting sunlight safely. Nature, 403: 371-374.

DemmigAdams B, Adams W W. 1996. The role of xanthophyll cycle carotenoids in the protection of photosynthesis. Trends Plant Sci, 1: 21-26.

Demmig-Adams B, Moeller D L, Logan B A, et al. 1998. Positive correlation between levels of retained zeaxanthin plus antheraxanthin and degree of photoinhibition in shade leaves of *Schefflera arboricola* (Hayata) Merrill. Planta, 205: 367-374.

Deng F, Chen J M, Ishizawa M, et al. 2007. Global monthly CO(2)flux inversion with a focus over North America. Tellus B, 59: 179-190.

Desai A R. 2010. Climatic and phenological controls on coherent regional interannual variability of carbon dioxide flux in a heterogeneous landscape. J Geophys Res-Biogeo, 115, G02011.

Desai A R, Richardson A D, Moffat , et al. 2008. Cross-site evaluation of eddy covariance GPP and RE decomposition techniques. Agricultural and Forest Meteorology, 148: 821-838.

Dong J W, Xiao X M, Wagle P, et al. 2015. Comparison of four EVI-based models for estimating gross primary production of maize and soybean croplands and tallgrass prairie under severe drought. Remote Sensing of Environment, 162: 154-168.

Drolet G G, Middleton E M, Huemmrich K F, et al. 2008. Regional mapping of gross light-use efficiency using MODIS spectral indices. Remote Sens Environ, 110(112): 3064-3078.

Emerson R G. 1982. Cold conization with spencers trachelotome for cervical erosion - a review of 35-CASES. British Medical Journal, 2: 1284-1286.

Fung P C W, Tao F Z. 1987. Soliton-solutions to the einstein gravitational-field equations in the presence of a spherically-symmetric static background field. Astrophysics and Space Science, 139: 311-320.

Gitelson A A, Gamon J A. 2015. The need for a common basis for defining light-use efficiency: Implications for productivity estimation. Remote Sensing of Environment, 156: 196-201.

Gitelson A A, Gao B C, Li R R, et al. 2011. Estimation of chlorophyll-a concentration in productive turbid waters using a Hyperspectral Imager for the Coastal Ocean-the Azov Sea case study. Environmental Research letters, 6: 023024.

Gitelson A A, Peng Y, Arkebauer T J, et al. 2015. Productivity, absorbed photosynthetically active radiation, and light use efficiency in crops: Implications for remote sensing of crop primary production. Journal of Plant Physiology, 177: 100-109.

Goetz S J, Prince S D, Goward S N, et al. 1999.Satellite remote sensing of primary production: an improved production efficiency modeling approach. Ecological Modelling, 122: 239-255.

Goulden M L, Munger J W, Fan S M, et al. 1996. Measurements of carbon sequestration by long-term eddy covariance: Methods and a critical evaluation of accuracy. Global Change Biol, 2: 169-182.

Goward S N, Tucker S J, Dye D G. 1985. North American vegetation patterns observed with the NOAA-7 advanced very high resolution radiometer. Vegetatio, 64: 3-14.

Grace Christy Rani R, Perrin Marilyn H, Cantle Jeffrey P, et al. 2007. Common and divergent structural features of a series of corticotropin releasing factor-related peptides. Journal of the American Chemical Society, 129: 16102-16114.

Hakala T, Nevalainen O, Kaasalainen S, et al. 2015. Technical note: Multispectral lidar time series of pine canopy chlorophyll content. Biogeosciences, 12: 1629-1634.

He M, Ju W, Zhou Y, et al. 2013. Development of a two-leaf light use efficiency model for improving the calculation of terrestrial gross primary productivity. Agricultural and Forest Meteorology, 173: 28-39 .

Heinsch F A, Reeves M, Votava P, et al. 2003. User's guide, GPP and NPP(MOD 17A2/A3)products, NASA MODIS land algorithm. Version, 2: 666-684.

Heinsch F A, Zhao M S, Running S W, et al. 2006. Evaluation of remote sensing based terrestrial productivity from MODIS using regional tower eddy flux network observations. Ieee T Geosci Remote, 44: 1908-1925.

Huete A R, Jackson R D. 1987. Suitability of spectral indices for evaluating vegetation characteristics on arid rangelands. Remote Sensing of the Environment, 23(2): 213-232.

Huete A R, Jackson R D. 1988. Soil and atmosphere influences on the spectra of partial canopies. Remote Sensing of the Environment, 25: 89-105.

Janssens I A, Lankreijer H, Matteucci G, et al. 2001. Productivity overshadows temperature in determining soil and ecosystem respiration across European forests. Global Change Biol, 7: 269-278.

Janssens I A, Freibauer A, Ciais P, et al. 2003. Europe's terrestrial biosphere absorbs 7 to 12% of European anthropogenic CO_2 emissions. Science, 300: 1538-1542.

Jenkins J P, Richardson A D, Braswell B H, et al.2007. Refining light-use efficiency calculations for a deciduous forest canopy using simultaneous tower-based carbon flux and radiometric measurements. Agricultural and Forest Meteorology, 143: 64-79.

Kalfas J L, Xiao X M, Vanegas D X, et al. 2014. Improving ecosystem productivity modeling through spatially explicit estimation of optimal light use efficiency. Journal of Geophysical Research-Biogeosciences, 119: 1755-1769.

Kalfas J L, Xiao X M, Vanegas D X, et al. 2011. Modeling gross primary production of irrigated and rain-fed maize using MODIS imagery and CO_2 flux tower data. Agricultural and Forest Meteorology, 151: 1514-1528.

Kanniah K D, Beringer J, Hutley L B, et al. 2009. Evaluation of Collections 4 and 5 of the MODIS Gross Primary Productivity product and algorithm improvement at a tropical savanna site in northern Australia. Remote Sensing of Environment, 113: 1808-1822.

Kergoat L, Lafont S, Arneth A, et al. 2008. Nitrogen controls plant canopy light-use efficiency in temperate and boreal ecosystems. J Geophys Res-Biogeo, 113: G4.

Kimball J S, McDonald K C, Running S W. 2004. Satellite radar remote sensing of seasonal growing seasons for boreal and subalpine evergreen forests. Remote Sens Environ, 90: 243-258.

King D A, Turner D P, Ritts W D. 2011. Parameterization of a diagnostic carbon cycle model for continental scale application. Remote Sens Environ, 115: 1653-1664.

Knapp A K, Fay P A, Blair J M, et al. 2002. Rainfall variability, carbon cycling, and plant species diversity in a mesic grassland. Science, 298: 2202-2205.

Knyazikhin Y, Glassy J, Privette J, et al.1999. MODIS leaf area index (LAI) and fraction of photosynthetically active radiation absorbed by vegetation (FPAR) product (MOD15) algorithm theoretical basis document. Theoretical Basis Document, NASA Goddard Space Flight Center, Greenbelt, MD 20771.

Kumar N. 1981. Taxol-induced polymerization of purified tubulin- mechanism of action. Journal of Biological Chemistry, 256: 435-441.

Letts M G, Lafleur P M, Roulet N T. 2005. On the relationship between cloudiness and net ecosystem carbon dioxide exchange in a peatland ecosystem. Ecoscience, 12: 53-59.

Leuning R, Cleugh H A, Zegelin S J, et al. 2005. Carbon and water fluxes over a temperate *Eucalyptus* forest and a tropical wet/dry savanna in Australia: measurements and comparison with MODIS remote sensing estimates. Agricultural and Forest Meteorology, 129: 151-173.

Levy P E, Grelle A, Lindroth A, et al. 1999. Regional-scale CO_2 fluxes over central Sweden by a boundary layer budget method. Agricultural and Forest Meteorology, 98-9: 169-180.

Li Z Q, Yu G R, Xiao X M, et al. 2007. Modeling gross primary production of alpine ecosystems in the Tibetan Plateau using MODIS images and climate data. Remote Sens Environ, 107: 510-519.

Lillesand T M, Kiefer R W, Chipman J W. 2004. Remote Sensing and Image Interpretation. John Wiley & Sons Ltd.

Lloyd J, Taylor J. 1994. On the temperature dependence of soil respiration. Funct Ecol, 129(3-4): 151-173.

Madani N, Kimball J S, Affleck D L R, et al. 2014. Improving ecosystem productivity modeling through spatially explicit estimation of optimal light use efficiency. Journal of Geophysical Research-Biogeosciences, 119: 1755-1769 .

Monteith D O, Flowers R R. 1977. Transistors can sound better than tubes. Journal of the Audio Engineering Society, 25: 116-119.

Mu Q, Zhao M, Heinsch F A, et al. 2007. Evaluating water stress controls on primary production in biogeochemical and remote sensing based models. Journal of Geophysical Research: Biogeosciences (2005–2012), 112: Go1012.

Ogutu B O, Dash J, Dawson T P, et al.2013. Developing a diagnostic model for estimating terrestrial vegetation gross primary productivity using the photosynthetic quantum yield and Earth Observation data. Global Change Biology, 19 : 2878-2892.

Ogutu B O, Dash J. 2013. An algorithm to derive the fraction of photosynthetically active radiation absorbed by photosynthetic elements of the canopy (FAPAR(ps)) from eddy covariance flux tower data. New Phytol, 197: 511-523.

Ogutu B O, Dash J, Dawson T P, 2013. Developing a diagnostic model for estimating terrestrial vegetation gross primary productivity using the photosynthetic quantum yield and Earth Observation data. Global Change Biol, 19: 2878-2892.

Ogutu B O; Dash J. 2013. Assessing the capacity of three production efficiency models in simulating gross carbon uptake across multiple biomes in conterminous USA. Agricultural and Forest Meteorology, 174: 158-169.

Oliphant A J, Dragoni D, Deng B, et al.2011. The role of sky conditions on gross primary production in a mixed deciduous forest. Agricultural and Forest Meteorology, 151: 781-791.

Osmond B, Ananyev G, Berry J, et al. 2004. Changing the way we think about global change research: scaling up in experimental ecosystem science. Global Change Biol, 10: 393-407.

Pachauri R K, Reisinger A. 2007. Contribution of Working Groups I, II and III to the Fourth Assessment Report of the Intergovernmental Panel on Climate Change. IPCC, Geneva, Switzerland.

Pan Y, Birdsey R, Hom J, et al. 2006. Improved estimates of net primary productivity from MODIS satellite data at regional and local scales. Ecological Applications, 16: 125-132.

Peng Y, Gitelson A A. 2011. Application of chlorophyll-related vegetation indices for remote estimation of maize productivity. Agricultural and Forest Meteorology, 151: 1267-1276.

Peng Y, Gitelson A A, Sakamoto T, 2013. Remote estimation of gross primary productivity in crops using MODIS 250 m data. Remote Sens Environ, 128: 186-196.

Penuelas J, Filella I, Gamon J A. 1995. Assessment of photosynthetic radiation-use efficiency with spectral reflectance. New Phytol, 131: 291-296.

Reich I, Diaz P, Prutskij T, et al. 1999. Photoacoustic determination of the recombination velocity at the AlGaAs/GaAs heterostructure interface. Journal of Applied physics, 86: 6222-6229.

Ruimy A, Dedieu G, Saugier B. 1996. TURC: A diagnostic model of continental gross primary productivity and net primary productivity. Global Biogeochemical Cycles, 10: 269-285.

Running S W, Baldocchi D D, Turner D P, et al. 1999. A global terrestrial monitoring network integrating tower fluxes, flask sampling, ecosystem modeling and EOS satellite data. Remote Sens Environ, 70: 108-127.

Running S W, Nemani R R, Heinsch F A, et al. 2004. A continuous satellite-derived measure of global terrestrial primary production. Bioscience, 54: 547-560.

Running S, Thornton P, Nemani R, et al. 2000. Global terrestrial gross and net primary productivity from the earth observing system. *In*: Sala O, Jackson R, Mooney H, et al. Methods in Ecosystem Science. New York: Springer: 44-57.

Sakamoto T, Gitelson A A, Wardlow B D, et al. 2011. Estimating daily gross primary production of maize based only on MODIS WDRVI and shortwave radiation data. Remote Sensing of Environment, 115: 3091-3101.

Sasai T, Ichii K, Yamaguchi Y, et al. 2005. Simulating terrestrial carbon fluxes using the new biosphere model "biosphere model integrating eco-physiological and mechanistic approaches using satellite data"(BEAMS). J Geophys Res-Biogeo, 110, G2.

Schull M A, Anderson M C, Houborg R, et al. 2015. Thermal-based modeling of coupled carbon, water, and energy fluxes using nominal light use efficiencies constrained by leaf chlorophyll observations. Biogeosciences, 12: 1511-1523.

Schwalm C R, Black T A, Arniro B D, et al. 2006. Photosynthetic light use efficiency of three biomes across an east-west continental-scale transect in Canada. Agricultural and Forest Meteorology, 140: 269-286.

Seixas J, Carvalhais N, Nunes C, et al.2007. Ecosystem production modelling in the Iberian Peninsula comparative analysis between MODIS and MERIS datasets. Proceedings Envisat Symposium 2007.

Sellers P J. 1985. Canopy reflectance, photosynthesis and transpiration. Int J Remote Sens, 6: 1335-1372.

Shao Q Q, Huang L, Liu J Y, et al. 2011. Analysis of forest damage caused by the snow and ice chaos along a transect across southern China in spring 2008. J Geogr Sci, 21: 219-234.

Sharp R E, Matthews M A, Boyer J S. 1984. Kok effect and the quantum yield of photosynthesis-light partially inhibits dark respiration. Plant Physiol, 75: 95-101.

Still C J, Randerson J T, Fung I Y. 2005. Large-scale plant light-use efficiency inferred from the seasonal cycle of atmospheric CO_2 (vol 10, pg 1240, 2004). Global Change Biol, 11: 1866-1866.

Unger S, Máguas C, Pereira J S, et al. 2009. Partitioning carbon fluxes in a Mediterranean oak forest to disentangle changes in ecosystem sink strength during drought. Agricultural and Forest Meteorology, 149: 949-961.

Urban O, Janous D, Acosta M, et al. 2007. Ecophysiological controls over the net ecosystem exchange of mountain sprucestand. Comparison of the response in direct vs. diffuse solar radiation. Global Change Biol, 13: 157-168.

Veroustraete F, Sabbe H, Eerens H. 2002. Estimation of carbon mass fluxes over Europe using the C-Fix model and Euroflux data. Remote Sens Environ, 83: 376-399.

Verstraeten W W, Veroustraete F, Wagner W, et al. 2007. Impact assessment of remotely sensed soil moisture on ecosystem carbon fluxes across Europe, 2nd InternationalWorkshop on Uncertainty in Greenhouse Gas Inventories, p. 217.

Wagle P, Xiao X, Torn M S, et al. 2014. Sensitivity of vegetation indices and gross primary production of tallgrass prairie to severe drought. Remote Sensing of Environment, 152: 1-14.

Wang Z, Xiao X M, Yan X D. 2010. Modeling gross primary production of maize cropland and degraded grassland in northeastern China. Agricultural and Forest Meteorology, 150: 1160-1167.

Waring R H, Coops N C, Landsberg J J. 2010. Improving predictions of forest growth using the 3-PGS model with observations made by remote sensing. Forest Ecol Manag, 259: 1722-1729.

Wen X F, Wang H M, Wang J L, et al. 2010. Ecosystem carbon exchanges of a subtropical evergreen coniferous plantation subjected to seasonal drought, 2003-2007. Biogeosciences, 7: 357-369.

Wofsy S C, Goulden M L, Munger J W, et al. 1993. Net Exchange of CO_2 in a Midlatitude Forest. Science, 260: 1314-1317.

Wu C Y, Chen J M, Huang N. 2011. Predicting gross primary production from the enhanced vegetation index and photosynthetically activeradiation: Evaluation and calibration. Remote Sens Environ, 115: 3424-3435.

Wu C Y, Han X Z, Ni J S, et al. 2010a. Estimation of gross primary production in wheat from in situ measurements. Int J Appl Earth Obs, 12: 183-189.

Wu C Y, Niu Z, Gao S A. 2010b. Gross primary production estimation from MODIS data with vegetation index and photosynthetically active radiation in maize. J Geophys Res-Atmos, 115, D12.

Wu C Y, Niu Z, Gao S. 2012. The potential of the satellite derived green chlorophyll index for estimating midday light use efficiency in maize, coniferous forest and grassland. Ecol Indic, 14: 66-73.

Wu J B, Xiao X M, uan D X, et al. 2009. Estimation of the gross primary production of an old-growthtemperate mixed forest using eddy covariance and remote sensing. Int J Remote Sens, 30: 463-479.

Wu Jun, Xia Jun, Lei Wei, et al. 2010c. Lexicographical ordering by spectral moments of trees with a prescribed diameter. Linear Algebra and Its Applications, 433: 1707-1713.

Wu W X, Wang S Q, Xiao X M, et al. 2008. Modeling gross primary production of a temperate grassland ecosystem in Inner Mongolia, China, using MODIS imagery and climate data. Sci China Ser D, 51: 1501-1512.

Wylie B K, Fosnight E A, Gilmanov T G, et al. 2007. Adaptive data-driven models for estimating carbon fluxes in the Northern Great Plains. Remote Sens Environ, 106: 399-413.

Xiao X, Hollinger D, Aber J, et al., 2004a. Satellite-based modeling of gross primary production in an evergreen needleleaf forest. Remote Sensing of Environment, 89, 519-534.

Xiao X M, Zhang Q Y, Braswell B, et al., 2004b. Modeling gross primary production of temperate deciduous broadleaf forest using satellite images and climate data. Remote Sensing of Environment, 91, 256-270.

Xiao X M. 2006. Light absorption by leaf chlorophyll and maximum light use efficiency. Ieee Transactions on Geoscience and Remote Sensing, 44: 1933-1935.

Yan H, Wang S Q, Billesbach D, et al. 2015. Improved global simulations of gross primary product based on a new definition of water stress factor and a separate treatment of C3 and C4 plants. Ecological Modelling, 297: 42-59.

Yang L, Yuan L J, D R, et al. 2013.Modeling aligning effect of polymer network in polymer stabilized nematic liquid crystals. Journal of Applied Physics, 114: 243515.

Yang X, Xu Y L, Zhang H, et al. 1987.Enhanced high rate and low-temperature performances of mesoporous $LiFePO_4$/ Ketjen Black nanocomposite cathode material. Electrochimica Acta, 114: 259-264.

Yebra M, van Dijk AIJM, Leuning R, et al. 2015. Global vegetation gross primary production estimation using satellite-derived light-use efficiency and canopy conductance. Remote Sensing of Environment, 163: 206-216.

Zhang C, Liu S M, Huang J Y, et al. 2009. Flame retardance and thermal properties of a novel phosphorus- containing unsaturated polyester resin/SiO_2 hybrid nanocomposite. E-polymers, 9(1), DOI:10.1515/eploy 2009.9.1. 1791.

Zhang L X, Zhou D C, Fan J W, et al. 2015. Comparison of four light use efficiency models for estimating terrestrial gross primary production. Ecological Modelling, 300: 30-39.

第 3 章　陆地生态系统机理性过程模型

计算陆地生态系统碳通量的方法包括融合站点通量观测数据与遥感信息的外推、模型模拟和大气反演等。机理性生态模型具有模拟陆地生态系统碳收支过去演变特征、预测未来和鉴别不同因子贡献的能力，成为全球陆地生态系统碳通量变化研究的重要工具。本章将介绍机理性生态模型模拟陆地生态系统碳循环的主要过程和模型参数优化方法，分析其未来发展趋势。

3.1　机理性生态模型简介

现有的陆地生态系统碳模型可以分为统计模型、遥感模型和机理性过程模型三大类。统计模型是根据气候因子与净初级生产力（NPP）之间的统计关系外推其他时间和地区的 NPP。随着计算条件的改进和资料的丰富，这类模型已经被逐步淘汰。遥感生态模型根据遥感资料计算的植被吸收的光合有效辐射、最大光能利用率和环境因子修正系数计算总初级生产力（GPP）或 NPP，也有些遥感模型可以计算净生态系统生产力（NEP），如 CASA 模型（Potter et al.，1993）。遥感模型具有简单和充分利用卫星遥感观测的植被信息的优势，但这类模型多是经验性的，其结果对最大光能利用率参数具有较高的敏感性，而最大光能利用率不仅在不同类型植被之间存在较大的差异，而且季节性变化明显，不易精确确定。为了解决遥感模型存在的问题，Chen 等（1999）发展了将遥感信息与植物光合机理有机结合的生态模型 BEPS，根据植被冠层太阳辐射传输原理，将森林冠层分为乔木和灌木（草）两层、每层冠层分为光照叶片和蔽光叶片两部分，对叶片尺度的瞬时 Farquhar 光化学模型（Farquhar et al.，1980）进行时空尺度转换，计算光合速率，有效地克服了大叶模型存在的低值偏低，而高值偏高现象。

机理性生态模型根据植物光合作用、自养呼吸、有机物分解和养分循环过程的机理，模拟计算陆地生态系统碳循环的各个通量。这类模型又可进一步划分为静态植被模型和动态植被模型。其中，静态植被模型假设在整个模拟期内植被类型和结构组成都不发生变化，需要输入地表覆盖数据。而动态植被模型根据气候和土壤条件确定植被分布，并能模拟气候变化导致的生态系统结构和组成变化。机理性生态模型模拟的陆地生态系统碳循环主要过程包括：①光合作用；②异养呼吸；③物候；④光合产物分配；⑤土壤碳氮循环；⑥土壤温湿度变化及其对土壤碳氮循环的影响等。

机理性生态模型的输入数据一般包括：①具有时空变化的气候数据；②具有空间变化的土壤质地数据；③具有空间变化的植被类型数据（动态植被模型不需要该数据）；④具有时间变化的 CO_2 浓度数据；⑤具有时空变化的氮沉降数据等。

机理性生态模型运行的时间步长为半小时（或小时）、日或月。有一些模型，如 IBIS

模型（Foley et al.，1996；Kucharik et al.，2000），仅需要输入月尺度的气候数据，模型利用天气发生器生成半小时的气候数据进行模拟计算。采用这种策略的好处是降低了对输入数据的要求，因为长时间序列的半小时气象数据往往难以获取。

机理性生态模型的主要作用包括：①模拟陆地生态系统碳收支的时空演变特征（Cao and Woodward，1998；Cramer et al.，2001；Huntzinger et al.，2012）；②通过模拟试验，鉴别不同因子对陆地生态系统碳收支变化的贡献（Ju and Chen，2008；Zhang et al.，2012）；③证明有关陆地生态系统碳循环过程的理论假设（Li et al.，201）；④预测全球陆地生态系统碳收支对气候和大气 CO_2 浓度变化、氮沉降及地表覆盖变化等人类活动的响应（Cao and Woodward，1998；Ju et al.，2007）；⑤为大气反演系统和全球碳同化系统提供先验碳通量（Jiang et al.，2013）。

3.2 生态系统碳循环主要过程模拟方法

3.2.1 光合作用模拟方法

3.2.1.1 叶片光合速率模拟

机理性生态模型一般以 Farquhar 等（1980）提出的 C_3 植物叶片瞬时光化学模型为基础进行光合作用的模拟。该模型认为叶片光合速率由羧化和电子传递两个基本过程决定，将叶片净光合速率表示为胞间 CO_2 浓度、入射光通量密度和叶温的函数。即

$$A_l=\min(W_c, W_j)-R_d \tag{3.1}$$

式中，A_l 为叶片的光合作用速率[μmol/（m^2·s）]；W_c 和 W_j 分别为受 Rubisco 活性限制和光限制的光合速率[μmol/（m^2·s）]；R_d 为白天叶片的暗呼吸。W_c 和 W_j 分别计算为

$$W_c = V_m \times \frac{C_i - \Gamma}{C_i + K} \tag{3.2}$$

式中，V_m 为最大羧化作用速率[μmol/（m^2·s）]；C_i 为叶肉细胞 CO_2 浓度（mol/mol）；Γ 为无暗呼吸时的 CO_2 补偿点（mol/mol）；K 为酶促反应速率常数（mol/mol）。Γ 和 K 是温度的函数（Chen et al.，1999）。

$$W_j = J \times \frac{C_i - \Gamma}{4.5C_i + 10.5K} \tag{3.3}$$

式中，J 为电子传递速度[μmol/（m^2·s）]。

叶片的暗呼吸 R_d 计算为

$$R_d = 0.015V_m \tag{3.4}$$

V_m 与环境因子有关，表示为

$$V_m = V_{cmax} f(T_c) f(N) f(\theta) \tag{3.5}$$

式中，V_{cmax} 为 V_m 在参考温度（如 25℃）时的最大值；$f(T_c)$ 是温度订正因子，常用的表达式见表 3.1；$f(N)$ 为叶片氮含量对光合速率的影响因子，通常表示为叶片碳氮比的函数；$f(\theta)$ 是土壤湿度订正因子，表示为土壤水分或叶片水势的函数。

表 3.1 光合速率模拟方法

主要模块	BEPS	ecosys	C-CLASSa	C-CLASSm	EALCO	CTEM
A.1.1 温度对酶限制的固碳速率 V_r 的影响	$2.3^{\frac{T-25}{10}}$	阿伦尼乌斯（Arrhenius）方程计算	阿伦尼乌斯（Arrhenius）方程计算	$\left(\frac{T_{leaf}-T_{min}}{T_{opt}-T_{min}}\right)\left(\frac{T_{max}-T_{leaf}}{T_{max}-T_{opt}}\right)$ $T_{min}=-2$℃，$T_{opt}=35$℃，$T_{max}=50$℃	阿伦尼乌斯（Arrhenius）方程计算	$f_{25}(Q_{10})/(A·B)$ $A=\{1+\exp[0.3(T_c-T_{up})]\}$ $B=\{1+\exp[0.3(T_{low}-T_c)]\}$ $f_{25}(Q_{10})=Q_{10}^{0.1(T_c-25)}$ $T_{low}=-5$℃，$T_{up}=34$℃
A.1.2 氮对 V_r 的影响	根据植被类型确定	羧化酶含量=f（叶片结构部分 N∶C）；羧化酶活性=f（叶片非结构部分 N∶C）	V_{cmax} 随叶片结构部分 N∶C 线性下降；冠层光合速率用叶片非结构部分 N∶C 修正	*N/A*	叶片 C∶N 的函数	*N/A*
A.1.3 水分对 V_r 的影响	通过水分对气孔导度的影响进行调节	$f(e^{-b\psi_T})$，$b=3$ $\psi_T=\psi_c-\psi_\pi$	$(\exp(\mu_w(\psi_c-\psi_0)/(10RT_c)))^{30}$ $\psi_0=-80$m；$\mu_w=0.018$kg/mol $R=8.314$J/（mol·K）	$\min[1,3(\theta_s-\theta_{min})/(\theta_{max}-\theta_{min})]\theta_s$、$\theta_{min}$ 和 θ_{max} 为根层实际、最小及饱和土壤湿度	$(\cos(\pi\psi_c/\psi_{max})+1.0)/2.0$ $\psi_{max}=-350$m	$1.0-(1-\beta(\theta))^2$ $\beta(\theta)=\max\left[0,\min\left(\frac{\theta-\theta_w}{\theta_F-\theta_w}\right)\right]$
A.1.4 CO_2 浓度对 V_r 影响	$30\times2.1^{\frac{t-25}{10}}$	$K_m=12.5$mol/L	$K_m=12.5$mol/L	*N/A*	$K_m=12.5$mol/L	$K_m=12.5$mol/L
A.1.5 最大电子传导率 J_{max}	$J_{max}=29.1+1.64V_{c\,max}$	25℃时对于所有的 C_3 植物取 360μmol g 叶绿素·s	叶片每千克结构 C 的 N 含量大于 70g 时，参考温度条件下取 180mol/（m^2 LAI·s）	$2.7\times V_{cmax}$	25℃时取75μmol/（m^2 LAI·s）	*N/A*
A.1.6 辐射对电子传导率 J 的影响	$\frac{J_{max}I}{I+2.1J_{max}}$	$(QI+J_{max}-((QI+J_{max})^2-4\alpha QIJ_{max})^{0.5})/2$；$Q=0.45$μmol/μmol；$\alpha=0.75$	$(QI+J_{max}-((QI+J_{max})^2-4\alpha QIJ_{max})^{0.5})/2$；$Q=0.45$μmol/μmol；$\alpha=0.8$	$(QI+J_{max}-((QI+J_{max})^2-4\alpha QIJ_{max})^{0.5})/2$；$Q=0.2$μmol/μmol；$\alpha=0.7$	$(QI+J_{max}-((QI+J_{max})^2-4\alpha QIJ_{max})^{0.5})/2$；$Q=0.45$μmol/μmol；$\alpha=0.8$	$Q(1-\omega)I$ $Q=0.45$μmol/μmol Ω为散射系数
A.1.7 温度对 J 的影响	同 A.1.1	同 A.1.1	同 A.1.1	同 A.1.1	同 A.1.1	同 A.1.1
A.1.8 氮对 J 的影响	同 A.1.2	叶绿素含量=f（叶片结构部分 N∶C）；叶绿素活性=f（叶片非结构部分 N∶C）	同 A.1.2	同 A.1.2	叶片碳氮比的函数	同 A.1.2
A.1.9 水分对 J 的影响	*N/A*	同 A.1.3	同 A.1.3	同 A.1.3	同 A.1.3	同 A.1.3
A.10 光量子效率 ε	$(C_i-\Gamma^*)/(4.5C_i+10.5\Gamma^*)$	$(C_i-\Gamma^*)/(4.5C_i+10.5\Gamma^*)$	$(C_i-\Gamma^*)/(4.5C_i+10.5\Gamma^*)$	$(C_i-\Gamma^*)/[4(C_i+2\Gamma^*)]$	$(C_i-\Gamma^*)/(4.5C_i+10.5\Gamma^*)$	
A.11 光控的固碳速率 V_j	J_E	J_E	J_E	J_E	J_E	
A.12 叶片固碳速率 V_l	$\min(V_r, V_j)-R_d$ R_d 为暗呼吸	迭代求解 C_i 使得 $\min(V_r, V_j)=g_l(C_a-C_i)$	$\min(V_c, V_j)$	迭代求解 C_i 使得 $\min(V_r, V_j)-R_d=g_c(C_a-C_i)$，$R_d$ 为暗呼吸	$\min(V_c, V_j)$	$\beta_1V^2-V(V_r+V_j)+V_rV_j=0$ $\beta_2A^2-A(V+V_s)+VV_s=0$ β_1 和 β_2 为系数，为 0.9～0.99；V 为平滑的 V_r 和 V_j 均值；A 为平滑的 V 和 V_s 的均值

早期的模型一般只考虑温度和土壤湿度变化的作用。随着对碳氮耦合作用认识的提高，越来越多的机理生态模型包括了氮对光合速率的控制作用。

J 是最大电子传导速率（J_{max} 与 V_{cmax} 有关或单独给定）和入射的太阳辐射的函数，可以表示为（Chen et al.，1999）

$$J = \frac{J_{max} I}{I + 2.1 J_{max}} \tag{3.6}$$

还有一些模型（Grant et al.，2005）将 J 计算为

$$J = \left\{QI + J_{max} - [(QI + J_{max})^2 - 4\alpha QIJ_{max}]^{0.5}\right\}/(2\alpha) \tag{3.7}$$

式中，Q 和 α 为参数（表 3.1）。

在利用公式（3.2）和公式（3.3）计算光合速率时，有 3 个未知量（W_i、W_j 和 C_i），无法直接求解，一般需要加入下式：

$$A_l = g_l(C_s - C_i) = g_{bc}(C_a - C_s) \tag{3.8}$$

式中，A_l 为光合速率；g_l 为叶片气孔导度；C_s 为叶片表面的 CO_2 浓度；g_{bc} 为叶面边界层对 CO_2 的导度；C_a 为大气 CO_2 浓度。这样就带来了如何求解气孔导度的问题。

3.2.1.2 叶片气孔导度模拟

计算气孔导度的模型有两类。一类是 Jarvis 于 1976 提出的经验模型，将气孔导度计算为最大气孔导度和环境订正因子（温度、辐射、大气饱和水汽压差和土壤湿度等）的乘积，该模型在经过参数校正后具有较高的精度(Friend et al., 1997)，同时可以直接带入公式(3.8)，与公式（3.2）和公式（3.3）联合求解光合速率（Chen et al.，1999）。但是，该模型也存在一些缺陷。一是，假设不同环境因子对气孔导度的影响相互独立，事实并非如此；二是，需要确定的模型参数多，除了最大气孔导度外，每个环境订正因子的公式中都有需要确定的参数；三是，使用该气孔导度模型后，生态模型无法做到真正的碳水耦合模拟，土壤水分可以通过控制气孔导度影响光合速率，但是光合速率不能对气孔导度进行反馈，也就无法对水分循环产生实时影响。当然，长时间的光合速率变化会影响植被的叶面积指数（LAI），从而间接影响水分循环。

现在越来越多的生态模型采用 Ball-Berry 模型（Ball et al.，1987）模拟气孔导度，即

$$g_l = g_{lmin} + MA_l H / C_s \tag{3.9}$$

式中，g_{lmin} 为最小气孔导度，一般取 0.0001mm/s；M 为表示气孔导度与光合速率紧密程度的参数，与植被类型有关；H 为叶片表面的相对湿度。

当考虑土壤水分对气孔导度的影响时，公式（3.9）改写为

$$g_l = g_{lmin} + f(\theta) MA_l H / C_s \tag{3.10}$$

式中，$f(\theta)$ 为土壤水分胁迫因子，在 0~1 之间变化。有一些模型将水分订正因子包括在光合速率计算公式内，从而用公式（3.9）而不是公式（3.10）计算气孔导度（表 3.2）。

Leuning 等（1995）认为饱和水汽压差（VPD）比相对湿度能更好地表征气孔导度与光合速率之间的关系。因此，在 Ball-Berry 模型的基础上提出了以下模型：

$$g_l = g_{lmin} + f(\theta) MA_l H / [C_s(1 + D/D_0)] \tag{3.11}$$

表 3.2　气孔导度模拟方法

主要模块	BEPS	ecosys	C-CLASSa	C-CLASSm	EALCO	CTEM
A.2.1 叶片气孔导度 g_l	$g_{lmin}+f_w MV_l/[C_s(1+D/D_0)]$ M 为随植被类型变化的系数； C_s 为叶片表面的 CO_2 浓度； D_0 为气孔导度对饱和水汽压差变化的敏感因子	$g_{lmax}=V_l/(C_a-C_i)$	$g_{lmin}+MV_lH/C_a$ $g_{lmin}=0.0001$mm/s $M=6$ H=RH	$g_{lmin}+Mf_wV_l/\{(C_i-\Gamma)(1+D/D_0)\}$ $g_{lmin}=0.01$mol/（m²·s）， $M=3$，f_w 计算方法同 A.1.3， D_0（kPa）与植被类型有关的参数	$g_{lmin}+MV_lH/C_a$ $g_{lmin}=0.0001$mm/s M=9 H=RH	N/A
A.2.2 土壤水分对 g_l 的影响	$f_w=\sum_{i=1}^{n} f_{wi}w_i$ $f_{wi}=\begin{cases}1 & \psi_i>-100\text{ kPa}\\ \left[1+\left[\frac{-\psi_i-100.0}{100.0}\right]\right]^{0.75} & \end{cases}$ $w_i=f_{wi}r_i/\sum_{i=1}^{n} f_{wi}r_i$ r_i 为每一层中根系的比例	$r_l=r_{lmin}+(r_{lmax}-r_{lmin})e^{-b\psi_T}$ $r_l=g_l^{-1}$ $r_{lmin}=g_{lmax}^{-1}$ $\psi_T=\psi_c-\psi_\pi$ $b=5$	土壤水分影响 V_r 和 V_j（A.1.3）从而调节气孔导度	土壤水分影响 V_r 和 V_j 从而调节气孔导度（A.1.3） 公式 A.2.1 中水分对气孔导度的影响 f_w 计算方法同 A.1.3	土壤水分影响 V_r 和 V_j(A.1.3)从而调节气孔导度	土壤水分影响 V_r 和 V_j(A.1.3)从而调节气孔导度
A.2.3 冠层导度 g_c	$g_{l,sunlit}A_{l,sunlit}+g_{l,shaded}A_{l,shaded}$ $g_{l,sunlit}$ 和 $g_{l,shaded}A_{l,shaded}$ 分别为阳叶和阴叶的导度；$A_{l,sunlit}$ 和 $A_{l,shaded}$ 分别为阳叶和阴叶的面积	$\sum g_lA_l$ A_l 为不同层次的 LAI	$g_{l,sunlit}A_{l,sunlit}+g_{l,shaded}A_{l,shaded}$ $g_{l,sunlit}$ 和 $g_{l,shaded}$ 分别为阳叶和阴叶的导度；$A_{l,sunlit}$ 和 $A_{l,shaded}$ 分别为阳叶和阴叶的面积	$g_{l,sunlit}A_{l,sunlit}+g_{l,shaded}A_{l,shaded}$ $g_{l,sunlit}$ 和 $g_{l,shaded}$ 分别为阳叶和阴叶的导度；$A_{l,sunlit}$ 和 $A_{l,shaded}$ 分别为阳叶和阴叶的面积	$g_{l,sunlit}A_{l,sunlit}+g_{l,shaded}A_{l,shaded}$ $g_{l,sunlit}$ 和 $g_{l,shaded}$ 分别为阳叶和阴叶的导度；$A_{l,sunlit}$ 和 $A_{l,shaded}$ 分别为阳叶和阴叶的面积	$g_{cmin}+mA_nP/\{(C_i-\Gamma)(1+D/D_0)\}$ g_{cmin}=0.01mol/（m²·s） A_n=A−叶片呼吸 P 为表面气压（Pa），m=6， D_0=2kPa
A.2.4 叶片空间分辨率	阳叶和阴叶比例随太阳天顶角变化	与物种、分枝、层、节点、方位角和倾角有关，根据太阳天顶角和聚集度区分阴叶和阳叶	阳叶和阴叶比例随太阳天顶角变化	阳叶和阴叶比例随太阳天顶角变化	对于给定冠层形状和植被分布，冠层分为多层，区分阳叶和阴叶	大叶或阳叶和阴叶比例随太阳天顶角变化

式中，D 和 D_0 分别为叶片表面的饱和水汽压差和气孔导度对饱和水汽压差变化的敏感系数。

相对于 Jarvis 模型，Ball-Berry 气孔导度模型具有参数少（仅有 M 和 D_0 两个参数），光合速率与气孔导度和蒸腾紧密耦合的优点。但是，如使用该模型，不可能直接同时求得气孔导度和光合速率。需将光合模型、气孔导度模型和能量平衡模型组合成闭合的公式组，通过迭代，同时求得光合速率、气孔导度和冠层温度（Wang and Leuning，1998）。

3.2.1.3　冠层光合速率模拟

生态模型采用不同的方法将叶片尺度的 Farquhar 光化学模型转换到冠层尺度，主要有大叶模型、两叶模型和多层模型等（Friend，1995；Sellers et al.，1996；Chen et al.，1999）。

（1）大叶模型

这类模型将冠层视为一个大的叶片，不考虑冠层内不同部位叶片温度的差异。通过考虑太阳辐射在冠层内的变化，对计算的冠层顶部叶片的光合速率进行积分求得冠层的光合速率（Sellers et al.，1996；Friend et al.，1997）。由于忽略了冠层内部不同部位叶片温度和吸收与利用太阳辐射的差异，大叶模型的结果经常会出现高值偏高、低值偏低的系统性误差（Chen et al.，1999）。近年来，越来越多的生态模型放弃了大叶模型。

（2）两叶模型

这类模型将冠层叶片分为阳叶和阴叶两大类，假设同一类叶片的光合速率、吸收的太阳辐射、温度和能量平衡相同，而不同类叶片之间存在差异，分别计算它们的光合速率，即

$$A_c = A_{l,\text{sunlit}}\text{LAI}_{\text{sunlit}} + A_{l,\text{shaded}}\text{LAI}_{\text{shaded}} \tag{3.12}$$

式中，$A_{l,\text{sunlit}}$ 和 $A_{l,\text{shaded}}$ 分别为阳叶和阴叶的光合速率；$\text{LAI}_{\text{sunlit}}$ 和 $\text{LAI}_{\text{shaded}}$ 分别为阳叶和阴叶的 LAI，可以根据太阳高度角、冠层总的 LAI 和叶片的聚集度指数进行估算（Chen et al.，1999）。

两叶模型可以有效地避免大叶模型易产生系统性误差的问题（Chen et al.，1999），同时保持计算的高效性（Wang and Leuning，1998）。

（3）多层模型

这类模型在垂直方向将冠层分为多个不同的层次（Grant et al.，2005），数量取决于物种、方位角、倾角和冠层高度等因子，对每个层次分别计算光合速率和能量平衡。这类模型具有精度较高并且稳定的优点，但计算量较大，在进行长时间区域和全球尺度模拟时面临计算速度的问题。现在还有一些模型，将冠层分为不同的层次，每层再细分为阳叶和阴叶计算光合速率，计算量会更大。

3.2.2　生态系统呼吸模拟

陆地生态系统在进行光合作用吸收大气中 CO_2 的同时，还通过呼吸作用向大气中排放 CO_2。由于，生态系统呼吸（R_e）比 NEP 大得多，其细小误差将导致 NEP 模拟结果较

大的不确定性，其准确模拟对生态系统碳源汇模拟至关重要。生态系统呼吸包括自养呼吸（R_a）和异养呼吸（R_h）两部分。

3.2.2.1　自养呼吸模拟

大部分模型将（R_a）分为维持性呼吸（maintenance respiration，R_m）和生长性呼吸（growth respiration，R_g）两部分。其中维持性呼吸是植物在维持功能状态过程中的呼吸，生长性呼吸是新组织合成过程中的呼吸。

计算 R_m 有两类方法，一类是根据植被碳库氮含量和温度计算 R_m（Liu et al.，2005），另外一类将生长性呼吸计算为净光合或净光合与 R_m 之差（表 3.3）。R_m 通常计算为

$$R_m = \sum_{i=1}^{n} r_{m,i} f(T) C_i \tag{3.13}$$

式中，i 代表植物的器官；$r_{m,i}$ 为参考温度下单位质量的植物器官 i 的相对呼吸速率，与植被类型有关；$f(T)$ 为呼吸速率的温度敏感因子；C_i 为植物器官 i 的碳库大小。

还有一些模型（如 ecosys 和 C-CLASSa 模型）先计算 R_a 和 R_m，再得到 R_g（Grant et al.，2005）。R_a 计算为参考温度（随植被类型变化）时的自养呼吸速率 R_a 与温度订正因子和非结构性碳库碳氮比的乘积（表 3.3）：

$$R_a = R_a' f(T) \mathrm{C_n} f(\mathrm{C_n} : \mathrm{N_n}) \tag{3.14}$$

式中，$f(T)$ 为温度对 R_a 影响的订正因子，用阿伦尼乌斯（Arrhenius）方程计算；C_n 和 N_n 分别为非结构性碳量和氮量。

在部分的生态模型中，温度对维持性呼吸影响的订正因子表示为

$$f(T) = Q_{10}^{(T-T_{ref})/10} \tag{3.15}$$

式中，T_{ref} 为参考温度；T 为气温（不求解冠层和土壤温度的模型采用）或冠层和土壤温度（求解冠层和土壤温度的模型采用）；Q_{10} 表示植物维持性呼吸对温度的敏感性，与植被类型有关，不同植被碳库的取值不同，也有一些模型对所有的植被碳库都取相同的值。

Q_{10} 的取值对模拟的生态系统碳通量对温度的响应具有非常重要的影响，观测表明该参数在不同类型生态系统中存在较大的变化，给生态模型的应用带来了挑战。该参数取值过大，会导致模型高估高温引起的生态系统呼吸增大和 NPP 下降。在大部分模型中，该参数不随时间变化；在 CTEM 模型中，随着温度的升高该参数的值减小，体现了植被对高温的适应性（Arora et al.，2003）：

$$Q_{10} = 3.22 - 0.046T \tag{3.16}$$

3.2.2.2　异养呼吸模拟方法

NPP 与异养呼吸（heterotrophic respiration，R_h）之差为 NEP，生态模型一般将土壤和凋落物概化为分解速率不同的碳库，R_h 为各碳库分解过程中向大气排放的 CO_2 之和。碳通过分解可以在不同的碳库之间交换，同时向大气排放 CO_2。大部分生态模型采用 CENTURY 模型（Parton et al.，1993）的方法模拟土壤碳氮循环过程和估算 R_h。该模型将土壤有机碳概化为周转时间不同的碳库，模拟不同生物量碳库向土壤碳库转移、不同碳库之间碳的流动和土壤向大气排放 CO_2 的过程。

表 3.3　自养呼吸模拟方法

主要模块	BEPS	ecosys	C-CLASSa	C-CLASSm	EALCO	CTEM
A.4.1 总自养呼吸 R_a	$R_{gi}+R_{mi}$ R_g=生长性呼吸 R_m=维持性呼吸 i 代表叶、干和根	$R_a{}'C_n f(T)\ f(C_n:N_n)$ 25℃时 $R_a{}'=4.17\times10^{-6}\ s^{-1}$ C_n 为非结构 C N_n 为非结构 N	$R_a{}'C_n f(T)\ f(C_n:N_n)$ 参考温度条件下（与植被类型有关）$R_a{}'=4.17\times10^{-6}\ s^{-1}$ C_n = 非结构性 C N_n = 非结构性 N	$R_{gi}+R_{mi}$ R_g=生长性呼吸 R_m=维持性呼吸 i 代表叶、干和根	$R_{gi}+R_{mi}$ R_g=生长性呼吸 R_m=维持性呼吸 i 代表叶、干和根	$R_{gi}+R_{mi}$ R_g=生长性呼吸 R_m=维持性呼吸 i 代表叶、干和根
A.4.2 温度对 R_a 的影响	通过温度对 R_m 和冠层光合速率的影响体现	阿伦尼乌斯（Arrhenius）方程计算	阿伦尼乌斯（Arrhenius）方程计算	通过温度对 R_m 和冠层光合速率的影响体现	通过温度对 R_m 和冠层光合速率的影响体现	通过温度对 R_m 和冠层光合速率的影响体现
A.4.3 维持性呼吸 R_m	叶、干和根维持性呼吸之和，分别随参考温度时维持性呼吸速率、温度和碳库而变化	随参考温度时呼吸速率、温度和氮含量而变化	随参考温度时呼吸速率、温度和氮含量而变化	叶、边材、粗根和细根维持性呼吸之和，分别随参考温度时维持性呼吸速率、温度和碳库而变化	随参考温度时呼吸速率、温度和氮含量而变化	叶、干和根维持性呼吸之和 叶：$0.015V_1$（C_3）或 $0.025V_1$（C_4） 25℃时 干：1.37×10^{-8}g C/（g C·s）$\times lf_w$ 根：4.53×10^{-8}g C/（g C·s）$\times lf_w$ $lf_{w,r}$=max（0.05，min（exp（$-0.2835C_{w,r}$，1.0））
A.4.4 温度对 R_m 的影响	$2.3^{\frac{T-25}{10}}$	根据冠层或根温度计算，$Q_{10}=2.25$	根据冠层或根温度计算，$Q_{10}=2.25$	根据冠层或根温度计算，叶的 Q_{10} 取 2.0，干的 Q_{10} 取 1.7，根的 Q_{10} 取 1.9	根据冠层或根温度计算，叶的 Q_{10} 取 2.1，干的 Q_{10} 取 1.3，根的 Q_{10} 取 1.9	$Q_{10}=3.22-0.046T$
A.4.5 生长性呼吸 R_g	$0.2V_C$	max（0，R_a-R_m）	max（0，R_a-R_m）	0.15（V_C-R_m）	0.24（V_C-R_m）	max（0，0.30（V_C-R_m））

相对于早期的单土壤碳库模型，多土壤碳库模型可以更好地模拟不同土壤有机碳组分在分解速率和对环境因子敏感性等方面的差异，从而有可能在不同的时间尺度上同时可靠地模拟土壤碳储量和碳通量。因为土壤有机碳碳储量主要由分解速率低、周转慢的土壤碳库决定，而碳通量主要由分解速率高、周转快的土壤碳库决定（Trumbore，2000）。

R_h一般模拟为（表3.4）

$$R_h = \sum \varepsilon_i \cdot K_i \cdot f(t) \cdot f(\theta) \cdot f(L) \cdot f(T) \cdot C_i \tag{3.17}$$

式中，ε_i为第i个碳库分解时向大气排放CO_2的比例；K_i为第i个碳库的最大分解速率，$f(t)$、$f(\theta)$、$f(L)$和$f(T)$分别为土壤温度、湿度、木质素含量和土壤质地对分解速度的影响；C_i是第i个碳库的碳含量。

土壤温度对分解的影响订正因子$f(t)$一般利用指数函数或阿伦尼乌斯（Arrhenius）方程计算（表3.4）。但是土壤水分对异养呼吸影响订正因子的表达方式形式多样，包括线性、对数、二次公式和抛物线公式等，土壤水分用水势、重量含水量、体积含水量、有效持水量的比例、饱和度、降水与潜在蒸发比例、实际蒸发与潜在蒸发比例及饱和层深度等（Davidson et al.，2000）。总体而言，土壤过干或过湿时，土壤有机碳的分解变慢、异养呼吸降低。

还有一些模型采用机理性的生物地球化学模型计算异养呼吸。在ecosys模型中异养呼吸等于参考呼吸速率、溶解的土壤有机碳量、活的微生物量、土壤碳氮磷比和温度订正因子的乘积（Grant et al.，2006）。

He等（2014）将土壤分为纤维层（fibrous horizon）和无定性层（amorphous horizon），将异养呼吸计算为

$$R_h = V_{\max_{CO_2}} \times \frac{[S_x]}{kM_{[s_x]} + [S_x]} \times \frac{[O_2]}{kM_{O_2} + [O_2]} \times MIC \tag{3.18}$$

式中，$V_{\max_{CO_2}}$是异常养呼吸的最大反应速率；kM是米氏方程的半饱和常数；$[S_x]$为酶反应位置的溶解C底物的浓度；$[O_2]$为酶反应位置的氧气浓度；MIC为微生物含量。

利用该模型，He等（2014）发现，在寒带森林生态系统纤维层和无定性层土壤分解性质和机理存在差异，底物是纤维层土壤碳分解的主要限制因子，无定性层土壤碳分解主要由能量控制的微生物活动所决定。温度升高可以减轻无定性层土壤中能量对微生物活动的限制；相反，湿度对溶解底物供应和微生物活动的作用很小。

3.2.3　氮对生态系统碳吸收和分配的影响模拟

陆地生态系统的碳氮循环紧密耦合，氮影响光合速率、光合产物分配和土壤有机碳的分解过程。

3.2.3.1　氮对光合速率的控制

植物根系吸收土壤中的N，并分配到各个器官，植物对N的吸收受到土壤温度、土壤有效N含量、植被N含量等因子的影响（表3.5）（Grant et al.，2005；Gu et al.，2010）。N对光合的影响主要通过叶片氮含量影响酶的羧化速率而产生，大部分模型假设酶的羧化速率随叶片N含量或N/C线性增大（表3.1）。由于光合速率同时受到羧化速率、光量子传输速率和气孔导度的影响，光合速率会随氮含量的增加而上升，但不是线性的。

表 3.4　异养呼吸模拟方法

主要模块	BEPS	ecosys	C-CLASSa	C-CLASSm	EALCO	CTEM
A.5.1 异养呼吸总量 R_h	$\sum_{i=1}^{n} D_{c,i}(1-\varepsilon_i)$ $D_{c,i}$ 为第 i 个碳库分解的碳通量（A.5.8） ε_i 与碳库类型有关，为 0.4～0.7	$R_h' M_a [C_d]/(K_r+[C_d]) f(T_s)$ f（C∶N∶P） 25℃时 R_h'为 3.125×10^{-5} g C g 微生物 C^{-1} s^{-1}；M_a 为活的微生物量 C（g/m²）；$[C_d]$ = 溶解有机碳量（g/m³）；K_r = 36g C/m^{-3}	$\sum D_{c,i}(1-\varepsilon_i)$ $D_{c,i}$ 为第 i 个碳库分解的碳通量；ε_i 糖类碳库取 0.5，纤维碳库取 0.3，木质碳库取 0.2，活动有机碳库 0.4，慢性碳库取 0.2，腐殖质碳库取 0.2	$R_{litter}+R_{soil}$ $R_{soil}=R_{soil}' C_s f(T_s) f(\theta_s)$ $R_{soil}'=6.24\times10^{-8}$ g C g^{-1} C s^{-1}（25℃时）；C_s 为土壤有机碳量；$R_{litter}=R_{litter}' C_l f(T_s) f(\theta_s)$；$R_{litter}'=9.60\times10^{-8}$ g C g^{-1} C s^{-1}（25℃时）；C_l 为凋落物 C；T_s 为第一层土壤温度	$\sum D_{c,i}(1-\varepsilon_i)$ $D_{c,i}$ 为第 i 个碳库分解的碳通量（A.5.4）；ε_i 水溶性碳库取 0.5，纤维碳库取 0.3，木质碳库取 0.2，活动有机碳库 0.4，慢性碳库取 0.2，腐殖质碳库取 0.2	$R_{litter}+R_{soil}$ $R_{soil}=R_{soil}' C_s f(T_s) f(\theta_s)$ $R_{soil}'=1.95\times10^{-8}$ g C g^{-1} C s^{-1}（25℃时）；C_s 为土壤有机碳量；$R_{litter}=R_{litter}' C_l f(T_s) f(\theta_s)$；$R_{litter}'=7.0\times10^{-8}$ g C g^{-1} C s^{-1}（25℃时）；C_l 为凋落物 C
A.5.2 温度对 R_h 影响	$e^{308.56(\frac{1}{35+46.032}-\frac{1}{T+46.32})}$	阿伦尼乌斯（Arrhenius）方程计算	通过对分解的影响体现（方程 A.5.7）	$Q_{10}=4.0$	通过对分解的影响体现（方程 A.5.7）	Q_{10}=exp（2.04（1−T_s/T_{opt}）） T_{opt}=36.9℃
A.5.3 水分对 R_h 影响	通过水分对分解的影响体现（A.5.8）	$R_h' Q_{O_2}/Q'_{O_2}$ Q_{O_2} 为 O_2 吸收量；Q'_{O_2} 为 O_2 需求	通过水分对分解的影响体现（A.5.8）	$\{\theta/(0.5\theta_{FC}-\theta)\}\times\{0.5\theta_s/(0.5\theta_s+\theta)\}$ θ_{FC} 为田间持水量；θ_s 为饱和持水量；仅修正 R_{soil}	通过水分对分解的影响体现（A.5.8）	max（0，min（1，（1-{log（|Ψ|）-log（|（|Ψ|$_{mn}$）}/{log（|Ψ|$_{mx}$）-log（|（|Ψ|$_{mn}$）}|Ψ|$_{max}$=100MPa；|Ψ|$_{min}$=0.06MPa
A.5.4 分解 D_c	$\sum K_{di} C_i f(T) f(\frac{\theta}{\theta_s})$ K_{di} 是第 i 个碳库的最大分解速率	$K_d M_a C_o/(C_o+K_c) f(T_s)$； K_d 为系数；M_a 为活微生物 C 量；C_o 为土壤有机碳量；K_c 为分解最大时的土壤有机碳量	$K_d C_o f(T_s) f(\psi_s)$ f（C_o∶N_o） K_d 为系数；C_o 为土壤有机碳量；N_o 为土壤有机氮量	$K_d C_l$ K_d 为系数；C_l 为凋落物碳库总量，仅计算凋落物转化为土壤有机碳部分	$D_c=K_d C_o f(T) f(\psi) f$（$a$N） K_d 为系数；C_o 为有机碳库；aN 为碳氮比	$0.43R_{litter}0.43R_{soil}$
A.5.5 土壤碳库最大分解速率 K_{ds}	表层微生物：$2.67\times10^{-7}s^{-1}$；土壤微生物：$3.62\times10^{-7}(1-F_{clay\&silt})s^{-1}$；慢性碳库：$7.08\times10^{-9}s^{-1}$；惰性碳库：$1.43\times10^{-10}s^{-1}$	25℃时：颗粒物有机碳为 5.21×10^{-6}g C g M_a^{-1} s^{-1}；腐殖质为 1.04×10^{-6}g C g M_a^{-1} s^{-1}	参考温度条件下： 活性碳库为 $1.16\times10^{-7}s^{-1}$ 慢性碳为 $3.47\times10^{-9}s^{-1}$ 腐殖质库为 $9.28\times10^{-12}s^{-1}$	*N/A*	25℃时： 活性碳库为 $1.16\times10^{-7}s^{-1}$ 慢性碳为 $3.47\times10^{-9}s^{-1}$ 腐殖质库为 $9.28\times10^{-12}s^{-1}$	*N/A*
A.5.6 凋落物碳库最大分解速率 K_{dl}	叶凋落物结构性碳库：$1.52\times10^{-7}\times$exp（$-3L$）s^{-1}；叶凋落物易分解碳库：$7.40\times10^{-7}s^{-1}$；细根凋落物结构性碳库：$1.97\times10^{-7}\times$exp（$-3L$）s^{-1}；细根凋落物易分解碳库：1.14×10^{-6} s^{-1}；干和粗根凋落物碳库：$1.41\times10^{-7}\times$exp（$-3L$）s^{-1}；L 为木质素含量	25℃时分解速率蛋白质、糖类碳：2.08×10^{-4}g C g M_a^{-1} s^{-1} 纤维素：3.125×10^{-5} g C g M_a^{-1} s^{-1} 木质素：5.21×10^{-6}g C M_a^{-1} s^{-1}	参考温度（与植被类型有关）条件下： 糖类碳：$2.56\times10^{-6}s^{-1}$ 纤维素：$3.67\times10^{-7}s^{-1}$ 木质素：$1.16\times10^{-7}s^{-1}$	Q_{10}=4.0	阿伦尼乌斯（Arrhenius）方程计算	*N/A*
A.5.7 温度对分解的影响	$e^{308.56(\frac{1}{35+46.032}-\frac{1}{T+46.32})}$	阿伦尼乌斯（Arrhenius）方程计算	阿伦尼乌斯（Arrhenius）方程计算		阿伦尼乌斯（Arrhenius）方程计算	
A.5.8 水分对分解的影响	粗颗粒土壤 $5.44(\frac{\theta}{\theta_s})-5.03(\frac{\theta}{\theta_s})^2-0.472$ 中等和细颗粒土壤 $5.63(\frac{\theta}{\theta_s})-4.64(\frac{\theta}{\theta_s})^2-0.710$	$K_c=K_c'\{1+[M_a/\theta]/K_i'\}$ K_c'为 75g C/Mg K_i'为 25g C/m³	$(\exp(\mu_w(\psi_c-\psi_0)/(10RT_c)))^{30}$ ψ_0=−0.33m；μ_w=0.018kg/mol；R=8.314J/（mol·K）	*N/A*	−0.097*log(ψ/100)+0.552	*N/A*

表 3.5　氮对碳吸收的影响

主要模块	BEPS	*ecosys*	C-CLASSa	C-CLASSm	EALCO	CTEM
A.3.1 最大氮（N）吸收	*N/A*	25℃时 1.4×10^{-6}g NH_4^+或 NO_3^-/（m^2 根面积·s）	对应参考温度（与植被类型有关）1.4×10^{-6}g N/（m^2 根面积·s）	*N/A*	25℃时 1.4×10^{-6}g N/（m^{-2} 根面积·s）	*N/A*
A.3.2 土壤 N 对 N 吸收的影响	*N/A*	$K_m=0.35$g NH_4^+或 NO_3^-/m^3 水	$K_m=0.35$g N/m^3 水	*N/A*	$K_m=0.35$g N/m^{-3} 水	*N/A*
A.3.3 土壤温度对氮吸收的影响	*N/A*	阿伦尼乌斯（Arrhenius）方程计算	阿伦尼乌斯（Arrhenius）方程计算	*N/A*	阿伦尼乌斯（Arrhenius）方程计算	*N/A*
A.3.4 植物氮对氮吸收的影响	*N/A*	NH_4^+或 NO_3^-吸收 $=f$（根系非结构部分的 C∶N∶P）	f（根系分结构部分 C∶N）	*N/A*	f（根系分结构部分 C∶N）	*N/A*
A.3.5 植物 N/C						
叶	*N/A*	最大值 0.05，随叶片非结构部分 C∶N 变化	最大值 0.07，随叶片非结构部分 C∶N 变化	*N/A*	最大 0.047，随叶片新合成物 C∶N 变化	*N/A*
枝	*N/A*	0.02	0.0167	*N/A*	最大 0.016，随边材新合成物 C∶N 变化	*N/A*
根	*N/A*	0.02	0.02	*N/A*	最大 0.024，随根新合成物 C∶N 变化	*N/A*
干	*N/A*	0.0025	0.002	*N/A*	0.002	*N/A*

Liu 等（2005）改进了 IBIS 动态植被模型，增加了氮对碳循环的影响机理。用叶片的 N/C 修正光合速率，即

$$V_{\mathrm{m}} = (B_{\mathrm{l,opt}} / B_{\mathrm{l}})V_{\mathrm{m,max}} \tag{3.19}$$

式中，V_{m} 为实际光合速率；$B_{\mathrm{l,opt}}$ 为没有氮限制时的叶片 C∶N；B_{l} 为实际的叶片 C∶N；$V_{\mathrm{m,max}}$ 为最大光合速率。

在 CEVSA2 模型中，最大光合速率（$V_{\mathrm{m,max}}$）受到叶片氮吸收速率 N_{l} 控制（Gu et al.，2010），即

$$V_{\mathrm{m,max}} = 190N_{\mathrm{l}} / (360 + N_{\mathrm{l}}) \tag{3.20}$$

该模型在一定程度上可以模拟氮饱和现象，随着 N_{l} 的增大，$V_{\mathrm{m,max}}$ 的增加速率不断下降。

3.2.3.2　氮对光合产物分配的影响

N 含量影响 NPP 在地上和地下的分配比例，在缺 N 的生态系统中，光合产物分配到细根中的比例上升。在更新的 IBIS 模型中，N 含量对 NPP 分配的影响用下式模拟：

$$\begin{aligned} a_{\mathrm{root}} &= a_{\mathrm{root,max}} - f(N_{\mathrm{a}})(a_{\mathrm{root,max}} - a_{\mathrm{root,min}}) \\ a_{\mathrm{leaf}} &= a_{\mathrm{root+leaf}} - a_{\mathrm{root}} \\ a_{\mathrm{wood}} &= 1 - a_{\mathrm{root+leaf}} \end{aligned} \tag{3.21}$$

式中，a_{root}、a_{leaf} 和 a_{wood} 分别表示 NPP 分配到根、叶和茎的比例，三者之和为 1.0；$a_{\mathrm{root+leaf}}$ 为分配给根和叶的 NPP 比例之和；f（N_{a}）表示土壤 N 的订正因子，计算为

$$f(N_{\mathrm{a}}) = \begin{cases} 1 & N_{\mathrm{a}} \geqslant N_{\mathrm{a,max}} \\ ((N_{\mathrm{a}} - 0.2)/(N_{\mathrm{a,max}} - N_{\mathrm{a}}))^{0.5} & N_{\mathrm{a}} < N_{\mathrm{a,max}} \end{cases} \tag{3.22}$$

式中，N_{a} 为土壤有效氮含量；$N_{\mathrm{a,max}}$ 为土壤有效氮含量的最大值。

CEVSA2 模型同时考虑了 N、水分和光的有效性对 NPP 分配的影响（Gu et al.，2010），即

$$\begin{aligned} a_{\mathrm{stem}} &= \frac{\varepsilon_{\mathrm{S}} + \omega(1.5 - f(R) - 0.5f(N_{\mathrm{a}}))}{1 + \omega(3 - f(R) - f(\theta) - 0.5f(N_{\mathrm{a}}))} \\ a_{\mathrm{root}} &= \frac{\varepsilon_{\mathrm{R}} + \omega(1.5 - f(\theta) - 0.5f(N_{\mathrm{a}}))}{1 + \omega(3 - f(R) - f(\theta) - 0.5f(N_{\mathrm{a}}))} \\ a_{\mathrm{wood}} &= \frac{\varepsilon_{\mathrm{L}}}{1 + \omega(3 - f(R) - f(\theta) - 0.5f(N_{\mathrm{a}}))} \end{aligned} \tag{3.23}$$

式中，ε_s、ε_{k}、ε_{L} 和 ω 分别为与植被类型有关的参数，前三者之和为 1.0；ω 为 NPP 分配对资源限制敏感性的控制因子；f（R）、f（θ）和 f（N_{a}）分别为辐射、水分和 N 对 NPP 分配的影响因子。

3.2.4　土壤温湿度的模拟

土壤温度和湿度影响土壤的碳氮循环过程，土壤水分还调节气孔导度、影响光合作用。因此，机理性生态模型需要模拟土壤温度和湿度。

3.2.4.1　土壤湿度的模拟

土壤含水量受到降水、植被蒸腾、土壤蒸发及地表和土壤径流等因子的影响。早期的生态模型通常采用“水桶”模型（即将土壤处理为一层），现在的模型一般至少将土壤分为 3 层进行模拟（表 3.6）。

表 3.6　蒸散和土壤水分模拟方法

主要模块	BEPS	ecosys	C-CLASSa	C-CLASSm	EALCO	CTEM
A.6.1 冠层蒸腾 E_c	计算为阳叶和阴叶蒸腾之和，分别用彭曼蒙蒂斯方程计算	$(e_{s(T_c)}-e_a)/(r_c+r_a)$ e_s为冠层水汽浓度（g/m^3） e_a为大气水汽浓度（g/m^3） r_a为空气动力阻抗（s/m） $r_c=0.64g_c^{-1}$	$(e_{s(T_c)}-e_a)/(r_c+r_a)$ e_s为饱和水汽浓度（g/m^3） e_a为大气水汽浓度（g/m^3） r_a为空气动力阻抗（s/m） $r_c=0.64g_c^{-1}$	$(e_{s(T_c)}-e_a)/(r_c+r_a)$ e_s为饱和水汽浓度（g/m^3） e_a为大气水汽浓度（g/m^3） r_a为空气动力阻抗（s/m） $r_c=0.64g_c^{-1}$	$(e_{s(T_c)}-e_l)/r_c$ e_s为饱和水汽浓度（g/m^3） e_l为叶表面水汽浓度（g/m^3） $r_c=0.64g_c^{-1}$	$(e_{s(T_c)}-e_a)/(r_c+r_a)$ e_s为饱和水汽浓度（g/m^3） e_a为大气水汽浓度（g/m^3） r_a为空气动力阻抗（s/m） $r_c=0.64g_c^{-1}$
A.6.2 冠层截留蒸发	用彭曼蒙蒂斯方程计算	$(e_{s(T_c)}-e_a)/r_a$		$(e_{s(T_c)}-e_a)/r_a$	$(e_{s(T_c)}-e_a)/r_a$	$(e_{s(T_c)}-e_a)/r_a$
A.6.3 凋落物蒸发		$(e_{l(T_l)}-e_a)/(r_a+r_b)$；$e_{l(T_l)}$为凋落物表面水汽浓度（$g/m^3$）；$r_b$为冠层动力阻抗（s/m）		处理成土壤表面蒸发的一部分	处理为地表	处理成土壤表面蒸发的一部分
A.6.4 土壤表面蒸发	用彭曼蒙蒂斯方程计算土壤表面阻抗随表层土壤水分含量变化	$(e_{s(T_s)}-e_a)/(r_a+r_b+r_l)$ $e_{s(T_s)}$为土壤表面水汽浓度（g/m^3） r_l为凋落物扩散阻力（s/m）	$(e_{s(T_s)}-e_a)/r_a$ $e_{s(T_s)}$为土壤表面水汽浓度（g/m^3）	稳定时为 0 不稳定时用自由对流方程和地表饱和水汽压差计算	$(e_{s(T_s)}-e_a)/(r_a+r_{ac})$ $e_{s(T_s)}$为土壤表面水汽浓度（g/m^3）	稳定时为 0 不稳定时用自由对流方程和地表饱和水汽压差计算
A.6.5.土壤水分运动	用理查德方程计算	用理查德或 Green-Ampt 方程计算	用理查德方程计算	用理查德方程计算	用理查德方程计算	用理查德方程计算
A.6.6 根系吸水	取决于根系分布和土壤湿度，第 i 层土壤的根系吸水量为 T_{wi}。其中 T 为蒸腾总量，w_i为第 i 层土壤的水分有效性因子（A.2.2）	$\Sigma_l\{(\psi_c-\psi_s)/(\Omega_s+\Omega_r+\Sigma_x\Omega_{ax})\}$ 与 A.6.1 计算的 E_c 达到平衡 ψ_c 为对应于每个土壤层的冠层水势（MPa） ψ_s为土壤水势（MPa） Ω_s 为土壤水流传导阻力（MPa·h/m） Ω_r = 根系径向水流传导阻力（MPa·h/m） Ω_a = 根系轴向水流传导阻力（MPa·h/m）	$\Sigma_l\{(\psi_c-\psi_s)/(\Omega_s+\Omega_r)\}$ 与 E_c 达到平衡 ψ_c 为对应于每个土壤层的冠层水势（m） ψ_s为土壤水势（m） Ω_s 为土壤水流传导阻力（s^{-1}） Ω_r 为根系水流传导阻力（s^{-1}）	根据每个土壤层中根系比例（$\exp^{(-3.0\times 土壤深度/最大根深)}$）确定	$\Sigma_l\{(\psi_c-\psi_s)/(\Omega_s+\Omega_r+\Omega_{ax})\}$ ψ_c 为对应于每个土壤层的冠层水势（MPa） ψ_s为土壤水势（MPa） Ω_s为土壤水流传导阻力（MPa·h/m） Ω_r = 根系径向水流传导阻力（MPa·h/m） Ω_{ax}= 根系轴向水流传导阻力（MPa·h/m）	根据每个土壤层中根系比例（$\exp^{(-3.0\times 土壤深度/最大根深)}$）确定
A.6.7 土壤剖面层	土壤层数和每层深度根据需要可变	土壤层数（最多 15 层）和每层深度可变	土壤分 3 层，厚度分别为：0.10m、0.25m 和 3.75m	土壤分 3 层，厚度分别为：0.10m、0.25m 和 3.75m	土壤分 3 层，厚度分别为：0.10m、0.25m 和 1.15m	土壤分 3 层，厚度分别为：0.10m、0.25m 和 3.75m

蒸散是陆地生态系统水循环的重要分量，一般计算为冠层蒸腾、冠层截流蒸发和土壤蒸发之和，三者的相对大小与植被覆盖度、降水强度和持续时间有关。一般而言，随着植被覆盖度的增加蒸腾的比例上升。一些生态模型根据冠层或大气温度条件下饱和水汽压与实际大气水汽压梯度计算蒸散，这类模型一般需要同时求解冠层或地表的温度。另外，一些模型采用彭曼蒙蒂斯方程计算蒸腾或蒸发，这类模型采用大叶模型或两叶模型计算冠层蒸腾。两叶模型 BEPS 将冠层的蒸腾（$T_{\rm rp,c}$）计算为（Ju et al.，2010a）

$$T_{\rm rp,c} = T_{\rm rp,sunlit}L_{\rm sunlit} + T_{\rm rp,shaded}({\rm LAI} - {\rm LAI_{sunlit}}) \tag{3.24}$$

式中，$T_{\rm rp,sunlit}$ 和 $T_{\rm rp,shaded}$ 分别为阳叶和阴叶的蒸腾，用彭曼蒙蒂斯方程计算；${\rm LAI_{sunlit}}$ 是阳叶的叶面积指数，取决于太阳天顶角、聚集度指数和冠层 LAI（Chen et al.，1999）。

不同土壤层水分动态一般用理查德方程模拟（表 3.6），将每一层土壤含水量变化表示为该层土壤水分输入通量与输出通量之差。随着土壤水分含量的下降，土壤水分运动速度呈指数衰减，当模型运行的时间步长较长（天或月）时，求得的土壤水分含量有可能会出现不稳定现象。针对这一问题，天步长的 BEPS（Ju et al.，2010a）和月步长的 InTEC 模型（Ju and Chen，2008；Ju et al.，2010b）采用了“隐式”求解方法进行土壤水分动态模拟。

不同层土壤水分随时间的变化表示为

$$\begin{aligned}\frac{\partial\theta_1}{\partial t}S_1 &= \frac{1}{d_1}(W_{\rm i} - T_1 - E_{\rm s} - Q_{1,2} - {\rm RF})\\ \frac{\partial\theta_2}{\partial t}S_2 &= \frac{1}{d_2}(Q_{1,2} - T_2 - Q_{2,3})\\ \frac{\partial\theta_3}{\partial t}S_3 &= \frac{1}{d_3}(Q_{2,3} - T_3 - D_{\rm r})\end{aligned} \tag{3.25}$$

式中，θ_i 为第 i 层土壤的相对含水量（土壤体积含水量与饱和含水量之比）；S_i 为第 i 层土壤的饱和含水量；d_i 为第 i 层土壤的厚度；W_i 为输入到第 i 层土壤的有效降水（总降水量减去冠层截流）和融雪量；T_i 为第 i 层土壤的蒸腾消耗；$E_{\rm s}$ 为土壤表面蒸发；RF 为地表径流；$Q_{i,i+1}$ 为第 i 层到第 i+1 层土壤的土壤水垂直通量；$D_{\rm r}$ 为土壤底部基流通量。

公式（3.25）中的 RF 计算为

$${\rm RF} = W_i R_{\rm r} \tag{3.26}$$

式中，$R_{\rm r,t}$ 为地表径流比例，计算为

$$\begin{aligned}R_{\rm r,t} &= (1-B)\left(\frac{\theta_{1,t} - \theta_{W_i}}{1-\theta_{W_i}}\right)^A + B\left(\frac{\theta_{1,t+1} - \theta_{W_i}}{1-\theta_{W_i}}\right)^A\\ &= \left(\frac{\theta_{1,t} - \theta_{W_i}}{1-\theta_{W_i}}\right)^A - \frac{AB}{1-\theta_{W_i}}\left(\frac{\theta_{1,t} - \theta_{W_i}}{1-\theta_{W_i}}\right)^{A-1}\theta_{1,t} + \frac{AB}{1-\theta_{W_i}}\left(\frac{\theta_{1,t} - \theta_{W_i}}{1-\theta_{W_i}}\right)^{A-1}\theta_{1,t+1}\\ &= a_0 + a_1\theta_{1,t+1}\end{aligned} \tag{3.27}$$

式中，B 为隐式解的权重（B=1 为隐式解，B=0 为显式解）；A 为表示地表径流随土壤湿度变化的系数；θ_{W_i} 为第 1 土壤层的凋萎系数，与土壤质地有关；$\theta_{1,t}$ 和 $\theta_{1,t+1}$ 分别为 t 和 t+1 时刻的第 1 层的土壤湿度。

底部基流 $D_{\rm r}$ 计算为

$$
\begin{aligned}
D_r &= (1-B)K_3(\theta_{3,t})^m + BK_3(\theta_{3,t+1})^m \\
&= (1-B)K_3(\theta_{3,t})^m + BmK_3(\theta_{3,t})^{m-1}(\theta_{3,t+1}-\theta_{3,t}) \\
&= c_0 + c_1\theta_{3,t+1}
\end{aligned} \tag{3.28}
$$

式中，K_3 为第 3 层土壤水分饱和传导率；$m=2b+3$，b 是与土壤质地有关的参数。

分配到第 i 层土壤的蒸腾耗水计算为

$$
\begin{aligned}
T_i &= T_{\mathrm{tp,c}}r_i\frac{1}{1-\mathrm{e}^{-c}}[(1-\mathrm{e}^{-c\frac{\theta_{i,t}-\theta_{W_i}}{1-\theta_{W_i}}}) - \frac{cB}{1-\theta_{W_i}}\mathrm{e}^{-c\frac{\theta_{i,t}-\theta_{W_i}}{1-\theta_{W_i}}}\theta_{i,t}] \\
&+ T_{\mathrm{tp,c}}r_i\frac{cB}{(1-\mathrm{e}^{-c})(1-\theta_{W_i})}\mathrm{e}^{-c\frac{\theta_{i,t}-\theta_{W_i}}{1-\theta_{W_i}}}\theta_{i,t+1} \\
&= b_{0,i} + b_{1,i}\,\theta_{i,t+1}
\end{aligned} \tag{3.29}
$$

由第 i 层到第 i+1 层的土壤水分垂直交换通量计算为

$$
\begin{aligned}
Q_{i,i+1} &= (1-B)\,K_{i,i+1}[(\vartheta_{i,i+1,t})^{m_{i,i+1}} + \psi_{i.,i+1}b_{i,i+1}(\vartheta_{i,i+1,t})^{n_{i,i+1}}\frac{\theta_{i,t}-\theta_{i+1,t}}{D_{i,i+1}}] \\
&+ BK_{i,i+1}[(\vartheta_{i,i+1,t+1})^{m_{i,i+1}} + \psi_{i.,i+1}b_{i,i+1}(\vartheta_{i,i+1,t+1})^{n_{i,i+1}}\frac{\theta_{i,t+1}-\theta_{i+1,t+1}}{0.5D_{i,i+1}}]
\end{aligned} \tag{3.30}
$$

式中，$K_{i,i+1}$、$\psi_{i,i+1}$ 和 $\vartheta_{i,i+1}$ 分别为第 i 和 i+1 层土壤边界的土壤水分饱和传导率、饱和吸力和土壤水分含量；$m_{i,i+1}$ 和 n_{i+1} 为与参数 b 有关的系数，$D_{i,i+1}$ 为第 i 和 i+1 层土壤中心点距离；ϑ_i 和 ϑ_{i+1} 分别为第 i 层和第 i+1 层的土壤水分含量。

对公式（3.30）右边的第二项进行泰勒展开，可以整理为

$$
\begin{aligned}
Q_{i,i+1} &= (1-Bm_{i,i+1})K_{i,i+1}(\vartheta_{i,i+1,t})^{m_{i,i+1}} + [(1-B)+Bn_{i,i+1}]K_{i,i+1}\psi_{i,i+1}b_{i+1}\frac{\theta_{i,t}-\theta_{i+1,t}}{D_{i,i+1}} \\
&+ BK_{i,i+1}[m_{i,i+1}(\vartheta_{i,i+1,t})^{m_{i,i+1}-1} + n_{i,i+1}\psi_{i,i+1}b_{i,i+1}(\vartheta_{i,i+1,t})^{n_{i,i+1}-1}\frac{\theta_{i,t}-\theta_{i+1,t}}{D_{i,i+1}}]\vartheta_{i,i+1,t+1} \\
&+ B\psi_{i,i+1}b_{i,i+1}(\vartheta_{i,i+1,t})^{n_{i,i+1}}\frac{\theta_{i,t+1}-\theta_{i+1,t+1}}{D_{i,i+1}}]
\end{aligned} \tag{3.31}
$$

联合公式（3.24）~（3.31），公式（3.24）可以表示为

$$
\begin{bmatrix} x_{11} & x_{12} & 0 \\ x_{21} & x_{22} & x_{23} \\ 0 & x_{32} & x_{33} \end{bmatrix}\begin{bmatrix} \theta_{1,t+1} \\ \theta_{2,t+1} \\ \theta_{3,t+1} \end{bmatrix} = \begin{bmatrix} y_1 \\ y_2 \\ y_3 \end{bmatrix} \tag{3.32}
$$

这样可以一次求解得到 t+1 时刻的各层土壤湿度。

3.2.4.2　土壤温度模拟

土壤温度采用下式模拟：

$$
\begin{aligned}
\frac{C_{i,t}d_i[Ts_{i,t+1}-Ts_{i,t}]}{\Delta t} &= 2(1-B)[\frac{Ts_{i-1,t}-Ts_{i,t}}{d_{i-1}/\lambda_{i-1,t}+d_i/\lambda_{i,t}} - \frac{Ts_{i,t}-Ts_{i,t}}{d_i/\lambda_{i,t}+d_{i+1}/\lambda_{i+1,t}}] \\
&+ B[\frac{Ts_{i-1,t+1}-Ts_{i,t+1}}{d_{i-1}/\lambda_{i-1,t}+d_i/\lambda_{i,t}} - \frac{Ts_{i,t+1}-Ts_{i,t+1}}{d_i/\lambda_{i,t}+d_{i+1}/\lambda_{i+1,t}}]
\end{aligned} \tag{3.33}
$$

式中，C_i 为第 i 层土壤的热容量；$Ts_{i,t}$ 为第 i 层土壤在 t 时刻的土壤温度；$\lambda_{i,t}$ 为第 i 层土

壤在 t 时刻的土壤热传导率。$Ts_{i,t}$ 和 $\lambda_{i,t}$ 与土壤质地和含水量有关（Cote and Konrad，2005）。

3.3 机理性生态模型参数优化

模型结构、参数和输入数据是导致模型结果不确定性的主要原因（Anav et al.，2015）。如何通过模型数据融合提高模型结果的可靠性已成为国际上陆地生态系统碳循环研究的前沿之一（Friend et al.，2007）。观测数据与机理性生态模型的融合主要包括观测数据与模型的状态变量同化，以及基于观测数据的模型参数优化两个方面。参数优化就是将各种观测数据包含的信息融合到模型，调整模型参数，使模型结果尽可能逼近观测数据。

3.3.1 模型参数优化的主要方法

"参数优化"假设模型结果的不确定性主要或全部由模型参数的不确定性引起，从而依据观测数据确定更准确的模型参数。参数优化最早应用于地球物理勘探领域（姚姚，2002），后来又被广泛应用于工程、物理、医学、金融、遥感、模式识别、生命科学与经济学等各个领域，利用可以直接观测模型状态或输出变量推测现实中无法或难以观测的模型参数（张黎，2008）。

进行模型参数优化时，首先需要确定目标函数（cost function）、目标变量（target variable）和搜索方法（search strategy）。目标变量就是需要优化的模型参数，一般通过敏感性分析确定（Mo et al.，2008）。目标函数定义了模型模拟结果和观测数据的差别，是目标变量的函数。目标函数有多种选择，不同的目标函数从不同的角度评价模拟值和观测值之间的差异，如最小二乘原则和极大似然原则等（张黎，2008）。在预先设定的目标变量空间内进行搜索，使目标函数达到最小值的目标变量就是优化的模型参数值。搜索方法可分为非顺序（batch）或顺序（sequential）搜索两大类。非顺序搜索方法一次利用所有观测数据，将目标函数作为一个单独需要最小化的函数进行求解。代表性的非顺序搜索方法有最速下降法、共轭梯度法、拟牛顿法、Levenberg-Marquardt 法、模拟退火法和遗传算法等。顺序搜索法在参数优化过程中不断加入新的观测数据，主要有卡尔曼滤波和变分法等。

两类搜索方法各有优缺点。非顺序搜索方法的优点是这些方法可以不受目标函数模型算子的限制，并且仅仅考虑单一目标函数，有助于多种方法同时使用，该方法可以在目标变量同时被所有的观测数据所限制时使用。顺序搜索方法可以提高计算效率，并能将模型误差和观测数据的误差分开（Bruhwiler et al.，2005；Wang et al.，2009）。在卡尔曼滤波算法的基础上发展起来的集合卡尔曼滤波（EnKF），利用模型的状态变量集合来表示模型误差，每一时刻状态变量集合的平均值作为该时刻状态变量的最优估计。其最大的优点是克服了卡尔曼滤波要求模型算子和观测算子为线性的缺点，避免了在进行滤波之前对模型线性化的要求，减小了计算所需的空间，提高了计算效率（黄春林和李新，2006；Quaife et al.，2008）。因此，EnKF 近年被广泛应用于碳循环模型参数优化中。

3.3.2　基于集合卡尔曼滤波的模型参数优化方法

集合卡尔曼滤波（ensemble Kalman filter，EnKF）是一种顺序参数优化方法，其主要算法如下（Moradkhani et al.，2005；Ju et al.，2010a）：

$$\theta_{t+1}^{i+} = \theta_{t+1}^{i-} + K_{t+1}^{\theta}(y_{t+1}^{i} - \hat{y}_{t+1}^{i}) \tag{3.34}$$

式中，θ_{t+1}^{i+} 为 t+1 时刻经过优化的模型参数集合成员；θ_{t+1}^{i-} 为扰动生成的模型参数集合成员（Moradkhani et al.，2005）；K_{t+1}^{θ} 为修正模型参数的增益矩阵，y_{t+1}^{i} 和 $\hat{y}_{t+1}^{i}$ 分别为观测和预测变量集合成员，也可以是模型输出的状态变量或诊断变量。

θ_{t+1}^{i-} 由下式生成：

$$\theta_{t+1}^{i-} = \theta_{t}^{i+} + \tau_{t}^{i}, \qquad \tau_{t}^{i} \sim N(0, \Sigma_{t}^{\theta}) \tag{3.35}$$

式中，θ_{t}^{i+} 为 t 时刻的模型参数；τ_{t}^{i} 为对参数叠加的扰动。

矩阵 K_{t+1}^{θ} 计算为

$$K_{t+1}^{\theta} = \Sigma_{t+1}^{\theta y}[\Sigma_{t+1}^{yy} + \Sigma_{t+1}^{y}]^{-1} \tag{3.36}$$

式中，$\Sigma_{t+1}^{\theta y}$ 为参数集合与预报集合的协方差矩阵；Σ_{t+1}^{yy} 为预报变量 $\hat{y}_{t+1}^{i}$ 的误差矩阵；Σ_{t+1}^{y} 为观测的误差矩阵。

基于集合卡尔曼滤波的模型参数优化主要步骤如下。

1）根据观测数据情况确定用于模型参数优化的模型状态变量或诊断变量。

2）通过敏感性试验确定优化的模型参数及其变化范围和方差。

3）利用扰动的模型参数驱动模型，生成模型预报变量集合 $\hat{y}^{i}$（i=1,2,⋯,N，N 为集合的大小）。

4）计算 $\Sigma_{t+1}^{\theta y}$、Σ_{t+1}^{yy} 和 Σ_{t+1}^{y} 矩阵。

5）利用公式（3.34）对模型参数集合成员进行修正。

观测的误差估计、集合的大小、观测变量的数量、优化的时间间隔等都会影响模型参数优化的结果。

3.3.3　BEPS 模型的参数优化结果

3.3.3.1　优化的 BEPS 模型参数季节变化与土壤湿度关系

Ju 等（2010a）利用千烟洲站 2003 年和 2004 年的通量观测数据和集合卡尔曼滤波参数优化方法对半小时步长的 BEPS 模型进行了参数优化，分析了参数的季节变化特征和可能原因。模型运行的时间步长为半小时，参数优化在天尺度进行，也就是当有观测数据时将模拟的上午 9:00 到下午 5:00 的 GPP 总量、蒸发潜热和显热平均值与同期的观测数据进行比较，对模型参数进行优化。优化的参数包括 25℃时的最大羧化速率 V_{cmax}、Ball-Berry 气孔导度模型中气孔导度随光合速率变化的斜率 M、Ball-Berry 气孔导度模型中气孔导度对饱和水汽压差变化的敏感系数 D_0。

图 3.1 给出了优化的参数 V_{cmax}、M 和 D_0 在 2003 年和 2004 年的变化情况。V_{cmax} 在 2003 年和 2004 年的变化范围分别为 14.4~29.3μmol/（m²·s）和 13.3~28.6μmol/（m²·s）。2003 年该参数从春季开始逐步增大，到 6 月中旬达到峰值 29.3μmol/（m²·s），其后由于高温干旱的影响而快速下降，8 月中旬后随着降水量的增加该参数值再次增大，在 9 月中旬达到第二个峰值 23.9μmol/（m²·s）后再次缓慢下降，10 月中旬后该参数值基本稳定；V_{cmax} 在 2004 年的季节变化特征与 2003 年基本相似，但 2004 年夏季的下降幅度小于 2003 年夏季；V_{cmax} 的季节变化与叶片氮含量、光合酶能力、叶片年龄、土壤水分和叶片对环境因子变化的适应等有关。参数 M 在 2003 年和 2004 年的平均值分别为 10.3 和 10.7，变化幅度分别为 7.5~13.4 和 7.0~12.9，两年的变化较小。在 2003 年，3 月底之前呈现增加趋势，4 月开始略有下降，在夏季干旱时段该参数明显减小，8 月中旬后随着土壤湿度的上升，M 值再次增大，在 9 月中旬达到第二个峰值 11.7 后不断减小；在 2004 年，该参数从 3 月中旬开始逐步增大到 9 月初，然后缓慢下降。参数 D_0 的平均值在 2003 年和 2004 年都为 1.47kPa，其季节变化较小，在 2003 年的变化范围为 1.35~1.64kPa，2004 年的变化范围为 1.33~1.62kPa。

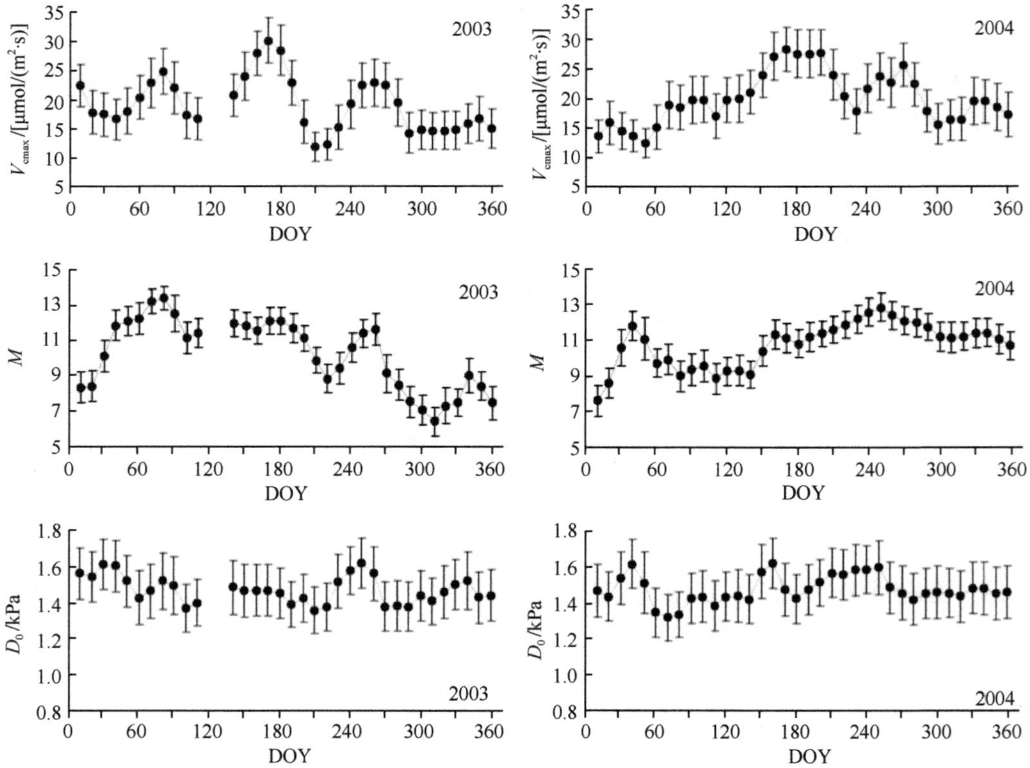

图 3.1　优化的 BEPS 模型参数 V_{cmax}（上）、M（中）和 D_0（下）季节变化特征

黑色圆点表示 10 天平均值，误差线表示 10 天内变化的方差

优化的参数 V_{cmax} 和 M 的季节变化特征与土壤水分的季节变化特征具有一定的相似性，深层土壤水分对它们的影响大于表层土壤水分，这是因为表层土壤变干时，森林有更多的深层土壤水分维持正常的光合和蒸腾。当20cm的土壤湿度低于田间持水量时，V_{cmax}

和 M 随着土壤水分含量的上升而增大；当 20cm 的土壤湿度高于田间持水量后，土壤水分含量的上升不会导致这两个参数的继续增大（图 3.2）。

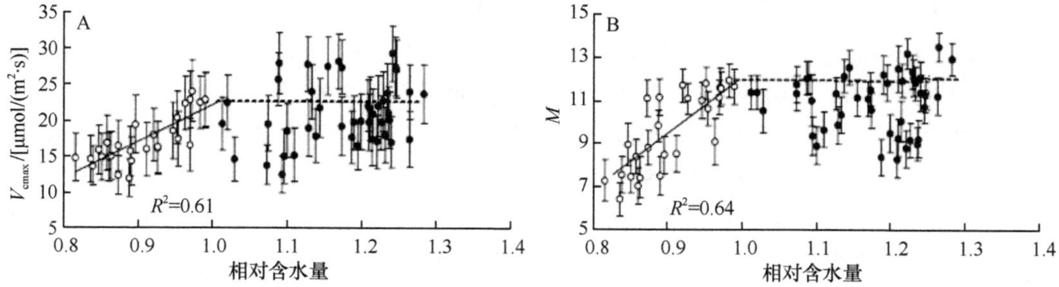

图 3.2　优化的参数 V_{cmax}（A）和 M（B）随 20cm 土壤相对含水量（土壤体积含水量与田间持水之比）的变化

3.3.3.2　优化的 BEP 模型参数季节变化及其与植被指数关系

Zhou 等（2014）利用中国长白山（CBS）通量站（42°24′9″N，128°05′45″E）、加拿大 SOA 通量站（53°37′12″N，106°11′24″W）和美国 UMB 通量站（US-UMB，45°33′35″N，84°42′50″W）的通量观测数据和集合卡尔曼滤波方法，优化 BEPS 模型的参数 V_{cmax}。该参数在生长季每 8 天的平均值如图 3.3 所示，在 CBS 站，2003~2005 年，V_{cmax} 表现出明

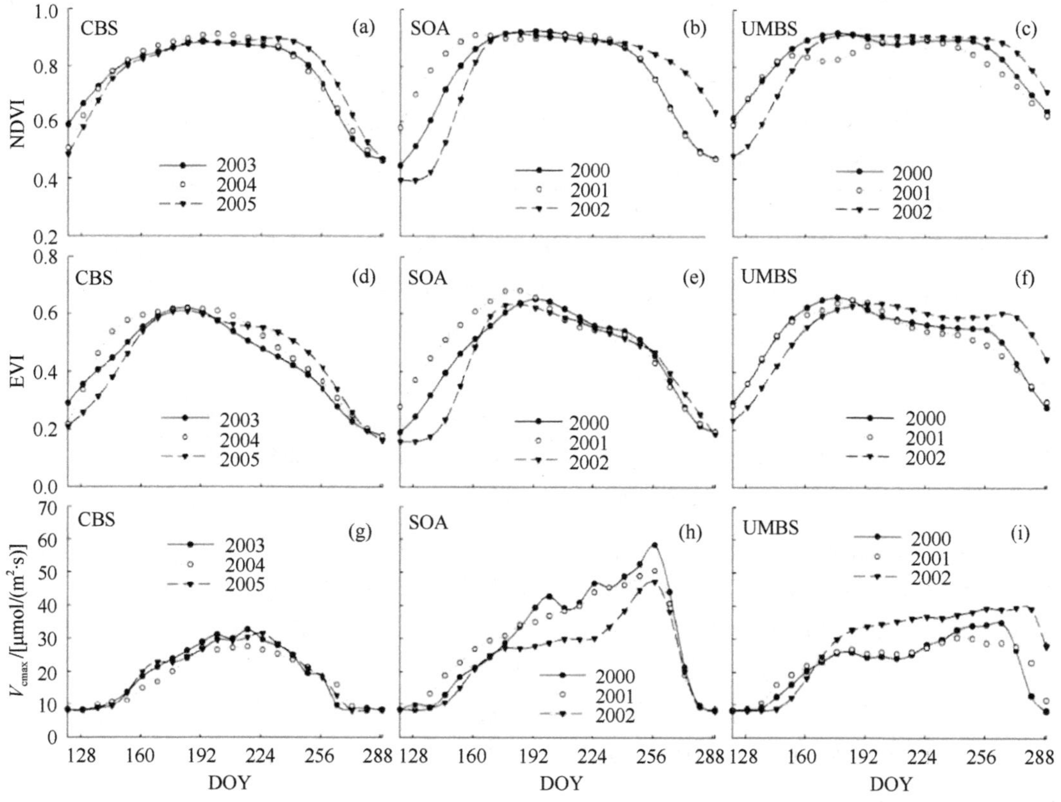

图 3.3　优化的 BEPS 模型参数 V_{cmax} 季节变化

a、d 和 g 表示 2003~2005 年 CBS 站；b、e 和 h 表示 SOA 站；c、f 和表示 UMBS 站

显的季节变化特征，而年际变化不明显。随着生长季的开始，V_{cmax} 从 8.0μmol/（m^2·s）缓慢增加，在第 217 天达到最高值 32.6μmol/(m^2·s)，此后，缓慢降低。在 SOA 站，2000~2002 年，V_{cmax} 表现出明显的季节和年际变化特征。2000 年、2001 年和 2002 年，V_{cmax} 的最高值分别为 58.4μmol/（m^2·s）、50.5μmol/（m^2·s）和 47.3μmol/（m^2·s），3 年的最高值均出现在第 257 天左右。2002 年第 177~257 天，V_{cmax} 明显低于 2000 年和 2001 年，这是由于 2002 年发生了很严重的干旱。虽然 2001 年也发生了干旱，但是这一年土壤水分含量较高，削弱了干旱的影响。在 UMBS，2000~2002 年，V_{cmax} 同样呈现明显的季节和年际变化特征。2000 年，V_{cmax} 从生长季开始到 6 月第 185 天，逐渐增加，6~7 月（第 185~208 天），V_{cmax} 呈现降低特征，从 8 月初（第 217 天）开始，V_{cmax} 又开始逐渐增加，直到 9 月底（第 265 天）达到最大值 35.1μmol/（m^2·s），此后，逐渐减小。2001 年的 V_{cmax} 与 2000 年表现出相似的变化特征，只是 2001 年的最高值 30.6μmol/（m^2·s）出现在 9 月初（第 241 天），稍早于 2000 年。2002 年，在春季（第 121~169 天），V_{cmax} 明显低于 2000 年和 2001 年同期 V_{cmax}，而在整个夏季和秋季（第 169~289）天，V_{cmax} 远高于 2000 年和 2001 年的同期值，2002 年的最高值 39.2μmol/（m^2·s）出现在 10 月初（第 273 天）。

从春季到仲夏，V_{cmax} 与 NDVI 和 EVI（VIs）同步增加（图 3.3），7~9 月，VIs 保持不变或者开始降低，而 V_{cmax} 继续增加。VIs 的最大值通常出现在夏季（第 185~193 天），VIs 的变化周期可以分解为两个物候期：早春到仲夏（第 121~193 天）和仲夏到秋末（第 193~289 天）。分别将这两个阶段称为第一阶段（VIs 上升阶段）和第二阶段（VIs 下降阶段）。在 3 个站点，每年生长季均有 22 组 V_{cmax} 和 VIs 数据，其中 10 组为第一阶段，12 组为第二阶段。图 3.4、图 3.5 和图 3.6 分别表示 CBS、SOA 和 UMBS 3 个站点生长季（第 121~289 天）V_{cmax} 和 VIs 之间的关系。可见，V_{cmax} 与 VIs 之间明显表现为 4 种函数关系：指数函数、一次线性函数、二次函数和三次函数。

图 3.4 表示 CBS 站 V_{cmax} 与 NDVI[图 3.4（aa）~（ai）]和 EVI[图 3.4（ba）~（bi）]之间的关系，V_{cmax} 随 NDVI 和 EVI 的变化存在不对称性，对应于同一个 NDVI 和 EVI 值，第二阶段的 V_{cmax} 值比第一阶段的高。2003~2005 年的第一和第二阶段，V_{cmax} 与 NDVI 之间都具有很显著的相关性（$P<0.001$，R^2=0.94~0.99），与 EVI 相关性也达到显著水平（$P<0.001$，R^2 为 0.95~0.99）。在 2003 年和 2005 年的第一与第二阶段，V_{cmax} 与 NDVI 都呈指数相关；而在 2004 年的第一阶段，V_{cmax} 与 NDVI 呈指数相关，而在第二阶段两者之间的最佳关系函数为多项式。对 EVI 而言，在 2003~2005 年的第一阶段，V_{cmax} 与 EVI 都呈指数相关，而在第二阶段两者之间的最佳关系函数为多项式。图 3.5 表示 SOA 站 V_{cmax} 与 NDVI[图 3.5（aa）~（ai）]和 EVI[图 3.5（ba）~（bi）]之间的关系。在 2000~2002 年的第一和第二阶段，V_{cmax} 与 NDV 和 EVI 相关的 R^2 分别为 0.88~0.99 和 0.88~0.95，达到极显著水平。在 2000~2002 年的第一阶段，V_{cmax} 与 NDVI 和 EVI 呈指数相关，而在第二阶段多项式函数可以更好地描述 V_{cmax} 与 NDVI 和 EVI 的相关关系。图 3.6 表示 UMBS 站 V_{cmax} 与 NDVI 和 EVI 之间的关系，2000~2002 年 V_{cmax} 与 NDVI 和 EVI 相关的 R^2 分别为 0.80~0.99 和 0.90~0.99，相比于 DNVI，EVI 与 V_{cmax} 之间的相关性更好，2000~2002 年，V_{cmax} 与 NDVI 和 EVI 呈指数相关，而在第二阶段多项式函数可以更好地描述 V_{cmax} 与 NDVI 和 EVI 的相关关系。

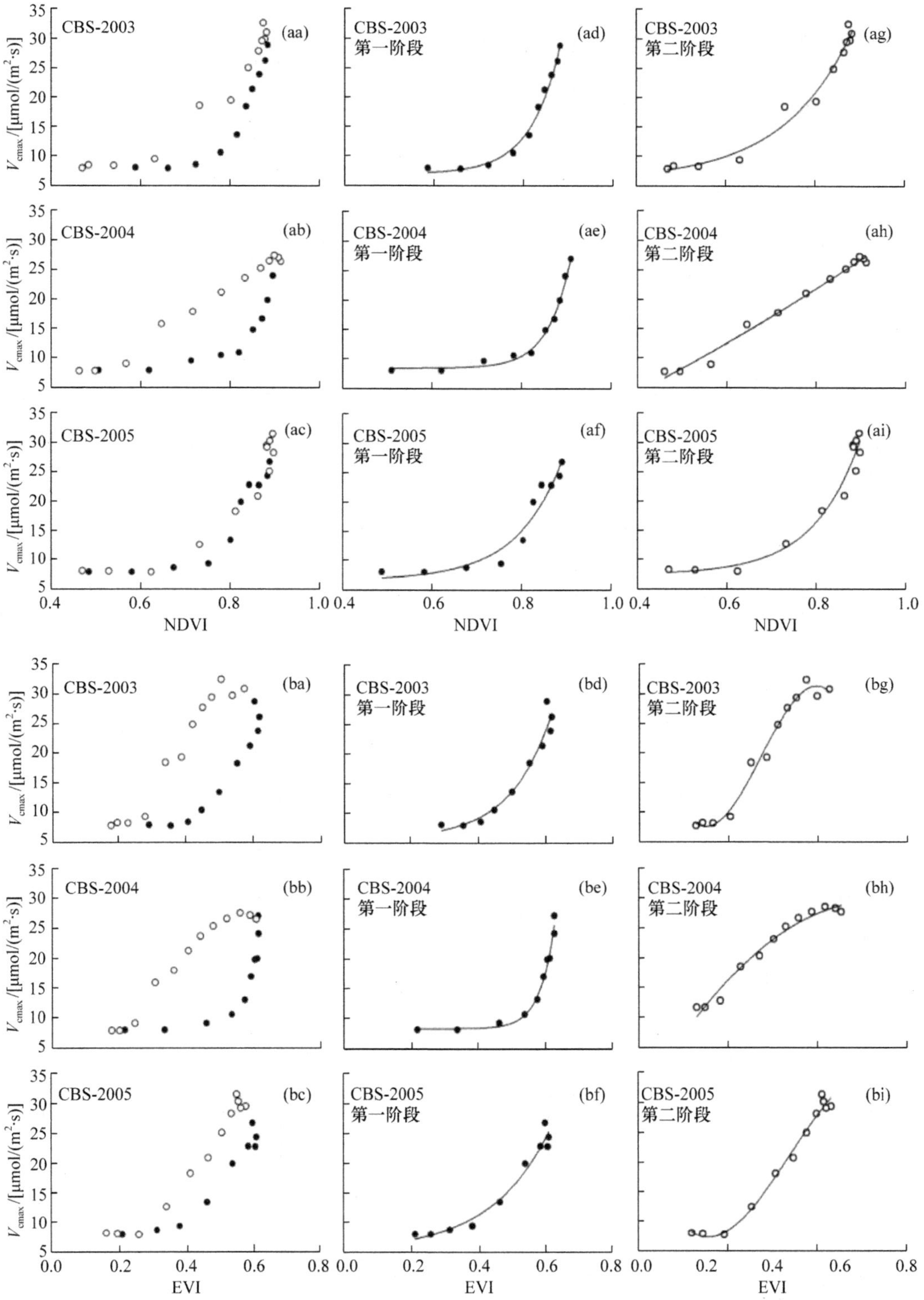

图 3.4　CBS 站 NDVI（aa）~（ai）和 EVI（ba）~（bi）与 V_{cmax}之间的关系

实心点表示第一阶段，空心点表示第二阶段

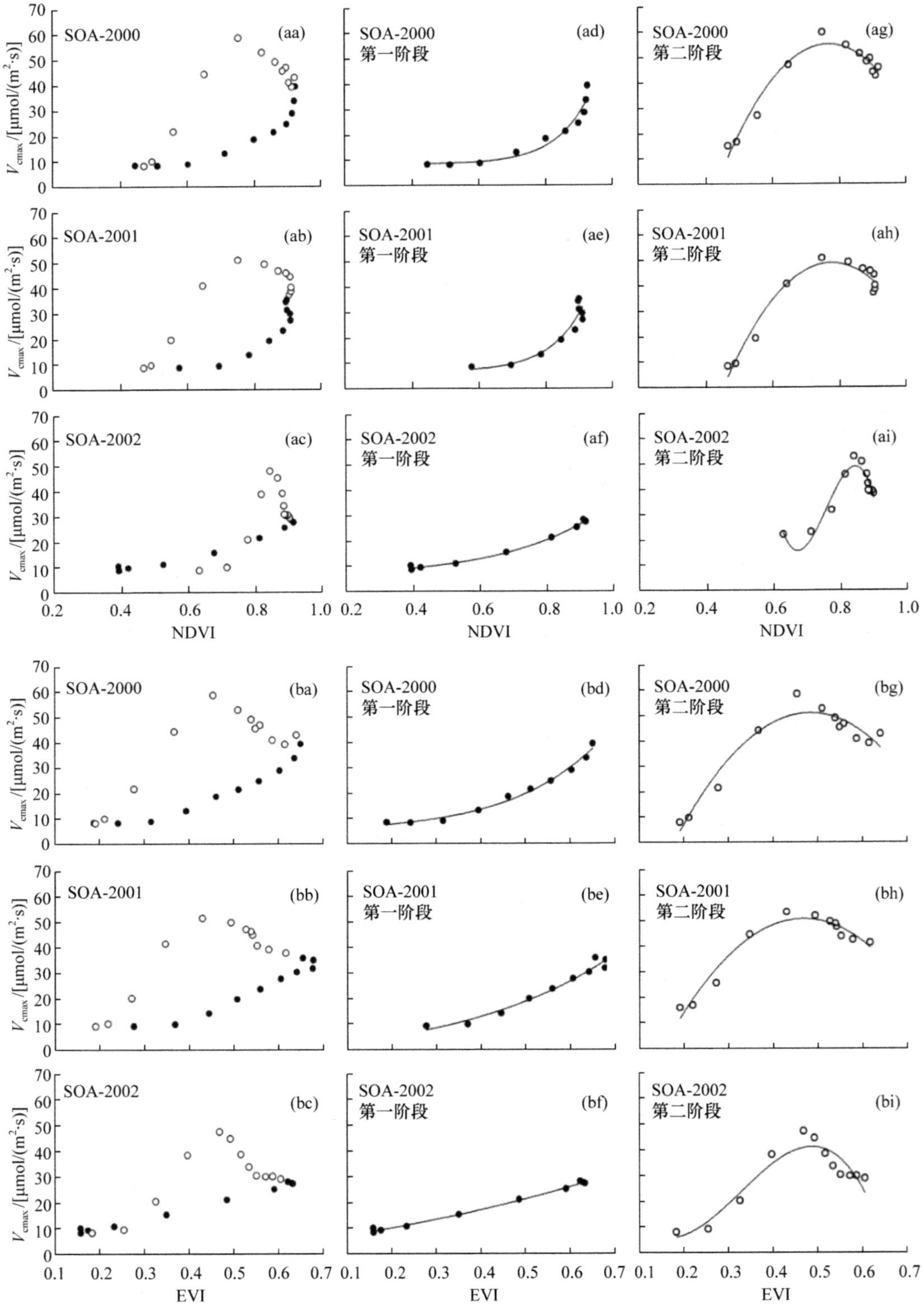

图 3.5 SOA 站 NDVI（aa）~（ai）和 EVI（ba）~（bi）与 V_{cmax} 的关系

实心点表示第一阶段，空心点表示第二阶段

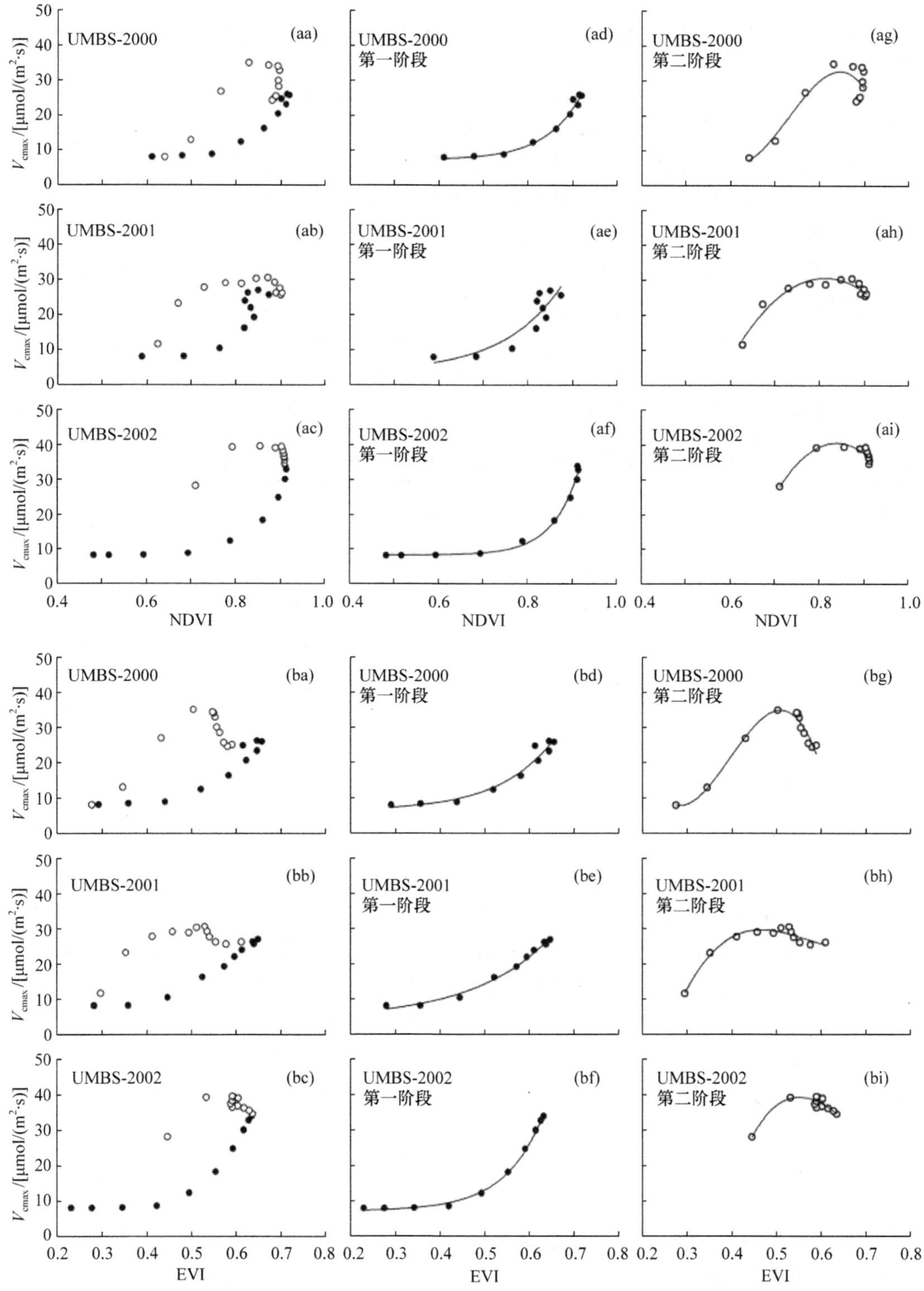

图 3.6 UMBS 站 NDVI（aa）～（ai）和 EVI（ba）～（bi）与 V_{cmax} 的关系

实心点表示第一阶段，空心点表示第二阶段

3.3.3.3　优化的全球不同生态系统类型的 BEPS 模型参数

表 3.7 给出了利用分布于全球的 115 个通量站观测数据优化的不同生态系统类型的 BEPS 模型参数的平均值和标准差。可见，不同植被类型的 V_{cmax}、M 和 D_0 差异显著。灌木(包括热带稀树草原、低密度灌木和木质热带稀疏草原)的 V_{cmax} 平均值最大，为 40.8μmol/(m²·s)；在 5 种森林中，常绿针叶林的 V_{cmax} 平均值最大，为 30.8μmol/（m²·s）；混交林、落叶针叶林、落叶阔叶林和常绿阔叶林的 V_{cmax} 平均值分别为 28.6μmol/(m²·s)、26.4μmol/(m²·s)、25.6μmol/（m²·s）和 15.2μmol/（m²·s）。落叶针叶林的参数 M 平均值最大，为 8.6；草地、常绿阔叶林和灌木的最小，分别为 4.7、5.9 和 6.3；落叶阔叶林、常绿针叶林、混交林和农田参数 M 平均值处于 7.0~7.8。落叶针叶林、落叶阔叶林、混交林、常绿针叶林和常绿阔叶林的 D_0 平均值分别为 2.07kPa、1.89kPa、1.82kPa、1.60kPa 和 1.55kPa，高于其他植被类型的该参数值；灌木、农田和草地的值分别为 1.45kPa、1.39kPa 和 1.34kPa。

表 3.7　不同植被类型的 V_{cmax}、M 和 D_0 的平均值和标准差

植被类型	V_{cmax}		M		D_0	
	平均值	方差	平均值	方差	平均值	方差
落叶阔叶林	25.6	8.3	7.8	2.2	1.89	0.27
常绿阔叶林	15.2	0.3	5.9	0.3	1.55	0.04
常绿针叶林	30.8	4.8	7.2	0.7	1.60	0.05
混交林	28.6	5.2	7.4	1.3	1.82	0.16
落叶针叶林	26.4	1.7	8.6	0.7	2.07	0.07
农田	27.7	10.8	7.0	2.9	1.39	0.18
草地	23.1	3.9	4.7	0.4	1.34	0.07
灌木	40.8	1.8	6.3	1.1	1.45	0.12

注：V_{cmax} 的单位为μmol/（m²·s）；D_0 的单位为 kPa

生态系统模型的误差不确定性主要来源于模型结构缺陷、模型参数的不合理取值和输入数据的误差。如表 3.7 所示，优化的模型参数不仅与生态系统类型有关，而且对于同一类型生态系统，利用不同站点的观测数据优化的模型参数也存在较大的差异。Ju 等（2010c）和 Zhou 等（2014）的研究表明，优化的模型参数的季节变化与土壤湿度和植被指数等因子有关，这些关系还需要在更多的不同类型站点进行验证。在进行区域和全球模拟时，如能合理地考虑模型参数的时空变化，将有助于显著减小模型结果的不确定性。

3.4　小　结

机理性生态模型是研究陆地生态系统碳收支时空变化特征的重要工具，现有的模型在陆地生态系统碳循环主要过程的模拟方法方面存在差异，从而导致结果的不同。随着对陆地生态系统碳循环关键过程认识的加深，机理性生态模型将得到不断发展，从而可以更好地分析陆地生态系统碳源汇变化的特征，鉴别不同因子的贡献。其未来发展趋势及其应用将主要体现在以下几个方面。

3.4.1　机理性生态模型结构的优化

机理性生态模型是对复杂的陆地生态系统碳循环和物质能量交换过程的概化，近几十年来机理性生态模型得到了不断发展和完善，但在生态系统碳循环对极端气候响应、土壤碳氮耦合循环过程、物候、光合产物分配和大气 CO_2 施肥效应的可持续性等方面的模拟还相对比较薄弱，需要在未来加强研究，发展新的模拟方法。在全球变暖的背景下，干旱、高温等极端气候事件发生的强度和频率不断上升，严重影响到陆地生态系统碳循环过程（Ciais et al.，2005），但由于对干旱导致植被死亡的机理认识不足、尚不能很好地确定干旱导致植被功能和结构变化的阈值等，生态过程模型现在还不能很好地模拟干旱导致的植被凋零与死亡和干旱之后的植被恢复过程，无法研究干旱对生态系统碳收支的延续影响。

3.4.2　加强机理性生态模型与遥感信息的融合

遥感技术的发展使得在区域和全球尺度连续监测生态系统状态成为可能，遥感反演的叶面积指数、土地覆被类型和森林年龄等植被结构参数并应用于驱动机理性碳模型（Chen et al.，2003，2012），减小了模型结构的不确定性。未来遥感提取的植被理化参数（叶片氮含量、叶片水分含量和叶绿素含量等）与生态模型的融合必将进一步提高模型结果的可靠性。

3.4.3　机理性生态模型参数优化

随着通量数据的积累，近年来进行了许多使用通量观测等观测数据模型参数优化的研究（Friend et al.，2007；Ju et al.，2010a；Zhou et al.，2014），确定模型关键参数值、分析其随时间的变化特征，但这些模型参数优化都是在站点尺度上进行的。研究表明，模型参数存在着明显的时空变化，如何将在站点优化的模型参数与遥感信息融合外推到区域和全球尺度是未来值得研究的重要问题。现在已经有研究利用大气 CO_2 浓度观测数据和数据同化技术在区域尺度优化模型参数。

3.4.4　机理性生态模型与观测数据同化

模型与观测数据的同化可以有效地控制模型状态变量的变化，减小结果的不确定性（Williams et al.，2005；Demarty et al.，2007）。由于生态模型是一维的，一个格点的模拟结果不会对相邻格点产生影响，因此需要将卫星遥感信息与机理性模型同化才能减小区域和全球模拟结果的误差。在过去的研究中一般是将遥感获得的反射率、温度和土壤水分含量与生态模型同化（Quaife et al.，2008；Renzullo et al.，2008），未来应该开展同化荧光遥感数据等新数据与生态模型的研究（Parazoo et al.，2014）。

3.4.5　开展模型比较试验

不同的模型在结构和参数取值等方面存在差异，通过模型比较试验可以评价不同模型在不同生态系统、不同气候条件下和不同季节模拟生态系统碳通量的能力（Amthor et al.，2001；Grant et al.，2005），比较不同模型模拟生态系统碳收支对气候变化和 CO_2 上升的响应差异（Piao et al.，2013），鉴别不同模型区域结果的差异及其可能原因，以更好地发展和改进模型。

3.4.6 考虑扰动因子对生态系统碳收支的影响

在早期的模型模拟中主要是考虑气候和 CO_2 变化对陆地生态系统碳循环的影响（Cao and Woodward，1998）。土地利用方式、放牧强度和树龄结构等对陆地生态系统碳循环具有长时间的重要影响，机理性生态模型应该不仅仅考虑环境因子的作用，而且要将土地覆被变化和森林扰动等作为重要因子予以考虑（Chen et al.，2003；Desai et al.，2007；Zhang et al.，2012）。

3.4.7 发展多模型结果集成方法

在可以预见的将来，所有的生态模型结果都存在着不确定性，不同模型结果之间的差异具有时空变化（Anav et al.，2015），模型结果的可靠性在不同地区和不同季节也不相同，如何定量估算不同模型结果的不确定性、基于卫星遥感和 CO_2 浓度观测数据集成不同生态模型的结果是需要迫切研究的问题。

参 考 文 献

黄春林，李新. 2006. 基于集合卡尔曼滤波的土壤水分同化试验. 高原气象, 25(4): 665-671.

姚姚. 2002. 地球物理反演基本理论与研究方法. 北京：中国地质大学出版社.

袁文平，蔡文文，刘丹，等. 2014. 陆地生态系统植被生产力遥感模型研究进展. 地球科学进展, 29(5): 541-550.

张黎. 2008. 陆地生态系统碳循环的模型数据融合研究. 北京：中国科学院研究生院博士学位论文.

Amthor J S, Chen J M, Clein J S, et al. 2001. Boreal forest CO_2 exchange and evapotranspiration predicted by nine ecosystem process models: intermodel comparisons and relationships to field measurements. Journal of Geophysical Research, 106: 33623-33648.

Anav A, Friedlingstein P, Beer C, et al. 2015. Spatiotemporal patterns of terrestrial gross primary production: A review. Journal of Geophysical Research-Biogeosciences, 53, doi: 10.1002/2015RG000483.

Arora V K. 2003. Simulating energy and carbon fluxes over winter wheat using coupled land surface and terrestrial ecosystem models. Agricultural and Forest Meteorology, 118: 21-47.

Ball J T, Woodrow I E, Berry J A. 1987. A model predicting stomatal conductance and its contribution to the control of photosynthesis under different environmental conditions. *In*: Biggins J. Progress in Photosynthesis Research. Dordrecht: Martinus Nijhoff Publishers: 221-224.

Bruhwiler L M P, Michalak A M, Peters W, et al. 2005. An improved Kalman Smoother for atmospheric inversions. Atmospheric Chemistry and Physics, 5: 2691-2702.

Cao M, Woodward F I. 1998. Net primary and ecosystem production and carbon stocks of terrestrial ecosystems and their responses to climate change. Global Change Biology, 4: 185-198.

Carvalhais N, Reichstein M, Seixas J, et al. 2008. Implications of the carbon cycle steady state assumption for biogeochemical modeling performance and inverse parameter retrieval. Global Biogeochemical Cycles, 22, GB2007, doi: 10.1029/2007GB0030033.

Chen J M, Ju W M, Cihlar J, et al. 2003. Spatial distribution of carbon sources and sinks in Canada's forests. TellusB, 55: 622-641.

Chen J M, Liu J, Cihlar J, et al. 1999. Daily canopy photosynthesis model through temporal and spatial scaling for remote sensing applications. Ecological Modelling, 124: 99-119.

Chen J M, Mo G, Pisek J, et al. 2012. Effects of foliage clumping on global terrestrial gross primary productivity. Global Biogeochemical Cycles, 26, GB1019, 18 PP., doi: 10.1029/2010GB003996.

Ciais P, Reichstein M, Viovy N, et al. 2005. Europe-wide reduction in primary productivity caused by the heat and drought in 2003. Nature, 437: 529-533.

Cote J, Konrad J M. 2005. A generalized thermal conductivity model for soils and construction materials. Canadian Geotechnical Journal, 42: 443-458.

Cramer W, Bondeau A, Woodward F I, et al. 2001. Global response of terrestrial ecosystem structure and function to CO_2 and climate change: results from six dynamic global vegetation models. Global Change Biology, 7: 357-373.

Davidson E A, Verchot L V, Cattanio J H, et al. 2000. Effects of soil water content on soil respiration in forests and cattle pastures of eastern Amazonia. Biogeochemistry, 48: 53-69.

Demarty J, Chevallier F, Friend A D, et al. 2007. Assimilation of global MODIS leaf area index retrievals within a terrestrial biosphere model. Geophysical Research Letters, 34, L15402, doi: 10.1029/2007GL030014.

Desai A R, Moorcroft P R, Bolstad P V, et al. 2007. Regional carbon fluxes from an observationally constrained dynamics model: Impacts of disturbance, CO_2 fertilization, and heterogeneous land cover. Journal of Geophysical Research, 112, G01017, doi: 10.1029/2006JG000264.

Farquhar G D, Caemmerer S V, Berry J A. 1980. A biochemical-model of photosynthetic CO_2 assimilation in leaves of C-3 species. Planta, 149: 78-79.

Foley J A, Prentice I C, Ramankutty N, et al. 1996. An integrated biosphere model of land surface processes, terrestrial carbon balance, and vegetation dynamics. Global Biogeochemical Cycles, 10: 603-628.

Friend A D, Arneth A, Kiang N Y, et al. 2007. Fluxnet and modeling the global carbon cycle. Global Change Biology, 13: 610-633.

Friend A D, Stevens A K, Knox R G, et al. 1997. A process-based, terrestrial biosphere model of ecosystem dynamics (Hybrid V3.0). Ecological Modelling, 95: 249-287.

Friend A D. 1995. PGEN: an integrated model of leaf photosynthesis, transpiration, and conductance. Ecological Modelling, 77: 233-255.

Grant R F, Arain A, Arora V, et al. 2005. Intercomparison of techniques to model high temperature effects on CO_2 and energy exchange in temperate and boreal coniferous forests. Ecological Modelling, 188: 217-252.

Gu F X, Zhang Y D, Tao B, et al. 2010. Modeling the effects of nitrogen deposition on carbon budget in two temperate forests. Ecological Complexity, 7: 139-148.

He Y, Zhuang Q, Harden J W, er al. 2014. The implications of microbial and substrate limitation for the fatesof carbon in different organic soil horizon types of boreal forest ecosystems: a mechanistically based model analysis. Biogeosciences, 11: 4477-4491.

Huntzinger D N, Post W M, Wei Y, et al. 2012. North American Carbon Program(NACP)regional interim synthesis: Terrestrial biospheric model intercomparison. Ecological Modelling, 232: 144-157.

Jarvis P G. 1976. Interpretation of variations in leaf water potential and stomatal conductance found in canopies in field. Philosophical Transactions of the Royal Society of London-Biological Sciences, 273: 593-610.

Jiang F, Wang H M, Chen J M, et al. 2013. Nested atmospheric inversion for the terrestrial carbon sources and sinks in China. Biogeosciences, 10: 5311-5324.

Ju W M, Gao P, Wang J, et al. 2010a. Combining an ecological model with remote sensing and GIS techniques tomonitor soil water content of croplands with a monsoon climate. Agricultural Water Management, 97: 1221-1231.

Ju W M, Chen J M, Black T A, et al. 2010b. Spatially simulating changes of soil water contentand their effects on carbon sequestration in Canada's forests and wetlands. Tellus, 62B: 140-159.

Ju W M, Chen J M, Harvey D, et al. 2007. Future carbon balance of China's forests under climate change and increasing CO_2. Journal of Environmental Management, 85: 538-562.

Ju W M, Chen J M. 2008. Simulating the effects of past changes in climate, atmospheric composition, and fire disturbance on soil carbon in Canada's forests and wetlands. Global Biogeochemical Cycles, 22, GB3010: doi: 10.1029/2007 GB002935.

Ju W M, Wang S Q, Yu G R et al. 2010c. Modelling the impact of drought on canopy carbon and watwe fluxes for a suntropical evergreen coniferous plantaion in southern China through parameter optimization using an ensemble Kalman filter. Biogeosciences, 7: 845-857.

Kucharik C J, Foley J A, Delire C, et al. 2000. Testing the performance of a dynamic global ecosystem model: Water balance, carbon balance, and vegetation structure. Global Biogeochemical Cycles, 14: 795-825 .

Leuning R, Kelliher F, Pury D D, et al. 1995. Leaf nitrogen, photosynthesis, conductance and transpiration: scaling from leaves to canopies. Plant, Cell & Environment, 18(10): 1183-1200.

Li L H, Wang Y P, Yu Q, et al. 2012. Improving the responses of the Australian community land surface model (CABLE) to seasonal drought. JGR-Biogeoscience, 117, G04002, doi: 10.1029/2012JG002038.

Liu J X, Price D T, Chen J M. 2005. Nitrogen controls on ecosystem carbon sequestraion: a molde implementation and application to Saskachewan, Canada. Ecological Modelling, 186: 178-195.

Mo X, Chen J M, Ju W M, et al. 2008. Optimization of ecosystem model parameters through assimilating eddy covariance flux data with an ensemble Kalman filter. Ecological Modelling, 217: 157-173 .

Moradkhani H, Sorooshian S, Gupta H V, et al. 2005. Dual state-parameter estimation of hydrological models using ensemble Kalman filter. Advances in Water Resources, 28: 135-147.

Parazoo N C, Bownman K, Fisher J B, et al. 2014. Terrestrial gross primary production inferred from satellite fluorescence and vegetation models. Global Change Biology, 20: 3103-3121.

Parton W J, Scurlock J M O, Ojima D S, et al. 1993. Observations and modeling of biomass and soil organic-matter dynamics for the grassland biome worldwide. Global Biogeochemical Cycles, 7: 785-809.

Piao S, Sitch S, Ciais P, et al. 2013. Evaluation of terrestrial carbon cycle models for their response to climate variability and to CO_2 trends. Global Change Biology, 19: 2117-2132.

Potter C S, Randerson J T, Field C B, et al. 1993. Terrestrial ecosystem production: a process model based on global satellite and surface data. Global Biogeochem Cy, 7: 811-841.

Quaife T, Leewis P, Kauwe M D, et al. 2008. Assimilating canopy reflectance data into an ecosystem model with an Ensemble Kalman Filter. Remote Sensing of Environment, 112: 1347-1364.

Renzullo L J, Barrett D J, Marks A S. 2008. Multi-sensor model-data fusion for estimation of hydrologic and energy flux parameters. Remote Sensing of Environment, 112(4): 1306-1319.

Sellers P J, Randall D A, Collatz G J, et al. 1996. A revised land surface parameterization (SiB2) for atmospheric GCMs. Part I: Model formulation. Journal of Climate, 9: 676-705.

Trumbore S. 2000. Age of organic soil matter and soil respiration: radiocarbon constraints on belowground C dynamics. Ecological Applications, 10: 399-411.

Wang Y P, Leuning R. 1998. A two-leaf model for canopy conductance, photosynthesis and partitioning of available energy I: model description and comparison with a multi-layered model. Agricultural and Forest Meteorology, 91(1-2): 89-111.

Wang Y P, Trudinger C M, Enting I G. 2009. A review of applications of model-data fusion to studies of terrestrial carbon fluxes at different scales. Agricultural and Forest Meteorology, 149: 1829-1842.

Williams M, Schwarz P A, Law B E, et al. 2005. An improved analysis of forest carbon dynamics using data assimilation. Global Change Biology, 11: 89-105.

Zhang F M, Chen J M, Pan Y D, et al. 2012. Attributing carbon changes in conterminous U.S. forests to disturbance and non-disturbance factors from 1901 to 2010. Journal of Geophysical Research, 117, G02021, doi: 10.1029/2011JG 001930.

Zhou Y L, Ju W M, Sun X M, et al. 2014. Close relationship between spectral vegetation indices and Vcmax in deciduous and mixed forests. Tellus B, 66: 23279.

第 4 章　生态系统蒸散的遥感反演模型

4.1　引　　言

地表蒸散是生态系统中联系大气、植被和土壤三大圈层的一个关键过程，也是地表水分循环和能量循环的重要组成部分。农田蒸腾过程与碳循环过程耦合，都受气孔导度的控制。全球陆地蒸散消耗了吸收的太阳辐射 50%以上（Trenberth et al.，2009），约 60%的年陆地降雨又蒸发回大气中（Oki and Kanae，2006）。目前，越来越多的降雨和径流数据证实全球水循环正在增强（Huntington，2006；Labat et al.，2004；Alkama et al.，2011）。

然而全球陆地蒸散增强的直接观测证据非常缺乏，主要是由于全球只有约 400 个通量观测站并且观测记录时间非常短（Huntington，2006；Jung et al.，2010），但是，为了回答与气候变化有关的科学问题，迫切需要大尺度的蒸散估计。气候变化预估会增加全球可再生淡水，但这可能会被增加的干旱频率和改变的区域降雨模式所抵消，并导致许多地方产生严重的水分胁迫（Oki and Kanae，2006）。由于叶片气孔控制着植被与大气之间的碳水交换，较高的气孔导度往往对应着较强的蒸散和光合作用，因此，对全球蒸散变化的认识将有助于解释气候变化对生物地球化学循环的影响（Jarvis，1976；Kelliher et al.，1995；Dang et al.，1997；Nemani and Running，1989；Shugart，1998；Huntington，2006）。

依据地表能量平衡方程，可用来计算潜热通量和感热通量，

$$\lambda E = R_n - G - H \tag{4.1}$$

式中，λE 是潜热通量；λ 是汽化潜热；E 是蒸散；R_n 是净辐射；G 是土壤热通量；H 是感热通量。E 主要由 3 个因子控制，即可用水量、可用能量及生态系统输送水汽的导度（Batra et al.，2006）。

在过去几十年，地球经历了巨大的环境变化，出现了有仪器记录以来最暖的年份，大气 CO_2 浓度也出现显著增长（Houghton et al.，2001，Hansen et al.，2007）。陆地生态系统包括植被和土壤碳库通过光合和呼吸作用影响陆地和大气之间的碳循环。一般采用总初级生产力（GPP）表示总初级光合作用，其中，自养呼吸消耗大约一半的 GPP（Chapin et al.，2002），余下的就是净初级生产力（NPP）。准确估计陆地生态系统生产力将会提高人们对全球碳循环及其与气候变化和大气 CO_2 变化之间关系的理解。例如，通过分析利用卫星遥感数据反演的 NPP 发现 1982~1999 年的气候变化促进了北半球中高纬度植被生长（Nemani et al.，2003）。因此，改进基于遥感数据的 GPP/NPP 光能利用率模型有助于对全球碳平衡趋势的研究（Huntzinger et al.，2012；Turner et al.，2003）。

本章重点介绍一种新的基于光能利用率的 GPP 模型，即陆地生态系统碳通量 GPP 模型（TEC GPP 模型；Yan et al.，2015），它由基于 MODIS 数据反演的植被吸收光合有效辐射比例（FPAR）、气候数据驱动，并结合一个降雨驱动的 ARTS E 蒸散模型（Yan et al.，2012）来估计 GPP。TEC GPP 模型采用了一种新的水分胁迫因子定义，并针对 C_3 和 C_4 生态系统进行独立参数化，TEC GPP 模型给出了改进的全球和中国区域 GPP 估计，这将有利于更好地探讨气候变化与碳循环之间的耦合过程。

4.2　蒸散与生产力遥感模型的发展

4.2.1　生态系统蒸散遥感模型的发展进展

卫星遥感能提供时间和空间连续观测的陆地表面的生物物理参数，如叶面积指数 LAI（本章公式中用 L_{ai} 表示）、植被指数 VI、反照率、陆地表面温度 LST 和发射率。遥感开启了陆地蒸散（E）模型发展的新纪元（Nagler et al.，2005；Wang and Liang，2008；Su，2002；Cleugh et al.，2007；Leuning et al.，2008；Mu et al.，2007，2011；Fisher et al.，2008）。遥感 E 模型主要可以分为经验和机理模型两类。

4.2.1.1　经验 E 模型

经验模型经常采用统计回归方法由遥感植被指数 VI 和其他气象数据（如空气温度和地表净辐射）估计 E（Nagler et al.，2005；Wang and Liang，2008）。最近，Jung 等（2010）发展了一个模型树集成（model tree ensemble，MTE）方法，基于一组解释变量（遥感吸收光合有效辐射和地表气象数据）和一个由 FLUXNET 多个站点观测数据建立起来的模型树（model tree）估计全球陆地 E。经验 E 模型需要地面观测资料标定以适应当地的气候和生态系统，尤其是当气候变化时需要重新标定。

4.2.1.2　机理 E 模型

机理 E 模型使用遥感反演的生物物理参数。可以分为两类。

（1）能量平衡 E 模型

瞬时 E 速率被作为地表能量平衡的余项而估计出来，其中，卫星红外温度是最主要的输入参数。这类模型包括 Surface Energy Balance Algorithm for Land（SEBAL；Bastiaanssen et al.，1998）、Surface Energy Balance System（SEBS；Su，2002）和 Two-Source Energy Balance Model（TSEB；Norman et al.，1995；Kustas and Norman，1999）。此外，三角形法利用遥感地表温度对植被指数 VI 的斜率估计 E（Nemani and Running，1989；Moran et al.，1994；Nishida et al.，2003）。这类模型的优点是不需要降雨和土壤质地数据作为输入参数。缺点是要求晴空，因为热红外辐射不能穿透云，因此这类方法在云雨天不适用；作为瞬时 E 模型还需要采用 gap-filling 插值技术以估计日 E（Anderson et al.，2007；Ryu et al.，2012）。

（2）基于表面导度的 E 模型

一般都基于 Penman-Monteith（PM）模型（Monteith，1965）。PM 模型考虑了植物机理和蒸发需求对 E 的影响。在大尺度的 PM 模型应用中，遥感反演的 LAI 常被用于将气孔导度扩展至表面导度或冠层导度（Shuttleworth and Wallace，1985；Allen，1998；

Cleugh et al.，2007；Leuning et al.，2008；Mu et al.，2007，2011）。PM 模型的定义如下，

$$E=\frac{\Delta A+\rho C_{\mathrm{p}} D G_{\mathrm{a}}}{\Delta+\gamma(1+G_{\mathrm{a}}/G_{\mathrm{s}})}, \tag{4.2}$$

式中，A 是可用能量（W/m^2），A 等于净辐射 R_n 减去土壤热通量 G；Δ 是饱和水汽压差对空气温度的梯度（kPa/K）；γ 是湿度常数（干湿比常数；kPa/K）；ρ 是空气密度（kg/m^3）；C_p 是常压下的空气比热[kJ/（kg·K）]；G_a 是空气动力学导度（m/s）；G_s 是表面导度（m/s），用来解释植被蒸腾和土壤蒸发的影响，导度是阻力的倒数；$D=e_s-e_a$，是空气水汽压差（kPa），e_s 是空气温度下的饱和水汽压（kPa），e_a 是实际水汽压（kPa）。

由于 PM 模型基于单层或“大叶”假设，经常由叶面积指数（LAI）计算表面导度 G_s（表 4.1；Allen，1998；Cleugh et al.，2007），此外，PM 模型还假设土壤蒸发较小并在模型中忽略（Cleugh et al.，2007）。然而，许多研究发现在植被覆盖小的地方，表面导度 G_s 应该包括土壤蒸发的影响（Allen，1998）。在土壤供水和日照充足、高湿度及适宜温度下开展的田间试验显示出 G_s 并不随 LAI 呈现线性变化，这是由于当 LAI 减小时，尽管植物蒸腾也减小，但土壤蒸发会出现补偿型的增加（Kelliher et al.，1995）。同时，土壤水分因子也应该在表面导度 G_s 中予以考虑，尤其在干旱情况下。因此，土壤蒸发和水分胁迫因子是困扰 PM 模型的两个问题。

为准确模拟部分植被覆盖下的地表 E，双源 E 模型被提出用于同时模拟植被蒸腾和土壤蒸发（Shuttleworth and Wallace，1985；Leuning et al.，2008；Mu et al.，2007，2011）：

$$E=E_{\mathrm{c}}+E_{\mathrm{s}} \tag{4.3}$$

式中，E 是总蒸散；E_c 是植物冠层蒸腾；E_s 是土壤蒸发。E_c 经常由考虑了冠层导度的修改的 PM 模型计算得到（Shuttleworth and Wallace，1985；Leuning et al.，2008；Mu et al.，2011；Landsberg and Waring，1997，Zhang et al.，2010b）。类似地，一些模型也基于 PM 模型和土壤导度计算 E_s（Shuttleworth and Wallace，1985；Zhang et al.，2010a；Mu et al.，2011），而 Leuning 等（2008）建议由均衡蒸散模型计算土壤蒸发 E_s。

表 4.1　在 Penman-Monteith 模型框架下使用的地表导度 G_s 和冠层导度 G_c 模型

导度模型	系数/（mm/s）	参考文献
[1] $G_s=G_{s1}\times 0.5L_{ai}$	$G_{s1}=10$	Allen，1998
[2] $G_s=G_L\times L_{ai}+G_{s,min}$	G_L=1.9~2.5	Cleugh et al.，2007
[3] $G_c=g_{ST}\times 2L_{ai}$	$g_{ST}=2.5$	Shuttleworth and Wallace，1985
[4] $G_c=g_s\times m(T_{min})\times m(D)\times L_{ai}$	$g_s=2.5$~7	Mu et al.，2011
[5] $G_c=\frac{g_{s\max}}{0.6}\ln\left[\frac{Q_h+Q_{50}}{Q_h\times\exp(-0.6\times L_{ai})+Q_{50}}\right]$	$g_{smax}=8$	Kelliher et al.，1995
$G_c=\frac{g_{s\max}}{0.6}\ln\left[\frac{Q_h+Q_{50}}{Q_h\times\exp(-0.6\times L_{ai})+Q_{50}}\right]\left[\frac{1}{1+D/D_{50}}\right]$	g_{smax}= 2~15	Leuning et al.，2008
$G_c=g_{s\max}\times\exp(-2.5D)\times L_{ai}$	g_{smax} 不是定值	Landsberg and Waring，1997
$G_c=g_{s\max}\times R_h\times L_{ai}$	$g_{smax}=12.2$	Yan et al.，2012

注：[1] G_{s1} 充分受光照叶片的气孔导度；[2] G_L 平均冠层导度，$G_{s,min}$ 土壤表面和冠层平均导度；[3] g_{ST} 平均气孔导度；[4] g_s 平均潜在气孔导度，m（T_{min}）和 m（D）分别是低温和饱和水汽压差对潜在气孔导度的胁迫因子；[5] g_{smax} 最大气孔导度

近来的研究指出（Cleugh et al.，2007；Leuning et al.，2008；Zhang et al.，2008；

Mu et al.，2007，2011），基于气孔导度的 PM 模型提供了一个估计各种时间和空间尺度上 E 的物理框架，具有不受云雨天气状况影响的优点。

4.2.2 陆地生态系统总初级生产力 GPP 遥感模型发展进展

因为卫星能提供对大尺度陆地植被的观测，基于遥感的各种生产力模型得到快速发展，这些模型具有准确估计区域和全球尺度 GPP/NPP 的能力（Potter et al.，1993；Ruimy et al.，1994；Field et al.，1995；Running et al.，2000；Xiao et al.，2005a；Yuan et al.，2007；Yang et al.，2007）。遥感过程模型一般都基于光能利用率理论，即光合生产力与吸收光合有效辐射（APAR）存在相关关系（Monteith，1972；Asrar et al.，1984），

$$\mathrm{GPP} = \varepsilon \times \mathrm{APAR} = \varepsilon^{*} \times S_{\mathrm{stress}} \times \mathrm{FPAR} \times \mathrm{PAR} \tag{4.4}$$

式中，GPP 是总初级生产力[g C/（m^2·month）]；ε 是考虑环境胁迫影响的实际光能利用率 LUE（g C/MJ），一般定义为 $\varepsilon^{*} \times S_{\mathrm{stress}}$；$\varepsilon^{*}$是最大 LUE；$S_{\mathrm{stress}}$ 是环境胁迫；FPAR 是冠层吸收入射光合有效辐射 PAR[MJ/（m^2·month）]的比例。PAR 占入射太阳总辐射 Q[MJ/（m^2·month）] 的比例设定为 0.48（McCree，1972）。由于遥感数据驱动 GPP 模型运行，因此遥感 GPP 模型又被称为诊断模型（Ruimy et al.，1996；King et al.，2011）。

遥感 LUE 模型试图考虑温度和水分（如土壤湿度 SM、饱和水汽压差 D、冠层水分含量）对最大光能利用率 ε^{*}的胁迫影响；ε^{*}在一些 GPP 模型中设定为常数（Potter et al.，1993；Yuan et al.，2007），而在一些 GPP 模型中 ε^{*}随生态系统类型而变化（Running et al.，2000）。

作为 LUE 模型中的关键参数，ε 的参数化是研究中的重点（表 4.2）。TURC GPP 模型简单定义 ε 为常数 1.21g C/MJ（Ruimy et al.，1996）。C-Fix GPP 模型定义 ε 为 ε^{*}乘以

表 4.2 光能利用率 ε、水分胁迫因子 W_ε 和最大光能利用率 ε^{*}在 12 个遥感 GPP/NPP 模型中的定义

模型	ε /（g C/MJ）	W_ε	ε^{*} /（g C/MJ）	参考文献
TURC	$\varepsilon_g = \varepsilon^{*}$	No	1.21	Ruimy et al.，1996
C-Fix	$\varepsilon_g = \varepsilon^{*} \times T_\varepsilon$	No	1.1（森林）	Veroustraete et al.，2002
MOD17	$\varepsilon_g = \varepsilon^{*} \times T_\varepsilon \times W_\varepsilon$	$W_\varepsilon = \frac{D_{\max} - D}{D_{\max} - D_{\min}}$	0.604~1.259	Running et al.，2000
VPM	$\varepsilon_g = \varepsilon^{*} \times T_\varepsilon \times W_\varepsilon$	$W_\varepsilon = \frac{(1+\mathrm{LSWI})}{(1+\mathrm{LSWI}_{\max})}$	2.208，2.484（森林）	Xiao et al.，2005a，2005b
BEAMS	$\varepsilon_g = \varepsilon^{*} \times P_{\mathrm{actual}} / P_{\max}$	$W_\varepsilon = P_{\mathrm{actual}} / P_{\max}$	0~1	Sasai et al.，2007
GLO-PEM	$\varepsilon_g = \varepsilon^{*} \times T_\varepsilon \times W_\varepsilon$	$W_\varepsilon = f(\mathrm{SM}) \times f(D)$	55.2α（C_3 植物）；2.76（C_4 植物）	Prince and Goward，1995
TOPS	$\varepsilon_g = \varepsilon^{*} \times \min(T_\varepsilon, W_\varepsilon)$	$W_\varepsilon = \min(f(\mathrm{SM}), f(D))$	非定值	Nemani et al.，2009
3-PG	$\varepsilon_g = \varepsilon^{*} \times T_\varepsilon \times W_\varepsilon \times S_a$	$W_\varepsilon = \min(f(\mathrm{SM}), f(D))$	1.8	Landsberg and Waring，1997
CFLUX	$\varepsilon_g = \varepsilon^{*} \times T_\varepsilon \times W_\varepsilon \times S_a$	$W_\varepsilon = \min(f(\mathrm{SM}), f(D))$	0.9~4.0	King et al.，2011
CASA	$\varepsilon_n = \varepsilon^{*} \times T_{\varepsilon 1} \times T_{\varepsilon 2} \times W_\varepsilon$	$W_\varepsilon = 0.5 + 0.5E / E_{\mathrm{Th}}$	0.39	Potter et al.，1993
EC-LUE	$\varepsilon_g = \varepsilon^{*} \times \min(T_\varepsilon, W_\varepsilon)$	$W_\varepsilon = E / R_n$	2.14	Yuan et al.，2007
TEC	$\varepsilon_g = \varepsilon^{*} \times T_\varepsilon \times W_\varepsilon$	$W_\varepsilon = E / E_{\mathrm{PT}}$	1.8（C_3 植物）；2.76（C_4 植物）	Yan et al.，2015

注：ε_g 和 ε_n 分别表示 GPP 和 NPP 的光能利用率 LUE。胁迫变量包括温度 T_ε、饱和水汽压差 D、遥感地表水分指数 LSWI、立地年龄 S_a、光合作用速率 P、土壤湿度 SM、实际蒸散 E、Thornthwaite（1948）潜在蒸发 E_{Th}、净辐射 R_n、Priestley 和 Taylor（1972）潜在蒸发（E_{PT}）

温度 T_ε 胁迫函数，并假设由 NDVI 植被指数计算的月 FPAR 能部分反映农田水分亏缺状况（Veroustraete et al.，2002，2006）。

由于土壤湿度 SM 和饱和水汽压差 D 直接影响光合作用，近来的遥感光能利用率 GPP 模型定义了不同的水分胁迫因子（如 SM、D、蒸发比 EF 和卫星地表水分指数 LSWI）以表示水分胁迫影响，然而水分胁迫影响仍被认为是当前 GPP 光能利用率模型中不确定性最大的因素（Grant et al.，2006）。

由于叶片气孔导度随着饱和水汽压差 D 的增加而减小（Jarvis，1976），MODIS 光合作用模型（MOD17）简单地使用 D 刻画水分胁迫对气孔导度的作用，并采用随植被类型而变化的 ε^*（Running et al.，2000）。根据叶片水分含量受土壤湿度 SM 和 D 的动态变化控制，植被光合作用模型（Vegetation Photosynthesis Model，VPM）采用遥感地表水分指数（LSWI）表示叶片水分含量（Xiao et al.，2005a）。使用卫星数据整合了生态生理学和机理方法的生物圈模型（Biosphere Model Integrating Eco-physiological and Mechanistic Approaches Using Satellite Data，BEAMS）采用由叶片光合作用模型（Farquhar et al.，1980）计算的实际光合作用速率 P_{actual} 与最大光合作用速率 P_{max} 的比值作为环境胁迫因子，以反映温度、相对湿度和土壤湿度的生物化学控制作用（Sasai et al.，2007）。因为 SM 和 D 在光合作用及气孔导度方面发挥着独立的水分胁迫作用（Jarvis，1976），所以 CFLUX（King et al.，2011）、Global Production Efficiency Model（GLO-PEM；Prince and Goward，1995）、Terrestrial Observation and Prediction System（TOPS；Nemani et al.，2009）和 Physiological Principles Predicting Growth（3-PG；Landsberg and Waring，1997）GPP 模型都采用独立的 SM 和 D 公式定义水分胁迫（表 4.2）。

另外一大类定义水分胁迫影响实际蒸散 E 和生产力 GPP/NPP 的方法是基于蒸发比率的概念，这是因为实际蒸散 E 与光合作用是两个紧密耦合的过程（Potter et al.，1993；Yuan et al.，2007）。Carnegie-Ames-Stanford Approach（CASA）NPP 模型采用实际蒸散 E 与 Thornthwaite（1948）基于温度的潜在蒸散 E_{Th} 的比值作为蒸发比率（Potter et al.，1993）；然而 Eddy Covariance-Light Use Efficiency（EC-LUE）GPP 模型采用蒸发比 EF（即实际蒸散 E 与可用能量的比值）来表示水分胁迫对光合作用的影响，这是由于用于蒸散 E 的能量占可用能量百分比率的减小指示着强烈的水分胁迫（Yuan et al.，2007）。Priestley 和 Taylor（1972）的潜在蒸发（E_{PT}）模型考虑了温度和可用辐射的影响，代表着湿表面蒸发，因此 Yan 等（2015）定义了一个新的水分胁迫因子即 E/E_{PT}。

综上所述，当前 GPP 模型采用的水分胁迫因子定义可以分为两大类，即 E/E_{PT} 比值类和 $f(\mathrm{SM})\times f(D)$ 类，现在的问题是这些水分因子在表示 GPP 水分胁迫方面是否发挥着相似的作用，在这方面开展的研究很少。在 12 个遥感 GPP/NPP 模型中使用的水分胁迫因子、实际光能利用率 ε 和最大光能利用率 ε^* 的详细定义见表 4.2。

由于涡度相关通量塔能同时观测陆地生态系统碳、水和能量通量，并提供近实时和长期的生态系统信息（Turner et al.，2003），这极大地改善了人们对边界层碳、水通量的理解（Baldocchi et al.，2001，2003）。通量数据的分析显示出环境控制着陆地植被碳和水汽的交换（Law et al.，2002）。因此，越来越多的各类生态系统通量数据用于全球 GPP 模型的标定和评估（Wang et al.，2004；Xiao et al.，2005a；Heinsch et al.，2006；Yuan et al.，2007；Yang et al.，2007；Sjöström et al.，2013）。TEC GPP 模型是一个新的遥感 GPP

模型，即基于 MODIS 的 LAI/FPAR 产品、相对湿度、气温和入射太阳总辐射、降雨和净辐射驱动的模型。

4.3 蒸散与生产力遥感模型介绍

4.3.1 ARTS 遥感蒸散模型

Yan 等（2012）提出了一个基于空气湿度的双源蒸散模型（ARTS *E* 模型），以详细刻画植物蒸腾和土壤蒸发过程。植物蒸腾是建立在彭曼（PM）模型框架内，以及 H_R 与蒸发比、气孔导度存在相关关系的重要发现上的（Yan and Shugart，2010；Ball et al.，1986；Collatz et al.，1991）。冠层导度被定义为 R_h 和 L_{ai} 的函数，而以往的冠层导度模型通常建立在水汽压差（*D*）、其他气象因子和 L_{ai} 的基础上（Leuning et al.，2008；Mu et al.，2007，2011）。在 ARTS *E* 模型中，土壤蒸发定义成一个 R_h 订正的 Priestley-Taylor 蒸发模型（Yan and Shugart，2010）。ARTS *E* 模型较其他 *E* 模型的最大优点是通过土壤水分平衡 SWB 模型考虑了土壤水分对 *E* 的胁迫作用。

Leuning 等（2008）建议使用主动或被动遥感提取的土壤湿度因子 *f* 以校正土壤蒸发，并没有考虑土壤水分亏缺对植被蒸腾的影响。Cleugh 等（2007）、Fisher 等（2008）和 Mu 等（2007，2011）基于空气湿度可以反映土壤水分变化的假设下，使用空气湿度因子反映土壤水分胁迫，但 Vinukollu 等（2011）认为在多大程度上土壤湿度控制着地表空气湿度变化还存在不确定性。ARTS *E* 模型需要的输入数据包括 L_{ai}、净辐射、大气湿度 H_R、气温、风速、冠层高度、降水量和最大土壤可用水分含量（M_{awc}）。

ARTS 双源 *E* 模型分两步计算实际蒸散。首先在土壤水分充分供水假设下分别计算植物蒸腾和土壤蒸发，其次采用土壤水分平衡方程解决土壤水分胁迫的问题。与其他彭曼（PM）模型相比，ARTS *E* 模型详细考虑了土壤水分胁迫对蒸散的影响。

可用能量 *A* 根据遥感数据反演的叶面积指数 L_{ai} 分解为土壤部分（A_s）和冠层部分（A_c），

$$A_s = A\exp(-k_A L_{ai}) \tag{4.5}$$

$$A_c = A - A_s \tag{4.6}$$

式中，k_A 是消光系数，等于 0.6（Impens and Lemur，1969）。由于土壤热通量 *G* 在日及更长尺度上计算蒸散时可以忽略（Allen，1998），因此，可用能量 *A* 设为净辐射 R_n。

4.3.1.1 冠层蒸腾 E_c 和冠层导度 G_c

冠层蒸腾 E_c 的计算基于彭曼（Penman-Monteith，PM）公式（Monteith，1965），但是原 PM 公式中的可用能量（*A*）和表面导度（G_s）变量改为冠层吸收可用能量（A_c）和冠层导度（G_c），

$$E_c = \frac{\Delta A_c + \rho C_p D G_a}{\Delta + \gamma(1 + G_a / G_c)} \tag{4.7}$$

由于气孔在控制植被蒸腾水分方面起着决定作用，进而影响光合作用，Jarvis（1976）

提出了一个广泛使用的气孔导度理论，即气孔导度（g_{sc}）可以表示为无交互作用的所有环境变量的函数，

$$g_{sc} = f_1(Q)f_2(T)f_3(D)f_4(\psi)f_5(C) \tag{4.8}$$

式中，f_1、f_2、f_3、f_4和 f_5分别是吸收太阳辐射（Q）、叶温（T）、饱和水汽压差（D）、叶水势（ψ）和 CO_2浓度（C）。Jarvis 方程描述了气孔对单一环境变量的复杂响应。叶片气体交换实验发现增强的叶片水分胁迫减小了气孔导度 g_{sc}（Jarvis，1976），由于叶水势不是常规观测项目，因此，在计算蒸腾时常用土壤水分亏缺替代。

叶面积指数 L_{ai}常被用于将叶片气孔导度 g_{sc}扩展至计算整个冠层导度（G_c）。现有的 E_c模型采用的气孔导度参数化存在较大差异（Shuttleworth and Wallace，1985；Landsberg and Waring，1997；Leuning et al.，2008；Mu et al.，2011），而且多数 E 模型仅考虑了 Jarvis（1976）建议的环境变量的子集（表 4.1）。Leuning 等（2008）考虑了短波辐射（Q_h）和 D 的影响，Landsberg 和 Waring（1997）仅考虑了水分胁迫 D，而 Mu 等（2011）考虑了 D 和空气最低温度（T_{min}）的影响。Yu 等（1996）还发现在没有严重环境变化如干旱情况下，气孔导度可以由太阳辐射和 D 两个变量计算。上述 g_{sc}模型都考虑了气孔导度对饱和水汽压差（D）的响应，这表明大气湿度亏缺是一个最重要的胁迫因子。由于土壤湿度不是常规观测项目，很难在气孔导度模型中直接参数化土壤湿度，因此在最近的一些蒸腾模型中都忽略了土壤水分胁迫（表 4.1）。而 ARTS E 模型通过土壤水分平衡计算以考虑土壤水分亏缺的影响。

由于空气相对湿度 H_R等于实际水汽压 e_a除以饱和水汽压 e_s，同样能代表空气湿度亏缺，在使用H_R还是使用D计算E和气孔导度方面存在较大争议。Niyogi 和 Raman（1997）指出 D 和 H_R在通常的气象应用中计算气孔导度时结果很相近。有些研究（Leuning，1995；Wang et al.，2009）基于冠层导度和 D 的相关分析，指出叶片对大气水汽的需求依赖于叶片和大气之间的水汽压差，而不是空气相对湿度。然而，通量观测分析（Yan and Shugart，2010）表明，D 依赖于可用能量 A，与 D 相比，H_R与蒸发比 EF（等于实际蒸散 E 除以 A）相关性更高，而且 H_R被用于建立半经验的气孔导度模型，将气孔导度与叶片光合作用、空气湿度 H_R和 CO_2浓度连接起来（Ball et al.，1986；Collatz et al.，1991）。基于 H_R的气孔导度模型已成功用在许多陆面模型中，如 Simple Biosphere Model（SIB2；Sellers et al.，1996）、Land Surface Model（Bonan et al.，1996）、Common Land Model（CLM2；Dai et al.，2004）。使用 H_R另外一个优点是作为一个归一化的变量，基于 H_R的气孔导度模型只需要较少的标定参数。因此，基于 PM 模型框架提出一个基于 H_R和 L_{ai}输入参数的冠层导度模型，

$$G_c = g_{s\max} \times H_R \times L_{ai} \tag{4.9}$$

式中，H_R是一个 0~1 的数；g_{smax}是最大气孔导度，设为 12.2mm/s，这是农田的观测值（Kelliher et al.，1995）。观测到自然植被的 g_{smax}变化很大，温带草地、针叶林、桉树、温带落叶林和赤道雨林分别为 12mm/s、8.1mm/s、8.3mm/s、6.3mm/s 和 9.3mm/s（Kelliher et al.，1995）。由于最大叶片导度 g_{smax}仅发生在无胁迫、光照充足的适宜环境中（Körner，1994），而且在野外很少存在适宜环境（Chen et al.，1999），因此我们认为 12mm/s 可以代表自然植被的最大气孔导度 g_{smax}。在 ARTS E 模型中，g_{smax}是一个常数，取农田观测到的最大值 12.2mm/s 作为一种近似，而没有采用随生态系统而改变的 g_{smax}。

根据 Monteith 和 Unsworth（1990）的方程计算空气动力学导度（G_a），

$$G_a = \frac{k^2 u_z}{\ln(\frac{z_m - d}{z_{om}})\ln(\frac{z_h - d}{z_{oh}})} \tag{4.10}$$

式中，z_m 是观测风的高度；z_h 是湿度观测的高度；d 是零平面位移高度；z_{om} 是动量粗糙度；z_{oh} 是热量和水汽输送的粗糙度；k 是 von Karman 常数，等于 0.41；u_z 是在 z 高度处的风速。变量 d、z_{om} 和 z_{oh} 根据 Allen（1998）的经验公式 d =（2/3）h、$z_{om} = 0.123h$ 和 $z_{oh} = 0.1z_{om}$ 计算，其中，h 是冠层高度。

4.3.1.2 土壤蒸发 E_s

土壤蒸发的计算公式发展自一个基于空气湿度 H_R 的 ARM-ET 蒸散模型（Yan and Shugart，2010），

$$E_s = 1.35R_h \frac{\Delta A_s}{\Delta + \gamma} \tag{4.11}$$

ARM-ET 模型基于空气相对湿度 H_R，这一互补相关系数，将 Priestley 和 Taylor（1972）均衡蒸发 E 拉伸为实际蒸散 E。在 14 个不同气候和植被类型通量站的验证表明，ARM-ET 的决定系数 $R^2 = 0.71$，均方根误差 RMSE = 23.62W/m^2，偏差 Bias = 8.02W/m^2。该研究使用的土壤蒸发 E_s 模型与 RS-PM 模型（Mu et al.，2007）的区别在于，RS-PM 模型使用 PM 潜在土壤蒸发与一个互补相关系数 $H_R^{(D/100)}$ 的乘积作为实际土壤蒸发，而 ARTS E 模型使用土壤水分平衡以分析土壤水分胁迫。

4.3.1.3 湿润表面的总蒸散 E_0

E_0 代表湿润表面的蒸散，

$$E_0 = \frac{\Delta A_c + \rho C_p D G_a}{\Delta + \gamma(1 + G_a / G_c)} + 1.35R_h \frac{\Delta A_s}{\Delta + \gamma} \tag{4.12}$$

4.3.1.4 使用土壤水分平衡模型进行土壤水分订正

对于湿润表面，E_0 就等于实际蒸散 E（E_a）。但是很多研究发现当土壤变干时，实际蒸散会减小，也就是说在干旱环境中，气孔导度和蒸散强烈受土壤水分亏缺的影响（Jarvis，1976；Saugier and Katerji，1991）。因此，在水分胁迫地区就需要对总蒸散 E_0 进行订正。

土壤水分平衡 SWB 模型是一个用于订正 E_0 并计算实际蒸散 E_a 的常用方法（Thornthwaite and Mather，1955；Landsberg and Waring，1997；Allen，1998）。ARTS E 模型采用 Thornthwaite-Mather 的 SWB 模型（Thornthwaite and Mather，1955）。然而，在干旱情况下 Thornthwaite-Mather 模型的结果并不可靠（Chen et al.，2005），我们将原模型中基于温度的潜在蒸散 E 替换为总蒸散 E_0。SWB 模型需要降水、E_0、空气温度和最大土壤可用水含量 M_{awc} 作为输入参数，而输出参数为实际蒸散 E_a、土壤水分含量和径流。首先根据 0℃温度阈值，将降水分为降雨和降雪，而积雪被添加至积雪库中。根据温度融雪函数计算融雪。降雨和融雪补充土壤水分含量。当 E_0 小于水分补充时，E_a 就等于 E_0，而超出的水分补充土壤水分。如果土壤水分达到了可用水潜力，土壤水分就维持一

个常数 M_{awc}，而超出的水分形成径流。但是，当 E_0 超过了补充水分时，实际蒸散 E_a 就等于补充水分加上土壤失水。当土壤越干时，土壤失水会越困难，这点采用 Thornthwaite 和 Mather（1955）的一个土壤持水函数来表达。完整的土壤水分平衡 SWB 方程如下，

$$\frac{dW}{dt} = P - E_a - R_0 \tag{4.13}$$

$$P = R_{ain} + S_{now} \times S_f \tag{4.14}$$

$$S_f = \begin{cases} 0 & T_a \leqslant 0℃ \\ 0.2T_a & 0℃ < T_a \leqslant 5℃ \\ 1 & T_a > 5℃ \end{cases} \tag{4.15}$$

$$E_a = \begin{cases} E_0 & P \geqslant E_0 \\ P + \beta(E_0 - P) & P < E_0 \end{cases} \tag{4.16}$$

$$\beta = \frac{W - W_p}{W_c - W_p} \tag{4.17}$$

式中，W 是土壤水分含量（mm）；dW/dt 是 W 随时间 t 的微分；P 是补充水分（mm），等于降雨和融雪；E_a 是实际蒸散 E（mm）；R_0 是径流（mm）；R_{ain} 是降雨（mm）；S_{now} 是融雪（mm）；S_f 是融雪因子；T_a 是空气温度（℃）；E_0 是湿润表面的总蒸散 E（mm）；β 是土壤持水函数，等于可用土壤含水量（$W-W_p$）除以最大可用土壤含水量 M_{awc}（W_c-W_p）；W_p 是凋萎含水量（mm）；W_c 是田间持水量（mm）。

4.3.2 全球陆地生态系统碳通量（TEC）GPP 模型

TEC GPP 模型根据 Monteith（1972）提出的光能利用率理论来模拟总初级生产力 GPP。由于光能利用率 ε 实际上随着环境和植物相关因子变化，TEC GPP 模型考虑了温度和水分胁迫的影响，

$$\varepsilon = \varepsilon^* \times T_\varepsilon \times W_\varepsilon \tag{4.18}$$

$$\text{GPP} = \varepsilon^* \times T_\varepsilon \times W_\varepsilon \times \text{FPAR} \times \text{PAR} \tag{4.19}$$

式中，ε^*为最大光能利用率；PAR 为入射光合有效辐射[MJ/（m^2·month）]；T_ε和 W_ε指示温度和水分胁迫。TEC GPP 模型对 C_3 植被型采用 $\varepsilon^* = 1.8$g C/MJ（Waring et al.，1995），这一定义已被 3-PG GPP 模型所使用（Landsberg and Waring，1997）。然而，C_4 植被的叶光合速率显著大于 C_3 植被（Jones，1992；Pearcy and Ehleringer，1984；Prince and Goward，1995；Baldocchi，1994）。Verma 等（2005）也指出 C_4 玉米的 CO_2 固定最大值是 C_3 大豆的两倍，在有灌溉和无灌溉的条件下，大豆年 GPP 仅为玉米 GPP 的 45%~55%，因此为了减小由于 C_3 和 C_4 植被差异导致的 GPP 估计误差，TEC GPP 模型对 C_4 植被型采用了一个通用的 ε^* =2.76g C/MJ（Prince and Goward，1995）。

T_ε采用陆地生态系统 TEM 模型提出的温度胁迫因子方程计算得到（Raich et al.，1991），

$$T_\varepsilon = \frac{(T_a - T_{min})(T_a - T_{max})}{(T_a - T_{min})(T_a - T_{max}) - (T_a - T_{opt})^2} \tag{4.20}$$

式中，T_a 是空气温度（℃）；T_{min}、T_{max} 和 T_{opt} 是适于光合作用的最低、最高和最适温度，与植物类型有关（Melillo et al.，1993）。温度胁迫 T_ε 方程显示出：光合作用在过低和过

高温度下会受到抑制，具体的温度阈值随植物类型变化。EC-LUE GPP 和 VPM GPP 模型也采用了该温度胁迫 T_ε 方程（Xiao et al.，2005a；Yuan et al.，2007）。

在现有的 GPP 和 NPP 模型中，经常采用 E/E_P、EF、SM、D，以及遥感水分指数来刻画水分胁迫对叶光合作用的影响（Yuan et al.，2007；Xiao et al.，2005a；Landsberg and Waring，1997；Prince and Goward，1995；Potter et al.，1993）。由于基于实际蒸散 E 的水分胁迫因子提供了一种更直接的影响植被光合作用的水分胁迫因子定义，因此基于 E 的水分胁迫因子优于其他形式的水分胁迫因子。但是，实际 E 需要除以可用能量 A（Yuan et al.，2007）或基于温度的潜在蒸散 E_{Th}（Potter et al.，1993）进行归一化。由于温度 T_a 和可用能量 A 都是用于描述蒸发热量资源的关键参数，而 E_{PT} 包括了 T_a 和 A 的贡献，因此 E_{PT} 较 T_a 和 A 更适于构造水分胁迫因子。在 TEC GPP 模型采用的 W_ε 定义为

$$W_\varepsilon = E / E_{PT} \tag{4.21}$$

$$E_{PT} = \alpha \frac{\Delta A}{\Delta + \gamma} \tag{4.22}$$

式中，E 为实际蒸散；E_{PT} 为 Priestley 和 Taylor（1972）潜在蒸发（W/m^2）；A 为可用能量（W/m^2）；Δ 为饱和水汽压随温度的斜率（kPa/℃）；γ 为湿度计算常数（kPa/℃）。由于在日及更长时间尺度上计算蒸发时可以忽略土壤热通量（Allen，1998），因此，Yan 等（2015）将 A 设定为净辐射 R_n。由于 α 在 3 个土壤湿度饱和地面上的观测日均值分别为 1.30±0.03、1.34 ±0.05 和 1.33±0.21（Priestley and Taylor，1972），TEC GPP 模型采用了一个平均值 $\alpha = 1.35$ 用于计算陆地潜在蒸发 E_{PT}。

TEC GPP 模型采用 ARTS E 模型（Yan et al.，2012）计算实际蒸散 E；ARTS E 模型基于遥感叶面积指数 LAI（L_{ai}）和地表气象数据模拟地表能量平衡、水分平衡和环境限制因子对蒸散 E 的影响。ARTS E 模型在假设地表湿润的情况下，首先计算一个考虑 L_{ai} 驱动的冠层导度（G_c）的冠层蒸腾（E_c）模型（Monteith，1965），并采用一个基于空气湿度的蒸散模型（ARM-ET；Yan and Shugart，2010）计算土壤蒸发（E_s）。接着，ARTS E 模型采用一个降雨和最大土壤可用水量驱动的土壤水分平衡模型引入土壤水分胁迫影响，由总蒸散 E_0 计算出实际 E。ARTS E 模型已经成功用于研究 1982~2011 年际间全球陆地蒸散变化和厄尔尼诺–南方涛动 ENSO（Yan et al.，2013）。ARTS E 模型的详细介绍见参考文献（Yan et al.，2012；2013）。

TEC GPP 模型采用偏差（Bias）、均方根误差（RMSE）和相关系数（r）在月尺度上与 18 通量站观测的 GPP 进行了验证。

4.4 模型数据集及预处理

4.4.1 涡度相关数据

涡度相关技术已广泛用于直接观测热通量（Paw et al.，2000），并用于全球 FLUXNET 观测网络中蒸散 E 的观测（Baldocchi et al.，2001）。作为全球 FLUXNET 网络的核心部分，美洲通量网（AmeriFlux）覆盖北美、中美和南美并开展 CO_2、水和热量的连续观测。AmeriFlux 通量站通过涡度相关技术观测的蒸散和气象数据（表 4.3）包括月平均的 GPP、

表4.3 通量站的站名、缩写、纬度/经度、气候、生态类型、海拔（Al）、冠层高度（h）、年降水量（P_r）、年蒸散量（E）、年总初级生产力（GPP）、数据年份及引用文献

站名	缩写	纬度（N）/经度（W）	气候	生态类型	Al/m	h/m	Pr/mm	E/mm	GPP/（g C/m^2）	年	参考文献
ARM SGP Main	SGP	36.61/–97.49	温带	农田	314	0.5	901	464	574	2003～2005	Sheridan et al.，2001
Barrow	Barrow	71.32/–156.63	冻原	草地	1	0.25	1140	348	1050	2004～2005	Harazono et al.，2003
Bartlett Experimental Forest	Bartlett	44.06/–71.29	温带	落叶阔叶林	272	19	1300	299	1084	2004～2005	Desai et al.，2008
Bondville	Bondville	40.01/–88.29	温带	农田	219	3	990	601	1186	2001～2004	Chen et al.，2008
Donaldson	Donaldson	29.75/–82.16	亚热带	常绿针叶林	36	14	1228	926	—	2001～2004	Clark et al.，2004
Fermi Agricultural	FermiA	41.86/–88.22	湿润温带	农田	225	2	921	580	921	2005～2007	Xiao et al.，2008
Fermi Prairie	FermiP	41.84/–88.24	湿润温带	草地	226	1	921	587	1222	2005～2006	Xiao et al.，2008
Mead Irrigated	MeadI	41.16/–96.47	温带	农田	361	2.9	887	632	1457	2002～2005	Suyker and Verma，2008
Mead Irrigated Rotation	MeadIR	41.16/–96.47	温带	农田	362	1.83	887	644	1169	2002～2005	Grant et al.，2007
Mead Rainfed	MeadR	41.17/–96.43	温带	农田	363	1.71	887	583	1064	2002～2005	Grant et al.，2007
Metolius Intermediate Pine	MetoliusI	44.50/–121.62	温带	常绿针叶林	1253	14	728	479	1341	2005～2007	Thomas et al.，2009
Metolius New Young Pine	MetoliusN	44.32/–121.61	温带	常绿针叶林	1008	3.11	472	323	838	2004～2005	Irvine et al.，2007
Mize	Mize	29.76/–82.24	亚热带	常绿针叶林	43	10.1	1228	942	2095	2001～2004	Clark et al.，2004
Morgan Monroe State Forest	Morgan	39.32/–86.41	温带	落叶阔叶林	275	27	1094	513	1544	2001～2003	Dragoni et al.，2007
Santa Rita Mesquite Savanna	Santa	31.82/–110.87	亚热带	灌丛	1116	2.5	310	302	241	2004～2006	Scott et al.，2009
Tonzi Ranch	Tonzi	38.43/–120.97	地中海	稀树草原	177	9.41	558	398	843	2003～2005	Ma et al.，2007
Univ. of Michigan Biological Station	UMBS	45.56/–84.71	温带	落叶阔叶林	234	21	750	529	1134	2001～2003	Nave et al.，2011
Vaira Ranch	Vaira	38.41/–120.95	地中海	稀树草原	129	0.55	565	301	689	2001～2005	Ryu et al.，2008
Wind River Crane Site	WindR	45.82/–121.95	地中海	常绿针叶林	371	56.3	2223	483	1611	2001～2002	Falk et al.，2008

蒸散 E、气温 T_a、降水量 P_r、饱和水汽压差 D、总辐射、相对湿度 H_R、净辐射 R_n、风速 u，用于建立 ARTS E 和 TEC GPP 模型及开展验证。这 19 个观测站代表着不同的生态系统类型，包括落叶阔叶林、常绿针叶林、农田、草地、灌丛和稀树草原。这些观测站分成森林、草地和农田三类开展研究。19 个站通量数据主要用于 ARTS E 和 TEC GPP 模型的评估，其中 TEC GPP 模型采用了其中的 18 个站通量数据（表 4.3）。

Gap-filled 的日和月平均的 level-4 级通量数据和半小时的 level-3 级数据取自美国通量网络（ftp://cdiac.ornl.gov/pub/ameriflux/data），其中，半小时的 level-3 级数据进一步处理成日和月平均数据。

从橡树岭国家实验室的分布式数据中心（ORNL-DAAC）下载了 19 个通量站的土壤深度和质地数据，用于计算土壤水分参数，其中，土壤最大可用水量 M_{awc} 在土壤水分平衡 SWB 模型中用于控制土壤水分变化。

$$M_{awc} = W_c - W_p \tag{4.23}$$

式中，M_{awc} 是土壤最大可用水量（mm），萎蔫点含水量 W_p 和田间持水量 W_c 由土壤深度和沙粒、粉粒及黏粒百分比的土壤质地信息计算得到（Saxton et al.，1986）。表 4.4 显示出这些通量站的土壤特征存在较大差异，例如，SGP 站由于土壤很薄，土壤最大可用水量 M_{awc} 也很小，仅为 49mm；而 FermiP 和 Bondville 站的 M_{awc} 约为 230mm，约是 Vaira 和 Tonzi 站土壤 M_{awc} 的两倍。

表 4.4　在 19 个通量站的土壤深度（S_d）、土壤组成、土壤萎蔫点（W_p）、持水潜力（W_c）和最大土壤可用水量（M_{awc}）

站名	S_d/m	沙粒/粉粒/黏粒/%	W_p/mm	W_c/mm	M_{awc}/mm
SGP	0.25	29/28/43	50	99	49
Barrow	0.4	47/30.6/22.4	48	112	64
Bartlett	1.02	73/23/4	81	233	152
Bondville	1.0	5/70/25	120	348	228
Donaldson	3.0	99/0/1	210	540	330
FermiA	1.0	7.8/55.2/37	160	385	225
FermiP	1.0	12.2/53/34.8	180	410	230
MeadI	1.8	37/52/11	144	484	340
MeadIR	1.8	33/55/12	144	497	353
MeadR	1.8	35/57/80	144	506	362
MetoliusI	0.9	67/26/7	63	182	119
MetoliusN	0.7	80/20/0	7	116	109
Mize	3.0	99/0/1	210	540	330
Morgan	1.0	34/26/40	190	377	187
Santa	1.1	79.6/11/9.4	77	198	121
Tonzi	0.6	37.5/45/17.5	60	168	108
UMBS	1.2	92.6/6.8/0.6	36	129	93
Vaira	0.6	29.5/58/12.5	54	175	121
WindR	2.0	63/29.8/7.2	200	507	307

用于计算冠层导度的 LAI 数据取自 1km 空间分辨率和 8 天时间分辨率的 MODIS15 FPAR/LAI 产品（MOD15A2；Myneni et al.，2002）。LAI 产品所带的质量控制信息用于对 LAI 数据进行滤波，以剔除质量差的数据，并由临近的可靠数据插值进行替换（Zhao et al.，2005）。进一步，8 天的 LAI 数据插值到日尺度上或平均至月尺度上用于模型评估。

这 19 个美洲通量观测站（表 4.3）代表不同类型气候（地中海、湿润大陆和温带大陆）、土壤类型（砂土和黏土）和植被类型（森林、稀树草原、草地和农田）。例如，Tonzi 站是石质沙壤土、栎树/草地类型的稀树草原，有明显干、湿变化的地中海式气候，在干季几乎没有降雨（图 4.1）。夏季干旱及强辐射导致草地干枯死亡，但到冬季充沛降雨促使草地生长。

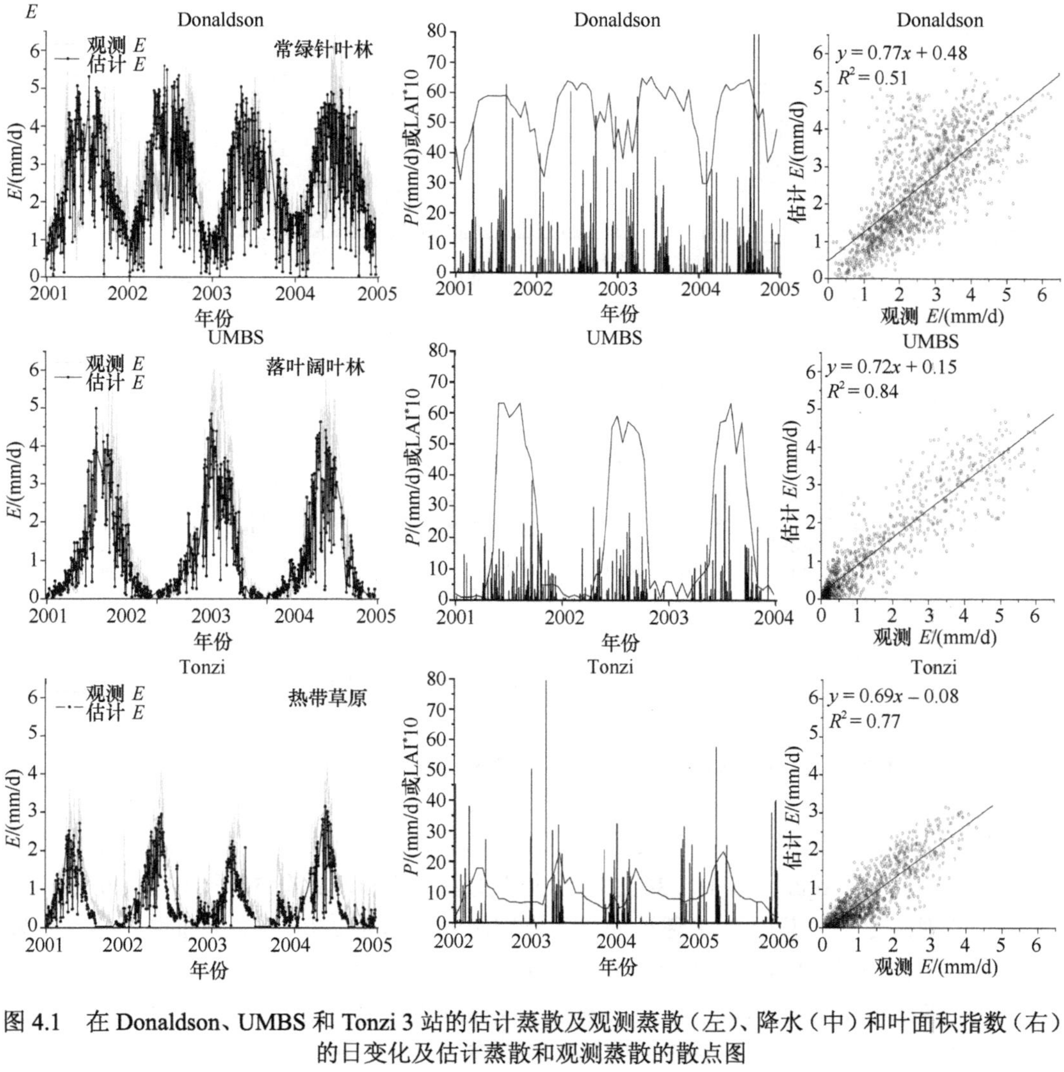

图 4.1　在 Donaldson、UMBS 和 Tonzi 3 站的估计蒸散及观测蒸散（左）、降水（中）和叶面积指数（右）的日变化及估计蒸散和观测蒸散的散点图

SGP 站是农田站，土壤是细黏土（silty clay loam），属温带大陆性气候，年内有充沛的降雨（图 4.2）。FermiP 站是高草大草原，土壤是细黏土，属湿润的大陆性气候，有炎热的夏季和充足的降水（图 4.2）。详细的通量站介绍请见网站 http://public.ornl.gov/ameriflux/site-select.cfm。

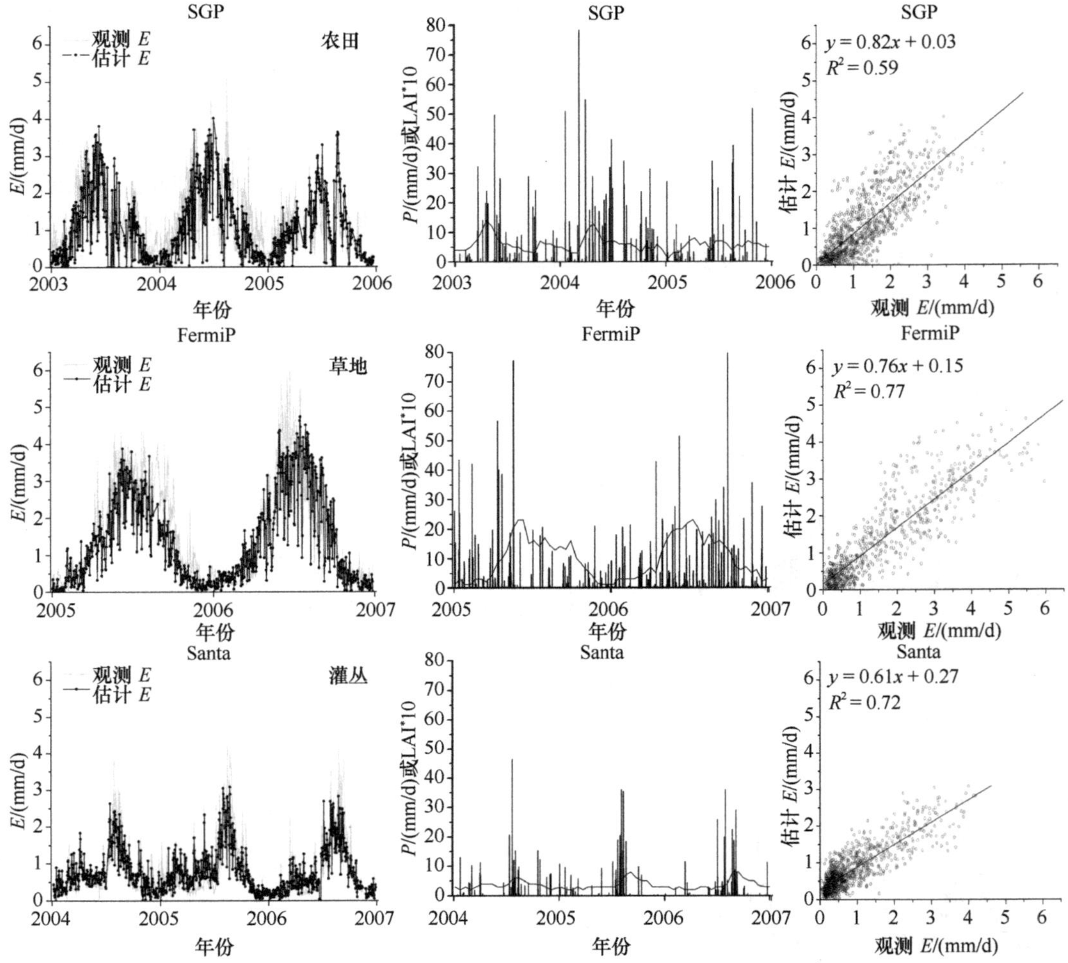

图 4.2　在 SGP、FermiP 和 Santa 3 站的估计蒸散及观测蒸散（左）、降雨（中）和叶面积指数（右）的日变化及估计蒸散和观测蒸散的散点图

4.4.2　MODIS LAI/FPAR 产品（MOD15A2）

MODIS 作为美国国家航空航天局 NASA 地球观测系统中的太阳同步卫星 Terra（上午 10:30 过境）和 Aqua（下午 1:30 过境）上的主要传感器，具有 36 个波长从 0.4μm 到 14.4μm 的观测通道，其中 1~2 通道的星下点空间分辨率为 250m，3~7 通道的分辨率为 500m，其余 29 个通道的分辨率为 1km（Kaufman et al.，1998；Barnes et al.，1998）。

MODIS LAI/FPAR 植被产品采用冠层三维辐射传输模型由 7 个光谱波段反演得到（Knyazikhin et al.，1998；Myneni et al.，2002）。在云及大气污染导致主算法反演失败时，就采用经验性的 MODIS NDVI 指数与 LAI 和 FPAR 的统计关系计算得到（Yang et al.，2006）。MODIS LAI/FPAR 产品的空间分辨率为 1km、时间分辨率为 8 天（ftp://e4ftl01.cr.usgs.gov/MOLT/）。TEC GPP 模型首先采用 Zhao 等（2005）的方法对云污染的数据进行插补，在此基础上直接使用 MOD15A2（C5）的 FPAR 产品计算总初级生产力 GPP，并使用 LAI 产品驱动 ARTS E 模型（Yan et al.，2012）计算 E。

4.4.3　MODIS GPP 产品（MOD17A2）

1km 8 天时空分辨率 MOD17A2 GPP/NPP 全球业务化产品是根据 Monteith（1972）光能利用率理论，由 NASA's Global Modeling and Assimilation Office（GMAO）大气再分析数据、植被类型有关的最大光能利用率和 MOD15A2 FPAR 产品计算得到（Running et al.，2000，2004；Zhao et al.，2005；Heinsch et al.，2006）。MOD17A2（C51）8 天 GPP/NPP 产品改善了以往 GPP/NPP 产品中由于 GMAO 气象数据空间分辨率粗和 MOD15A2 FPAR 云污染导致的问题（Zhao et al.，2005）。MOD17A2 C51 GPP 产品（ftp://e4ftl01.cr.usgs.gov/MOLT/）在本研究中用于评估 TEC GPP 模型。

MODIS GPP 算法（Running et al.，2000，2004）采用了基于温度 $T_{\min}$ 和饱和水汽压差 D 的函数作为环境胁迫因子，但没有考虑土壤水分胁迫的影响。

$$\mathrm{GPP} = \varepsilon_{\max} \times m(T_{\min}) \times m(D) \times \mathrm{FPAR} \times \mathrm{PAR} \tag{4.24}$$

$$m(D) = \begin{cases} 1 & D \leqslant D_{\mathrm{open}} \\ \dfrac{D_{\mathrm{close}} - D}{D_{\mathrm{close}} - D_{\mathrm{open}}} & D_{\mathrm{open}} < D < D_{\mathrm{close}} \\ 0.1 & D \geqslant D_{\mathrm{close}} \end{cases} \tag{4.25}$$

式中，$\varepsilon_{\max}$ 是与植被类型有关的最大光能利用率；m（$T_{\min}$）表示低温 $T_{\min}$ 对植被生长的抑制作用；m（D）表示饱和水汽压差 D 对光合作用的抑制作用；FPAR 是冠层吸收入射光合有效辐射 PAR 的比例；D 等于饱和水汽压减去实际水汽压，“close”表示完全抑制，“open”表示没有抑制作用。与植被类型有关的 $\varepsilon_{\max}$、D_{close} 和 D_{open} 参见植被类型特征查找表（BPLUT）（Running et al.，2000，2004）。

Heinsch 等（2006）认为在 MOD17 GPP 模型中 GPP 对 D 胁迫的敏感性部分解决了水分胁迫的问题。MOD17A2 GPP 被认为是唯一的业务化运行的高时空分辨率的全球尺度 GPP 产品，但近来的验证实验（Turner et al.，2003；Rahman et al.，2005；Yang et al.，2007）发现，该产品存在一些与气象数据（Turner et al.，2006；Zhao et al.，2005）、植被类型查找表（Heinsch et al.，2006；Turner et al.，2006）、MOD17 算法本身（Heinsch et al.，2006）有关的明显错误。

4.4.4　全球气象、土壤和植被数据

气候研究中心（Climate Research Unit）CRU 3.0 气候数据是 0.5°等经纬度格点的 1901~2006 年的月陆地气候数据集，用于驱动 ART-E 模型，包括降水、均温、气温日较差、雨日频率、水汽压、云盖度和霜冻频率 7 个参数（New et al.，2000）。数据集覆盖除南极外的全球陆地。CRU 月时间序列显示出气候的月变化。由于 CRU 3.0 数据集不包括风速数据，TEC GPP 模型使用的月均风速数据来源于美国国家环境预报中心 NCEP 下的国家大气研究中心 NCAR 再分析项目（Kistler，2001）。

TEC GPP 模型使用全球 1982~1998 年的 0.5°格点 FASIR 陆地生物物理数据，用于 ARTS E 模型驱动，包括绿色叶面积指数 LAI、粗糙长度和零平面位移，都来自于 ISLSCP

Ⅱ FASIR 归一化差值植被指数 NDVI 月数据集。NDVI 是由 FASIR-AVHRR 的 1 和 2 通道数据计算得到，并经过双反射率分布函数、火山气溶胶、云和大气影响订正（Hall et al.，2006；Los et al.，2000）。在假设叶面积指数 LAI 与植被覆盖度存在线性变换的情况下（Los et al.，2000），LAI 由 NDVI 计算得到。采用 Sellers 等（1989）模型由 LAI 计算得到粗糙长度和零平面位移。FASIR 生物物理数据的误差是其年际间变化强度的 20%~30%（Malmström et al.，1997；Los et al.，2000）。

地表辐射平衡（SRB）数据来源于美国国家宇航局 NASA 用于 ARTS *E* 模型驱动，包括地面和大气层顶的短波 SW 和长波 LW 辐射通量，其精度可用于估计历史气候变化及年际间的气候变化趋势。1°格点的全球短波 SW 和长波 LW 数据集采用辐射传输计算的方法进行了质量控制（Gupta et al.，1992，2001）。地面验证表明月均 SW 辐射通量的偏差 Bias 为−6.7W/m^2、RMSE 为 18.7W/m^2，而月均 LW 辐射通量的偏差为 3.6W/m^2、RMSE 为 12.8W/m^2。

欧洲中期天气预报中心（ECMWF）的 ERA-Interim 全球再分析资料用于驱动 TEC GPP 模型。ERA-Interim 资料作为最新的全球大气再分析资料在水文循环、平流层大气环流和分析场时间一致性方面有实质性改进（Dee et al.，2011）。该模拟研究使用的 1.5°×1.5°空间分辨率 ERA-Interim 光合有效辐射 PAR、地表净辐射、风速、2m 露点温度和气温资料下载自 ECMWF 网站（http：//data-portal.ecmwf.int/）。

C_3 和 C_4 植物作为两个基本的植物功能型，对光、温度、CO_2 和氮的响应有显著差异，并采用不同的光合路径进行光合作用（Pau et al.，2013），因此，需要采用高空间分辨率的 C_3 和 C_4 分布图开展 GPP 模拟。Still 等（2003）采用 C_4 农田气候分布图、农田百分比分布图和不同农田收获面积统计数据等制作了全球 1°格点的 C_3 和 C_4 面积百分比分布图，C_4 和 C_3 植物的全球面积分别为 18.8×10^{6}km^2 和 87.4×10^{6}km^2，其余陆地为冰和裸地覆盖（Still et al.，2003）。C_4 植被百分比数据已成功应用于全球陆地 GPP 估计（Still et al.，2003；Ryu et al.，2011）。

全球降雨气候中心（GPCC）制作了 1901~2010 年 0.5°经纬度格点的月尺度陆地表面降雨气候数据。GPCC 项目是在世界气象组织（WMO）支持下由德国国家气象服务机构运行的。模拟研究使用的 GPCC 全分析降雨产品是采用 SPHEREMAP 经验插值方法（Willmott et al.，1985）由超过 10 年时间序列的全球 67 200 站插值得到的（Rudolf et al.，2011）。

全球 1°格点的国际地圈-生物圈（IGBP）数据和信息服务（DIS）地面土壤数据，包括 150cm 土壤深度的最大可用水含量 M_{awc}，下载自 ORNL-DAAC（http：//daac.ornl.gov/）。

所有全球驱动数据，包括 MOD15A2 LAI/FPAR 产品、GPCC 降雨数据集和 ERA-Interim 月再分析气象数据，都被插值到统一的 1.0°×1.0°格点分辨率上，并在月时间尺度上驱动 TEC GPP 模型。

4.5 蒸散与生产力遥感模型评估

4.5.1 ARTS 蒸散模型评估

4.5.1.1 美洲通量网 19 个通量站用于模型评估

在美洲通量网 19 个通量站的逐日模型精度评估（表 4.5）表明，ARTS *E* 模型误差统计在不同站有所改变。线性回归斜率从 Vaira 站的 0.58 增至 Bartlett 站的 1.32，截距从 Tonzi 站的−0.08mm/d 变到 Donaldson 站的 0.48mm/d。ARTS *E* 模型在 19 站的平均 RMSE 为 0.75mm/d，最小为 MetoliusN 站的 0.44mm/d，最大为 WindR 站的 0.98mm/d。所有站的平均偏差为−0.11mm/d，最小为 FermiA 站的−0.46mm/d，最大为 Bartlett 站的 0.59mm/d；在 15 站存在低估，而在 4 站高估。平均而言，ARTS *E* 模型解释了观测蒸散 70%的方差变化，最小为 WindR 站的 50%，最大为 Bartlett 站的 85%。

表 4.5　ARTS 日估计蒸散的统计均值 Mean（mm/d）、偏差 Bias（mm/d）、均方根误差（mm/d）、决定系数 R^2、线性回归方程的斜率 k 和截距 b（mm/d）

站名	Mean	Bias	RMSE	R^2	k	b
SGP	1.08	−0.18	0.63	0.59	0.82	0.03
Barrow	1.41	0.48	0.82	0.68	0.98	0.5
Bartlett	1.44	0.59	0.85	0.85	1.32	0.31
Bondville	1.25	−0.46	0.85	0.71	0.68	0.07
Donaldson	2.37	−0.09	0.93	0.51	0.77	0.48
FermiA	1.23	−0.46	0.87	0.73	0.64	0.14
FermiP	1.36	−0.22	0.67	0.77	0.76	0.15
Mead Ⅰ	1.43	−0.33	0.92	0.80	0.62	0.32
MeadIR	1.54	−0.29	0.91	0.79	0.65	0.34
MeadR	1.38	−0.33	0.85	0.78	0.64	0.27
Metolius Ⅰ	0.83	−0.39	0.66	0.6	0.67	0.01
MetoliusN	0.89	−0.01	0.44	0.64	0.8	0.16
Mize	2.46	−0.12	0.75	0.66	0.77	0.45
Morgan	1.58	0.21	0.67	0.82	0.83	0.43
Santa	0.79	−0.05	0.45	0.72	0.61	0.27
Tonzi	0.68	−0.42	0.61	0.77	0.69	−0.08
UMBS	1.27	−0.25	0.70	0.84	0.72	0.15
Vaira	0.71	−0.10	0.60	0.56	0.58	0.23
WindR	1.64	0.31	0.98	0.50	1.14	0.12
Average	1.33	−0.11	0.75	0.70		

在 6 站的估计 *E* 和观测 *E* 的日变化（图 4.1 和图 4.2）显示，估计 *E* 成功模拟出了观测 *E* 在 6 个不同生态系统类型的季节变化，包括常绿针叶林（ENF）、落叶阔叶林（DBF）、稀树草原、农田、草地和灌丛（图 4.1 和图 4.2）。在湿度状况极端相反的两站，Donaldson 和 Santa 站，Donaldson 站代表湿润环境下的常绿林，充沛的年降雨量达 1228mm，蒸散量达 927mm/a；而 Santa 站代表干旱的环境，降雨量仅为 310mm/a，蒸散量却达 303mm/a，即几乎100%的年降雨量都以土壤蒸发的形式蒸发到大气中，这是由于植被稀疏，年均 LAI 仅为 0.4，降雨控制着蒸散 *E*。而在 Donaldson 站由于植被稠密，叶面积指数 LAI 约为 5.1，导致 75%的年降雨以植物蒸腾的方式转化为 *E*，即 *E* 的变化主要受可用能量控制。Tonzi 代表第三种气候类型，有明显季节性降雨，68%的年降水（558mm/a）被转化为 *E*（399mm/a）；在雨季，植被 LAI 约为 2，植物蒸腾占 *E* 的绝大部分，而在几乎没有降水的干季，植被

稀疏，蒸散主要以土壤蒸发的形式进行。

尽管在估计 E 和观测 E 之间存在显著的相关关系（图 4.1 和图 4.2），但 ARTS E 模型在 6 个站倾向于低估夏季 E 的峰值，这可能是由于日 LAI 是从 MODIS 8 天的 LAI 产品插值而来，导致夏季日 LAI 峰值的缺少，以及其他气候因子 A、T_a 和 R_h 的影响。

在日尺度上的 19 站的所有数据的散点图表明（图 4.3A），估计 E 和观测 E 有很好的一致性，线性拟合的斜率为 0.74，而截距为 0.24mm/d。ARTS E 模型解释了观测 E 的 69% 方差变化，均方根误差 RMSE = 0.77mm/d，偏差为−0.14mm/d。

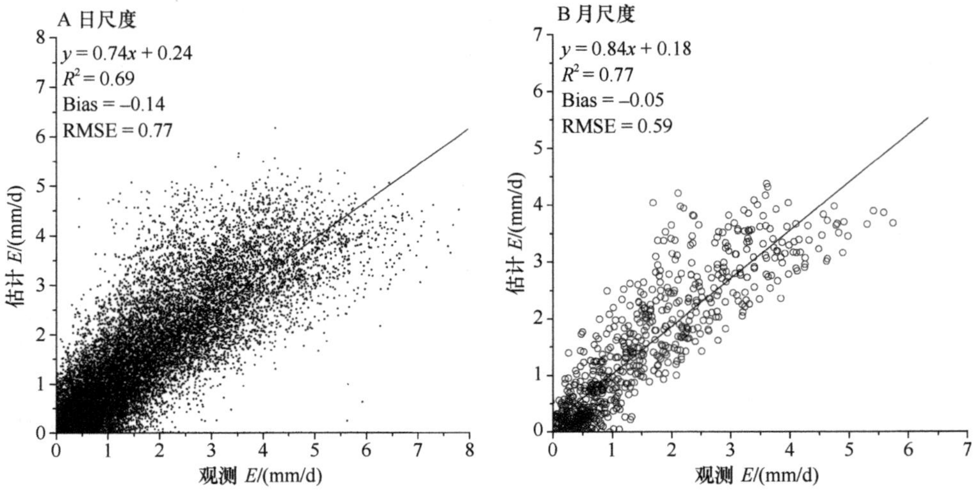

图 4.3　所有站点数据的日（A）和月（B）尺度的估计 E 与观测 E 的散点图

与其他研究成果进行对比，以评估 ARTS E 模型性能。ARTS E 模型精度小于 Leuning 等（2008）提出的一个基于两参数表面导度的 E 模型，该模型非常好地模拟了 15 个通量站观测的日 E（$Y = 0.83X+0.22$，$R^2 = 0.80$）。然而，Leuning 模型需要对每个站的两参数表面导度模型进行优化，而 ARTS E 的模型不需要进行逐站的标定或参数优化。观测站及站数的差异使得模型间的比较不直接及偏定性化，ARTS E 模型性能好于改进的 RS-PM 模型（Mu et al.，2011）及标定的 RS-PM 模型（Yuan et al.，2010）。改进的 RS-PM 模型在 46 站的平均 RMSE = 0.84mm/d，平均决定系数 R^2 = 0.42；标定的 RS-PM 模型在 21 站经过对 3 参数的标定，在 33 验证站上 8 天平均的决定系数 R^2 = 0.68。

与日尺度的评估相似，模型的性能在月尺度上也随站的不同而有所变化（表 4.6）。观测 E 和估计 E 的线性回归方程的斜率在 Vaira 站为 0.65，至 WindR 站为 1.87；平均而言，ARTS E 模型能解释观测 E 80%的方差变化，平均偏差为−0.01mm/d。ARTS E 模型的平均 RMSE 为 0.57mm/d，在 Santa 站最小，为 0.28mm/d，而在 Bartlett 站和 Donaldson 站 RMSE 最大，为 0.82mm/d。

在不同时间尺度上对所有观测数据的评估（图 4.3A，B）表明，ARTS E 精度随时间尺度而增加，线性回归方程的斜率 k 从日尺度的 0.74 增加至月尺度的 0.84。日尺度估计 E（图 4.3A）的 RMSE = 0.77mm/d，偏差 Bias = −0.14mm/d，R^2 = 0.69，而月尺度估计 E（图 4.3B）显示出性能的改善（RMSE = 0.59mm/d，Bias = −0.05mm/d，R^2 = 0.77）。类似

表 4.6　ARTS 月估计蒸散的统计均值 Mean（mm/d）、偏差 Bias（mm/d）、均方根误差（mm/d）、决定系数 R^2、线性回归方程的斜率 k 和截距 b（mm/d）

站名	Mean	Bias	RMSE	R^2	k	b
SGP	1.25	−0.03	0.52	0.63	1.05	−0.1
Barrow	1.56	0.61	0.74	0.85	1.23	0.38
Bartlett	1.44	0.62	0.82	0.92	1.58	0.14
Bondville	1.34	−0.30	0.55	0.84	0.92	−0.17
Donaldson	2.52	−0.01	0.82	0.45	0.72	0.68
FermiA	1.25	−0.34	0.52	0.87	0.84	−0.07
FermiP	1.49	−0.12	0.51	0.83	0.83	0.14
Mead I	1.45	−0.28	0.68	0.89	0.69	0.25
MeadIR	1.54	−0.23	0.65	0.87	0.72	0.26
MeadR	1.39	−0.21	0.51	0.90	0.77	0.14
Metolius I	1.00	−0.31	0.55	0.68	0.8	−0.04
MetoliusN	0.91	0.02	0.32	0.78	0.94	0.07
Mize	2.64	0.06	0.52	0.76	0.76	0.65
Morgan	1.77	0.36	0.59	0.88	0.94	0.43
Santa	0.84	0.01	0.28	0.83	0.86	0.12
Tonzi	0.75	−0.34	0.43	0.89	0.92	−0.26
UMBS	1.28	−0.17	0.45	0.92	0.8	0.11
Vaira	0.79	−0.03	0.59	0.52	0.65	0.25
WindR	1.74	0.42	0.81	0.88	1.87	−0.74
Average	1.42	−0.01	0.57	0.80		

地，Mu 等（2011）报道了日尺度误差统计（RMSE = 0.84mm/d 和 R^2 = 0.42），而 Fisher 等（2008）给出了一个明显改善的月尺度误差统计（RMSE = 0.53mm/d 和 R^2 = 0.90）。这表明蒸散模型的性能依赖于时间尺度变化，以往的研究很少提及时间尺度的影响，因此最好在相同时间尺度上进行模型比较。

当采用线性回归分析对观测蒸散和估计蒸散进行比较时，类似的研究都存在模型性能高估的问题，这主要是由于蒸散的变化在很大程度上是由可用能量决定的。因此，一个更客观地评估模型性能的方法是从观测/估计蒸散中减去均衡蒸发以研究蒸散模型是否能很好地解释残差。

$$E_{\mathrm{eq}} = \frac{\varDelta A}{\varDelta + \gamma} \tag{4.26}$$

式中，E_{eq}是均衡蒸散，$\varDelta$为饱和水汽压随湿度的斜率，γ为湿度计算常数。

表 4.7 显示出 ARTS E 蒸散模型能解释降雨偏少（~589mm/a）的 6 个站（SGP、MetoliusI、MetoliusN、Santa、Tonzi 和 Vaira）75%的残差变化，然而 ARTS E 模型仅能解释降雨偏多（~1112mm/a）、土壤水分不是限制性因素的 13 个站 47%的残差变化。因此，估计的 $E - E_{\mathrm{eq}}$ 在降雨控制的站有较高的 R^2，而在能量控制的站会有较低的 R^2。需要说明的是，SGP 站受到水分胁迫主要是由于该站的土壤层薄。估计 $E - E_{\mathrm{eq}}$ 和观测 $E - E_{\mathrm{eq}}$ 的线性回归方程的斜率从 Donaldson 站的 0.09 增加到 Tonzi 站的 0.98，截距从 FermiA 站 −0.56mm/d 增加到 Barrow 站的 0.05mm/d。

表 4.7　日估计蒸散 E 减去 E_{eq} 的误差统计均值 Mean（mm/d）、偏差 Bias（mm/d）、均方根误差（mm/d）、决定系数 R^2、线性回归方程的斜率 k 和截距 b（mm/d）

站名	Mean	Bias	RMSE	R^2	k	b
SGP	−0.61	−0.18	0.63	0.75	0.73	−0.30
Barrow	−0.57	0.48	0.81	0.41	0.59	0.05
Bartlett	−0.35	0.59	0.85	0.41	0.37	0.00
Bondville	−0.49	−0.45	0.85	0.26	0.35	−0.48
Donaldson	−0.08	−0.09	0.95	0.10	0.09	−0.09
FermiA	−0.63	−0.46	0.87	0.44	0.45	−0.56
FermiP	−0.57	−0.22	0.67	0.36	0.46	−0.41
Mead Ⅰ	−0.54	−0.33	0.92	0.25	0.28	−0.48
MeadIR	−0.49	−0.29	0.91	0.26	0.26	−0.44
MeadR	−0.56	−0.33	0.85	0.28	0.33	−0.48
Metolius Ⅰ	−0.67	−0.39	0.66	0.76	0.68	−0.48
MetoliusN	−0.95	−0.01	0.44	0.83	0.85	−0.16
Mize	−0.33	−0.12	0.74	0.18	0.39	−0.25
Morgan	−0.36	0.21	0.67	0.38	0.35	−0.16
Santa	−1.39	−0.05	0.45	0.87	0.80	−0.33
Tonzi	−1.76	−0.42	0.61	0.93	0.98	−0.45
UMBS	−0.35	−0.25	0.70	0.29	0.37	−0.31
Vaira	−1.00	−0.10	0.60	0.92	0.66	−0.41
WindR	−0.45	0.31	0.98	0.47	0.29	−0.23

日均估计的 $E-E_{eq}$ 和观测的 $E-E_{eq}$ 之间的散点图（图 4.4）显示出，在 Tonzi、SGP 和 Santa 站存在很强的相关性，而在 Donaldson、UMBS 和 FermiP 站存在弱相关性。

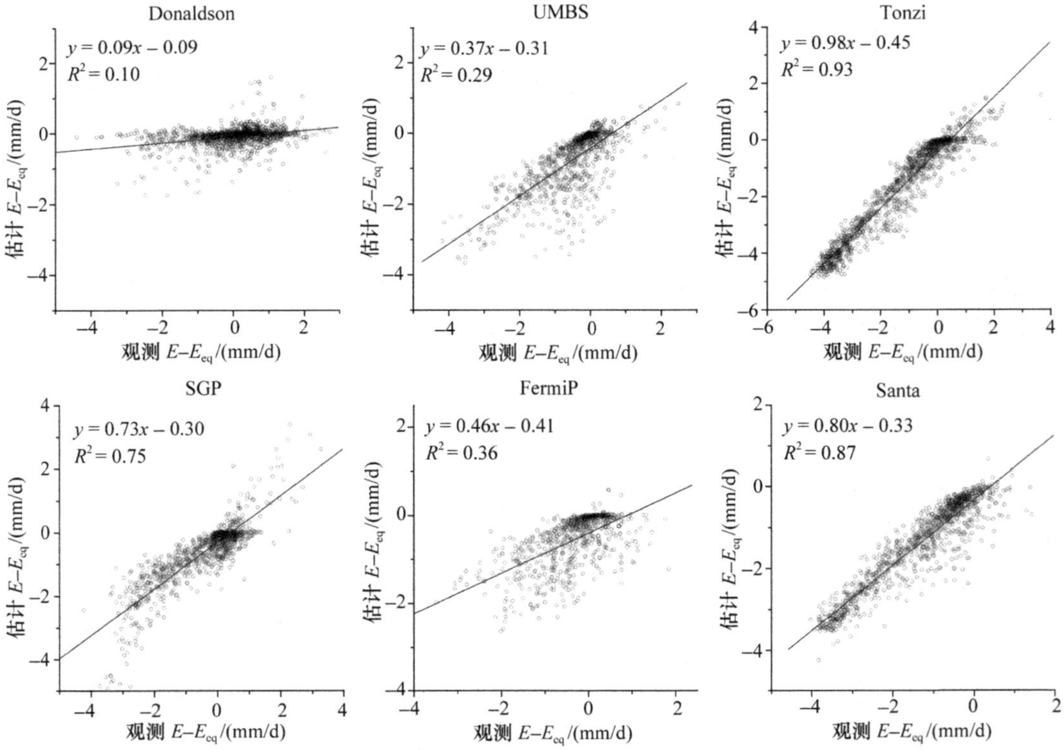

图 4.4　在 6 个通量站的日均估计蒸散 E 减去均衡蒸散 E_{eq} 与日均观测蒸散 E 减去均衡蒸散 E_{eq} 的散点图

与观测相比，估计的 $E-E_{eq}$（表 4.7）和估计的 E（表 4.5）的线性回归方程和决定系数 R^2 在 19 个通量站存在差异，这揭示出直接比较估计 E 和观测 E 在能量控制的站会高估模型性能。然而，与观测相比，估计 $E-E_{eq}$ 和估计 E 的偏差 Bias 和 RMSE 几乎相等（表 4.5）。

ARTS E 模型采用的是一个两因子（相对湿度 H_R 和叶面积指数 L_{ai}）的冠层导度 G_c 模型，忽略了太阳辐射 S 和气温 T_a 影响。为评估双因子 G_c 模型，本研究发展了一个四因子的 G_c 模型，考虑了 S、T_a、H_R 和 L_{ai} 的影响，

$$G_c = g_{s\max} \times f(S) \times f(T_a) \times H_R \times L_{ai} \tag{4.27}$$

式中，最大气孔导度 g_{smax} 是 12.2m/s，S 和 T_a 的影响函数分别采用 Stewart（1998）及 Noilhan 和 Planton（1989）的方程，

$$f(S) = (1 + c/1000) \times S/(c + S) \tag{4.28}$$

$$f(T_a) = 1 - 0.0016(298 - T_a)^2 \tag{4.29}$$

式中，S 是太阳辐射（W/m^2），$c = 100$，T_a 是气温（K）。

采用新定义的四因子 G_c 模型计算了 6 个站（图 4.5）的植物蒸腾 E_c[见公式（4.7）]，并与原始的两因子 G_c 模型[见公式（4.9）]计算的蒸腾 E_c 进行了比较，结果显示出两者存在显著相关，其 $R^2 > 0.98$，这表明，忽略太阳辐射 S 和气温 T_a 影响不会实质性地改变估计的蒸腾 E_c。这与其他忽略太阳辐射 S（Landsberg and Waring，1997；Cleugh et al.，2007；Mu et al.，2011）和温度（Stewart and Gay，1989；Landsberg and Waring，1997；Leuning et al.，2008）冠层导度影响的气孔或冠层导度参数化的研究相一致。

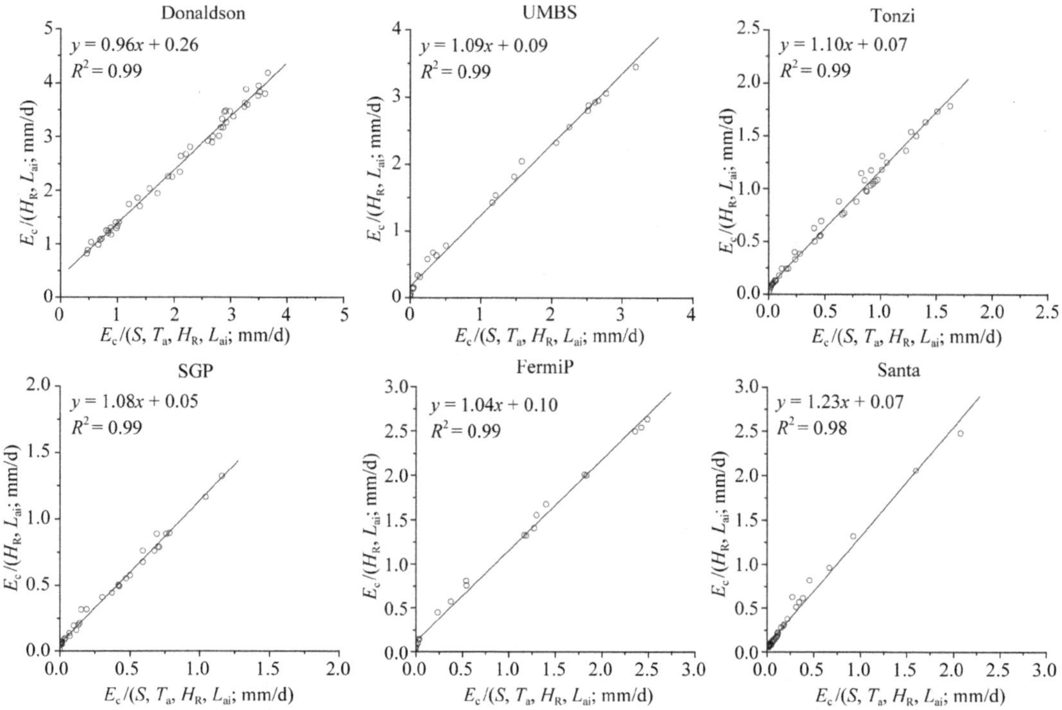

图 4.5 在 6 个通量站的由两因子（H_R 和 L_{ai}）G_c 模型估计的月均蒸腾 E_c 与四因子（S、T_a、H_R 和 L_{ai}）G_c 模型估计的月均蒸腾 E_c 的散点图

4.5.1.2　全球陆地蒸散估计分析

首先将全球 SRB 辐射数据和 IGBP-DIS 的土壤资料双线性插值至 0.5°空间分辨率，基于月遥感 LAI、CRU 气候数据和 SRB 辐射数据估计出 1984~1998 年的全球陆地蒸散 E。结果表明，估计的全球多年平均陆地 E 为 $58.4\times10^3km^3$，位于 GSWP-2 项目（Dirmeyer et al.，2006）给出的范围内（58×10^3~$85\times10^3km^3$）。但我们的估计值小于 Mu 等（2011）和 Jung 等（2010）给出的 $62.8\times10^3km^3$ 和 $65.0\times10^3km^3$。部分原因是本研究使用的 SRB 短波辐射和长波辐射分别存在负的和正的偏差，导致净辐射存在明显的负偏差（Gupta et al.，1992，2001）。

图 4.6A 给出了年均 E 的空间分布。南美、非洲和亚洲的赤道和亚热带森林的 E 高达 1300mm/a。相反地，北非、中东、中亚和澳大利亚等主要沙漠和北半球高纬度地区的 E 小于 200mm/a。

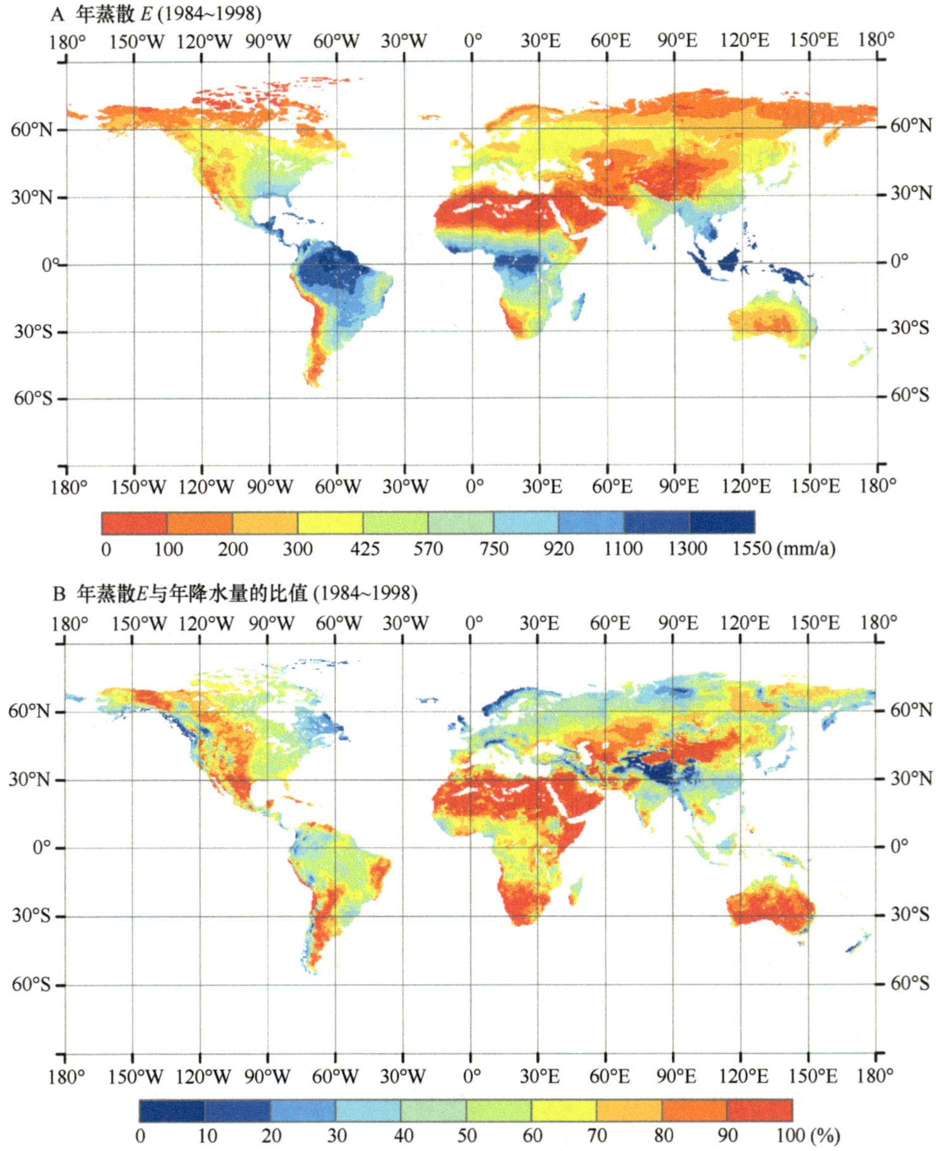

图 4.6　全球 1984~1998 年蒸散 E（A）及年蒸散与年降水量的比值（B）的气候分布

Yan 等（2012）计算了 1984~1998 年多年的年蒸散 E 除以年降水量的比值，以评估蒸散 E 的空间分布特征。图 4.6B 显示出在北非、中东、中亚和澳大利亚等主要沙漠地区，几乎全部降水都蒸发至大气中，而在植被覆盖地区，年蒸散 E 小于年降水量，即部分降水转换成 E，剩余降水形成径流和渗流。

图 4.7 给出了基于 ARTS E 模型和 GSWP-2 项目的全球陆地 E 的纬度分布。1984~1998 年的年均 ARTS E（图 4.7A）表明，赤道地区年均 E 通常较高，超过 1100mm/a。中、高纬度地区的年均 E 通常较小，小于 450mm/a。类似地，在亚热带的 Donaldson 和 Mize 两站，观测 E 都超过了 920mm/a；而在苔原和温带，年均 E 从 Bartlett 站的 299mm/a 变化至 MeadIR 站的 644mm/a（表 4.3）。ARTS E 估计值位于通量观测的 E 范围内。

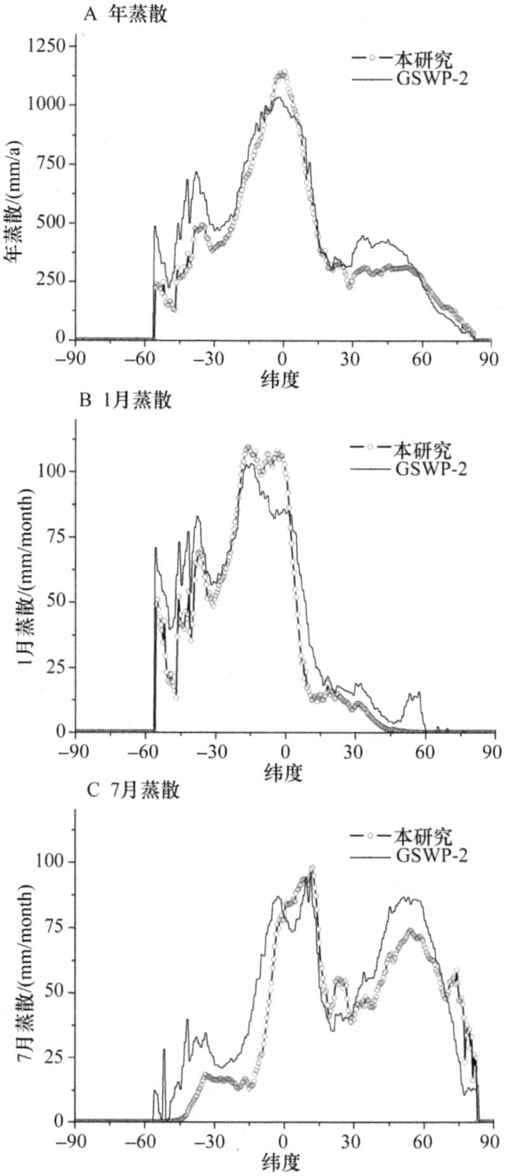

图 4.7　ARTS E 和 GSWP-2 模型计算的全球陆地年蒸散（A）、1 月蒸散（B）和 7 月蒸散（C）的纬度平均值

南北半球的中高纬度地区 E 显示出显著的季节性变化。1 月（图 4.7B），月均 E 在南半球的夏季增加，而在北半球的冬季减小；7 月（图 4.7C）呈相反的变化。与 GSWP-2 项目的比较显示出，ARTS E 模型清楚地模拟出年均 E（图 4.7A）和季节 E（图 4.7B，C）随纬度的主要变化特征，也反映出南北半球 E 的明显变化强烈地受可用能量的控制。

ARTS E 模型估计的全球陆地 E（图 4.8）从 1984 年至 1998 年呈现出增长的趋势，平均每 10 年增加 15.5mm（$P<0.01$）。这证实了 Jung 等（2010）的研究结果，即全球 E 以每 10 年 9.9mm 的速率增长（$P<0.01$）。全球陆地生态系统蒸散 E 的增加与陆地水循环的增强相一致，这主要是由于地表太阳辐射增加和温度增加（Wild et al.，2008；Jung et al.，2010）。然而，相反的结果（Zhang et al.，2011）表明 MTE 和其他基于遥感能量平衡的蒸散方法可能解释不了湿润地区基于流域水量平衡估算出来的 E 变化趋势，这可能是由于使用的遥感辐射和格点气象数据精度欠佳。

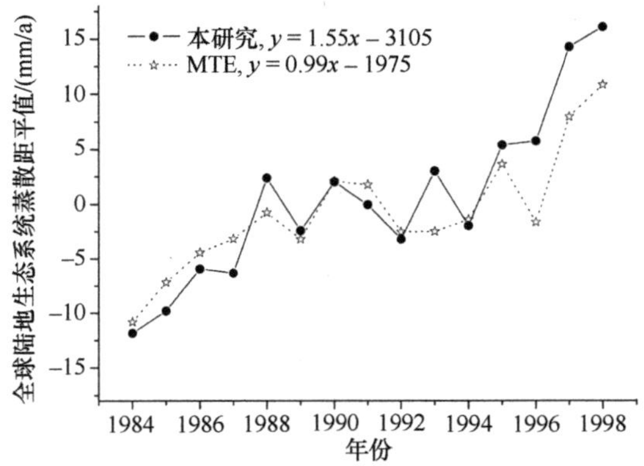

图 4.8 1984~1998 年 ARTS 和 MTE 模型计算的全球年陆地蒸散距平值

4.5.2 TEC GPP 模型评估

4.5.2.1 美洲通量网观测数据评估 TEC GPP 模型

在代表着不同生态系统类型和不同气候的 18 个通量站对 TEC GPP 估计值进行了验证。C_3 和 C_4 农田轮作信息被加入 TEC GPP 模型中，用于模拟相应通量观测站的 GPP。TEC GPP 模型估计的 18 站月均 GPP 的误差统计（样本数为 672）$r = 0.85$、RMSE = 2.2g C/（m^2·d）和 Bias = −0.05g C/（m^2·d）（图 4.9A 和表 4.3）。TEC GPP 模型的精度随森林、农田和草地站点不同而变化。TEC GPP 在森林站的精度[r =0.87，RMSE = 1.60g C/（m^2·d），Bias = 0.04g C/（m^2·d）]高于农田[RMSE =2.67g C/（m^2·d）]和草地站点[RMSE =2.05g C/（m^2·d）]。

TEC GPP 模型模拟出了 18 个站 GPP 的季节变化和强度变化（图 4.10 和表 4.8）。在 SGP、Mize、Vaira 三个通量站的相关性较差（r 为 0.46~0.66，见表 4.8）。在森林站，RMSE 误差较低值 1.00g C/（m^2·d）出现在 Bartlett 站，而 RMSE 误差较高值 2.43g C/（m^2·d）出现在 Mize 站。森林站的相关系数 r 值在 Mize 站的 0.66 到 Bartlett 站的 0.97 之间波动。

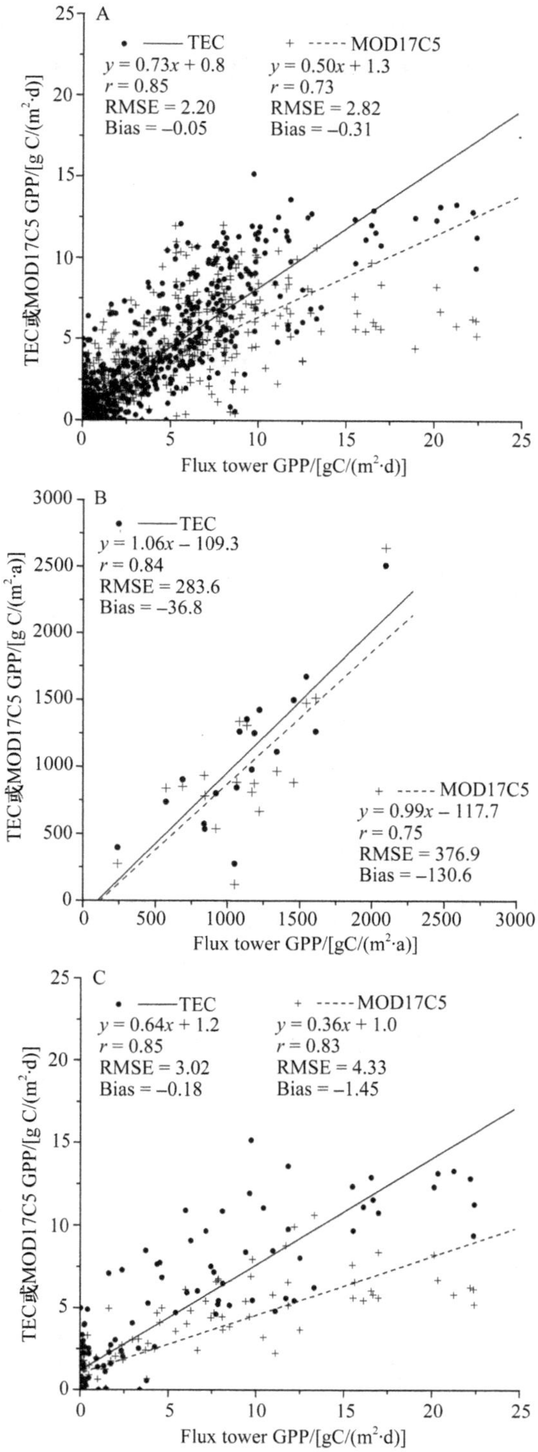

图 4.9　通量观测 GPP 与估计的 TEC GPP 和 MOD17C5 GPP 在月尺度上（A）和年尺度上（B）的散点图及在 6 个 C_4 站上的月散点图（C）

在农田站，RMSE 从 SGP 站的 1.52g C/（$m^2 \cdot d$）增加至 MeadI 站的 3.64g C/（$m^2 \cdot d$）。农

田站的相关系数 r 值在 SGP 站的 0.46 至 MeadR 站的 0.94 之间。在草地站，RMSE 从 Santa 站的 0.60g C/（m^2·d）增加至 Barrow 站的 3.91g C/（m^2·d）（相关系数 r 值在 Vaira 站的 0.64 至 Santa 站的 0.90 之间）。

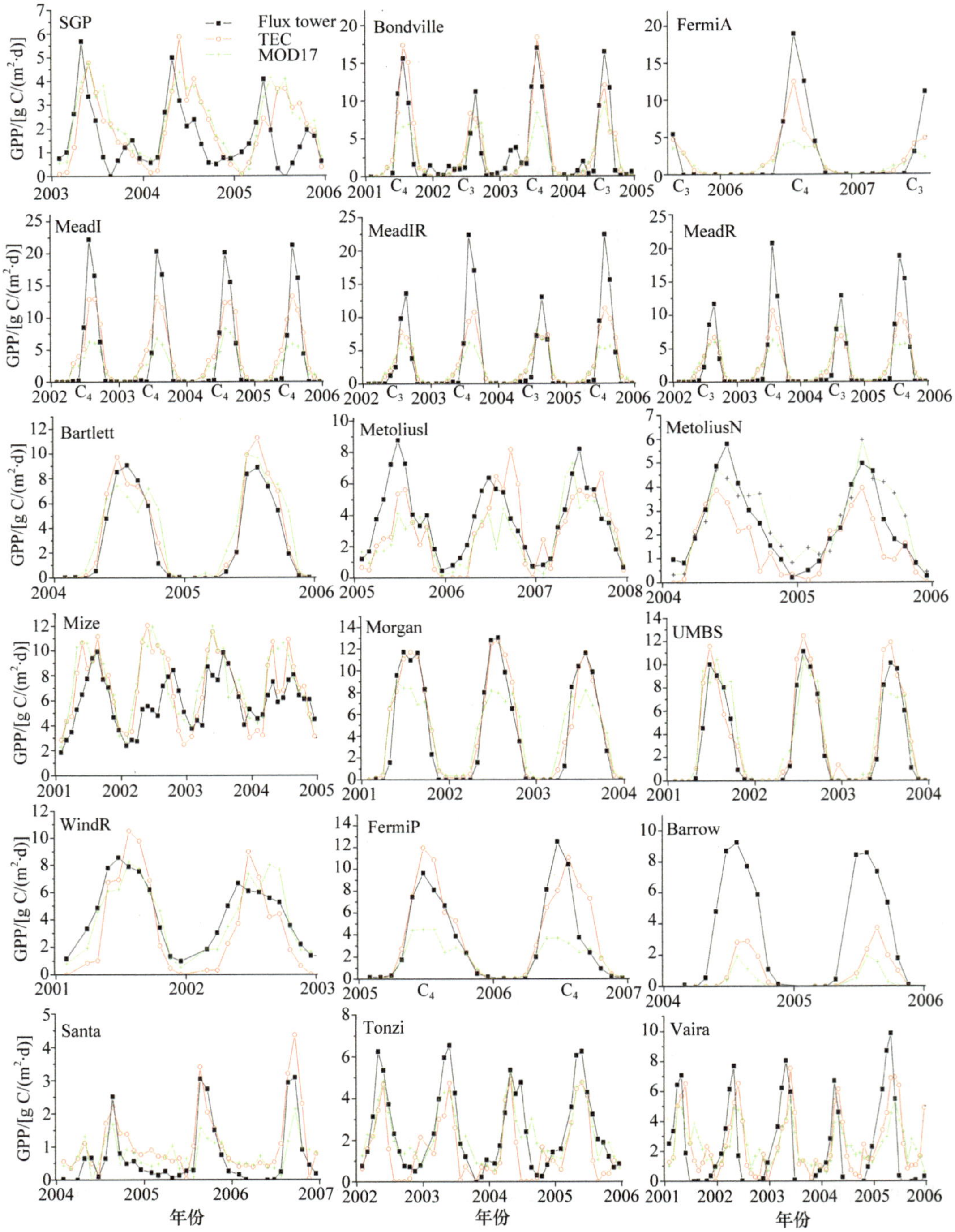

图 4.10　美洲通量网 18 个通量站上的观测 GPP 与 TEC 模型估计的 GPP、MOD17 GPP 的月季节变化对比

表 4.8　在通量站的 TEC GPP 和 MOD17C5 GPP 的月尺度验证误差统计[偏差 Bias，g C/（m^2·d）；均方根误差 RMSE，g C/（m^2·d）；相关系数 r]

站名	样本数 N	TEC GPP 模型			MOD17C5 GPP		
		Bias	RMSE	r	Bias	RMSE	r
Bartlett	24	0.50	1.00	0.97	0.71	1.72	0.89
MetoliusI	36	−0.63	1.83	0.71	−1.04	1.93	0.71
MetoliusN	24	−0.73	1.07	0.88	0.26	0.84	0.87
Mize	48	1.17	2.43	0.66	1.55	2.78	0.54
Morgan	36	0.31	1.58	0.96	−0.19	2.52	0.88
UMBS	36	0.62	1.31	0.96	0.49	1.60	0.92
WindR	24	−0.93	1.99	0.88	−0.16	1.23	0.88
所有森林站	228	0.04	1.60	0.87	0.23	1.80	0.82
SGP	36	0.45	1.52	0.46	0.74	1.52	0.49
Bondville	48	−0.57	2.42	0.90	−0.88	3.14	0.85
FermiA	24	−0.33	2.47	0.92	−1.06	4.08	0.75
MeadI	48	−0.20	3.64	0.91	−1.70	5.40	0.87
MeadIR	48	−0.57	3.32	0.92	−1.06	4.66	0.77
MeadR	48	−0.50	2.82	0.94	−0.62	1.49	0.79
所有农田站	252	−0.16	2.67	0.86	−0.76	3.38	0.77
FermiP	24	−0.83	2.12	0.89	−1.54	3.04	0.88
Barrow	24	−2.71	3.91	0.77	−3.25	4.52	0.79
Santa	36	0.43	0.60	0.90	0.09	0.67	0.76
Tonzi	48	−0.92	1.49	0.79	−0.19	1.04	0.88
Vaira	60	0.63	2.32	0.64	0.48	2.43	0.57
所有草地站	192	−0.40	2.05	0.81	−0.88	2.34	0.78
所有站	672	−0.05	2.20	0.85	−0.31	2.82	0.73

在年尺度上的评估显示出 TEC GPP 的精度随着时间尺度的增长而增加；线性回归方程的斜率 k 从月的 0.73 增加到年的 1.06。TEC GPP 年估计误差[RMSE = 0.77g C/（m^2·d），Bias = −0.1g C/（m^2·d），r = 0.84]好于月尺度估计（图 4.9B）。

4.5.2.2　在通量观测站对 E/E_{PT} 水分胁迫因子的评估

由于水分胁迫因子在 GPP 模型中发挥着关键作用，因此很有必要采用通量站观测的 E/E_{PT} 对 TEC GPP 模型计算的 E/E_{PT} 水分胁迫因子进行评估。图 4.11 显示出在 18 个通量站上，TEC E/E_{PT} 能解释 62%的通量 E/E_{PT} 方差变化，TEC E/E_{PT} 的 RMSE 为 0.18 g C/（m^2·d）、Bias 为−0.01 g C/（m^2·d）。在 3 个代表性的通量站（Vaira、Bondville、Mize），观测到 E/E_{PT} 季节变化有明显不同（图 4.12A，B 和 C），这主要是由实际蒸散 E 和能量供应 E_{PT} 的差异引起的（图 4.12D，E 和 F）。

Vaira 观测站的年均降雨量为 565mm/a，代表着一种有明显干、湿季变化的地中海式气候，而生长季主要集中在 10 月到第二年 5 月的湿季。干季的潜在蒸散 E_{PT} 较高，而实际蒸散 E 较小（图 4.12D）。因此，TEC E/E_{PT} 和通量 E/E_{PT} 都有明显的季节变化，E/E_{PT}

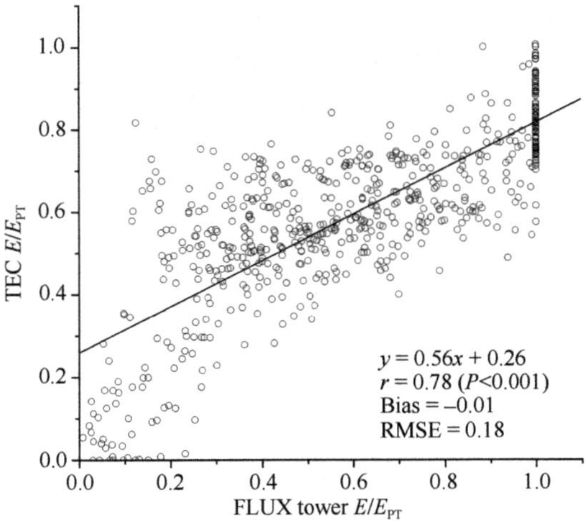

图 4.11　观测的月 E/E_{PT} 与 TEC 估计 E/E_{PT} 在 18 个站所有数据的散点图

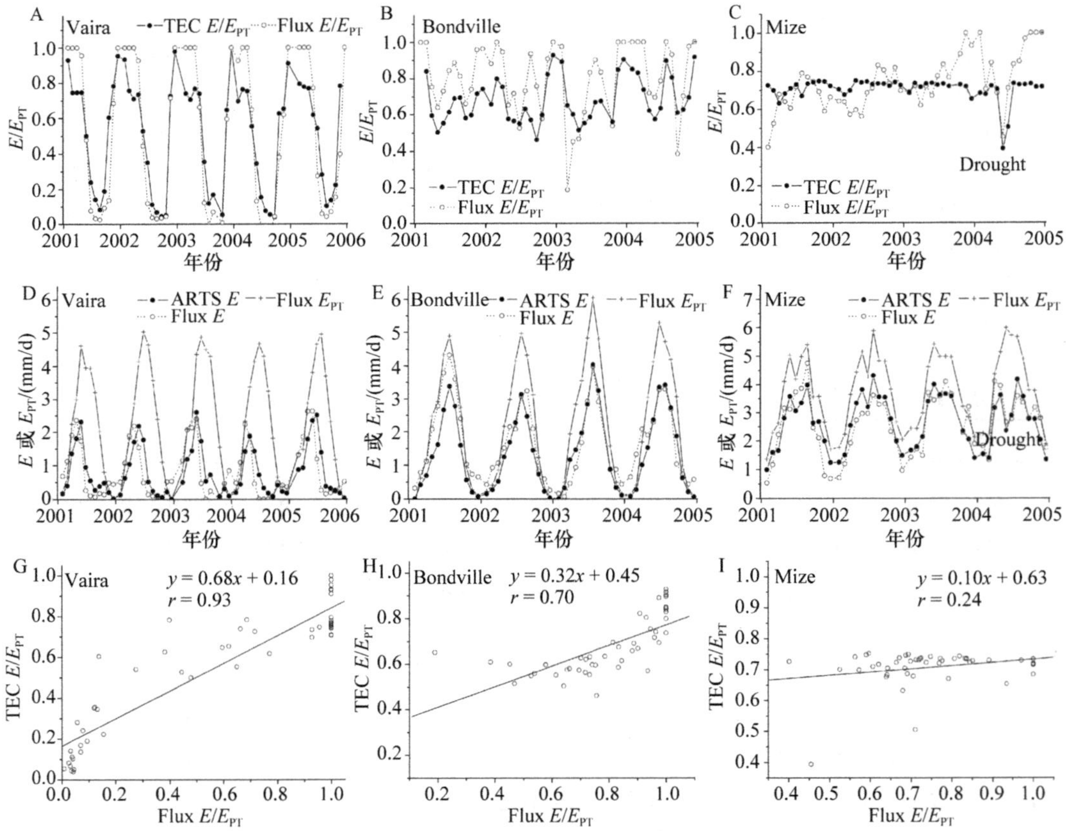

图 4.12　TEC 计算和通量观测的水分胁迫因子 E/E_{PT}（A，B，C）、E 和 E_{PT}（D，E，F）在 Vaira、Bondville 和 Mize 通量站的年际变化及月通量观测和 TEC 计算的 E/E_{PT} 散点图（G，H，I）

从湿季的 0.9 减小到干季的 0.1（图 4.12A），这表明水分供应控制着 E/E_{PT} 的季节变化（图 4.12D），并促成 TEC E/E_{PT} 和通量 E/E_{PT} 之间的显著相关，相关系数 r 达 0.93（图 4.12G）。

Bondville 观测站的植被是 C_4 玉米和 C_3 大豆的轮作，气候属温带大陆性气候，年降雨量约为 990mm/a。由于没有明显的水分胁迫，ARTS E 和通量 E 随着潜在蒸散 E_{PT} 的增加而增加，即能量供应 E_{PT} 控制着 E（图 4.12E）。TEC E/E_{PT} 与通量 E/E_{PT} 的相关系数 r 为 0.70（图 4.12H）。

Mize 观测站的年均降雨量为 1228mm/a，夏季降雨占年降雨量的 52%。由于降雨充足，E 主要受能量控制（图 4.12F），TEC E/E_{PT} 的值一般稳定在 0.7（图 4.12C）；但是 2004 年春季的干旱导致 E/E_{PT} 减小至 0.45，ARTS E（图 4.12F）和 TEC GPP（图 4.2）都监测到这一干旱事件的影响。由于没有明显季节变化，TEC E/E_{PT} 与通量 E/E_{PT} 的相关系数较小，仅为 0.24（图 4.12I）。

综上，可以得到如下结论，在水分供应充足的观测站（如森林和灌溉农田），由于实际蒸散 E 的变化主要受能量如潜在蒸散 E_{PT} 控制，TEC E/E_{PT} 与观测通量 E/E_{PT} 的相关系数较小。换句话说，就是在湿润环境下的 GPP 估计中，E/E_{PT} 并不产生水分胁迫因子的影响，因此，TEC E/E_{PT} 与通量观测 E/E_{PT} 间的低相关不影响 GPP 的估计精度。例如，在 Bartlett 站 TEC E/E_{PT} 的相关系数 r 仅为−0.06，但 TEC GPP 与观测 GPP 的相关系数 r 很高，达到 0.97（图 4.10）。

4.5.2.3　在通量观测站对两种水分胁迫因子 E/E_{PT} 和 E/R_n 的比较

EC-LUE 总初级生产力 GPP 模型（Yuan et al.，2007）采用的 E/R_n 也具有类似 E/E_{PT} 的表示水分胁迫因子的能力，Yan 等（2015）从以下方面对这两个水分胁迫因子进行了评估。首先，在月尺度上在所有通量站上采用 E/R_n 取代公式（4.21）中的 E/E_{PT} 来定义 $W_ε$，并计算了一个新的 TEC GPP_{R_n}。图 4.13 显示出，TEC GPP_{R_n} 的误差[RMSE = 2.28g C/（m^2·d）]，Bias = −0.46g C/（m^2·d），r = 0.84）]较原始的 TEC GPP 误差略大。

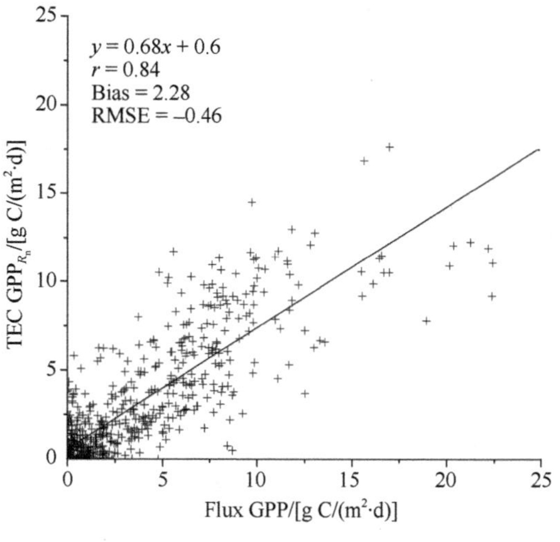

图 4.13　通量观测 GPP 与采用 E/R_n 值作为水分胁迫因子计算的 TEC GPP_{R_n} 的散点图

其次，因为基于饱和水汽压差（D）及土壤湿度（SM）计算的水分胁迫因子已应用在现有 GPP 模型中（表 4.2），所以，由 D 和 SM 派生的水分胁迫因子作为独立参数也具有评估其他水分胁迫因子如 E/E_{PT} 和 E/R_n 的能力。根据 3-PG 模型（Landsberg and Waring，

1997）中水分胁迫因子 W_{ε} 的定义，Yan 等（2015）在通量站计算了饱和水汽压差因子 *f*（*D*）和土壤湿度因子 *f*（SM），并取 *f*（*D*）和 *f*（SM）中的最小值定义为 3-PG 水分胁迫因子 W_{ε}；同时，将 *f*（*D*）和 *f*（SM）的乘积定义为另一个新的水分胁迫因子 $W_{\varepsilon 1}$。

近一步的相关分析（图 4.14A）显示出 3-PG W_{ε} 水分胁迫因子在 11 站与 E/E_{PT} 的相关系数 *r* 高于与 E/R_n 的相关系数 *r*（除了 Bartlett 通量站）。采用 *f*（*D*）×*f*（SM）定义的 $W_{\varepsilon 1}$ 与 E/E_{PT} 的相关系数 *r* 也高于与 E/R_n 的相关系数 *r*（图 4.14B）。因此，*f*（*D*）和 *f*（SM）中的最小值、*f*（*D*）与 *f*（SM）的乘积也具有表示水分胁迫因子的能力（图 4.14C）。需要说明的是，由于缺少土壤水分观测数据，6 个通量站（MeadI、MeadIR、MeadR、Mize、

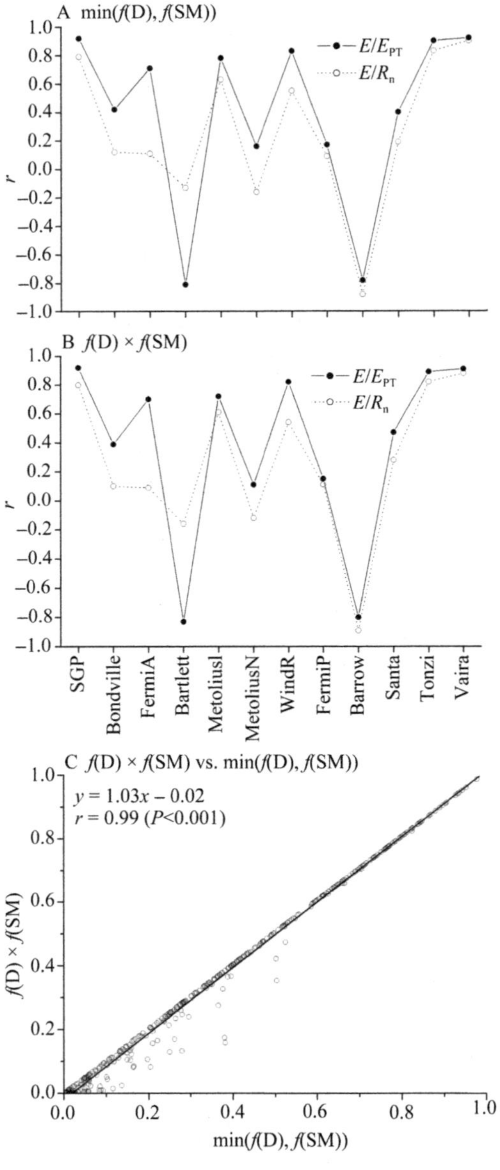

图 4.14　在 12 个通量站的 *f*（*D*）和 *f*（SM）中的最小值与 E/E_{PT} 和 E/R_n 的相关系数 *r*（A），*f*（*D*）×*f*（SM）与 E/E_{PT} 和 E/R_n 的相关系数 *r*（B），*f*（*D*）和 *f*（SM）中的最小值与 *f*（*D*）×*f*（SM）的散点图（C）

Morgan 和 UMBS）没有显示在图 4.14 中。综上，在 TEC GPP 模型框架下，E/E_{PT} 水分胁迫因子在表示水分胁迫方面好于 E/R_n 水分胁迫因子。同时，基于 E/E_{PET} 的干旱严重性指数（DSI）已经成功应用于全球干旱变化研究（Mu et al.，2013）。

4.5.2.4 与 MOD17C5 GPP 和其他 GPP 模型的比较

原始的 8 天 MOD17C5 GPP 产品被平均到月尺度上，并与通量 GPP 和 TEC GPP 进行了比较。MOD17C5 GPP 月误差统计（样本数为 672）r = 0.73，RMSE = 2.82g C/（m^2·d），Bias = −0.31g C/（m^2·d）（图 4.9A）。因此，TEC GPP 反演精度好于 MOD17C5 GPP（图 4.9A 和表 4.8）。在森林站，TEC GPP 的 r = 0.87、RMSE = 1.60g C/（m^2·d），然而 MOD17C5 GPP 的 r = 0.82、RMSE = 1.80g C/（m^2·d）。在农田站，TEC GPP 的 r = 0.86、RMSE= 2.67g C/（m^2·d），而 MOD17C5 GPP 的 r = 0.77、RMSE = 3.38g C/（m^2·d）。在草地站，TEC GPP 的 r = 0.81、RMSE = 2.05g C/（m^2·d），而 MOD17C5 GPP 的 r = 0.78、RMSE = 2.34g C/（m^2·d）。这表明，TEC GPP 和 MOD17C5 GPP 在森林站的估计精度都高于非森林站。Yang 等（2007）和 Heinsch 等（2006）也报道过类似结果。MOD17C5 GPP 年估计精度［RMSE = 1.03g C/（m^2·d），Bias = −0.35g C /（m^2·d），r = 0.75］也优于月估计精度（表 4.8）。

MOD17C5 GPP 在农田站和草地站存在明显的低估，偏差分别为–0.76g C/（m^2·d）和–0.88g C/（m^2·d），这与 Yang 等（2007）和 Zhang 等（2008）的分析一致。Sjöström 等（2013）同样也发现 MOD17C5 在非洲撒哈拉干旱区低估了 GPP。而 TEC GPP 偏差较小，在农田站和草地站的偏差分别为–0.16g C/（m^2·d）和–0.40g C/（m^2·d）（表 4.8）。

表 4.8 显示出 MOD17C5 GPP 在 C_4 农田和草地的 6 个站（Bondville、FermiA、MeadI、MeadIR、MeadR 和 FermiP）经常发生显著低估。例如，MeadIR 农田站种植的是 C_4 玉米，而 FermiP 草地站覆盖的是 C_4 草。图 4.9C 显示出在 6 个种植 C_4 植物的站，MOD17C5 GPP 误差[RMSE = 4.33g C/（m^2·d），Bias = −1.45g C/（m^2·d），r = 0.83]明显大于 TEC GPP。

MOD17C5 GPP 低估的部分原因是忽视了 C_3 和 C_4 植被类型的差异，因为 C_4 植物的叶光合速率远远大于 C_3 植物（Jones，1992；Pearcy and Ehleringer，1984；Prince and Goward，1995；Baldocchi，1994；Verma et al.，2005）。为解决 C_3 和 C_4 植被类型导致的 GPP 估计误差，TEC GPP 模型与 GLO-PEM GPP 模型（Prince and Goward，1995）相似，对 C_3 和 C_4 植被都采用了独立的最大光能利用率（ε^*）。TEC GPP 模型采用合适的 C_4 ε^* 用于 C_4 植被，而 C_3 ε^* 用于 C_3 植被；细致地处理 C_3 和 C_4 植被的差异是 TEC GPP 模型的一个主要优点。而 MOD17C5 GPP 作为一个全球 GPP 模型并没有区分 C_3 和 C_4 植被类型。误差表明在模拟全球陆地 GPP 时，迫切需要考虑 C_3 和 C_4 植被类型的空间分布。

部分对 ε^* 事先标定的 GPP 模型估计的 GPP 精度高于 TEC GPP 模型。例如，EC-LUE 模型能解释 16 个美洲通量站观测资料 77%的方差变化（Yuan et al.，2007）、32 个亚洲通量站 C_3 和 C_4 植被观测资料 79%和 62%的方差变化（Li et al.，2013）。而 TEC GPP 只能解释 18 个美洲通量站月观测资料 71%的方差变化。SVM 模型在 24 个美洲通量站估计的 GPP 精度为 RMSE = 1.87g C/（m^2·d）、r = 0.84（Yang et al.，2007），而 TEC GPP 模型估计 GPP 的 r 同样是 0.84，但 RMSE 偏大，为 2.20g C/（m^2·d）。SVM 模型采用 33 个美洲通量站观测资料进行标定；EC-LUE 采用了 12 个通量站观测资料进行训练。而 TEC GPP 模型对 C_3 和 C_4 植被分别采用已发表的 ε^*=1.8g C/MJ 和 ε^* 2.73g C/MJ。因此，TEC GPP

模型的一个优点是可以应用到更大区域而无需再标定。

4.5.2.5　TEC GPP 全球估计

TEC GPP 模型采用 2000~2010 年共 11 年的月 MODIS-FPAR 和 1.0°空间分辨率的 ECMWF-ERA 再分析资料估计全球陆地 GPP。图 4.15 显示出年 TEC GPP 空间分布受气候控制。暖湿气候一般有高的 GPP；南美、非洲和亚洲岛屿的热带和亚热带森林的 GPP 高达 2000g C/（$m^2 \cdot a$）。相反，冷、干气候区由于受到低温和降雨稀少的胁迫常对应着低 GPP；在北非、中东、中亚和澳大利亚及北半球高纬度地区的 GPP 较低，小于 590g C/（$m^2 \cdot a$）。这种全球 GPP 的空间分布与已有研究一致（Sasai et al.，2007；Yuan et al.，2010；Jung et al.，2011）。

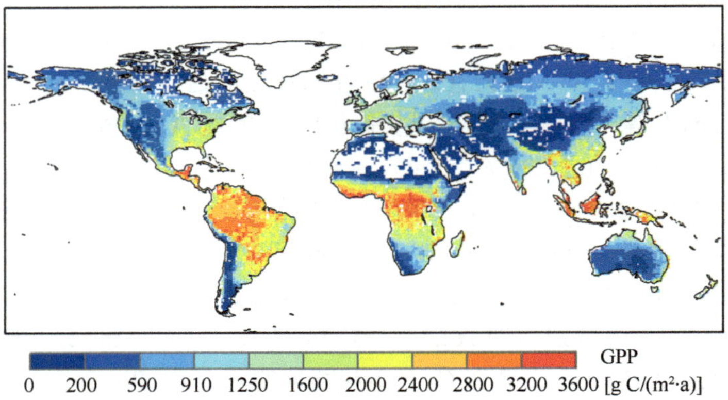

图 4.15　全球 2000~2010 年年均 TEC GPP 分布

图 4.16 显示出 TEC GPP 模型估计的年均陆地 GPP 为（128.2±1.5）Pg C/a，位于已发表的考虑 C_3 和 C_4 植被差异的全球陆地 GPP 值域内。例如，BESS 模型给出的 2001~2003 年全球陆地 GPP 为（118± 26）Pg C/a（Ryu et al.，2011）；一个多模型分析给出的 1998~2005 年全球 GPP 为（123± 8）Pg C/a（Beer et al.，2010）；MTE 模型的全球 GPP 估计 1982~2008 年为（119± 6）Pg C/a（Jung et al.，2011）；BEAMS 模型的全球 GPP 估

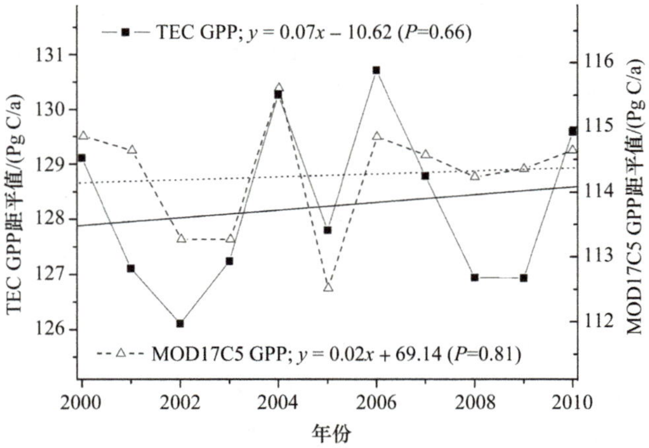

图 4.16　2000~2010 年全球陆地 TEC 和 MOD17C5 GPP 年距平值及相应的趋势线

计2001~2004年为131.5Pg C/a（Sasai et al., 2007）。此外，简单生物圈模型（SIB）考虑C_3和C_4植被空间分布后给出的全球陆地GPP高达150Pg C/a（Still et al., 2003）。

TEC模型计算的全球GPP值明显大于不考虑C_4植物影响的EC-LUE和MOD17估计值。EC-LUE模型给出的2000~2003年的年均GPP为110Pg C/a（Yuan et al., 2010）；MOD17C5产品给出的2001~2003年的年均GPP为109Pg C/a（Zhao et al., 2005），最新的MOD17C5产品给出的年均GPP为（114.3±0.9）Pg C/a（图4.16）。这揭示出不考虑C_4植被影响会导致低估全球GPP。

图4.17显示出C_3和C_4植物年TEC GPP随纬度的变化。C_4植物年GPP在0°N~20°N的纬度上达到全球最大值，与Still等（2003）的研究结果一致。TEC模拟的C_4植物年GPP为（40.3± 1.1）Pg C/a，与Still等（2003）给出的35.3Pg C/a非常接近，C_4植物占全球GPP的31.6%与Fung等（1997）给出的27%非常接近，但高于Still等（2003）和Beer等（2010）给出的23%和20%。

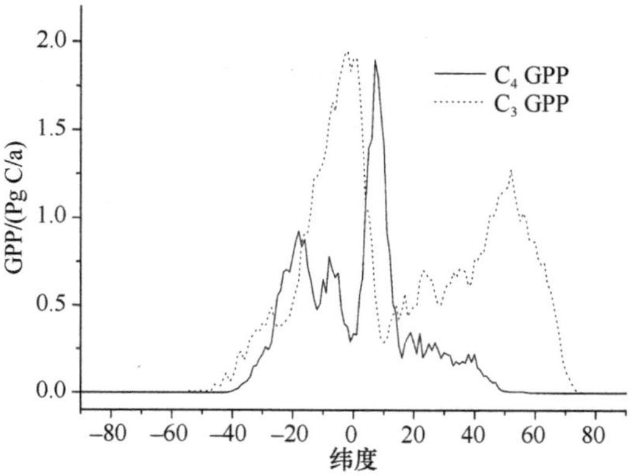

图4.17 C_3和C_4植物年TEC GPP的纬度（−90°S至90°N）均值分布

图4.16显示出全球TEC GPP估计从2000年到2010年没有显著的变化趋势（斜率k = 0.07，P=0.66），这与MOD17C5 GPP的非显著变化趋势（斜率k = 0.02，P=0.81）和卫星观测的植被活力变化（Samanta et al., 2011）一致。TEC GPP和MOD17C5 GPP的变化趋势（图4.18A，C）进一步分析都显示出：在俄罗斯东部、中国、印度、中非、北美洲西部存在增长的趋势，在俄罗斯西部、赤道亚洲、澳大利亚、南美洲南部存在减小的趋势。但在北美洲北部存在较大差异，TEC GPP和MOD17C5 GPP给出了相反的、但统计上不显著的趋势。事实上，线性趋势的显著性分析（图4.18B，D）表明全球陆地GPP从2000年到2010年的大多数变化都是不显著的。

4.5.2.6 TEC GPP模型对于中国陆地生态系统GPP的估计

在全球GPP估计的框架下，TEC GPP模型估计中国多年平均GPP为7.25Pg C/a，占全球的5.6%，而MOD17C5估计中国GPP偏小，仅为5.9Pg C/a，占全球的5.2%，这表明以往基于MOD17C5的GPP碳研究由于低估了中国的GPP，可能会导致中国生态系统固碳能力被低估。TEC GPP模型和MOD17C5模型都显示出（图4.19）2000~2010年中国区域GPP明显增加，其中，2000年是GPP最低的一年。

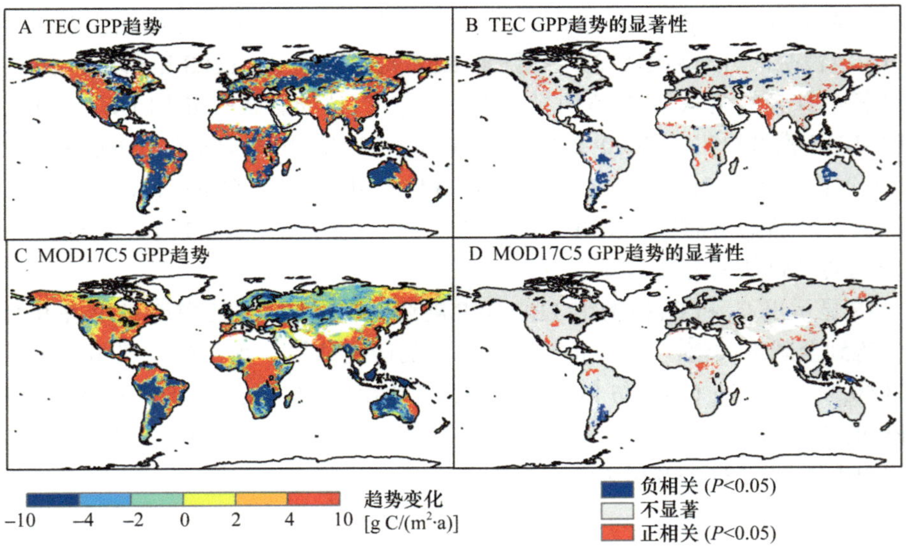

图 4.18　TEC GPP 和 MOD17C5 GPP 2000~2010 年的变化趋势在全球空间分布（A 和 C）及趋势的显著性（B 和 D）

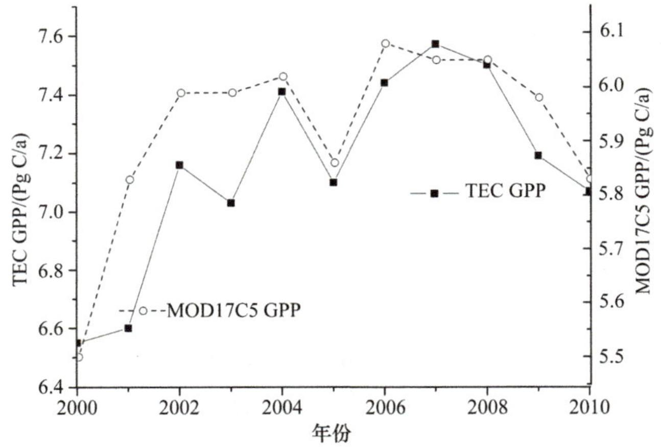

图 4.19　2000~2010 年中国区域 TEC 和 MOD17C5 GPP 年变化

4.6　蒸散与生产力遥感模型的不确定性分析

4.6.1　蒸散模型的不确定性分析

ARTS *E* 模型在通量站的验证受蒸散通量观测误差的影响。涡度相关方法（EC）在很多通量站存在能量不平衡的问题，即净辐射 R_n 减去地表热通量 *G* 大于潜热通量 λE 与感热通量 *H* 之和（Wilson et al.，2002；Leuning et al.，2008；Yan and Shugart，2010）。Wilson 等（2002）发现 $\lambda E+H$ 与 R_n-G 的比值在全球通量观测数据中约为 0.8。因此，一种基于能量闭合比的 EC 订正方法得到发展（Twine et al.，2000；Wilson et al.，2002），并被用于标定经验性的蒸散估计模型（Nagler et al.，2005；Wang and Liang，2008；Jung et al.，2010）。然而，由于机理性的蒸散模型不需要参数标定，能量不平衡的问题不会影响蒸散模型的发展，但会导致验证时精度统计数据偏差；机理性的蒸散模型经常直接使用原始的蒸散通量数据用于验证，忽略了能量不平衡的问题（Fisher et al.，2008；Mu et al.，2007，2011）。

在土壤水分平衡SWB模型中最好使用连续的日降水、气温和总蒸散来模拟日蒸散E，但在大部分通量观测站都存在观测数据缺测（Neal et al.，2011）。在本研究中同样使用了不连续的日数据，不可避免地造成了日蒸散估计的不确定性。但幸运的是，涡度相关记录缺失的时间一般少于一周（Neal et al.，2011），因此这种短期的数据缺失不会严重影响ARTS 蒸散模型的日模拟结果和主要结论。在月尺度上，插补（gap-filling）技术被用于生成连续的月资料（Papale and Valentini，2003；Reichstein et al.，2005；Moffat et al.，2007），并开展月 ARTS 蒸散估计。

遥感反演的叶面积指数 LAI 是计算冠层导度 G_c 的关键参数，这是由于 LAI 高的稠密植被通常对应于高的蒸腾 E_c 和蒸散 E。而且，遥感检测到的植被变化与蒸散 E 的年际间变化有密切关系（Suzuki et al.，2007）。尽管遥感 LAI 算法、定标、云和烟的污染都会影响 LAI 反演数据的质量（Myneni et al.，2002），但遥感 LAI 已被用于在大尺度应用和气候模拟中计算冠层导度（Buermann et al.，2001）。随着遥感 LAI 反演方法的改进，不同时空尺度的遥感蒸散 E 估计精度也会有明显提高。

同样，驱动模型的气候和辐射数据误差也会影响 ARTS E 模型估计的精度。Gupta 等（2001）发现 SRB 计算的净辐射 R_n 与地面观测相比存在低估，这导致该模型计算的全球陆地蒸散较 Mu 等（2011）和 Jung 等（2010）估计的全球蒸散偏小。Zhang 等（2012）通过比较 SRB 驱动的遥感模型（Leuning et al.，2008）模拟与流域水平衡计算的区域蒸散变化趋势，总结出 SRB 辐射估计可能存在错误。CRU 3.0 气候数据存在随位置变化的插值错误。降雨数据存在系统性的雨量计观测错误，即低估了真实降雨量；这种错误随着天气状况而变，与月累计降雨量相比，误差在 5%~100%（New et al.，2000）。然而，CRU 气候和 SRB 辐射数据作为现成资料，已广泛用于全球蒸散估计（Fisher et al.，2008；Sheffield et al.，2010；Zhang et al.，2010b）。为了评估驱动数据导致的可能误差，亟需使用全球再分析资料对全球蒸散估计进行深入比较。

考虑更多的物理过程无疑会改进 ARTS E 模型。例如，许多地面观测指出在不同区域冠层导度 G 有明显的日和季节变化（Halliwell and Rouse，1987；Kakane，2004；Meulen and Klaassen，1996；Heitman et al.，2010）。因此，在计算冠层导度 G 时，忽略辐射 A 的影响作为一种简化处理可能会造成蒸散计算中的潜在错误，这需要在下一步工作中予以考虑。

ARTS E 蒸散模型在计算冠层导度模型时使用的是相对湿度 H_R，而以前的很多蒸散模型采用饱和水汽压差 D 计算冠层导度（Mu et al.，2007，2011；Leuning et al.，2008）。使用 D 的一个缺点是必须采用与植被类型有关的常数对 D 进行归一化（Mu et al.，2010）。显然，H_R 作为一个归一化的变量减小了蒸散模型的复杂性。

从根本上讲，蒸散 E 是由大气蒸发需求和陆地水分供应决定的。在水分胁迫的地区，E 受水分亏缺控制，降雨是 E 的上界。因此，要正确地估计 E，必须考虑土壤水分约束。然而，由于土壤水分观测的稀缺，一些模拟或替代土壤水分约束的方法得到发展。Wang

和 Liang（2008）建议采用陆面温度日变化来指示土壤湿度对 E 的影响。Fisher 等（2008）近来建议采用基于 Bouchet（1963）互补相关假设的土壤水分亏缺指数 R_h^D；当大气与地表土壤处于均衡状态时，这个指数适用于大的时空尺度上。但是，存在一些明显的例外情况影响 R_h^D 的应用，如当出现湿空气越过干燥土壤的平流过程时（Fisher et al.，2008）。也就是说，在平流出现或降雨控制 E 时，R_h^D 可能不能很好地代表日尺度上的土壤水分亏缺。Wang 等（2007）指出任何不考虑土壤湿度的蒸散 E 参数化都会导致高估 E。由于土壤水分平衡 SWB 模型就没有这样的问题，降雨驱动的 SWB 模型具有模拟土壤水分亏缺的能力，因此，Yan 等（2012）建议采用 SWB 模型解决蒸散估计方法中的土壤水分亏缺问题。

4.6.2　GPP 遥感模型的不确定性讨论

TEC、CASA 和 EC-LUE 等模型与 TEM（Raich et al.，1991）和 BESS（Ryu et al.，2011）生态过程机理模型类似，都采用一个比值因子（经常定义为 E 除以 E_{Th}、A 或 E_{PT}）来表示对 GPP 或 NPP 的水分胁迫作用，主要是因为比值因子具有反映水分供应/需求控制植被生产力的能力（Churkina et al.，1999）。由于采用蒸发比率作为水分胁迫因子，这类 GPP 模型具有一个优点，就是 C_3 植物可以采用一个统一的 ε^*。但是，CASA NPP 模型采用的 Thornthwaite（1948）基于温度的潜在蒸发 E_{Th}（Potter et al.，1993）和 EC-LUE GPP 模型采用的可用能量 A（Yuan et al.，2007）都不是真正概念上的潜在蒸发 E_P，因为根据 Penman（1948）蒸发理论 E_P 应该包括温度和可用能量的贡献。由于 TEC GPP 模型采用的水分胁迫因子定义为 E/E_{PT}，而 E_{PT} 由温度和可用能量计算得到，代表着湿润地表上的潜在蒸发（Priestley and Taylor，1972），因此，TEC GPP 模型在概念上优于 CASA 和 EC-LUE 模型。图 4.14 表明 E/E_{PT} 在表示水分胁迫效果方面优于 E/R_n。此外，年降雨量减去 E_{PT} 也被用作水分平衡系数以评估水分对 NPP 的限制作用（Churkina et al.，1999）。需要注意的是，Priestley-Taylor E_{PT} 方程将空气动力项定义为辐射驱动项的定常比例，因此忽略了风速和大气湿度变化的影响，而 Penman-Monteith 类型的 E_P 方程由于考虑了空气动力项和辐射项的贡献，可能更适于表示潜在蒸发 E_P。

当前的光能利用率 LUE 模型，如 MOD17A2 GPP、3-PG model 和 CFLUX 模型，采用 D 和 SM 作为一个机理控制因子描述水分胁迫对植物生产力的影响。这导致此类模型依赖植物类型有关的 ε^* 作为输入参数（表 4.2），以补偿各种 C_3 植物类型缺少统一的 LUE 环境限制方程（Yuan et al.，2010）。而全球各种 C_3 植物分布图存在一定分类错误，这限制了 GPP 的大尺度模拟。

TEC GPP 模型采用了一个新的水分胁迫因子并对 C_3 和 C_4 植物进行了独立处理，有必要对这两种创新的重要性进行定量化评估。当使用新的水分胁迫因子及对所有数据都采用 C_3 的最大光能利用率 ε^*（1.8g C/MJ）时，TEC GPP 模型的月误差统计（样本数 N= 672）为 $r = 0.81$、RMSE = 2.43g C/（m^2·d）和 Bias = −0.39g C/（m^2·d）。在此基础上，当 TEC GPP 模型采用 C_3 和 C_4 植物的独立处理时，得到了一个更好的误差统计，即 $r = 0.85$，RMSE = 2.2g C/（m^2·d），Bias = −0.05g C/（m^2·d）。综上，这两种创新在改善 GPP 估计方面都发挥了独立的正效应，但新的水分胁迫因子在建立 TEC GPP 过程模型方面发挥了更重要的作用。

作为一个新 GPP 模型，在 C_3 和 C_4 植物类型图的支持下，考虑水分胁迫影响的 TEC GPP 模型很容易应用在大尺度 GPP 估计中。然而，除了 GLO-PEM 模型和改进的 CASA 模型（Still et al.，2003）外，以前的 GPP 过程模型并没有区分 C_3 和 C_4 植物型。此外，尽管一些生物物理模型如 Boreal Ecosystem Productivity Simulator（BEPS；Chen et al.，2012）和 BESS（Ryu et al.，2011）模型采用了生物化学叶片光合模型来区分 C_3 植物（Farquhar et al.，1980）和 C_4 植物（Collatz et al.，1992），但这些模型没有使用遥感 FPAR 植被数据。

由于水分胁迫导致 GPP 减小，特别是当干旱发生时（Nightingale et al.，2007；Leuning et al.，2005），因此，不同的水分胁迫因子或它们的组合在刻画干旱对 GPP 影响方面一直受到关注。Mu 等（2007）发现在夏季季风气候区如中国的 GPP 估计中，饱和水汽压差 D 的影响可以很容易地与土壤湿度 SM 动态分解开来，这显示出 D 和 SM 发挥着不同的胁迫作用。土壤湿度作为独立胁迫因子影响着气孔导度及 GPP（Jarvis，1976）。然而，MOD17 方法仅采用 $f(D)$ 来解决大气水汽对 GPP 的胁迫影响，忽略了土壤水分胁迫（Leuning et al.，2005）。这导致 MOD17 在热带稀树草原干季（Leuning et al.，2005）和严重干旱地区（Nightingale et al.，2007）高估了 GPP。Yan 等（2015）研究也发现 MOD17 GPP 没有监测到 2004 年 4 月在 Mize 站发生的干旱事件（图 4.10 和图 4.12F）。

干旱对全球 GPP 年际变化的影响一直备受关注。Zhao 和 Running（2010）基于 MOD17 GPP 产品首次指出干旱导致全球 NPP 从 2000 年到 2009 年出现减小。然而，Medlyn（2011）却认为这主要是由于在较高温度下增长的 D 导致 MOD17 NPP 出现减小。Hashimoto 等（2013）进一步在 TOPS（Nemani et al.，2009）模型框架下，采用不同的基于 D 和 SM 的干旱胁迫函数详细研究了 GPP 模型对干旱的响应情况，他发现当采用只有 D 控制的胁迫函数时，TOPS 模拟低估了 2000~2009 年的 GPP 趋势，这主要是由于模型对 D 干旱影响过于敏感。由于 D 和 SM 在时空尺度上显示出不同的变化特征，因此，一些全球 GPP 模型如 CFLUX、TOPS、GLO-PEM 和 3-PG 模型都设计了 D 和 SM 两种胁迫因子以修正 LUE。经与公认的水分胁迫因子如 $f(\mathrm{D})\times f(\mathrm{SM})$ 进行比较，Yan 等（2015）研究发现 E/E_{PT} 在表达水分胁迫方面好于 E/R_{n}（图 4.14）。

在概念上，机理性控制如 $f(D)\times f(\mathrm{SM})$ 和水分供应/需求控制如 E/E_{PT} 属于不同类型的水分胁迫因子（Churkina et al.，1999），这引发了一个问题，即它们是否在 GPP 估计中发挥一样的水分胁迫作用。图 4.20A 指出两种水分胁迫因子都能成功监测到在 Vaira 站发生的夏季干旱（图 4.20B），另一个共同特征是在冬季 $f(\mathrm{D})\times f(\mathrm{SM})$ 和 E/E_{PT} 的值都超过 0.9，即在非生长季 3 站都没有水分胁迫发生（图 4.20A，C 和 E）。但在 Bondvill 农田站（图 4.20C）和 Bartlett 森林站（图 4.20E）的夏季，这两种水分胁迫因子显示出不同的变化特征，如 $f(\mathrm{D})\times f(\mathrm{SM})$ 在水分供应充足[$f(\mathrm{SM})=1.0$]的夏季还有产生水分胁迫的倾向，主要是由于 $f(D)$ 与 D 的增加呈反相关的关系（图 4.20D，F）；而 E/E_{PT} 在夏季实际上表示出一种增加的能量供应，这是由于在水分供应充足的情况下，能量控制着 E 和 GPP 的变化（图 4.20C，E）。这揭示出只有 $f(D)$ 控制或 $f(D)\times f(\mathrm{SM})$ 组合的 GPP 控制模拟才在湿润的夏季有低估 GPP 的趋势，这可能会导致错误评估气候变化对碳循环的影响。该研究与 Hashimoto 等（2013）的发现一致，即 $f(D)$ 对 D 干旱影响过于敏感，导致 $f(D)$ 控制的 TOPS 模型模拟低估了 2000~2009 年的 GPP。就目前所知，以往的 GPP 研究很少提及机理性控制［如 f（D）$\times f$（SM）］和水分供应/需求控制（如 E/E_{PT}）在夏季的显著差异。

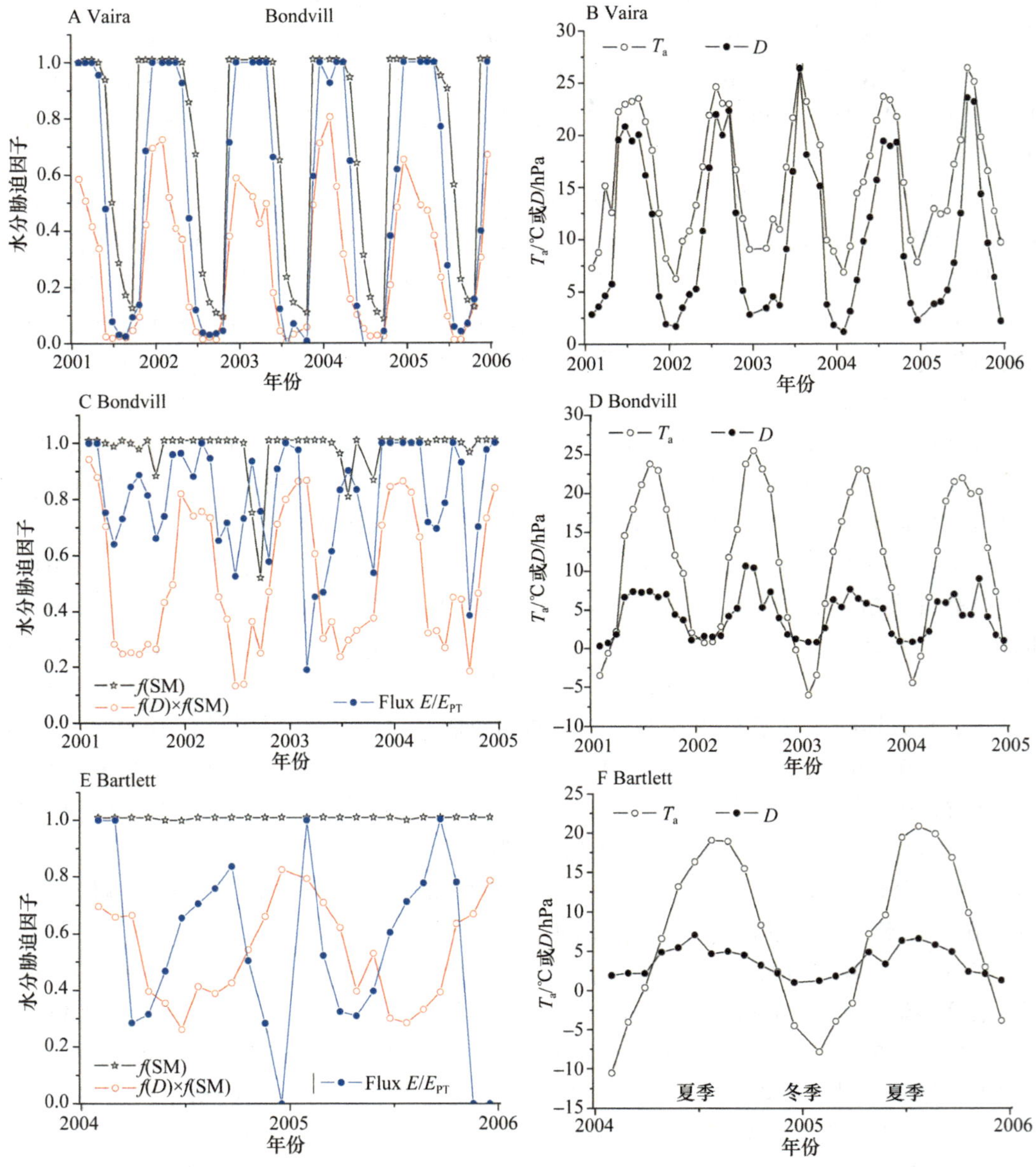

图 4.20　水分胁迫因子［f（SM）、f（D）$\times f$（SM）］和通量观测 E/E_{PT} 及观测 T_a 和 D 在 Vaira、Bondville 和 Bartlett 通量站的年际变化

还有一些原因可能导致 TEC 模型模拟的 GPP 和通量观测 GPP 之间的差异，如遥感反演的 MODIS FPAR、水分胁迫参数化、尺度转换问题、通量 GPP 的观测误差、温度胁迫的参数化及最大光能利用率，这些原因同样也会影响其他 GPP 模型（Heinsch et al.，2006；Yuan et al.，2007）。

尽管遥感 GPP 产品经常采用通量 GPP 观测数据进行验证（Heinsch et al.，2006；Xiao

et al.，2005a；Yang et al.，2007；Yuan et al.，2007；Li et al.，2008），但需要注意的是，通量塔观测的 GPP 不是直接通过涡度相关技术观测的，通量塔直接观测的是净生态系统交换（NEE）及采用简单模型估计的生态系统呼吸（Falge et al.，2001），而白天 NEE 与呼吸的差值就是 GPP，因此 GPP 值实际上受到 NEE 观测和呼吸模型的影响。Dragoni 等（2007）发现 NEE 的随机误差在森林站达到年 NEE 的 3%~4%。呼吸模型通常建立在夜间呼吸观测的基础上，并假设呼吸随温度变化，进而估计出白天生态系统呼吸量（Falge et al.，2001）。当采用通量塔观测 GPP 评估遥感 GPP 时，需要考虑通量 GPP 的不确定性。

实际上，在热带稀树草原区，C_3 和 C_4 植物存在着一定的垂直结构，即 C_4 植物处于林下层，而冠层主要是 C_3 植物，这在现有全球 GPP 模型中都没有给予考虑，因此采用大叶 GPP 模型估计的全球 C_4 植物 GPP 是有误差的。然而，TEC GPP 模型通过采用单位面积上 C_4 植物比例的方法（Still et al.，2003）考虑了 C_4 植物的水平分布，这部分减小了 C_3 和 C_4 植物不同垂直结构的影响。

到目前为止，一些模型已提供全球陆地生态系统季节和年的 GPP 和 NPP 估计。但由于采用的模型机理不同、参数假设不同及输入数据的差异，GPP 估计结果差异很大（Coops et al.，2009；Yan et al.，2015）。尽管已开展了一些模型比对试验以评估模型机理和驱动数据的不确定性（Cramer et al.，1999；Ito and Sasai，2006；Jung et al.，2007；Beer et al.，2010），但现在急需开展系统性的模型比较研究，以便对 GPP 估计的不一致情况从机理方面给予解释（Ryu et al.，2011）。Yan 等（2012，2015）对水分胁迫因子的研究评估显示出，水分胁迫因子的定义可能是导致不同 GPP 产品显著差异的一个可能原因，是未来进一步改进 GPP 模型的一个方向。

4.7　结论与展望

ARTS E 蒸散模型使用遥感资料估计全球蒸散分布。根据地表水分和能量平衡原理，ARTS E 蒸散模型考虑了净辐射、气温、大气和土壤水分亏缺及植被叶面积指数的影响。在 19 个通量站的验证表明，ARTS E 模型很好地模拟了蒸散的日和月变化。评估也表明彭曼 PM 公式提供了一个可用的理论框架来描述冠层导度在植被蒸腾中的作用，土壤水分平衡 SWB 模型可用于描述土壤水分亏缺对植被蒸腾和土壤蒸发的影响。

开展区域和全球尺度的生态系统蒸散估计有助于陆地水循环和气候变化研究。作为一个机理性的模型，无需参数标定使得 ARTS E 模型可以在不同空间和时间尺度上应用，而驱动 ARTS E 模型的气象、叶面积和土壤数据几乎都是现成数据，因此，ARTS E 模型能够比较快速地评估不同区域尺度陆地生态系统的蒸散时空格局的动态变化。

基于现有的对 GPP 机理过程的理解，Yan 等（2015）研发了一个新的陆地生态系统碳通量模型 TEC。TEC GPP 模型采用 C_4、C_3 植物独立的最大光能利用率 ε^*，以反映 C_4 和 C_3 植物光合作用的显著差异；TEC GPP 模型先由降雨驱动的 ARTS E 模型计算出实际蒸散 E，并采用 E 与 E_{PT} 的比值作为 TEC GPP 模型的水分胁迫因子，其优点是使 C_3 植物（包括森林、农田和草地）可以采用统一的 ε^*。结果显示出了区分 C_4 和 C_3 植物光合作用差异在全球 GPP 估计中的重要性，即如果忽略 C_4 和 C_3 植物的差异会导致全球 GPP 出现低估。

对代表着不同生态系统、不同气候类型的 18 个通量站开展的模型评估显示：TEC GPP 模型估计的月均 GPP 的精度统计[相关系数 r = 0.85，均方根误差 RMSE = 2.20g C/（$m^2 \cdot d$），偏差 Bias = −0.05g C/（$m^2 \cdot d$）]优于 MODIS-GPP 产品（MOD17C5）的精度统计[r = 0.73，RMSE = 2.82g C/（$m^2 \cdot d$），Bias = −0.31g C/（$m^2 \cdot d$）]，即 TEC 模型优于 MOD17C5 产品，特别是针对 C_4 植物。进一步，我们由 11 年（2000~2010 年）的月尺度 MODIS FPAR 数据和欧洲中心中期天气预报（ECMWF）再分析资料，估计出全球年 GPP 通量为（128.2 ± 1.5）Pg C/a；TEC GPP 模型模拟的全球 GPP 估计值位于已报道的考虑 C_4 和 C_3 植物差异的全球 GPP 估计值区间内。在全球 GPP 估计的框架下，TEC GPP 模型估计中国 GPP 为 7.25Pg C/a，占全球的 5.6%，而 MOD17 估计中国 GPP 偏小，仅为 5.9Pg C/a，占全球的 5.2%，这表明以往基于 MOD17 的 GPP 和碳研究低估了中国区域的 GPP，可能会导致中国生态系统固碳能力被低估。

对水分胁迫因子的评估显示出在 TEC GPP 模型框架下，E/E_{PT} 在表达水分胁迫方面优于 E/R_n。因为 $f(D)$ 与增加的饱和水汽压差 D 呈反相关关系，这导致基于 D 的 $f(D)$ 或 $f(D) \times f(SM)$ 水分胁迫因子即使在水分供应充沛[$f(SM)$ =1.0]的夏季也存在产生水分胁迫的倾向，这揭示出基于 $f(D)$ 的水分胁迫因子在全球变暖背景下存在低估 GPP 的倾向，会导致气候变化对碳循环影响的错误理解。

TEC GPP 模型无需事先定标就可由 MODIS FPAR 数据、C_4/C_3 植物分布图、气候和土壤数据成功模拟通量站及全球尺度的陆地碳通量。全球再分析气象数据可以由众多再分析项目获取，ERA 再分析资料存在几个月的时间延迟，而 GMAO 再分析资料、MOD15A2 LAI/FPAR 植被产品和 GPCC 全球降雨产品属于业务化运行，都可实时获取。TEC GPP 模型可以用于历史分析及近实时全球陆地 GPP 估计，从而为碳循环、水循环及与气候变化的反馈研究提供新视角。

参 考 文 献

Alkama R, Decharme B, Douville H, et al. 2011. Trends in global and basin-scale runoff over the late twentieth century: methodological issues and sources of uncertainty. Journal of Climate, 24: 3000-3014.

Allen R G. 1998. Crop Evapotranspiration: Guidelines for Computing Crop Water Requirements. Rome: Food and Agriculture Organization of the United Nations.

Anderson M C, Norman J M, Mecikalski J R, et al. 2007. A climatological study of evapotranspiration and moisture stress across the continental United States based on thermal remote sensing: 1. Model formulation. Journal of Geophysical Research-Atmospheres, 112: D10117.

Asrar G S, Fuchs M, Kanemasu E T, et al. 1984. Estimating absorbed photosynthetically active radiation and leaf area index from spectral reflectance in wheat. Agron J, 76: 300-306.

Baldocchi D D. 2003. Assessing the eddy covariance technique for evaluating carbon dioxide exchange rates of ecosystems: past, present and future. Glob Change Biol, 9: 479-492.

Baldocchi D, Falge E, Gu L H, et al. 2001. FLUXNET: A new tool to study the temporal and spatial variability of ecosystem-scale carbon dioxide, water vapor, and energy flux densities. Bull Am Meteorol Soc, 82: 2415-2434.

Baldocchi D. 1994. A comparative-study of mass and energy-exchange rates over a closed C-3 (Wheat) and an open C-4 (Corn) crop CO_2 exchange and water-use efficiency. Agr Forest Meteorol, 67: 291-321.

Ball J, Woodrow L E, Beny J A. 1986. A model predicting stomatal conductance and its contribution to the control of photosynthesis under different environmental conditions. *In*: Biggins J. Progress in Photosynthesis Research. Nijhoff Dordrecht: Springer: 221-224.

Barnes W L, Pagano T S, Salomonson VV. 1998. Prelaunch characteristics of the Moderate Resolution Imaging Spectroradiometer (MODIS) on EOS-AM1. IEEE T. Geosci Remote, 36: 1088-1100.

Bastiaanssen W G M, Pelgrum H, Wang J, et al. 1998. A remote sensing surface energy balance algorithm for land(SEBAL). Part 2: Validation. Journal of Hydrology, 212-213: 213-229.

Batra N, Islam S, Venturini V, et al. 2006. Estimation and comparison of evapotranspiration from MODIS and AVHRR sensors for clear sky days over the Southern Great Plains. Remote Sensing of Environment, 103: 1-15.

Beer C, Reichstein M, Tomelleri E, et al. 2010. Terrestrial gross carbon dioxide uptake: Global distribution and covariation with climate. Science, 329: 834-838.

Bonan G B. 1996. A land surface model (LSM version 1.0) for ecological, hydrological, and atmospheric studies: technical description and user's guide. *In*: NCAR Technical Note NCAR/TN-417+STR. Boulder, Colorado: National Center for Atmospheric Research: 150.

Bouchet R J. 1963. Evapotranspiration reele et potentielle, signification climatique. International Association of Science, Hyadrology, 62: 134-142.

Buermann W, Dong J, Zeng X, et al. 2001. Evaluation of the utility of satellite-based vegetation leaf area index data for climate simulations. Journal of Climate, 14: 3536-3550.

Chapin F S, Matson P A, Mooney H A. 2002. Principles of Terrestrial Ecosystem Ecology. New York: Springer.

Chen D, Gao G, Xu C Y, et al. 2005. Comparison of the Thornthwaite method and pan data with the standard Penman-Monteith estimates of reference evapotranspiration in China. Climate Research, 28: 123-132.

Chen J M, Liu J, Cihlar J, et al. 1999. Daily canopy photosynthesis model through temporal and spatial scaling for remote sensing applications. Ecological Modelling, 124: 99-119.

Chen J M, Mo G, Pisek J, et al. 2012. Effects of foliage clumping on the estimation of global terrestrial gross primary productivity. Global Biogeochem Cy, 26, GB1019, doi: 10.1029/2010gb003996.

Chen J Q, Davis K J, Meyers T P. 2008. Ecosystem-atmosphere carbon and water cycling in the upper Great Lakes Region. Agr Forest Meteorol, 148: 155-157.

Churkina G, Running S W, Schloss A L, et al. 1999. Comparing global models of terrestrial net primary productivity(NPP): the importance of water availability. Glob Change Biol, 5: 46-55.

Clark K L, Gholz H L, Castro M S. 2004. Carbon dynamics along a chronosequence of slash pine plantations in north Florida. Ecol Appl, 14: 1154-1171.

Cleugh H A, Leuning R, Mu Q, et al. 2007. Regional evaporation estimates from flux tower and MODIS satellite data. Remote Sensing of Environment, 106: 285-304.

Collatz G J, Ball J T, Grivet C, et al. 1991. Physiological and environmental regulation of stomatal conductance, photosynthesis and transpiration: a model that includes a laminar boundary layer. Agricultural and Forest Meteorology, 54: 107-136.

Collatz G J, Ribas-Carbo M, Berry J A. 1992. Coupled photosynthesis-stomatal conductance model for leaves of C4 plants. Aust J Plant Physiol, 19: 519-538.

Coops N C, Ferster C J, Waring R H, et al. 2009. Comparison of three models for predicting gross primary production across and within forested ecoregions in the contiguous United States. Remote Sensing of Environment, 113: 680-690.

Cramer W, Kicklighter D W, Bondeau A, et al. 1999. Comparing global models of terrestrial net primary productivity(NPP): overview and key results. Glob Change Biol, 5: 1-15.

Dai Y, Dickinson R E, Wang Y P. 2004. A two-big-leaf model for canopy temperature, photosynthesis, and stomatal conductance. Journal of Climate, 17: 2281-2299.

Dang Q L, Margolis H A, Coyea M R, et al. 1997. Regulation of branch-level gas exchange of boreal trees: roles of shoot water potential and vapor pressure difference. Tree Physiology, 17: 521-535.

Dee D P, Uppala S M, Simmons A J, et al. 2011. The ERA-Interim reanalysis: configuration and performance of the data assimilation system. Q J Roy Meteor Soc, 137: 553-597.

Desai A R, Noormets A, Bolstad P V, et al. 2008. Influence of vegetation and seasonal forcing on carbon dioxide fluxes across the Upper Midwest, USA: implications for regional scaling. Agr Forest Meteorol, 148: 288-308.

Dirmeyer P A, Gao X, Zhao M, et al. 2006. GSWP-2: Multimodel analysis and implications for our perception of the land surface. Bulletin of the American Meteorological Society, 87: 1381-1397.

Dragoni D, Schmid H P, Grimmond C S B, et al. 2007. Uncertainty of annual net ecosystem productivity estimated using eddy covariance flux measurements. J Geophys Res Atmos, 112, D17102, doi: 17110.11029/12006jd008149.

Falge E, Baldocchi D, Olson R, et al. 2001. Gap filling strategies for defensible annual sums of net ecosystem exchange. Agr Forest Meteorol, 107: 43-69.

Falge E, Baldocchi D, Tenhunen J, et al. 2002. Seasonality of ecosystem respiration and gross primary production as derived from FLUXNET measurements. Agr Forest Meteorol, 113: 53-74.

Falk M, Wharton S, Schroeder M, et al. 2008. Flux partitioning in an old-growth forest: seasonal and interannual dynamics. Tree Physiol, 28: 509-520.

Farquhar G D, Caemmerer S, Berry J A. 1980. A biochemical model of photosynthetic CO_2 assimilation in leaves of C3 species. Planta, 149: 78-90.

Fensholt R, Sandholt I, Rasmussen M S. 2004. Evaluation of MODIS LAI, fAPAR and the relation between fAPAR and NDVI in a semi-arid environment using in situ measurements. Remote Sens Environ, 91: 490-507.

Field C B, Randerson J T, Malmstrom C M. 1995. Global net primary production combining ecology and remote-sensing.

Remote Sens Environ, 51: 74-88.
Fisher J B, Tu K P, Baldocchi D D. 2008. Global estimates of the land-atmosphere water flux based on monthly AVHRR and ISLSCP-II data, validated at 16 FLUXNET sites. Remote Sensing of Environment, 112: 901-919.
Fung I, Field C B, Berry J A, et al. 1997. Carbon 13 exchanges between the atmosphere and biosphere. Global Biogeochem Cy, 11: 507-533.
Gao Y, Yu G, Yan H, et al. 2014. A MODIS-based Photosynthetic Capacity Model to estimate gross primary production in Northern China and the Tibetan Plateau. Remote Sens Environ, 148: 108-118.
Gitelson A A, Peng Y, Masek J G, et al. 2012. Remote estimation of crop gross primary production with Landsat data. Remote Sens Environ, 121: 404-414.
Granier A, Reichstein M, Bréda N, et al. 2007. Evidence for soil water control on carbon and water dynamics in European forests during the extremely dry year: 2003. Agr Forest Meteorol, 143: 123-145.
Grant R F, Arkebauer T J, Dobermann A, et al. 2007. Net biome productivity of irrigated and rainfed maize-soybean rotations: modeling vs. measurements. Agron J, 99: 1404-1423.
Grant R F, Zhang Y, Yuan F, et al. 2006. Intercomparison of techniques to model water stress effects on CO_2 and energy exchange in temperate and boreal deciduous forests. Ecol Model, 196: 289-312.
Gupta S K, Darnell W L, Wilber A C. 1992. A parameterization for longwave surface radiation from satellite data: recent improvements. Journal of Applied Meteorology, 31: 1361-1367.
Gupta S K, Kratz D P, Stackhouse P W, et al. 2001. The Langley Parameterized Shortwave Algorithm(LPSA)for Surface Radiation Budget Studies. NASA/TP-2001-211272: 31p.
Hall F G, Brown de Colstoun E, Collatz G J, et al. 2006. ISLSCP Initiative II global data sets: Surface boundary conditions and atmospheric forcings for land-atmosphere studies. Journal of Geophysical Research-Atmospheres, 111, D22S01.
Halliwell D H, Rouse W R. 1987. Soil heat flux in permafrost: characteristics and accuracy of measurement. Journal of Climatology, 7: 571-584.
Hansen J, Sato M, Kharecha P, et al. 2007. Climate change and trace gases. Philos T Roy Soc, A 365: 1925-1954.
Harazono Y, Mano M, Miyata A, et al. 2003. Inter-annual carbon dioxide uptake of a wet sedge tundra ecosystem in the Arctic. Tellus B, 55: 215-231.
Hashimoto H, Wang W, Milesi C, et al. 2013. Structural uncertainty in model-simulated trends of global gross primary production. Remote Sensing, 5: 1258-1273.
Heinsch F A, Zhao M S, Running S W, et al. 2006. Evaluation of remote sensing based terrestrial productivity from MODIS using regional tower eddy flux network observations. IEEE T. Geosci. Remote, 44: 1908-1925.
Heitman J L, Horton R, Sauer T J, et al. 2010. Latent heat in soil heat flux measurements. Agricultural and Forest Meteorology, 150: 1147-1153.
Houghton J T, Intergovernmental Panel on Climate Change. Working Group I. 2001. Climate change 2001: the scientific basis: contribution of Working Group I to the third assessment report of the Intergovernmental Panel on Climate Change. Cambridge England, New York: Cambridge University Press.
Huntington T G. 2006. Evidence for intensification of the global water cycle: review and synthesis. Journal of Hydrology, 319: 83-95.
Huntzinger D N, Wei Y, Michalak A M, et al. 2012, North American Carbon Program(NACP)regional interim synthesis: terrestrial biospheric model intercomparison. Ecol Model, 232: 144-157.
Hwang T, Kang S, Kim J, et al. 2008. Evaluating drought effect on MODIS Gross Primary Production (GPP) with an eco-hydrological model in the mountainous forest, East Asia. Glob Change Biol, 14: 1037-1056.
Impens I, Lemeur R. 1969. Extinction of net radiation in different crop canopies. Theoretical and Applied Climatology, 17: 403-412.
Irvine J, Law B E, Hibbard K A. 2007. Postfire carbon pools and fluxes in semiarid ponderosa pine in Central Oregon. Glob Change Biol, 13: 1748-1760.
Ito A, Sasai T. 2006. A comparison of simulation results from two terrestrial carbon cycle models using three climate data sets. Tellus B, 58: 513-522.
Jackson T J, Chen D, Cosh M, et al. 2004. Vegetation water content mapping using Landsat data derived normalized difference water index for corn and soybeans. Remote Sens Environ, 92: 475-482.
Jarvis P G. 1976. The interpretation of the variations in leaf water potential and stomatal conductance found in canopies in the field. Philos T Roy Soc, B: 593-610.
Jones H G. 1992. Plants and Microclimate: A Quantitative Approach to Environmental Plant Physiology. Cambridge England, New York, USA: Cambridge University Press.
Jung M, Reichstein M, Ciais P, et al. 2010. Recent decline in the global land evapotranspiration trend due to limited moisture supply. Nature, 467: 951-954.
Jung M, Reichstein M, Margolis H A, et al. 2011. Global patterns of land-atmosphere fluxes of carbon dioxide, latent heat, and sensible heat derived from eddy covariance, satellite, and meteorological observations. J Geophys Res Biogeo, 116, G00J07, doi: 10.1029/2010jg001566.

Jung M, Vetter M, Herold M, et al. 2007. Uncertainties of modeling gross primary productivity over Europe: a systematic study on the effects of using different drivers and terrestrial biosphere models. Global Biogeochem Cy, 21, GB4021, doi: 10.1029/2006gb002915.

Kakane V. 2004. Soil heat flux-net radiation relations for some surfaces. West African Journal of Applied Ecology, 5: 21-29.

Kalma J, McVicar T, McCabe M, et al, 2008. Estimating land surface evaporation: a review of methods using remotely sensed surface temperature data. Surveys in Geophysics, 29: 421-469.

Kaufman Y J, Herring D D, Ranson K J, et al. 1998. Earth Observing System AM1 mission to earth. IEEE T Geosci Remote, 36: 1045-1055.

Kelliher F M, Leuning R, Raupach M R, et al. 1995. maximum conductances for evaporation from global vegetation types. Agricultural and Forest Meteorology, 73: 1-16.

King D A, Turner D P, Ritts W D. 2011. Parameterization of a diagnostic carbon cycle model for continental scale application. Remote Sens Environ, 115: 1653-1664.

Kistler R. 2001. The NCEP-NCAR 50-year reanalysis: monthly means CD-ROM and documentation. Bulletin of the American Meteorological Society, 82: 247-267.

Knyazikhin Y, Martonchik J V, Diner D J, et al. 1998. Estimation of vegetation canopy leaf area index and fraction of absorbed photosynthetically active radiation from atmosphere-corrected MISR data. J Geophys Res Atmos, 103: 32239-32256.

Körner C H. 1994. Leaf diffusive conductances in the major vegetation types of the globe. *In*: Schulze E D, Caldwell M M. Ecophysiology of Photosynthesis. Berlin, Heidelberg, New York: Springer Ecol Studies, 100: 463-490.

Kurc S A, Small E E. 2004. Dynamics of evapotranspiration in semiarid grassland and shrubland ecosystems during the summer monsoon season, central New Mexico. Water Resources Research, 40, W09305, doi: 10.1029/2004wr003068.

Kustas W P, Norman J M. 1999. Evaluation of soil and vegetation heat flux predictions using a simple two-source model with radiometric temperatures for partial canopy cover. Agricultural and Forest Meteorology, 94: 13-29.

Labat D, Goddéris Y, Probst J L, et al. 2004. Evidence for global runoff increase related to climate warming. Advances in Water Resources, 27: 631-642.

Landsberg J J, Waring R H. 1997. A generalised model of forest productivity using simplified concepts of radiation-use efficiency, carbon balance and partitioning. Forest Ecology and Management, 95: 209-228.

Law B E, Falge E, Gu L, et al. 2002. Environmental controls over carbon dioxide and water vapor exchange of terrestrial vegetation. Agric Forest Meteorol, 113: 97-120.

Leuning R, Cleugh H A, Zegelin S J, et al. 2005. Carbon and water fluxes over a temperate Eucalyptus forest and a tropical wet/dry savanna in Australia: measurements and comparison with MODIS remote sensing estimates. Agr Forest Meteorol, 129: 151-173.

Leuning R, Zhang Y Q, Rajaud A, et al. 2008. A simple surface conductance model to estimate regional evaporation using MODIS leaf area index and the Penman-Monteith equation. Water Resources Research, 44, W10419.

Li F Q, Kustas W P, Anderson M C, et al. 2008. Effect of remote sensing spatial resolution on interpreting tower-based flux observations. Remote Sens Environ, 112: 337-349.

Li X, Liang S, Yu G, et al. 2013. Estimation of gross primary production over the terrestrial ecosystems in China. Ecol Model, 261-262: 80-92.

Los S O, Pollack N H, Parris M T, et al. 2000. A global 9-yr biophysical land surface dataset from NOAA AVHRR data. Journal of Hydrometeorology, 1: 183-199.

Ma S Y, Baldocchi D D, Xu L K, et al. 2007. Inter-annual variability in carbon dioxide exchange of an oak/grass savanna and open grassland in California. Agr Forest Meteorol, 147: 157-171.

Maisongrande P, Ruimy A, Dedieu G, et al. 1995. Monitoring seasonal and interannual variations of gross primary productivity, net primary productivity and net ecosystem productivity using a diagnostic model and remotely-sensed data. Tellus B, 47: 178-190.

Malmström C M, Thompson M V, Juday G P, et al. 1997. Interannual variation in global-scale net primary production: testing model estimates. Global Biogeochemical Cycles, 11: 367-392.

McCree K J. 1972. Test of current definitions of phtosysthetically active radiation against leaf photosysthesis data. Agr Meteorol, 10: 442-453.

Medlyn B E. 2011. Comment on "Drought-Induced Reduction in Global Terrestrial Net Primary Production from 2000 Through 2009". Science, 333: 1093.

Melillo J M, McGuire A D, Kicklighter D W, et al. 1993.Global climate change and terrestrial net primary production. Nature, 363: 234-240.

Meulen M W J, Klaassen W. 1996. Soil heat flux measurements in an open forest. Physics and Chemistry of the Earth, 21: 101-105.

Moffat A M, Papale D, Reichstein M, et al. 2007. Comprehensive comparison of gap-filling techniques for eddy covariance net carbon fluxes. Agricultural and Forest Meteorology, 147: 209-232.

Monteith J L, Unsworth M H. 1990. Principles of Environmental Physics.(2nd ed.). London; New York: E. Arnold; Distributed in the USA by Routledge, Chapman and Hall.
Monteith J L. 1965. Evaporation and the environment. Symposium Society Experiment Biology, 19: 205-234.
Monteith J L. 1972. Solar radiation and productivity in tropical ecosystems. J Appl Ecol, 9: 747-766.
Monteith J L. 1973. Principles of Environmental Physics. London: Edward Arnold.
Moran M S, Clarke T R, Kustas W P, et al. 1994. Evaluation of hydrologic parameters in a semiarid rangeland using remotely sensed spectral data. Water Resources Research, 30: 1287-1297.
Mu Q, Zhao M, Heinsch F A, et al. 2007. Evaluating water stress controls on primary production in biogeochemical and remote sensing based models. J Geophys Res Biogeo, 112, G01012, doi: 10.1029/2006JG000179.
Mu Q, Zhao M, Running S W. 2011. Improvements to a MODIS global terrestrial evapotranspiration algorithm. Remote Sensing of Environment, 115: 1781-1800.
Mu Q, Zhao, M, Kimball J S, et al. 2013. A remotely sensed global terrestrial drought severity index. Bull Am Meteorol Soc, 94: 83-98.
Myneni R B, Hoffman S, Knyazikhin Y, et al. 2002. Global products of vegetation leaf area and fraction absorbed PAR from year one of MODIS data. Remote Sens Environ, 83: 214-231.
Nagler P L, Cleverly J, Glenn E, et al. 2005. Predicting riparian evapotranspiration from MODIS vegetation indices and meteorological data. Remote Sensing of Environment, 94: 17-30.
Nathalie B, Roland H, André G, et al. 2006. Temperate forest trees and stands under severe drought: a review of ecophysiological responses, adaptation processes and long-term consequences. Ann Forest Sci, 63: 625-644.
Nave L E, Gough C M, Maurer K D, et al. 2011. Disturbance and the resilience of coupled carbon and nitrogen cycling in a north temperate forest. J Geophys Res Biogeo, 116, G04016, doi: 10.1029/2011JG001758.
Neal A L, Gupta H V, Kurc S A, et al. 2011. Modeling moisture fluxes using artificial neural networks: can information extraction overcome data loss? Hydrology and Earth System Sciences, 15: 359-368.
Nemani R R, Keeling C D, Hashimoto H, et al. 2003. Climate-driven increases in global terrestrial net primary production from 1982 to 1999. Science, 300: 1560-1563.
Nemani R R, Running S W. 1989. Estimation of regional surface resistance to evapotranspiration from NDVI and thermal-IR AVHRR data. Journal of Applied Meteorology, 28: 276-284.
Nemani R, Hashimoto H, Votava P, et al. 2009. Monitoring and forecasting ecosystem dynamics using the Terrestrial Observation and Prediction System(TOPS). Remote Sens Environ, 113: 1497-1509.
New M, Hulme M, Jones P. 2000. Representing twentieth-century space-time climate variability. Part II: development of 1901-96 monthly grids of terrestrial surface climate. Journal of Climate, 13: 2217-2238.
Nightingale J M, Coops N C, Waring R H, et al. 2007. Comparison of MODIS gross primary production estimates for forests across the U.S.A. with those generated by a simple process model, 3-PGS. Remote Sens Environ, 109: 500-509.
Nishida K, Nemani R R, Running S W, et al. 2003. An operational remote sensing algorithm of land surface evaporation. Journal of Geophysical Research-Atmospheres, 108: 4270.
Niyogi D S, Raman S. 1997. Comparison of four different stomatal resistance schemes using FIFE observations. Journal of Applied Meteorology, 36: 903-917.
Noilhan J, Planton S. 1989. A simple parameterization of land surface processes for meteorological models. Monthly Weather Review, 117: 536-549.
Norman J M, Kustas W P, Humes K S. 1995. Source approach for estimating soil and vegetation energy fluxes in observations of directional radiometric surface temperature. Agricultural and Forest Meteorology, 77: 263-293.
Ogutu B O, Dash J. 2013. Assessing the capacity of three production efficiency models in simulating gross carbon uptake across multiple biomes in conterminous USA. Agr Forest Meteorol, 174-175: 158-169.
Oki T, Kanae S. 2006. Global hydrological cycles and world water resources. Science, 313: 1068-1072.
Oren R, Sperry J S, Katul G G, et al. 1999. Survey and synthesis of intra- and interspecific variation in stomatal sensitivity to vapour pressure deficit. Plant Cell Environ, 22: 1515-1526.
Papale D, Valentini R. 2003. A new assessment of European forests carbon exchanges by eddy fluxes and artificial neural network spatialization. Global Change Biology, 9: 525-535.
Pau S, Edwards E J, Still C J. 2013. Improving our understanding of environmental controls on the distribution of C3 and C4 grasses. Glob Change Biol, 19: 184-196.
Paw U, K T, Baldocchi D D, Meyers T P, et al. 2000. Correction of eddy-covariance measurements incorporating both advective effects and density fluxes. Bound-Lay Meteorol, 97: 487-511.
Pearcy R W, Ehleringer J. 1984. Comparative ecophysiology of C3 and C4 plants. Plant Cell Environ, 7: 1-13.
Penman H L. 1948. Natural evaporation from open water, bare soil and grass. Proc R Soc Lon Ser A, 193: 120-146.
Potter C S, Randerson J T, Field C B, et al. 1993. Terrestrial ecosystem production - a process model-based on Global Satellite and Surface Data. Global Biogeochem Cy, 7: 811-841.
Priestley C H, Taylor R J. 1972. Assessment of surface heat-flux and evaporation using large-scale parameters. Mon Weather Rev, 100: 81-92.

Prince S D, Goward S N. 1995. Global primary production: A remote sensing approach. J Biogeogr, 22: 815-835.

Rahman A F, Sims D A, Cordova V D, et al. 2005. Potential of MODIS EVI and surface temperature for directly estimating per-pixel ecosystem C fluxes. Geophys Res Lett, 32, L19404, doi: 19410.11029/12005gl024127.

Raich J W, Rastetter E B, Melillo J M, et al. 1991. Potential net primary productivity in South-America - Application of a global model. Ecol Appl, 1: 399-429.

Reichstein M, Ciais P, Papale D, et al. 2007. Reduction of ecosystem productivity and respiration during the European summer 2003 climate anomaly: a joint flux tower, remote sensing and modelling analysis. Glob Change Biol, 13: 634-651.

Reichstein M, Falge E, Baldocchi D, et al. 2005. On the separation of net ecosystem exchange into assimilation and ecosystem respiration: review and improved algorithm. Global Change Biology, 11: 1424-1439.

Reichstein M, Tenhunen J, Roupsard O, et al. 2003. Inverse modeling of seasonal drought effects on canopy CO_2/H_2O exchange in three Mediterranean ecosystems. J Geophys Res Atmos, 108: 4726, doi: 10.1029/2003JD003430.

Rudolf B A, Becker U, Schneider A, et al. 2011. New Full Data Reanalysis Version 5 provides high-quality gridded monthly precipitation data. Global Energy and Water Cycle Experiment(GEWEX)News, 21: 4-5.

Ruimy A, Dedieu G, Saugier B. 1996. TURC: A diagnostic model of continental gross primary productivity and net primary productivity. Global Biogeochem Cy, 10: 269-285.

Ruimy A, Saugier B, Dedieu G. 1994. Methodology for the estimation of terrestrial net primary production from remotely sensed data. J Geophys Res Atmos, 99: 5263-5283.

Running S W, Nemani R R, Heinsch F A, et al. 2004. A continuous satellite-derived measure of global terrestrial primary production. Bioscience, 54: 547-560.

Running S W, Thornton P E, Nemani R, et al. 2000. Global terrestrial gross and net primary productivity from the Earth Observing System. *In*: Sala O E, Jackson R B, Mooney H A, et al. Methods in Ecosystem Science. New York: Springer: 421-453.

Ryu Y, Baldocchi D D, Black T A, et al. 2012. On the temporal upscaling of evapotranspiration from instantaneous remote sensing measurements to 8-day mean daily-sums. Agricultural and Forest Meteorology, 152: 212-222.

Ryu Y, Baldocchi D D, Kobayashi H, et al. 2011. Integration of MODIS land and atmosphere products with a coupled-process model to estimate gross primary productivity and evapotranspiration from 1 km to global scales. Global Biogeochem Cy, 25, GB4017, doi: 10.1029/2011GB004053.

Ryu Y, Baldocchi D D, Ma S, et al. 2008. Interannual variability of evapotranspiration and energy exchange over an annual grassland in California. J Geophys Res Atmos, 113, D09104, doi: 09110.01029/02007jd009263.

Samanta A, Costa M H, Nunes E L, et al. 2011. Comment on "Drought-Induced Reduction in Global Terrestrial Net Primary Production from 2000 Through 2009". Science, 333: 1093-1093.

Sasai T, Okamoto K, Hiyama T, et al. 2007. Comparing terrestrial carbon fluxes from the scale of a flux tower to the global scale. Ecol Model, 208: 135-144.

Saugier B, Katerji N. 1991. Some plant factors controlling evapotranspiration. Agricultural and Forest Meteorology, 54: 263-277.

Saxton K E, Rawls W J, Romberger J S, et al. 1986. Estimating generalized soil-water characteristics from Texture. Soil Science Society of America Journal, 50: 1031-1036.

Scott R L, Jenerette G D, Potts D L, et al. 2009. Effects of seasonal drought on net carbon dioxide exchange from a woody-plant-encroached semiarid grassland. J Geophys Res Atmos, 114, G04004, doi: 10.1029/2008JG000900.

Sellers P J, Randall D A, Collatz G J, et al. 1996. A revised land surface parameterization(SiB2)for atmospheric GCMS. Part I: model formulation. Journal of Climate, 9: 676-705.

Sellers P J, Shuttleworth W J, Dorman J L, et al. 1989. Calibrating the simple biosphere model for Amazonian tropical forest using field and remote sensing data. Part I: average calibration with field data. Journal of Applied Meteorology, 28: 727-759.

Sellers P J. 1985. Canopy reflectance, photosynthesis and transpiration. International Journal of Remote Sensing, 6: 1335-1372.

Sheffield J, Wood E F, Munoz-Arriola F. 2010. Long-term regional estimates of evapotranspiration for Mexico based on downscaled ISCCP data. Journal of Hydrometeorology, 11: 253-275.

Sheridan P J, Delene D J, Ogren J A. 2001. Four years of continuous surface aerosol measurements from the Department of Energy's Atmospheric Radiation Measurement Program Southern Great Plains Cloud and Radiation Testbed site. J Geophys Res Atmos, 106: 20735-20747.

Shugart H H. 1998. Terrestrial Ecosystems in Changing Environments. Cambridge, New York: Cambridge University Press.

Shuttleworth W J, Wallace J S. 1985. Evaporation from sparse crops-an energy combination theory. Quarterly Journal of the Royal Meteorological Society, 111: 839-855.

Sims D A, Rahman A F, Cordova V D, et al. 2008. A new model of gross primary productivity for North American ecosystems based solely on the enhanced vegetation index and land surface temperature from MODIS. Remote Sens Environ, 112: 1633-1646.

Sjöström M, Zhao M, Archibald S, et al. 2013. Evaluation of MODIS gross primary productivity for Africa using eddy covariance data. Remote Sens Environ, 131: 275-286.

Stewart J B, Gay L W. 1989. Preliminary modelling of transpiration from the FIFE site in Kansas. Agricultural and Forest Meteorology, 48: 305-315.

Stewart J B. 1988. Modelling surface conductance of pine forest. Agricultural and Forest Meteorology, 43: 19-35.

Still C J, Berry J A, Collatz G J, et al. 2003. Global distribution of C3 and C4 vegetation: Carbon cycle implications. Global Biogeochem Cy, 17: 1006, doi: 10.1029/2001gb001807.

Su Z. 2002. The Surface Energy Balance System (SEBS) for estimation of turbulent heat fluxes. Hydrology and Earth System Sciences, 6: 85-100.

Suyker A E, Verma S B. 2008. Interannual water vapor and energy exchange in an irrigated maize-based agroecosystem. Agr Forest Meteorol, 148: 417-427.

Suzuki R, Masuda K, G. Dye D. 2007. Interannual covariability between actual evapotranspiration and PAL and GIMMS NDVIs of northern Asia. Remote Sensing of Environment, 106: 387-398.

Tan B, Woodcock C E, Hu J, et al. 2006. The impact of gridding artifacts on the local spatial properties of MODIS data: Implications for validation, compositing, and band-to-band registration across resolutions. Remote Sens Environ, 105: 98-114.

Thomas C K, Law B E, Irvine J, et al. 2009. Seasonal hydrology explains interannual and seasonal variation in carbon and water exchange in a semiarid mature ponderosa pine forest in central Oregon. J Geophys Res Atmos, 114, G04006, doi: 10.1029/2009JG001010.

Thornthwaite C W, Mather J R. 1955. The water balance. *In*: Thornthwaite C W, Mather J R. Publications in Climatology. New Jersey: Drexel Institute of Technology: 104.

Thornthwaite C W. 1948. An approach toward a rational classification of climate. Geogr Rev, 38: 55-94.

Trenberth K E, Fasullo J T, Kiehl J. 2009. Earth's global energy budget. Bulletin of the American Meteorological Society, 90: 311-323.

Turner D P, Ritts W D, Maosheng Z, et al. 2006. Assessing interannual variation in MODIS-based estimates of gross primary production. IEEE T Geosci. Remote, 44: 1899-1907.

Turner D P, Urbanski S, Bremer D, et al. 2003. A cross-biome comparison of daily light use efficiency for gross primary production. Glob Change Biol, 9: 383-395.

Twine T E, Kustas W P, Norman J M, et al. 2000. Correcting eddy-covariance flux underestimates over a grassland. Agricultural and Forest Meteorology, 103: 279-300.

van der Molen M K, Dolman A J, Ciais P, et al. 2011. Drought and ecosystem carbon cycling. Agr Forest Meteorol, 151: 765-773.

Verma S B, Dobermann A, Cassman K G, et al. 2005. Annual carbon dioxide exchange in irrigated and rainfed maize-based agroecosystems. Agr Forest Meteorol, 131: 77-96.

Veroustraete F, Sabbe H, Eerens H. 2002. Estimation of carbon mass fluxes over Europe using the C-Fix model and Euroflux data. Remote Sens Environ, 83: 376-399.

Verstraeten W W, Veroustraete F, Feyen J. 2006. On temperature and water limitation of net ecosystem productivity: Implementation in the C-Fix model. Ecol Model, 199: 4-22.

Vinukollu R K, Wood E F, Ferguson C R, et al. 2011. Global estimates of evapotranspiration for climate studies using multi-sensor remote sensing data: evaluation of three process-based approaches. Remote Sensing of Environment, 115: 801-823.

Wang K C, Liang S L. 2008. An improved method for estimating global evapotranspiration based on satellite determination of surface net radiation, vegetation index, temperature, and soil moisture. Journal of Hydrometeorology, 9: 712-727.

Wang K, Wang P, Li Z, et al. 2007. A simple method to estimate evapotranspiration from a combination of net radiation, vegetation indices and temperatures. Journal of Geophysical Research, 112, D15107, DOI: 10.1029/2006JD008351.

Wang Q, Tenhunen J, Falge E, et al. 2004. Simulation and scaling of temporal variation in gross primary production for coniferous and deciduous temperate forests. Glob Change Biol, 10: 37-51.

Wang S S, Yang Y, Trishchenko A P, et al. 2009. Modeling the response of canopy stomatal conductance to humidity. Journal of Hydrometeorology, 10: 521-532.

Waring R H, Law B E, Goulden M L, et al. 1995. Scaling gross ecosystem production at Harvard Forest with remote sensing: a comparison of estimates from a constrained quantum-use efficiency model and eddy correlation. Plant Cell Environ, 18: 1201-1213.

Wild M, Grieser J, Schär C. 2008. Combined surface solar brightening and increasing greenhouse effect support recent intensification of the global land-based hydrological cycle. Geophysical Research Letters, 35, L17706.

Willmott C J, Rowe C M, Philpot W D. 1985. Small-scale climate maps: a sensitivity analysis of some common assumptions associated with grid-point interpolation and contouring. Cartogr Geogr Inform, 12: 5-16.

Wilson K, Goldstein A, Falge E, et al. 2002. Energy balance closure at FLUXNET sites. Agricultural and Forest Meteorology, 113: 223-243.

Wu C, Chen J M, Huang N. 2011. Predicting gross primary production from the enhanced vegetation index and photosynthetically active radiation: evaluation and calibration. Remote Sens Environ, 115: 3424-3435.

Xiao J, Zhuang Q, Baldocchi D D, et al. 2008. Estimation of net ecosystem carbon exchange for the conterminous United States by combining MODIS and AmeriFlux data. Agr Forest Meteorol, 148: 1827-1847.

Xiao J, Zhuang Q, Law B E, et al. 2010. A continuous measure of gross primary production for the conterminous United States derived from MODIS and AmeriFlux data. Remote Sens Environ, 114: 576-591.

Xiao X, Zhang Q, Hollinger D, et al. 2005a. Modeling gross primary production of an evergreen needleleaf forest using MODIS and climate data. Ecol Appl, 15: 954-969.

Xiao X, Zhang Q, Saleska S, et al. 2005b. Satellite-based modeling of gross primary production in a seasonally moist tropical evergreen forest. Remote Sens Environ, 94: 105-122.

Yan H, Shugart H H. 2010. An air relative-humidity-based evapotranspiration model from eddy covariance data. J Geophys Res Atmos, 115, D16106, doi: 10.1029/2009jd013598.

Yan H, Wang S Q, Billesbach D, et al. 2012. Global estimation of evapotranspiration using a leaf area index-based surface energy and water balance model. Remote Sens Environ, 124: 581-595.

Yan H, Wang S Q, Billesbach D, et al. 2015. Improved global simulations of gross primary product based on a new definition of water stress factor and a separate treatment of C3 and C4 plants. Ecol Modell, 297: 42-59.

Yan H, Yu Q, Zhu Z C, et al. 2013. Diagnostic analysis of interannual variation of global land evapotranspiration over 1982-2011: assessing the impact of ENSO. J Geophys Res Atmos, 118: 8969-8983.

Yang F H, Ichii K, White M A, et al. 2007. Developing a continental-scale measure of gross primary production by combining MODIS and AmeriFlux data through Support Vector Machine approach. Remote Sens Environ, 110: 109-122.

Yang W, Shabanov N V, Huang D, et al. 2006. Analysis of leaf area index products from combination of MODIS Terra and Aqua data. Remote Sens Environ, 104: 297-312.

Yang Y, Guan H, Shang S, et al. 2014. Toward the use of the MODIS ET product to estimate terrestrial GPP for nonforest ecosystems. IEEE Geosci Remote S, 11: 1624-1628.

Yang Y, Shang S, Guan H, et al, 2013. A novel algorithm to assess gross primary production for terrestrial ecosystems from MODIS imagery. J Geophys Res Biogeo, 118: 590-605.

Yu G R, Nakayama K, Lu H Q. 1996. Modelling stomatal conductance in maize leaves with environmental variable(in Japanese with English summary). Journal of Agricultural Meteorology, 52: 324-330.

Yuan W P, Liu S, Zhou G S, et al. 2007. Deriving a light use efficiency model from eddy covariance flux data for predicting daily gross primary production across biomes. Agr Forest Meteorol, 143: 189-207.

Yuan W, Liu S, Yu G, et al. 2010. Global estimates of evapotranspiration and gross primary production based on MODIS and global meteorology data. Remote Sens Environ, 114: 1416-1431.

Zhang K, Kimball J S, Nemani R R, et al. 2010a. A continuous satellite-derived global record of land surface evapotranspiration from 1983 to 2006. Water Resources Research, 46, W09522.

Zhang Y Q, Yu Q, Jiang J, et al. 2008. Calibration of Terra/MODIS gross primary production over an irrigated cropland on the North China Plain and an alpine meadow on the Tibetan Plateau. Glob Change Biol, 14: 757-767.

Zhang Y, Leuning R, Chiew F H S, et al. 2012. Decadal trends in evaporation from global energy and water balances. Journal of Hydrometeorology, 13: 379-391.

Zhang Y, Leuning R, Hutley L B, et al. 2010b. Using long-term water balances to parameterize surface conductances and calculate evaporation at 0.05° spatial resolution. Water Resources Research, 46, W05512.

Zhao M S, Heinsch F A, Nemani R R, et al. 2005. Improvements of the MODIS terrestrial gross and net primary production global data set. Remote Sens Environ, 95: 164-176.

Zhao M S, Running S W. 2010. Drought-induced reduction in global terrestrial net primary production from 2000 through 2009. Science, 329: 940-943.

第 5 章　生态系统过程-遥感模型

5.1　引　　言

植被通过光合作用将大气中的 CO_2 固定到植物体内，从而进入生态系统。一部分光合产物用于植被生长，另一部分则通过呼吸作用以 CO_2 的形式进入大气；凋落物被微生物分解，部分进入土壤有机质中，而土壤有机质中的碳通过微生物分解作用而释放。生态系统过程模型就是用来描述生态系统中关键的生态过程（主要是光合、呼吸、分解过程等），主要是对陆地土壤-植被-大气之间动量、能量和物质交换的数学表达，重点是对碳氮水过程的数学描述。卫星遥感观测能够以高的时间和空间分辨率获取与陆地生态系统碳收支相关的信息，已成为估算区域尺度碳收支组分的重要数据来源（Running et al.，2004；Rahman et al.，2005）。通过将遥感获得陆地表面信息与生态过程模型的结合，可以解决复杂生态过程模型在区域乃至全国模拟中参数获取的困难，提高生态系统碳收支的模拟精度。

目前随着卫星技术的发展，从遥感数据提取陆地植被信息获得了巨大进展。最初，遥感解译的土地覆盖类型是为生态系统过程模型的参数分类提供定量信息；之后，可通过遥感反演植被参数（叶面积指数、土壤含水量等）作为陆地生态系统碳循环模型的驱动变量；目前，可通过直接获取高光谱数据用来表征植被与大气 CO_2 交换 s 信息的变量因子（叶绿素荧光等）。将陆地生态系统过程模型与遥感信息的综合集成，发展为生态过程-遥感模型，可为提高认识和评价生态系统碳收支的变化提供有效的途径。

5.2　生态系统过程-遥感模型的发展

从模型构建方法角度，陆地生态系统碳收支模型方法可以分为经验模型、过程模型和遥感参数模型。随着遥感技术的发展，各类模型都有较大的改进。

5.2.1　经验模型

经验模型通常根据植被生长过程变量与环境因子相关的原理，用两者建立的数学关系来估算生态系统碳氮变量。这些模型一般基于大量野外数据建立变量之间的回归关系，因此对生态系统变化缺乏机理性解释。经验模型包括生物量换算因子法（记账式模型）（方精云和陈安平，2001）、碳密度法（Myneni et al.，2001）、涡度相关法（Markkanen et al.，2001）和统计模型（Yang et al.，2001；杨昕等，2002；Zamolodchikov and Karelin，2001）。

早期较为典型的生产力经验模型包括 Miami 模型、Thornthwaite 模型和 Chikugo 模型，一般利用气候因子构建统计方程，主要用于估算生态系统净初级生产力（NPP）。而后很多研究根据土壤碳循环达到平衡的假设，推导出了平均土壤呼吸速率并用来估计土壤呼吸速率，进而估测了陆地生态系统净交换（NEE）（Yang et al.，2001；杨昕等，2002a，2002b）。随着遥感技术的不断发展，出现了众多应用遥感观测数据基于经验方法构建的 NEE 模型。例如，Wylie 等（2007）选用光合有效辐射（PAR）、归一化植被指数（NDVI）、气候因子等作为解释变量，采用分段回归方法构建生态系统净交换（NEE）模型。Xiao 等（2008）采用 MODIS 反射率、EVI、LST、NDWI、FPAR 和 LAI 几个关键参数利用回归树方法构建 NEE 统计模型。Patel 等（2011）和 Tang 等（2011）分别利用植被指数及遥感反演的地表温度（LST）作为解释变量，利用多元回归方法构建生态系统 NEE 经验模型。这类模型通常利用基于遥感植被参数来模拟生态系统生产力，方法较为简单，参数易于获得。经验模型存在的问题和不确定性主要有以下几个方面：①CO_2 及氮素的"施肥效应"没有包括到模式中；②模型较为简单使得模拟结果与实际情况存在一定的差别；③没有考虑地上植被的空间分布及生物体碳含量的变化；④未来气候变化情况下发生在微尺度上的植物生理、生化等响应过程的研究。

5.2.2　过程模型

生态系统过程模型模拟陆地生态系统碳氮水及其他营养元素的循环，并且探讨这些循环过程对气候（温度、降水、辐射等）和人类活动的响应。过程模型从机理上模拟植被的光合作用、呼吸作用、蒸腾蒸发及土壤水分散失的过程，大多将土壤-植被-大气连续体（SPAC）作为一个系统，进行各分室的物质、能量交换模拟并建立相应的模型或模型库，模型包括气候模块、光合作用模块、蒸腾蒸散模块、呼吸作用模块、气孔导度模块等诸多子模块。生态系统过程模型能够解释生态系统过程机理，揭示植被与大气之间的交互作用。

生态系统过程模型最初在叶片尺度上展开，主要描述能量传输过程、物质交换过程及生理调节过程等，最常见的有光合作用模型、气孔导度模型及土壤有机质分解模块。

5.2.2.1　光合作用模型

叶片和大气中 CO_2 的物质交换遵循 Fick's 法则。净光合速率描述为 $A = g(C_a - C_i)$，其中 C_a 和 C_i 分别是大气和胞间 CO_2 浓度，g 为气孔导度。但是由于 C_i 是未知的，该方程并不能直接估算净光合速率。因此必须使得 C_i 与其他已知的物理量联系起来，才能使得上述方程数学上有数值解（Katul et al.，2000）。由表 5.1 中可以看出，光合作用模型的基本原理相同，所不同是的 C_i 和 C_a 参数化方案。Norman 模型中，C_i 和 C_a 的比值被认为是常数，并且可以由稳定性同位素碳 13 测定（Norman，1982）。Cowan 和 Farquhar（1977）建立的模型中，C_i 和 C_a 的比值是水分利用效率（WUE）和饱和水汽压差（VPD）的函数，其中 WUE 被认定为常数。Farquhar 等（1993）认为 WUE 与羧化速率有线性关系，并设定 C_i 和 C_a 的比值是 D，以及叶片 CO_2 补偿点的函数。

表 5.1　光合作用模型的不同形式（Katul et al.，2000）

模型	C_i 与 C_a 比值	净光合速率计算公式
Norman	$C_i/C_a = R_c$	$A = gC_a(1-R_c)$
Cowan	$C_i/C_a = 1 - \mathrm{WUED}/C_a$	$A = g(\mathrm{WUED})$
Farquhar（1977）	$C_i/C_a = 1 - \sqrt{\dfrac{1.6D(C_a-\tau)}{\lambda_{cf}{C_a}^2}}$	$A = g(C_a - C_i)$
Ball-Berry	$C_i/C_a = 1 - 1/mR_{hu}$	$A = gC_a/mR_{hu}$
	$C_i/C_a = 1 - \dfrac{1-\tau/C_a}{m_L}(1+\dfrac{D}{D_0})$	$A = \dfrac{gC_a}{m_L}(1-\dfrac{\tau}{C_a})(1+\dfrac{D}{D_0})$
Farquhar	$A=f(C_i)$	$A = g(C_a - C_i)$

5.2.2.2　气孔导度模型

气孔是植被与大气之间痕量气体交换的主要通道，在气候系统和大气成分的生理控制中有重要的作用。气孔对环境因子的模拟方法层出不穷，最常见的是两类气孔导度模型。

最早气孔导度模型开始于连乘模型 Jarvis（1976），该类模型根据环境因子变化来调整参考的气孔导度值，并且假设气孔导度不依赖于光合速率。Jarvis（1976）假设气孔导度是辐射（I）的函数，并且受到如温度（T）、水汽压差（D）和叶水势（ψ）的影响。

$$g_s = f(I)g(T)h(D)i(\psi) \quad \text{（Jarvis，1976）} \tag{5.1}$$

这类模型随后多次改进，但主要还是温度、辐射、水汽压差及叶水势这些环境因子的函数形式的改变（White，1999；Noe and Giersch，2004）。

另外一种类型的气孔导度模型是半经验性模型，基于气孔导度、胞间 CO_2 浓度和光合作用的关系。最常用的方法是气孔导度、光合作用、叶表面 CO_2 浓度及相对水汽压差的线性模型，亦即所谓的 Ball-Berry 模型和 Ball-Berry-Leuning 模型（Ball et al.，1987；Leuning et al.，1995）。

$$g_s = g_0 + (\frac{mA_n R_{hu}}{C_s}) \quad \text{（Ball et al.，1987）} \tag{5.2}$$

式中，A_n 是净光合速率[μmol/（m^2·s）]，R_{hu} 是相对湿度（%），C_s 是叶表面 CO_2 浓度（ppm）。

最初的 Ball 模型是描述气孔导度和净光合速率的线性关系，相比连乘模型来讲，其需要的参数要少。在该模型的基础上，许多模型增加了植物水分状态订正因子（Wang and Leuning，1998；Misson et al.，2004），从而考虑了水分胁迫对于气孔导度的影响。

5.2.2.3　土壤有机质分解模块

就生态系统碳循环主要过程的模拟而言，光合作用的模拟方法比碳分配和呼吸的模拟方法要成熟（Ryan and Law，2005）。在土壤呼吸模块中，由于土壤呼吸机理不明确，在生态系统过程模型中进行了简单的假设。例如，在 Century 模型和 Biome-BGC 中，光合作用的碳分配到植被各个器官（根、茎和叶）用于生长、维持及存储的碳的比例是固定的（Parton et al.，1993）。Century 模型中的土壤有机质（SOM）模块模拟土壤系统的有机和无机组分中的 C、N 动态，描述了凋落物质量、土壤湿度和温度等因素对土壤异养呼吸的影响。土壤碳划分为 3 个组分：活性、慢性和惰性碳库。碳转化受到每个不同碳库的最大分解速率，以及温度、水分控制分解因子这两部分控制。其中活性土壤有机质主要受到微生物及它的代谢产物组成；慢性土壤有机质包括难分解的土壤有机质和土壤固定的微生物产物；惰性土壤有机质是土壤中极难分解的部分。很多生态系统过程模型都引用了 Century 模型中的 SOM 模块模拟土壤碳氮循环，不同之处在于土壤碳库划分及环境因子对分解限制的函数形式。

目前利用遥感数据模拟 NPP 的方法相对比较成熟，特别是遥感信息的应用进一步减小了模型结果的不确定性；但是，基于遥感的土壤呼吸模拟研究则存在很大的限制（Running et al.，1999）。因此，生态系统异养呼吸的研究，特别是大区域空间尺度的土壤异养呼吸的研究，可能是未来陆地生态系统碳平衡研究的重要方面。

叶片尺度过程模型的发展为生态系统过程模型的尺度扩展提供了基本框架，通过简化的方法将叶片模型扩展到冠层的尺度，通常通过大叶模型、多层模型及混合模型来实现模型的尺度扩展。大叶模型通常将冠层看作一个伸展的叶片，将叶片水平的模型直接扩展到冠层（Amthor，1994），但是大叶模型仅能比较准确地模拟植被冠层的蒸散，对光合作用的模拟存在着较大的误差。多层模型是将冠层划分为垂直的若干层次，逐层计算各层的通量，并累加成冠层尺度的量（Baldocchi，1992）。该方法虽参数较多，较难获得，而介于两者之间的混合模型能较好地解决尺度扩展问题，如将大叶模型分为阴叶和阳叶分别估算光合作用量再求和（Chen et al.，1999）。

生态系统过程模型的优势在于可以估算需要可测定的变量，并且模型算法的假设条件可以根据实测数据进行评估或修改（Turner et al.，2003）。

5.2.3 遥感参数模型

遥感参数模型也称为光能利用率模型，它以光能利用率的理论为基础，贯穿资源平衡的观点，通过植被冠层对太阳辐射的有效利用率来估算植被的生产力，同时将土壤温度代入 Arrhenius 函数估测土壤呼吸进而得到 NEP。这类模型假定生态系统可调整植被特性以响应环境条件，因此任何对植被生长起限制作用的资源（如水分、氮和辐射等）都将影响生态系统碳吸收。Monteith（1972）首先提出利用植被所吸收的光合有效辐射（APAR）和光能利用率 LUE 来计算作物生产力的方法。

不同的光能利用率模型对最大光能利用率 ε 的参数化有所不同。最初光能利用率模型中最大光能利用率是个定值，不随植被类型变化，而后越来越多的研究发现最大光能利用率随植被类型变化，采用最大光能利用率与限制因子的函数来估算实际的光能利用率。Prince 等（1995）提出了考虑植物呼吸及其他胁迫（温度、水汽压差及土壤水分）的 GLO-PEM 模型，并第一次建立了使用遥感数据驱动的模型，大大增强了开展区域尺度评估的能力；Xiao 等（2004）构建了 VPM 模型，利用遥感计算的 LSWI 指数表征水分对 GPP 的影响。EC-LUE 模型考虑了温度和水分对潜在光能利用率的限制作用，具有全球统一的模型参数（潜在光能利用率和植物最适宜生长温度），这些参数不随着植被、地理区域、气候类型的变化而变化（Yuan et al.，2007）。

遥感参数模型的重要作用是实现植被参数的尺度转换，将样地尺度的生态系统参数与遥感获得的较大尺度生态系统参数间建立关系，进而模拟大尺度区域的碳通量空间格局，获得对较大尺度生态系统格局和过程的深入认识（Running et al.，1999）。遥感参数模型面临两个重要的问题：①如何将样地的观测尺度外推区域或全球水平，即尺度转换方法问题；②空间尺度转换中模型的非确定性（Running et al.，1999）。

5.2.4　遥感在生态过程模型中的应用

遥感技术被认为是提供植被特性直接估算的有效工具；同时生态系统过程模型有助于整合不同数据源（气象、土壤及生理生态信息等）数据来表征主要植被功能（光合、呼吸、蒸散、分配等）（Veroustraete et al.，2002）。因此，遥感和生态系统模型的结合可以认为是更加高效地综合模拟生态系统过程的方法（Waring and Ruuning，2007）。

最常见的遥感和模型结合的应用是遥感数据为生态系统模型提供各类土地覆盖类型数据，定量各类植被范围及参数化植被关键因子。植被类型的空间分布是生态系统过程模型估算碳通量的重要数据之一，因为不同类型的植被在光合和固碳能力方面存在显著差异，模型中的相关参数取值需要随植被类型变化。因此，植被类型分布的准确性直接关系到区域乃至全球植被生产力与碳吸收模拟的可靠性。

遥感还提供了众多气候、水文、生物地球化学和生态系统模型的重要输入数据（LAI、FPAR 等），这些参数定量分析植被生长动态和生物物理过程的关键结构参量。LAI 可通过直接的野外调查及冠层辐射传输模型进行估算，而利用卫星遥感数据在大范围、长时间序列的 LAI 反演对于植被生产力、全球碳循环和水循环、气候变化等研究至关重要。在生态模型中，LAI 通常用于叶片尺度向冠层尺度的扩展（Chen et al.，2000）。而 FPAR 是影响大气-陆地生物圈之间能量和水分交换的关键变量，通常是光能利用率模型中的重要参数。

遥感和生态系统模型结合的第二种形态是遥感参数模型与传统生态过程模型的结合（图 5.1）。遥感参数模型在模拟区域乃至全球陆地生态系统 GPP 和 NPP 有着巨大的优势，而在模拟陆地生态系统呼吸及土壤分解等方面较弱（Maselli et al.，2010）；生态过程模

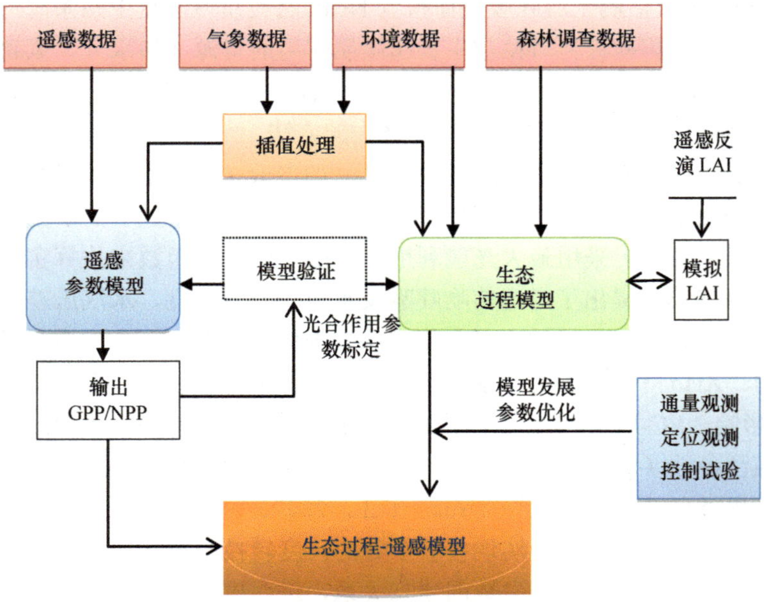

图 5.1　生态过程-遥感模型构建

型用来模拟陆地生态系统碳氮水储量和通量，需要气象数据、土壤数据等输入数据，以及描述植被生理生态特性的参数，通常用平衡态（spinup）方法得到陆地初始碳库，从而来估算呼吸及分配过程。遥感参数模型和生态过程模型的呼吸过程及分配过程的结合将会大大提高生态系统净初级生产力的模拟精度（Maselli et al.，2009）。

生态系统模型利用空间数据来定义最初状态（如植被类型）或者用来估算生物物理过程的驱动因子（如温度、水分等）。最初的遥感参数模型通常利用地面气象观测数据作为模型的输入，最近许多研究表明这类模型存在着较大的不确定性，主要是来自于粗分辨率的气象数据的不确定性（Heinsch et al.，2006；Zhao et al.，2006）。同时遥感参数模型依赖于每种植被类型的光能利用效率（LUE），而 LUE 的估算也存在较大的误差。因此，陆地生态系统遥感参数模型的全遥感化是今后碳循环模型的一个重要的发展方向，但从此来避免区域地面气象观测数据获取困难。遥感参数模型通常采用表征植被状态的植被指数（VI，如 EVI/NDVI 等）、表征基于遥感反演的温度信息-地表温度（LST），以及表征水分的遥感指数（如 LSWI 等）来构建全遥感模型。地表温度在许多陆表过程起着重要作用的变量，涉及地表和大气边界层的能量传输（Zhan et al.，1996；Kustas et al.，2009），用于估算植被蒸散、潜热和显热，以及生态系统模型的输入数据（Gamon et al.，2004）。土壤水分在生态系统模型中描述土壤碳水循环的重要驱动因素。传统测定方法大多都是野外实地的观测，虽然能够估算土壤水分，但是无法获得土壤水分的区域数据；目前可利用遥感技术手段快速、实时、长时期动态大区域监测土壤水分及其替代因子（汪潇等，2007）。Sim 等（2008）利用 MODIS EVI 和 LST 构建光能利用率模型 TG 模型，表明全遥感模型估算的 GPP 准确性较高，其中 LST 综合了温度和水分的影响，EVI 是 FPAR 和 LUE 的有效替代因子；Gao 等（2014）以光能利用率理论为基础，从冠层光合作用能力的角度构建了完全由遥感数据（EVI 和 LSWI）驱动的 GPP 模型（PCM），评价了其在 ChinaFLUX 通量站的适用性和可靠性。目前全遥感模型并不多，主要受制于各类参数中的生态学意义不明确（Yang et al.，2013）。

5.3　主要生态系统过程-遥感模型回顾

遥感的大尺度和实时性使其在生态系统碳通量模拟研究中有着广泛的应用。从最初的遥感技术解译植被类型图用于生态系统过程模型，到遥感反演各类植被参数信息用于输入生态系统过程模型到全遥感模型。在生态系统过程模型中遥感反演的 LAI 通常用于将叶片尺度光合作用外推到冠层尺度，从而用于区域乃至全球的模拟；光能利用率模型结合遥感数据在模拟植被生产力（GPP 和 NPP）有着出色的作用，因此越来越多的研究基于光能利用模型来模拟 GPP 和 NPP，而采用过程模型（如 Century 模型）或者仿照过程模型的原理来模拟生态系统呼吸。以下介绍几种常见的生态系统过程-遥感模型。

5.3.1　遥感驱动的过程机理模型——BEPS 模型

5.3.1.1　模型的主要特征

BEPS（Boreal Ecosystem Productivity Simulator）模型（Liu et al.，1997；Chen et al.，

1999）是基于站点尺度的 FOREST-BGC（Running et al.，1988）发展起来的遥感驱动的过程机理模型。BEPS 模型最主要的特点是把冠层分成阳叶和阴叶两部分，利用新的时间和空间尺度转换算法（Chen et al.，1999），将 Farquhar 瞬时叶片光合作用模型（Farquhar et al.，1980）扩展到冠层和天尺度，实现遥感和机理性生态过程模型的有机结合。该模型包括了计算碳固定的光合模块，模拟蒸散和土壤水分含量的能量平衡和水文模块，以及计算土壤异养呼吸及土壤碳氮动态的土壤生物化学模块等。BEPS 模型中的碳水循环过程通过气孔导度调节模块紧密地耦合在一起（图 5.2）。

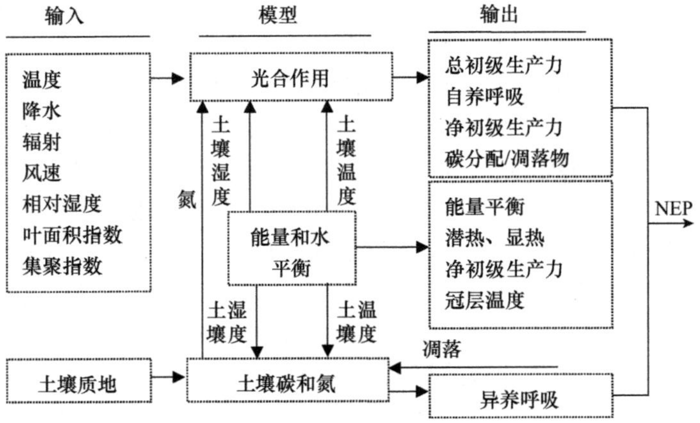

图 5.2　BEPS 模型结构框架（Ju et al.，2010）

该模型最初用于加拿大北方森林生态系统生产力的模拟（Liu et al.，2002），随后在土壤水分和土壤异养呼吸模拟方面进行了改进和发展（Ju et al.，2006；Chen et al.，2007；Govind et al.，2009a，2009b）。BEPS 模型已经成功用于模拟中国（Sun et al.，2004；Feng et al.，2007）、东亚（Matsushita and Tamura，2002）、北美（Liu et al.，1999；Ju et al.，2006；Zhang et al.，2012a）、欧洲（Wang et al.，2004）及全球（Chen et al.，2012b）陆地生态系统碳水通量。

BEPS 模型子模块包括冠层辐射子模型、碳循环子模型、水循环子模型及气孔导度模型。

1. 冠层辐射子模型

太阳辐射被植物光合作用所吸收转化为生物可利用的化学能，形成了地球生命活动的能量源泉。植物吸收的太阳辐射不断转化为光合作用的能量及热量。到达地面的太阳辐射由两部分组成，分别是以平行光线的形式直接投射到地面上的辐射，称为太阳直接辐射，以及经过大气介质散射后，从天空的各个方向投射到地面的辐射，称为散射辐射。

植物光合作用主要利用的是 0.4~0.7μm 波长的辐射，这部分辐射称为光合有效辐射（photosynthetically active radiation，PAR）。

BEPS 模型采用 Norman 的方法，将冠层分为阳叶和阴叶两部分计算冠层吸收的净辐射（Norman，1982；Liu et al.，1997）。

散射辐射（S_{dif}）的计算参考了 Erbs 等（1982）和 Black 等（1991）的经验。

如果 $R<0.8$

$$S_{\text{dif}}/S_g = 0.943 + 0.734R - 4.9R^2 + 1.796R^3 + 2.058R^4 \tag{5.3}$$

如果 $R>0.8$，

$$S_{\text{dif}}/S_g = 0.13 \tag{5.4}$$

式中，$R = S_g/(S_0\cos\theta)$，S_0=1367W/m^2（太阳常数）。

阳叶吸收的太阳辐射（S_{sun}）：

$$S_{\text{sun}} = S_{\text{dir}} \times \cos\alpha / \cos\theta + S_{\text{shade}} \tag{5.5}$$

式中，S_{sun}是阳叶吸收的太阳辐射，θ为太阳高度角，α为阳叶的平均分布角度。

阴叶吸收的太阳辐射（S_{shade}）：

$$S_{\text{shade}} = (S_{\text{dif}} - S_{\text{dif,under}})/\text{LAI} + C \tag{5.6}$$

$S_{\text{dif,under}}$是冠层下的散射辐射：

$$S_{\text{dif,under}} = S_{\text{dif}}\exp(-0.5\Omega\text{LAI}/\cos\bar{\theta}),\quad \cos\bar{\theta} = 0.537 + 0.025\text{LAI} \tag{5.7}$$

C为直接辐射的多次散射辐射：

$$C = 0.07\Omega S_{\text{dir}}(1.1 - 0.1\text{LAI})\exp(-\cos\theta) \tag{5.8}$$

BEPS 模型引入了叶集聚指数（Ω）参数，目的是表征冠层结构对于辐射传输的影响（Chen and Cihlar，1995；Chen，1996a），减小计算结果的误差（Chen，1996b）。

2. 碳循环子模型

绿色植物吸收大气中的 CO_2 进行光合作用，其中一部分以植物呼吸的形式又重新释放到大气中，剩下的有机物质分配到植被的不同器官，最终以凋落物的形式进入土壤，这一部分的有机碳又以土壤呼吸的形式释放到大气中。在不受外界干扰的条件下，陆地生态系统的碳循环处于平衡状态，即每年光合作用固定的碳量与呼吸过程释放的碳量相等。

碳循环子模块主要包括光合作用、呼吸作用和分配多个模块。

Farquhar 的光合作用模型是 20 世纪 80 年代以来植物生理模型最重要的进展。这个模型基于羧化和电子传递两个光合作用的基本过程，也就是说叶绿体的光合速率分为受到 Rubisco 活性限制的光合作用速率和由 RuBP 再生速率限制的光合作用速率。这个模型的特点是参数较少而且可以通过气体交换的测定得到（于强等，1999）。Collatz 等（1999）和 Leuning（1995）先后对这个模型进行了修改。

BEPS 模型的光合作用模拟采用的是 Farquhar 模型：

$$A = \min(W_c, W_j) - R_d \tag{5.9}$$

$$W_c = V_m \frac{C_i - \tau}{C_i + K} \tag{5.10}$$

$$W_j = J\frac{C_i - \tau}{4.5C_i + 10.5\tau} \tag{5.11}$$

$$R_d = 0.015V_m \tag{5.12}$$

式中，A为叶片的净光合速率；W_c和 W_j为分别受到 Rubisco 限制和光限制的光合速率，

单位为 μmol/（m^2·s）；R_d为白天的暗呼吸；V_m为最大羧化速率；J为电子传输速率；C_i为胞间 CO_2浓度；τ为没有暗呼吸的 CO_2补偿点；K是酶动力学函数。其中τ和K都是依赖温度的函数（Collatz et al.，1991；Sellers et al.，1992）。

但是 Farquhar 模型为瞬时的单叶片尺度的模型，必须进行时间尺度和空间尺度的转换才能计算每天的冠层光合速率。

首先利用逐日积分法完成了由瞬时到每日尺度的时间尺度的转换。净光合速率也可以表示成这种形式：

$$A=(C_a-C_i)g_s \tag{5.13}$$

式中，C_a为大气中的 CO_2浓度，g_s为气孔导度，单位为 μmol/m^2/s。
把式（5.13）中的C_i分别代入式（5.10）和式（5.11），得到结果为

$$W_c=V_m\frac{C_a-\frac{A}{g}-\tau}{C_a-\frac{A}{g}+K} \tag{5.14}$$

$$W_j=J\frac{C_a-\frac{A}{g}-\tau}{4.5(C_a-\frac{A}{g})+10.5\tau} \tag{5.15}$$

然后把式（5.14）和式（5.15）代入式（5.9）：

$$A=\min\left(V_m\frac{C_a-\frac{A}{g}-\tau}{C_a-\frac{A}{g}+K},J\frac{C_a-\frac{A}{g}-\tau}{4.5(C_a-\frac{A}{g})+10.5\tau}\right)-R_d \tag{5.16}$$

求解二次方程解析的较小值得到如下结果：

$$A_c=\frac{1}{2}\{(C_a+K)g+V_m-R_a-\sqrt{[(C_a+K)g+V_m-R_d]^2-4[V_m(C_a-\tau)-(C_a+K)R_d]g}\} \tag{5.17}$$

$$A_j=\frac{1}{2}\{(C_a+2.3\tau)g+0.2J-R_a-\sqrt{[(C_a+2.3\tau)g+0.2J-R_d]^2-4[0.2J(C_a-\tau)-(C_a+2.3\tau)R_d]g}\} \tag{5.18}$$

式中，A_c、A_j分别是 Rubisco 限制和光限制的净光合速率。

冠层的光合速率计算为

$$A_{canopy}=A_{sun}LAI_{sun}+A_{shade}LAI_{shade} \tag{5.19}$$

式中，A_{canopy}为冠层总光合速率；A_{sun}为阳叶的光合速率；A_{shade}为阴叶的光合速率；而 LAI_{sun}和 LAI_{shade}分别是指阳叶和阴叶的叶面积指数。

呼吸作用是指植物有机物在酶的参与下氧化分解，放出二氧化碳和水，同时释放能量的过程。呼吸作用提供植物生命活动所需要的大部分能量，并且为其他化合物合成提供原料（潘瑞炽等，1979）。

植物的呼吸速率随着物种、年龄、器官和组织的生理状况而不同。同一植物的不同器官或组织，其呼吸速率有着明显的差异。生命活动越旺盛的器官或组织呼吸作用越强，

即使是同一种器官或组织处于不同的发育时期，其呼吸速率也是不同的。环境对于呼吸过程的影响包括温度、氧气、水和二氧化碳（王沙生等，1991）。

植物的呼吸作用包括生长性呼吸、维持性呼吸及离子吸收呼吸 3 种。在草本或木本植物中，维持生物量的消耗占每日光合产物的 20%~60%，生长缓慢的植物比例更高。生物合成需要碳水化合物的输入，它一部分用于合成 ATP 和 NADPH，另一部分为生物合成提供碳架（Lambers et al.，1998）。因为离子吸收呼吸的比例很小，所以一般忽略不计。

植物呼吸为 $R_{\text{plant}} = R_{\text{m}} + R_{\text{g}}$，其中 R_{m} 为维持性呼吸，R_{g} 为生长性呼吸。

$$R_{\text{m}} = \sum \left(M_{\text{i}} r_{\text{m,i}} Q_{10}{}^{(T-T_{\text{b}})/10} \right) \tag{5.20}$$

式中，i 是指叶、树干和根；M_{i} 是各组分的生物量（树干的生物量为干边材生物量）；$r_{\text{m,i}}$ 是维持性呼吸系数；T 是气温；T_{b} 是基础温度。

其中，叶子呼吸包括白天呼吸与夜晚呼吸。

$$\text{白天：} R_{\text{ml}} = M_1 \times r_{\text{m,l}} \times Q_{10}{}^{(T-T_{\text{b}})/10} \times \text{DAYL}/(24\times60\times60) \tag{5.21}$$

$$\text{夜晚：} R_{\text{ml}} = M_1 \times r_{\text{m,l}} \times Q_{10}{}^{(T-T_{\text{b}})/10} \times (24\times60\times60-\text{DAYL})/(24\times60\times60) \tag{5.22}$$

根据 Bonan（1995）的研究，生长性呼吸（R_{g}）占 GPP 的 25%（Bonan，1995），即

$$R_{\text{g}} = 0.25\text{GPP} \tag{5.23}$$

植物每天 NPP 为植物光合作用产生的有机质总量除去自养呼吸作用消耗后的差值。

$$\text{NPP} = \text{GPP} - R_{\text{g}} - R_{\text{m}} \tag{5.24}$$

3. 水循环子模型

水循环是指在太阳辐射及其他自然力的作用下，水在自然生态系统内的循环，主要是指在地圈、生物圈和大气圈之间的运动所构成的水圈内循环。水分经由土壤到达植物根系，进入根系，通过细胞传输，进入植物茎，由植物木质部到达叶片，再由叶气孔扩散到空气层，最后参与大气的湍流交换，形成一个统一、动态的互反馈连续系统，即土壤-植物-大气连续体（SPAC）系统（王兵等，2002）。

在全球和区域环境中，降水决定进入大多数生态系统中水的数量和季节性，气温决定日降水量是进入土壤还是成为积雪。在 BEPS 模型中，水循环中考虑了大气降水、冠层截留、穿透雨、林下降水、融雪、雪的升华、冠层蒸腾、冠层和土壤蒸发、地表径流及土壤水分的变化等。ET 的计算如下。

$$\text{ET} = T_{\text{plant}} + E_{\text{plant}} + S_{\text{plant}} + E_{\text{soil}} + S_{\text{ground}} \tag{5.25}$$

式中，T_{plant} 是冠层蒸腾；E_{plant} 和 E_{soil} 分别是指植物截留降水和土壤表层的蒸散；S_{plant} 和 S_{ground} 分别为植物冠层积雪和地表积雪的升华量。

植物蒸腾（T_{plant}）同样划分为阳叶和阴叶两部分进行计算：

$$T_{\text{plant}} = T_{\text{sun}}\text{LAI}_{\text{sun}} + \text{T}_{\text{shade}}\text{LAI}_{\text{shade}} \tag{5.26}$$

式中，T 为叶片蒸腾；LAI 为叶面积指数；下标 sun 和 shade 是指阳叶和阴叶；

$$\text{同时，} \text{LAI}_{\text{sun}} = 2\cos\theta\left[1-\exp(-0.5\Omega\text{LAI}/\cos\theta)\right] \tag{5.27}$$

$$\text{LAI}_{\text{shade}} = \text{LAI} - \text{LAI}_{\text{sun}} \tag{5.28}$$

式中，LAI_{sun} 和 LAI_{shade} 分别是指阳叶和阴叶的叶面积指数；θ 为日平均太阳高度角；Ω 是叶集聚指数。

植物蒸腾量由改进的 Penman-Monteith 模型计算（Monteith，1965）。植物的蒸发量和升华量取决于截留的降水及固态水或者液态水转化为水蒸气的能量。地表无积雪时，土壤表面蒸发用 Penman-Monteith 模型计算，如地表被积雪覆盖，土壤表面蒸发量为零（Liu et al.，2003）。

$$T_{\text{plant,j}} = \left[\frac{\Delta R_{\text{n,j}} + \rho c_{\text{p}} \text{VPD} / r_{\text{a}}}{\Delta + \gamma(1 + r_{\text{s,j}} / r_{\text{a}})}\right] / \lambda_{\text{v}} \tag{5.29}$$

式中，角标 j 表示阴叶或阳叶；R_n 为净吸收辐射（W/m^2）；Δ 为温度-饱和水汽压曲线斜率（mbar[①]/℃）；ρ 为空气的密度（kg/m^3）；C_p 是常温下空气的比热［J/（kg·℃）］；VPD 是饱和水汽压差（mbar）；r_a 为空气阻力（s/m）；r 为干湿常数（mbar/℃）；r_s 是表面阻抗；λ_v 为水的汽化潜能（J/kg）。

以前很多研究都忽略了林下植被的蒸腾，但实际上在森林地区林下植被的蒸腾对于整个生态系统 ET 的贡献还是很大的。所以，BEPS 模型考虑了这部分的蒸腾（Liu et al.，2003）。

植物的蒸发和升华：植物的蒸发和升华主要取决于植物截留的降水（降雨或降雪），以及固态或者液态水转化为水蒸气的可能能量。截留的降水量可以简单地表述为叶面积指数的比例，并受到降水量的限制。

$$P_{\text{int}} = \min(\text{LAI}b_{\text{int}}, \text{Precipitation}) \tag{5.30}$$

式中，b_{int} 为降水截留系数。

当空气温度大于 0℃时，植被蒸发否则升华；分别用两个不同的方程来计算植被的蒸发和升华：

$$E_{\text{plant}} = \min(S_{\text{int}} \text{babs\_water} / \lambda_{\text{v}}, P_{\text{int}}) \tag{5.31}$$

$$S_{\text{plant}} = \min(S_{\text{int}} \text{babs\_snow\_new} / \lambda_{\text{s}}, P_{\text{int}}) \tag{5.32}$$

式中，babs_water 为水对太阳辐射的吸收率；而 babs_snow_new 为新雪对太阳辐射吸收率；λ_v 和 λ_s 分别为水蒸发潜热和雪升华潜热；S_{int} 为截获的太阳辐射，通过 LAI 和叶集聚指数考虑冠层结构计算得到。

土壤蒸发和雪升华：无雪地区土壤蒸发采用 P-M 方程计算；而积雪覆盖地的蒸发为零，雪升华等于融化现有雪的可能能量：

$$S_{\text{ground}} = \min[\text{snow}, (S - S_{\text{int}}) C_{\text{snow}} / \lambda_{\text{s}}] \tag{5.33}$$

式中，snow 为雪水对应量；S 为日总太阳辐射；C_{snow} 为升华时太阳辐射转化为潜热的比例系数。

4. 气孔导度模型

气孔是水汽和 CO_2 进出的通道。光合作用的下降大致可以归纳为气孔因素和非气孔因素，即气孔关闭造成的 CO_2 供应不畅和叶绿体光合效率下降（如光抑制）两种情况。

---

① 1 bar=10^5Pa

其中气孔因素是气孔随蒸腾需求的增加而收缩引起的导度下降，它起到限制光合的作用。但是气孔导度的下降同时也限制蒸腾作用以使叶片水分不过分丧失；另外，气孔开放也受气孔下腔中 CO_2 浓度的影响，而气孔下腔中 CO_2 浓度则取决于光合固定 CO_2 的速率和大气 CO_2 通过气孔进入气孔下腔的速率的相对大小。这几个因素之间的交互作用形成复杂的关系（于强等，1999）。

气孔模型按性质可分为机理模型和经验模型，按模拟的时间过程可分为动态模型和稳态模型。机理模型主要用于研究生理过程对单因子的生理响应。其优点是理论性强，机理性明确。缺点是参数复杂，不易获得，过程太细，不实用。机理模型一般是动态模型，也有稳态。从动态的变化可以分析出作用机理。经验模型基本上是稳态模型（于强等，1999）。

BEPS 模型根据 Jarvis 连乘模型，考虑各类驱动因子来计算气孔导度（Liu et al.，1997，2002）。

$$g_s = \max\left[g_{s\max} \times f(\text{PPFD}) f(T) f(\text{VPD}) f(W) f(\text{CO}_2) f(T_{\min}), g_{\min}\right] \tag{5.34}$$

式中，函数 f 表示各因子对气孔导度的影响，范围为（0~1）。g_s 是指气孔导度，分为阳叶和阴叶气孔导度。$g_{s\max}$ 和 $g_{s\min}$ 分别是指最大和最小叶气孔导度。

f（PPFD）：正午时的光量子通量密度对叶气孔导度的影响因子。

$$f(\text{PPFD}) = \text{PPFD} \times \text{PPFD}_{\text{coef}} / (1 + \text{PPFD} \times \text{PPFD}_{\text{coef}}) \tag{5.35}$$

式中，PPFD 为正午时的光量子通量密度，阳叶和阴叶不同。$\text{PPFD}_{\text{coef}}$ 为 0.01。

f（T）：温度对气孔导度的影响因子。

$$f(T) = \begin{cases} \log(T+1)/\log(T_{\text{opt}}+1) & (T_{\min} < T < T_{\text{opt}}) \\ \cos\left[\pi \times (T - T_{\text{opt}})/2(T_{\max} - T_{\text{opt}})\right] & (T_{\text{opt}} < T < T_{\max}) \\ 0 & (T > T_{\min} 或 T < T_{\max}) \end{cases} \tag{5.36}$$

式中，$T_{\min}$ 和 $T_{\max}$ 分别是指气孔导度最小时的最低温度和最高温度；T_{opt} 为气孔导度最大时的温度。

f（VPD）：水汽压差对于气孔导度的影响因子，形式与土地覆盖类型有关。

$$阔叶林：\ f(\text{VPD}) = 1/(1 + 0.429\text{VPD}) \tag{5.37}$$

$$混交林：\ f(\text{VPD}) = 0.5\left[1/(1 + 0.429\text{VPD}) + 1/(1 + 0.076\text{VPD})\right] \tag{5.38}$$

$$其他植被类型：\ f(\text{VPD}) = 1/(1 + 0.076\text{VPD}) \tag{5.39}$$

f（W）：土壤水分含量影响因子。

$$f(W) = \sum_{i=1}^{n} f_{w,i} \beta_i \tag{5.40}$$

式中，$f_{w,i}$ 是第 i 层的土壤水分胁迫因子；β_i 是第 i 层的权重，表示土壤水分有效性和根系丰富度的函数（Ju et al.，2006）。

$$\beta_i = \frac{r_i f_{w,i}}{\sum_{i=1}^{n} r_i f_{w,i}} \tag{5.41}$$

式中，r_i 为第 i 层的根系比例，根据 Zhang 和 Wegehenkel（2006）的算法得到。第 i 层中的土壤水分胁迫 $f_{w,i}$ 计算如下（Chen et al.，2005a）：

$$f_{w,i}=\begin{cases}\max\left[0.25, 2\left(\dfrac{\theta_i-\theta_{w,i}}{\theta_{f,i}-\theta_{w,i}}\right)-\left(\dfrac{\theta_i-\theta_{w,i}}{\theta_{f,i}-\theta_{w,i}}\right)^2\right] & (\theta_i\leqslant\theta_{f,i}) \quad (5.42)\\ 1-0.4\left(\dfrac{\theta_i-\theta_{f,i}}{\theta_{s,i}-\theta_{f,i}}\right) & (\theta_i>\theta_{f,i}) \quad (5.43)\end{cases}$$

式中，θ_i是模拟的土壤水分体积含量；$\theta_{w,i}$、$\theta_{f,i}$和$\theta_{s,i}$分别为第i层的萎蔫系数、田间持水量和孔隙率，根据土壤黏土、粉土和砂土的比例计算得到（Saxton et al.，1986）。

f（CO_2）：大气CO_2浓度对气孔导度的影响因子，BEPS 模型将其设为 1.0。

f（$T_{\min}$）：夜间最低温度对气孔导度的影响因子。

当$T_{\min}>0$，没有限制，$f(T_{\min})=1.0$；

当$T_{\min}<-8.0$，最大限制，$f(T_{\min})=0$；

当$T_{\min}>-8.0$或$T_{\min}<0$，$f(T_{\min})=1.0+(0.125T_{\min})$；　　（5.44）

冠层气孔导度 $g_s=g_{sun}LAI_{sun}+g_{shade}LAI_{shade}$　　（5.45）

式中，g_{sun}和g_{shade}分别是阳叶和阴叶的气孔导度。

5. 土壤水分含量模拟方法

BEPS 模型通过模拟土壤水分对气孔的调节作用来实现生态系统碳水循环耦合。BEPS 模型的最初版本采用“大桶”模型（bucket model）模拟土壤水分（Liu et al.，2003）。而改进的 BEPS 模型将土壤分成 3 层（0.10m、0.25m 和 0.85m）进行土壤水分模拟，仅考虑土壤水分的垂直运动，不考虑其水平交换。

首先假设土壤蒸发仅发生在土壤的第一层，而植被通过蒸腾作用吸收 3 层土壤中的水分，各层的比例根据根系比例和水分含量确定。各层土壤水分变化可以通过以下公式表示。

$$\frac{\partial\theta_1}{\partial t}=\frac{1}{d_1}\left(P_{gs}-T_{r,1}-E_s-RF-Q_{1,2}\right) \quad (5.46)$$

$$\frac{\partial\theta_2}{\partial t}=\frac{1}{d_2}(Q_{1,2}-T_{r,2}-Q_{2,3}) \quad (5.47)$$

$$\frac{\partial\theta_3}{\partial t}=\frac{1}{d_3}(Q_{2,3}-T_{r,3}-Q_3) \quad (5.48)$$

式中，θ_i为第i层的土壤水分体积含量（m^3/m^3）；d_i为第i层土壤厚度（m）；P_{gs}是降落到地表的净降雨量（m/d）；$T_{r,i}$是蒸腾作用消耗的第i层土壤水量（m/d）；E_s是土壤表层蒸发量（m/d）；RF 是地表径流量（m/d）；$\theta_{i,i+1}$为临近的第i层和第i+1 土壤水分垂直交换量（m/d）；Q_3是地下径流量（m/d）。

临近的第i层和第i+1 土壤水分垂直交换量$\theta_{i,i+1}$计算（Sellers et al.，1996）：

$$Q_{i,i+1}=\frac{k_i d_i+k_{i+1}d_{i+1}}{d_i+d_{i+1}}\left(1+2\frac{w_i-w_{i+1}}{d_i+d_{i+1}}\right) \quad (5.49)$$

式中，k_i和k_{i+1}分别为第i层和第i+1 层土壤水分传导系数（m/d）；w_i和w_{i+1}分别为第i

层和第 i+1 的土壤水势（m）。

第 i 层土壤水分传导系数 k_i 和第 i 层的土壤水势 w_i 可以表示为

$$k_i = K_i \left(\frac{\theta_i}{\theta_{s,i}} \right)^{2b+3}$$

$$w_i = W_i \left(\frac{\theta_i}{\theta_{s,i}} \right)^{-b} \tag{5.50}$$

式中，K_i 是第 i 层土壤水分饱和传导系数（m/d）；b 是决定随土壤水分变化的土壤水分传导系数的参数，主要取决于土壤质地；$\theta_{s,i}$ 分别为第 i 层的孔隙率；W_i 是第 i 层土壤的饱和水势（m）。

5.3.1.2　模型的输入数据

气象数据主要来源于中国国家气象局气象资料中心 1990~2000 年的气象站点资料，包括地面观测资料（日最高气温、日最低气温、日降水量和日相对湿度），其中选用的基准气象台站为 700 多个（图 5.3）。

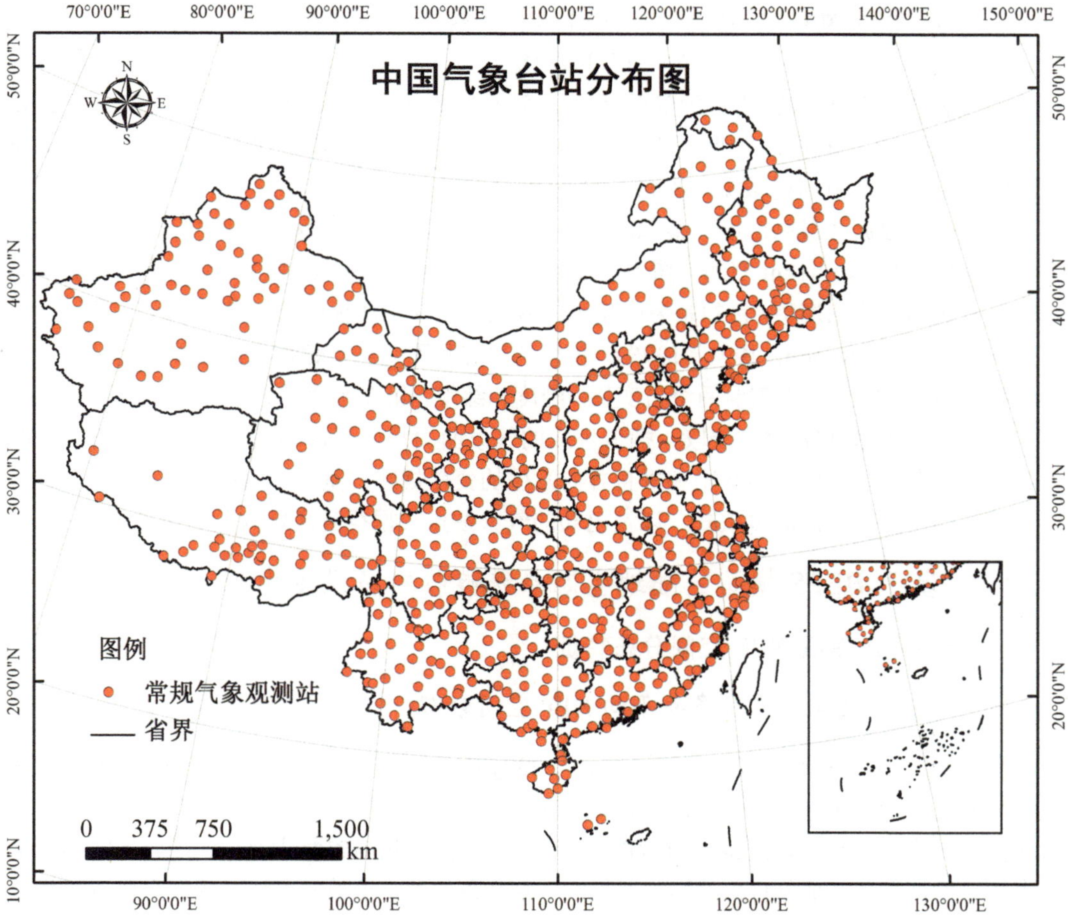

图 5.3　中国基准气象台站分布图

我国基准气象台站 700 多个，但是太阳辐射站点仅为 122 个，如果直接利用这些有限站点的辐射观测数据插值得到中国辐射栅格数据往往误差很大，因此需要利用已有的常规气象监测数据日照时数来模拟太阳辐射。逐日太阳辐射利用太阳辐射和日照时数的关系经典方法——Angstrom 方程进行模拟（童成立等，2005）：

$$H = H_L \times (a + b \times S / S_L) \tag{5.51}$$

式中，H 为估算的总辐射，H_L 为晴天状态下的日总辐射，S 和 S_L 分别为日照时数和日长，a 和 b 为经验参数，一般根据太阳辐射实测值回归模拟得到。

$$H_L = 0.8 \times H_0 \tag{5.52}$$

$$H_0 = (1/\pi) \times G_{sc} \times E_0 \times \left[\cos(\varphi) \times \cos(\delta) \times \sin(W_s) + (\pi/180) \times \sin(\varphi) \times \sin(\delta) \times W_s\right] \tag{5.53}$$

式中，H_0 为大气上空太阳辐射，G_{sc} 为太阳常数（1367W/m^2=118.1088MJ/m^2/d），E_0 为地球轨道偏心率校正因子，Φ 为纬度，δ 为太阳赤纬，W_s 为时角。

$$\begin{aligned} E_0 &= 1.000\,11 + 0.034\,221 \times \cos(\varGamma) + 0.001\,28 \times \sin(\varGamma) + 0.000\,719 \times \cos(2\varGamma) + 0.000\,077 \times \sin(2\varGamma) \\ \delta &= (180/\pi) \times (0.006\,918 - 0.399\,912 \times \cos(\varGamma) + 0.070\,257 \times \sin(\varGamma) - 0.006\,758 \times \cos(2\varGamma) \\ &\quad + 0.000\,907 \times \sin(2\varGamma) - 0.002\,697 \times \cos(3\varGamma) + 0.001\,48 \times \sin(3\varGamma)) \end{aligned} \tag{5.54}$$

$$W_s = \arccos[-\tan(\varphi) \times \tan(\delta)] \tag{5.55}$$

式中，$\varGamma$ 为年角=2 $\pi(n-1)/365$，n 为一年中的日序数。

$$S_L = (2/15) \times W_s \tag{5.56}$$

太阳辐射与日照时数关系的经验系数 a 和 b 参考 Zhu 等（2010）所述，把中国划分为西北、内蒙古、东北、华北、华中、华南、西南和青藏 8 大区，每个区经验系数 a 和 b 是利用现有的太阳辐射数据与对应日照时数回归得到的。

气象站点数据（最高温度、最低温度、总降水、相对湿度和辐射）都采用 ANUSPLIN 算法插值转化为 1km×1km 空间分辨率的栅格数据（图 5.4）。ANUSPLIN 是由澳大利亚国立大学开发的插值算法模型，目的是为有噪声的多元数据使用薄板平滑样条插值和分析提供了有效的工具（Hutchinson，1991，1995）。模型的优点是不受站点数据量的限制，同时允许灵活的数据输入。模型至少需要两个自变量，经度和纬度，第 3 个变量为海拔，从中国 1∶100 万的数字高程模型（DEM）获取，插值生成的气候曲面是一组样条函数多项式，所表达的是气候变量在插值区域内沿水平和垂直方向发生的变化规律。基于 DEM 的三维地理信息，利用插值得到的气候曲面多项式，以及已知的气象站点数据得到区域内的栅格数据。

5.3.1.3　基于 BEPS 模型的陆地生态系统碳收支多尺度模拟

1. 中国陆地生态系统 NPP 空间分布特征

（1）中国陆地生态系统多年平均 NPP 空间分布

全国陆地生态系统年 NPP 多年平均值为 230g C/（m^2·a），空间分布如图 5.5 所示。NPP 的最高值［大于 1000g C/（m^2·a）］主要分布于我国南方森林地区，特别是江西及台湾。除去水体（蓝色区域），相对比较低的 NPP 值基本上都位于我国的西北部，这部分地区的下垫面由稀疏植被覆盖，部分覆盖着冰雪及沙漠，水热条件差，植被光合作用弱。主要省区包括西藏、青海、甘肃及内蒙古部分草原地区等。黄色和褐色区域为我国植被 NPP 的较低值区，

NPP 值集中在 50~200g C/（m^2·a），包括西藏和内蒙古草原地区。图中绿色和棕色区域的 NPP 在 200~600g C/（m^2·a），分布面积比较广，主要包括东北森林地区及华北平原的农田。淡绿色区域为 NPP 的高值区［600~1000g C/（m^2·a）］，以南方森林为主。

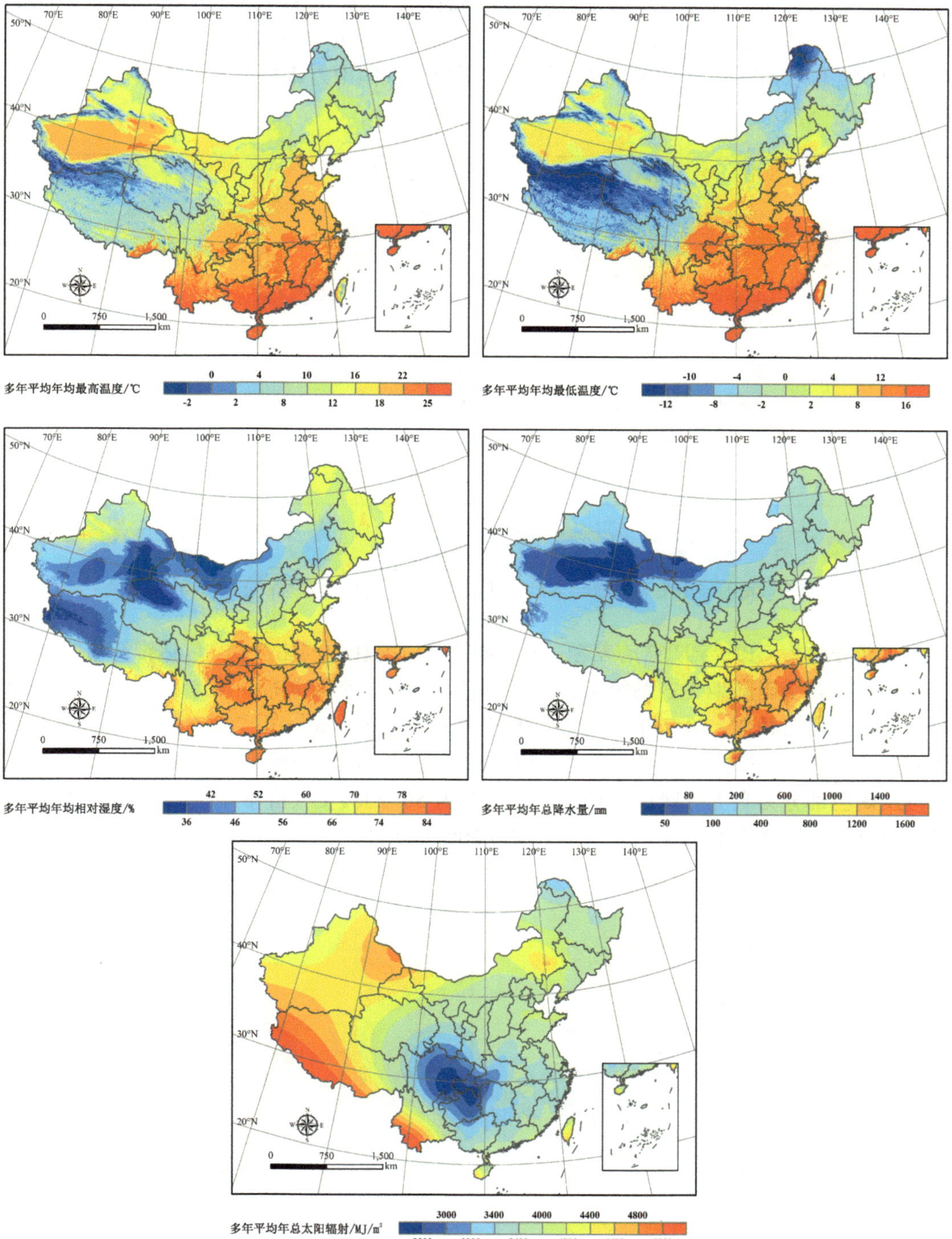

图 5.4　中国气象因子（最高温度、最低温度、相对湿度、降水量和太阳辐射）多年平均空间分布图

全国陆地生态系统年 GPP 多年均值的空间分布如图 5.5 所示。从图中可以看出，淡紫色区域为 GPP 的低值区，GPP 值不足 50g C/（m^2·a），集中分布在我国西北的植被稀疏区域，以新疆为主。图中的黄色和褐色为 GPP 的较低值区，GPP 为 50~400g C/（m^2·a），主要位于青藏高原、内蒙古草原及新疆西北部流域。绿褐色区域为 GPP 的中值区，GPP 为 400~1000g C/（m^2·a），以东北针叶林地区及华北平原的农田为主，还包括四川盆地。大于 1000g C/（m^2·a）为 GPP 的高值区，主要位于我国南方森林地区，水热条件好，植被光合作用强烈。

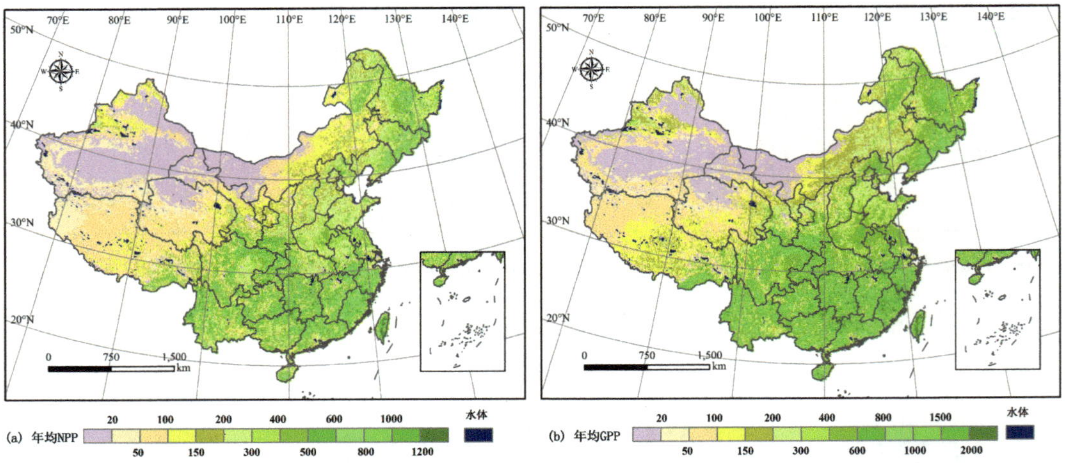

图 5.5　我国陆地生态系统年 NPP 均值和年 GPP 均值［单位：g C/（m^2·a)］

自养呼吸为 GPP 与 NPP 的差额，是植被呼吸所消耗的同化产物，包括维持性呼吸和生长性呼吸。全国陆地生态系统年自养呼吸多年均值的空间分布如图 5.6 所示，与 NPP 的空间分布比较相似，10 年平均的年自养呼吸为 261g C/（m^2·a)。自养呼吸的低值区［< 50g C/（m^2·a)］同样分布在我国西北的植被稀疏区域，这部分地区温度低，自养呼吸弱。黄色及褐色部分为自养呼吸的较低值区，范围为 50~200g C（m^2·a)，除了西藏和内蒙古草原地区，还包括东北的旱田。自养呼吸［200~600g C/（m^2·a)］为自养呼吸的中值区，

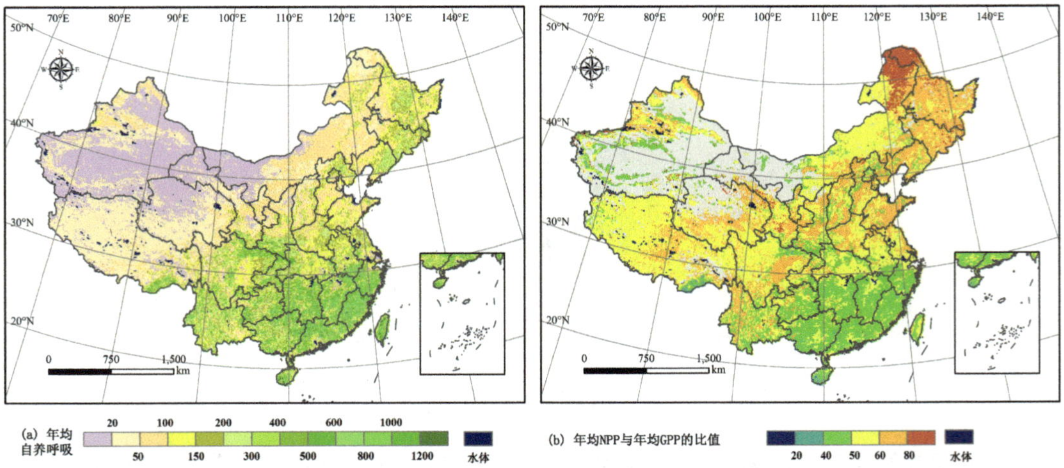

图 5.6　我国陆地生态系统年自养呼吸均值［g C/（m^2·a)］和 NPP/GPP 比值图

分布在东北森林地区、华北平原农田及四川盆地。自养呼吸的高值区［>600g C/（m^2·a）］集中在东南地区的森林及台湾地区。

各种植被类型光合和呼吸的强度不同，因此 NPP 所占 GPP 的比例也有所不同。图 5.6 是我国陆地生态系统年 NPP 和 GPP 比值的多年平均值的空间分布图。其中蓝色区域为水体，淡紫色区域为裸地，光合和呼吸都比较微弱，不予考虑。从图中可以看出，东南地区 NPP/GPP 的比值较小，小于 40%；而青藏高原及东北森林地区和四川盆地的 NPP/GPP 要大于 50%；云南到内蒙古草原之间、从南到北这一条带上，除去四川盆地，基本上 NPP 与 GPP 的比值都集中在 40%~50%。东北落叶针叶林地区 NPP 与 GPP 的比值甚至大于 60%。

图 5.7 为我国陆地生态系统四季 NPP 多年平均值的空间分布图。四季的划分按照物候，分别为春季（3~5 月）、夏季（6~8 月）、秋季（9~11 月）和冬季（12 月至次年 2 月）。冬季是全年中温度最低、水分条件最差的季节，基本上是植被的非生长季，因此光合作用是全年最弱的。从图 5.7 中的冬季 NPP 分布图可以看出，整个中国西北部、北部及东北部，冬季的 NPP 都不足每季 5g C/m^2，甚至接近于零。中国的东南部水热条件优于北方，NPP 值集中在每季 5100g C/m^2，而森林覆盖度高的江西和福建某些区域甚至超过了每季 200g C/m^2。春季是植被复苏的季节，开始进入生长季，全国范围内的 NPP 值明显要大于冬季。春季 NPP 年均值的高值区集中在东南地区，为每季 200~400g C/m^2，而内蒙古及西藏的草原区域、新疆西北部的流域附近从原来的极小值增加到了每季 10~30g C/m^2。夏季是全国水热条件最好的季节，辐射作用强，植被生长最旺盛，全国 NPP 的空间分布明显要高于春季。新疆西北部的塔里木河和额尔其斯河流域地区的 NPP 从春季的不足每季 30g C/m^2 上升到每季 100g C/m^2 左右，极少数区域甚至超过了每季 200g C/m^2。东北地区的整个东部森林地区 NPP 增加到每季 200~500g C/m^2；而在南方地区，NPP 大于每季 200g C/m^2 的面积明显增加。秋季 NPP 年均值空间分布与春季比较相似。所不同的是：东北地区的旱田部分在春季 NPP 不足每季 5g C/m^2，秋季 NPP 增加到每季 30g C/m^2；东南地区的 NPP 小于春季，基本上在每季 200g C/m^2 以下；青藏高原的草原 NPP 值的分布面积也要比春季广。

（2）不同土地覆被类型年 NPP 均值特征

图 5.8 为基于不同的土地覆被类型的年 NPP 均值及年 GPP 均值、年自养呼吸均值。森林类型包括常绿针叶林、常绿阔叶林、落叶针叶林、落叶阔叶林、混交林 5 种。常绿阔叶林的 GPP 值是所有森林类型中最高的，达到 1540g C/（m^2·a），超过落叶针叶林的 3 倍之多；混交林的 GPP 接近于常绿阔叶林，其值为 1403g C/（m^2·a）；其次是落叶阔叶林、常绿针叶林，GPP 值分别为 1036g C/（m^2·a）和 719g C/（m^2·a）；落叶针叶林 GPP 最小，不足 450g C/（m^2·a）。混交林与常绿阔叶林的 NPP 最高，基本上在 650g C/（m^2·a）左右，属于高收入高支出的植被类型，约为落叶针叶林的 2 倍；其次是落叶阔叶林，NPP 达到 594g C/（m^2·a）；两类针叶林的 NPP 都在 200~300g C/（m^2·a），但是常绿针叶林的自养呼吸明显要比落叶针叶林高一倍。在 5 类森林类型中，常绿森林的年 NPP 均值都要高于落叶森林；阔叶林的年 NPP 均值普遍大于针叶林。

各类森林生态系统总 NPP 表现为：落叶针叶林（40.8 Tg C）<常绿针叶林（57.0Tg C）<常绿阔叶林（73.5Tg C）<落叶阔叶林（133.7Tg C）<混交林（239.0Tg C）。

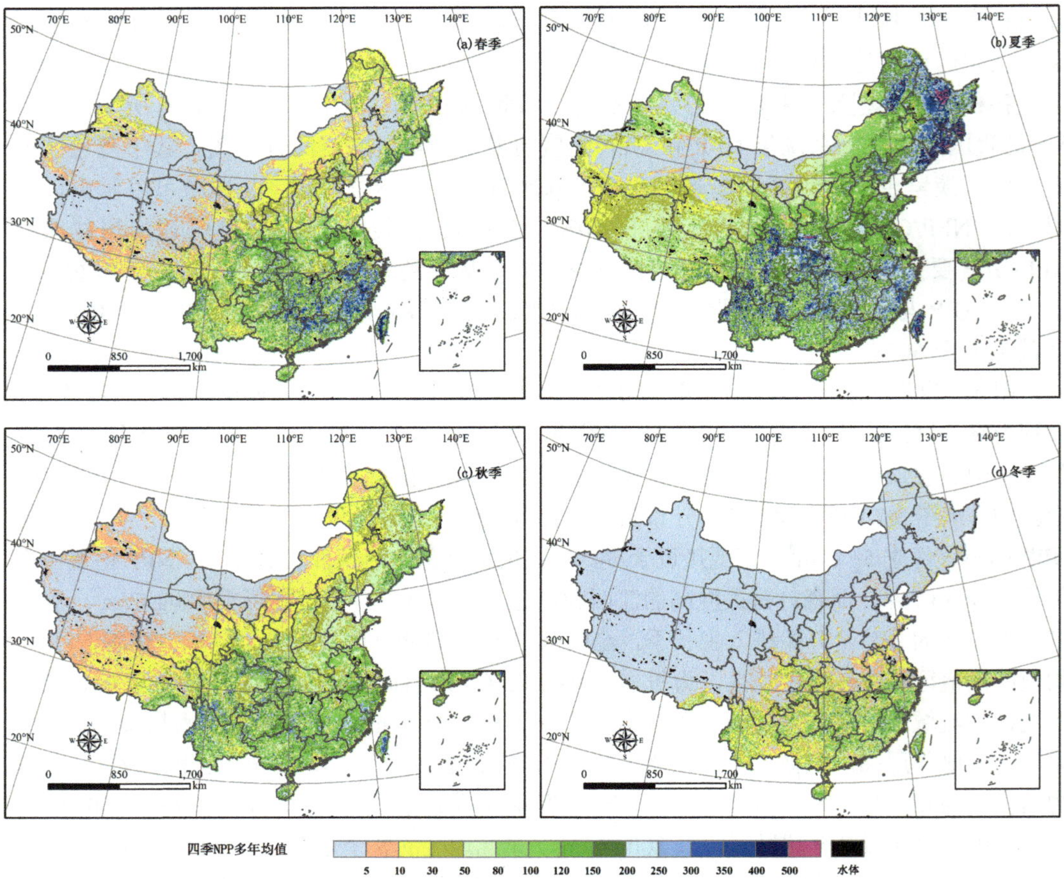

图 5.7　我国陆地生态系统四季 NPP 多年均值空间分布图（不包括水体，单位为每季 g C/m^2）

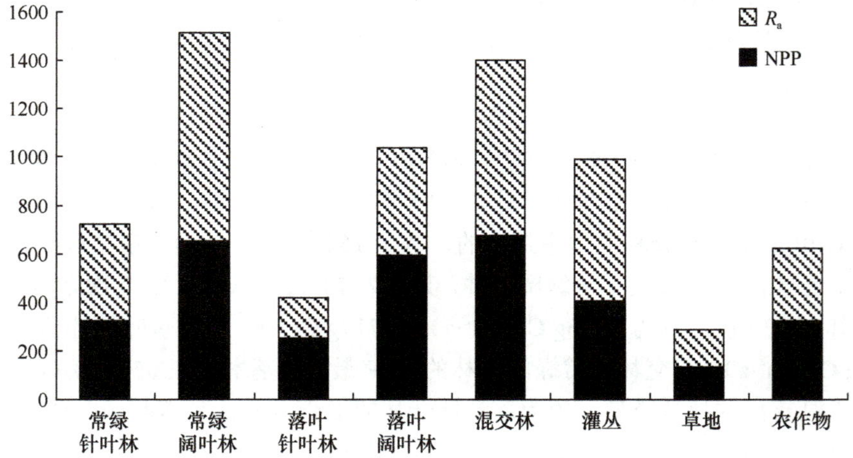

图 5.8　不同土地覆被类型的年 NPP 均值及年 GPP 均值、年自养呼吸均值［单位：g C/（m^2·a)］

20 世纪 90 年代草地面积为 32.46×10^{4}km^2，主要分布在青藏高原和内蒙古草原，总 NPP 多年均值为 432Tg C，平均 NPP 为 132g C/（m^2·a)，是所有植被类型中 NPP 最低的。

农作物面积为 18.99×10^4km^2，主要分布在东北地区、华北平原及四川盆地，总 NPP 多年均值为 599Tg C，平均 NPP 为 324g C/（m^2·a）。四川盆地模拟值偏低，主要在于使用的 LAI 为遥感观测数据，受到云污染较为严重，使得 LAI 观测值小于实际值，从而导致估算的 NPP 偏低。灌丛的总 NPP 多年均值为 616Tg C，平均 NPP 为 405g C/（m^2·a）。灌丛总的 NPP 估算偏大，这主要是因为遥感解译的土地覆盖数据中灌丛面积过大，也有可能是因为在把 1km 空间分辨率的土地覆盖数据概化到 10km 过程中，小的斑块融合出现误差。

2. 中国陆地生态系统 NPP 时间分布特征

（1）中国陆地生态系统 NPP 的年内变化特征

图 5.9 为我国陆地生态系统 NPP 及 GPP 和自养呼吸的多年平均年内变化（时间分辨率为 10 天）。从图上可以看出，NPP 的年内变化呈现单峰分布格局。NPP 的较高值出现在 4~10 月，而 1~3 月、11~12 月的 NPP 值相对较低。NPP 从 4 月上旬开始快速增加，在 8 月上旬达到峰值，NPP 达到每旬 15g C/m^2，NPP 的最大值并不是出现在温度最高的 7 月。从峰值以后，NPP 开始直线下降，到 10 月开始逐渐稳定。12 月 NPP 值略微大于 1 月。GPP 的年内变化与 NPP 相似，所不同的是在 4~8 月 GPP 增加和 8~10 月的下降速度明显快于 NPP，最大值达到每旬 32g C/m^2。从 6 月开始，自养呼吸略大于 NPP。

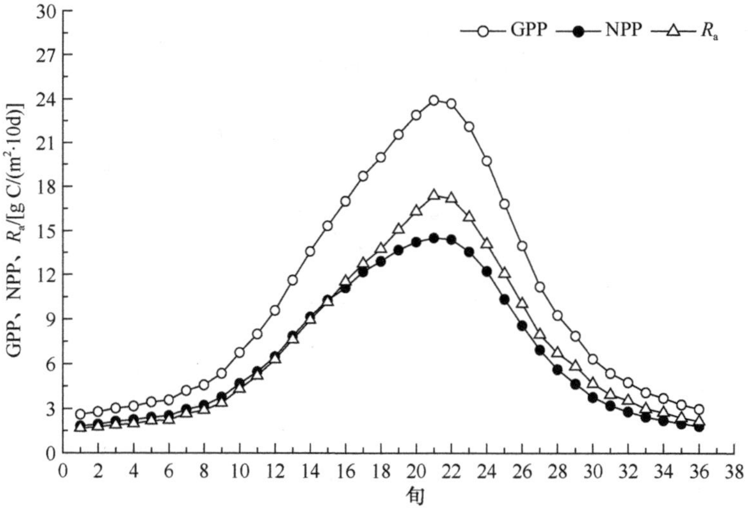

图 5.9　我国陆地生态系统 GPP、NPP 和 R_a 平均年内变化

（2）中国陆地生态系统 NPP 的年际变化特征

1991~2000 年中国陆地生态系统年 NPP 总量为 2.065~2.272Pg C，平均年 NPP 为 2.206Pg C。波动强度（最大值与最小值之差）为 207Tg C，占平均年 NPP 为 9.38%。

1995 年，我国陆地生态系统年总 NPP 达到最大，为 2.272Pg C，超过平均值 66Tg C；而最低值出现在 2000 年，低于平均值，达 141Tg C；1997 年和 1998 年 NPP 出现了较高值，分别达到 2.246Pg C 和 2.239Pg C。

虽然就全国总 NPP 而言，1995 年和 2000 年是 20 世纪 90 年代中的 NPP 最大值和最小值的年份，但是不同的区域，NPP 变化并不是同步的。基于 1995 年和平均 NPP 的差值空间分布，可以发现：西北的植被稀疏区 NPP 值接近于零，高值的年份与平均值的 NPP 相差不大；山西南部、四川东北部及江西、浙江部分森林地区 1995 年 NPP 值要低于 10 年的平均状况，差值幅度达到 50~200g C/（m^2·a）；而我国的南方地区及东北部的森林地区，1995 年 NPP 普遍高于平均值 NPP，增幅为 20~100g C/（m^2·a），部分地区超过 200g C/（m^2·a）。同样，2000 年的低值年的 NPP 空间分布与 NPP 平均值作对比可得：2000 年全国 NPP 普遍低值，NPP 超过平均值的区域面积极少，仅包括南方部分森林地区，包括江西东南部、云南、广西及海南岛一带；整个青藏高原草原区及新疆西北部流域地区 NPP 值略大于平均值，增幅很小；内蒙古草原、四川盆地年 NPP 超过平均值，为 20~50g C/（m^2·a）；东北地区的西南部分、中部的农田 NPP 超过平均值，达到 50~100g C/（m^2·a），极少数地区甚至超过 200g C/（m^2·a）。常绿针叶林主要分布在青藏高原东南角及东北地区，植被所处地区的多年平均温度为 8℃，年总降水量为 617mm，年总辐射为 5693MJ/m^2。1991~2000 年，常绿针叶林年平均 NPP 的变化区域比较平缓，NPP 最高值出现在 1998 年和 1994 年，最低值出现在 2000 年，同时 1993 年出现一个小的波谷（图 5.10）。虽然 1998 年的年总辐射不高，但是温度和降水都在当年达到了高值，因此在该年 NPP 达到 328g C/（m^2·a）；而在 2000 年，常绿针叶林受到温度的限制，同时降水也不丰富的条件下，NPP 仅为 290g C/（m^2·a）；1993 年该植被所处环境的温度、降水及辐射都不高，因此 NPP 略低于正常年份；1994~1997 年，虽然降水的波动比较明显，但温度和辐射都比较稳定，从而导致在此期间 NPP 的变异不太明显。

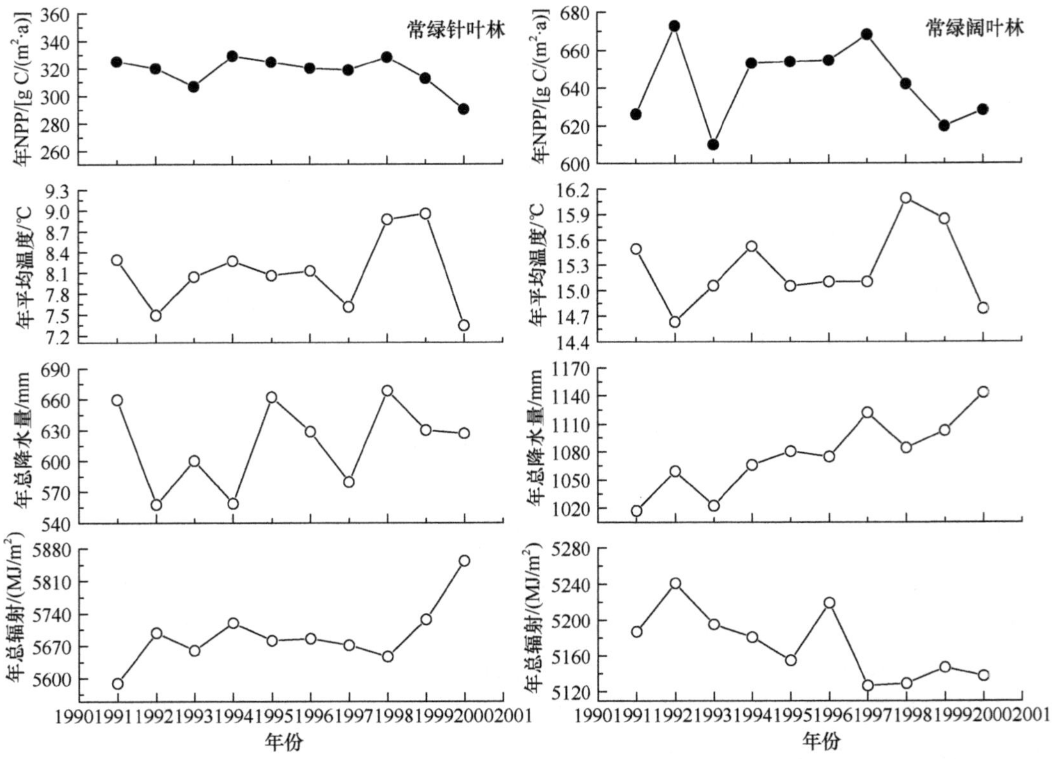

图 5.10　我国常绿针叶林和常绿阔叶林年 NPP、年平均温度、年总降水量和年总辐射的年际变异

常绿阔叶林主要分布在云南、海南及台湾地区，多年平均温度为 15℃，年总降水量为 1077mm，年总辐射为 5172MJ/m²，温度和降水相对于常绿针叶林的环境来说都要高，年总辐射低于后者，年平均 NPP 基本上是常绿针叶林的两倍。常绿阔叶林 NPP 分别在 1992 年和 1993 年达到了最大值和最小值，20 世纪 90 年代的末期 NPP 值也较低(图 5.10)。该类植被类型在 90 年代 NPP 的变异趋势与降水的变化比较相近，而与温度相关性不高。1992 年平均温度为 15℃，是 10 年中的最低值，而 NPP 却出现了高值，主要是由于该年辐射最强烈。1999 年、2000 年降水增加迅速，NPP 值反而下降迅速，原因在于从 1997 年开始，辐射开始快速下降。

落叶针叶林聚集在我国东北地区的最北部，多年平均温度为–3℃，年总降水量为 428mm，年总辐射为 4205MJ/m²，无论是温度、降水还是辐射都要比上述两种森林类型的气象因子低。落叶针叶林 NPP 的最高值和最低值分别出现在 1997 年和 1998 年，而在 1993 年出现了次低值（图 5.11）。落叶针叶林 NPP 的变化趋势与辐射的变化趋势比较相近，而与温度和降水的变化趋势的相关性较差。虽然在 1998 年，温度和降水都达到了 10 年中的较高值，分别为–2℃和 492mm，但 NPP 值不高，主要受到了辐射的限制，年总辐射仅为 4078MJ/m²，为 10 年中的最低值；同样，1993 年在温度和降水都比较高的情况下，辐射偏低，因此 NPP 也出现了低值。1996 年，落叶针叶林 NPP 呈现了一个小的波谷，原因在于当年温度为 20 世纪 90 年代的最小值，仅为–4℃。

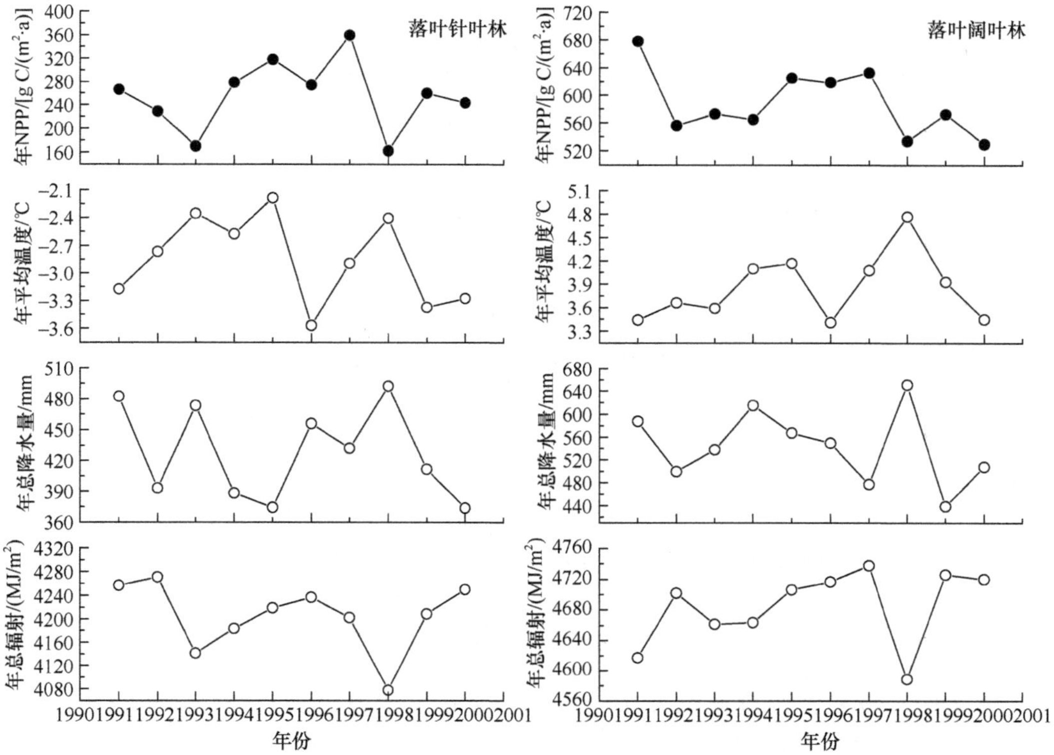

图 5.11　我国落叶针叶林和落叶阔叶林年 NPP、年平均温度、年总降水量和年总辐射的年际变异

落叶阔叶林分布在我国东北地区的北部和东部地带，围绕东北地区的旱田，多年平均温度为 4℃，年总降水量为 543mm，年总辐射为 4684MJ/m^2，各类气象因素的值略高于落叶针叶林。1991~2000 年这 10 年，落叶阔叶林的 NPP 在 1991 年达到了最高值，在 1998 年和 2000 年都出现了最低值（图 5.11）。1998 年是温度和降水最高的年份，但辐射值却最低，因此 NPP 也出现了最低值；1991 年虽然温度和辐射都较低，但是降水比较丰富，达到 587mm，因此 NPP 值比较高，达到 678g C/（m^2·a）；次年虽然降水量减少，水分受到限制，辐射却有所增加，NPP 值有所提高。

混交林主要分布在中国的南方地区，包括东北部分地区，多年平均温度为 14℃，年总降水量为 1101mm，年总辐射为 4851MJ/m^2，气象条件接近于常绿阔叶林，因此两者的 NPP 也相近。1995 年、1992 年和 1997 年为该森林类型在 10 年中 NPP 出现峰值的年份，而 1991 年、1993 年及 1999 年为 NPP 出现低值的年份（图 5.12）。从 1997 年开始，混交林 NPP 出现下降的趋势，这主要是因为温度、降水和辐射都有不同程度的下降；1992 年温度和降水都比较低，辐射却异常高，因此 NPP 也出现高值。

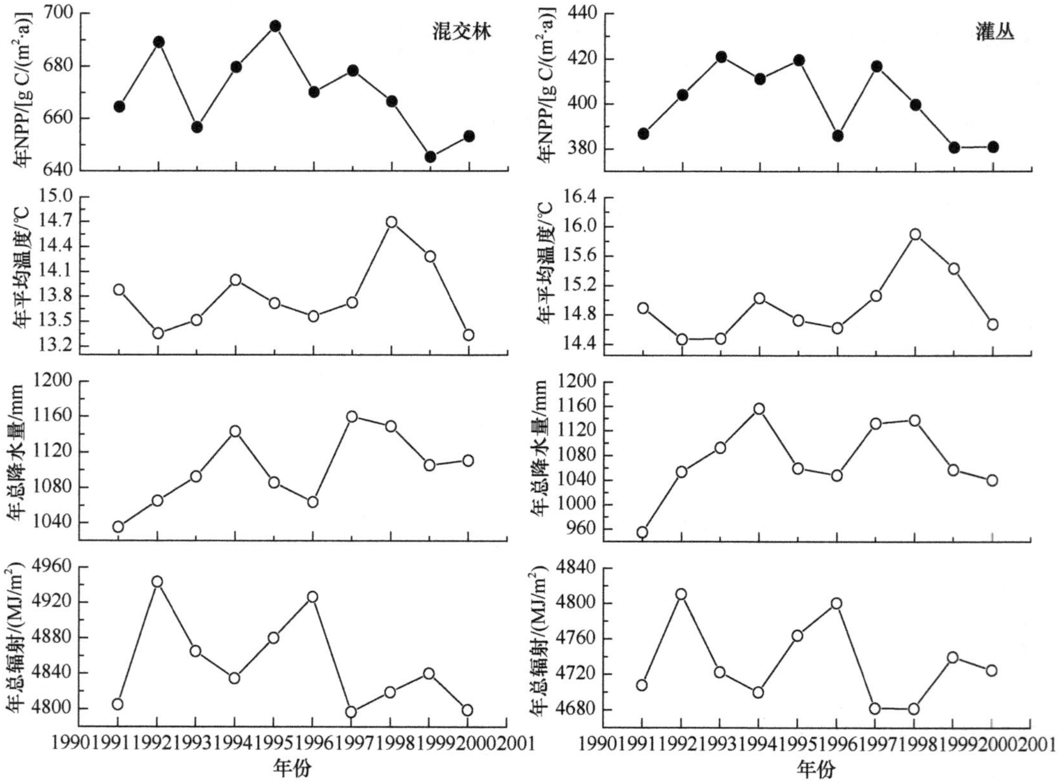

图 5.12　我国混交林和灌丛年 NPP、年平均温度、年总降水量和年总辐射的年际变异

灌丛广泛分布在我国南部及东北地区，多年平均温度为 15℃，年总降水量为 1073mm，年总辐射为 4733MJ/m^2。灌丛 NPP 在 10 年中的年际变异与降水的年际变异比较接近，而与温度和辐射的相关性较弱。灌丛 NPP 的最高值和最低值分别出现在 1993 年和 1999 年，1995 年和 1997 年同样是两个高值年份（图 5.12）。该处的温度在 1998 年

之前逐渐上升，而后开始下降，降水量则在 1994 年之前是逐年增加的，而后下降，1997 年和 1998 年出现了较高值，同样 NPP 在 1993 年之前为逐渐增加，之后比较稳定，1996 年出现了异常低值，然后从 1998 年以后开始下降。

草地主要分布在青藏高原、内蒙古及新疆西北部，多年平均温度为 2℃，年总降水量为 336mm，年总辐射为 5843MJ/m^2，虽然辐射较为强烈，但是降水量少，温度较低，光合作用弱。从图 5.13 我国草地年 NPP 及其气象因子的年际变异中可以发现，草地 NPP 与温度和降水的变化趋势比较一致，而与辐射不太一致，主要为该处辐射比较强烈，限制作用小。20 世纪 90 年代期间，草地 NPP 在 1998 年达到了最高值，而在 1997 年和 2000 年达到了最低值。1991~1996 年，草地 NPP 变化非常小，仅有 4g C/（m^2·a）左右的波动。1997 年和 1998 年辐射的高低值与温度和降水正好相反，而 NPP 的大小变化与温度和降水一致。

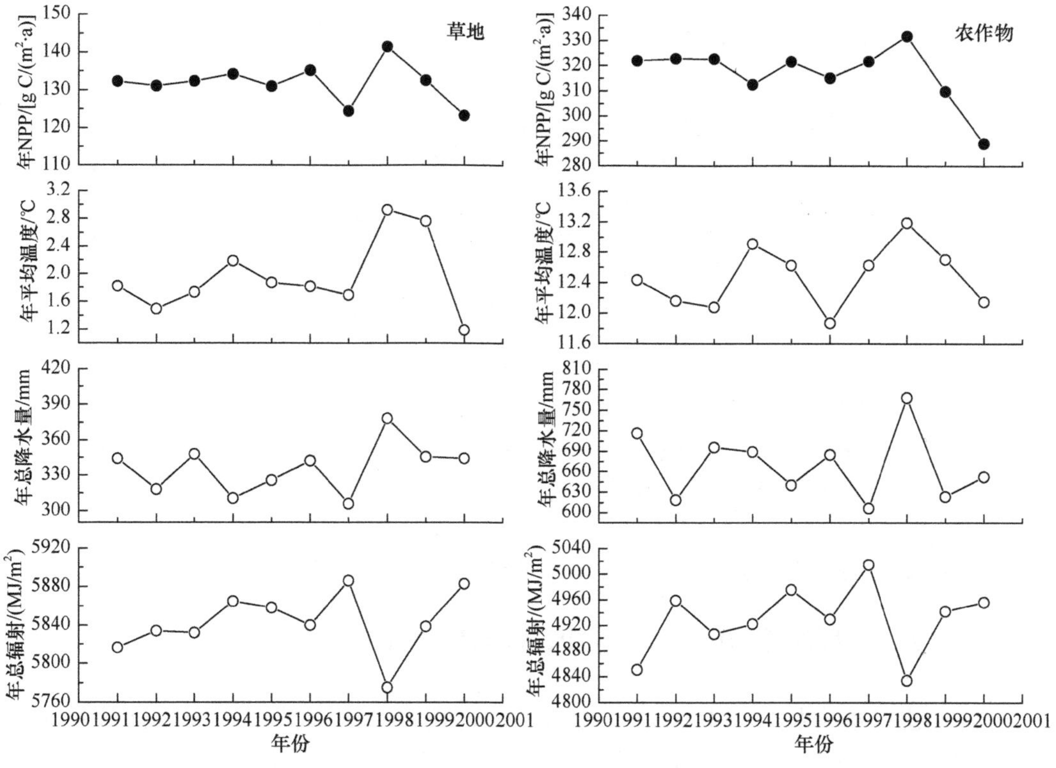

图 5.13　我国草地和农作物年 NPP、年平均温度、年总降水量和年总辐射的年际变异

农作物包括东北地区、华北平原及四川盆地，多年平均温度为 12℃，年总降水量为 670mm，年总辐射为 4929MJ/m^2。图 5.13 为我国农作物年 NPP 及其气象因子的年际变异，由图可以看出，农作物的 NPP 年际变化与温度相关性较强，与降水和辐射的相关性较弱。农作物同样在 1998 年达到了 NPP 的最大值，该年的温度和降水都处于峰值；2000 年出现了 NPP 的最小值，温度偏低。农作物在 1998 年之前比较稳定，年际变化比较小，而后逐渐下降。

为了研究年 NPP 年际变化趋势的空间分布，采用最小二乘法来拟合每个像元年 NPP 的线性趋势。从图 5.14 可以看出，年 NPP 增加幅度较大的地区［>10g C/（m^2·a)］主要分布在福建、江西及云南等省；而图中的绿色区域代表年 NPP 增加幅度较小，基本上不足 1g C/（m^2·a)。西北大部分地区由于植被稀疏，因此年 NPP 几乎没有变化。年 NPP 减少的区域主要分布在华北平原农田地区及东北地区的东南部分区域。总体说来，1991~2000 年，年 NPP 的变化幅度比较小。

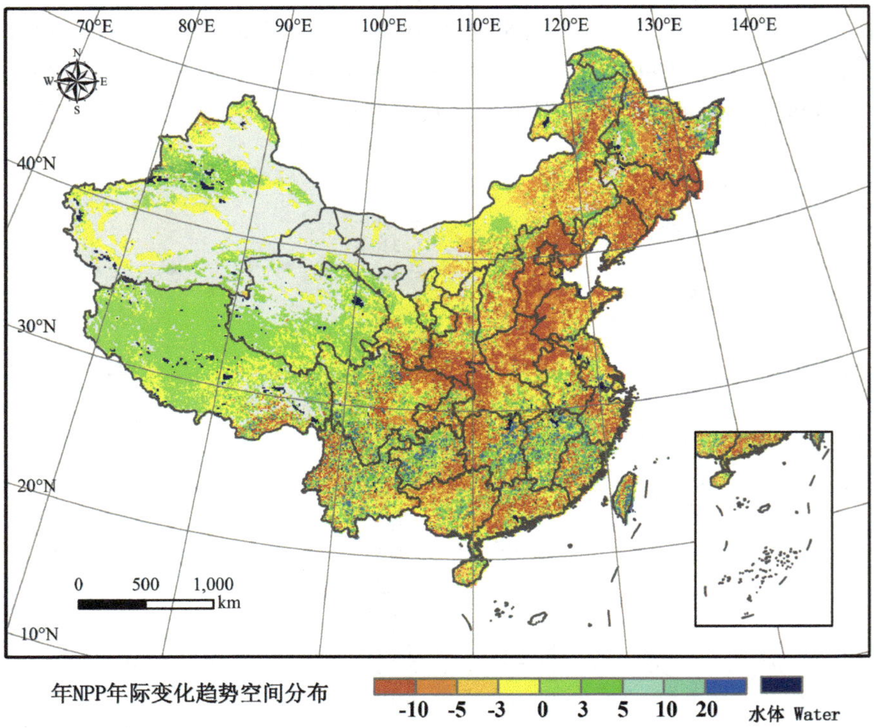

图 5.14　我国陆地生态系统年 NPP 年际变化趋势的空间分布图［不包括水体，单位：g C/（m^2·a)］

5.3.2　遥感-过程耦合模型（GLOPEM-CEVSA）

遥感-过程耦合模型（GLOPEM-CEVSA），是在基于遥感的全球生产效率模型（GLO-PEM）和植被、大气及土壤碳交换模型（CEVSA）的基础上发展而来，在森林生态系统和草地生态系统通量观测站点经过了检验。CEVSA（Cao and Woodward，1998a）是基于样地尺度的“从下而上”构建的全球生物地球化学循环模型，已经应用该模型研究了自工业革命起至 21 世纪中大气 CO_2 浓度和气候变化对陆地生态系统碳循环的影响（Cao and Woodward，1998）。GLO-PEM 是应用卫星遥感数据估计陆地净初级生产力和碳循环动态变化的生态系统模型，并应用该模型以 10 天为时间单位，8km 为空间单元对过去 20 年陆地净初级生产力变化进行估计并分析了气候驱动机理（Cao et al.，2003，2004）。

GLOPEM-CEVSA 模型建立在碳循环过程和生理生态学理论基础上，通过模拟光能利用率，以卫星遥感反演的 FPAR 模拟植被吸收的光合有效辐射（APAR），获得植被总初级生产力（GPP）；以植被生物量、气温及不同植被群落的维持性呼吸系数及温度关系模拟植被维持性呼吸（R_m）和生长性呼吸（R_g），获得植被净初级生产力（NPP）；植被通过自养呼吸释放一部分光合作用固定的碳到大气中，其余的碳按分配模式分配到根、茎和叶中储存或凋落，凋落物进入土壤后，与土壤中原有的有机质在微生物等的作用下进行异养呼吸（R_h），将生态系统固定的一部分碳释放到大气中，最后固定在植被中的这部分碳即净生态系统生产力（Cao and Woodard，1998）。因此，模型包括如下主要模块：光合有效辐射和净辐射、土壤水分、潜在光能利用率、现实光能利用率、自养呼吸、凋落物及土壤异养呼吸模块（图 5.15）。

5.3.2.1　模型介绍

1. 太阳辐射模块

将联合国粮食及农业组织（FAO）推荐的陆地表面太阳短波辐射算法（Allen et al.，1993）应用到 GLOPEM-CEVSA 模型中，计算研究区域陆地表面光合有效辐射（PAR）和地表净辐射（R_n）。PAR 用于计算总初级生产力（GPP），R_n 用于计算地表潜在蒸散（PET）。

（1）光合有效辐射计算

对某一地区一年内任意一天 24h 大气上界垂直入射的太阳辐射为（Allen et al.，1998）：

$$\mathrm{RA} = S_0 \cdot 24 \cdot 60/\pi \cdot d \cdot (\omega_0 \sin\varphi \sin\delta + \cos\varphi \cos\delta \sin\omega_0) \tag{5.57}$$

式中，RA 为大气上界垂直入射的太阳辐射［MJ/（m^2·d）］；S_0 为太阳常数，等于 0.0820MJ/（m^2·min）或等于 1369.728W/m^2；d 为相对日地距离订正因子：

$$d = \frac{1}{1 + 0.033\cos(\frac{2\pi}{365}J)} \tag{5.58}$$

式中，J 为儒历日，元月 1 日为 1；δ 为太阳赤纬（单位为弧度）：

$$\delta = 0.409\sin(\frac{2\pi}{365}J - 1.39) \tag{5.59}$$

经过大气层入射到地球表面的太阳总辐射的计算，一般需要考虑云量、太阳高度角及大气透明度、太阳光线入射角和地形的影响（何洪林等，2003）。太阳短波辐射计算方法为

$$R_s = (a_s + b_s \frac{n}{N})\mathrm{RA} \tag{5.60}$$

式中，RA 表示最大晴天总辐射量［MJ/（m^2·d）］，n/N 表示日照百分率，其中 n 表示实照时数，N 表示可照时数，a_s 和 b_s 的值随地区而有所变化，侯光良等（1993）将全国分五个大区，并给出各区 a_s 和 b_s 的值，见表 5.2。

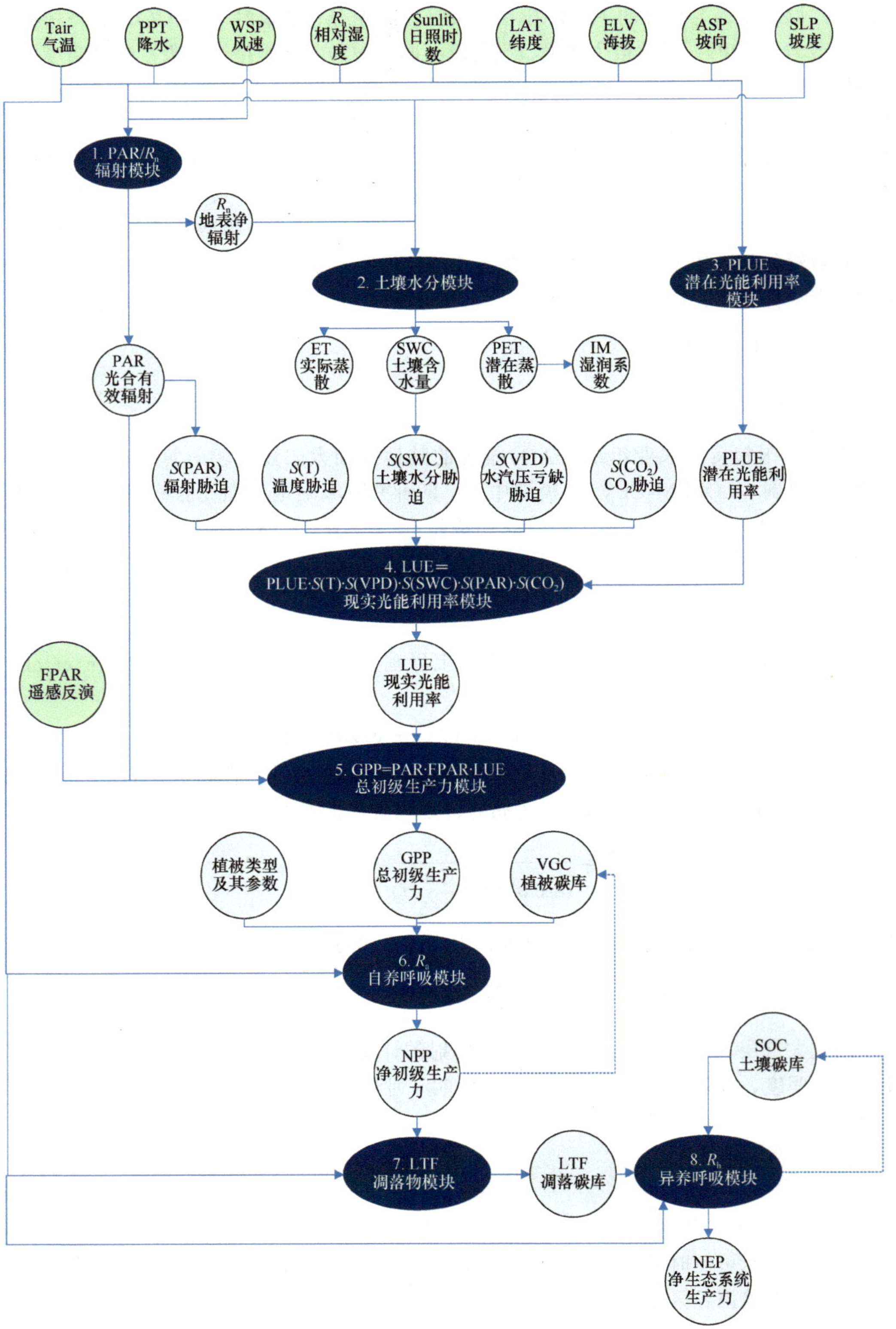

图 5.15　GLOPEM-CEVSA 模型的基本框架

表 5.2　太阳总辐射计算参数表

区号	I	II	III	IV	V
a_s	0.353	0.216	0.229	0.207	0.191
b_s	0.543	0.758	0.679	0.725	0.758

考虑地形坡度和太阳方位角影响因子时，坡面上太阳入射角方程可以表示为（何洪林等，2003）

$$\cos\theta = \sin\alpha\sin\beta\cos\delta\sin\omega + u\sin\delta + v\cos\delta\cos\omega \tag{5.61}$$

$$u = \sin\varphi\cos\alpha - \cos\varphi\sin\alpha\cos\beta \tag{5.62}$$

$$v = \cos\varphi\cos\alpha - \sin\varphi\sin\alpha\cos\beta \tag{5.63}$$

式中，θ 是太阳入射角，α 是坡度，β 是坡向角，南向为零度，顺时针方向为正，反时针方向为负，δ 是太阳赤纬，ω 是时角，φ 是地理纬度。

（2）陆地表面净辐射

净辐射 R_n 分别是短波净辐射（R_{ns}）、大气长波净辐射和地面长波净辐射之和（合并为 R_{nl}），可以表示为

$$\begin{aligned} R_n &= R_s(1-\alpha) + R_l(1-\varepsilon_s) - \varepsilon_s\sigma T_s^4 \\ &= R_{ns} - R_{nl} \end{aligned} \tag{5.64}$$

等式右边第一项为短波净辐射，α为地表反照率；第二项为入射长波净辐射；最后一项为地面长波辐射，按照黑体辐射定律，地面辐射 U 与地面温度 T 的四次方成正比，即 $U = \delta\sigma T^4$。

入射长波辐射和地面长波辐射的净变化称为有效长波辐射，计算方法有利用 MODTRAN 等的理论模式和以气温、空气湿度及日照百分比为因子的经验模型。采用应用比较广泛的有效长波辐射，即 Penman（WMO，1979）：

$$R_{nl} = \sigma T_s^4(0.56 - 0.079\sqrt{e_a})(0.10 + 0.90\frac{n}{N}) \tag{5.65}$$

式中，σ 为 Bolzaman 常数，取值 4.903×10^{-9} MJ/（$K^4\cdot m^2\cdot d$），最高、最低和平均温度（K），e_a 为实际水汽压。

2. 土壤水分平衡模拟

与植物的光合作用非常密切的生物物理过程是水分在生态系统内的循环。水分在生态系统内的循环包括降水、冠层截留、冠层截留水的蒸发、树干径流、地表径流、植被蒸腾、土壤蒸发、土壤水下渗和土壤蓄水。水分平衡可以表示为：降水–（冠层截留蒸发+植被蒸腾+土壤蒸发）–地表径流+雪融水–土壤水下渗+土壤含水量=0，即水量保持平衡。如果不考虑土壤水下渗，则为土壤水分的“桶”模型，其含义是进入土壤的水量，当充满整个土壤空隙后，多余的水量就作为地表径流从这个“桶”中排出。由此，如果确定了各个环节水分的变化量，就可以确定出其中的任一状态变量。这里进一步进行了简化土壤水分平衡模拟。

（1）土壤含水量

土壤水分子模型中每一个栅格中的土壤含水量是利用气温、降水量（mm）、土壤中黏粒和砂粒所占的百分比及土壤深度等变量来求算的（李贵才，2004）。

当降水 PPT＜潜在蒸散 PET 时，土壤含水量为

$$\mathrm{SW}_t = \mathrm{SW}_{t-1} - (\mathrm{PET}_t - \mathrm{PPT}_t)\cdot \mathrm{RDR} \tag{5.66}$$

当 PPT＞PET 时，土壤含水量为

$$\mathrm{SW}_t = \mathrm{SW}_{t-1} + (\mathrm{PPT}_t - \mathrm{PET}_t) \tag{5.67}$$

式中，SW_t 指 t 时段的土壤含水量（mm），PPT_t 为 t 时段的平均降水量（mm），PET_t 为潜在蒸散量（mm），RDR（relative drying rate）为相对干燥率，表示土壤水分的蒸发潜力。SW_{t-1} 是指 $t-1$ 时段的土壤含水量（mm），这里，将初始田间持水量作为其初始土壤含水量（SW_0）运行模型连续 17 年，然后以第 17 年末的土壤含水量作为模型初始值，继续运行模型，直到模拟的土壤含水量比较稳定时土壤含水量作为模型初始值。

其中假设，当某一月的平均温度小于或等于 0℃时，土壤含水量不发生变化，与上一月的土壤含水量相等；而该月的降水（雪的形式）将累加到从该月起第一个出现温度大于 0℃的月份，即看作冰雪融化（Potter et al.，1993）。

相对干燥率 RDR 通过下式计算：

$$\mathrm{RDR}=(1+a)/(1+a\theta^b) \tag{5.68}$$

式中，θ 为前一时期的土壤体积含水量（$\mathrm{m^3/m^3}$），a 和 b 是 Saxton 等（1986）建立的土壤水势 ψ（kPa）与土壤质地和土壤含水量之间的经验关系（$\psi = \alpha\theta^b$）的系数，根据如下经验关系式确定：

$$a = \exp(-4.396 - 0.071C - 4.880\times10^{-4}S^2 - 4.285\times10^{5}S^2C)\times100$$

$$b = -3.140 - 0.002\,22C^2 - 3.484\times10^{-5}S^2C \tag{5.69}$$

式中，C、S 分别是土壤黏粒（clay）和砂粒（sand）所占的百分比。

（2）潜在蒸散

潜在陆表蒸散采用 FAO 给出的计算参考作物蒸散 $\mathrm{ET_0}$ 的 Penman-Monteith 方程（孙睿，2000；高彦春，2000）。在最初 Penman-Monteith 方程、空气动力学方程和表面阻力方程的基础上，得到 FAO 计算 $\mathrm{ET_0}$ 的 Penman-Monteith 方程：

$$\mathrm{ET_0} = \frac{0.408\Delta(R_\mathrm{n} - G) + \gamma\dfrac{900}{T+273}u_2(e_\mathrm{s} - e_\mathrm{a})}{\Delta + \gamma(1+0.34u_2)} \tag{5.70}$$

式中，$\mathrm{ET_0}$ 为作物参考蒸散量（mm/d），R_n 为冠层或地表净辐射［MJ/（$\mathrm{m^2\cdot d}$）］，G 为土壤热通量［MJ/（$\mathrm{m^2\cdot d}$）］，T 为气象台站标准 2m 高处气温（℃），u_2 为距地 2m 高处风速（m/s），e_s 和 e_a 分别为空气饱和水汽压和实际水汽压（kPa），Δ 为饱和水汽压曲线斜率（kPa/℃），γ 为干湿表常数（kPa/℃）。

$$\gamma = \frac{C_\mathrm{p}P}{\varepsilon\lambda} = 0.665\times10^{-3}P \tag{5.71}$$

式中，γ 为干湿表常数（kPa/℃），C_p 为空气定压比热［MJ/（kg·℃）］，P 为大气压（1.013×10^{-3}kPa），λ 为蒸发潜热（2.45MJ/kg），ε 为水汽分子质量与干空气分子质量之比（0.622）。空气定压比热 C_p 含义为，一定气压下，单位体积的空气温度升高 1℃所需的能量。

（3）实际蒸散量

根据所求算的上一时间步长土壤含水量 SW 和土壤萎蔫含水量 WPT、干燥率 RDR、潜在蒸散 PET，以及降水量 PPT 来计算实际蒸散 ET（mm），计算如下：

当 PPT＜PET 时，

$$\mathrm{ET}=\min[\mathrm{PPT}+(\mathrm{PET}-\mathrm{PPT})\mathrm{RDR},\ \mathrm{PPT}+\mathrm{SW}-\mathrm{WPT}] \tag{5.72}$$

当 PPT＞PET 时，

$$\mathrm{ET}=\mathrm{PET} \tag{5.73}$$

3. 植物潜在光能利用率

植被最大光能利用率的确定，不同模型间有很大差别，CASA 模型提出全球植被的最大光利用率为 0.389g C/MJ，但有很多文献中提出该值可能偏低。引起差异的主要原因是光利用率受气温、水分、土壤、营养、疾病、个体发育、基因型差异和植被维持与生长的不同能量分配等因素的影响。GLO-PEM 模型基于量子产量理论，并分 C_3 和 C_4 植物以 Collatz 等（1991）的量子效率模型计算（Prince and Gower，1995）。对于 C_3 植物来说：

$$\alpha=0.08\left(\frac{P_{\mathrm{i}}-\Gamma^*}{P_{\mathrm{i}}+2\Gamma^*}\right) \tag{5.74}$$

式中，α 为量子效率（μmol CO_2 /μmol 光子），P_{i} 为叶子细胞间 CO_2 浓度；Γ^*为 CO_2 光合补偿点：

$$\Gamma^*=\frac{O_{\mathrm{i}}}{2\tau} \tag{5.75}$$

式中，O_{i} 为 O_2 的浓度，等于 20 900Pa，τ 为 CO_2 和 O_2 随植被温度 T_{a} 而变的 Michaelis-Menten 系数。根据 Collatz 等（1991）的研究，可表示为

$$\tau=2600\times0.57^{\left(\frac{T_{\mathrm{a}}-20}{10}\right)} \tag{5.76}$$

由此，C_3 植物的光合利用率（ε_{C_3}）为

$$\varepsilon_{C_3}=55.2\alpha \tag{5.77}$$

对于 C_4 植物来说，光合量子利用率不随温度变化，给定 2.76g C/MJ。在 22℃时，C_3 和 C_4 植物的光合量子利用率相等。利用这一特点，该点温度通常被用作计算 C_4 植物光合作用分量（P_{C_4}）：

$$P_{C_4}=\frac{1}{1+\exp[-0.5\times(T_{\mathrm{a}}-22)]} \tag{5.78}$$

进而，植物潜在光合利用率（ε^*）就可以用下式表示：

$$\varepsilon^{*} = 2.76P_{C_4} + (1-P_{C_4}) \times \varepsilon_{C_3} \tag{5.79}$$

4. 植被现实光能利用效率

太阳辐射、温度、降水、空气湿度和大气 CO_2 含量是影响生态系统的外驱动力，它们一方面直接作用于植被来影响 NPP，另一方面通过影响土壤来间接影响 NPP。Runyon 等研究，ε 随季节的变化及群落内部的变化通过温度、大气及土壤水分的可利用程度来调节，即光能利用率的计算可以理解为式（5.80）。Cao 等（2004）以气孔导度的类比模型模拟 ε：

$$\varepsilon = \varepsilon^{*} \times \sigma_T \times \sigma_{VPD} \times \sigma_{SWC} \tag{5.80}$$

式中，ε^{*}为植物最大光能利用率；σ_T 为空气温度对植物生长的胁迫系数；σ_{VPD} 为水汽压亏缺（VPD）对植物生长的胁迫系数；σ_{SWC} 为土壤水分缺失对植物生长的胁迫系数。

5. 植物自养呼吸

通常将植物的自养呼吸（R_a）区分为维持性呼吸（R_m）和生长性呼吸（R_g）（Running and Coughlan，1988）：

$$R_a = \sum_{i=1}^{3} (R_{m,i} + R_{g,i}) \tag{5.81}$$

式中，i 表示不同的植物器官，i=1、2、3 分别为叶、茎、根。维持性呼吸和温度相关：

$$R_{m,i} = M_i r_{m,i} Q_{10}^{(T-T_b)/10} \tag{5.82}$$

式中，M_i 为植物的第 i 器官的生物量，对于树木茎是指树木的边材量；$r_{m,i}$ 是植物器官 i 的维持性呼吸系数；Q_{10} 是温度影响因子，T_b 是基温。

植物的生长性呼吸（R_g）一般认为和温度无关，而只与总初级生产力（GPP）呈比例关系，植被器官（叶、茎、根）分别给定维持性呼吸系数（r_g）：

$$R_{g,i} = r_{g,i}\text{GPP} \tag{5.83}$$

模型默认参数见表 5.3，与植被类型相关的呼吸参数见表 5.4 和表 5.5，这些参数分别综合了 BGC 和 BEPS 模型及张娜等（2001）研究给定值。

表 5.3 模型默认参数说明及取值

变量	描述	单位	缺省值	变量	描述	单位	缺省值
b_{19}	叶维持性呼吸系数	kg C/（kg·d）	0.0008	b_{31}	枝干碳分配比率		0.35
b_{20}	枝干维持性呼吸系数	kg C/（kg·d）	0.001	b_{32}	根碳分配比率		0.4
b_{21}	粗根维持性呼吸系数	kg C/（kg·d）	0.0015	b_{40}	叶凋落物物碳周转比率		0.33
b_{24}	细根维持性呼吸系数	kg C/（kg·d）	0.003	b_{41}	枝干凋落物物碳周转比率		0.0
b_{25}	叶维持性呼吸的 Q_{10}		2.1	b_{42}	根凋落物物碳周转比率		0.4
b_{28}	枝干维持性呼吸的 Q_{10}		1.5	b_{43}	叶生长性呼吸系数		0.35
b_{29}	根维持性呼吸的 Q_{10}		1.9	b_{44}	枝干生长性呼吸系数		0.3
b_{30}	叶碳分配比率		0.25	b_{45}	根生长性呼吸系数		0.35

表 5.4　与植被类型相关的模型参数说明及取值

参数	说明	针叶林	落叶林	混交林
b_{19}	叶维持性呼吸系数	0.002	0.009	0.006
b_{20}	枝干维持性呼吸系数	0.001	0.004	0.003
b_{21}	粗根维持性呼吸系数	0.001	0.001	0.001
b_{24}	细根维持性呼吸系数	0.003	0.003	0.003

表 5.5　不同植物器官间碳的分配及其平均周转时间

代码	植被类型	占总生物量的比例			各器官周转时间/年			说明
		叶	枝干	根	叶	枝干	根	
1	常绿针叶林	0.01	0.90	0.09	2	90	45	
2	落叶针叶林	0.02	0.90	0.08	2	50	30	
3	混交林	0.01	0.93	0.06	1	90	50	
4	常绿阔叶林	0.01	0.90	0.09	2	90	50	
5	落叶阔叶林	0.01	0.93	0.06	1	100	50	
6	草地	0.20	0.20	0.60	1	1	1	
7	灌丛	0.60	0.20	0.20	1	10	5	生长后期
		0.20	0.20	0.60	1	1	1	生长前期
8	荒漠	0.30	0.20	0.50	1	1	1	
9	农田	0.20	0.20	0.60	1	1	1	
	其他	0.30	0.20	0.50	1	1	1	

6. 净初级生产力

GLO-PEM 基于 GPP 与 APAR 间以光能利用率（ε）呈线性关系的理论基础上，故 NPP 可以表示为

$$\mathrm{NPP} = \mathrm{PAR} \cdot \mathrm{FPAR} \cdot \varepsilon - R_{\mathrm{a}} \tag{5.84}$$

式中，PAR 为光合有效辐射，FPAR 是植被吸收光合有效辐射的比率，ε 是基于 GPP 概念的现实光能利用率，R_{a} 是植被自养呼吸（包括维持性呼吸 R_{m} 和生长性呼吸 R_{g}）。

7. 植被凋落模拟

植物的凋落分不同植物器官，根据平均周转时间的统计分布（Lloyd and Farquhar，1994），从而估计不同植物器官间碳的分配和凋落量。凋落物的季节变化根据 Box（1988）的研究给出，根据该研究，地上部分的凋落发生在落叶林和季节性草地的生长期末，季节性常绿植被发生在早春，典型常绿植被的凋落在一年中均匀分布（Cao and Woodward，1998）。

8. 土壤异养呼吸

土壤有机碳分解和转换子模块是在 CEVSA（Cao and Woodword，1998）和 CENTURY（Parton et al.，1993）模型土壤碳动力学模块的基础上发展起来的。该子模块将土壤碳分为 8 个库，分别为：①土壤表面结构库；②地下结构库；③活性库；④土壤表面微生物

库；⑤土壤表面代谢库；⑥地下微生物库；⑦慢分解库；⑧惰性库。土壤活性库和土壤表面微生物库包括土壤中的有机质、微生物和其产物，其周转周期为 1~5 年；慢分解库是土壤中较难分解的有机质，其周转周期为 20~40 年；惰性库是土壤中最难分解的有机质，其周转周期最长为 200~1500 年；植被凋落物进入结构和代谢库，结构库的周转周期为 1~5 年，代谢库的物质在进入其他土壤库之前的周转周期为 0.1~1 年。土壤有机碳分解和转换可简单表示为

$$\mathrm{HR}=\sum_{i=1,2}K_i\cdot L_c\cdot A\cdot C_i+\sum_{i=3}K_i\cdot A\cdot T_m\cdot C_i+\sum_{i=4}^{8}K_i\cdot L_c\cdot A\cdot C_i \tag{5.85}$$

式中，K 为最大分解速率，L_c 为木质素含量的影响，A 为土壤湿度和温度的影响，C 为碳库含碳量，T_m 为土壤质地对活性有机质周转的影响，i 取值 1~8，代表上述 8 个碳库。最大分解速率 K 一般给定值分别为 $3.9a^{-1}$、$4.8a^{-1}$、$7.3a^{-1}$、$6.0a^{-1}$、$14.8a^{-1}$、$18.5a^{-1}$、$0.2a^{-1}$、$0.0045a^{-1}$（Parton et al.，1993）。

从 NPP 与 R_h 的差可以获得 NEP，只是，这个 NEP 表示的是，在未受干扰，如林火、虫害、植物收获等情况下，生态系统的植被和土壤储存碳库的净变化量，数量上等于陆地生态系统与大气间的净碳通量（Cao and Woodard，1998）。

5.3.2.2 青海地区生态系统碳通量模拟

1. 模型驱动数据

模型输入数据包括气象台站插值数据的气温、降水、日照时数、风速及相对湿度通过卫星遥感反演的 FPAR。

（1）基于空间插值的气象数据

气象数据（气温、降水、日照时数、风速及相对湿度）是利用全国 730 个气象站点 1971~2005 年的数据进行空间内插得到的，其空间分辨率为 1km 网格，时间分辨率为 8 天。所使用的插值方法是由澳大利亚国立大学基于利用光滑薄板样条法开发的插值软件 ANUSPLIN。在内插过程中主要考虑了经纬度和海拔对各气候要素的影响，并利用分辨率为 1km 网格的数字高程数据按线性关系对样条函数得到的表面进行拟合，得到最后的内插结果。多项研究认为这种方法对温度和降水的插值效果明显优于其他方法（王英等，2006）。

（2）基于卫星遥感参数反演的 FPAR 数据

基于卫星遥感参数反演的 FPAR 源于三部分，一是 8km 分辨率的 1982~1987 年的 GIMMS/NDVI 数据，采用经验算法计算 FPAR，为便于和插值的 1km 气象数据匹配，重采样为 1km 空间分辨率；二是 1km 分辨率的 1988~2003 年的 AVHRR/NDVI 数据，采用地理科学与资源研究所刘荣高博士开发的辐射传输算法反演 FPAR；三是采用经传感器间差异校正的 1km 分辨率的 MODIS/FPAR 数据产品（MOD15A2 产品），该产品是以美国地球观测系统（EOS）开发的辐射传输算法，利用 MODIS 红波段和近红外波段反演。

FPAR 的经验算法是基于 FPAR 与 NDVI 之间存在着线性关系的研究基础（Ruimy et

al.，1994；Kumar and Monteith，1981），这一关系可以根据某一植被类型 NDVI 的最大值和最小值及所对应的 FPAR 最大值和最小值来确定，即

$$\mathrm{FPAR}=\frac{\left(\mathrm{NDVI}-\mathrm{NDVI}_{i,\min}\right)\left(\mathrm{FPAR}_{\max}-\mathrm{FPAR}_{\min}\right)}{\left(\mathrm{NDVI}_{i,\max}-\mathrm{NDVI}_{i,\min}\right)}+\mathrm{FPAR}_{\min} \tag{5.86}$$

式中，$\mathrm{NDVI}_{i,\max}$ 和 $\mathrm{NDVI}_{i,\min}$ 分别对应第 i 种植被类型的 NDVI 最大值和最小值。

进一步的研究表明，FPAR 与比值植被指数（SR）也存在较好的线性关系（Field et al., 1995）：

$$\mathrm{FPAR}=\frac{\left(\mathrm{SR}-\mathrm{SR}_{i,\min}\right)\left(\mathrm{FPAR}_{\max}-\mathrm{FPAR}_{\min}\right)}{\left(\mathrm{SR}_{i,\max}-\mathrm{SR}_{i,\min}\right)}+\mathrm{FPAR}_{\min} \tag{5.87}$$

式中，$\mathrm{FPAR}_{\min}$ 和 $\mathrm{FPAR}_{\max}$ 的取值与植被类型无关，分别为 0.001 和 0.95；SR 由式（5.88）确定，$\mathrm{SR}_{i,\max}$ 和 $\mathrm{SR}_{i,\min}$ 分别对应第 i 种植被类型 NDVI 的 95%和 5%下侧百分位数。

$$\mathrm{SR}=\frac{1+\mathrm{NDVI}}{1-\mathrm{NDVI}} \tag{5.88}$$

通过对 FPAR-NDVI 和 FPAR-SR 所估算结果的比较发现，由 NDVI 所估算的 FPAR 比实测值高，而由 SR 所估算的 FPAR 则低于实测值，但其误差小于直接由 NDVI 所估算的结果，考虑到这种情况，Los 将两种方法结合起来，取其平均值作为 FPAR 的估算值，此时，估算的 FPAR 与实测值之间的误差达到最小（Los，1998），即

$$\mathrm{FPAR}=(\mathrm{FPAR}_{\mathrm{NDVI}}+\mathrm{FPAR}_{\mathrm{SR}})/2 \tag{5.89}$$

2. 模型参数

（1）土地覆盖分类

采用的植被覆盖类型图基于如下 3 种数据源综合而成：①刘勇红等（2006）以 MODIS 数据分类结果，该分类利用 2001~2002 年 1km MODIS NDVI 时间序列数据和多波段反射率光谱数据对中国区域进行了土地覆盖分类；②基于 30m 分辨率 Landsat 遥感数据的青海地区 2000 年土地覆盖图（三江源项目组数据）；③基于 30m 分辨率 Landsat 遥感数据的三江源地区 2004 年土地覆盖图（三江源项目组数据）。数据合成方法为，土地覆盖大类（森林、灌丛、草地、农田、水体、建筑用地）以②和③数据源为主，三江源地区以③数据源为主；在细化森林类型的时候，整个青海地区均采用了①数据源。生态系统类型包括常绿针叶林、常绿阔叶林、落叶针叶林、落叶阔叶林、灌丛、草地、农田、荒漠，以及居民用地和水域。

（2）土壤质地

采用的土壤质地数据来自刘明亮（2001）全国土壤质地数据。该数据选取了第二次土壤普查共 516 个剖面点，计算了土壤的粒级结构。然后，根据 1∶400 万土壤类型图（中国科学院南京土壤研究所，1978；中国科学院地理研究所资源与环境信息系统国家重点实验室，1996）做空间插值，对每一个一级类别所覆盖的土壤剖面点计算粒级机构的平均值，作为此土壤类型的粒级构成。土壤质地数据用于土壤水分参数的计算，包括土壤

水势 ψ 和相对干燥率 RDR 的计算，以及土壤异养呼吸模拟。

（3）高程数据及坡度、坡向

地形因子是除了大气层外影响太阳入射短波辐射的重要因子，它将影响光合有效辐射，进而对 NPP 模拟带来不确定性，因此，辐射计算应考虑地形因子。其中高程数据来自全球 30rad①/s（约 1km）数字高程模型栅格数据集（GTOPO30）。原始数据投影为地理经纬度坐标，椭球体模型为 WGS84，转换为 Albers 等面积圆锥投影（ACEA），椭球体模型为 Clarke1886。利用遥感数据处理系统 PCI 中的地形分析模块，以该高程数据分别生成了坡度和坡向数据。坡向数据中 0 和 360°表示地理北向，510°表示水平面。

（4）植被碳库

用于模型初始化的植被碳库是利用全国森林资源统计（1989~1993 年）提供的林分各优势树种面积蓄积统计数据，以及根据文献资料的生物量（B）与蓄积量（V）关系式，计算出各优势树种的总生物量及各类森林植被类型的平均生物量。同时也参考了冯宗炜（2001）和方精云（1996）对全国森林、农田、草地、荒漠等生物量的研究结果，得出了应用于模型初始化的植被碳库数据。

（5）土壤碳库

土壤碳库数据是根据中国较为完善和精确的第二次土壤普查（1979~1994 年）统计资料，在地理信息系统的支持下，建立了初步的土壤剖面数据库，然后，利用中国资源环境数据库 1：400 万中国土壤类型分布图（田琦等，1996）将数据空间化，得到全国土壤碳库空间分布数据。

3. 青海地区生态系统碳通量模拟

1982~2005 年，青海地区生态系统平均净初级生产力（NPP）为 0~687.43g C/（m^2·a），区域平均 101.47g C/（m^2·a），标准偏差 SD 为 100.05g C/（m^2·a）。NPP 存在明显的空间分布格局，从东到西 NPP 由海东地区最高的 228.66g C/（m^2·a）递减至海西地区的 31.87g C/（m^2·a）；出现 3 个高值区，即黄南藏族自治州、果洛藏族自治州东部（甘德、达日、久治、班玛四县）、玉树藏族自治州东部（称多、杂多、玉树、囊谦四县），分别为 310.86g C/（m^2·a）、287.00g C/（m^2·a）和 213.67g C/（m^2·a）（图 5.16）。

不同植被类型 20 年平均 NPP 是：森林的 NPP 较高，均在 240g C/（m^2·a）以上，其次是农田［190.35g C/（m^2·a）］、灌丛［156.73g C/（m^2·a）］、草地［140.95g C/（m^2·a）］，荒漠最低，为 37.15g C/（m^2·a）。

青海地区植被净初级生产力 NPP 处于波动式增加趋势，1982 年为 77.33g C/（m^2·a），2005 年为 144.92g C/（m^2·a），1982~2005 年变化趋势直线斜率为 1.147（P<0.0001），即每 10 年增加 11.47g C/m^2，标准偏差为每 10 年 24.2g C/（m^2·a）（图 5.17），若不包括降水异常较多的 2005 年，NPP 增加速率为每 10 年 8.09g C/m^2。从整个空间区域而言，青

① 1 rad=57.2958°

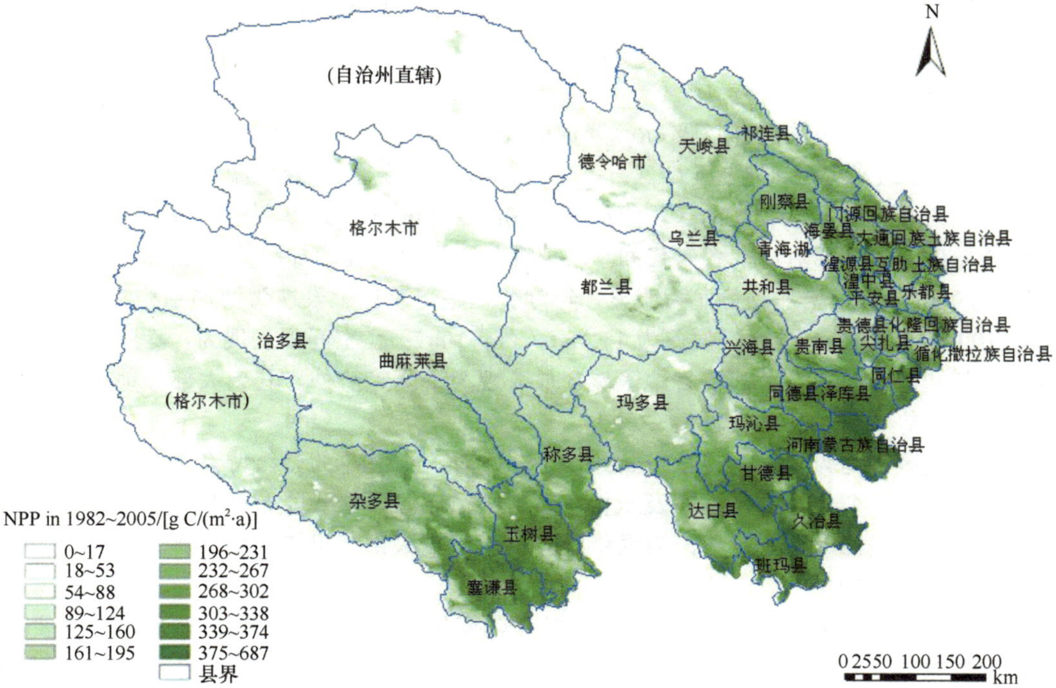

图 5.16　青海地区生态系统 1982~2005 年净初级生产力空间分布格局

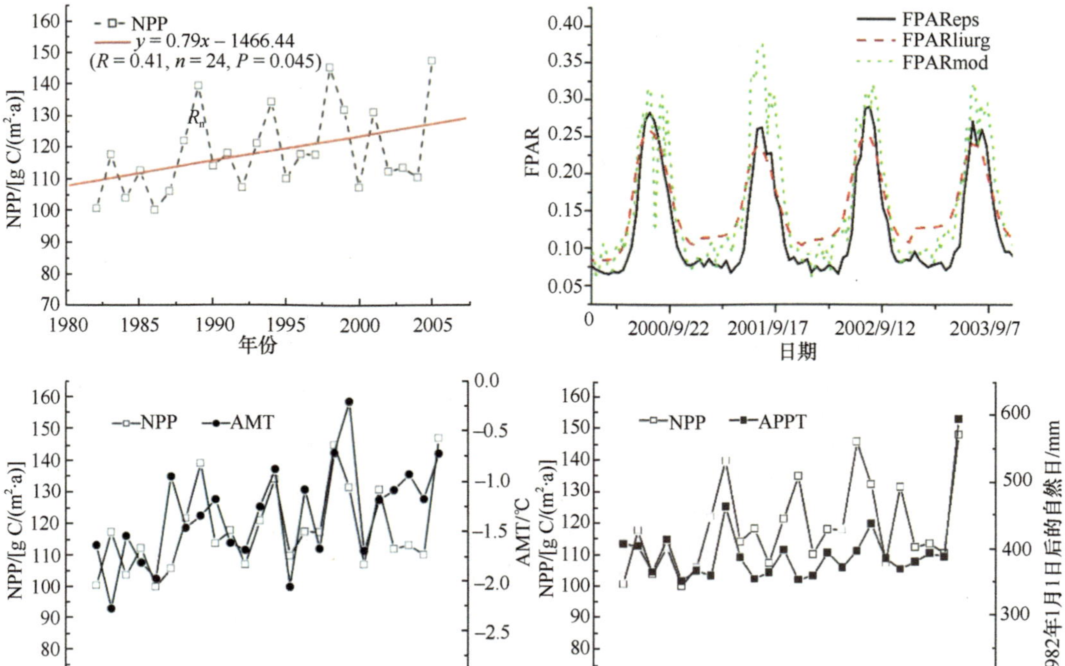

图 5.17　青海地区植被净初级生产力在 1982~2005 年的年际波动

海地区植被净初级生产力由线性回归斜率表征的年际变化趋势，除西部柴达木盆地大部和东部河南县及周边零星地区 NPP 表现为下降趋势外，其余大部分地区 NPP 均为增加趋势（图 5.18）。

青海地区平均土壤异养呼吸（R_h）释放碳 152.30g C/（m^2·a）[区域标准偏差为 156.99g C/（m^2·a）]，最高释放 864.97g C/（m^2·a）；总体上，由东至西 R_h 递减，海东、黄南、果洛东、玉树东为碳释放较高地区，年释放 300g C/（m^2·a）以上（图 5.19）。1982~2005 年土壤异养呼吸年际对比，各年代间平均值变化不显著；而增加趋势为 20 世纪 90 年代稍高，2000 年以来增加趋势尤为明显。年际变化趋势总体上表现为增加趋势，每 10 年增加 10.96g C/（m^2·a），标准偏差为 17.4g C/（m^2·10a）；在空间上表现为，除西部柴达木盆地大部和东部河湟及黄河河谷地区碳释放表现为下降趋势外，其余大部分地区碳释放均为增加趋势（图 5.20）。

青海地区平均为–20.23g C/（m^2·a），是一碳源。NEP 总的分布特点是东南高、西北低，碳汇区域主要分布在果洛东及玉树东等地区；碳源区主要分布在海东湟水、黄河流域一带，海南大部、海西东部，为强释放 C 区，玉树大部、果洛西部、海北等为较弱释放 C 地区（图 5.21）。

青海地区净生态系统生产力（NEP）的年际变化，如图 5.22、图 5.23 所示，主要受 NPP 的影响，由于生态系统异养呼吸的年际变化较小，而 NPP 呈波动式增加趋势，因此，NEP 也表现为波动式增加趋势，每 10 年增加 2.79g C/m^2，标准偏差为 27.5g C/（m^2·10a），即青海地区生态系统从较大碳源向较小碳源方向发展。

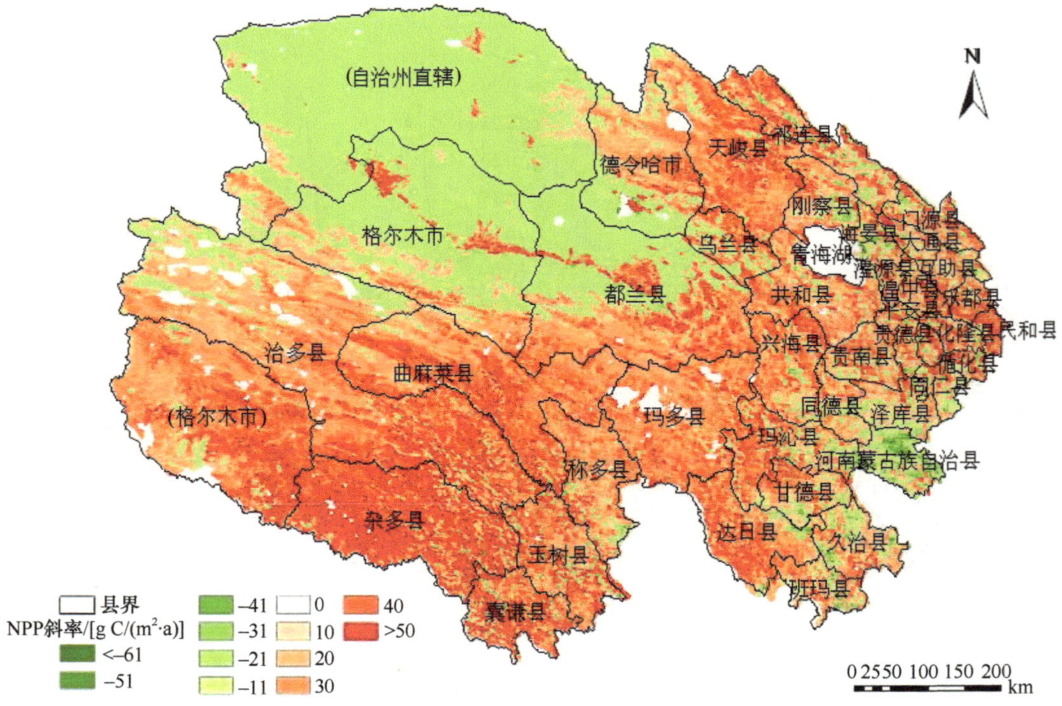

图 5.18　青海地区植被净初级生产力 1982~2005 年由线性回归斜率表征的年际变化趋势

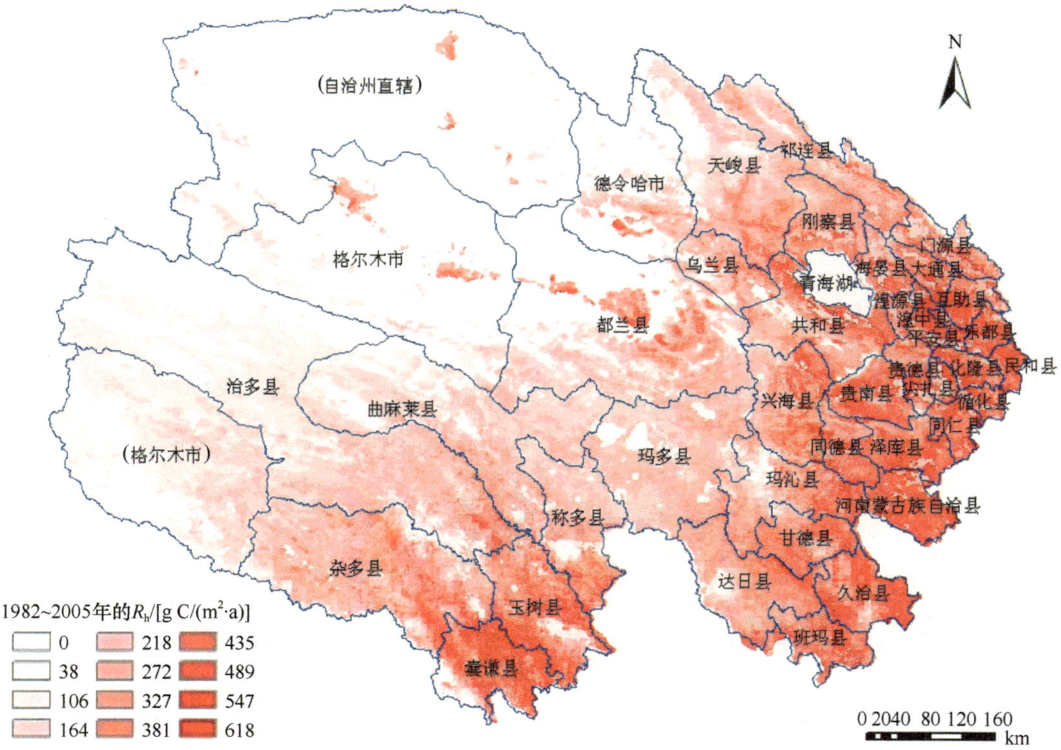

图 5.19　青海地区生态系统 1982~2005 年生态系统异养呼吸空间分布格局

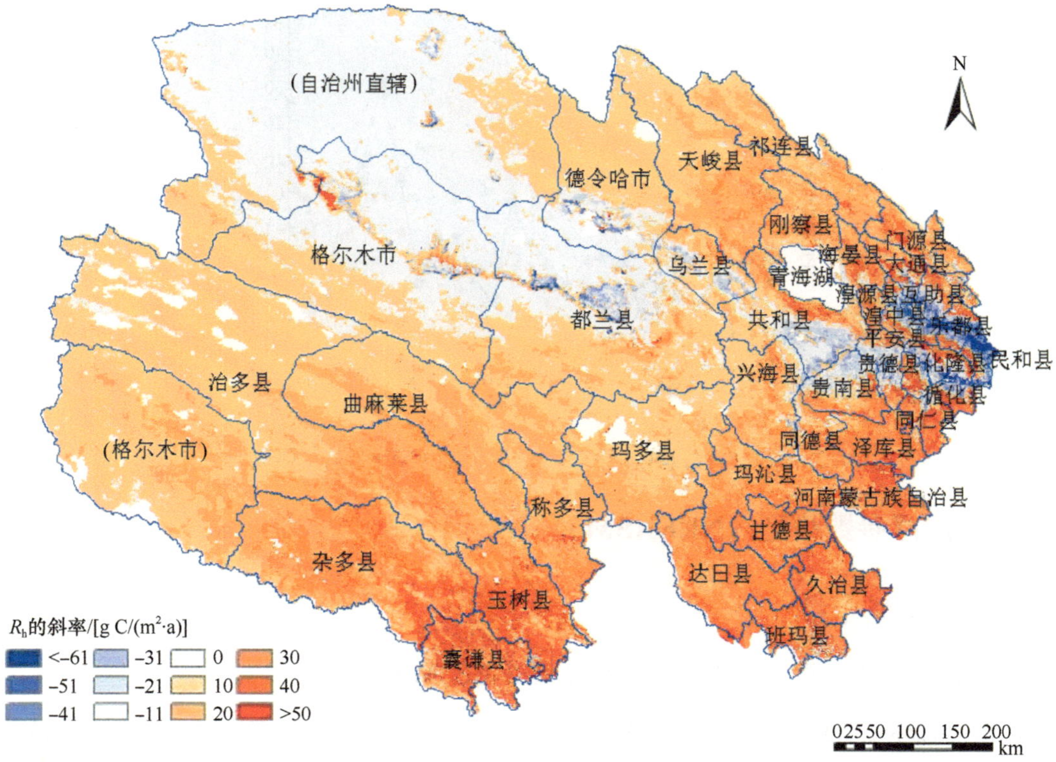

图 5.20　青海地区生态系统异养呼吸 1982~2005 年由线性回归斜率表征的年际变化趋势

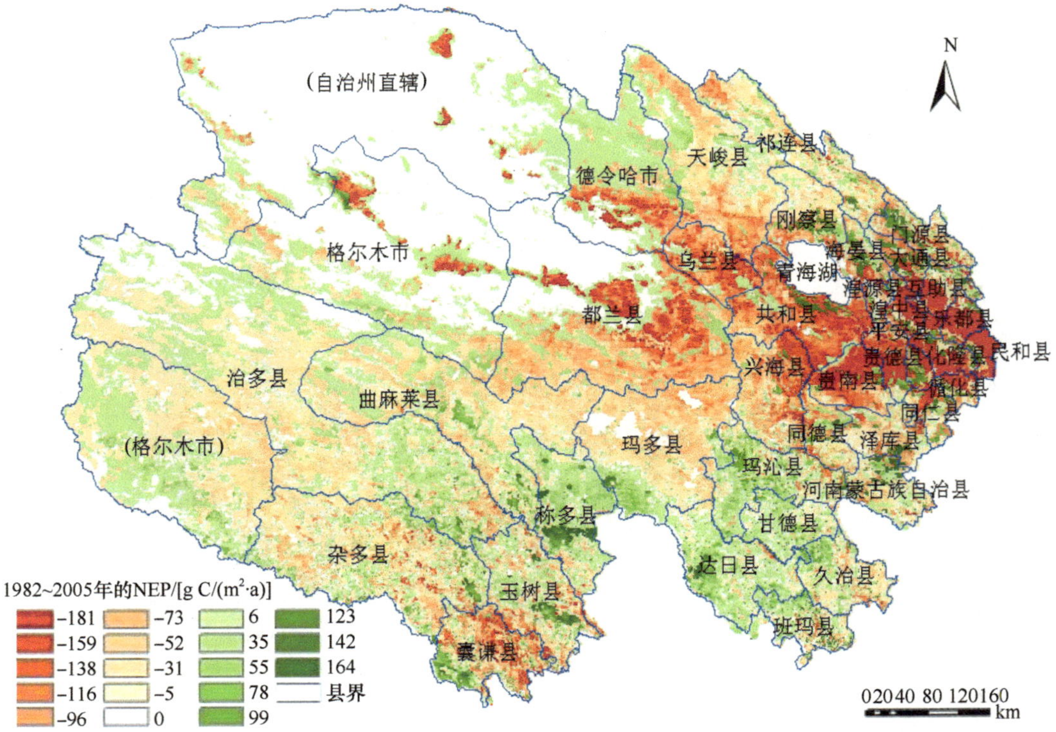

图 5.21　青海地区 1982~2005 年平均净生态系统生产力（NEP）值的空间格局

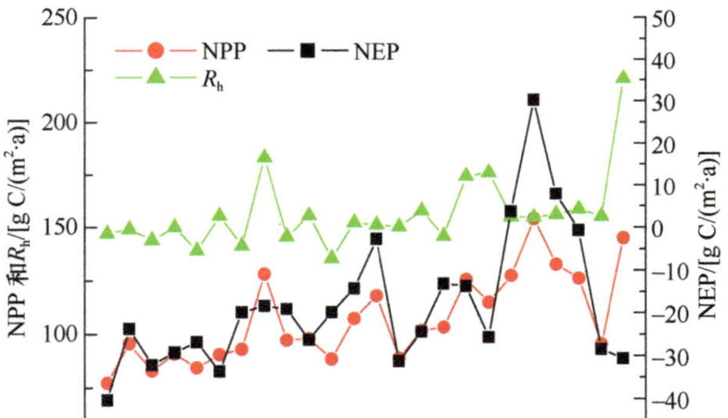

图 5.22　青海地区净生态系统生产力（NEP）的年际变化

5.3.3　遥感参数模型（NEERSM）

5.3.3.1　模型介绍

（1）遥感数据驱动的总初级生产力模型（PCM 模型）

在没有环境胁迫的条件下，生态系统潜在的光合作用能力应由光合作用器官的数量所决定，当光合作用器官的数量达到多年最大值时的 GPP 可以定义为生态系统最大的潜

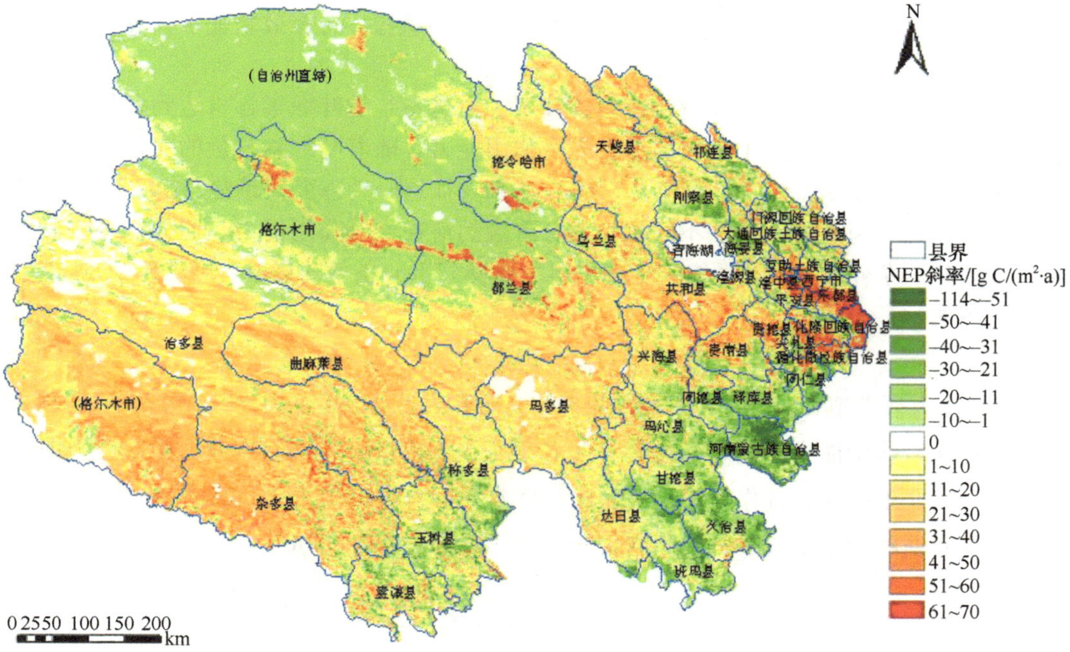

图 5.23　青海地区净生态系统生产力（NEP）的年际变化趋势的空间格局

在光合作用能力（G_{max}）。植被指数 EVI 对大气气溶胶和土壤背景不敏感，在多层郁闭的植被冠层不易饱和（Xiao et al.，2004a），可用来监测植被的动态变化（Huete et al.，2002）。已有研究表明，EVI 与 GPP 具有紧密的相关关系（Rahman et al.，2005；Sims et al.，2006；Sjöström et al.，2011；Peng et al.，2011），可以有效表征植被叶绿素含量的变化（Wu et al.，2010）。EVI 与 G_{max} 的乘积可以用来表征生态系统在不同生长发育阶段的潜在光合作用能力。

但是，G_{max} 与 EVI 的乘积表征的是在没有环境胁迫条件下的潜在光合作用能力，环境调节因子（如温度、土壤湿度和水汽压差）同样对潜在的光合作用能力具有限制作用。Yuan 等（2007）对美洲和欧洲 28 个站点 5 种主要生态系统类型通量观测 GPP 的主要环境限制因子研究表明，在大多数站点，湿度条件控制着整个生产季的光合作用，而温度则仅在某些生态系统生长季开始和结束阶段起限制作用。物候研究表明，一定阈值以上的积温与北方生态系统的萌芽时间具有很好的一致性（Linkosalo，2000）。在华东地区，春季和秋季平均气温的空间格局与生长季开始和结束时间的空间格局显著相关（Chen et al.，2005b）。

很多光能利用率模型利用土壤湿度和/或水汽压差的函数来表征水分条件对植被光合作用的影响（Potter et al.，1993；Prince and Goward，1995；Running et al.，2004）。其中，土壤湿度表征地面对叶片和冠层水分的供应程度，VPD 表征大气蒸发对水分的需求程度，因此，叶片和冠层的水分含量很大程度上取决于两者的动态变化，可近似用水分指数 W_{scaler} 来表征（Xiao et al.，2004a）。这一指数已被很好地应用在常绿针叶林（Xiao et al.，2004a）、落叶阔叶林（Xiao et al.，2004b）、热带常绿林（Xiao et al.，2005）、农田（Yan et al.，2009；Kalfas et al.，2011）、草地（Wu et al.，2008）、灌丛（Li et al.，2007）

和湿地（Li et al.，2007）等很多生态系统类型 GPP 的模拟，可有效表征水分条件对光合作用的影响。

根据以上分析，在没有环境胁迫的条件下，生态系统的叶绿素含量达到多年的最大值时，生态系统应存在一个最大的潜在光合作用能力。随着叶绿素含量的变化，潜在光合作用能力随之发生改变，可用植被指数 EVI 来表征这一动态变化趋势。EVI 与 G_{max} 的乘积即可以定义为生态系统在不同生长发育阶段的潜在光合作用能力。此外，可以假设在现实的环境条件下，生态系统的光合作用主要受到水分条件的影响。构建的 PCM 模型形式（图 5.24）为

$$GPP = G_{max} \times EVI_s \times W_s \tag{5.90}$$

式中，G_{max} 为模型拟合参数，表征最大的潜在光合作用能力，单位为 mol C/（$m^2 \cdot d$）；EVI_s 表征潜在光合作用能力的动态变化趋势；W_s 表征现实水分条件对潜在光合作用能力的胁迫。由于在非生长季光合作用停止，因此，将非生长季的 EVI_s 和 W_s 均设为 0。利用 EVI 的时间变化曲线确定生长季开始和结束的时间（Zhang et al.，2003）。

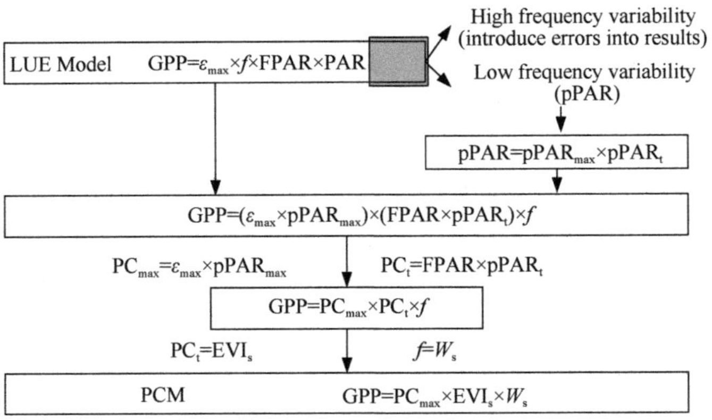

图 5.24　PCM 模型框架图

已有研究表明，EVI 在 0.1 附近时，生态系统 GPP 基本为 0（Sims et al.，2006），因此，借鉴 Sims 等（2008）的方法，以 EVI 在 0.1 以上的数值来表征潜在光合作用能力的时间变化趋势，即

$$EVI_s = EVI - 0.1 \tag{5.91}$$

其中，EVI 的计算为（Huete et al.，2002）

$$EVI = G \times \frac{\rho_{nir} - \rho_{red}}{\rho_{nir} + (C_1 \times \rho_{red} - C_2 \times \rho_{blue}) + L} \tag{5.92}$$

式中，ρ_{nir}、ρ_{red} 和 ρ_{blue} 分别表示近红外波段、红波段和蓝波段的反射率；G、C_1、C_2 和 L 分别对应常数值 2.5、6、7.5 和 1。

W_s 的计算为

$$W_s = \frac{1 + LSWI}{1 + 1} \tag{5.93}$$

式中，LSWI 为陆地表面水分指数。W_s 的计算是在 W_{scalar} 的基础上改进得到。W_{scalar} 的计

算为（Xiao et al.，2004a）

$$W_{\text{scalar}} = \frac{1+\text{LSWI}}{1+\text{LSWI}_{\max}} \tag{5.94}$$

式中，$\text{LSWI}_{\max}$为植被生长季最大的 LSWI。由 W_{scalar} 计算所决定，W_{scalar} 的数值主要依赖于 $\text{LSWI}_{\max}$ 的大小，这往往导致水分条件相差很大的生态系统具有很相近的 W_{scalar} 数值。因此，W_{scalar} 只能近似表征单个生态系统水分条件的时间动态，并不能体现出生态系统类型间的水分差异。而改进后的 W_s 即可以反映生态系统水分状态的时间动态变化，也可以同时反映出生态系统之间水分状态的空间差异。

其中，LSWI（Xiao et al.，2004a）的计算为

$$\text{LSWI} = \frac{\rho_{\text{nir}} - \rho_{\text{swir}}}{\rho_{\text{nir}} + \rho_{\text{swir}}} \tag{5.95}$$

式中，ρ_{nir} 和 ρ_{swir} 分别表示近红外和短波红外波段的反射率。

（2）基于遥感生态系统呼吸 ReRSM 模型构建

生态系统呼吸是由一系列的呼吸组分组成的，包括属于植物自养呼吸（R_a）的生长性呼吸（R_g）和维持性呼吸（R_m）；属于异养呼吸（R_h）的根际微生物呼吸（R_{rhi}）、植物残体分解的微生物呼吸（R_{res}）和土壤有机质（SOM）分解的微生物呼吸（R_{SOM}）。生态系统呼吸是这些组分的总和，即

$$R_e = R_g + R_m + R_{\text{rhi}} + R_{\text{res}} + R_{\text{SOM}} \tag{5.96}$$

大量研究表明，在非干旱胁迫的自然条件下，生态系统的植被生产力和温度是影响生态系统呼吸速率的两个主要因素。植物在进行光合作用的同时，不仅需要消耗一部分光合产物用于生长性呼吸（R_g），而且以很高的速率将部分光合产物以根的渗出液形式排放到根际土壤之中，为根际微生物呼吸（R_{rhi}）提供呼吸底物并快速被根际微生物利用（Kuzyakov and Cheng，2001，2004；Kuzyakov and Gavrichkova，2010）。这两个呼吸组分的呼吸速率的季节变化均与 GPP 的季节变化紧密耦合（Dilkes et al.，2004；Piao et al.，2010；Mahecha et al.，2010）。如果将这两个呼吸组分定义为来源于 GPP 的呼吸（R_{GPP}），则可以认为 R_{GPP} 是 GPP 的线性函数 F（GPP），即

$$R_{\text{GPP}} = R_g + R_{\text{rhi}} = F(\text{GPP}) \tag{5.97}$$

而植物的维持性呼吸（R_m），植物残体分解的微生物呼吸（R_{res}）和土壤有机质分解的微生物呼吸（R_{SOM}）具有相似的特性，其呼吸底物均为生态系统长期蓄积的有机物质，呼吸速率均与各自呼吸底物的数量和性质有关，同时随温度的变化而变化。如果我们认为这 3 个呼吸组分的过程机理、影响因素及温度响应方面的微弱差异可以忽略，则可以将植被生物量、植被残体量和土壤有机质量的总和定义为生态系统有机质现存量（COM），相应的呼吸组分定义为来源于 COM 的呼吸（R_{COM}），并应用温度（T）的响应函数 F（T）来表征，即

$$R_{\text{COM}} = R_m + R_{\text{res}} + R_{\text{SOM}} = F(T) \tag{5.98}$$

基于以上的理论分析，在模型构建过程中我们假设生态系统呼吸可以简化为来源于 GPP 的呼吸和来源于 COM 的呼吸两个组分，并假设 R_{GPP} 可以用 GPP 的比例关系来量化。

R_{COM}可以应用广泛使用的 Lloyd-Taylor 方程（Lloyd and Taylor，1994）来定量表征。由此，我们得到生态系统呼吸的通用方程为

$$R_e = a \times GPP + R_{ref} \times e^{E_0\left(\frac{1}{T_{ref}-T_0}-\frac{1}{T+273.15-T_0}\right)} \quad (5.99)$$

式中，GPP 表示总初级生产力［mol C/（m^2·d)］，T表示温度（℃），a表示 GPP 转化为R_{GPP}的系数，T_{ref}表示参考温度，设为 288.15K（15℃），T_0表示呼吸作用的最低温度，设为 227.13K（–46.02℃），E_0是类似于活化能的参数（K），R_{ref}表示参考温度下的R_{COM}［mol C/（m^2·d)］。

式（5.100）中的第二部分即为R_{COM}，已有研究表明，来源于 MODIS 数据的陆地表面温度（LST）与地面观测的温度具有紧密的相关关系（Sims et al.，2008；Ueyama et al.，2010）。因此，这里假设 LST 可以代替式（5.100）中T的变化。那么，R_{COM}的遥感评估方程为

$$R_{COM} = R_{ref} \times e^{E_0\times\left(\frac{1}{61.02}-\frac{1}{LST+46.02}\right)} \quad (5.100)$$

式（5.100）中的第一部分即为R_{GPP}，可以应用 GPP 的遥感模型来评估。这里选取前面构建的 PCM 模型来表征，将 PCM 模型代入式（5.100）中的第一部分，那么，R_{GPP}的遥感评估方程为

$$R_{GPP} = a \times PC_{max} \times EVI_s \times W_s \quad (5.101)$$

汇总式（5.100）和式（5.101），得到一个完全由遥感数据驱动的生态系统呼吸模型（ReRSM）：

$$R_e = a \times PC_{max} \times EVI_s \times W_s + R_{ref} \times e^{E_0\times\left(\frac{1}{61.02}-\frac{1}{LST+46.02}\right)} \quad (5.102)$$

方程右边的第一项即为R_{GPP}，第二项即为R_{COM}。a、R_{ref}和E_0为模型参数，EVI、LSWI 和 LST 为模型驱动变量。PC_{max}在各植被类型的数值大小来源于表 5.7。ReRSM 模型构建的基本思路、理论假设及关键方程如图 5.25 所示。

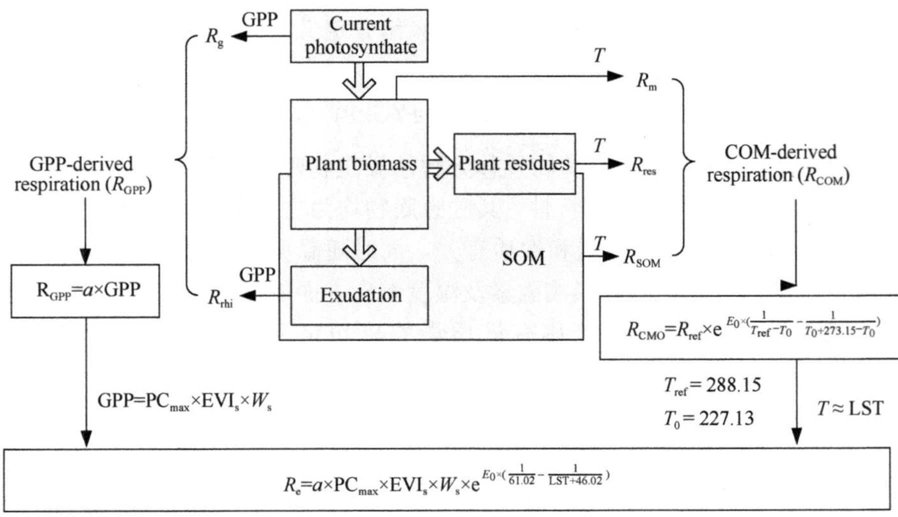

图 5.25　ReRSM 模型框架图

5.3.3.2　数据和方法

选取 ChinaFLUX 5 种植被类型的长期通量观测数据用于模型分析。5 种植被类型分别为：长白山温带红松针阔叶混交林（CBS）、内蒙古羊草草原（NM），青藏高原地区的海北金露梅灌丛草甸（HBGC）、海北藏嵩草沼泽化草甸（HBSD）和当雄草原化嵩草草甸（DX）（表 5.6）。

表 5.6　ChinaFLUX 通量站简介

植被类型	CBS	NM	HBGC	HBSD	DX
冠层高度/m	26	0.45	0.6	0.5	<0.2
OPEC 观测高度/m	40	2.5	2.2	2.5	2.1
辐射观测高度/m	32	1.5	1.5	1.5	1.5
冠层温、湿度高度/m	32	2.5	2.2	2.2	2.1
表层土壤温度深度/cm	5	5	5	5	5
降水观测高度/m	60		0.5	0.5	1.5
数据年份范围	2003~2008	2004~2008	2004~2011	2004~2008	2004~2009

模型参数拟合方法为线性回归法。模型验证方法为交叉验证：即每次拿出一个站点年的数据，利用其余站点年的数据拟合模型参数，并对该站点年的数据进行预测，同时计算模型评价指标。最后，将各指标取平均值用来评价模型的预测能力。模型评价指标包括决定系数（r^2）、均方根误差（RMSE）和模型效率（EF）。

5.3.3.3　NEERSM 模型的参数化和验证

1. 总初级生产力模块 PCM 模型的参数化和验证

模型参数化表明，PCM 模型可以模拟各植被类型通量观测 GPP 变化的 81%~95%，RMSE 数值介于 0.02~0.10mol C/（m^2·d），EF 值介于 0.81~0.95（表 5.7）。模型交叉验证表明，PCM 模型可以预测各植被类型通量观测 GPP 变化的 83%~95%，RMSE 数值变化为 0.03~0.10 mol C/（m^2·d），EF 值介于 0.77~0.95。各植被类型的模型评价指标在模型参数化和验证之间的差别很小。只有 NM 包括 2005 年的数据时，模型验证的 EF 值明

表 5.7　PCM 模型参数化和验证的评价指标

植被类型	模型参数化				验证		
	PC_{max}/［mol C/（m^2·d）］	r^2	RMSE /［mol C/（m^2·d）］	EF	r^2	RMSE /［mol C/（m^2·d）］	EF
CBS	2.61	0.92	0.10	0.92	0.93	0.10	0.91
NM	2.06	0.81	0.04	0.81	0.83	0.04	0.28
NM*	2.18	0.83	0.04	0.83	0.84	0.04	0.77
HBGC	1.75	0.95	0.04	0.95	0.95	0.04	0.95
HBSD	1.38	0.90	0.05	0.90	0.91	0.05	0.89
DX	2.00	0.83	0.02	0.82	0.85	0.03	0.78

* 模型参数化和验证时没有包括 2005 年的数据，因为该年出现了严重的干旱。选取此时的 PC_{max} 作为 NM 的最大光合作用能力

显小于模型参数化时的结果。从模型评价指标可以看出，PCM 模型在 HBGC 的模拟和预测能力最强，其次是 CBS 和 HBSD，在 NM 和 DX 相对较小。NM 站点的年均降水量仅为 350~450mm，并且季节和年际分配不均，这可能是导致各评价指标数值略低的主要原因。DX 站点可能是由于该地区的植被非常稀疏，最大叶面积指数（LAI）仅为 $1.88m^2/m^2$（Shi et al.，2006）。

2. 生态系统呼吸模块 ReRSM 模型的参数化和验证

模型参数化表明（表5.8），ReRSM 模型可以解释各植被类型通量观测 R_e 变化的 74%~94%，RMSE 数值介于0.02~0.06mol C/（$m^2·d$），EF 值介于0.74~0.94。模型交叉验证表明，ReRSM 模型可以预测各植被类型通量观测 R_e 变化的79%~94%，RMSE 数值变化为0.02~0.06mol C/（$m^2·d$），EF 值介于0.65~0.93。对比模型参数拟合和交叉验证时的评价指标，除 EF 值在 NM 和 DX 两个植被类型相差相对较大外，其余评价指标均差别很小。区分植被类型进行分析，模型参数拟合和交叉验证时的评价指标均在 HBGC 最高，其次是 CBS 和 HBSD，在 NM 和 DX 两个植被类型略低。产生这一现象的原因可能同样是由于 NM 站点的年均降水量仅为350~450mm，并且季节和年际分配不均；DX 站点的植被非常稀疏，最大叶面积指数（LAI）仅为$1.88m^2/m^2$（Shi et al.，2006）。

表 5.8　ReRSM 模型参数化和验证的评价指标（R_{ref}和 RMSE）[单位：mol C/（$m^2·d$）]

站点	模型参数化						验证		
	a	R_{ref}	E_0（K）	r^2	RMSE	EF	r^2	RMSE	EF
CBS	0.27	0.27	267.30	0.93	0.06	0.93	0.94	0.06	0.92
NM	0.71	0.02	153.53	0.81	0.03	0.81	0.85	0.04	0.65
HBGC	0.52	0.10	239.84	0.94	0.03	0.94	0.94	0.03	0.93
HBSD	0.39	0.10	97.67	0.88	0.03	0.88	0.91	0.03	0.86
DX	0.49	0.03	199.12	0.74	0.02	0.74	0.79	0.02	0.65

5.3.3.4　生态系统 GPP 和 RE 的季节及年际变化

1. PCM 模型对 GPP 季节和年际变化的模拟

5 种植被类型共 30 个站点年的 GPP，并且对比分析了 PCM 模型模拟的 GPP 与通量观测的 GPP 的季节和年际变化（图 5.26）。结果表明，两者在大多数情况下具有很好的吻合，其模拟的 GPP 最大值与通量观测的最大值非常接近。PCM 模型模拟的 GPP 与通量观测的 GPP 的时间动态在 HBGC 具有最好的一致性（图 5. 26C），其次是 CBS（图 5.26A）和 HBSD（图 5.26D），在 NM（图 5.26B）和 DX（图 5.26E）存在一些偏差。例如，在 NM 2005 年出现严重干旱时，PCM 模型明显高估了 GPP 的数值。在 DX 2009 年的生长季前期植被非常稀疏时，EVI 很小且无明显波动（图 5.26），PCM 模型无法模拟这一时期的 GPP 变化。以上结果表明，PCM 模型可能不适用于严重干旱和植被非常稀疏条件下 GPP 的模拟。

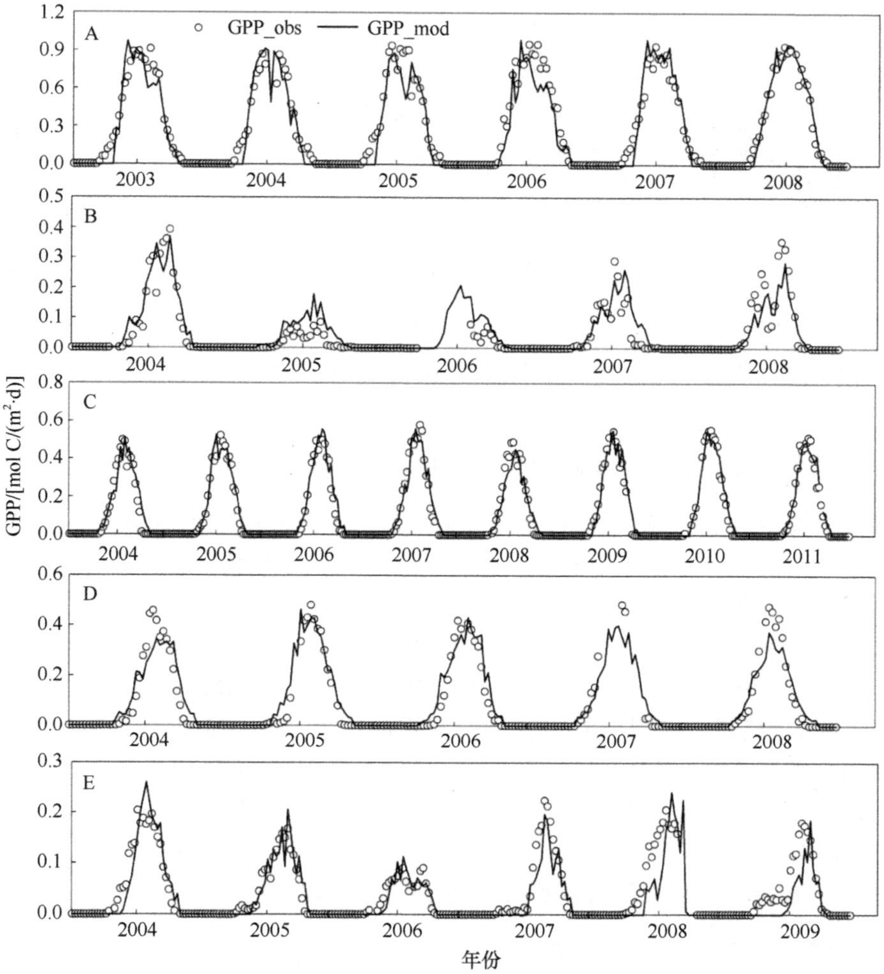

图 5.26　在 8 天平均时间尺度通量观测 GPP 与 PCM 模型模拟 GPP 的季节和年际变化
A. 长白山温带红松针阔叶混交林（CBS）；B. 内蒙古羊草草原（NM）；C. 海北金露梅灌丛草甸（HBGC）；D. 海北藏嵩草沼泽化草甸（HBSD）；E. 当雄草原化嵩草草甸（DX）

2. PCM 模型对不同时间尺度 GPP 的模拟

汇总 5 种植被类型 8 天平均时间尺度的 GPP 模拟值和观测值，结果表明，PCM 模型可以模拟通量观测 GPP 变化的 93%，RMSE 值为 0.06mol C/(m^2·d)，EF 值为 0.93（图 5.27A）。为了进一步分析 PCM 模型对不同时间尺度 GPP 的模拟能力，我们又分别将 PCM 模型模拟的 GPP 与通量观测的 GPP 取月和年尺度的平均值，并对比两者的差异。结果表明，在月平均的时间尺度，PCM 模型可以模拟通量观测 GPP 变化的 96%，RMSE 值为 0.04mol C/（m^2·d），EF 值为 0.96（图 5.27B）；在年平均的时间尺度，可以模拟通量观测 GPP 变化的 97%，RMSE 值为 0.02mol C/（m^2·d），EF 值为 0.97（图 5.27C）。以上结果表明，随着时间尺度的扩展，PCM 模型对 GPP 的模拟能力不断增大。

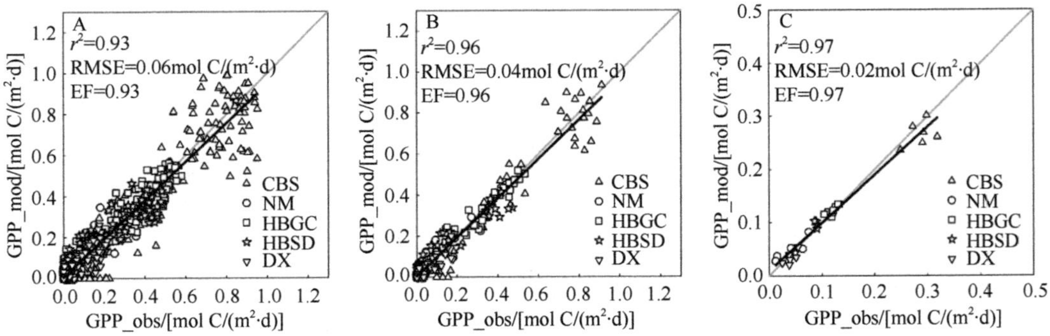

图 5.27　PCM 模型模拟的 GPP 与通量观测的 GPP 在 8 天平均（A）、月平均（B）和年平均（C）时间尺度的对比

3. ReRSM 模型对 Re 季节和年际变化的模拟

5 种植被类型共 30 个站点年的 R_e，并且对比分析了 ReRSM 模型模拟的 R_e 与通量观测的 R_e 的季节和年际变化（图 5.28）。结果表明，在大多数情况下，两者具有很好的一致性，并且模型模拟的 R_e 最大值和最小值也与通量观测的最大值及最小值具有很好的吻合。ReRSM 模型模拟的 R_e 与通量观测的 R_e 的时间动态在 HBGC 具有最好的一致性（图 5.28C），其次是 CBS（图 5.28A）和 HBSD（图 5.28D），在 NM（图 5.28B）和 DX（图 5.28E）的吻合度略低。模型模拟的 R_e 与通量观测的 R_e 在一些时段内存在较大偏差。例如，ReRSM 模型低估了 CBS 2006 年（图 5.28A）及 NM 2008 年生长旺盛期的 R_e（图 5.28B），这一模拟偏差可能来源于生长旺盛期水分压力对光合和呼吸的影响。ReRSM 模型低估了 HBSD 2007 年大部分的 R_e（图 5.28D）。这一年 R_e 的观测值较少，因此，通量数据的观测、插值和拆分方法可能给 R_e 的观测值带来较大误差。

4. ReRSM 模型对不同时间尺度 R_e 的模拟

将 5 种植被类型 8 天平均时间尺度的 R_e 模拟值和观测值汇总，结果表明，ReRSM 模型可以模拟通量观测 R_e 变化的 93%，RMSE 值为 0.04mol C/（m^2·d)，EF 值为 0.93（图 5.29A）。如果将 R_e 的模拟值和观测值进一步取月和年尺度的平均值，那么 ReRSM 模型可以模拟月平均 R_e 变化的 96%，RMSE 值为 0.03mol C/（m^2·d)，EF 值为 0.96（图 5.29B）；可以模拟年平均 R_e 变化的 96%，RMSE 值为 0.02mol C/（m^2·d)，EF 值为 0.95（图 5.29C）。以上结果表明，在月和年平均的时间尺度，ReRSM 模型对 R_e 的模拟能力要大于 8 天平均的时间尺度。

5.3.3.5　NEERSM 模型的生物学基础

1. 基于遥感总初级生产力 PCM 模型的生物学基础

入射光合有效辐射（inPAR）作为光合作用的能量来源，是光能利用率模型的重要输入变量（Monteith，1972；Potter et al.，1993；Prince and Goward，1995；Xiao et al.，2004a）。inPAR 与本文研究的 5 种植被类型的 GPP 在半小时时间尺度均存在 3 种类型的相关关系（图 5.30 Ⅰ，以生长旺盛期 inPAR 对光合作用具有最直接影响时的数据为例）：即正相关

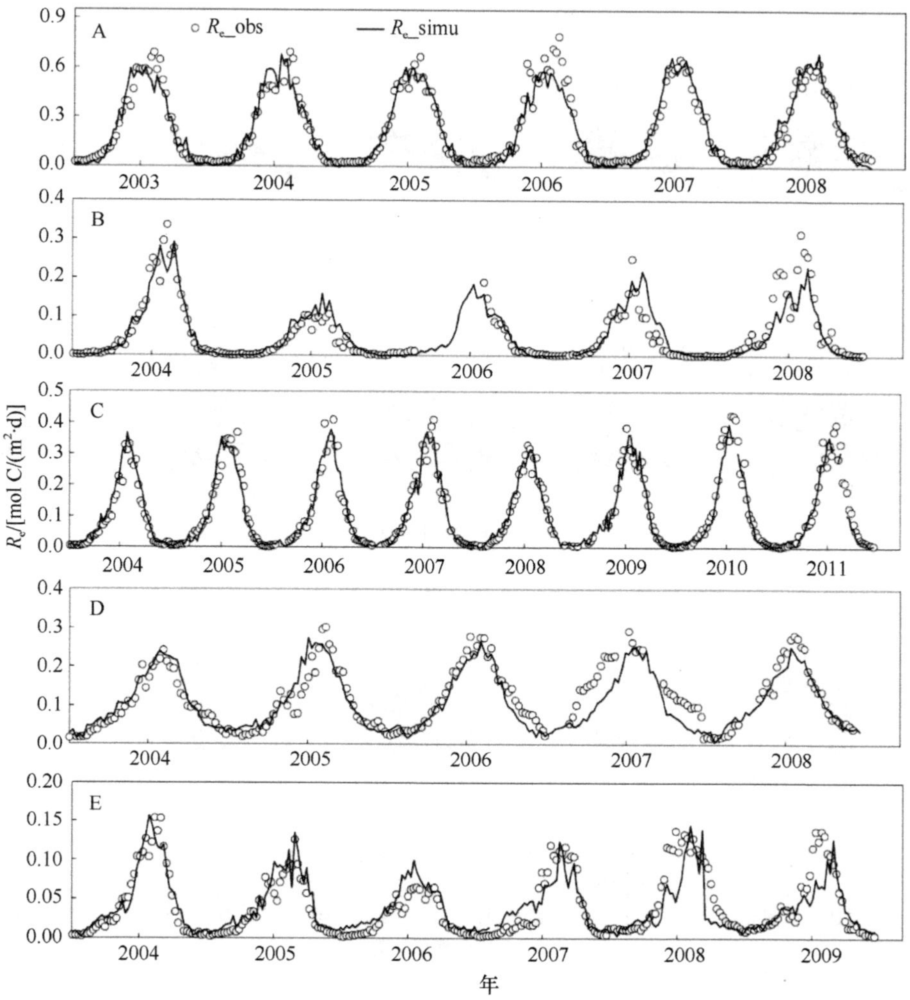

图 5.28 在 8 天平均时间尺度通量观测 R_e 与 ReRSM 模型模拟 R_e 的季节和年际变化
A. 长白山温带红松针阔叶混交林；B. 内蒙古羊草草原；C. 海北金露梅灌丛草甸；D. 海北藏嵩草沼泽化草甸；E. 当雄草原化嵩草草甸

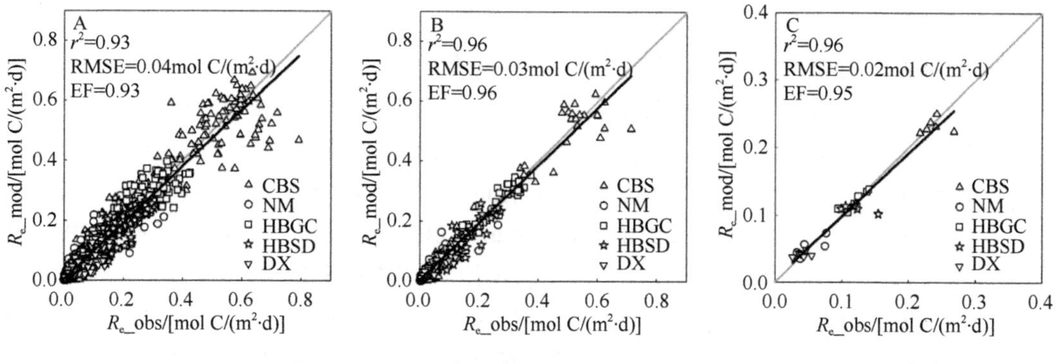

图 5.29 ReRSM 模型模拟的 R_e 与通量观测的 R_e 在 8 天平均（A）、月平均（B）和年平均（C）时间尺度的对比

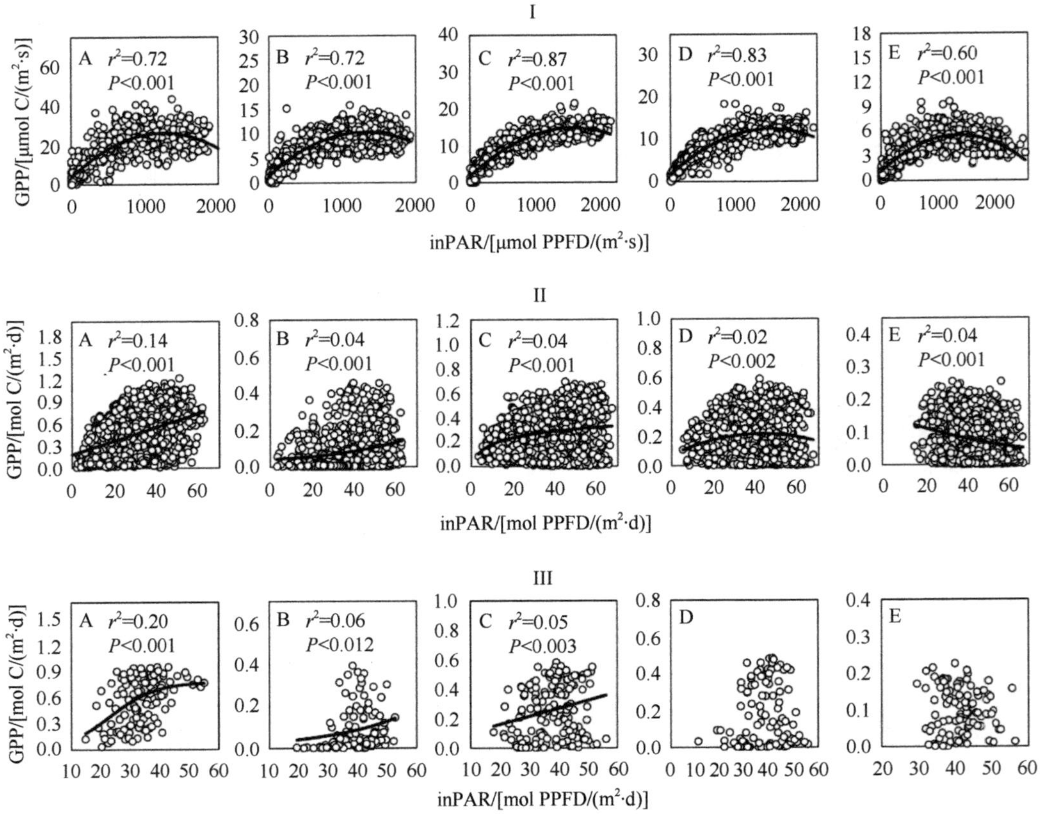

图 5.30　通量观测 GPP 与（Ⅰ）半小时尺度入射 PAR（inPAR），（Ⅱ）日尺度 inPAR 和（Ⅲ）8 天平均尺度 inPAR（各植被类型所有站点年的生长季数据）的相关关系

A. 长白山温带红松针阔叶混交林；B. 内蒙古羊草草原；C. 海北金露梅灌丛草甸；D. 海北藏嵩草沼泽化草甸；E. 当雄草原化嵩草草甸

（光限制时）、无相关（光饱和时）和负相关（光超过了植物的需要量时）。但是，将生长季半小时时间尺度的 inPAR 和 GPP 分别汇总到天（图 5.30Ⅱ）和 8 天平均（图 5.30Ⅲ）的时间尺度时，两者的相关关系非常小甚至不存在。即使是在各植被类型区分站点年分析两者的相关性，其结果也与图 5.30Ⅱ和图 5.30Ⅲ的相关关系几乎相同。这表明 inPAR 在 8 天平均的时间尺度几乎对光合作用没有限制作用。

inPAR 的时间动态实际上包括了两种类型的变化：一种是由太阳照射时间（即日长）的长短决定的低频变化，另一种是由大气条件的波动引起的高频变化（Sakamoto et al.，2011；Gitelson et al.，2012）。已有研究表明，inPAR 的高频变化会给 GPP 的模拟带来很大的不确定性，而仅仅表征 inPAR 低频变化的潜在 PAR（pPAR）对 GPP 的模拟精度要好于 inPAR（Gitelson et al.，2012；Peng et al.，2013）。为了识别各变量在 GPP 模拟中的权重，构建了 5 种形式的 GPP 模型：EVI_s（模型 A），EVI_s×inPAR（模型 B），EVI_s×pPAR（模型 C），EVI_s×pPAR×W_s（模型 D）和 EVI_s×W_s（模型 E，即 PCM 模型）。并对比表 5.9 中各植被类型最后一个站点年 GPP 的预测精度，各模型参数利用除最后一个站点年的其他站点年的数据拟合得到（要求站点年日尺度通量观测 GPP 的缺失率小于 10%）。模型对比结果见表 5.9 和图 5.31。结果表明，相对于模型 A，模型 B 的预测能力没有明显提高。模型 C 对 GPP 的预测能力要好于模型 B，这与在农田生态系统的研究结果一致（Gitelson et al.，2012；Peng et al.，2013）。模型 E 的预测精度与模型 C 和 D 的预测精度相似。如果将 5 种植被类型的数据汇总，那么模型 C、D 和 E 对 GPP 的预测值与通量观测值之间的 r^2、RSME 和 EF 均为 0.95、0.05mol C/（m^2·d）和 0.95。这表明，PCM 模型的预测精度与基于 pPAR 的 GPP 模型的预测精度相同。这可能是由于 pPAR 在很大程度上决定了本文研究区域的温度的变化，进而驱动了冠层叶绿素含量的动态变化，而 pPAR 和冠层叶绿素含量之间相似的季节动态均可以很好地应用 EVI 的变化曲线来表征。

表 5.9　5 种 GPP 模型形式预测能力的评价指标

植被类型	评价指标	EVI_s	EVI_s×inPAR	EVI_s×pPAR	EVI_s×pPAR×W_s	EVI_s×W_s
CBS	r^2	0.97	0.92	0.97	0.97	0.97
	RMSE/［mol C/（m^2·d）］	0.06	0.11	0.06	0.06	0.06
	EF	0.97	0.90	0.97	0.97	0.97
NM	r^2	0.86	0.85	0.85	0.85	0.86
	RMSE/［mol C/（m^2·d）］	0.05	0.05	0.05	0.05	0.05
	EF	0.78	0.78	0.77	0.76	0.77
HBGC	r^2	0.93	0.95	0.96	0.97	0.96
	RMSE/［mol C/（m^2·d）］	0.05	0.04	0.04	0.03	0.04
	EF	0.93	0.95	0.95	0.97	0.96
HBSD	r^2	0.88	0.86	0.91	0.94	0.92
	RMSE/［mol C/（m^2·d）］	0.06	0.06	0.06	0.05	0.05
	EF	0.85	0.85	0.87	0.90	0.88
DX	r^2	0.75	0.79	0.79	0.78	0.74
	RMSE/［mol C/（m^2·d）］	0.03	0.03	0.03	0.03	0.03
	EF	0.64	0.66	0.65	0.62	0.62

许多光能利用率模型将湿度和/或温度作为影响植物光合作用的重要环境因子（Prince and Goward，1995；Xiao et al.，2004a；Running et al.，2004）。由于 GPP 与温度之间通常表现为 S 形曲线的变化形式（图 5.32），因此，LUE 模型普遍采用来源于陆地生态系统模型（TEM）的温度方程（TEMP）表征温度对光合作用的影响（Raich et al.，1991）。但是，TEMP 方程需要事先确定某一地区植被光合作用的最低、最高和最适温度。而三基点温度的获取通常来源于地面观测或文献调查的结果，这在很大程度上限制了依赖于 TEMP 方程的 GPP 模型在空间尺度的应用。此外，有研究表明，温度对植物光合作用的影响主要发现在生长季开始和结束时期（Linkosalo，2000；Chen et al.，2005b；Yuan et al.，2007），而这一物候特征可以有效地利用 EVI 的时间变化曲线来表征（Zhang et al.，2003）。因此，PCM 模型没有考虑温度的影响。但是，由于在本文的研究时段内没有出现极端高温和极端低温情况，因此，PCM 模型在这两种情况下的适用性还有待进一步研究。尽管在 5 种植被类型中，通量观测的 GPP 与湿度指数之间具有很好的线性相关关系（图 5.33），但是，PCM 模型可能不适用于严重干旱条件下 GPP 的模拟。

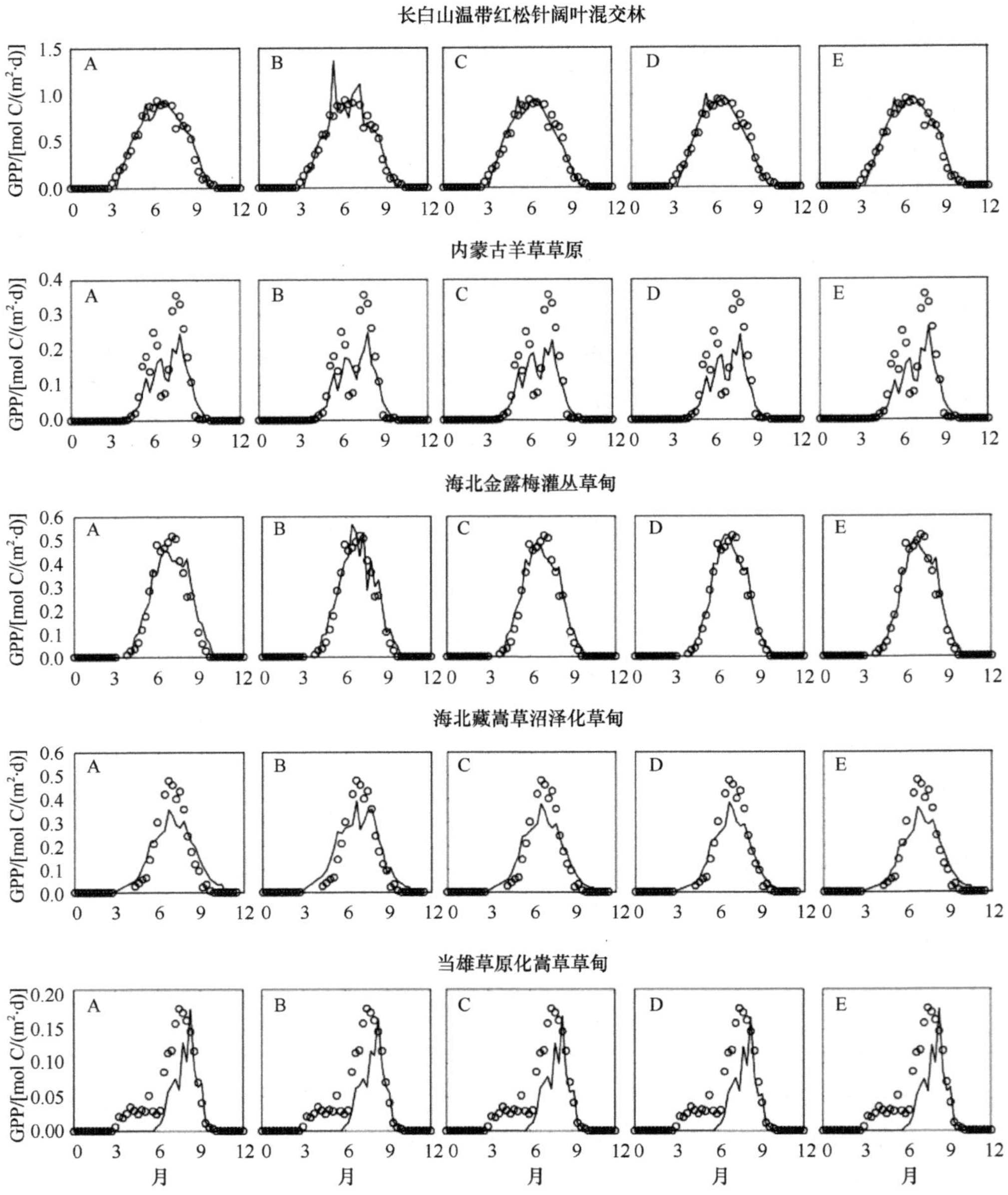

图 5.31 在 8 天平均时间尺度通量观测 GPP 与模型预测 GPP 的对比

A. EVI_s；B. EVI_s×inPAR；C. EVI_s×pPAR；D. EVI_s×pPAR×W_s；E. EVI_s×W_s（即 PCM 模型）

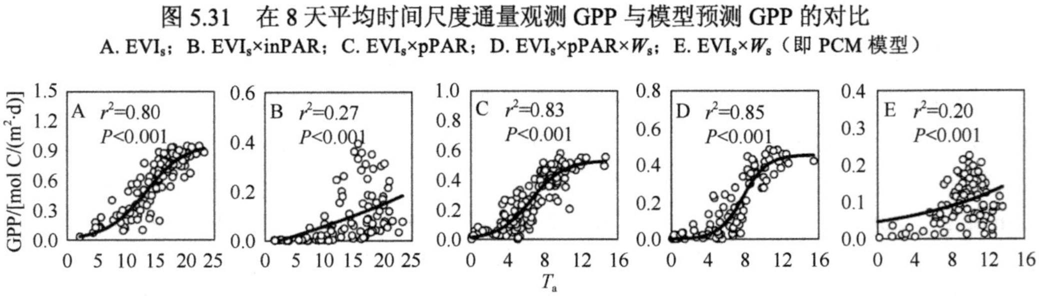

图 5.32 在 8 天平均时间尺度通量观测 GPP 与生长季空气温度（T_a）的相关关系

A. 长白山温带红松针阔叶混交林；B. 内蒙古羊草草原；C. 海北金露梅灌丛草甸；D. 海北藏嵩草沼泽化草甸；E. 当雄草原化嵩草草甸

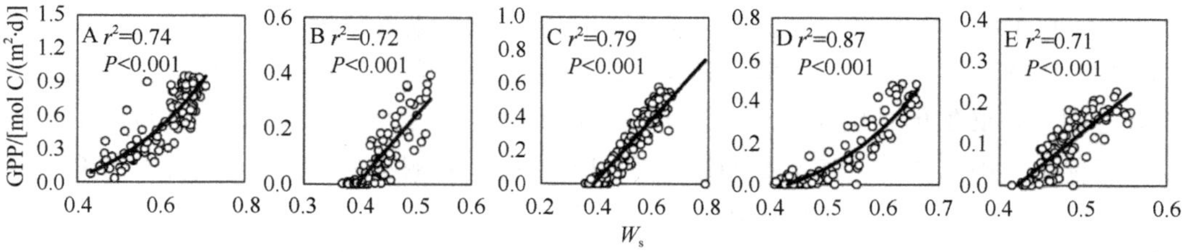

图 5.33 在 8 天平均时间尺度通量观测 GPP 与生长季湿度指数（W_s）的相关关系

A. 长白山温带红松针阔叶混交林；B. 内蒙古羊草草原；C. 海北金露梅灌丛草甸；D. 海北藏嵩草沼泽化草甸；E. 当雄草原化嵩草草甸

2. 基于遥感生态系统呼吸 ReRSM 模型的生物学基础

假设生态系统呼吸可以简化为由 GPP 驱动的来源于当前光合产物的呼吸（R_{GPP}）和由温度驱动的来源于 COM 的呼吸（R_{SOM}）两个组分，从而可以构建一个以遥感数据为驱动变量的生态系统呼吸模型（ReRSM）。该模型对选取的 5 种植被类型的 R_e 均有很好的模拟，并且清晰地描述了各植被类型 R_e 的季节和年际变化。这说明 ReRSM 模型不仅具有很好的模拟能力，并且其理论假设也具有其生物学过程机理的合理性。

ReRSM 模型中的 R_{GPP} 包括了植物生长性呼吸（R_g）和根际微生物呼吸（R_{rhi}），并应用 GPP 的比例关系来表征，这是由植物的光合和生长的生理过程机理所决定的。植物在进行光合作用形成总初级生产力，并转换为生物量储存于各个器官的生长过程中，同时发生为植物生长过程提供 ATP 等能量需求的植物生长性呼吸（R_g）。在任何环境条件下，R_g 几乎总是与净初级生产力（Piao et al.，2010；Chapin et al.，2011）或 GPP（Amthor，2000）呈比例关系。同时，光合产物还以很高的速率向根运输，以维持根系的生理功能，并向根际土壤排放含有低分子质量易分解有机物的渗出液，为根际微生物呼吸提供呼吸底物。土壤中易分解基质的含量是土壤微生物活性的实际贡献者（Kuzyakov and Gavrichkova，2010），当土壤中有根的渗出液出现时，土壤微生物会被快速激活（Chapin et al.，2011；Huang et al.，2012）。因此，以根系分泌物为底物的根际微生物呼吸 R_{rhi} 必然会与 GPP 的变化紧密耦合。尽管有研究观测到，R_{GPP} 有时会与温度显著相关（Moyano et al.，2007，2008），但这在很大程度上是由于 GPP 的季节变化与温度变化之间具有很好的相关性（Amthor，2000；Chapin et al.，2011；Huang et al.，2012）。此外，有研究表明，GPP 与根际微生物呼吸的反应之间存在时间滞后现象。这一滞后时间在草地为（12.5±7.5）h，在农田为 1~2 天，在成熟森林为 4~5 天（Knohl et al.，2005；Moyano et al.，2008；Kuzyakov and Gavrichkova，2010）。由于该研究在数据分析和动态变化模拟时的时间分辨率均大于等于 8 天，因此即使存在这样的时间滞后现象，对研究结果的影响也会很小。

ReRSM 模型中的 R_{SOM} 包括了植被生物量的维持性呼吸（R_m）、植被残体分解的微生物呼吸（R_{res}）和 SOM 分解的微生物呼吸（R_{SOM}）。在 ReRSM 模型中，假设三者的呼吸速率对温度变化的响应相同。严格意义上讲，植被生物量、植被残体和 SOM 的物质属性存在差异，其相应呼吸组分的呼吸速率对温度变化的响应特征应该具有一定的差异。但是当前无论是实际观测还是遥感反演都难于对这三个呼吸组分进行拆分，更难以辨识它们对温度变化响应的细微差异。并且从模型应用的视角来看，过多的模型参数和驱动变量将会限制模型在空间尺度的应用效果。此外，有研究表明，植被生物量、植被残体和SOM之间存在必然的功能联系。这是因为由SOM决定的土壤质量(Reeves, 1997; Al-Kaisi et al., 2005)，不仅影响土壤吸收植物营养的能力而且影响植物可用营养的含量（Chen et al., 2005a; Ladoni et al., 2010）。而后者又在长时间尺度决定了一个地区的植物光合作用能力（Janssens et al., 2001; Chapin et al., 2011），及其长期的光合产物累积量，即植物生物量。通常，物种的生产能力又决定了凋落物质量和分解速率（de Deyn et al., 2008; Chapin et al., 2011）。因此，为了模型简化的需要，ReRSM 模型假设 R_m、R_{res} 和 R_{SOM} 的呼吸速率具有相同的温度响应特征，进而将这三个呼吸组分进行合并是可行的技术途径，并且从 ReRSM 模型对各植被类型生态系统呼吸的模拟精度来看，这种简化方法也是可以接受的。

5.3.3.6 NEERSM 模型参数在不同植被类型的变化

1. PCM 模型参数在不同植被类型间的变化

PCM 模型参数 PC_{max} 表征冠层最大光合作用能力，其在各植被类型间存在差异（表 5.7）。分析 PC_{max} 的变化特征对于 PCM 模型在空间尺度的应用具有重要意义。选取地面观测的多年平均全天空气温度（MAT_{am}），夜间空气温度（$MAT_{n,am}$，太阳高度角<0）、白天空气温度（$MAT_{d,am}$，太阳高度角≥0）和降水（MAP_{am}），分别与 PC_{max} 进行回归分析。结果表明，PC_{max} 与 MAT_{am}（r^2=0.83，P<0.05）和 $MAT_{n,am}$（r^2=0.84，P<0.05）均显著线性相关。进一步分析 MODIS LST 产品与空气温度的相关关系发现，多年平均的夜间 LST（$LST_{n,am}$）与 $MAT_{n,am}$ 强烈相关。$LST_{n,am}$ 可以解释 PC_{max} 变化的 86%（图 5.34），这可能是因为 $LST_{n,am}$ 很好地表征了调节植被物候的基准温度（Sims et al., 2008）。

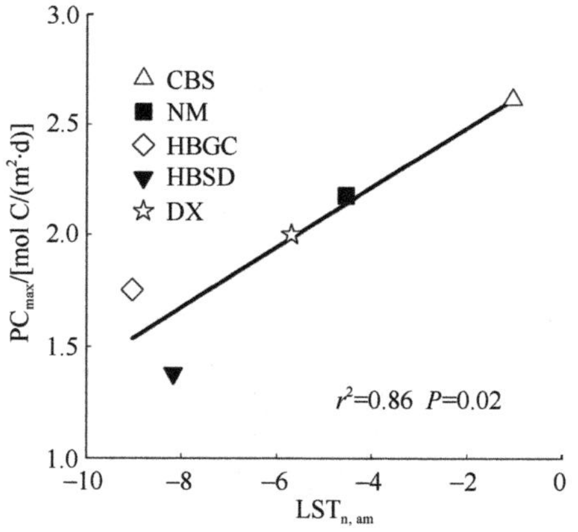

图 5.34 PCM 模型参数（PC_{max}）与多年平均夜间 LST（$LST_{n,am}$）的相关关系

PC_{max} 与 $LST_{n,am}$ 的线性方程为

$$PC_{max} = 0.1346 \times LST_{n,am} + 2.7522 \tag{5.103}$$

式（5.103）为 PCM 模型在空间尺度的应用提供了可能性。如果我们将式（5.103）代入到 PCM 模型中，并计算 5 种植被类型所有站点年的 GPP，那么 PCM 模型在 8 天平

均时间尺度可以模拟 5 种植被类型通量观测 GPP 变化的 93%，RMSE 值为 0.06mol C/（m^2·d），EF 值为 0.93（图 5.35A）。再将 8 天平均的 GPP 观测值和模拟值分别取月和年尺度的平均值，那么，PCM 模型可以模拟月平均通量观测 GPP 变化的 95%，RMSE 值为 0.05mol C/（m^2·d），EF 值为 0.95（图 5.35B）；可以模拟年平均通量观测 GPP 变化的 96%，RMSE 值为 0.02mol C/（m^2·d），EF 值为 0.95（图 5.35C）。此时，PCM 模型对 8 天、月和年平均 GPP 的模拟能力与基于 PC_{max} 原始拟合参数时的模拟能力非常接近。以上结果表明 PCM 模型具有模拟区域尺度 GPP 的潜力。

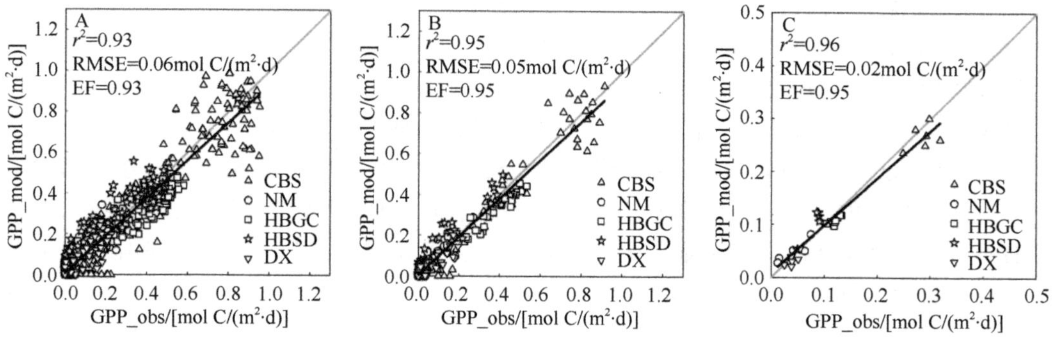

图 5.35　PCM 模型模拟的 GPP 与通量观测的 GPP 在 8 天平均（A）、月平均（B）和年平均（C）时间尺度的对比

2. ReRSM 模型参数在不同植被类型间的变化

ReRSM 模型有 3 个参数，分别为 a、R_{ref} 和 E_0。其中，a 表示当前光合产物转化为 R_{GPP} 的比例。R_{ref} 表示参考温度下的 R_{SOM}。E_0 是类似于活化能的参数，可以用来近似表征呼吸的温度敏感性。3 个模型参数均与观测站点的植被类型及其生境条件、历史状况等属性特征有关，因此，其数值大小在各植被类型间存在差异。

进一步分析 3 个模型参数与多年平均生长季 EVI（EVI_{sm}）、LSWI（$LSWI_{sm}$）、白天 LST（$LST_{d,sm}$）、夜间 LST（$LST_{n,sm}$）和全天 LST（LST_{sm}），以及与多年平均白天 LST（$LST_{d,am}$）、夜间 LST（$LST_{n,am}$）和全天 LST（LST_{am}）的相关关系发现，a 与 $LSWI_{sm}$ 呈显著的线性负相关（图 5.36A）。$LSWI_{sm}$ 表征生长季植被冠层的多年平均水分状况，是与植被生产力有关的指数。两者的负相关关系可能是由于生产力越高的物种转变为 R_{GPP} 的比例越低。

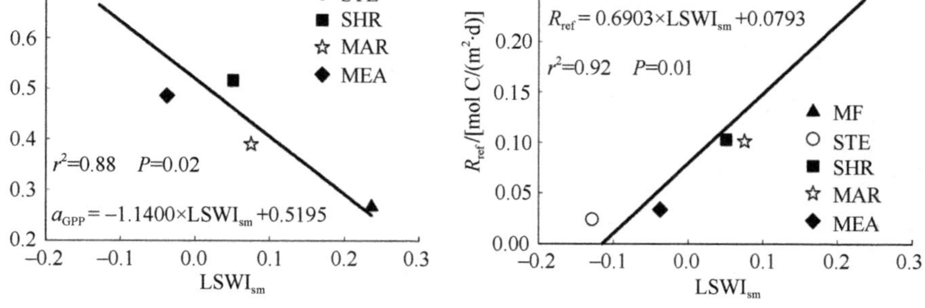

图 5.36　ReRSM 模型参数（a、R_{ref}）与多年平均生长季 LSWI（$LSWI_{sm}$）的相关关系

A. a 与 $LSWI_{sm}$；B. R_{ref} 与 $LSWI_{sm}$

R_{ref}与 EVI_{sm}和 $LSWI_{sm}$均显著线性相关，其中，与 $LSWI_{sm}$的 r^2高达 0.92（图 5.36B）。EVI_{sm}和 $LSWI_{sm}$分别表征生长季植被冠层的多年平均绿度和水分状况，均与植被生产力有关。以往研究也表明，参考呼吸与多年平均的 GPP（Yuan et al.，2011），最大叶面积指数（Migliavacca et al.，2011）和 EVI（Jägermeyr et al.，2013）强烈相关。

E_0与以上分析的各遥感指数均无显著的相关关系。目前，关于呼吸的温度敏感性是否在不同生态系统类型之间和不同时间尺度之间变化还存在争论（Davidson and Janssens，2006；Chen et al.，2010；Yvon-Durocher et al.，2012）。尽管大量证据表明活化能在不同混合物之间显著变化，难分解 SOM 的温度敏感性要高于易分解 SOM（Davidson and Janssens，2006），但也有研究表明，呼吸的温度敏感性在不同生态系统之间是非常相似的（Yvon-Durocher et al.，2012），可以看作一个定值（Mahecha et al.，2010）。如果我们假设 ReRSM 模型中的 E_0在各植被类型之间是不变的（应用 E'_0来表示），并借鉴 Lloyd 和 Taylor（1994）的结果取值为 308.56K，再次对 ReRSM 模型进行参数拟合和交叉验证（此时的 a 和 R_{ref}分别应用 a'和 R'_{ref}表示）。由此获得的模型评价指标除 EF 值在 HBSD 分别由 0.88 和 0.86 降至 0.78 和 0.76 外，其余评价指标几乎没有变化。并且模型参数 a'和 R'_{ref}同样分别与 $LSWI_{sm}$呈现显著的线性负相关（r^2=0.88，P=0.02）和正相关关系（r^2=0.96，P<0.01）。如果我们应用 a'_{GPP}来表征参数 PC_{max}与 α'的乘积，并利用 $LST_{n,am}$的线性函数来表征 PC_{max}的变化，那么，a'_{GPP}、R'_{ref}和 E'_0的线性方程分别为

$$a'_{GPP} = (0.1346 \times LST_{n\_am} + 2.7522) \times (-1.2759 \times LSWI_{sm} + 0.5079) \tag{5.104}$$

$$R'_{ref} = 0.7566 \times LSWI_{sm} + 0.0874 \tag{5.105}$$

$$E'_0 = 308.56 \tag{5.106}$$

式（5.104）~式（5.106）为 ReRSM 模型在空间尺度的应用提供了可能性。如果我们将这 3 个方程代入 ReRSM 模型中，并对 5 种植被类型所有站点年的 R_e进行模拟。此时的 ReRSM 模型可以解释 5 种植被类型 R_e变化的 90%，RMSE 为 0.05mol C/（m²·d），EF 为 0.89（图 5.37A）。进一步将 R_e的模拟值和观测值取月与年尺度的平均值，ReRSM 模型可以解释月平均 R_e变化的 92%，RMSE 为 0.04mol C/（m²·d），EF 为 0.92（图 5.37B）；可以解释年平均 R_e变化的 91%，RMSE 为 0.02mol C/（m²·d），EF 为 0.88（图 5.37C）。这与 ReRSM 模型基于原始拟合参数的模拟精度很接近。以上结果表明，ReRSM 模型具有模拟区域尺度 R_e的潜力。

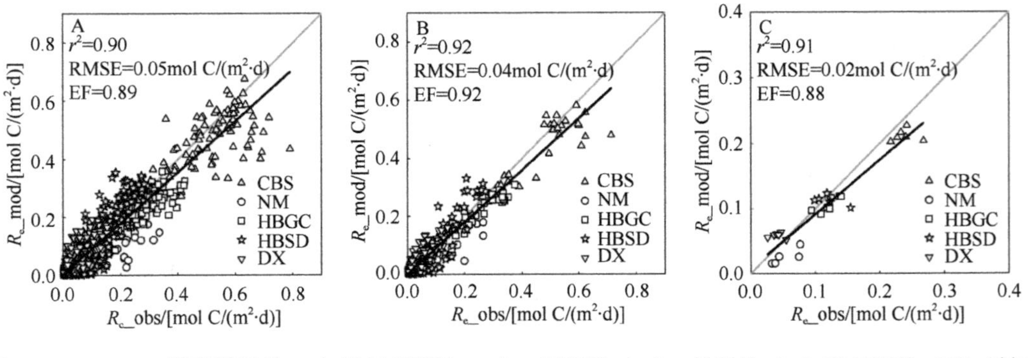

图 5.37 ReRSM 模型模拟的 R_e与通量观测的 R_e在 8 天平均（A）、月平均（B）和年平均（C）时间尺度的对比

5.3.4　基于散射辐射的生产力模型 CI-LUE 构建与模拟

5.3.4.1　CI-LUE 模型构建

基于云度指数（cloudiness index）的 CI-LUE 模型（式 5.107）来估算生态系统 GPP 和 NEP，GPP 基于光合效率理论，生态系统呼吸基于一个简单诊断碳通量诊断模型（DCFM）来进行模拟（Xiao et al.，2011），NEP 是作为两个碳通量组分（GPP 和 R_e）之差来进行计算的。

$$\begin{aligned}\text{NEP} = {} & \varepsilon_{\text{base}} \times \text{PAR} \times f\text{PAR} \times f(T_a) \times f(\text{VPD}) - \\ & (R'_{\text{ref}} + \delta \times \text{AGB} + \lambda \times \text{GPP}) \times \mathrm{e}^{E_0[1/(T_{\text{ref}}-T_0)-1/(T-T_0)]}\end{aligned} \quad (5.107)$$

式中，$\varepsilon_{\text{base}}$ 是基于 CFLUX 模型中构建的基础光能利用率（g C/MJ）（Turner et al.，2006），PAR 是入射光合有效辐射［MJ/（$m^2 \cdot d$）］，fPAR 是指植被冠层吸收的光合有效辐射分量，$f(T_a)$是温度调节因子，f(VPD)是饱和水汽压差调节因子，R'_{ref} 是一个与生态系统在参考温度时呼吸值相关的参数，AGB 是指生态系统地上生物量，δ 和 λ 都是模型需要优化的参数，T_{ref} 和 T_0 是参考 Lloyd-Taylor 呼吸方程的固定参数（Lloyd and Taylor，1994），CI-LUE 模型中的呼吸模块是在 Lloyd-Taylor 呼吸方程基础上修改得到的，即改进后生态系统参考呼吸速率为 $R'_{\text{ref}} + \delta\times \text{AGB} + \lambda\times \text{GPP}$。整合后的生长季 EVI 数据作为地上生物量的替代因子。关于 R_e 模块的更多详细研究参见前述研究（Xiao et al.，2011）。

$$\text{GPP} = \varepsilon_{\text{base}} \times \text{PAR} \times f\text{PAR} \times f(T_a) \times f(\text{VPD}) \quad (5.108)$$

$$\text{NEP} = \text{GPP} - (R'_{\text{ref}} + \delta \times \text{AGB} + \lambda \times \text{GPP}) \times \mathrm{e}^{E_0[1/(T_{\text{ref}}-T_0)-1/(T-T_0)]} \quad (5.109)$$

式（5.108）中，GPP 是在基于 LUE 法的基础上模拟得到的，其中温度条件因子和饱和水汽压差调节因子分别被用来代表温度和水在 GPP 模拟中的限制作用。

$$\text{CI} = 1 - \downarrow\text{PAR} / \downarrow\text{PAR}_{\text{po}} \quad (5.110)$$

$$S_{\text{CI}} = (\text{CI}_d - \text{CI}_{\min}) / (\text{CI}_{\max} - \text{CI}_{\min}) \quad (5.111)$$

$$\varepsilon_{\text{base}} = (\varepsilon_{\max} - \varepsilon_{\text{cs}}) \times S_{\text{CI}} + \text{LUE}_{\text{cs}} \quad (5.112)$$

CFLUX 模型中的云度指数被引用在本模型中，研究表明在阴天的环境状况下，散射光增加能够在小时和日尺度促进生态系统光能利用率的提升（Turner et al.，2006，2003）。式（5.110）中，$\downarrow$PAR 是基于逐日观测值的入射光合有效辐射（MJ/d）；$\downarrow\text{PAR}_{\text{po}}$ 是潜在光合有效辐射（MJ/d）。分辨率为 500m 数字高程数据（DEM）和预设的参数，使用 Python 编写的算法（Fu and Rich，1999），$\downarrow\text{PAR}_{\text{po}}$ 被计算为逐日栅格尺度的潜在总太阳辐射（global solar radiation at each grid），算法的详细信息见前述研究（Fu and Rich，1999）。

$$f(\text{VPD}) = \begin{cases} 0 & (\text{VPD} \geqslant \text{VPD}_{\max}) \\ \dfrac{\text{VPD}_{\max} - \text{VPD}}{\text{VPD}_{\max} - \text{VPD}_{\min}} & (\text{VPD}_{\min} < \text{VPD} < \text{VPD}_{\max}) \\ 1 & (\text{VPD} \leqslant \text{VPD}_{\min}) \end{cases} \quad (5.113)$$

$$f(T_a)=\begin{cases}0 & (T_a \leqslant T_{\min}) \\ \dfrac{T-T_{\min}}{T_{\max}-T_{\min}} & (T_{\min}<T_a<T_{\max}) \\ 1 & (T_a \geqslant T_{\max})\end{cases} \tag{5.114}$$

式（5.113）和式（5.114）中两个环境调节因子来源于 MODIS GPP 产品中的 MOD17 算法（Running et al., 2000）。VPD_{max}、VPD_{min}、T_{min}、T_{max} 基于不同植被类型设定的参数值（表 5.10）。

表 5.10　不同植被类型下的 VPD_{max}、VPD_{min}、T_{min} 和 T_{max} 参数值设定

植被类型 [a]	ENF	EBF	MF	草地	农作物
T_{max}/℃	8.31	9.09	8.50	12.02	12.02
T_{min}/℃	8.00	8.00	8.00	8.00	8.00
VPD_{max}/kPa	4.10	4.10	4.10	4.10	4.10
VPD_{min}/kPa	0.93	0.93	0.93	0.93	0.93

a ENF. 常绿针叶林；EBF. 常绿阔叶林；MF. 混交林

差异演进（differential evolution，DE）算法（Price et al., 2005）用来优化模型的 5 个参数（ε_{max}、R'_{ref}、δ、λ 和 E_0），使用 R 统计语言中的 DEoptim 优化数据包进行编程计算（Mullen et al., 2011），运行后模拟得到。在模型模拟优化参数之前，对模型的 5 个需要校正的参数设定一个范围以获得最优值。CBS 站、QYZ 站和 DHS 站的最大光能利用率（ε_{max}）分别被设定为 0~12g C/MJ，YC 农田站被设定为 0~4g C/MJ，HB、NMG 和 DX 三个草原站被设定为 0~2g C/MJ（Zhang et al., 2006，2008）。根据 DCFM 模型的设定（Xiao et al., 2011），其他参数的模拟初始值范围见表 5.11。

表 5.11　模型校正参数模拟初始值范围

参数	R'_{ref}/［g C/（m^2·d）］	δ/［g C/（m^2·d）］	λ	E_0/℃
上边界	20	1	1	500
下边界	0	−1	−1	0

5.3.4.2　数据和方法

选取 ChinaFLUX 7 种植被类型的长期通量观测数据用于光能利用效率（LUE）的分析。7 种植被类型分别为：长白山温带红松针阔叶混交林（CBS）、千烟洲常绿人工针叶林（QYZ），鼎湖山常绿阔叶林（DHS），禹城华北平原冬小麦/夏玉米复种农田（YC），农田生态内蒙古羊草草原（NMG），青藏高原地区的海北金露梅灌丛草甸（HB）和当雄草原化嵩草草甸（DX），7 个站点分布见图 5.38。7 个通量站点的 2003~2005 年的通量数据用来优化校正模型参数，2006~2007 年的通量数据用来验证模型模拟的生产力（其中由于数据获取原因，DX 站的验证数据年份为 2006 年）。

相关性系数（R^2）和均方根误差（RMSE）被用来评估模型的模拟表现。除了用实际通量塔观测 GPP 来验证模型以外，CI-LUE 模型还与 MODIS GPP 产品（GPP_mod），基于本地气象观测数据和 MOD17 算法得到的 GPP 模拟结果（GPP_17），VPM 模型的 GPP 模拟结果（Xiao et al., 2004a），以及 TEC 模型（Yan et al., 2015）的 GPP 模拟进行比较。

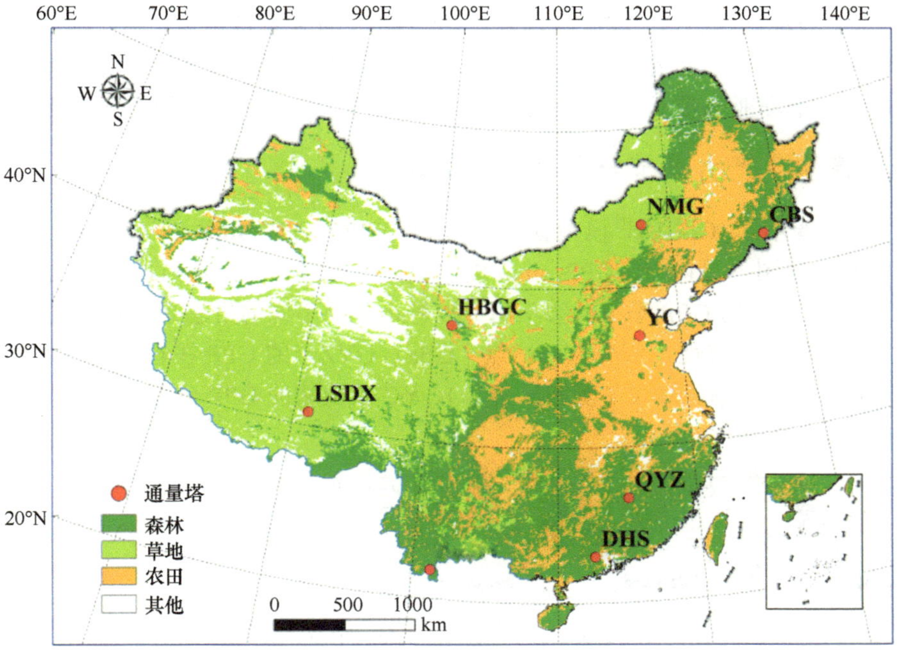

图 5.38　研究站点分布图

5.3.4.3　模型参数优化

CI-LUE 模型的参数经过 DEoptim 算法优化后得到能够使模型模拟达到最优表现的优化参数值（表 5.12）。所有站点的模型参数优化值都落在给定的初始范围内，但不同生态系统类型之间的同一参数优化值存在很大差异性。优化后的最大光能利用率（ε_{max}）在不同生态系统类型之间存在差异。CBS 混交森林的 ε_{max} 是所有站点中最高的，而 3 个草原站的 ε_{max}(NMG、HB 和 DX)又低于森林生态系统和农田生态系统。农田生态系统(YC)的 ε_{max} 位于森林生态系统和草原生态系统之间。同时，优化后的 ε_{max} 在相同生态系统类型不同站点之间也存在差异性。例如，3 个森林生态系统的最优 ε_{max} 分别为 3.867g C/MJ（CBS）、2.676g C/MJ（QYZ）和 2.087g C/MJ（DHS）。同样，3 个草原站中 HB 站最高，DX 站最低。这表明在今后的 LUE 模型区域模拟中，需要更加具体的参数化方案。其他需要优化的参数（R'_{ref}、δ、λ 和 E_0）在不同生态系统类型间和不同站点间也存在差异性。R'_{ref} 在农田生态系统达到最高值（3.537g C/MJ），而最低值出现在草原生态系统

表 5.12　不同站点的模型参数优化值

站点	ε_{max}/g C/MJ	R'_{ref}/［g C/（m^2·d）］	δ/［g C/（m^2·d）］	λ	E_0/℃
CBS	3.867	1.238	–0.195	0.501	102.83
QYZ	2.676	1.771	–0.236	0.117	282.78
DHS	2.087	0.922	0.383	0.161	259.1
NMG	0.838	1.278	0.451	0.173	156.54
HB	1.610	0.326	0.614	0.435	58.98
DX	0.48	0.444	0.828	0.462	107.60
YC	2.453	3.537	–0.444	0.055	222.35

DX 站。两个森林站（CBS、QYZ）与农田站（YC）的 δ 参数出现负值，而其他草原站 δ 参数均为正值。与参数 R'_{ref} 优化后相反，λ 的优化值在农田生态系统出现峰值，参数 E_0 优化后在千烟洲亚热带人工针叶林出现最大值，在 HB 高寒草甸的优化值降到最低。

5.3.4.4 模型生产力季节与年际变化的验证

图 5.39 展示了 CI-LUE 模型模拟的逐日 GPP（GPP_simu）与实际观测的 GPP（GPP_obs）比较图。总体上，GPP_simu 能够很好地模拟出不同站点的 GPP 季节动态。除了 DHS 站点自身的 GPP 季节动态不明显以外，其他不同的生态系统类型的 GPP 动态都表现出差异化的季节性。两个森林站点（CBS、QYZ）的 GPP 在春季和冬季值偏低，夏秋季升高。由于两季轮作（冬麦和夏玉米），YC 农田站的 GPP 分别在作物生长旺季的 5 月和 8 月出现峰值。

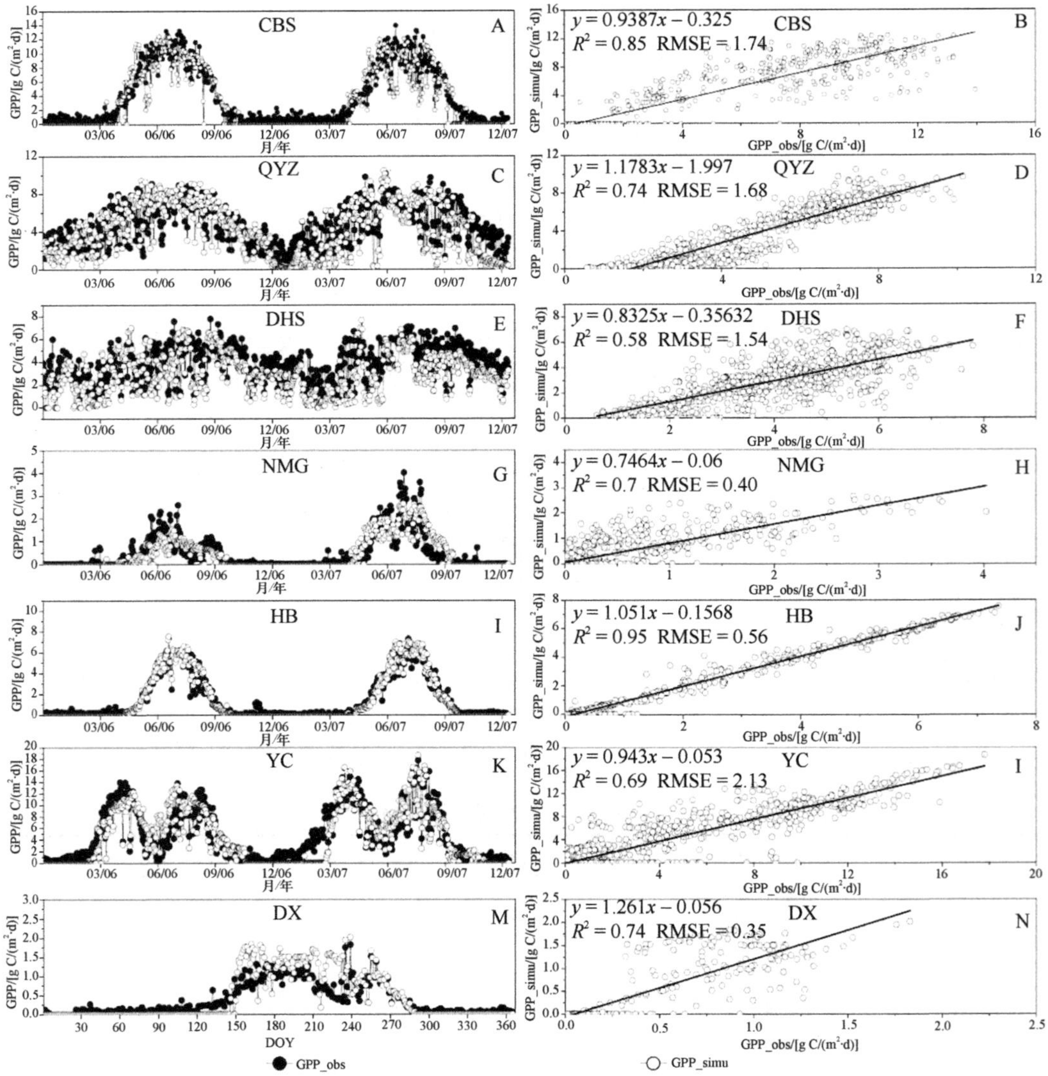

图 5.39 验证年份逐日通量塔测 GPP（GPP_obs）和 CI-LUE 模型模拟 GPP（GPP_simu）季节变化对比图

RMSE 单位是 g C/（m^2·d）

总体上，CI-LUE 模型模拟的 GPP 与实际观测 GPP 在各个站点具有很好的一致性。相关性系数（R^2）在 HB 站最高（0.95），DHS 站最低（0.58）。RMSE 的变化范围是 0.4（NMG）~2.13 g C/（m²·d）（YC）。由于相对较高的 R^2 值和较低的 RMSE 值，CI-LUE 模型 GPP 模拟在草原站表现出更好的一致性。CI-LUE 模型 GPP 模拟在 QYZ、HB 和 DX 站出现了一定程度的过高估计，同时在 CBS、DHS、NMG 和 YC 出现了一些低估。这可能是由于模型模拟校正年份和验证年份的土壤水分差异，以及模拟中并未考虑土壤水分影响造成的（He et al.，2013）。图 5.40 表示的是 CI-LUE 诊断模型对于不同生态系统类型的站点 NEP 的初步模拟。其中，森林站点的模拟精度（$0.55 \geqslant R^2 \geqslant 0.41$）要高于草原站点的模拟精度（$R^2 \geqslant 0.2$）。农田生态系统的 NEP 模拟精度（$R^2 \geqslant 0.49$）位于二者之间。

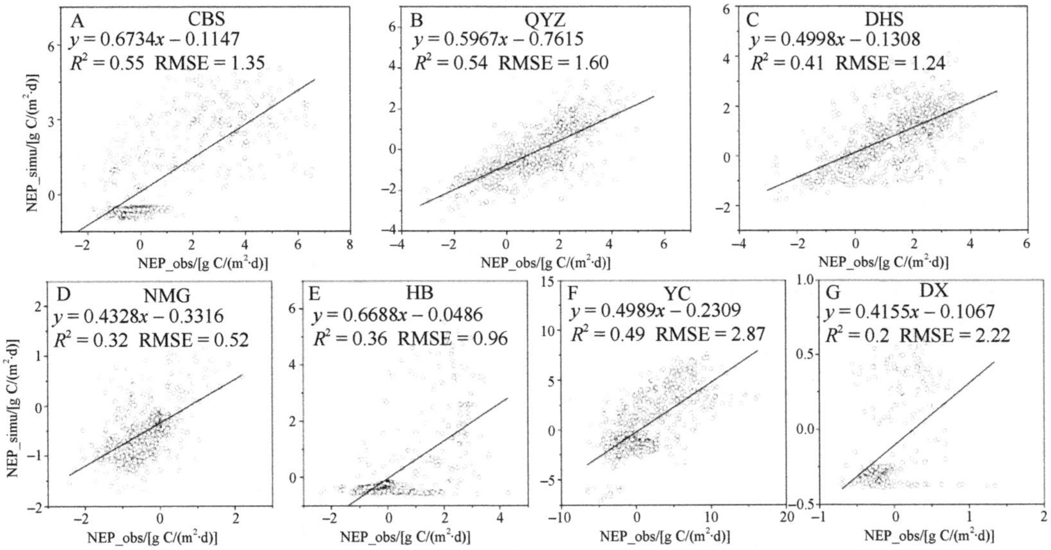

图 5.40　验证年份逐日通量塔测 NEP（NEP_obs）和 CI-LUE 模型模拟 NEP（NEP_simu）季节变化对比图

RMSE 单位是 g C/（m²·d）

5.3.4.5　GPP 模拟多模型比对

图 5.41 展示了不同站点在验证年份 8 天尺度的 CI-LUE 模型 GPP 模拟（GPP_simu8d）和 MODIS 遥感器 GPP 产品（GPP_MOD）的与观测 GPP 的时间序列对比图。MODIS 遥感器 GPP 产品除了在 NMG 站和 HB 站以外，其他站点都表现出了低估。这可能是因为 MODIS 中 GPP 算法所使用的默认 ε_{max} 偏低所致。此外，这一低估也说明在今后的多站点甚至区域碳通量估算中需要制定更加详细的 ε_{max} 参数化方案。总体上，和 MODIS 产品相比，CI-LUE 模型模拟的 GPP 表现出了与观测 GPP 更好的一致性。

图 5.42 进一步比较了 7 个通量站点中，MODIS 遥感器的 GPP 产品和 CI-LUE 模型的模拟表现差异。由于具有更高的 R^2 和较低的 RMSE，CI-LUE 模型能够与观测 GPP 表现出更好的一致性。例如，在 DHS 站 CI-LUE 模型 GPP 模拟的相关性达到了 0.61，远远高于 MODIS 产品（0.17）。其次，CI-LUE 模型在 YC 农田站的模拟误差 RMSE 为 17.83g C/（m²·8d），而 MODIS 产品模拟误差 RMSE 为 35.66 g C/（m²·8d）。在 CBS 和 HB 站，

二者的 GPP 模拟的相关性系数相近，但是 MODIS 产品的 RMSE 值要显著高于 CI-LUE 模拟的 8 天尺度 GPP。

总体而言，在多数站点 CI-LUE 模型模拟的 GPP 要优于 8 天 MODIS GPP 产品。最显著的模拟改进是 DHS 站的模拟相关系数 R^2 从 0.17 提高到 0.61。其次是，YC 站的 R^2 从 0.76 提高到 0.8，同时 RMSE 从 35.66 g C/（m^2·8d）下降到 17.83g C/（m^2·8d）。

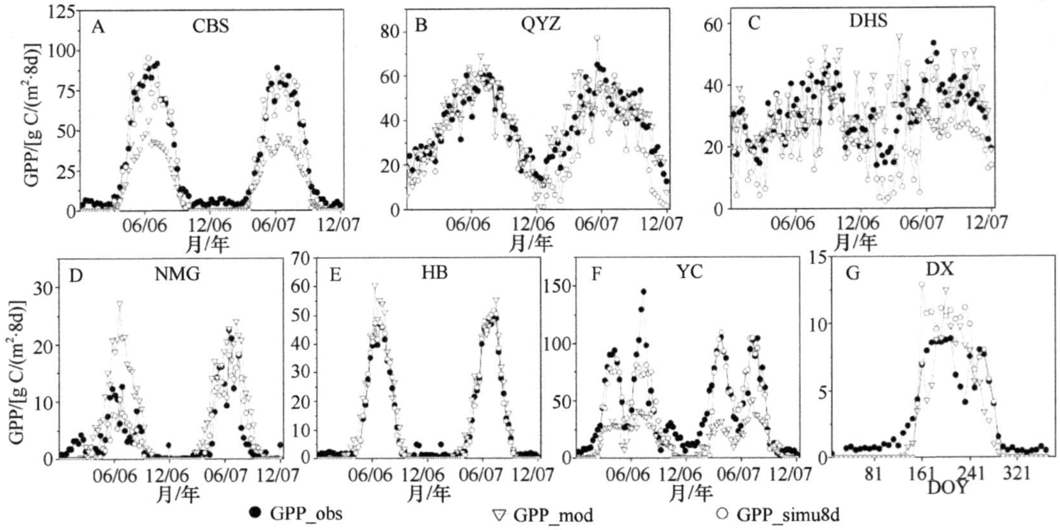

图 5.41　不同通量站点验证年份 8 天 GPP_obs，8 天 GPP_mod，8 天 GPP_simu8d 季节动态比较

GPP_mod 是 8 天的 MODIS GPP 产品，GPP_simu8d 是 GPP_simu 整合成 8 天时间尺度得到的

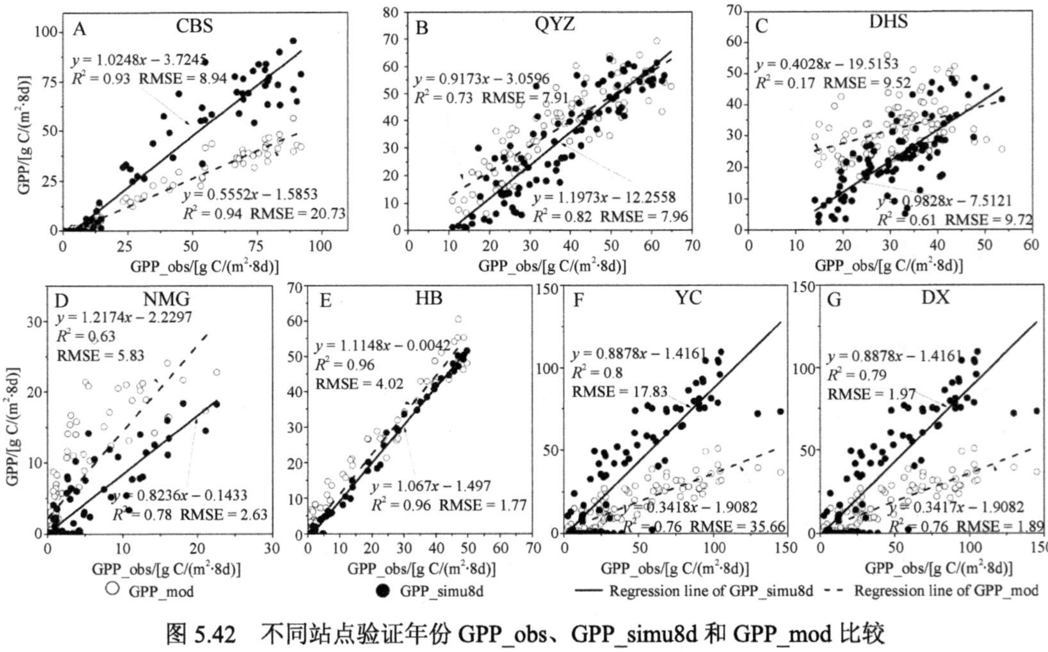

图 5.42　不同站点验证年份 GPP_obs、GPP_simu8d 和 GPP_mod 比较

与此同时，CI-LUE 模型的 GPP 模拟分别与 8 天尺度的 VPM 模型（GPP_V），月尺度 TEC 模型的 GPP 模拟（GPP_T）进行比较（表 5.13）。VPM 模型和 TEC 模型都能很好地

模拟各个站点的 GPP（R^2>0.61）。在 CBS 森林站和 HB 高寒草甸站，CI-LUE 模型的模拟优于 VPM 模型（更高的 R^2 值，较低的 RMSE 值）。相反，在两个草原站（NMG、DX）VPM 模型的 GPP 模拟要优于 CI-LUE 模型。研究表明，VPM 模型在草原站点具有显著的 GPP 模拟潜力与优势（Li et al.，2007；Liu et al.，2012；Wu et al.，2009，2008）。草原生态系统受到水分的驱动控制，CI-LUE 模型模拟 GPP 中土壤水分条件因子的缺失可能导致模拟精度下降（Osmond et al.，2004）。在月尺度的 GPP 模拟中，TEC 模型基本能够很好地模拟各站点的 GPP 季节动态。TEC 模型模拟的多站点 GPP 的 R^2 变化范围为 0.62（NMG）~0.94（CBS），而 CI-LUE 模型的 R^2 要高于 TEC 模型，变化范围是 0.83（NMG、YC）~0.99（HB）。在 CBS 森林站，CI-LUE 模型比 TEC 模型表现出有限度的准确度（R^2 从 0.94 提到高 0.95，RMSE 上升 1.47g C/（m^2·mon）。在其他 6 个站点，CI-LUE 模型比 TEC 模型要表现出明显的模拟优度。特别是在 DHS 站，CI-LUE 模型模拟的月尺度 GPP 与 TEC 模型模拟的 GPP 比较，RMSE 下降了 39.99g C/（m^2·mon）。

综上，8 天时间尺度，CI-LUE 模型在森林站点模拟表现最优（R^2=0.95，CBS），其次是 MODIS GPP 产品（R^2=0.94，CBS），最后是 VPM 模型（R^2=0.85，CBS）。在两个草原站（NMG、DX），模型模拟 GPP 的准确度排序依次是 VPM>CI-LUE>MODIS，而在 HB 站则是 CI-LUE 模型表现最优。YC 农田站，CI-LUE 模型 GPP 模拟同样优于 MODIS GPP 产品。在月尺度所有 7 个通量站点的 GPP 模拟中，CI-LUE 模型要优于 TEC 模型的模拟。

表 5.13　CI-LUE 模型 GPP 模拟与 VPM 模型 8 天尺度 GPP（GPP_V），TEC 模型月尺度 GPP（GPP_T）比较

站点	R^2				RMSE/［g C/（m^2·8d）］		RMSE/［g C/（m^2·mon）］	
	GPP_simu8d	GPP_V	GPP_{mon}	GPP_T	GPP_simu8d	GPP_V	GPP_{mon}	GPP_T
CBS	0.93	0.85	0.95	0.94	8.94	13.6	30.24	28.77
QYZ	0.82	—	0.89	0.89	7.96	—	32.20	35.05
DHS	0.61	—	0.85	0.71	9.72	—	33.27	73.26
NMG	0.78	0.85	0.83	0.62	2.63	2.89	7.83	23.74
HB	0.96	0.92	0.99	0.94	1.77	5.38	5.41	18.53
DX	0.79	0.84	0.93	0.87	1.97	1.96	7.04	19.26
YC	0.8	—	0.83	0.75	17.83	—	57.12	74.74

注：“—”表示数据空缺

5.3.4.6　云度指数添加对 GPP 模拟精度的影响

以通量站点的实地气象数据为模型输入，并基于 MOD17 算法模拟得到的 GPP（GPP_17）和 CI-LUE 模型（GPP_simu8d）比较（表 5.14），以更加明确地定量化评价云度指数在阴天散射增加的状况下对于 GPP 模拟的改善程度。结果表明，在 MOD17 模型基础上，改进最大光能利用率模块并加入用来刻画散射辐射变化的云度指数后，模型的 GPP 模拟精度显著提高。为了进一步提升 GPP 的模拟精度定量化，在相同输入数据下，比较两种不同算法（CI-LUE，MOD17）GPP 模拟结果的模拟误差与 CI 之间的响应关系

（图 5.43）。当 CI 值大于 0.6 时，CI-LUE 模型能够极大地降低 GPP 估算对于云量变化敏感造成的不确定性，这种不确定性是由于云天散射辐射增加促进生态系统 LUE 上升造成的。散射光的增加使得被植被吸收的光辐射在冠层中分布更加均匀，降低植被冠层中出现光饱和的比率，从而促进植被的光合作用，冠层 LUE 升高。因此，植被冠层的光合作用和 LUE 在阴天的状况下比晴天得到显著的强化（Farquhar and Roderick，2003；Mercado et al.，2009）。与此同时值得注意的是，当 CI 值较小时，CI-LUE 模型的模拟绝对误差（ΔGPP_simu）也会高于 MOD17 算法的 GPP 模拟（ΔGPP_17）。具体来说，在 CBS 站 CI 第一分组（0.4＜CI＜0.5＝占整个 CI 指数分布的 12.1%，QYZ 站 CI 值低于 0.5，占比 14.8%，在 DHS 站 CI 值小于 0.6 的占比为 17.8%。在其他草原站点和一个农田站点，CI-LUE 模型基本上显著改善了 MOD17 算法出现的低估现象。总之，当植被冠层所接收到的散射辐射增加（CI 升高），CI-LUE 模型能够显著改善 LUE 模型在 GPP 模拟时发生的低估现象。

表 5.14 CI-LUE 模型和 MOD17 算法基于相同的实地气象数据输入模拟结果比较

站点	R^2		RMSE/［g C/（m^2·8d）］	
	GPP_simu8d	GPP_17	GPP_simu8d	GPP_17
CBS	0.93	0.93	8.94	15.68
QYZ	0.82	0.74	7.96	7.90
DHS	0.61	0.49	9.72	9.50
NMG	0.78	0.70	2.63	2.82
HB	0.96	0.96	1.77	1.93
DX	0.79	0.78	1.97	2.06
YC	0.80	0.79	17.83	20.02

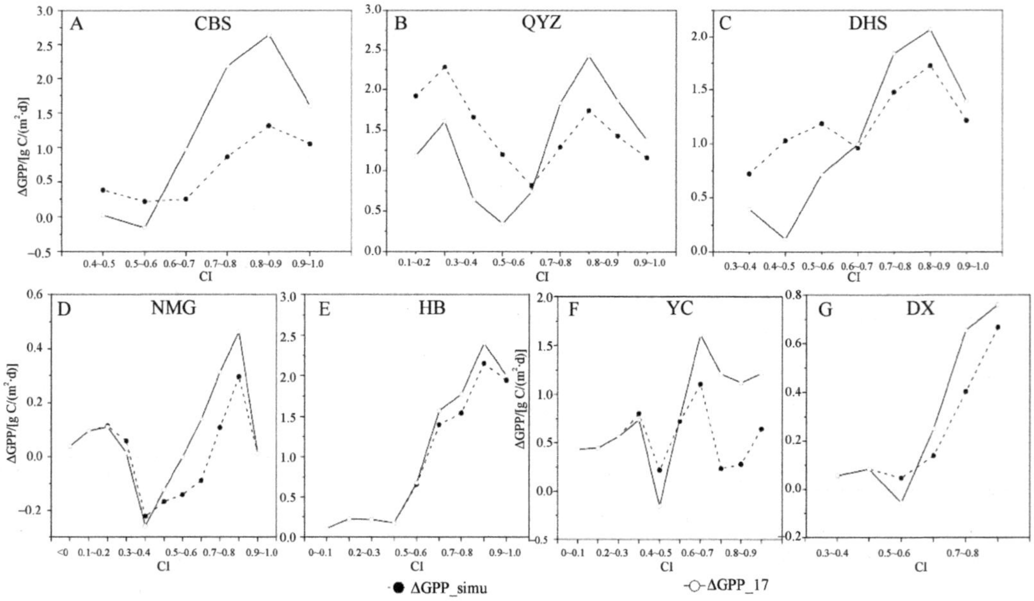

图 5.43 基于 7 个通量站点气象数据，CI-LUE 模型（GPP_simu8d）和 MOD17 算法（GPP_17）模拟 GPP 误差与 CI 关系

ΔGPP_simu=GPP_obs–GPP_simu8d，ΔGPP_17=GPP_obs–GPP_17

5.3.4.7 GPP 模拟区域尺度应用

尽管有研究通过晴空指数（clearness index）来分析云量变化对生态系统 LUE 和水分利用效率的研究（Zhang et al.，2011），但是由于无法确定每个栅格太阳仰角的最大间隔时间，从而增加了在区域模拟中使用的难度。在 CI-LUE 模型中，CI 指数是调节阴天散射光增加对 LUE 形成强化作用的关键参数。在输入区域数字高程数据（DEM）和简单的参数预设，就可以计算出每个栅格的逐日总太阳辐射，进而得到潜在光合有效辐射。基于植被类型数据，区域 CI 数据，气象栅格数据和 8 天尺度的 MODISfPAR 数据，可以实现全国的 8 天尺度 GPP 模拟。

2003 年全国 GPP 空间分布表明，GPP 呈由东南沿海向西北内陆逐渐递减的空间格局（图 5.44），GPP 高值区主要位于东南沿海的福建、广东、海南、广西及台湾东部地区，这些地区受海洋性季风的影响最强，水热条件充足，自然植被类型以常绿阔叶林为主，故植被生产力高，GPP 高于 1000g C/（m^2·a）；华北地区的植被类型以冬小麦-夏玉米的两熟农田为主，GPP 高于 500g C/（m^2·a）；在以落叶阔叶林、针阔混交林等森林植被为主的大、小兴安岭和长白山地区，GPP 高于 1500g C/（m^2·a）。GPP 低值区主要集中在西北内陆，此地区属于大陆性气候，降水稀少、夏季高温干旱、自然植被稀疏，GPP 不足 100g C/（m^2·a）。

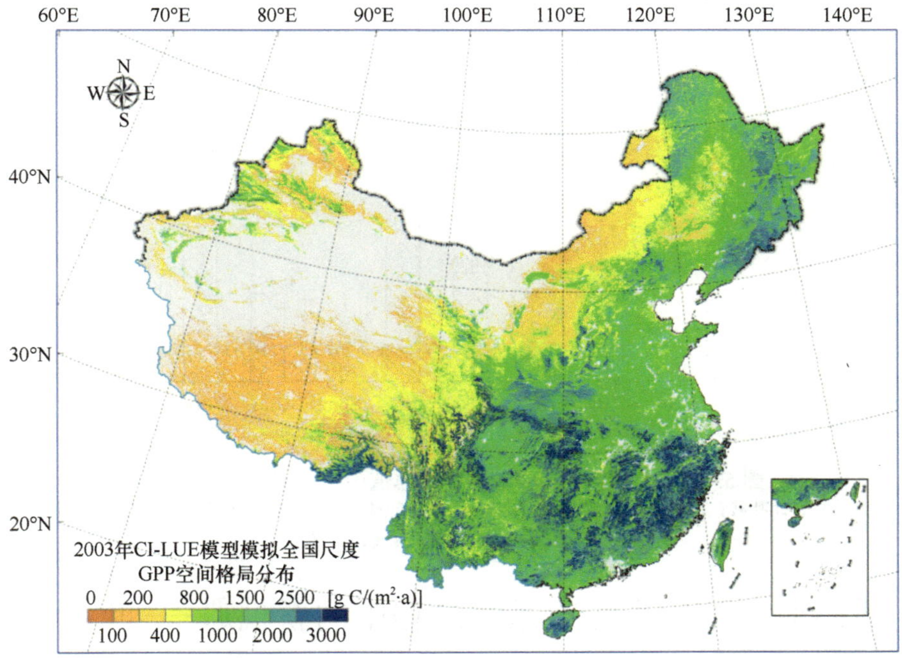

图 5.44 基于 CI-LUE 模型模拟的 2003 年中国陆地生态系统年 GPP 空间格局分布

8 天尺度的 CI-LUE 模型模拟的 2003 年全国 GPP 能够很好地反映陆地生态系统 GPP 单峰季节动态变化趋势（图 5.45），在生长季中的第 180~210 天达到峰值，随后又在秋冬季节降到最低。模型估算 2003 年中国陆地生态系统的 GPP 的年总量为 5.66Pg C/a。2003 年，森林、草地和农田生态系统的 GPP 年总量分别为 3.4Pg C、0.5Pg C 和 1.7Pg C。GPP 在空间上呈现由东南沿海向西北内陆逐渐减小的格局。主要植被类型的 GPP 按照由大到小的顺序依次为混交林、农田、落叶阔叶林、草原、常绿针叶林、常绿阔叶林、落叶针叶林和灌丛（图 5.46）。

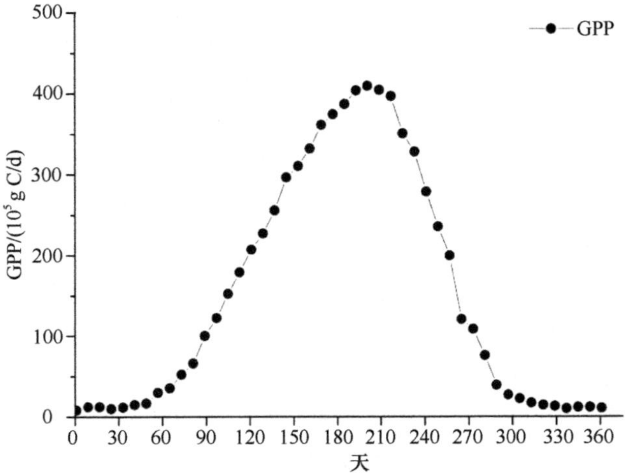

图 5.45　CI-LUE 模型 8 天的中国陆地生态系统 GPP 模拟季节动态

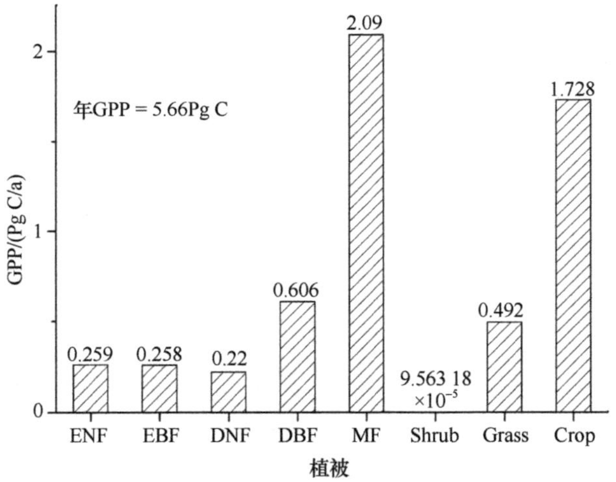

图 5.46　2003 年全国 GPP 模拟年总值中主要植被类型占比

ENF. 常绿针叶林；EBF. 常绿阔叶林；DNF. 落叶针叶林；DBF. 落叶阔叶林；MF. 混交林；Shrub. 灌丛；Grass. 草地；Crop. 农田

5.4　遥感监测和模拟生态系统过程中的新机遇——叶绿素荧光

植物的光合作用是植物叶片吸收光能、转换光能的过程。吸收的光能一部分被叶绿素利用进行光合作用，另一部分光能以长波的形式发射荧光，或者以热的形式向外耗散。叶绿素荧光是叶绿素 a 色素在吸收光能后瞬间发出的红光和近红光的光子。已有大量室内和野外实验证明，叶绿素荧光技术作为研究植物光合功能的探针，可以快速、灵敏和无损伤地研究和探测完整植株光合作用的真实行为。

由于叶绿素荧光信号很弱，且会受到上行辐射传输的大气吸收与散射的影响，给卫星遥感反演植被叶绿素荧光带来更多的困难和挑战，目前卫星平台的叶绿素荧光遥感反演研究还处于起步阶段。日本于2009年1月发射了全球温室气体探测卫星（GOSAT），并用于反演全球植被荧光时空格局，实现了全球陆地生态系统光合作用能力的实时监测（Frankenberg et al.，2011a，2011b；Joiner et al.，2011）。美国于2014年7月2日发射了“嗅碳2号”卫星（OCO-2），数据密度比GOSAT增加100倍（Frankenberg et al.，2014）。GOSAT和OCO-2精确的荧光反演数据，将能修正全球碳收支的误差，可以深入探索光合作用的碳吸收和呼吸作用的碳排放及其时空动态变化，为评估生态系统对气候变化的响应提供了新的遥感探测工具（Morello，2014）。欧洲太空局计划于2019年左右发射FLEX卫星（植被叶绿素荧光探测计划FLEX，fluorescence explorer），旨在从空间探测大尺度日光诱导叶绿素荧光（sun-induced fluorescence，SIF），实现实时估测陆地植被光合活动的目的。叶绿素荧光遥感的发展及其大型科学计划，为直接观测全球GPP时空动态变化开辟了新的可能性，宣告了叶绿素荧光科学时代的到来（Hand，2014；Morello，2014）。近年来国外一些学者基于GOSAT、GOME-2、SCIAMACHY等卫星数据提取区域、全球尺度的荧光信息，在植被季节生长变化、干旱胁迫等领域做了初步探讨研究（Joiner et al.，2011；Frankenberg et al.，2011；Guanter，2012；Jung-Eun，2013；Guanter，2014）。

目前叶绿素荧光在冠层尺度研究主要集中在植物对水分、温度、光照、营养元素和病虫害等胁迫类型的早期探测、光能利用率的估算、植物物种识别、总初级生产力（GPP）等方面（Zarco-Tejada et al.，2002，2009；Damm et al.，2010）。区域或全球尺度叶绿素荧光应用于光合作用的研究正得到极大的关注，Joiner等（2011）利用GOSAT卫星数据绘制的全球第一张陆地植物荧光地图，显示北半球7月荧光强度较强，这一结果与北半球夏季温度光照条件利于植物生长的结果相吻合。研究还发现从GOSAT卫星数据提取的荧光信息与植被年际间、季节性变化相一致（Guanter et al.，2012）。Lee等（2013）发现叶绿素荧光对亚马孙地区干旱具有较好的响应。发表在美国《国家科学院院刊》上的一项最新研究指出，美国玉米带荧光峰值比世界上其他地方更明亮，气候模型可能低估了该地区碳吸收的50%~75%（Guanter et al.，2014）。最近，国外学者利用GOSAT、GOME2卫星和无人飞机的遥感数据反演的日光诱导叶绿素荧光信息、涡度碳通量，优化和发展GPP模型、DGVM动态植被模型和SCOPE过程机理模型，提高了对GPP的模拟精度，但是这些研究大部分是对小麦、玉米等农作物进行分析（Damm et al.，2010；Zarco-Tejada et al.，2013；Zhang et al.，2014），或者是对全球陆地植被和农作物GPP的模拟（Parazoo et al.，2014；Guanter et al.，2014）。这些研究首先是采用卫星SIF产品，空间分辨率非常粗，使得与通量站的验证数据匹配存在较大的差异；其次，卫星SIF产品的时间分辨率较粗且不连续，观测时间短难以真正揭示植被GPP动态变化的特征；再次，重点是利用SIF产品对动态植被模型和过程模型进行优化，还无法满足大尺度遥感数据应用的需求。

由于国内叶绿素荧光遥感研究起步较晚，一些学者主要在作物病虫害、水分胁迫等领域做了探讨工作，并取得了一定成果（张永江等，2006；周丽娜，2014）。但是，国内研究首先在于日光诱导叶绿素荧光的遥感反演，尚无结合涡度通量观测、光谱观测和叶绿素荧光探讨生态系统光合能力；其次，对光能利用率模型的改进还集中于传统卫星遥感植被指数产品的应用；再次，主要是利用SIF对农作物植被光合作用进行研究，对森林生态系统 SIF 和 GPP 关系研究比较缺乏，尤其是我国碳汇能力较大的常绿植被。

5.5 小 结

碳通量估算方法包括通量、清查、生态系统模型、大气反演及遥感技术。在所有方法中，仅有卫星观测可以提供统一、大尺度、连续的地面观测资料，能够为生态系统模型提供详尽的植被信息，如植被分类、植被指数、叶面积指数、光合有效辐射分量、地表温度等。多空间分辨率、多时间分辨率的遥感数据为陆地生态系统碳通量不同时空尺度模型提供了重要数据基础，极大地推动了生态系统碳循环的研究。

本章内容介绍了生态系统过程模型的发展，以及遥感在各类生态系统过程模型中所起的作用。总体介绍了 4 个生态系统过程-遥感模型，分别是遥感数据驱动生态系统过程模型 BEPS、总初级生产力光能利用率模型 GLOPEM 与过程模型 CEVSA 结合的 GLCV 模型、基于以光能利用率理论由遥感数据驱动的 GPP 模型（PCM）和 RE 模型（ReRSM）整合的 NEERSM 模型，以及考虑散射影响的遥感参数 CI-LUE 模型。各类模型都经过 ChinaFLUX 通量站点验证，发现各类模型都能在站点尺度上较好地模拟 GPP，而对 NEP 模拟精度相对较弱。模型基于各种的尺度扩展方法模拟了全国陆地生态系统生产力和碳汇的变异，分析了气候变化对植被固碳的影响。

目前针对 GPP、R_e 和 NEE 的遥感估算模型已经开展了众多研究，但还存在较多的问题。经验模型中加入遥感植被信息提高了模型在区域尺度上的应用，但是受限于模型的简单形式，考虑生态系统过程不完善；生态过程模型整合遥感反演的地表参数可以较好地模拟生态系统碳氮水循环过程，但是由于模型复杂参数较多，获取数据困难；遥感参数模型基于光合效率理论，结合遥感信息容易构建全遥感模型，但是参数往往缺乏生态学意义。因此，如何在生态系统模型中耦合遥感数据，既能表达明确的生态学意义，又能简化模型的结构和参数成为未来生态系统模型的发展方向。

参 考 文 献

方精云，陈安平. 2001. 中国森林植被碳库的动态变化及其意义. 植物学报, 43(9): 967-973.

方精云，刘国华，徐嵩龄. 1996. 我国森林植被的生物量和净生产量. 生态学报, 16(5): 497-508.

伏玉玲，于贵瑞，王艳芬，等. 2006. 水分胁迫对内蒙古羊草草原生态系统光合和呼吸作用的影响. 中国科学D辑: 地球科学, 36(增刊Ⅰ): 183-193.

高彦春. 2000. 基于 NOAA 数据的中国陆地植被净第一性生产力计算及粮食产量估测. 北京: 中国科学院遥感应用研究所博士后出站报告.

郝彦宾，王艳芬，孙晓敏，等. 2006. 内蒙古羊草草原碳交换季节变异及其生态学解析. 中国科学 D 辑: 地球科学, 36(增刊Ⅰ): 174-182.

何洪林，于贵瑞，牛栋. 2001. 复杂地形条件下的太阳资源辐射计算方法研究. 资源科学, 25(1): 79-85.

李春，何洪林，刘敏，等. 2008. ChinaFLUX CO_2 通量数据处理系统与应用. 地球信息科学, 10: 557-565.

刘明亮. 2001. 中国土地利用/土地覆被变化与陆地生态系统植被碳库与生产力研究. 北京: 中科院遥感应用研究所博士学位论文.

刘勇洪，牛铮，徐永明，等. 2006. 基于 MODIS 数据设计的中国土地覆盖分类系统与应用研究. 农业工程学报, 22(5): 99-105.

彭少麟，郭志华，王伯荪. 2000. 利用 GIS 和 RS 估算广东植被光利用率. 生态学报, 20(6): 903-909.

孙睿，朱启疆. 2000. 中国陆地植被净第一性生产力及季节变化研究. 地理学报, 55(1): 36-45.

汪潇，张增祥，赵晓丽，等. 2007. 遥感监测土壤水分研究综述. 土壤学报, 44(1): 157-163.

王兵, 刘世荣. 2002. 全球陆地生态系统水热平衡规律研究进展. 世界林业研究, 15(1): 19-28.
王沙生, 高荣孚, 吴贯明. 1991. 植物生理学. 北京: 中国林业出版社.
王战, 徐振邦, 李昕, 等. 1980. 长白山北坡主要森林类型及其群落结构特点. 森林生态系统研究, (1): 25-42.
吴朝阳, 牛铮. 2008. 光化学植被指数估算植物光能利用率的研究进展. 植物生态学报, 32(3): 734-740.
杨昕, 王明星, 黄耀, 2002. 地-气间碳通量气候响应的模拟Ⅰ. 近百年来气候变化. 生态学报, 22(1): 271-277.
于贵瑞, 孙晓敏. 2006. 陆地生态系统通量观测的原理与方法. 北京: 高等教育出版社.
于贵瑞, 孙晓敏. 2008. 中国陆地生态系统碳通量观测技术及时空变化特征. 北京: 科学出版社.
于强, 谢贤群, 孙菽芬, 等. 1999. 植物光合生产力与冠层蒸散模拟研究进展. 生态学报, 19(5): 744-753.
张娜, 于振良, 赵士洞. 2001. 长白山植被蒸腾量空间变化特征的模拟. 资源科学, 23(6): 91-96.
张荣组, 杨明宪, 陈鹏, 等. 1980. 长白山北坡森林生态系统土壤动物初步调查. 森林生态系统研究, (1): 133-142.
张永江, 赵春江, 刘良云, 等. 2006. 被动荧光探测水分胁迫对玉米叶片影响的初步研究. 农业工程学报, 22(9): 39-43.
赵育民, 牛树奎, 王军邦, 等. 2007. 植被光能利用率研究进展. 生态学杂志, 26(9): 1471-1477.
周丽娜, 于海业, 张蕾. 2014. 基于叶绿素荧光光谱分析的稻瘟病害预测模型. 光谱学与光谱分析, 34(4): 1003-1006.
中国科学院南京土壤研究所编图组编. 1978. 中华人民共和国土壤图及说明. 北京: 地图出版社.
中国科学院地理研究所资源与环境信息系统国家重点实验室. 1996. 中国资源环境数据库(1: 400 万).
朱文泉, 潘耀忠, 何浩, 等. 2006. 中国典型植被最大光利用率模拟. 科学通报, 51(6): 700-706.
Adams H D, Guardiola-Claramonte M, Barron-Gafford G A, et al. 2009. Temperature sensitivity of drought-induced tree mortality portends increased regional die-off under global change-type drought. PNAS, 106: 7063-7066.
Albergel C, Calvet J C, Gibelin A L, et al. 2010. Observed and modelled ecosystem respiration and gross primary production of a grassland in southwestern France. Biogeosciences, 7: 1657-1668.
Al-Kaisi M M, Yin X, Licht M A. 2005. Soil carbon and nitrogen changes asinfluenced by tillage and cropping systems in some Iowa soils. Agriculture, Ecosystems & Environment, 105: 635-647.
Alton P B, North P R, Los S O. 2007. The impact of diffuse sunlight on canopy light-use efficiency, gross photosynthetic product and net ecosystem exchange in three forest biomes. Global Change Biology, 13: 776-787.
Amthor J S. 2000. The McCree–de Wit–Penning de Vries–Thornley respiration paradigms: 30 years later. Annals of Botany, 86: 1-20.
Bader N E, Cheng W. 2007. Rhizosphere priming effect of *Populus fremontii* obscures the temperature sensitivity of soil organic carbon respiration. Soil Biology, Biochemistry, 39: 600-606.
Bahn M, Rodeghiero M, Anderson-Dunn M, et al. 2008. Soil respiration in European grasslands in relation to climate and assimilate supply. Ecosystems, 11: 1352-1367.
Baldocchi D, Falge E, Gu L H, et al. 1999. FLUXNET: A new tool to study the temporal and spatial variability of ecosystem-scale carbon dioxide, water vapor, and energy flux densities. Bulletin of the American Meteorological Society, 82: 2415-2434.
Baldocchi D. 2008. Breathing of the terrestrial biosphere: lessons learned from a global network of carbon dioxide flux measurement systems. Aust J Bot, 56: 1-26.
Beer C, Reichstein M, Tomelleri E, et al. 2010. Terrestrial gross carbon dioxide uptake: global distribution and covariation with climate. Science, 329: 834-838.
Biradar C, Moore B. 2015. Comparison of four EVI-based models for estimating gross primary production of maize and soybean croplands and tallgrass prairie under severe drought. Remote Sensing of Environment, 162: 154-168.
Black T A, Chen J M, Lee X, et al. 1991. Characteristics of shortwave and longwave irradiances under a Douglas-fir forest stand. Canadian Journal of Forest Research, 12: 1020-1028.
Bonan G B. 1995. Land-atmosphere CO_2 exchange simulated by a land surface process model coupled to an atmospheric general circulation model. Journal of Geophysical Research, 100: 2817-2831.
Bond-Lamberty B, Thomson A. 2010. Temperature-associated increases in the global soil respiration record. Nature, 464: 579-582.
Bowling D R, Tans P P, Monson R K. 2001. Partitioning net ecosystem carbon exchange with isotopic fluxes of CO_2. Global Change Biol, 7: 127-145.
Broge N H, Leblanc E. 2000. Comparing prediction power and stability of broadband and hyperspectral vegetation indices for estimation of green leaf area index and canopy chlorophyll density. Remote Sensing of Environment, 76: 156-172.
Cao M K, Tao B, Li K R, et al. 2003. Interannual variation in terrestrial ecosystem carbon fluxes in China from 1981 to 1998. Acta Botanica Sinica, 45(5): 552-560.
Cao M K, Woodward F I. 1998. Net primary and ecosystem production and carbon stocks of terrestrial ecosystems and their responses to climate change. Global Change Biology, 4(2): 185-198.
Cao M K, Prince S D, Small J, et al. 2004. Remotely sensed interannual variations and trends in terestrial net primary productivity 1981-2000. Ecosystems, 7: 233-242.
Chapin III F S, Matson P A, Vitousek P M. 2011. Principles of Terrestrial Ecosystem Ecology. 2th ed. New York: Springer

Science+Business Media.
Chen B, Chen J M, Mo G, et al. 2007. Modeling and scaling coupled energy, water, and carbon fluxes based on remote sensing: an application to Canada's landmass. Journal of Hydrometeorology, 8: 123-143.
Chen J M, Black T A. 1992. Defining leaf area index for non-flat leaves. Plant Cell Environ, 15: 421-429.
Chen J M, Rich P M, Gower S T, et al. 1997. Leaf area index of boreal forests: theory, techniques, and measurements. Journal of Geophysical Research, 102(29): 429-443.
Chen J M, Rich P M, Gower S T, et al. 1999. Spatial scaling of a remotely sensed surface parameter by contexture. Remote Sens Environ, 69: 30-42.
Chen J M, Mo G, Pisek J, et al. 2012. Effects of foliage clumping on the estimation of global terrestrial gross primary productivity. Global Biogeochemical Cycles, 26(1): 626-640.
Chen J M, Rich P M, Gower S T, et al. 1996. Canopy architecture and remote sensing of the fraction of photosynthetically active radiation in boreal conifer stands. IEEE Transactions Geoscience and Remote Sensing, 34: 1353-1368.
Chen J M, Chen W. 2000. Annual carbon balance of Cnada's forests during 1895-1996. Global Biogeochemical Cycle, 14: 839-849.
Chen J M, Cihlar J. 1995. Quantifying the effect of canopy architecture on optical measurements of leaf area index using two gap size analysis methods. IEEE Transactions on Geoscience and Remote Sensing, 33(3): 777-787.
Chen J M. 1996a. Optically-based methods for measuring seasonal variation of leaf area index in boreal conifer stands. Agricultural and Forest Meteorology, 80(2-4): 135-163.
Chen J M. l996b. Canopy architecture and remote sensing of the fraction of photosynthesis active radiation absorbed by boreal conifer forests. IEEE Transactions on Geoscience & Remote Sensing, 34(6): 1353-1368.
Chen F, Kissel D E, West L T, et al. 2005a. Mapping surface soil organic carbon for crop fields with remote sensing. Journal of Soil and Water Conservation, 60: 51-57.
Chen S, Huang Y, Zou J, et al. 2010. Modeling interannual variability of global soil respiration from climate and soil properties. Agricultural and Forest Meteorology, 150: 590-605.
Chen X, Hu B, Yu R. 2005b. Spatial and temporal variation of phenological growing season and climate change impacts in temperate eastern China. Global Change Biology, 11: 1118-1130.
Clevers J G P W. 1989. Application of a weighted infrared-red vegetation index for estimating leaf area index by correcting for soil moisture. Remote Sensing of Environment, 29: 25-37.
Collatz G J, Ball J T, Crivet C, et al. 1991. Physiological and environmental regulation of stomatal conductance, photosynthesis and transpiration: a model that includes a laminar boundary layer. Agricultural and Forest Meteorology, 54(2-4): 107-136.
Dash J, Curran P. 2004. The MERIS terrestrial chlorophyll index. International Journal of Remote Sensing, 25: 5403-5413.
Daughtry C S T, Walthall C L, Kim M S, et al. 2000. Estimating corn leaf chlorophyll concentration from leaf and canopy reflectance. Remote Sensing of Environment, 74: 229-239.
Davidson E A, Janssens I A. 2006. Temperature sensitivity of soil carbon decomposition and feedbacks to climate change. Nature, 440: 165-173.
de Deyn G B, Cornelissen J H C, Bardgett R D. 2008. Plant functional traits and soil carbon sequestration in contrasting biomes. Ecology Letters, 11: 516-531.
Dilkes N B, Jones D L, Farrar J. 2004. Temporal dynamics of carbon partitioning and rhizodeposition in wheat. Plant Physiology, 134: 706-715.
Ehleringer J R, Björkman O, Mooney H A. 1976. Leaf pubescence: effects on absorptance and photosynthesis in a desert shrub. Science, 192: 376-377.
Erbs D G, Klein S A, Duffie J A. 1982. Estimation of diffuse radiation fraction for hourly, daily and monthly-average global radiation. Solar Energy, 28(4): 293-304.
Farquhar G D, Sharkey T D. 1982. Stomatal conductance and photosynthesis. Annual Review of Plant Physiology, 33: 317-345.
Farquhar G D, von Caemmerer S, Berry J A. 1980. A biochemical model of photosynthetic CO_2 assimilation in leaves of C3 species. Planta, 149: 78-90.
Farquhar G D, Roderick M L. 2003. Atmospheric science: Pinatubo, diffuse light, and the carbon cycle. Science, 299: 1997-1998.
Fearnside P M. 1997. Greenhouse gases from deforestation in Brazilian Amazonia: net committed emission. Climatic Change, 35: 321-360.
Feng X, Liu G, Chen J M. 2007. Net primary productivity of China's terrestrial ecosystems from a process model driven by remote sensing. Journal of Environmental Management, 85(3): 563-573.
Field C B, Behrenfeld M J, Randerson J T, et al. 1998. Primary production of the biosphere: integrating terrestrial and oceanic components. Science, 281: 237-240.
Field C B, Randerson J T, Malmstrom C M. 1995. Global net primary production combining ecology and remote-sensing. Remote Sensing of Environment, 51: 74-88.

Frank A B, Liebig M A, Hanson J D. 2002. Soil carbon dioxide fluxes in northern semiarid grasslands. Soil Biology, Biochemistry, 34: 1235-1241.

Frolking S E, Bubier J L, Moore TR, et al. 1998. Relationship between ecosystem productivity and photosynthetically active radiation for northern peatlands. Global Biogeochemical Cycles, 12: 115-126.

Fu Y, Zheng Z, Yu G, et al. 2009. Environmental influences on carbon dioxide fluxes over three grassland ecosystems in China. Biogeosciences, 6: 2879-2893.

Fu P, Rich P M. 1999. Design and implementation of the Solar Analyst: an ArcView extension for modeling solar radiation at landscape scales. Proceedings of the 19th Annual ESRI User Conference. San Diego, USA: 1-33.

Gao Y, Yu G, Yan H, et al. 2014. A MODIS-based Photosynthetic Capacity Model to estimate gross primary production in Northern China and the Tibetan Plateau. Remote Sensing of Environment, 148(5): 108-118.

Garbulsky M F, Peñuelas J, Papale D, et al. 2010. Patterns and controls of the variability of radiation use efficiency and primary productivity across terrestrial ecosystems. Global Ecology and Biogeography, 19: 253-267.

Gaumont-Guay D, Black T A, Barr A G, et al. 2008. Biophysical controls on rhizospheric and heterotrophic components of soil respiration in a boreal black spruce stand. Tree Physiology, 28: 161-171.

Gilmanov T G, Tieszen L L, Wylie B K, et al. 2005. Integration of CO_2 flux and remotely-sensed data for primary production and ecosystem respiration analyses in the Northern Great Plains: potential for quantitative spatial extrapolation. Global Ecology and Biogeography, 14: 271-292.

Gitelson A A. 2004. Wide dynamic range vegetation index for remote quantification of biophysical characteristics of vegetation. Journal of Plant Physiology, 161: 165-173.

Gitelson A A, Kaufman Y J, Stark R, et al. 2002. Novel algorithms for remote estimation of vegetation fraction. Remote Sensing of Environment, 80: 76-87.

Gitelson A A, Peng Y, Masek J G, et al. 2012. Remote estimation of crop gross primary production with Landsat data. Remote Sensing of Environment, 121: 404-414.

Gitelson A A, Verma S B, Viña A, et al. 2003. Novel technique for remote estimation of CO_2 flux in maize. Geophysical Research Letters, 30(9): 319-338.

Gitelson A A, Viña A, Ciganda V, et al. 2005. Remote estimation of canopy chlorophyll content in crops. Geophysical Research Letters, 32(8): 93-114.

Gitelson A A, Viña A, Verma S B, et al. 2006. Relationship between gross primary production and chlorophyll content in crops: implications for the synoptic monitoring of vegetation productivity. Journal of Geophysical Research-Atmospheres, 111(D8): 854-871.

Gomez-Casanovas N, Matamala R, Cook D R, et al. 2012. Net ecosystem exchange modifies the relationship between the autotrophic and heterotrophic components of soil respiration with abiotic factors in prairie grasslands. Global Change Biology, 18: 2532-2545.

Gower S T, Kucharik C J, Norman J M. 1999. Direct and indirect estimation of leaf area index, fAPAR, and net primary production of terrestrial ecosystems. Remote Sensing of Environment, 70: 29-51.

Haboudane D, Miller J R, Tremblay N, et al. 2002. Integrated narrow-band vegetation indices for prediction of crop chlorophyll content for application to precision agriculture. Remote Sensing of Environment, 81: 416-426.

He M, Zhou Y, Ju W, et al. 2013. Evaluation and improvement of MODIS gross primary productivity in typical forest ecosystems of East Asia based on eddy covariance measurements. Journal of Forest Research, 18: 31-40.

Heinemeyer A, Hartley I P, Evans S P, et al. 2007. Forest soil CO_2 flux: uncovering the contribution and environmental responses of ectomycorrhizas. Global Change Biology, 13: 1786-1797.

Heinemeyer A, Ineson P, Ostle N, et al. 2006. Respiration of the external mycelium in the arbuscular mycorrhizal symbiosis shows strong dependence on recent photosynthates and acclimation to temperature. New Phytologist, 171: 159-170.

Heinsch F A, Zhao M S, Running S W, et al. 2006. Evaluation of remote sensing based terrestrial productivity from MODIS using regional tower eddy flux network observations. Ieee T Geosci Remote, 44: 1908-1925.

Huang N, Niu Z. 2013. Estimating soil respiration using spectral vegetation indices and abiotic factors in irrigated and rainfed agroecosystems. Plant and Soil, 367: 535-550.

Huang N, Niu Z, Zhan Y, et al. 2012. Relationships between soil respiration and photosynthesis-related spectral vegetation indices in two cropland ecosystems. Agricultural and Forest Meteorology, 160: 80-89.

Huete A R. 1988. A soil-adjusted vegetation index(SAVI). Remote Sensing of Environment, 25: 295-309.

Huete A, Didan K, Miura T, et al. 2002. Overview of the radiometric and biophysical performance of the MODIS vegetation indices. Remote Sensing of Environment, 83: 195-213.

Hunt E R Jr., Doraiswamy P C, McMurtrey J E, et al. 2013. A visible band index for remote sensing leaf chlorophyll content at the canopy scale. International Journal of Applied Earth Observation and Geoinformation, 21: 103-112.

Hutchinson M F. 1991. The alication of thin-plate smoothing splines to continent-wide data assimilation. *In*: Jasper J D. Data Assimilation Systems. BMRC Res. Report No. 27, Bureau of Meteorology: Molbourne: 104-113.

Hutchinson M F. 1995. Interpolating mean rainfall using thin plate smoothing splines. International Journal of GIS, 9(4): 305-403.

Ibrom A, Oltchev A, June T, et al. 2008. Variation in photosynthetic light-use efficiency in a mountainous tropical rain forest in Indonesia. Tree Physiology, 28: 499-508.

Ide R, Nakaji T, Oguma H. 2010. Assessment of canopy photosynthetic capacity and estimation of GPP by using spectral vegetation indices and the light-response function in a larch forest. Agricultural and Forest Meteorology, 150: 389-398.

IPCC. 2013. Climate Change 2013: The Physical Science Basis. Working Group Ⅰ contribution to the fifth assessment report of the intergovernmental panel on climate change.

Jägermeyr J, Gerten D, Lucht W, et al. 2013. A high-resolution approach to estimating ecosystem respiration at continental scales using operational satellite data. Global Change Biology, 20(4): 1191, 1210.

Janssens I A, Lankreijer H, Matteucci G, et al. 2001. Productivity overshadows temperature in determining soil and ecosystem respiration across European forests. Global Change Biology, 7: 269-278.

Jarvis P G. 1976. The interpretation of the variations in water potential and stomatal conductance found in canopies in the field. Philosphical Transactions of the Royal Society of London, 273(927): 593-610.

Jarvis P G, McNaughton K G. 1986. Stomatal control of transpiration: scaling up from leaf to region. Advances in Ecological Research, 15: 1-49.

Jarvis P G, Morison J I L. 1981. Stomatal control of transpiration and photosynthesis. *In*: Javis P G, Mansfield T A III. Stomatal Physiology. New York: Cambridge University Press.

Jiang Z, Huete A R, Didan K, et al. 2008. Development of a two-band enhanced vegetation index without a blue band. Remote Sensing of Environment, 112: 3833-3845.

Jordan C F. 1969. Derivation of leaf-area index from quality of light on the forest floor. Ecology, 50: 663-666.

Ju W M, Chen J M, Harvey D, et al. 2007. Future carbon balance of China's forests under climate change and increasing CO_2. Journal of Environmental Management, 85: 538-562.

Ju W, Wang S Q, Yu G, et al. 2010. Modeling the impact of drought on canopy carbon and water fluxes for a subtropical evergreen coniferous plantation in southern China through parameter optimization using an ensemble Kalman filter. Biogeosciences, 7: 845-857.

Kalfas J L, Xiao X, Vanegas D X, et al. 2011. Modeling gross primary production of irrigated and rain-fed maize using MODIS imagery and CO_2 flux tower data. Agricultural and Forest Meteorology, 151: 1514-1528.

Karl T R, Trenberth K E. 2003. Modern global climate change. Science, 302: 1719-1723.

Kergoat L, Lafont S, Arneth A, et al. 2008. Nitrogen controls plant canopy light-use efficiency in temperate and boreal ecosystems. Journal of Geophysical Research-Biogeosciences, 113: 1-19.

Knohl A, Werner R A, Brand W A, et al. 2005. Short-term variations in δ13C of ecosystem respiration reveals link between assimilation and respiration in a deciduous forest. Oecologia, 142: 70-82.

Koller D. 2000. Plants in search of sunlight. Advances in Botanical Research, 33: 35-131.

Kumar M, Monteith J. 1981. Remote sensing of crop growth. *In*: Smith H. Plants and the Daylight Spectrum. New York: Academic Press: 133-144.

Kuzyakov Y, Cheng W. 2004. Photosynthesis controls of CO_2 efflux from maize rhizosphere. Plant and Soil, 263: 85-99.

Kuzyakov Y, Cheng W. 2001. Photosynthesis controls of rhizosphere respiration and organic matter decomposition. Soil Biology & Biochemistry, 33: 1915-1925.

Kuzyakov Y, Gavrichkova O. 2010. REVIEW: Time lag between photosynthesis and carbon dioxide efflux from soil: a review of mechanisms and controls. Global Change Biology, 16: 3386-3406.

Ladoni M, Bahrami H A, Alavipanah S K, et al. 2010. Estimating soil organic carbon from soil reflectance: a review. Precision Agriculture, 11: 82-99.

Lagergren F, Eklundh L, Grelle A, et al. 2005. Net primary production and light use efficiency in a mixed coniferous forest in Sweden. Plant, Cell and Environment, 28: 412-423.

Lambers H, Stuart F I C, Pons T L. 1998. Plant Physiological Ecology. Germany: Springer-Verlag New York Berlin Heidelberg.

Landsberg J J, Waring R H. 1997. A generalised model of forest productivity using simplified concepts of radiation-use efficiency, carbon balance and partitioning. Forest Ecology and Management, 95: 209-228.

Larsen K S, Ibrom A, Beier C, et al. 2007. Ecosystem respiration depends strongly on photosynthesis in a temperate heath. Biogeochemistry, 85: 201-213.

Li Z, Yu G, Xiao X, et al. 2007. Modeling gross primary production of alpine ecosystems in the Tibetan Plateau using MODIS images and climate data. Remote Sensing of Environment, 107: 510-519.

Linkosalo T. 2000. Mutual regularity of spring phenology of some boreal tree species: predicting with other species and phenological models. Canadian Journal of Forest Research, 30: 667-673.

Liu J, Chen J M, Cihlar J, et al. 1997. A process-based boreal ecosystem productivity simulator using remote sensing inputs. Remote Sensing of Environment, 62(2): 158-175.

Liu J, Chen J M, Cihlar J, et al. 2002. Net primary productivity mapped for Canada at 1-km resolution. Global Ecology and Biogeography, 11(2): 115-129.

Liu J, Chen J M, Cihlar J. 2003. Mapping evapotranspiration based on remote sensing: an application to Canada's landmass.

Water Resources Research, 39(7): 401-402.
Liu J, Chen J M, Cihlar J, et al. 1997. Process-based boreal ecosystem productivity simulator using remote sensing inputs. Remote Sensing of Environment, 62(2): 158-175.
Liu J, Chen S, Han X. 2012. Modeling gross primary production of two steppes in Northern China using MODIS time series and climate data. Procedia Environmental Sciences, 13: 742-754.
Lloyd J, Taylor J A. 1994. On the temperature dependence of soil respiration. Functional Ecology, 8: 315-323.
Loranty M M, Goetz S J, Rastetter EB, et al. 2011. Scaling an instantaneous model of tundra NEE to the Arctic landscape. Ecosystems, 14: 76-93.
Mahadevan P, Wofsy S C, Matross D M, et al. 2008. A satellite-based biosphere parameterization for net ecosystem CO_2 exchange: Vegetation Photosynthesis and Respiration Model (VPRM). Global Biogeochemical Cycles, 22(2): 521-539.
Mahecha M D, Reichstein M, Carvalhais N, et al. 2010. Global Convergence in the temperature sensitivity of respiration at ecosystem level. Science, 329: 838-840.
Maselli F, Gioli B, Chiesi M, et al. 2010. Validating an integrated strategy to model net land carbon exchange against aircraft flux measurements. Remote Sensing of Environment, 114: 1108-1116.
Matias L, Castro J, Zamora R. 2012. Effect of simulated climate change on soil Respiration in a Mediterranean-type ecosystem: rainfall and habitat type are more important than temperature or the soil carbon pool. Ecosystems, 15: 299-310.
Matsushita B, Tamura M. 2002. Integrating remotely sensed data with an ecosystem model to estimate net primary productivity in East Asia. Remote Sensing of Environment, 81: 58-66.
Medina E, Lieth H. 1964. Die Beziehungen zwischen Chlorophyllgehalt, assimilierender Flaeche und Trockensubstanzproduktion in einigen Pflanzengemeinschaften (The relationships between chlorophyll content, assimilating area and dry matter production in some plant communities). Beitraege zur Biologie der Pflanzen, 40: 451-494.
Mercado L M, Bellouin N, Sitch S, et al. 2009. Impact of changes in diffuse radiation on the global land carbon sink. Nature, 458: 1014-1087.
Michaelis L, Menten M L. 1913. The kinetics of the inversion effect. Biochemische Zeitschrift, 49: 333-369.
Migliavacca M, Reichstein M, Richardson A D, et al. 2011. Semiempirical modeling of abiotic and biotic factors controlling ecosystem respiration across eddy covariance sites. Global Change Biology, 17: 390-409.
Monteith J L. 1965. Evaporation and environment. Symposia of the Society for Experimental Biology, 19: 205-234.
Monteith J L. 1977. Climate and the efficiency of crop production in Britain. Philosophical Transactions of the Royal Society of London Series B-Biological Sciences, 281: 277-294.
Monteith J L. 1972. Solar radiation and productivity in tropical ecosystems. Journal of Applied Ecology, 9: 747-766.
Moyano F E, Kutsch W L, Rebmann C. 2008. Soil respiration fluxes in relation to photosynthetic activity in broad-leaf and needle-leaf forest stands. Agricultural and Forest Meteorology, 148: 135-143.
Moyano F E, Kutsch W L, Schulze E D. 2007. Response of mycorrhizal, rhizosphere and soil basal respiration to temperature and photosynthesis in a barley field. Soil Biology & Biochemistry, 39: 843-853.
Mullen K, Ardia D, Gil D L. 2011. DEoptim: an R package for global optimization by differential evolution. Journal of Statistical Software, 40: 1-26.
Muraoka H, Koizumi H. 2005. Photosynthetic and structural characteristics of canopy and shrub trees in a cool-temperate deciduous broadleaved forest: implication to the ecosystem carbon gain. Agricultural and Forest Meteorology, 134: 39-59.
Muraoka H, Noda H M, Nagai S, et al. 2013. Spectral vegetation indices as the indicator of canopy photosynthetic productivity in a deciduous broadleaf forest. Journal of Plant Ecology, 6: 393-407.
Nagai S, Saigusa N, Muraoka H, et al. 2010. What makes the satellite-based EVI-GPP relationship unclear in a deciduous broad-leaved forest? Ecological Research, 25: 359-365.
Nalder I A, Wein R W. 1998. Spatial interpolation of climatic Normals: test of a new method in the Canadian boreal forest. Agric For Meteorol, 9: 211-225.
Neilson R P, Marks D. 1994. A global perspective of regional vegetation and hydrologic sensitivities from climate change. J Vegetation Sci, 5: 715-730.
Neilson R P, Running S W. 1996. Global dynamic vegetation modelling: coupling biogeochemistry and biogeography models. Global Change and Terrestrial Ecosystem, 6: 451-465.
Norman J M. 1979. Modeling the complete crop canopy. *In*: Barfild B J, Gerber J F. Modification of the Aerial Environment of Plants. Michigan: American Society of Agricultural Engineers, St. Joseph. 249-277.
Norman J M. 1982. Simulation of microclimate. *In*: Hatfield J L, Thomason I J. Biometeorology in Intergrated Pest Management. New York: Academic: 65-99.
Ogutu B O, Dash J. 2013. An algorithm to derive the fraction of photosynthetically active radiation absorbed by photosynthetic elements of the canopy(FAPARps)from eddy covariance flux tower data. New Phytologist, 197: 511-523.

Ogutu B O, Dash J, Dawson T P. 2013. Developing a diagnostic model for estimating terrestrial vegetation gross primary productivity using the photosynthetic quantum yield and Earth Observation data. Global Change Biology, 19: 2878-2892.

Olofsson P, Lagergren F, Lindroth A, et al. 2008. Towards operational remote sensing of forest carbon balance across Northern Europe. Biogeosciences, 5: 817-832.

Parton W J, Scurlock J M O, Ojima D S, et al. 1993. Observations and modeling of biomass and soil organic matter dynamics for the grassland biome worldwide. Global Biogeochemical Cycles, 7(4): 785-809.

Patel N R, Dadhwal V K, Saha S K. 2011. Measurement and scaling of carbon dioxide(CO_2)exchanges in wheat using flux-tower and remote sensing. Journal of the Indian Society of Remote Sensing, 39: 383-391.

Peng Y, Gitelson A A. 2011. Application of chlorophyll-related vegetation indices for remote estimation of maize productivity. Agricultural and Forest Meteorology, 151: 1267-1276.

Peng Y, Gitelson A A, Keydan G, et al. 2011. Remote estimation of gross primary production in maize and support for a new paradigm based on total crop chlorophyll content. Remote Sensing of Environment, 115: 978-989.

Peng Y, Gitelson A A, Sakamoto T. 2013. Remote estimation of gross primary productivity in crops using MODIS 250 m data. Remote Sensing of Environment, 128: 186-196.

Piao S, Luyssaert S, Ciais P, et al. 2010. Forest annual carbon cost: a global-scale analysis of autotrophic respiration. Ecology, 91: 652-661.

Potter C S, Randerson J T, Field C B, et al. 1993. Terrestrial ecosystem production: a process model based on global satellite and surface data. Global Biogeochemical Cycles, 7: 811-841.

Price K, Storn R M, Lampinen J A. 2005. Differential evolution: a practical approach to global optimization. Natural Computing, 2005(2): 393-405.

Prince S D, Goward S N. 1995. Global primary production: a remote sensing approach. Journal of Biogeography, 22: 815-835.

Propastin P, Ibrom A, Knohl A, et al. 2012. Effects of canopy photosynthesis saturation on the estimation of gross primary productivity from MODIS data in a tropical forest. Remote Sensing of Environment, 121: 252-260.

Qi J, Chehbouni A, Huete A R, et al. 1994. A modified soil adjusted vegetation index. Remote Sensing of Environment, 48: 119-126.

Rahman A F, Sims D A, Cordova V D, et al. 2005. Potential of MODIS EVI and surface temperature for directly estimating per-pixel ecosystem C fluxes. Geophysical Research Letters, 32: L19404.

Raich J, Rastetter E, Melillo J, et al. 1991. Potential net primary productivity in South America: application of a global model. Ecological Applications, 1: 399-429.

Reeves D W. 1997. The role of soil organic matter in maintaining soil quality in continuous cropping systems. Soil & Tillage Research, 43: 131-167.

Reichstein M, Falge E, Baldocchi D, et al. 2005. On the separation of net ecosystem exchange into assimilation and ecosystem respiration: review and improved algorithm. Global Change Biology, 11: 1424-1439.

Reichstein M, Rey A, Freibauer A, et al. 2003. Modeling temporal and large-scale spatial variability of soil respiration from soil water availability, temperature and vegetation productivity indices. Global Biogeochemical Cycles, 17: 1104-1119.

Reichstein M, Tenhunen J D, Roupsard O, et al. 2002. Ecosystem respiration in two Mediterranean evergreen Holm Oak forests: drought effects and decomposition dynamics. Functional Ecology, 16: 27-39.

Rey A, Pegoraro E, Tedeschi V, et al. 2002. Annual variation in soil respiration and its components in a coppice oak forest in Central Italy. Global Change Biology, 8: 851-866.

Richardson A D, Mahecha M D, Falge E, et al. 2008. Statistical properties of random CO_2 flux measurement uncertainty inferred from model residuals. Agricultural and Forest Meteorology, 148: 38-50.

Rondeaux G, Steven M, Baret F. 1996. Optimization of soil-adjusted vegetation indices. Remote Sensing of Environment, 55: 95-107.

Rouse J W, Haas R H, Schell J A, et al. 1974. Monitoring the vernal advancements and retrogradation of natural vegetation. Greenbelt MD, USA: NASA/GSFC, Final Report: 1-137.

Ruimy A, Jarvis P G, Baldocchi D D, et al. 1995. CO_2 fluxes over plant canopies and solar radiation: a review. Advances in Ecological Research, 26: 1-68.

Ruimy A, Kergoat L, Bondeau A. 1999. Comparing global models of terrestrial net primary productivity(NPP): analysis of differences in light absorption and light-use efficiency. Global Change Biology, 5: 56-64.

Ruimy A, Saugier B, Dedieu G. 1994. Methodology for the estimation of terrestrial net primary production from remotely sensed data. Journal of Geophysical Research, 99(D3): 5263-5283.

Running S W, Baldocchi D D, Turner D P, et al. 1999. A global terrestrial monitoring network integrating tower fluxes, flask sampling, ecosystem modeling and EOS satellite data. Remote Sens Environ, 70: 108-127.

Running S W, Coughlan J C. 1988. A general model of forest ecosystem processes for regional applications Ⅰ: hydrologic balance, canopy gas exchange and primary production processes. Ecological Modelling, 42: 125-154.

Running S W, Gower S T. 1991. FOREST-BGC, A general model of forest ecosystem processes for regional applications,

Ⅱ, Dynamic allocation and nitrogen budgets. Tree Physiol, 9: 147-160.
Running S W, Nemani R R, Heinsch F A, et al. 1994. Testing FOREST-BGC ecosystem process simulations across a climatic gradient in Oregon. Ecological Applications, 4: 238-247.
Running S W, Nemani R R, Heinsch F A, et al. 1995. A remote sensing based vegetation classification logic for global land cover analysis. Remote Sens Environ, 51: 39-48.
Running S W, Nemani R R, Heinsch F A, et al. 2004. A continuous satellite-derived measure of global terrestrial primary production. Bioscience, 54: 547-560.
Running S W, Thornton P E, Nemani R, et al. 2000. Global terrestrial gross and net primary productivity from the earth observing system. *In*: Sala O, Jackson R, Mooney H. Methods in Ecosystem Science. New York: Springer-Verlag: 44-57.
Sakamoto T, Gitelson A A, Wardlow B D, et al. 2011. Estimating daily gross primary production of maize based only on MODIS WDRVI and shortwave radiation data. Remote Sensing of Environment, 115: 3091-3101.
Schlemmer M, Gitelson A, Schepers J, et al. 2013. Remote estimation of nitrogen and chlorophyll contents in maize at leaf and canopy levels. International Journal of Applied Earth Observation and Geoinformation, 25: 47-54.
Schlesinger W H, Andrews J A. 2000. Soil respiration and the global carbon cycle. Biogeochemistry, 48: 7-20.
Schubert P, Eklundh L, Lund M, et al. 2010. Estimating northern peatland CO_2 exchange from MODIS time series data. Remote Sensing of Environment, 114: 1178-1189.
Scott R L, Hamerlynck E P, Jenerette G D, et al. 2010. Carbon dioxide exchange in a semidesert grassland through drought-induced vegetation change. Journal of Geophysical Research-Biogeosciences, 115: G03026. doi: 10. 1029/2010JG001348.
Sellers P J, Berry J A, Collatz G J, et al. 1992. Canopy reflectance, photosynthesis, and transpiration. Ⅲ. A reanalysis using improved leaf models and a new canopy integration scheme. Remote Sensing of Environment, 42(3): 187-216.
Shi P, Sun X, Xu L, et al. 2006. Net ecosystem CO_2 exchange and controlling factors in a steppe-Kobresia meadow on the Tibetan Plateau. Science in China Series D: Earth Sciences, 49(Supp. Ⅱ): 207-218.
Sims D A, Rahman A F, Cordova V D, et al. 2005.Midday values of gross CO_2 flux and light use efficiency during satellite overpasses can be used to directly estimate eight-day mean flux. Agricultural and Forest Meteorology, 131: 1-12.
Sims D A, Rahman A F, Cordova V D, et al. 2006. On the use of MODIS EVI to assess gross primary productivity of North American ecosystems. Journal of Geophysical Research-Biogeosciences, 111: G04015. doi: 10.1029/2006JG000162.
Sims D A, Rahman A F, Cordova V D, et al. 2008. A new model of gross primary productivity for North American ecosystems based solely on the enhanced vegetation index and land surface temperature from MODIS. Remote Sensing of Environment, 112: 1633-1646.
Sjöström M, Ardö J, Arneth A, et al. 2011. Exploring the potential of MODIS EVI for modeling gross primary production across African ecosystems. Remote Sensing of Environment, 115: 1081-1089.
Sun R, Chen J M, Zhu Q J, et al. 2004. Spatial distribution of net primary productivity and evapotranspiration in Changbaishan Natural Reserve, China, using Landsat ETM plus data. Canadian Journal of Remote Sensing, 30(5): 731-742.
Tang J, Baldocchi D D, Xu L. 2005. Tree photosynthesis modulates soil respiration on a diurnal time scale. Global Change Biology, 11: 1298-1304.
Tang X, Wang Z, Liu D, et al. 2012. Estimating the net ecosystem exchange for the major forests in the northern United States by integrating MODIS and AmeriFlux data. Agricultural and Forest Meteorology, 156: 75-84.
Tang X, Liu D, Song K, et al. 2011. A new model of net ecosystem carbon exchange for the deciduous-dominated forest by integrating MODIS and flux data. Ecological Engineering, 37: 1567-1571.
Trumbore S. 2006. Carbon respired by terrestrial ecosystems-recent progress and challenges. Global Change Biology, 12: 141-153.
Turner D P, Urbanski S, Bremer D, et al. 2003. A cross-biome comparison of daily light use efficiency for gross primary production. Global Change Biology, 9: 383-395.
Turner D P, Ritts W D, Cohen W B, et al. 2006. Evaluation of MODIS NPP and GPP products across multiple biomes. Remote Sensing of Environment, 102: 282-292.
Ueyama M, Harazono Y, Ichii K. 2010. Satellite-based modeling of the carbon fluxes in mature black spruce forests in Alaska: a synthesis of the eddy covariance data and satellite remote sensing data. Earth Interactions, 14(13): 1410-1413.
Valentini R, Matteucci G, Dolman A, et al. 2000. Respiration as the main determinant of carbon balance in European forests. Nature, 404: 861-865.
Veroustraete F, Sabbe H, Eerens H. 2002. Estimation of carbon mass fluxes over Europe using the C-Fix model and Euroflux data. Remote Sensing of Environment, 83: 376-399.
Vourlitis G L, Verfaillie J, Oechel W C, et al. 2003. Spatial variation in regional CO_2 exchange for the Kuparuk River Basin, Alaska over the summer growing season. Global Change Biology, 9: 930-941.
Waksman S A, Gerretsen F C. 1931. Influence of temperature and moisture upon the nature and extent of decomposition of

plant residues by microorganisms. Ecology, 12: 33-60.

Wang H, Jia G, Fu C, et al. 2010. Deriving maximal light use efficiency from coordinated flux measurements and satellite data for regional gross primary production modeling. Remote Sensing of Environment, 114: 2248-2258.

Wang J, Liu J, Cao M, et al. 2011. Modelling carbon fluxes of different forests by coupling a remote-sensing model with an ecosystem process model. International Journal of Remote Sensing, 32: 6539-6567.

Wang S, Huang M, Shao X, et al. 2004. Vertical distribution of soil organic carbon in China. Environmental Management, 33(Supp. 1). S200-S209.

Whittaker R H, Marks P L. 1975. Methods of assessing terrestrial productivity. *In*: Lieth H, Whittaker R H. Primary Productivity of the Biosphere. New York: Springer-Verlag.

Wofsy S C, Harriss R C. 2002. The North American Carbon Program(NACP): Report of the NACP Committee of the US Interagency Carbon Cycle Science Program. Washington, DC: US Global Change Research Program.

Wohlfahrt G, Pilloni S, Hörtnagl L, et al. 2010. Estimating carbon dioxide fluxes from temperate mountain grasslands using broad-band vegetation indices. Biogeosciences, 7: 683-694.

Wu C, Chen J, Huang N. 2011. Predicting gross primary production from the enhanced vegetation index and photosynthetically active radiation: evaluation and calibration. Remote Sensing of Environment, 115: 3424-3435.

Wu C, Munger J W, Niu Z, et al. 2010b. Comparison of multiple models for estimating gross primary production using MODIS and eddy covariance data in Harvard Forest. Remote Sensing of Environment, 114: 2925-2939.

Wu C, Niu Z, Gao S. 2010a. Gross primary production estimation from MODIS data with vegetation index and photosynthetically active radiation in maize. Journal of Geophysical Research-Atmospheres, 115: D12127. doi: 10. 1029/2009JD013023.

Wu J, Xiao X, Guan D, et al. 2009. Estimation of the gross primary production of an old-growth temperate mixed forest using eddy covariance and remote sensing. International Journal of Remote Sensing, 30: 463-479.

Wu W, Wang S, Xiao X, et al. 2008. Modeling gross primary production of a temperate grassland ecosystem in Inner Mongolia, China, using MODIS imagery and climate data. Science in China Series D: Earth Sciences, 51: 1501-1512.

Wylie B K, Fosnight E A, Gilmanov T G, et al. 2007. Adaptive data-driven models for estimating carbon fluxes in the Northern Great Plains. Remote Sensing of Environment, 106: 399-413.

Xiao J, Zhuang Q, Baldocchi D D, et al. 2008. Estimation of net ecosystem carbon exchange for the conterminous United States by combining MODIS and AmeriFlux data. Agricultural and Forest Meteorology, 148: 1827-1847.

Xiao J, Zhuang Q, Law B E, et al. 2011. Assessing net ecosystem carbon exchange of U.S. terrestrial ecosystems by integrating eddy covariance flux measurements and satellite observations. Agricultural and Forest Meteorology, 151: 60-69.

Xiao X, Hollinger D, Aber J, et al. 2004a. Satellite-based modeling of gross primary production in an evergreen needleleaf forest. Remote Sensing of Environment, 89: 519-534.

Xiao X, Zhang Q, Braswell B, et al. 2004b. Modeling gross primary production of temperate deciduous broadleaf forest using satellite images and climate data. Remote Sensing of Environment, 91: 256-270.

Xiao X, Zhang Q, Saleska S, et al. 2005. Satellite-based modeling of gross primary production in a seasonally moist tropical evergreen forest. Remote Sensing of Environment, 94: 105-122.

Yan Y, Guo H, Gao Y, et al. 2010. Variations of net ecosystem CO_2 exchange in a tidal inundated wetland: coupling MODIS and tower-based fluxes. Journal of Geophysical Research-Atmospheres, 115: D15102. doi: 10. 1029/2009JD012838.

Yan H, Fu Y, Xiao X, et al. 2009. Modeling gross primary productivity for winter wheat-maize double cropping system using MODIS time series and CO_2 eddy flux tower data. Agriculture, Ecosystems & Environment, 129: 391-400.

Yan H, Wang S Q, Billesbach D, et al. 2015. Improved global simulations of gross primary product based on a new definition of water stress factor and a separate treatment of C_3 and C_4 plants. Ecol Model, 297: 42-59.

Yang F, Ichii K, White M A, et al. 2007. Developing a continental-scale measure of gross primary production by combining MODIS and AmeriFlux data through Support Vector Machine approach. Remote Sensing of Environment, 110: 109-122.

Yang Y, Shang S, Guan H, et al. 2013. A novel algorithm to assess gross primary production for terrestrial ecosystems from MODIS imagery. Journal of Geophysical Research-Biogeosciences, 118: 115-123. doi: 10. 1002/jgrg. 20056.

Yu G, Wen X, Sun X, et al. 2006. Overview of ChinaFLUX and evaluation of its eddy covariance measurement. Agricultural and Forest Meteorology, 137: 125-137.

Yu G, Zhu X, Fu Y, et al. 2013. Spatial patterns and climate drivers of carbon fluxes in terrestrial ecosystems of China. Global Change Biology, 19: 798-810.

Yuan W, Liu S, Yu G, et al. 2010. Global estimates of evapotranspiration and gross primary production based on MODIS and global meteorology data. Remote Sensing of Environment, 114: 1416-1431.

Yuan W, Liu S, Zhou G, et al. 2007. Deriving a light use efficiency model from eddy covariance flux data for predicting daily gross primary production across biomes. Agricultural and Forest Meteorology, 143: 189-207.

Yuan W, Luo Y, Li X, et al. 2011. Redefinition and global estimation of basal ecosystem respiration rate. Global

Biogeochemical Cycles, 25(4): 1441-1458.
Yvon-Durocher G, Caffrey J M, Cescatti A, et al. 2012. Reconciling the temperature dependence of respiration across timescales and ecosystem types. Nature, 487: 472-476.
Zhang J, Hu Y, Xiao X, et al. 2009b. Satellite-based estimation of evapotranspiration of an old-growth temperate mixed forest. Agricultural and Forest Meteorology, 149: 976-984.
Zhang Q, Middleton E M, Margolis H A, et al. 2009a. Can a satellite-derived estimate of the fraction of PAR absorbed by chlorophyll (FAPARchl) improve predictions of light-use efficiency and ecosystem photosynthesis for a boreal aspen forest? Remote Sensing of Environment, 113: 880-888.
Zhang Q, Xiao X, Braswell B, et al. 2005. Estimating light absorption by chlorophyll, leaf and canopy in a deciduous broadleaf forest using MODIS data and a radiative transfer model. Remote Sensing of Environment, 99: 357-371.
Zhang Y Q, Wegehenkel M. 2006. Integration of MODIS data into a simple model for the spatial distributed simulation of soil water content and evapotranspiration. Remote Sensing of Environment, 104(4): 393-408.
Zhang M, Yu G, Zhuang J, et al. 2011. Effects of cloudiness change on net ecosystem exchange, light use efficiency, and water use efficiency in typical ecosystems of China. Agricultural and Forest Meteorology, 151: 803-816.
Zhang X, Friedl M A, Schaaf C B, et al. 2003. Monitoring vegetation phenology using MODIS. Remote Sensing of Environment, 84: 471-475.
Zhang Y, Yu Q, Jiang J, et al. 2008. Calibration of Terra/MODIS gross primary production over an irrigated cropland on the North China Plain and an alpine meadow on the Tibetan Plateau. Global Change Biology, 14: 757-767.
Zhao M, Zhou G S. 2006. Carbon storage of forest vegetation in China and its relationship with climatic factors. Climatic Change, 74(1-3): 175-189.
Zhou Z, Jiang L, Du E, et al. 2013. Temperature and substrate availability regulate soil respiration in the tropical mountain rainforests, Hainan Island, China. Journal of Plant Ecology, 6: 325-334.
Zhu X D, He H L, Liu M, et al. 2010. Spatio-temporal variation of photosynthetically active radiation in China in recent 50 years. Journal of Geographical Sciences, 20: 803-817.

第6章　陆地生态系统碳管理模型

6.1　陆地生态系统碳管理概述

6.1.1　引言

气候变化是全球各国面临的共同问题，也是人类协调环境与发展的共同挑战，“将大气中温室气体的浓度稳定在防止气候系统受到危险的人为干扰的水平上”，是《联合国气候变化框架公约》的目标和核心任务（Jensen et al.，2012；王伟光等，2014）。社会经济发展方式转变和先进能源技术创新为标志的低碳发展是应对气候变化战略的核心内容；同时减少农业温室气体排放，增加农田、草地、湿地和森林生态系统碳汇，是大气 CO_2 减排增汇的重要措施，具有较高的减排潜力。

早在20世纪70年代，就有学者提出通过植树造林吸收大气 CO_2，减缓全球气候变化的生态系统管理措施，并估计全球通过植树造林可固定约16.5Pg碳（Dyson，1977）；这一粗略的估计激发了更多的相关计算，Cole等（1997）估计，通过养分管理、种植、轮作和免耕措施，在50~100年，可使已经损失的土壤有机碳的2/3返回到土壤中（Post et al.，2012）。根据IPCC报告，农田管理、放牧草地管理和农田转变为草地等措施在2010年和2040年将增加全球土壤碳储量4.00Pg C/a和8.14Pg C/a（IPCC，2000a，2000b）；而通过农业源温室气体减排技术，到2030年全球农业技术减排潜力每年达55亿~60亿t CO_2 当量，增加土壤碳汇占农业技术减排潜力的89%（Smith et al.，2007）。通过全球森林资源清查数据和长期生态系统碳循环研究，1990~2007年全球森林碳汇为（2.4±0.4）Pg C/a，其中全球造林和再造林及热带森林再生长每年固定4.0Pg C，相当于2009年全球化石燃料碳排放的一半；而期间通过这两种森林管理措施的累积碳汇是73Pg C，约相当于同期化石燃料累积碳排放（126Pg C）的60%（Pan et al.，2011）。可见陆地生态系统在全球陆地碳增汇中扮演着非常重要的角色，也凸显了陆地生态系统碳管理在减缓和适应全球气候变化中的重要意义。

陆地生态系统碳管理就是通过认识陆地尺度生态系统碳循环过程机理，合理地调节与管理陆地生态系统的碳循环过程，通过人为调控作用来增强生态系统碳汇功能，吸收大气 CO_2，优化生态系统的结构与功能，提高生态系统承受外来胁迫影响，以及功能快速恢复的能力，确保生态系统的碳汇功能长期稳定发展（于贵瑞等，2011；王秋凤等，2015）。陆地生态系统碳管理的目的在于通过各种人为管理措施，包括对农田、草原、森林和灌丛生态系统采取多种管理措施。例如，退耕还林、退耕还牧和森林经营管理等，增加陆地生态系统碳汇能力和碳储量，减少陆地生态系统碳排放。陆地碳管理也为科学认识生态系统与气候变化的相互作用关系、预测气候变化趋势提供理论基础，同时为制定服务于减缓和适应气候变化的全球及区域碳管理规划与政策提供科学理论基础和数据支撑。

中国面临着温室气体减排的严峻挑战。2014 年 11 月 12 日，在北京召开的 APEC 会议上发布了《中美气候变化联合声明》，中美两国元首宣布了两国各自 2020 年后应对气候变化的目标和行动，承诺“美国计划于 2025 年实现在 2005 年基础上减排 26%~28%的全球经济范围减排目标并将努力减排 28%。中国计划 2030 年左右二氧化碳排放达到峰值且将努力早日达峰，并计划到 2030 年非化石能源占一次能源消费比例提高到 20%左右”。这是我国对国际社会的庄严承诺，也是对全球应对气候变化的重大贡献。然而，我们也应该意识到，我国 6600 美元的人均 GDP 与发达国家人均 GDP 超过 30 000 美元有很大差距，减贫与经济发展依然是主要任务。因此，通过陆地生态系统碳管理，对我国碳减排具有重要而现实的意义。

在过去的几十年中，中国政府高度重视陆地生态系统碳管理和植被恢复工作，并取得了卓越成效，我国人工林的增加、区域气候变化及植被恢复尤其是灌丛的恢复均增加了中国陆地生态系统碳储量，陆地生态系统碳管理的研究增强了中国陆地生态系统的减排和增汇功能。

目前国内外对陆地生态系统碳汇功能及增汇潜力的计量方法研究较多，其中 CDM（清洁发展机理）造林与再造林项目严格的碳汇计量方法是由于人为措施及项目实施在项目边界内产生额外碳固定，是项目实施后边界内碳储量的变化量减去基线情况下碳库变化值、在边界外产生的碳泄漏，以及项目边界内增加的排放量。因此对于碳汇项目的计量一般遵循以下的步骤：其一，要有严格和明确的项目实施的界限；其二，监测地上生物量碳库、地下生物量碳库、土壤碳库、凋落物碳库、枯死木、采伐的木材产品碳库；其三，计算由于该项目的实施，边界内温室气体的排放量、碳泄露量及基线碳储量的变化。泄漏是指在某块土地上进行的固碳活动无意识地直接或间接引发了其他某些活动，它们有可能部分或全部抵消最初行动的固碳效果（任伟等，2011）。CDM 项目在降低发达国家减排成本的同时，可为发展中国家带来额外资金和先进技术，实现环境和发展的双赢，因此近年来在我国蓬勃发展（高海然，2008）。

由于人们无法在全球尺度上直接和全面地测量生态系统的碳循环过程，为了研究陆地碳循环与全球变化之间复杂的相互作用，以及实现碳循环的定量模拟和预测，模型方法已经成为陆地碳循环研究中不可替代的必要手段。此外，陆地生态系统碳管理措施真正发挥效益可能需要几十年，即使是农田管理也需要 2~5 年后才能真正见到效果，利用数学模型可以模拟管理措施下的碳循环动态变化，估计土壤和植被的碳存储现状及预测未来的碳存储潜力（田汉勤等，2010；侯宁等，2009；Heimann，2008）。即通过模型模拟外推的方法将一些实验地点上得到的生态学假设演绎到地区乃至全球的范围。这种方法尽管存在时空尺度及不确定性问题，但仍然是目前唯一可行的方法（邵月红和许信旺，2006）。

碳循环模型是深入研究陆地生态系统碳循环和全球气候变化相互作用的重要手段和工具（张海清等，2005）。陆地生态系统碳管理模型是指用数学方法定量描述人为管理措施、未来气候变化情景下陆地生态系统碳循环过程及其格局的变化，从而利用计算机模拟多种管理情景下陆地碳收支的动态，估计土壤和植被的碳存储现状及预测未来的碳存储潜力，定量化评估管理措施对于陆地碳汇的贡献，为相关决策提供科学数据支撑。

陆地生态系统碳管理建模的目的是在已有陆地生态系统碳循环的主要过程和机理的基础上，重点预测和分析人类活动对陆地生态系统碳源汇的影响及其反馈。陆地碳管理模型是深入研究人类活动和陆地表层碳循环相互作用的重要手段和工具，主要用于对陆地生态系统碳库储量变化情况进行描述、理解、模拟和预测，是自然科学与管理科学的有机结合。从生态系统管理研究的角度上来说，陆地碳管理模型主要用于：人为管理情景对生态系统碳氮水过程影响的模拟，探讨陆地固碳措施的经济、社会和环境方面的成本，估算和预测陆地生态系统碳库储量及其时空格局演变，评价与预测减缓温室效应与管理决策的结果。

6.1.2 陆地生态系统碳管理模型类型

陆地生态系统碳管理模型的类型因分类方法不同而不同，按照生态系统类型可分为农田、森林、草地和湿地等生态系统碳管理模型，按照评价目标也可分为固碳经济成本分析、环境影响评价分析等类型，本章着重介绍前三者。

6.1.2.1 农田生态系统碳管理模型

农田生态系统碳管理模型采用数学方法描述作物生长过程及其与环境的关系，因而成为农田管理、农业风险预测及土地资源管理等方面的重要技术工具。机理性模型可以用来模拟气候变化背景下作物的生长，直接分析各种环境因子变化对农田生态系统碳收支的影响。因为农田生态系统碳循环模型往往在其作物生长子模块中包含有人为活动。例如，作物类型和品种、灌溉、施肥、秸秆还田、耕作措施等，所以，农田生态系统碳循环模型很容易转化为碳管理模型，本质上的差别很小，很多农田碳管理模型都是从农田碳循环模型改造升级而来的。

6.1.2.2 森林生态系统碳管理模型

森林碳管理模型就是利用现代系统思想和数学方法，将人为活动与森林生态系统结合起来，用以预测、评估、计划、指挥、组织、调节和控制森林资源的过程，是森林经营者进行森林管理的重要工具。利用森林碳管理模型可以模拟不同管理措施下森林生态系统碳循环的未来变化趋势，从而最大程度发挥森林的经济效益与生态效益，为国家制定林业综合规划提供指导和支持（蔡锦涛，2013）。

6.1.2.3 草地生态系统碳管理模型

草地碳管理是以充分了解草地生态系统植被生长行为及辨识其受系统内外因素（如放牧、火烧、降雨量等）干扰的动态变化为基础，采取适应性管理策略，最终实现碳的有效管理。借助于模型可以增强对系统功能、过程和结构动态变化的理解，提高草地碳管理的科学性和有效性，也便于适时采取有效手段，合理调控管理结果，提高管理效率。完善的草地管理模型以理论、机理和应用三环节为结构要素。其中，建模理论以生态学理论为基础，以管理学、地理信息系统、遥感、系统论等多学科为支撑，并随着各学科发展而不断发展；机理模型在假设条件下，对草地系统植被受到干扰后的动态变化给出合理解释；最终，机理模型与应用模型结合，作用于实践，解决现实草地系统存在的问题（曲云鹤等，2014）。

6.2　农田生态系统碳管理

6.2.1　农田生态系统碳循环

农田生态系统占全球陆地面积的 10.5%（FAO，2001），是全球碳库和陆地生态系统碳库的重要组成部分，与人类关系最为密切，同时也是重要的大气碳源和碳汇。一方面，大气中 20%的 CO_2、70%的 CH_4 和 90%的 N_2O 来源于农业活动及其相关过程（Lal and Bruce，1999）；另一方面，全球农田也是巨大的碳库，其碳储量达 170Pg，占全球碳储存总量的 8%~10%（Lal et al.，1998）。因此，无论作为温室气体的源还是汇，农田生态系统对大气 CO_2 浓度的变化都有着不容忽视的影响。由于农田生态系统相对其他陆地生态系统更为活跃，可以在较短的时间内通过人为干扰进行调节，因此农田生态系统碳收支的研究对于了解整个陆地生态系统的碳循环过程意义重大。自 20 世纪 80 年代以来，农田生态系统固碳在一系列固碳减排措施中处于重要地位。与自然生态系统相比，农业生态系统的碳循环不仅受到气候和环境等控制，而且更直接地受到农业管理措施的影响，这使得农业生态系统在全球碳循环中处于更加活跃的位置。

农田生态系统的碳收支包括作物固定大气 CO_2 和土壤向大气释放 CO_2。图 6.1 为农田生态系统碳循环示意图。由于光合作用，作物生长过程从大气中吸收 CO_2，并转化成作物体内的碳，这些碳分别进入了作物的籽粒、秸秆和根部中。同时，伴随异养呼吸的过程，作物体内的碳还会部分释放回大气。作物收获之后，根部和秸秆部分还田，其中的碳一部分进入土壤碳库，另一部分伴随分解过程以 CO_2 形式返回大气中。籽粒供给人畜食用，之后产出有机肥，进而进入农田中，其中一部分碳进入土壤，另一部分被直接分解释放到大气中。所有进入到土壤中的碳，参与土壤中各个碳库间的交换和循环过程；各个碳库间的碳相互流通、转化，并伴随一系列的分解过程，不断以 CO_2 形式释放到大气中去。

农田生态系统碳收支的变化不仅受到气候、土壤和作物生物学特性的影响，而且对农业管理的依赖性较高。种植制度的改变、品种的改良、肥料的施用量及灌溉充足与否均会在很大程度上影响作物地上生物量的积累，而它的积累影响了整个农田生态系统的碳收支过程（IPCC，2006）。

6.2.2　农田生态系统碳管理模型

由于碳循环过程及各碳库之间的碳通量和反馈机理的复杂性，模型被认为是研究农田生态系统碳循环最有效的手段。随着人们对农田生态系统结构和功能认识的不断提升，农田生态系统碳收支模拟近些年也得到了较快的发展。

农田生态系统碳循环模型主要模拟作物的生长过程和土壤有机碳的周转过程。目前在国际上，已开发出多种结构和功能各异、较早期模型复杂得多的农田生态系统碳循环模型。模拟的时间尺度从数小时到天再到年甚至百年，空间尺度从点到区域乃至全球。根据问题的不同，模型可以在不同的时空尺度上解决相应的问题，不同的模型对作物模块和土壤模块有着不同的重视程度。

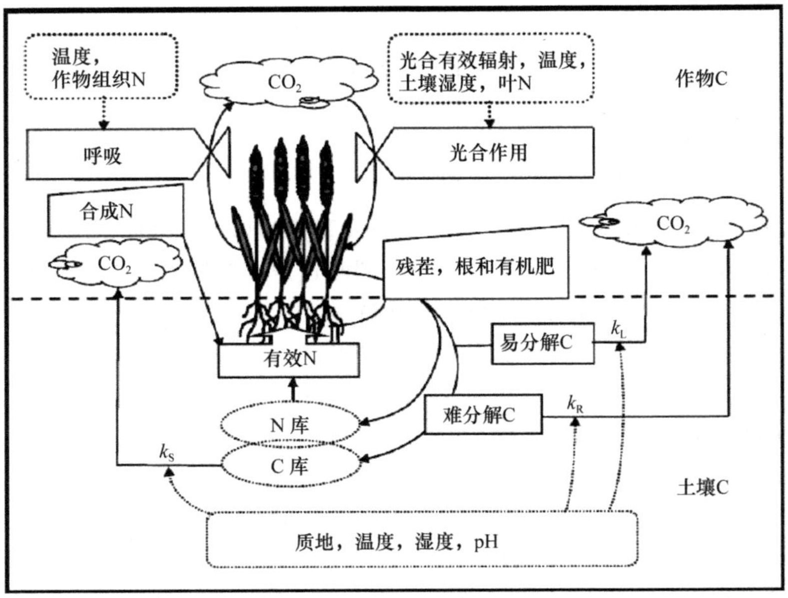

图 6.1 农田生态系统中碳循环示意图（Huang et al.，2009）
其中实线箭号显示碳交换量，虚线箭号为影响碳交换的因子

6.2.2.1 作物生长模拟模型

作物生长模拟模型是一类很重要的陆地生态系统净初级生产力（NPP）模型，它可以模拟整个生长季中作物生物量的动态，对农业的生产和决策十分重要。模型是对所研究系统的简化和概要的描述，作物生长模拟模型就是借助数学模型和计算机技术对作物-土壤-大气系统中作物的生长发育及产量形成进行动态仿真的过程。这种模型是对作物生理生态过程的动态与概要描述。

20 世纪 60 年代初，在欧洲及美国先后出现的作物生长模拟模型，其模型的思想方法借鉴了工业生产分析所用的系统工程方法。1965 年荷兰的作物生长系统分析及模拟先驱 de Wit（1965）总结并发展了前人有关作物对光的截获和转化，叶片光合作用的认识，构建了作物冠层的光合作用模型，开创了作物光合作用、生长过程模型研究的先河。

当今的作物模型可以用来模拟作物的生产状况、潜在生产力、水分状态、养分限制，包括害虫、杂草和灾害影响的作物实际生产的情况。人们可以根据模型发展的目标调整模型结构与参数，以及模型输入数据的复杂性，从而在不同的时空尺度上开展模拟。同时，作物模型至少还存在 3 个潜在的应用领域：研究、教育和生产的决策支持系统。作物模型可以用于作物类型设计、指导试验研究和教育、作物产量差异分析、作物的施肥策略评估、作物生长监测系统、分析和设计区域的土地利用方式。作物生长模拟被划分为 3 个水平：潜在生产，作物生长在水分与养分充分保证的条件下，其产量潜力仅受温度与光照条件影响并与作物本身的特性有关；水分和养分限制下的生产，作物生长过程中部分时期受到水分短缺和养分（氮磷）不足的影响；实际生产，作物生长过程中不仅受水分和养分的限制，而且害虫、杂草和环境污染等对作物也产生胁迫作用（Penning de Vries and van Laar，1982）。

6.2.2.2　农田土壤碳周转模型

农田土壤有机碳处于动态平衡的状态中，其含量的动态变化由土壤有机碳的形成量和分解量的相对大小决定。一方面外源有机质以秸秆、根和凋落物的形式不断输入土壤，经过微生物的分解过程转化为新的土壤有机质；另一方面土壤原有有机质不断地被分解和矿化，离开土壤。Jenkinson 和 Ayanaba（1977）最早把土壤中转化和矿化过程中的物质流通定义为土壤有机质的周转。土壤有机质周转是一个十分复杂的流通、转化动力学过程，这个过程受土壤温度、湿度、质地、pH、有机物料的化学组成及外源有机质输入等的影响。

目前全球有很多农田生态系统碳循环模型，多为机理过程模型，但其中一般又引入很多经验性的公式，故亦称为半机理半经验模型。目前在国际上应用较为广泛的农业生态系统碳循环模型主要有 RothC、DNDC、CENTURY、DAISY、APSIM 及 Agro-C 等。由于研究目的与侧重点的不同，不同的模型往往以各种假设对某些过程加以简化，进而从各自着重考虑的研究角度去建立和发展模型。上述主要模型分别简单描述如下。

英国洛桑试验站于 1977 年发展了一个初级土壤有机碳模型（Jenkinson and Ayanaba，1977），该模型将土壤有机质分为 5 个部分：易分解植物物质（DPM）、难分解植物物质（RPM）、生物量（BIO）、腐殖质（HUM）、惰性有机物（IOM）。每个部分假设在生物分解过程中符合一级动力学方程。模型以月为时间步长，来自作物秸秆、根和凋落物的碳分别进入 DPM 或 RPM 的库，然后分解形成 CO_2、微生物生物量和腐殖质，并假设在生物活性不变的条件下，对所有土壤来说，微生物生物量和腐殖质保持固定的比例。在模型中腐殖质分解为 CO_2、微生物生物量和剩余的腐殖质，惰性有机物在此情况下没有任何变化。

RothC 模型是在 Jenkinson 模型的基础上发展而来，增加了模型的复杂程度，让原来为常数的模型参数根据温度、水分等因素而变化。RothC 是一个模拟非淹水表土层有机碳周转的模型。它的参数包括土壤类型、温度、湿度和植被覆盖。它以月为步长，在年到世纪的时间尺度上计算总碳、微生物生物量等。RothC 最初的发展和模型的参数都来自洛桑试验站的长期定位试验数据。后来才不断地用于不同气候条件下的草地和森林生态系统。在研究火山灰质的土壤要慎重使用此模型，同时该模型不适用于一些长期淹水状态下（苔原和针叶林）的土壤（Jenkinson et al.，1991；Coleman and Jenkinson，1999）。

CENTURY 模型（Parton et al.，1987，1988）对草地土壤碳动态具有很强的模拟功能，该模型对肯尼亚、乌克兰、哈萨克斯坦、俄罗斯及美国等地草原土壤中有机质的含量具有较高的拟合度。CENTURY 模型分为土壤有机物、分解子模块、水收支模块、草地/作物模块、森林模块和管理及事件处理功能。它通过分室计算 C、N、P、S 的流动。最小的配置只有 C 模块和 N 模块。时间步长为月，需要的驱动变量包括：月最大、最小平均气温，月降水，土壤质地，植物 N、S、P 的含量，植物木质素的含量，空气土壤氮输入，初始的碳氮（硫磷）。

DNDC 模型（Li et al.，2003；李长生，2001，2004）耦合了受土壤环境影响的反硝化和分解过程，以此来估计农田土壤痕量气体 CO_2、CH_4、N_2O 和 N_2 的释放。该模型由两个部分组成：第一部分包含土壤气候、植物生长和有机质分解等 3 个子模型，其作用是根据输入的气象、土壤、植被、土地利用和农田耕作管理数据预测土壤-植物系统中诸环境因子的动态变化；第二部分包含硝化、脱氮和发酵等 3 个子模型，这部分的作用是通过土壤环境因子来预测上述 3 个微生物参与的反应速率。

DAISY 模型（Hansen et al.，1991）发展于丹麦，主要模拟各种农业生态系统中土壤水分和氮的动态及作物生产过程。DAISY 模型由一个土壤水分物理模块、土壤氮模块和作物模块构成，其中氮模块中包括土壤碳子模块。该模型将有机质分为 3 个概念库，即外源投入有机质库、微生物有机质库和土壤原始有机质库，每个库根据碳氮比又分为两个亚库。作物生长的模拟主要以温度和日长这两个因子来驱动。与当前其他大多数模型相比，DAISY 对作物的光合作用、CO_2 的吸收和分配及根系生长的模拟过程十分详细。

APSIM 模型（Keating et al.，2003）由澳大利亚联邦科工组织（CSIRO）、昆士兰州政府、昆士兰大学联合组成的农业生产系统组（APARU）联合开发研制，主要用于模拟农田生态系统生产过程及农业系统管理。APSIM 模型以“作物–土壤”系统作为模拟核心，以土壤过程机理为研究重点，对作物生长、养分管理、水分管理及气候变化背景下不同农业生产的管理情景做出模拟，并提供经济效益分析和管理决策。模型可以模拟多种作物、牧草在不同的轮作制度和耕作制度下的生长，开展了中国和澳大利亚农田土壤有机碳变化，以及氮、磷、水分等管理措施对作物生长和土壤肥力的短期及长期影响的研究。模型包括作物、土壤、管理、模拟系统控制及气象数据等诸多模块：作物部分包括小麦、玉米等大田作物，还包括高粱、向日葵、油菜、牧草等经济作物；土壤部分包括土壤水分、pH、氮、磷及土壤侵蚀等模块；气象输入数据包括逐日温度、降水、辐射等。APSIM 将土壤有机质划分为 3 个库：新鲜有机质库（FOM）、微生物库（BIOM）和腐殖质库（HUM）。新鲜有机质库包括所有进入土壤的作物残茬和死根；微生物库从概念上来讲代表比较有活性的有机质、土壤微生物生物量及微生物产物；腐殖质库则由其余的土壤有机质构成。3 个库之间的碳通过各种机理互相转化，相应的氮的转化依据各库中的碳氮比（C/N）来换算。各库的碳氮比视为恒定值，不随时间改变。微生物库和腐殖质库的分解依据一级动力学公式来计算，并依据土壤的温度和湿度因子来调整实际的分解速率。而新鲜有机质的分解速率随新鲜有机物料的碳氮比变化而变化。新鲜有机质库的每一个亚库（碳水化合物、纤维素、木质素）在分解时都会产生 CO_2，释放到大气中，同时将剩余的碳转移到微生物库和腐殖质库。

Agro-C 模型（Huang et al.，2009）基于中国农田土壤有机碳循环的试验数据建立，是一个用于模拟农田生态系统碳收支的生物地球物理模型，包括农田土壤有机碳模型 Soil-C 和作物生长模型 Crop-C。Agro-C 模型已经在中国部分地区农田经实测数据校正和验证。结果表明，Soil-C 子模型能较好地模拟各种农田生态系统中土壤有机碳动态和养分循环。Soil-C 子模型将土壤外源投入有机碳（来自作物秸秆、根部或有机肥）分为易分解和难分解两个部分；而将土壤有机碳分为轻组和重组两个组分。各组分的有机碳都有各自的最大分解速率，其实际分解速率受到土壤湿度、温度及质地等因子的修正，分解遵循一级动力学方程。总体而言，试验数据与模型模拟相结合是农田生态系统过程研究的基本方法。首先，试验数据为模型的校验和应用提供依据；其次，模型弥补了田间试验在时空尺度延展的局限。二者相结合，可以从更多时空尺度和管理情景上详细解释农业生态系统中复杂的过程。目前，我国农业系统模型的研究与应用比起国外相对落后，难以满足我国日趋迫切的农业资源管理和调控的需求，加强农业系统模型的研究与推广已成为学术界的重点和热点（曹卫星和罗卫红，2000）。

6.2.3　农田生态系统碳循环模型研究动态

6.2.3.1　作物生产力模拟研究动态

目前，大量研究应用模型模拟、历史资料统计分析、实验数据估算、卫星遥感数据估算等不同的方法评估了气候变化对我国作物光合生产的影响。在过去气候变暖的背景下，由于不同地区温度变化差异较大，且趋势不同，气候变暖对作物生产具有明显的区域性差异，给我国不同轮作区的作物生产力、生育期长度、种植制度等带来了不同程度的影响（田云录等，2011；孙卫国等，2011）。

已有大量研究应用模型进行了不同尺度上作物光合生产的模拟，包括点尺度（Tao et al.，2006）、区域尺度（Liu and Tao，2013；Wang et al.，2012）、国家尺度（Tao et al.，2006；Welch et al.，2010），甚至全球尺度（Deryng et al.，2011）的作物模拟研究，讨论了气候变化、作物品种改良、田间管理优化等对作物生产力的影响。例如，利用 APSIM-Maize 模式研究发现，在 1981~2007 年，早播品种会增加 4%的玉米产量，而采用晚熟品种会造成产量再增加 13%~38%（Liu and Tao，2013）。此外，改进的作物品种和管理办法同样对过去华北的小麦-玉米种植产量的增加有重要的作用（Wang et al.，2012）。

越来越多的农田生态系统模型，基于未来气候变化的不同情景，广泛探讨了未来气候变化对作物光合生产力的影响。至今，大量研究针对温度、降水、CO_2 未来的变化，讨论了我国不同地区不同作物对单一环境因子或多因子的响应情况。例如，Lin 等（2005）利用 CERES 作物模型，排除大气 CO_2 的施肥效应，发现在 SRES A2 和 B2 情景下，未来水稻、玉米和小麦产量将减少达 37%。Chavas 等（2009）根据 IPCC SRES A2 情景，采用 EPIC 模型讨论了 CO_2 的增加使 2071~2100 年中国东部水稻、小麦和玉米生产力将增长 6.5%~25%，去除 CO_2 肥效之后作物生产力将下降 2.5%~12%。Guo 等（2010）利用 CERES-Wheat 和 Maize 作物模型分析得到，在 B2 情景下，到 21 世纪 90 年代，在没有 CO_2 施肥效应下，小麦和玉米产量将分别增加 9.8%和 3.2%，较高的气温不但影响作物产量，而且影响水分的利用效率。熊伟等（2008）用 CERES-Maize 模型，模拟了 IPCC SRES A2 和 B2 两种温室气体排放情景下，2011~2100 年我国雨养和灌溉玉米生长，结果表明，如果保持现有的玉米生产状况，气候变化将导致我国玉米主产区的玉米单产普遍降低，总产下降，给玉米光合生产带来一定损失。

6.2.3.2　农田土壤有机碳研究动态

在农田生态系统中，由于对自然植被的开垦，有机质输入大量减少，土壤发生侵蚀，有机质随翻耕向更深的土层移动，土壤团聚体发生破坏，土壤微生物活性也可能增加，这些都直接或间接导致碳输入减少和有机碳分解加快，从而导致耕作后土壤碳含量减少。据 Mann（1986）估计，农业开垦使森林和草地表层 30cm 的土壤碳丢失了约 20%，且大部分碳丢失的过程主要发生在开垦后的前 20 年。另外，尽管农田开垦会造成土壤有机碳的迅速减少，采用秸秆还田和少免耕等保护性管理措施或是弃耕还林（或草）等一般能减缓甚至逆转 SOC 的丢失（Schlesinger，2000）。

中国农田面积占世界总农田面积的 9.8%（FAOSTAT，2006），承载了超过世界 1/5 的人口。随着人口的继续增加、耕地面积的逐年减少，以及全球变暖背景下中国所受到来自国际上的温室气体减排的压力，越来越多的目光汇聚到了中国农田 SOC 的变化上。针对 20 世纪 80 年代以来中国农田 SOC 的时空变化，国内外学者基于模型进行了不少的研究，具体结果综述如下。利用 DNDC 模型，Li 等（2003）和 Tang 等（2006）分别根据 1990 年与 1998 年的气象及土地利用数据，对中国农田碳储量及碳库变化进行了模拟研究。两个模拟结果表明，中国农田土壤每年损失 95Tg C（1990 年）和 79Tg C（1998 年）。Yan 等（2011）收集了 2007~2008 年全国范围内 1394 个农田土壤观测数据，通过与 1979~1982 年第二次土壤普查时观测数据进行对比，发现中国农田耕作层 SOC 平均变化速率为 9.6Tg/a。Yu 等（2012）基于中国 17 个站点的观测数据，首先对机理过程模型（Agro-C）进行了校正和验证，而后收集全国农田土壤、气象及作物和施肥等管理数据，并利用 Agro-C 模型模拟了 1980~2009 年中国农田 SOC 的时空变化，研究结果显示，过去 30 年间中国农田土壤表现为碳汇，并以每年 11~36Tg C 的速率固碳。

6.2.3.3 农田生态系统碳循环模型研究的不确定性

在区域乃至国家尺度农田生态系统碳收支的研究中，越来越多的生物地球化学模型，在经过站点上的校准验证后，已被广泛应用于评价和预测全球变化背景下区域或全球农田生态系统碳收支问题（Huang et al.，2009）。IPCC（2006）的报告中列出了关于模型估算结果不确定性的几个主要方面的来源，包括模型参数、模型结构、输入数据、初始化过程、用于评估的数据、模型升尺度过程及插值方法等。

模型模拟结果的不确定性首先可能来源于模型自身的模拟性能，这方面的不确定性主要来源于模型的参数、结构等各个方面的误差。其次，在模拟过程中，另一个重要的不确定性还来自于输入数据的精确度，如作物品种的更替、轮作制度的变化、化肥和有机肥投入量的变化、灌溉措施的变化等，这些因素的变化均在很大程度上给土壤有机碳的监测带来不确定性（Paustian et al.，2000）。最后，在升尺度模拟过程中，输入数据的空间化过程也可能给模拟结果带来一定的不确定性。Zhang 等（2014）针对升尺度模拟过程中空间输入数据的可获得性差异，评估了中国稻田甲烷排放估算的不确定性范围，结果表明，不同的空间模拟划分单元（县、省、大区）下，模型估算结果的不确定性分别为 4.5~8.7Tg、4.8~10.4Tg、3.4~12.3Tg。

综上，在模型的发展和应用过程中，模拟结果的不确定性可能存在于模型从构建到应用的每一个环节中，因此未来仍需要对模型从构建到应用过程中各个环节带来的不确定性进行讨论，以提高农田生态系统碳循环模拟的精度。

6.2.3.4 农田生态系统碳管理模型研究展望

进一步开发和利用碳管理模型，能够开展多种管理措施下的模拟分析，掌握农田生态系统碳的动态变化，从而实现对农田土壤肥力变化的预测及最大化利用，为减少温室气体排放，减缓农业非点源污染提供可靠依据，为政府制定相关政策提供相关数据参考。由于中国气候格局、土壤特征、管理方式与北美和欧洲有着巨大的差异，不能像西方国家那样单季种植或休耕，因此，必须着力于发展具有中国特色的农田管理固碳模式。今后中国农田生态系统碳管理模型研究的主要方向应该借鉴国际主流碳管理模型的相关经验，结合中国农田生态系统的特点，在相关机理性试验研究的基础上，开发和改善中国的农田生态系统碳管理模型，从不同的时空尺度上，分析不同区域、不同种植模式农田的固碳现状与潜力，分析碳循环与其他重要元素循环机理的结合点和耦合机理（刘昱等，2015）。

6.2.4　农田秸秆还田碳管理模型实例——EPIC 模型

6.2.4.1　模型介绍

EPIC 模型原名为侵蚀和生产力影响估算模型，由美国农业部于 1984 年研发并用于研究土壤侵蚀与作物单产关系的单点模型，后来发展成为环境政策综合气候模型（environmental policy integrated climate model，EPIC），Izaurralde 等（2006）将 Century 模型中有关土壤碳循环过程的算法引进 EPIC 模型中，模拟土壤碳对土地利用变化、农田耕作、气候变化的响应。EPIC 模型主要有 EPIC0509 等 5 个版本，已经在全球多个国家多种尺度应用于评价农田固碳潜力、作物产量等。图 6.2 和图 6.3 分别是模型框架图和模型模块系统图。

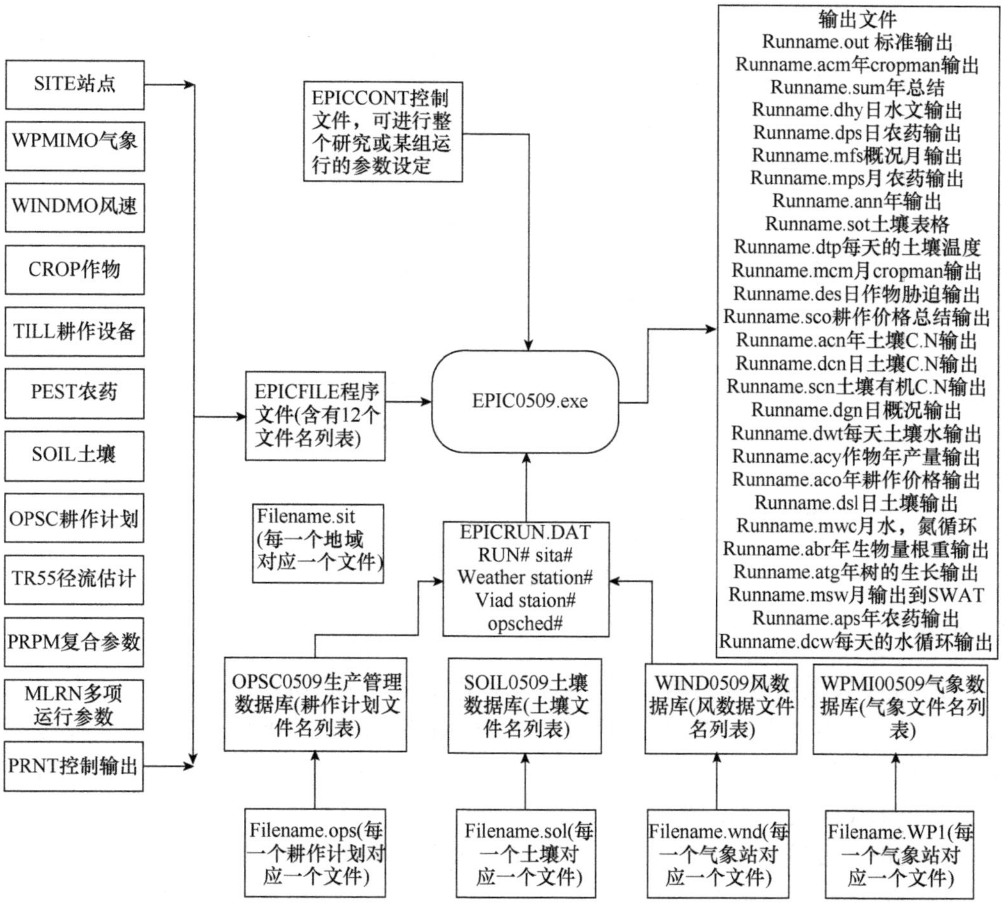

图 6.2　EPIC 模型框架图

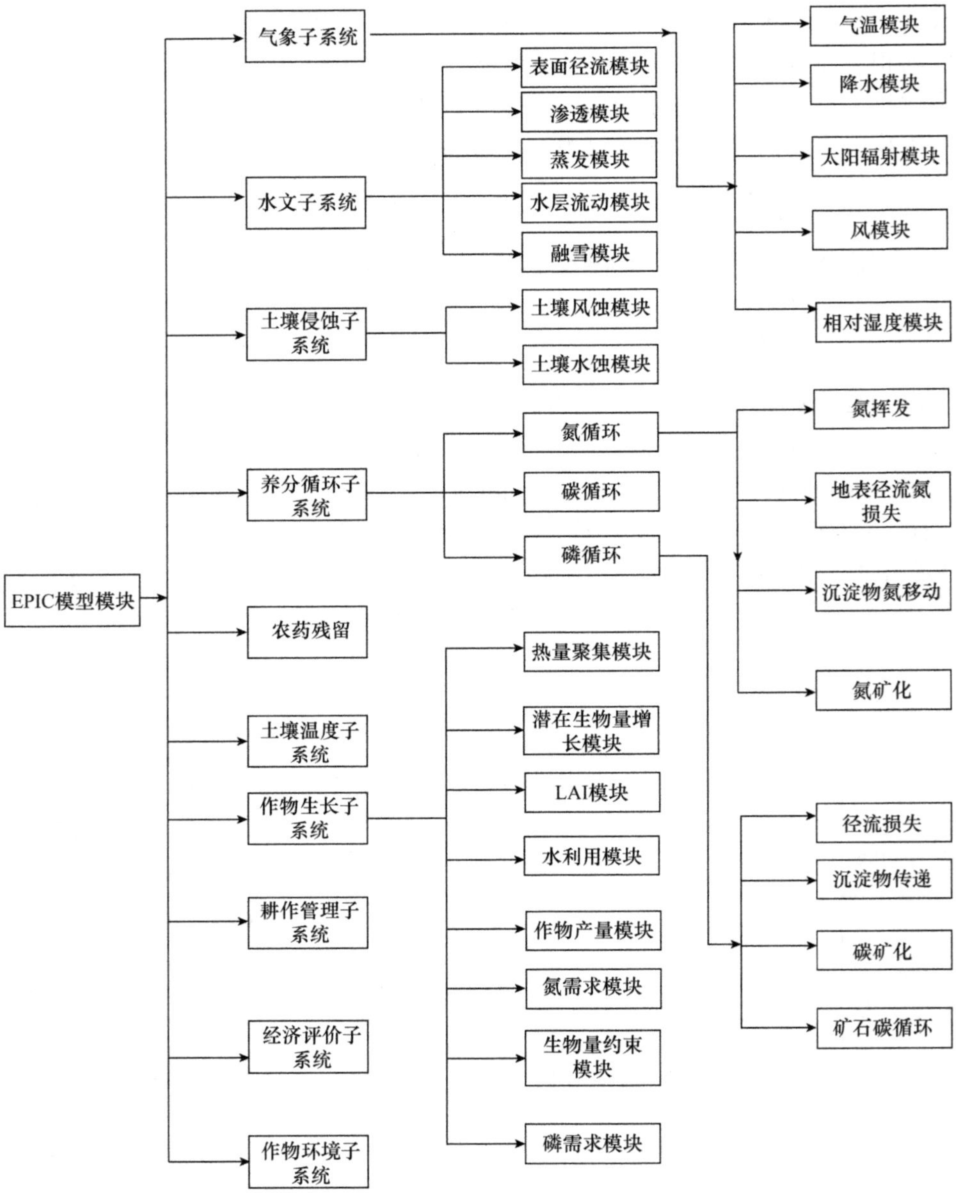

图 6.3　EPIC 模型模块系统图

1. 碳模块

EPIC 模型碳模块组成结构如图 6.4 所示，模型将土壤有机质库划分为多个分室：生物库、慢性库、惰性库、结构库、代谢库（Izaurralde et al.，2006）。生物库主要包括活的微生物和微生物产物，即土壤有机碳、氮的活性部分；慢性库包括难分解的有机物质和土壤固定的微生物产物；惰性库中有机质极难分解，相对稳定。基于木质素的含量，作物凋落物被分为代谢性库与结构性库 2 个。由于植物残体地上部分和地下部分的木质素含量相差较大，使结构库和代谢库具有各自的地上和地下分解速率。图 6.4 中 LMF 表示凋落物进入代谢库的比例，X_T、X_W 分别表示温度、降水对土壤的影响。

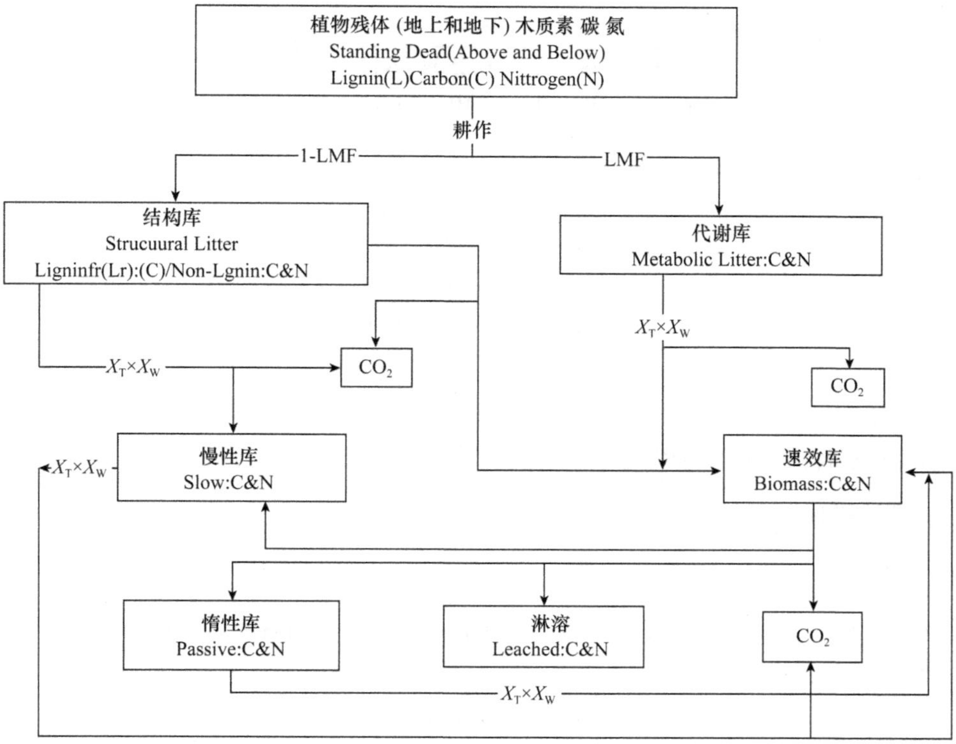

图 6.4　EPIC 模型碳循环过程示意图[据 Izaurralde（2006）绘制]

（1）木质素的影响函数

$$\mathrm{LMF} = 0.85 - 0.018 \times (\frac{L}{N}) \tag{6.1}$$

式中，L/N 为木质素和氮的比例。

（2）结构库中的碳转化速率

$$\mathrm{LSCTP{=}LSC \times LSR} \times X_{\mathrm{LSLF}} \times \mathrm{CS} \tag{6.2}$$

式中，LSC 为结构凋落物质量（kg/hm^2），LSR 为结构凋落物最佳温度下的转化速率，表层为 0.0107/d，其他土壤为 0.0132/d，X_{LSLF} 为结构性凋落物中木质素的比例函数，CS 为控制生物过程的综合函数。

$$X_{\mathrm{LSLF}} = \exp(-3 \times \mathrm{LSLF}) \tag{6.3}$$

式中，LSLF 为结构性凋落物中木质素比例（%）。

（3）控制生物过程的综合函数

$$\mathrm{CS} = \begin{cases} \mathrm{sqrt(CDG \times SUT)} \times 0.8 \times \mathrm{OX} \times X_1; \mathrm{CS} < 10 \\ 10; \mathrm{CS} \geqslant 10 \end{cases} \tag{6.4}$$

式中，CDG 表示温度函数，SUT 表示土壤水分函数，OX 为土壤耕作层函数，X_1 为土壤容重函数。

$$\mathrm{CDG}=\begin{cases}\dfrac{\mathrm{STMP}}{\mathrm{STMP}+\exp(5.058-0.2504\times\mathrm{STMP})};\ \mathrm{STMP}\leqslant 35.0\\ 1.0-0.04\times\mathrm{STMP};\mathrm{STMP}>35.0\end{cases}$$

$$\mathrm{SUT}=\begin{cases}1;\mathrm{SUT}\geqslant 1\\ \mathrm{sqrt}\left(\dfrac{X_1}{\mathrm{FC}-\mathrm{S15}}\right);\ \mathrm{SUT}<1\end{cases}$$

$$\mathrm{OX}=1-\frac{0.9\times\mathrm{Z5}}{\mathrm{Z5}+\exp(16.79-0.0196\times\mathrm{Z5})}$$

$$X_1=\exp(6.0\times\mathrm{DB}-\mathrm{DBP}) \tag{6.5}$$

式中，STMP 为土壤温度（℃），FC 为土壤田间持水量（%），S15 为土壤凋萎含水量（%），Z5 表示耕作层深度（m），DB 为土壤剖面容重（g/cm^3），DBP 为耕作层容重（g/cm^3）。

2. 气象因子模块

（1）降水量

EPIC 模型中的降水模块采用的马尔可夫链模型，雨天的概率直接用雨天的天数计算（李军等，2004）：

$$\mathrm{PW}=\mathrm{NWD}/\mathrm{ND} \tag{6.6}$$

式中，PW 是降雨天的概率，NWD 是降雨天的天数，ND 是该月的日数。晴天过后是降雨天的概率用 PW 的比例表示：

$$\begin{aligned}P(W/D)&=\beta\mathrm{PW}\\ P(W/W)&=1.0-\beta+P(W/D)\end{aligned} \tag{6.7}$$

式中，$P(W/D)$是晴天过后为降雨天的概率，$P(W/W)$是雨天过后是降雨天的概率，β的取值为 0.6~0.9，是控制降水事件发生时间间隔的系数。

当降水产生时候，采用天降水量的偏正态分布计算降水量：

$$R_i=\left\{\frac{\left[\left(\mathrm{SND}_i-\dfrac{\mathrm{SCF}_k}{6.0}\right)\left(\dfrac{\mathrm{SCF}_k}{6.0}\right)+1\right]^3-1}{\mathrm{SCF}_k}\right\}\mathrm{RSDV}_k+\overline{R_k} \tag{6.8}$$

式中，R_i为第 i 天的降雨量（mm），SND_i是第 i 天的标准正态偏差，SCF_k是离散系数，RSDV_k是第 k 月的天降水量的标准差（mm），$\overline{R_k}$ 是第 k 月的平均日降水量。

（2）风速

EPIC 模型风蚀模块需要每天的风速分布和主风向。逐日风速分布的模拟公式为

$$V_j=a_1V_i\left[-\ln(f_j)\right]^{a_2} \tag{6.9}$$

式中，V_j是占此日比例数为 f_j 时的风速，V_i是第 i 天平均风速，a_1 和 a_2 是风向分布相关参数。

逐日平均风速的模拟公式为

$$V_j = b_{1,k} V_k \left[-\ln(\mathrm{RN})\right]^{b_{2,k}} \quad (6.10)$$

式中，V_k 是第 k 月的平均风速，RN 是随机数，b_1 和 b_2 是第 k 月的风速分布相关参数。

3. 土壤侵蚀模块

（1）径流量与峰值径流速率

地表径流量的预报是在逐日降水量基础之上采用 SCS 曲线方程计算得来的。

$$Q = \frac{(R-0.2s)^2}{R+0.8s} \ (R > 0.2s)$$

$$Q = 0.0 \ (R \leqslant 0.2s) \quad (6.11)$$

式中，Q 是逐日径流量（mm），R 是逐日降水量（mm），s 是保持力参数（mm）。s 与 SCS 曲线代码 CN 有关：

$$s = 254\left(\frac{100}{\mathrm{CN}} - 1\right) \quad (6.12)$$

式中，CN 是湿度状态下的曲线代码。

EPIC 模型中估算径流峰值速率的公式为

$$Q_p = (p)(r)(A)/360 \quad (6.13)$$

式中，Q_p 是径流峰值的流速率（m^3/s），p 是流域入渗特性的径流系数，r 是流域汇集时间内的降雨强度（mm/h），A 是排水面积（hm^2）。

（2）降雨和径流侵蚀

土壤水蚀的模拟公式为

$$Y = \chi(K)(\mathrm{CE})(\mathrm{PE})(\mathrm{LS})(\mathrm{ROKF}) \quad (6.14)$$

在通用土壤侵蚀方程（USLE）中：$\chi = \mathrm{EI}$

在 Onstad-Foster 方程中：$\chi = 0.646\mathrm{EI} + 0.45(Q \times q_p)^{0.33}$

在 MUSLE 中：$\chi = 1.586(Q \times q_p)^{0.56} A_{0.12}$

在 MUST 中：$\chi = 2.5(Q \times q_p)^{0.5}$

在 MUSS 中：$\chi = 0.79(Q \times q_p)^{0.65} A^{0.009}$

在 MUSI 中：$\chi = \mathrm{by}_1 Q^{\mathrm{by}2} {q_p}^{\mathrm{by}3} A^{\mathrm{by}4}$

式中，Y 是泥沙产量（t/hm^2），K 为土壤侵蚀参数，CE 为农作物管理因素，PE 为土壤侵蚀控制因素，LS 为坡长和坡度因素，ROKF 是粗沙粒参数，Q 是径流量（mm），q_p 是峰值径流速率（mm/h），A 是流域面积（hm^2），by_1、by_2、by_3、by_4 是用户输入的系数。

坡长 LS 的模拟公式为

$$\mathrm{LS} = \left(\frac{\lambda}{22.1}\right)^{\xi}(65.41S^2 + 4.56S + 0.065) \quad (6.15)$$

式中，S是地表坡度（m/m），λ是坡长（m），ξ是由坡度决定的参数，具体估算公式为$\xi = 0.3S/[S+\exp(-1.47-61.09S)]+0.2$。

如果径流发生的话，用式（6.16）模拟评估全天的农作物管理因素：

$$CE = \exp\left[(\ln 0.8 - \ln CE_{\min,j})\exp(-1.15CV) + \ln CE_{\min,j}\right] \tag{6.16}$$

式中，$CE_{\min,j}$是农作物j的作物管理因素最小值，CV是土壤表面的覆盖量（作物残茬量和地上部生物量的和）（t/hm^2）。

在每年的开始，模拟土壤表层的侵蚀因素K如下：

$$K = \left\{0.2 + 0.3\exp\left[-0.0256SAN\left(1-\frac{SIL}{100}\right)\right]\right\}\left(\frac{SIL}{CLA+SIL}\right)^{0.3}\cdots \\ \left[1.0 - \frac{0.25C}{C+\exp(3.72-2.95C)}\right]\left[1.0-\frac{0.7SN1}{SN1+\exp(-5.51+22.9SN1)}\right] \tag{6.17}$$

式中，SAN、SIL、CLA和C分别为土壤中砂粒、粉粒、黏粒和有机碳含量的所占比例（%），$SN1 = 1 - SAN/100$。K值的大小是0.1~0.5。

通用土壤侵蚀方程中（USLE）的降水动力因素EI为

$$EI = R[12.1 + 8.9(\log r_p - 0.434)](r_{0.5})/1000 \tag{6.18}$$

式中，EI是降水动力因素，R是逐日降雨量（mm），r_p是峰值降水率（mm/h），$r_{0.5}$是30min的最大降水强度。

粗沙粒因素的估算公式如下：

$$ROKF = \exp(-0.03ROK) \tag{6.19}$$

式中，ROK是土壤表层中粗沙粒含量的比例（%）。

（3）灌溉侵蚀

灌溉水引起的侵蚀量采用MUST方程进行评估：

$$Y = 2.5(Q \times q_p)^{0.5}(K)(CE)(PE)(LS) \tag{6.20}$$

式中，农作物管理因素（CE）定为常值0.5，另外通过灌溉水量和径流率的乘积估算径流量。

（4）土壤风蚀量模拟

风蚀方程（WECS）为

$$YW = (FI)(FR)(FV)(FD)\int_0^{DW} YWR_{dt} \tag{6.21}$$

式中，YW为风蚀量（kg/m），FR为表面粗糙度参数，FI为土壤风蚀参数，FV为植被覆盖参数，FD为垂直于风向的未遮盖的平均田块因素，DW为风速大于临界风速的持续时间（s），YWR为时刻t时的风蚀速率［kg/（m·s）］，使用的是Skidmore方程（1986年）来计算：

$$YWR = 0.255[V_{*0}^2 - V_{*T}^2 - 0.5(SW/WP)^2]^{1.5} \tag{6.22}$$

式中，V_{*0} 为摩擦力的速度（m/s），V_{*T} 是临界摩擦力速度（m/s），SW 和 WP 分别是表层土层的（10cm）的实际含水量和 1500kPa 的含水量。摩擦力速度的估计方法为：$V_{*0}=0.0408V$，$V_{*T}=0.0161\sqrt{D}$，其中，D 是土壤颗粒直径（μm）。

土壤风蚀性因素的模拟公式是

$$\mathrm{FI}=I/695 \tag{6.23}$$

式中，I 是 Woodruff 和 Siddoway（1965）模型中的土壤风蚀参数（t/hm^2），FI 是 WECS 模型中无量纲的土壤风蚀参数。

（5）地表粗糙度参数

地表粗糙度参数 FR 使用式（6.24）估算：

$$\mathrm{FR}=1-\exp\left[-(\mathrm{wn}_1/\mathrm{RFB})^{\mathrm{RFC}}\right] \tag{6.24}$$

$$\mathrm{RFC}=0.77(1.002^{\mathrm{RHTT}})$$

$$\mathrm{RFB}=\mathrm{RRF}+\mathrm{RIF}$$

$$\mathrm{RRF}=11.9[1-\exp(-(\mathrm{RRUF}/9.8)^{1.3})]$$

$$\mathrm{RIF}=\left|[\sin(\mathrm{wn}_2)][1.27(\mathrm{RHTT}^{0.52})]\right|$$

式中，wn_1 是跳跃性沙粒降落的角度，RHTT 为垄体的高度（mm），RRF 是土块粗糙度的参数，RRUF 是随机性粗糙度（mm），RIF 是垄体粗糙度，wn_2 是风向与垄体的相对角度。

（6）植被覆盖因素

植被覆盖因素是作为直立的活的生物量、直立的死的残茬和平铺的作物残茬的函数进行逐日模拟的：

$$\mathrm{VE}=0.253(\omega_1\mathrm{SB}+\omega_2\mathrm{SR}+\omega_3\mathrm{FR})^{1.36} \tag{6.25}$$

式中，VE 是植被覆盖因素，SB 是直立的活生物量（t/hm^2），SR 是直立的死作物残茬（t/hm^2），FR 是平铺的作物残茬（t/hm^2），ω_1、ω_2 和 ω_3 是作物种类的参数。

（7）未防护距离因素

$$\mathrm{WL}=\frac{(\mathrm{FL})(\mathrm{FW})}{\mathrm{FL}[\cos(\frac{\pi}{2}+\theta-\phi)]+\mathrm{FW}[\sin(\frac{\pi}{2}+\theta-\phi)]} \tag{6.26}$$

式中，WL 为沿盛行风向未保护的田块长度（m），FL 是田块长度（m），FW 是田块宽度（m），θ 是从正北沿顺时针方向的风向（弧度），ϕ 为沿顺时针方向田块长度与正北方向的夹角（弧度）。

防护距离因素 FD 采用式（6.27）计算：

$$\mathrm{FD}=1.0-\exp[-(\mathrm{WL}/\mathrm{wn}_3)] \tag{6.27}$$

式中，wn_3 是由实际观测实验得来的参数，范围为 50.0~90.0。

（8）水蚀中营养物质流失量模拟

A. 水分迁移的硝态氮流失量

EPIC 模型把径流损失量和硝态氮淋洗合在一起估算，当水流通过土层的时候，采用 NO_3-N 浓度的变化估算流失量：

$$V_{NO_3} = W_{NO_3}\left\{1 - \exp\left[\frac{-QT}{(b_1)(PO)}\right]\right\} \tag{6.28}$$

式中，V_{NO_3} 为某一土层中流失的 NO_3-N 数量，W_{NO_3} 为该土层中所含 NO_3-N 的重量，QT 为浸透该土层的水分体积，b_1 为储水空隙被浸透水占据的比例，PO 为土壤空隙度。

B. 泥沙中有机氮的流失量

$$Y_{ON} = 0.001(Y)(C_{ON})(ER) \tag{6.29}$$

式中，Y_{ON} 是有机氮径流损失量（kg/hm^2），Y 是泥沙产量（t/hm^2），C_{ON} 是表土层有机氮的浓度（g/t），ER 是富集速率。富集速率是泥沙中有机氮浓度与土壤中有机氮浓度的比值，估算富集速率的对数方程为

$$ER = x_1 C_s^{x_2} \tag{6.30}$$

式中，C_s 是泥沙浓度（g/m^3），x_1 与 x_2 分别为确定富集速率上、下限的参数。

C. 地表径流中可溶性磷的损失量

$$YSP = 0.01(c_{LPI})(Q)/k_d \tag{6.31}$$

式中，YSP 为径流量 Q（mm）中损失的可溶性磷（kg/hm^2），c_{LPI} 是土层 l 中速效磷的浓度（g/t），k_d 为泥沙中磷浓度和泥沙中水分之比（m^3/t）。

（9）土壤耕作对侵蚀量的模拟

A. 犁沟筑堤

犁沟筑堤是在坡地横着犁沟修筑小型临时性土堤，为保持水分、控制侵蚀的一种措施。当给定土堤和土垄高度、土堤间隔和犁沟坡度时，农田的平均土堤蓄水量使用式（6.32）计算：

$$DV = \frac{250H^2(1-2S)^2}{(S)(DI)} \tag{6.32}$$

式中，DV 是农田平均土堤蓄水量（mm），H 是土堤高度（m），S 是犁沟的坡度（m/m），DI 是土堤间隔（m）。

B. 土壤容重

使用式（6.33）模拟土壤耕作措施影响耕作层容重的变化：

$$BDP_l = BDP_{ol} - \left(BDP_{ol} - \frac{2}{3}BD_{ol}\right)(EF) \tag{6.33}$$

式中，BDP_l 为土层 l 耕作后的土壤容重，BDP_{ol} 为耕作前的土层容重，BD_{ol} 为耕作后土壤完全下沉的容重，EF 为耕作措施的混合效率（0~1）。

C. 作物残茬

土壤耕作措施可将直立残茬转换为平铺残茬，使用式（6.34）模拟：

$$SR = (SR_0)\exp[-56.9(PD)(EF)^2] \tag{6.34}$$

式中，SR_0 和 SR 分别是耕作前和耕作后直立的残茬重量（t/hm^2），PD 为耕作深度（m），EF 为耕作措施的混合效率（0~1）。

（10）土壤可蚀性 K 值估算

$$K=\left\{0.2+0.3\exp\left[-0.0256S_a(1-\frac{S_i}{100})\right]\right\}\left(\frac{S_i}{C_l+S_i}\right)^{0.3}\times\left[1-\frac{0.25C}{C+\exp(3.72-2.95C)}\right]\times\left[1-\frac{0.7S_n}{S_n+\exp(-5.51+22.9S_n)}\right] \tag{6.35}$$

$$S_n=1-S_a/100 \tag{6.36}$$

式中，S_a 为沙粒含量（2.00~0.05mm）（%）；S_i 为粉砂含量（0.050~0.002mm）（%）；C_l 为黏粒含量（<0.002）（%）；C 为有机碳含量（%）（张金池等，2008）。

4. 作物产量模块

（1）物候生长（Williams et al.，1989）

EPIC 模型中农作物物候的生长是基于每天的热量积累的，采用式（6.37）计算：

$$HU_k=\left(\frac{T_{max,k}+T_{min,k}}{2}\right)-T_{b,j}\ (HU_k>0) \tag{6.37}$$

式中，$T_{max,k}$ 和 $T_{min,k}$ 分别是第 k 天的最高温、最低温。T_b 表示作物 j 的生长积温。作物热量指数（HUI）的计算采用式（6.38）：

$$HUI_i=\frac{(\sum_{k=1}^{i})HU_k}{PHU_j} \tag{6.38}$$

式中，HUI_i 是第 i 天的热量，PHU 是作物 j 生长成熟所需求的潜热，PHU 是使用者提供或者通过种植、收获日期来计算的。

（2）潜在作物生长

太阳辐射采用 Beer 的公式进行计算（Monsi and Saeki，1953）：

$$PAR_i=0.5(RA)_i[1.0-\exp(-0.65LAI)]_i \tag{6.39}$$

式中，PAR 是截获的光合太阳辐射（MJ/m^2），RA 是太阳辐射（MJ/m^2），LAI 是叶面积指数，i 表示一年的天数，固定值 0.5 表示的是太阳辐射转化为截获光合有效辐射的参数（Monteith，1972）。

作物产量估算采用式（6.40）：

$$YLD_j=(HI_j)(B_{AG}) \tag{6.40}$$

式中，YLD 是农作物产量（t/hm^2），HI 是收获指数，B_{AG} 是农作物 j 的地上部分生物量。

（3）潜在生物量

潜在生物量的预测采用式（6.41）：

$$\Delta B_P=0.001BE_P(PAR_P)+\Delta HRLT_P^{3} \tag{6.41}$$

式中，ΔB_P 是作物每天潜在的生长量（t/hm^2），BE 是能量转化成生物量的参数 [（kg/hm^2）/（MJ/m^2）]，HRLT 是白天的长度，ΔHRLT 是白天长度的改变量（h/d）。

白天长度的计算与所在地的纬度有关：

$$\mathrm{HRLT}_i=7.64\cos^{-1}\left[\frac{-\sin(\frac{2\pi}{360}\mathrm{LAT})\sin(\mathrm{SD})_i-0.044}{\cos(\frac{2\pi}{360}\mathrm{LAT})\cos(\mathrm{SD})_i}\right] \tag{6.42}$$

$$\mathrm{SD}_i=0.4102\sin\left[\frac{2\pi}{365}(i-80.25)\right]$$

$$\Delta B=(\Delta B_{\mathrm{p}})(\mathrm{REG})$$

式中，LAT 表示当地的纬度，SD 表示太阳赤纬角，如果胁迫因子小于 1.0，则 REG 表示作物生长胁迫因子。

（4）根生长

A. 土壤压力

EPIC 模型中，作物根的生长是受土壤压力限制的，模拟根生长从土壤受挤压力的角度来分析，公式如下：

$$\mathrm{SS}_l=0.1+\frac{0.9\mathrm{BD}_l}{\mathrm{BD}_l+\exp[\mathrm{bt}_1+\mathrm{bt}_2(\mathrm{BD}_l)]} \tag{6.43}$$

式中，SS_l 是土壤层 l 层的土壤受压力，BD_l 是容重（g/m^3），bt_1 和 bt_2 两个参数取决于土壤的层理结构。

B. 铝容忍度

作物根的生长也受铝容忍度的限制，公式如下：

$$\mathrm{ATS}_l=\frac{1}{100-\mathrm{ALO_j}},\mathrm{ALS}_l>\mathrm{ALO_j}$$
$$\mathrm{ATS}_l=1.0,\mathrm{ALS}_l\leqslant\mathrm{ALO_j} \tag{6.44}$$

式中，ATS_l 是土壤层 l 层的根系生长受铝容忍度的胁迫因子，ALS_l 是土壤 l 层铝饱和度百分比（%），ALO_j 是作物 j 没有铝胁迫下的百分比（%）。

C. 作物产量

EPIC 模型中，作物产量是通过水分胁迫影响收获指数从而影响产量的。

收获指数的模拟公式如下：

$$\mathrm{HIA}_i=\mathrm{HIA}_{i-1}-\mathrm{HI_j}\left[1-\frac{1}{1+(\mathrm{WSYF_j})(\mathrm{FHU}_i)(0.9-\mathrm{WS}_i)}\right] \tag{6.45}$$

式中，$\mathrm{HI_j}$ 为作物 j 的正常收获指数，HIA 是调整的收获指数，$\mathrm{WSYF_j}$ 是作物 j 的收获指数对干旱的敏感性参数，FHU 是作物生长阶段函数，WS_i 是第 i 天的水分胁迫因子。

FHU 作物生长阶段函数具体公式如下：

$$\mathrm{FHU}_i=\sin\left[\frac{\pi}{2}\left(\frac{\mathrm{HUI}_i-0.3}{0.3}\right)\right],0.3\leqslant\mathrm{HUI}_i\leqslant0.9$$
$$\mathrm{FHU}_i=0,\mathrm{HUI}_i<0.3\text{或}\mathrm{HUI}_i>0.9 \tag{6.46}$$

D. 冬季低温对农作物产量的影响

冬季温度低，低温、冷害对农作物有影响，主要应考虑霜。

霜的影响因子公式如下：

$$\mathrm{FRST}_i=\frac{-T_{\mathrm{min},i}}{-T_{\mathrm{min},i}-\exp(\mathrm{af}_{\mathrm{j},1}+\mathrm{af}_{\mathrm{j},2}\cdot T_{\mathrm{min},i})} \tag{6.47}$$

$$T_{\mathrm{min},j}<1.0℃$$

式中，FRST_i是霜的影响因子，$T_{\mathrm{min},i}$是第 i 天中最低温（℃），$\mathrm{af}_{\mathrm{j},1}$和$\mathrm{af}_{\mathrm{j},2}$是作物对霜的敏感参数。

霜影响作物地上部生物量的公式如下：

$$\Delta B_{\mathrm{AG},i}=0.5\cdot B_{\mathrm{AG},i}(1.0-\mathrm{HUI}_i)\cdot\max(\mathrm{FHR}_i,\mathrm{FRST}_i) \tag{6.48}$$

式中，$B_{\mathrm{AG},i}$是第 i 天的地上部分生物量减少量（t/hm^2），HUI 是热量指数，B_{AG}是第 i 天的地上部分生物量（t/hm^2）。

5. 水分利用效率模块

EPIC 模型中潜在水分利用效率是根据 LAI 来计算的，具体公式如下：

$$E_{\mathrm{P}i}=E_{\mathrm{o}i}(\frac{\mathrm{LAI}_i}{3}),E_{\mathrm{P}i}\leqslant E_{\mathrm{o}i} \tag{6.49}$$

式中，$E_{\mathrm{o}i}$（mm）和 LAI_i分别是第 i 天的潜在蒸发量和叶面积指数。

再根据土壤表面到根深度来评估潜在的水分利用效率：

$$U_{\mathrm{P}i}=\frac{E_{\mathrm{P}i}}{1.0-\exp(-\Lambda)}\left(1.0-\exp\left(-\Lambda\left(\frac{Z}{\mathrm{RZ}}\right)\right)\right) \tag{6.50}$$

式中，$U_{\mathrm{P}i}$（mm）是第 i 天到从表面到 Z 深度的总的水分利用量，RZ 是根深（m），Λ是水分利用分配参数。

6. 营养元素吸收模块

（1）氮吸收

农作物对氮的吸收采用的是供应和需求的差异来计算的，氮的需求量估算采用如下公式：

$$\mathrm{UND}_i=(C_{\mathrm{NB}})_i B_i-\sum_{k=1}^{i-1}\mathrm{UN}_k \tag{6.51}$$

式中，UND_i为第 i 天作物中的氮需求量（kg/hm^2），UN_k是第 k 天实际氮的吸收量（kg/hm^2），C_{NB}是作物中原始氮的浓度（kg/t），B_i是累积到第 i 天的生物量（t/hm^2）。

在各层土壤中大量 NO_3-N 流动到根部被吸收，假设土壤供 N 受到根系 NO_3^--N 的限制，用式（6.52）表示：

$$\mathrm{UN}_{l,i}=u_{l,i}(\frac{W_{\mathrm{NO}_3 l}}{\mathrm{SW}_l}) \tag{6.52}$$

式中，UN 为土壤中氮的应用量（kg/hm^2），W_{NO_3}是 NO_3^--N 的数量（kg/hm^2），SW 是土壤含水量（mm），u 是水分利用量（mm），l 代表土壤层数。

（2）磷吸收

$$\mathrm{UPD}_i = (C_{\mathrm{PB}})_i (B)_i - \sum_{k=1}^{i-1} \mathrm{UP}_k \tag{6.53}$$

$$C_{\mathrm{PB}i} = \mathrm{bp}_1 + \mathrm{bp}_2 \exp(-\mathrm{bp}_3 \mathrm{HUI}_i)$$

式中，UPD_i是第 i 天作物对磷的吸收量（$\mathrm{kg/hm^2}$），UP_k是第 k 天实际磷的吸收量，$C_{\mathrm{PB}i}$是作物中原始磷浓度的含量。bp_1、bp_2、bp_3分别是作物在播种、生长、成熟时候的磷浓度分配参数。

7. 胁迫模块

（1）水分胁迫

水分胁迫是从水分的供求方面进行考虑的，计算公式如下：

$$\mathrm{WS}_i = \frac{\sum_{l=i}^{M} u_{i,l}}{\mathrm{EP}_i} \tag{6.54}$$

式中，WS_i表示第 i 天水分胁迫因子，$u_{i,l}$是土层 l 第 i 天的水分利用，EP_i是第 i 天的潜在水分利用效率。

（2）温度胁迫因子

$$\mathrm{TS}_i = \sin\left(\frac{\pi}{2}\left(\frac{T_{gi} - T_{\mathrm{bj}}}{T_{0\mathrm{j}} - T_{\mathrm{bj}}}\right)\right), 0 \leqslant \mathrm{TS}_i \leqslant 1 \tag{6.55}$$

式中，TS_i是第 i 天温度胁迫因子，T_{gi}是第 i 天土壤表面的平均温度，T_{bj}是作物 j 生长的基本温度，$T_{0\mathrm{j}}$是作物 j 生长的最佳温度。

（3）氮、磷胁迫因子

$$\mathrm{SN}_{\mathrm{s},i} = 2\left(1 - \frac{\sum_{k=1}^{i} \mathrm{UN}_k}{(C_{\mathrm{NB}})_i (B)_i}\right) \tag{6.56}$$

$$\mathrm{SN}_i = 1 - \frac{\mathrm{SN}_{\mathrm{s},i}}{\mathrm{SN}_{\mathrm{s},i} + \exp(3.39 - 10.93\mathrm{SN}_{\mathrm{s},i})}$$

式中，$\mathrm{SN}_{\mathrm{s},i}$是第 i 天氮胁迫所占比例，$C_{\mathrm{NB}i}$是作物第 i 天的最佳氮集中浓度，B_i是第 i 天的累积生物量，UN_k是作物第 k 天吸收的氮量（$\mathrm{kg/hm^2}$），SN_i是作物生长第 i 天的氮胁迫，磷胁迫与氮胁迫是一样的。

（4）气压胁迫

$$\mathrm{SAT} = \frac{\mathrm{SW}_1}{\mathrm{PO}_1} - \mathrm{CAF}_\mathrm{j}$$

$$\mathrm{AS}_i = 1.0 - \frac{\mathrm{SAT}}{\mathrm{SAT} + \exp(-1.291 - 56.1\mathrm{SAT})}, \mathrm{SAT} > 0.0 \tag{6.57}$$

式中，SAT 是饱和因素，SW_1 是土壤表层 1m 中的含水量（mm），PO_1 是土壤表层 1m 中的孔隙度（mm），CAF_j 是作物 j 的临界气压（一般情况下是 0.85），AS_i 是第 i 天气压胁迫因子。

6.2.4.2　EPIC 模型数据库的建立和参数的校正

1. EPIC 模型数据库的建立

（1）气象数据库

EPIC 模型的气象数据库的组建方式有两种：第一种是 EPIC 模型从气象数据文件中直接读入实际观测的逐日气象要素数据序列，进行实时模拟研究；第二种是利用模型附带的软件统计生成逐月气象要素统计参数，再模拟生成逐日气象要素序列，然后读入模型中进行预测研究。本研究中选用第一种方式。EPIC 模型主要参数包括逐日的最高温度、最低温度、太阳辐射、降水量、相对湿度和风速。

（2）作物数据库

EPIC 模型模拟农作物生长及其产量形成过程时，通过作物参数控制作物生长发育过程，描述阶段与形态发育状况，计算作物对养分的吸收数量、土壤水分，估算温度、水分、磷素等对生物量的积累和经济产量形成的胁迫。最基本的有收获指数（HI）、叶面积系数（DMLA）等（表 6.1）。EPIC 模型能够模拟一年生、多年生、一年间作和多年间作等的农作物，双季稻、冬小麦、夏玉米的耕作制度能够在作物数据库中直接建立，模型中作物参数较多，需要根据具体的作物和生成环境进行设置、调节。在调整参数时参考 EPIC 模型中自带的双季稻、冬小麦、夏玉米的相关参数和生态试验站提供的参数（表 6.2~表 6.4），同时也根据调查资料和文献资料进行调整，包括最新几年的《南方稻区国家水稻品种区试报告》《中国玉米新品种动态——国家级玉米品种区试报告》等。经过调整相关作物参数后发现，我国的夏玉米、冬小麦的收获指数，以及在相同积温下的发育早于模型默认值，可能是由于我国比美国的纬度低和作物品种的不同（表 6.3，表 6.4）。

表 6.3 和表 6.4 中，HI 为收获指数，DLAP1 和 DLAP2 是叶面积曲线上的点，SDW 是播种量（kg/hm^2），CKY、CNY、CPY 分别为籽粒中 K、N、P 的含量（g/g），WSYF 是最低收获指数，DMLA 是叶面积系数，DLAI 是最大叶面积系数比率，HMX 为最大株高（m），RDMX 是最大根深（m）。

（3）土壤数据库

土壤剖面的相关理化性质数据来源于中国第二次土壤普查的调查结果（全国土壤普查办公室，1993），包括土壤剖面各层的容重、田间持水量、质地组成、pH、有机碳含量等。驱动江西省五大农业区模拟的初始土壤参数取自各个农业区的土壤剖面采样点参数的平均值，见表 6.5，禹城站的土壤属性数据见表 6.6。

表 6.1　作物参数指标及其意义

参数	名称	单位符号	描述	通常取值
WA	潜在生物量-光能比率		作物光能转化为生物量的能力	10~50
HI	收获指数		作物收获部分占其总生物量的比例	0.01~0.95
TG	最适温度	℃	作物生长的最佳温度	10~30
TB	最低温度	℃	作物生长的最低温度	0~12
DMLA	叶面积系数		最大潜在叶面积系数	0.5~10
DLAI	最大叶面积系数比率		播种作物叶面积系数达到最大时占整个生长期的比率	0.4~0.99
DLP1	叶面积系数达到最大叶面积比例		当作物生长时间达到作物整个生产季的某个比例（小数点前面数值时），叶面积系数达到最大叶面积的比例（小数点后面数值），如15.03代表当作物累积生长时间达到作物整个生长季的15%时，叶面积系数达到最大叶面积的3%	
RLAD	叶面积系数下降参数		1.00 代表线性	0~10
RBMD	生物量-光能比率下降速率参数		1.00 代表线性	
ALT	作物对铝离子的忍耐程度系数		1.0 为敏感，5.0 为不敏感	
GSI	气孔导度	mmol/（$m^2 \cdot s$）	作物的最大气孔导度	
CAF	通气状况因子		土壤的临界通气状况因子	0.75~1.0
SDW	播种量	kg/hm^2	单位面积农田的含量	
HMX	最大株高	m	作物能达到的最大株高	
RDMX	最大根深	m	作物生长过程中，根系能达到的最大深度	
CVM	最小 C 值		土壤水蚀方程中最小 C 值	0.001~0.5
CNY	籽粒氮素含量	g/g	单位重量的籽粒氮素含量	
CPY	籽粒磷素含量	g/g	单位重量的籽粒磷素含量	
WSYF	最低收获指数		作物的最低收获指数	0~0.2
PST	病虫草害对产量影响因子			0.05~1.0
WCY	籽粒含水量		籽粒中水分的含量	
BN1	作物出苗期植株 N 素吸收参数	g/g	植株体含量	0.04~0.06
BN2	作物生长期植株 N 素吸收参数	g/g	植株体含量	0.015~0.03
BN3	作物成熟期 N 素吸收参数	g/g	植株体含量	0.01~0.27
BP1	作物出苗期植株 P 素吸收参数	g/g	植株体含量	0.006~0.009
BP2	作物生长期植株 P 素吸收参数	g/g	植株体含量	0.002~0.005
BP3	作物成熟期 P 素吸收参数	g/g	植株体含量	0.0015~0.0035
IDC	作物类别代码		1 为一年生喜温豆类	
FRST1	生物量遭受霜冻曲线参数 1			
FRST2	生物量遭受霜冻曲线参数 2			
WAVP	光能利用效率参数		与水汽压有关的光能参数	6~8
VPTH	临界水汽压差	kPa	作物生长所需要的临界水汽压	
VPD2	气孔导度达到小数点右面数值	mmol/（$m^2 \cdot s$）	当水汽压差达到小数点左面数值（kPa）时，气孔导度达到小数点右面数值	
RWPC1	出苗时根重系数		作物出苗时根重系数	
RWPC2	成熟时根重系数		作物达到成熟时根重系数	

表 6.2　双季稻产区作物参数校正表

参数	描述	单位	缺省值	修订值
P1	耕作对残茬衰减率的影响系数	—	15	10
P2	土壤侵蚀对凋落物中 C 的影响系数	—	1	2
P3	地上生物量燃烧系数	—	0.85	0
P4	微生物衰减率	—	1	1.5
P5	惰性库转化速率	kg/（$hm^2·d$）	0.000 012	0.000 015
P6	慢性库转化速率	kg/（$hm^2·d$）	0.000 548	0.000 68
P7	根系生长的分配系数		0.50	1
P8	最大叶面积指数	—	6.00	6.82
P9	收获指数	—	0.65	0.50

注：“—”表示无量纲

表 6.3　禹城站夏玉米作物参数校正表

参数名称	默认值	修订值
HI	0.45	0.47
DLAI	0.55	0.5
DLAP1	15.01	15.25
DLAP2	50.95	40.95
SDW	90	100
CNY	0.0249	0.0213
CPY	0.0033	0.0004
CKY	0.0042	0.0403
WYSF	0.21	0.2

表 6.4　禹城站冬小麦作物参数校正表

参数名称	默认值	修订值
HI	0.5	0.55
DMLA	6	7
DLAI	0.8	0.6
DLAP1	15.15	10.01
SDW	20	60
HMX	2	2.5
RDMX	2	2.5
CNY	0.0175	0.0093
CPY	0.0025	0.0022
CKY	0.0032	0.004
WYSF	0.35	0.4

表 6.5 千烟洲站、鹰潭站长期定位施肥方案和试验前供试土壤理化性质

试验地点	千烟洲样地 1	千烟洲样地 2	鹰潭站
试验处理	稻草全部还田（CR100%）	稻草移除、不施肥（CK）	氮磷钾肥+秸秆（NPK+S）和氮磷钾肥
耕作措施	机器翻耕人工收获	机器翻耕人工收获	机器翻耕人工收获
种植结构	双季稻	双季稻	双季稻
有机质/（g/kg）	18	19.8	5.7
全氮/（g/kg）	1.07	1.17	0.43
碱解氮/（mg/kg）	104	113	90.2
有效磷/（mg/kg）	3.1	4.3	5.6
速效钾/（mg/kg）	26.3	29.6	105.9
缓效钾/（mg/kg）	208.8	239	—
pH	5.5	6.4	4.5

注：“—”表示不施加缓效钾

表 6.6 禹城站各土壤剖面属性

参数	1	2	3	4	5
土层深度/m	0.10	0.20	0.40	0.60	2.50
反射率	0.23	0.23	0.23	0.23	0.23
土壤容重/（g/cm^3）	1.37	1.41	1.42	1.46	1.50
沙粒含量/%	23.76	21.07	20.62	20.37	18.34
粉粒含量/%	72.69	72.84	72.70	70.77	66.69
田间持水量/（m/m）	23.48	26.32	25.72	25.72	25.72
凋萎系数/（m/m）	8.56	9.73	11.02	11.02	11.02
pH	8.26	8.26	8.33	8.52	8.52
有机碳含量/%	0.76	0.57	0.33	0.33	0.25
碳酸钙含量/%	21.04	21.04	29.3	29.3	25.66
阳离子交换量/（cmol/kg）	13.12	13.12	22.55	10.03	10.16
饱和导水率/（mm/h）	4.15	4.15	10.61	7.57	18.11

（4）农田管理数据库

农田管理数据库的建立相对而言比较简单，但是参数较难获取，水稻稻田的农田田间管理数据是实际调查获得的，小麦、玉米是参照相关文献资料的（范兰等，2012）。江西省农业区 1990~2010 年的轮作制度、施肥数据等主要参考黄国勤等（1997）有关中国南方耕作制度的文献（表 6.7，表 6.8）。农作物产量数据来自江西省统计局 1990~2010 年的统计年鉴，主要是各地区逐年作物产量、种植面积等，重点考虑了种植面积大、产量高的两类作物：水稻和油菜。根据 2004~2009 年禹城试验站长期野外观测的田间数据，建立了禹城站田间管理数据库，具体见表 6.9 和表 6.10。

表 6.7　早稻田农田田间管理

时间	措施	名称	数量	备注
3 月 27 日	播种	中汕		
4 月 20 日	耕田、移栽			
4 月 24 日	施肥	复合肥	27.5kg/亩[①]	
5 月 8 日	施肥	尿素	17.5kg/亩	和除草剂一起撒施
5 月 24 日	打药	杀虫剂	两桶水	喷雾
6 月 10 日	打药	杀虫剂	两桶水	喷雾
6 月 26 日	打药	杀虫剂	两桶水	喷雾
7 月 21 日	收割			

注：① 1 亩≈666.7m^2，下同

表 6.8　晚稻田农田田间管理

时间	措施	名称	数量	备注
7 月 1 日	播种	中汕		
7 月 20 日	耕田			
7 月 30 日	施肥、种植、移栽	复合肥	27.5kg/亩	
8 月 6 日	施肥	尿素	17.5kg/亩	和除草剂一起撒施
8 月 10 日	打药	杀虫剂	两桶水	喷雾
9 月 13 日	打药	杀虫剂	两桶水	喷雾
9 月 29 日	打药	杀虫剂	两桶水	喷雾
10 月 26 日	收割			

表 6.9　禹城站冬小麦田间管理

时间	措施	名称	数量	备注
10 月 13 日	施肥	复混肥	750kg/hm^2	基肥，撒施，含纯 N、P、K 分别为 142.5kg/hm^2、112.5kg/hm^2、75kg/hm^2
10 月 24 日	播种	科禹 13 系	187.5kg/hm^2	
3 月 13 日	施肥	尿素	450kg/hm^2	追肥，撒肥，含纯 N 207kg/hm^2
3 月 13 日	灌溉	漫灌	150mm	
3 月 24 日	打药	除草剂	750kg/hm^2	主要成分 2,4-丁酯 D，地面喷雾除草
4 月 17 日	灌溉	漫灌	150mm	
5 月 4 日	打药	杀菌剂	1350kg/hm^2	强力甲托，叶面喷雾，防锈病
5 月 9 日	打药	杀虫剂	180kg/hm^2	吡虫啉，叶面喷雾、防治蚜虫
6 月 10 日	收获			

表 6.10　禹城站夏玉米农田管理

时间	措施	名称	数量	备注
6 月 26 日	播种	农大 108	37.5kg/hm^2	
7 月 1 日	施肥	尿素	187.5kg/hm^2	三叶期，含纯 N 86.25kg/hm^2
7 月 26 日	施肥	尿基复合肥	187.5kg/hm^2	拔节后，含纯 N、P、K 分别为 168kg/hm^2、36kg/hm^2 和 36kg/hm^2
8 月 25 日	打药	杀虫剂	900kg/hm^2	久效磷，叶面喷雾，防治螟、蚜虫
10 月 2 日	收获			主要成分 2,4-丁酯 D，地面喷雾除草

2. EPIC 模型校正后的模拟验证

结合千烟洲站、鹰潭站、禹城站的试验数据，对校正后的模型进行验证，主要是模拟秸秆还田和秸秆移除两种情景下的耕作层土壤有机碳储量、农作物产量（图 6.5）的情况。

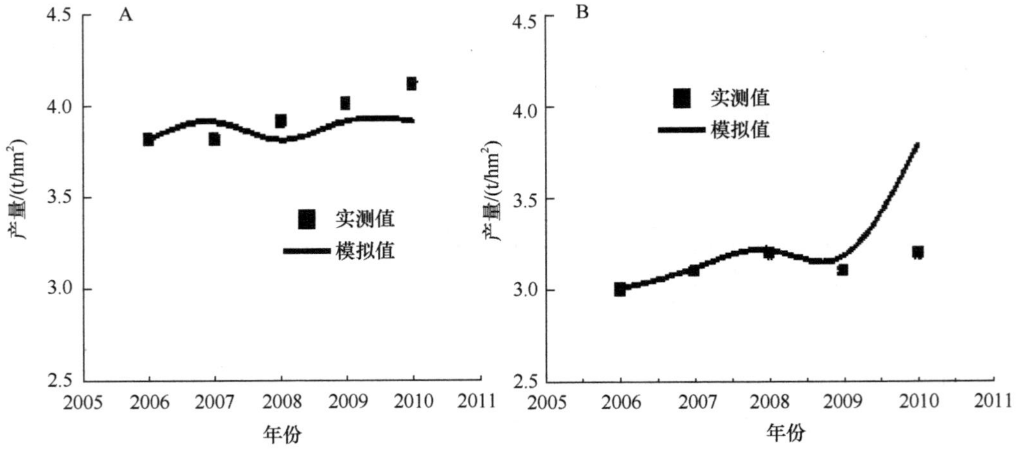

图 6.5　2006~2011 年千烟洲农作物产量的模拟值和实测值比较和分析

A. 秸秆全部还田（CR100%）；B. 秸秆移除对照（CK）

（1）EPIC 模型对双季稻的模拟验证

EPIC 模型在千烟洲站试验场模拟结果表明，2006~2011 年千烟洲站的耕作层碳储量呈现先上升后下降的趋势（图 6.6），两种试验处理方案下的碳储量差值为 3.72t C/(hm^2·a)。该值与刘守龙等（2006）报道的在湖南桃江长期定位两种试验处理下的差值结果［4.1t C/(hm^2·a)］相近，明显高于吴家梅等（2011）报道的湖南长沙长期定位两种试验的差值结果［1.76t C/（hm^2·a)］（表 6.11）。

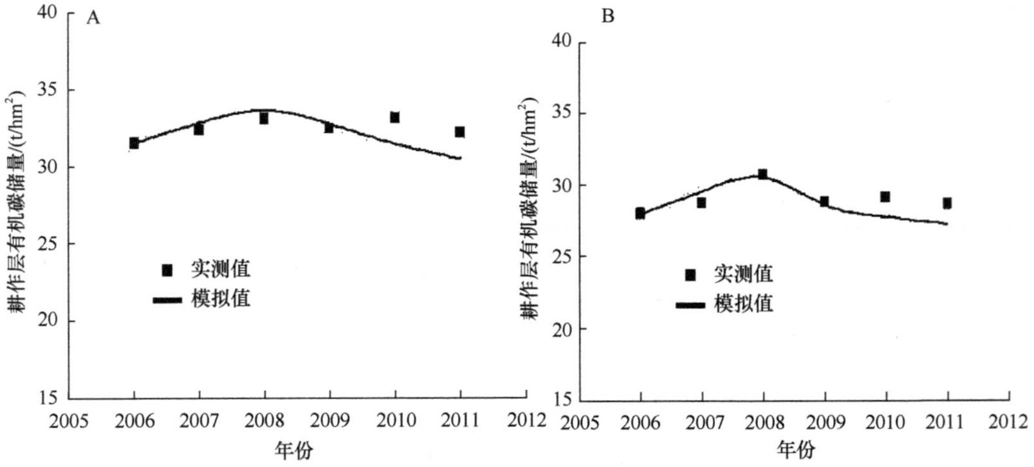

图 6.6　2006~2011 年千烟洲耕作层土壤有机碳模拟值和实测值比较和分析

A. 秸秆全部还田（CR100%）；B. 秸秆移除对照（CK）

表 6.11　国内外关于水稻田 100%秸秆还田下的碳储量研究结果

发表时间	参考文献	研究范围	种植制度	施肥方式	碳储量/[t C/(hm²·a)]	增加量[a]/[t C/(hm²·a)]	应用方法
2006	刘守龙等，2006	湖南桃江	玉米-稻-稻	CR100%	55.5	4.1	SCNC 模型
2008	Bierk，2008	湖南长沙	双季稻	CR100%	31.9	6.2	定位试验
2008	Wang，2008	湖南芷江	双季稻	CR80%	38	2.0[b]	DNDC 模型
2011	吴家梅等，2011	湖南长沙	双季稻	NPK+CR100%	46	1.76	定位试验
2012	冀建华等，2012	江西鹰潭	双季稻	NPK+CR100%	8.21	1.18	Jenny 模型
2012	冀建华等，2012	鹰潭站	双季稻	NPK+CR100%	8.27	1.27	定位试验
本文		鹰潭站	双季稻	NPK+CR100%	8.16	0.99	EPIC 模型
本文		千烟洲站	双季稻	CR100%	32.1	3.8	EPIC 模型
本文		千烟洲站	双季稻	CR100%	32.4	3.5	定位试验

a 与秸秆移除相比；b 与 CR20%相比

图 6.7A、B 中鹰潭站的耕作层碳储量在两种施肥情景下都呈上升趋势，但是施肥加秸秆（NPK+CR100%）的上升速率更快，两种试验方案得出来的碳储量差值为 0.99t C/(hm²·a)，该值与冀建华等（2012）报道的在江西余江用 Jenny 模型模拟的差值结果［1.18t C/（hm²·a)］接近。但是图 6.7A 中，1996~1997 年实测值和模拟值变化趋势不一样，模拟值偏低，与图 6.8C 中鹰潭站在 1996~1997 年逐日最高温度上升，促进土壤有机质分解有关。图 6.7B 中，2000 年模拟值比实测值高，与图 6.8C 中鹰潭站在 2000 年逐日最高、

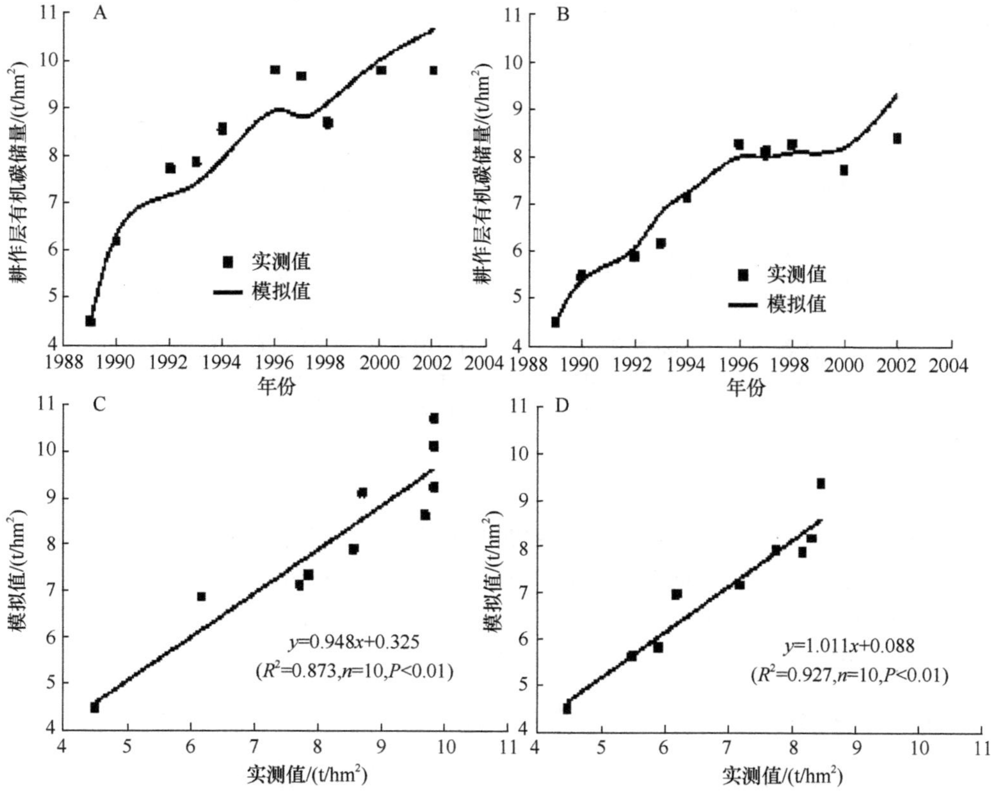

图 6.7　1989~2002 年鹰潭耕作层土壤有机碳模拟值和实测值比较和分析

A、C. 施氮磷钾肥+秸秆（NPK+ CR100%）；B、D. 施氮磷钾肥（NPK）

最低温出现一个低值有关。图 6.6C、D 为鹰潭站的测定值和模拟值的相关分析，两者显著相关（R^2>0.873，P<0.01，n=10）。总体而言，基于 EPIC 模型模拟的农田管理措施处理能够较好地反映实际情况。

图 6.8D 中，2010~2011 年的平均气温上升，加速了土壤呼吸速率，从而加快了土壤有机质的分解，图 6.8B 中，2010~2011 年的降雨量和径流量上升，增大了农田中土壤凋落物的雨水冲走量，从而造成碳的损失。同时随着耕作时间的延长，对土壤扰动较大，土壤有机质分解多，但是秸秆移除情景使得土壤没有及时补充新的有机质来源，所以土壤碳储量下降较为明显，导致模型模拟值偏低。

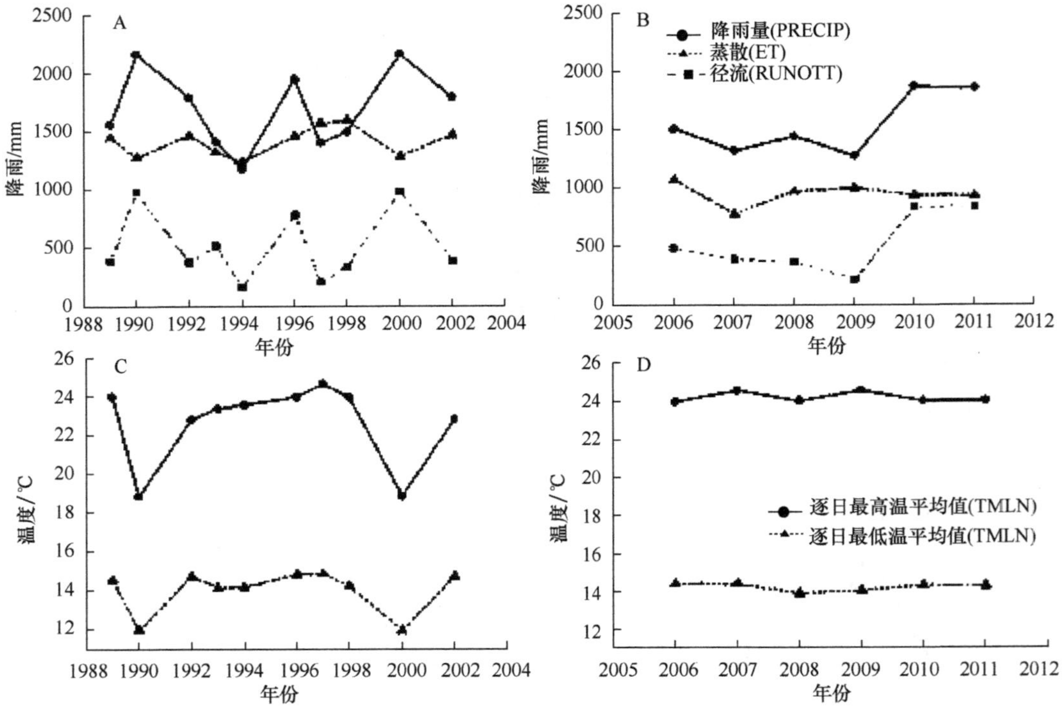

图 6.8　鹰潭站、千烟洲站年蒸散、径流的模拟值和年气温、降水的比较分析

A、C. 鹰潭站；B、D. 千烟洲站；A、B. 年蒸散、径流和降雨量的比较；

C、D. 逐日最高温平均值和逐日最低温平均值比较

（2）EPIC 模型对夏玉米单作的模拟验证

校正后的 EPIC 模型对禹城站 2004~2009 年夏玉米单作进行模拟，结果表明秸秆移除情景下禹城站的耕作层土壤有机碳储量几乎不变，但是秸秆还田情景下的呈直线上升趋势，两种试验处理方案下的碳储量差值为 9.44t C/（hm^2·a），对应的实际差值是 8.47t C/（hm^2·a）（图 6.9）。总体可以看出模拟的值略高于实测值。

（3）EPIC 模型对冬小麦单作的模拟验证

校正后的 EPIC 模型对禹城站 2004~2009 年冬小麦单作进行模拟，结果表明秸秆移除情景下禹城站的耕作层土壤有机碳储量几乎不变，但是秸秆还田情景下的呈上升趋势，

两种试验处理方案下的碳储量差值为 9.29t C/（$hm^2·a$），对应的实际差值是 7.83t C/（$hm^2·a$）（图 6.10），模拟值比实测值高。

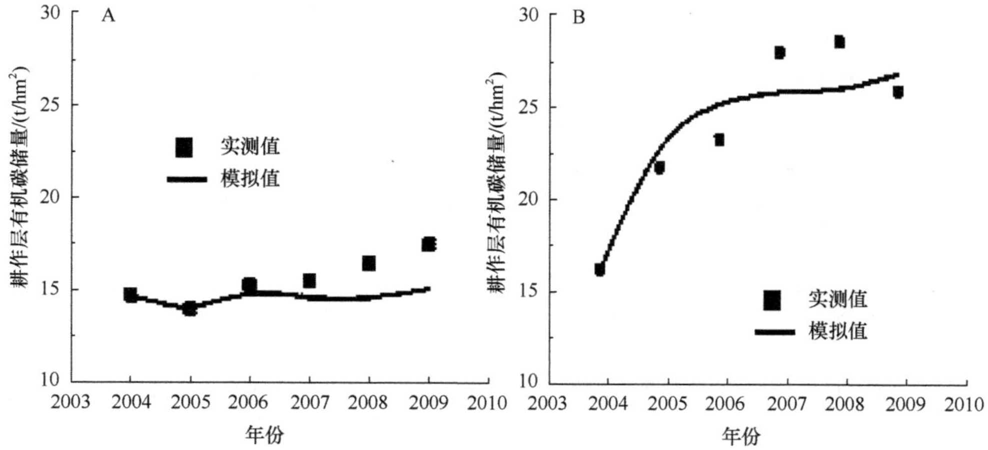

图 6.9　2004~2009 年禹城站夏玉米单作下耕作层土壤有机碳的变化

A. 空白对照；B. 秸秆还田

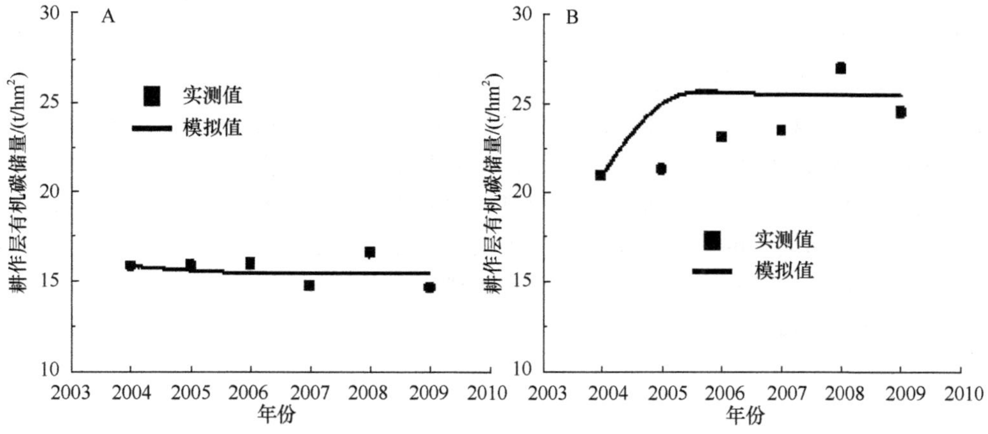

图 6.10　2004~2009 年禹城站冬小麦单作下耕作层土壤有机碳的变化

A. 空白对照；B. 秸秆还田

（4）EPIC 模型对冬小麦-夏玉米轮作的模拟验证

校正后的 EPIC 模型对禹城站 2004~2009 年冬小麦-夏玉米轮作进行模拟，结果表明秸秆移除情景下禹城站的耕作层土壤有机碳储量几乎不变，但是秸秆还田情景下的呈直线上升趋势，两种试验处理方案下的碳储量差值为 8.91t C/（$hm^2·a$），对应的实际差值是 8.07t C/（$hm^2·a$）（图 6.11）。

（5）EPIC 模型站点验证的总结

通过以上模型模拟的结果可知，秸秆还田能够增加土壤中的有机碳储量。秸秆管理和作物残渣管理是保护性耕作系统的一部分，是和保护性耕作紧密相连的。秸秆覆盖通过对土壤理化生因子的改变影响了土壤初始含碳量，同时也通过腐殖化、降解等作用把

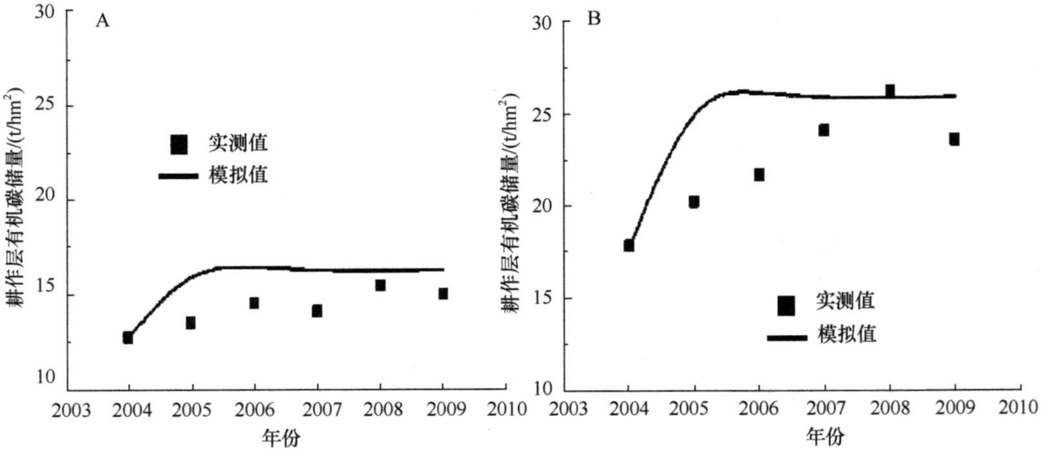

图 6.11 2004~2009 年禹城站冬小麦-夏玉米轮作下耕作层土壤有机碳的变化
A. 空白对照；B. 秸秆还田

覆盖作物转化成土壤有机碳，从而增加了土壤中的碳储量。在表层 0~10cm 土壤中，土壤有机碳与残茬应用之间存在非常显著的线性关系（Duiker and Lai，1999）。在增加秸秆有机物质覆盖之后，土壤本身含有养分的 C/N 发生了变化，为增强土壤呼吸强度与酶促反应提供了基质，从而促进了生物活性的提高。试验也表明秸秆覆盖可显著增加 0~40cm 土层＞0.25mm 径级的土壤团聚体和有机质含量（王海霞等，2012）。

秸秆覆盖是免耕技术中保水肥、增加碳素投入和防侵蚀的重要组成。秸秆种类不同，其腐殖化系数不同。C/N 值越宽，腐殖化系数也就越大。随着形成的腐殖质含量的增多，土壤团聚体的数量增多，总孔隙度得到提高，容重下降，稳水保肥性能增强，通透性改善。土壤综合生态因子的改善，土壤微生物的活动必然更加趋于活跃，而土壤生物活性的提高和微生物活动的加强又必然促进秸秆的进一步分解转化、改善土壤生态环境，又促进土壤生物活性和微生物活动，形成互促效应，从而增加土壤有机碳的固定（王燕等，2008）。

6.3 森林生态系统碳管理

6.3.1 森林生态系统碳循环

森林生态系统是陆地生态系统碳储库的主体，维持着陆地生态系统植被碳库的 86%以上和土壤碳库的 73%，每年固定的碳约占整个陆地生态系统的 2/3，对于调节全球碳平衡和减缓大气 CO_2 等含碳温室气体浓度上升及调节全球气候方面具有不可替代的作用（尉海东等，2007）。陆地碳大部分都蓄积在森林生态系统之中，它主要受两个方面的影响，一方面是森林土壤有机碳的存储变化，即土地利用类型的转变；另一方面是森林净生态系统生物量的变化，以及由此引起的碳循环变化。同时，森林生态系统的碳收支状况会对由人类活动导致的气候变化产生重要的反馈作用（Cox et al.，2000）。近年来，由于大气中 CO_2 浓度的增加带来了全球变暖等严重问题，已经引起全球的广泛关注，而森林作为陆地生态系统的主体，在全球碳平衡中的巨大贡献也日益被人们重视。森林生态系统碳循环的基本过程是植物通过光合作用同化 CO_2 形成总初级生产力（GPP），由于植物自身呼吸消耗部分有机物并释放 CO_2（R_a），剩余的有机物即为净初级生产力（NPP），NPP 的积累形成森林植被生物量碳库，生物量在异养呼吸的作用下释放 CO_2（R_h），再形成生态系统净生产力（NEP），NEP 包括了土壤和凋落物的碳库积累。但由于干扰过程导致森林生态系统的碳排放（R_d），剩余的碳存储称为生物群落净生产力（NBP）（Walker et al.，1997），形成了森林生态系统长期的碳存储能力。

6.3.2　森林生态系统碳管理模型

20 世纪 80 年代以来，随着对森林生态系统结构、功能和生态过程认识的不断深入，以及遥感、地理信息系统（GIS）和计算机技术的发展，森林碳循环模型发展较快，并已在区域或全球尺度上对森林生态系统当前及未来的碳存储模式做出了一些预测。森林生态系统碳循环模型是指用数学方法定量描述上述森林碳循环过程，从而可以利用计算机模拟碳循环的动态变化过程，并估计土壤和植被的碳存储现状及预测未来的碳库容量。由于森林碳循环是以植被为核心的生物地球化学循环，森林碳循环模型也包括可用于碳循环模拟和碳平衡估算的森林植被-气候模型或生产力模型（巴特尔巴克等，2008）。

森林生态系统模型方法同时侧重于生态系统生产力和生态系统碳循环两个方面的研究（Sollins et al.，1976）。自从模型方法问世以来，在生态领域产生了大量的具有各自特色的森林生态系统的碳循环模型，从而推动了计算机技术、遥感技术等现代科学技术在森林生态学领域中的广泛应用。森林生态系统碳循环模型按其研究的空间尺度可分为斑块尺度和区域尺度的森林碳循环模型。斑块尺度的森林碳循环模型是专门针对森林林分而设计，初始值和输出验证可通过森林调查获得，所模拟的机理过程只需将个体器官尺度提升到林分尺度，对机理过程的模拟较现实，对森林碳收支的模拟可通过校准过程达到较高精度，但是，该类型模型对林分信息了解程度的要求较高，且其不易应用到全球甚至区域尺度的碳收支评估。区域尺度的森林碳循环模型可在任意地区进行森林碳收支的动态评估，对初始数据值的要求不高，可通过遥感得到时间序列值用于验证和校准，最后得到大区域甚至全球森林生态系统碳收支情况，这类模型的缺点是人为调用参数过程对所预测结果的影响很大，且无法直接验证模型的预测结果（王萍，2009）。

森林生态系统碳循环模型经历了由早期静态模型到现阶段动态模型的发展过程。1987 年，Esesr 提出了 OBM 模型，这是典型的静态模型。这类模型模拟了森林生态系统的净初级生产力（NPP），并从实测数据分析了不同森林类型的碳密度，再根据分布面积的估计，用简单相乘的方法计算了森林生态系统的碳平衡。但模型并未涉及森林生态系统对全球气候变化的反馈效应，不具有动态特征。科学技术的发展有力推动了碳循环模型由静态模型向动态模型的转变。随着地理信息技术的发展，地理空间数据库的建立和完善，建立了应用遥感驱动的碳循环模型（Potter et al.，1993）。这类模型通过森林植被与气候关系模拟潜在的植物分布，用于检验气候变化对 NPP（净初级生产力）的影响，从而预测气候变化对碳平衡的动态影响。但模型没有考虑土地利用和土地覆盖变化，以及人为活动干扰对潜在碳储量的影响，而且研究还受到遥感资料时间的限制。代表模型有 CASA 模型、GLO-PEM 模型、DSBM 模型、TURC 模型和 SIBZ 模型等。现阶段的碳循环模型更多地考虑了生物地球化学循环的动态机理过程，将植被组成与结构变化和土地利用及土地覆盖变化等影响因素引入模型中，采用气候和土壤资料等作为输入变量，应用植被图或生物地理模型给定植被结构以模拟生物地球化学通量（汪业勋等，1998）。但该种模型只可模拟特定植被类型内部的功能变化，而忽略了植被再分布的可能影响。代表性模型有 HRBM 模型、CENTURY 模型、TEM 模型、CARABI 模型、FBM 模型、PLAI 模型、SILVAN 模型、BIOME-BGC 模型和 KGBM 模型。

目前，由于不同的森林碳循环模型建立的时空尺度和出发点各不相同，有必要对这些模型在我国森林生态系统进行有效性验证，并以此对模型参数作进一步修正，从而建立研发适合于我国森林生态系统碳循环的模型。同时，采用先进的地理信息系统（GIS）和遥感（RS）图像数据处理等技术，建立完整的森林生态系统碳循环各环节数据库，进行各种气候条件下的情景模拟，建立从几十年到几个世纪或更长时间尺度上的碳循环动态模型，以期为研究我国在全球变化中的作用，以及变化着的环境对我国的影响提供一个重要途径（尉海东等，2007；王萍，2009）。

6.3.3 管理措施对森林生态系统碳循环的影响

森林碳蓄积量主要受两方面的影响，一是土地利用的变化（如森林砍伐、破坏），二是森林生物量的变化（森林退化、自然干扰、生产力下降等）（Cox et al.，2000），研究表明，森林的砍伐和破坏特别是热带雨林的消失引起的土地利用变化造成森林总碳储量的迅速减少，目前已经成为大气 CO_2 的第二大来源，IPCC 报告显示 21 世纪前五年全球森林的碳蓄积量是下降的，主要原因就在于低地地区的热带雨林的破坏。森林大规模破坏加快了森林碳的释放，加速了大气中 CO_2 的累积和气候变暖的速度。因此，如何保护好森林，增加森林碳蓄积量和碳吸收能力，减缓气候变暖，成为各国科学家一直以来研究的重点。

森林碳汇是指森林具有的吸收大气中 CO_2 的能力，可以通过森林可持续经营管理、减少毁林、恢复退化生态系统、造林再造林等活动，以及与碳汇贸易相结合的机理来加强其碳汇功能（张小全等，2000）。森林碳汇既包含自然属性又包含社会属性（李怒云，2007）。由于森林的固碳和吸收碳的能力与森林的年龄、树种、林分密度、质量及结构密切相关（涂慧萍等，2004），因此加强森林碳汇必须对各森林生态系统进行深入研究。相比于减少能源消耗造成的碳排放，通过森林管理增加碳吸收和碳蓄积则是一种成本较低的减排措施。特别是在全球土地资源越来越紧张的情景下，这种方式更加体现出了优越性。与此同时，森林碳汇的清查量化核算对于了解国家碳排放状况，完成温室气体减排目标也很重要。已有的研究表明，通过对森林生态系统进行优化管理，可以提高其固碳潜力、社会经济价值及生态价值。缓解全球气候变暖需要通过多种措施并结合不同地区的森林实际情况进行管理，既要造林营林，又要防止毁林和森林的退化。对于不同的森林管理固碳措施其固碳潜力也是不同的，能够适用于包括我国在内的全球地区的措施主要有植树造林、病虫害管理和薪柴替代化石燃料。在固碳潜力方面，各管理措施也存在差距，其中减少森林砍伐的固碳潜力最高。在研究方法上，模型模拟在估算森林固碳潜力方面发挥着重要作用，主要运用在植树造林、火灾、薪柴替代化石燃料、病虫害管理等措施上（蔡锦涛，2013）。

6.3.4 森林生态系统碳管理模型研究动态

从考虑森林生态系统过程到考虑植物生理生态理论，再到将森林清查资料与植物生理相结合，森林管理模型经历了经验模型、林窗模型、过程模型等不同的发展阶段，各阶段具有不同的特点。传统的经验模型是建立在实测和调查数据的基础上，通过拟合变量之间的回归方程再进行模拟，但参数缺乏机理性解释，而且不同层次的方程在进行相互推导时会存在尺度转换和适应性问题。林窗模型是基于个体树木并以温度、降水等气候因子作为主要驱动变量来模拟和预测未来气候变化对森林生态系统的可能影响，由于其参数容易估计和获得，因而得到迅速发展。其中 NEWCOP 林窗模型可以再现森林的分布和树种动态组成（延晓冬和于振良，2000）。过程模型将生态系统机理和生物过程研究结合起来，模拟森林的结构和功能。过程模型运用在森林管理领域较少，在利用森林历史数据预测产量方面，也较生长收获模型差。未来森林管理模型有两大发展趋势，一是与生态过程模型相结合，在对森林生态系统进行碳循环模拟时，既能够考虑人工管理措施的影响也可以分析气候变化的贡献率；二是结合经济管理模型，能够对森林生态系统进行经济分析，以达到生态效益和社会经济效益的平衡。

目前国内外存在很多有关森林管理的模型，其中有些森林管理模型只考虑某种管理措施的影响，如 DELTA、FIRESUM 等，有些模型可以考虑几种甚至更多的管理措施对森林生态系统碳的影响，如 CBM-CF3 和 HOPSY 模型既考虑到森林采伐与木材收获的影响，也考虑了间伐对森林的影响，除此之外，CBM-CF3 还考虑了火灾病虫害管理及造林的影响。此类管理模型在模拟多种人工管理措施并考虑自然干扰的影响方面比较接近现实森林状况，因此，所得出模拟结果偏差相对较小和更有说服力，但也存在参数过多，难于获取，模型算法和结构很难全面反映现实的情况，以及难以区分出各个管理措施的贡献率等问题。例如，CBM-CF3 模型可以模拟森林管理措施和已经发生的自然干扰对森林生态系统的影响，还可以用于预测未来森林管理措施的影响，其共有 10 个生物量碳库和 11 个土壤有机碳库，需要的主要参数就包含 3 类共 24 个，其中很多参数都需要实测数据进行验证和本地化。

目前森林管理模型在林业管理中得到广泛应用，但大部分都集中在对木材收获、抚育间伐、择伐、造林等措施的模拟。Briceno-Elizondo 等（2006）运用 FINNFOR 过程模型预测了未来 100 年森林生态系统碳储量的变化，主要考虑了气候变化和间伐措施的影响，研究表明间伐对森林碳储存量有促进作用。Davis 等（2009）利用 PnET-CN 模型模拟了在不同强度的木材收获情景下森林碳储量的变化情况，结果表明，短期内木材收获管理对森林碳储量有显著影响，从长期（大于 55 年）来看，森林 NEP 基本保持不变，但森林间伐的频率和强度对生态系统碳平衡影响较大。Ranatunga 等（2008）利用 LINKAGE 模型对澳大利亚的桉树林进行森林木材收获研究时发现，木材收获对森林的影响非常复杂，主要影响因素包括木材收获的数量、类型、收获后剩余残留物数量及分解状况等。Schmid 等（2006）采用了 MASSSIMO、SILVA、Biome-BGC 3 种模型对不同的管理措施下瑞士森林的地上和地下碳库在未来 100 年内的变化情况进行预测和评估，其结果显示 3 种模型模拟的碳库变化基本一致。吴承祯和洪伟（2001）运用动态规划方法对马尾松经营管理中的密度决策方案进行优化，其结果表明，地位指数处于 10~18 的马尾松人工林，宜采用两次采伐为优，主伐年龄以 22~25 年为最优。周宇飞等（2009）运用 LANDIS 模型对不同管理措施下小兴安岭地区森林景观的动态变化研究表明，人工更新造林措施能在短时间内增加幼龄林面积，但提高成熟林、过熟林的面积，建立合理的林龄结构则需要很长的时间。Kindermann 等（2013）运用 G4M 模型对不同管理和气候情景下的欧洲森林的生物生产力和干材蓄积量进行了模拟。

森林管理模型的应用中也有部分是有关施肥管理和火灾管理的模拟，在森林（人工林）的管理中，施肥作为一项重要的管理措施不仅关系着木材产量的高低而且影响着人工林的碳储量状况。研究表明，适当的养分管理，可以提高人工林的碳储量和固碳潜力。Sampson 等（2006）利用 SECRETS-3PG 混合过程模型对火炬松（20 年生）进行施肥管理模拟，研究指出，通过施肥管理可以显著地提高森林的 NPP 与 NEP。但在季节上存在差异，秋冬季的养分缺失能在较大程度上限制火炬松样地碳储存和固碳能力。Blanco 等（2007）运用 FORECAST 森林生态系统管理模型对加拿大人工林间伐与施肥措施后的效果也进行了模拟。模型对森林火灾的管理主要是在 NPP 生态模型（包括统计模型、遥感模型与过程机理模型）的基础上添加火干扰因子，然后对干扰后区域的 NPP 进行模拟估算以探讨火灾对森林生态系统的影响。一般来说，火灾后由于森林生态系统的结构与功能受到破坏，系统处于不稳定的状态，地表热通量增加并造成土壤温度上升，进而加快异养呼吸和微生物分解速率使生态系统的 NEP 下降，迹地逐渐变为碳源。Hicke 等（2003）利用收集的火干扰数据和 CASA 模型模拟了火干扰对森林生态系统的 NPP 影响，结果表明干扰发生后的不同阶段，生态系统的影响表现出不同碳源汇状况，在火灾后的 8 年时间内表现为碳源，在 8~150 年表现为碳汇。而 Rapalee 等（1998）在研究北方森林迹地恢复时发现，迹地需要至少 30 年的时间才能由碳源转变成碳汇。Kurz 等（2009）运用 CBM-CFS3 模型模拟火干扰对森林碳库的影响，利用 CFS 的详细数据，得到了较好的火灾影响资料。Peng 和 Apps（1999）利用 Century 4.0 模型模拟了火干扰的周期长短对 NPP 的影响。Kurz 和 Apps（1999）通过对加拿大森林 70 年碳通量的变化进行研究发现，森林由碳汇逐渐转为碳源，其中火灾和病虫害干扰是重要的影响因子。

目前在森林管理措施方面的研究主要集中在估算和预测不同管理措施对森林生态系统结构、功能、碳循环和碳库变化方面的研究，研究方法也多以样地观测加模型模拟为主，研究区域主要以局部的森林为主，在应用时多专注于生态角度而忽视与社会经济相结合，缺少经济成本分析部分。

6.3.5 森林生态系统碳管理模型实例——G4M 模型

为了模拟不同管理目标情景下中国森林生态系统茎生物量和碳收获量的变化，选取采用的模型是国际应用系统分析研究所（IIASA）提供的全球森林模型 G4M（图 6.12）。该模型能够模拟实际土地拥有者在对比森林和农田收益（NPV 净现值）基础上对土地利用做出决策——毁林或造林（Kindermann et al.，2006，2008；Gusti，2010a）。在全球、地区或国家尺度上该模型被广泛用于评估减少森林砍伐和森林退化造成的碳排放（REDD）政策的有效性，同时也用于估算温室气体减排的边际成本。

$$\mathrm{Defor}=\begin{cases}\mathrm{True} & A_i+\mathrm{DV}_i>F_i\cdot H_\mathrm{c}\wedge \mathrm{not}\quad \mathrm{protected}\\ \mathrm{False} & A_i+\mathrm{DV}_i\leqslant F_i\cdot H_\mathrm{c}\wedge\quad \mathrm{protected}\end{cases} \tag{6.58}$$

$$\mathrm{Affor}=\begin{cases}\mathrm{True} & \mathrm{Fs}_i+\mathrm{Bul}_i+\mathrm{Clr}_i<1\wedge \mathrm{VegType}<9\wedge A_i+\mathrm{DV}_i<F_i\cdot H_\mathrm{c}\\ \mathrm{False} & \mathrm{otherwise}\end{cases} \tag{6.59}$$

式中，Defor、Affor 表示毁林和造林决策，i 表示像元编号，A_i、F_i 分别表示农业净现值和林业净现值、DV_i 表示毁林收益（主要为出售木材）、H_c 表示国家特定的阻碍因子。Fs_i、Bul_i、Clr_i 分别表示 i 像元中林业用地、建筑用地、农业用地所占份额，VegType 表示种植的森林种类（Gusti，2010a）。

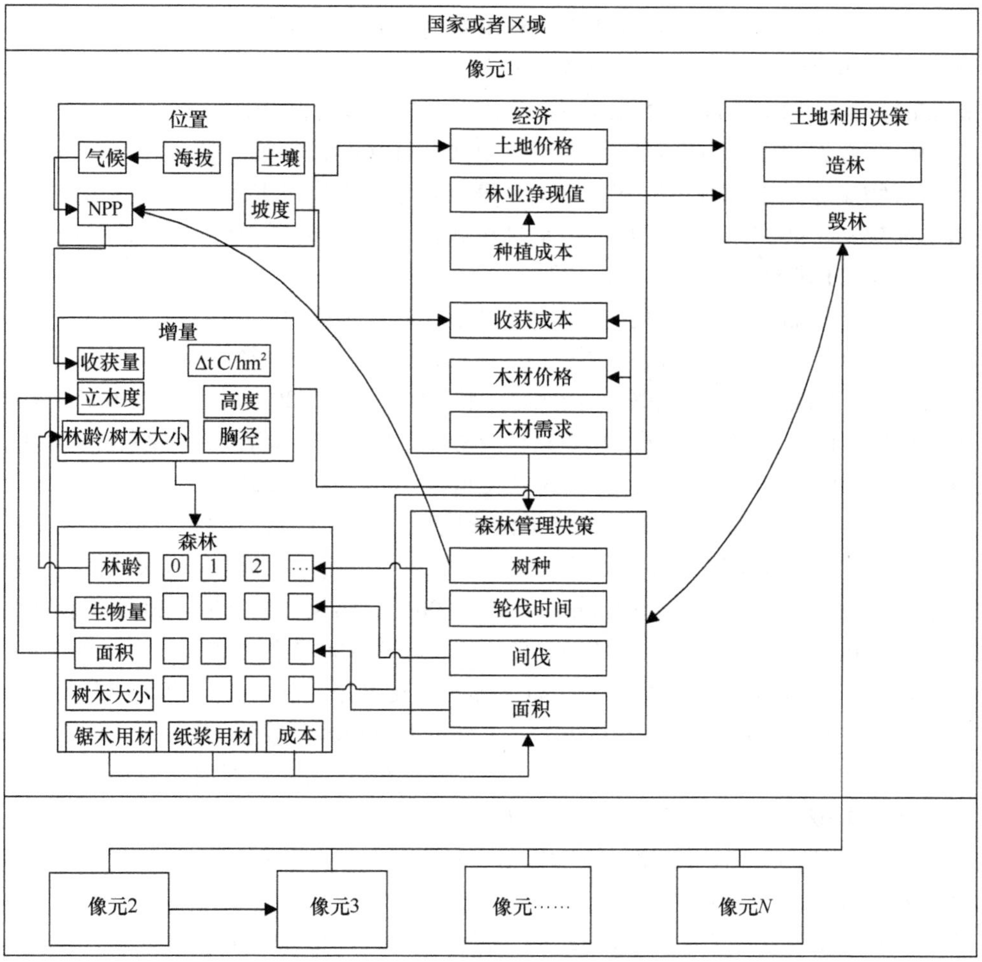

图 6.12　全球森林模型（G4M）结构图

当农业净现值与毁林收益之和大于林业净现值时，毁林将会发生。造林发生的条件除了林业净现值大于农业净现值与毁林收益之和以外，在像元中还必须有空闲宜林的土地用来造林，并且植被属于 VegType 中的一种。模型通过对比农业净现值和林业净现值，对每个像元逐年进行模拟土地利用决策——造林、毁林或保持不变。

理论上 G4M 是由 3 个部分（环境、经济、决策）组成。环境部分主要包括森林区域的自然情况和各种参数；经济部分主要是有关成本和收益的数据，包括木材和农田的土地价格，森林和农田的净现值收益，森林种植及收获的成本；决策部分主要包括森林管理参数和土地利用变化的决策。

G4M 包括 5 个主要模块：虚拟森林，森林初始化模块，森林管理决策模块，土地利用变化决策模块和森林动态模块。虚拟森林模块主要在森林尺度上模拟森林生长和管理；森林初始化仅在开始的时候运行。模块在每个像元上创建森林并且根据实测值来设置森林初始值。森林管理决策每年运行，考虑固碳政策，用来调整森林轮作时间长度和间伐密度用来匹配国家或者区域尺度上的木材需求。土地利用变化决策模块也是每年运行，用来估算森林和农田的净现值，并以此来设定像元 3 个状态：植树造林、毁林及没有变化。森林动态模块主要把森林管理和土地利用变化的估算值应用到虚拟森林。

G4M 模型由 Benitez 于 2004 年开发，目前已在全球和区域尺度都得到广泛应用和验证（Kindermann et al.，2006；Rokityanskiy et al.，2007），目前的版本具有以下新特点：①模型的经济数据利用来自全球土地利用模型 GLOBIOM；②模型碳库分为地下生物量碳库、凋落物碳库、土壤有机碳库（SOC）等；③造林模块被重新设计及新的校准方法和数据已经建立。研究结果主要用于评估经济政策和预测不同管理措施下森林的碳汇动态，通过与 GLOBIOM 模型结合可以加强其经济分析功能。Benitez 和 Obersteiner 最早利用该模型对拉丁美洲的热带雨林地区的固碳潜力和木材收获进行了预测和经济分析，其核心是对比各种不同土地利用的净现值，所使用的数据包括遥感数据、经济数据、国家统计资料等，结果显示，在碳价格为每吨碳 20 美元时，到 2012 年和 2020 年累积的碳固定量将达到 125Mt C 和 337Mt C，在对该地区长期碳累积的模拟预测表明，未来 20 年如果将 4%的土地面积用于造林和再造林，净收益将达到 23 亿美元（Kindermann et al.，2008）。

森林在未来 100 年的碳累积量能够抵消该区域 7 年的能源排放量。Kindermann 和 Obersteiner 随后对 G4M 模型发展做了大量工作，2006 年他们预测全球森林在不同碳价格条件下未来的毁林趋势（Kindermann et al.，2006）。结果表明 2006~2025 年森林面积将减少 5%（200 万 km^2），将导致 17.5Gt C 排放，未来 100 年约 1/8 面积（500 万 km^2）的森林会消失，造成碳排放达 45Gt C，如果每 5 年支付每吨碳 6 美元的维护费用，毁林率将减少 50%，每年需要花费 340 亿美元，另外，针对每吨碳收税 12 美元，这将会使毁林率再次削减为原来一半，碳税收入在 2005 年达到 60 亿美元，但由于毁林率的下降，碳税收入将逐渐减少，到 2025 年为 43 亿美元，到 2100 年下降至 7 亿美元。2008 年，他们运用 3 个模型（GTM、DIMA、GCOMAP）对未来减缓变暖而采用避免毁林（avoided deforestation）措施所需的成本进行分析，结果表明 2005~2030 年如果减少 10%的毁林面积，那么每年需要 4 亿~17 亿美元的投入，每年可以减少 0.3~0.6Gt C 碳排放；如果减少 50%毁林面积，则每年需要 172 亿~280 亿美元，相应减少碳排放 1.5~2.7Gt C（Kindermann et al.，2008）。三模型中，GTM 相对于其他两个模型拥有更低的土地机会成本和更高的碳密度，因而模拟出的碳成本较低（即每吨碳成本最低）(Kindermann et al.，2008)。利用FAO(联合国粮食及农业组织)提供的2005年FRA统计数据和降尺度方法,Kindermann等（2008）绘制出了全球森林生长量、生物量地图，并与 2013 年运用 G4M 对整个欧洲地区的 2010~2100 年的两种不同管理目标和 3 种不同气候变化情景下模拟森林的收获量和增长量变化，研究表明，未来 90 年最大生物量目标下的碳密度为 30~50t C/hm^2，最大增量目标下则较低，到 2100 年为 20t C/hm^2，并认为不同管理目标对森林的影响大于不同气候变化情景的影响（Kindermann et al.，2013)。Gusti（2010a，2010b）还对模型中森林管理模块的算法进行了改进，并对模型的敏感性进行了分析（Gusti，2010c），模拟和探讨了全球森林的碳库极限容量及所需的经济成本等（Gusti et al.，2009)。2011 年，Böttcher 等利用 G4M 和统计矩阵模型模拟能源政策对欧盟 27 国的森林碳汇的影响，结果表明，相对于 2010 年，到 2030 年森林碳汇将下降 25%~40%（65~125Mt CO_2）。Ramankutty 等（2002）分析了全球气候变化和 CO_2 浓度上升对农田分布范围的影响，并做了适应性和敏感性分析，结果表明，加拿大南部和美国西北部、北欧、俄罗斯南部地区及中国东北平原对未来气候变化中的温度较为敏感，美国中央大平原和中国东北部对降水和 CO_2 的变化也较敏感，气候变化会使耕地面积增加 16%，主要集中在北半球的高纬度地区。在热带地区则有所下降。Kirby 等（2006）引入遥感数据输入，并将公路网络作为毁林驱动的重要因素考虑其中，对热带地区的巴西亚马孙森林毁林趋势做出预测和分析。

该模型在全球和重点森林区域进行过较多研究，空间分辨率为 0.5°×0.5°或者50km×50km（全球），这对于全球大尺度格局来说，分辨率适当。但对于国家尺度来说，需要更高的分辨率和精度，特别是中国区域，人工林面积分布广阔，目前运用 G4M 对全国森林区域的模拟预测研究较少。本文尝试在这方面做出初步探讨。在本研究中我们主要利用 G4M 的森林生长和管理模块来探讨森林管理措施对我国森林茎生物量和碳收获量的影响，该模块为 G4M 森林碳汇和收获管理的核心模块，它包含一个适用广泛的森林生长方程，该方程允许创建一个特定环境和管理参数的森林。参数包括生长方程参数、MAI（年平均最大增量）、SD（立木度）、RL（轮伐时间）、间伐、收获量、森林面积和年龄结构信息（Gusti and Kindermann，2011），模型设置两个管理目标情景，通过模拟不同的轮伐时间，以获得最大的 MAI，两个管理目标分别为最大可持续收获和最大生物量。

森林生长方程为模型的关键部分，生长方程包含式（6.60）~式（6.72），主要通过森林的林龄、林分密度及收获强度的设置来描述森林每年的增量和收获量［t C/（hm^2·a)]。具体来说，通过方程可以计算：①最优立木度（SDopt）下单位面积的木材蓄积总碳量（TCP）；②最优林分密度；③最大林分密度；④树木大小（胸径 DBH 和树高）；⑤林分密度对总碳量和胸径生长的影响。在使用森林清查资料时要注意将森林的木材蓄积量（m^3/hm^2）转化为森林的碳密度（t C/hm^2）。例如，1m^3 湿云杉的干重为 403kg，而 1kg 木材包括 4/9kg C，那么 1m^3 云杉包含 0.403×4/9≈0.18（t C)。因此，可以用提供的总木材蓄积量乘以含碳率的方式得到总碳量（TCP)，含碳率一般取 0.45，但也有学者表示森林木材的含碳率取 0.5 更为合理。

6.3.5.1　总碳量（TCP）

$$\mathrm{TCP}_t = \mathrm{TCP}_{\max} \times \exp\left[k \times \ln^2(t / t_{\max})\right] \tag{6.60}$$

式中，TCP_t 表示林龄 t 时刻的碳总量 TCP，TCP_{max} 是林龄 t_{max} 时刻的最大碳生产力（TCP），k 是生长曲线的形态因子。

通过森林清查资料、样地观测数据及其他模型结果可以拟合该曲线，进而估算出最大总碳量、林龄及系数 k。但估算的值与森林清查资料中的统计值可能存在不一致情况。最佳收获时间（t_{opt}）可以由系数 k 和林龄 t_{max} 计算得到，最佳收获时间下的总碳量 $TCP_{t_{opt}}$ 与收获时间 t_{opt} 相除又可以得到最高年平均增长量（MAI），通过 MAI 可以计算出每年的碳收获量（Gusti et al.，2008）。TCP_{max}、k 和 t_{max} 的估算主要依据收获量的多少，不同收获水平下 TCP_{max}、k 和 t_{max} 存在差异，因此通过 MAI 进行估算可以得到。

$$t_{opt} = t_{max} \times \exp(0.5/k) \tag{6.61}$$

$$\mathrm{MAI} = \frac{\mathrm{TCP}_{t_{opt}}}{t_{opt}} \tag{6.62}$$

$$k = c_0 + c_1 \times \exp(c_2 \times \mathrm{MAI}^{c_3}) \tag{6.63}$$

$$t_{max} = c_4 + \frac{c_5}{1+\exp(c_6 + c_7 \times \mathrm{MAI})} \tag{6.64}$$

$$\mathrm{TCP}_{max} = \mathrm{MAI} \times t_{max} \times \exp(0.25/k) \tag{6.65}$$

6.3.5.2　最大林分密度

未管理森林的碳储量等于总碳量 TCP 减去死亡树木的含碳量。剩余的森林生物碳储量与总碳量 TCP 的比值可以用式（6.66）表示。

$$\frac{\mathrm{CMax}_t}{\mathrm{TCP}_t} = (\mathrm{cc}_0 + \mathrm{cc}_1 \times \ln(\frac{t}{t_{opt}})) \times (1 - \mathrm{cc}_2 \times \frac{t}{t_{opt}})^{c_{21}} \tag{6.66}$$

$$\mathrm{cc}_0 = c_8 + \frac{c_9}{1+\exp(c_{10} + c_{11} \times \mathrm{MAI})}$$

$$\mathrm{cc}_1 = \frac{c_{12}}{1+\exp(c_{13} + c_{14} \times \mathrm{MAI})} + \frac{c_{15}}{1+\exp(c_{16} + c_{17} \times \mathrm{MAI})}$$

$$\mathrm{cc}_2 = c_{18} + c_{19} \times \exp(c_{20} \times \mathrm{MAI})$$

式中，$cc_2 \times t/t_{opt}$ 代表森林中所有树木死亡的林龄。如果 $CMax_t/TCP_t$ 比值小于 0，就将 $cc_2 \times t/t_{opt}$ 设置为 0（因为林龄超出了所有树林死亡的林龄）；如果 $CMax_t/TCP_t$ 大于 1，就将 $cc_2 \times t/t_{opt}$ 设置为 1（存在尚未达到最大林分密度的新生林）。

6.3.5.3　管理森林的林分密度

管理森林中由于受管理措施影响生物量有所减少，因此相对于未管理森林来说，可将管理森林的林分密度设定为郁闭林分生长量的 95%用于木材生产。管理林分密度可由式（6.67）计算得出，式（6.67）表示最有利于树木生长的管理状态下的森林与未管理的森林的活立木体积比。

$$\frac{\text{CMan}_t}{\text{CNax}_t}=1-\text{e}\left[c_{18}+c_{19}\Big/\text{e}^{\text{MAI}}+c_{20}\times(t\big/t_{\text{opt}})+c_{21}\times t/t^2{}_{\text{opt}}\right] \tag{6.67}$$

6.3.5.4　树木大小

树木大小对林木收获成本及林产品所占木材的比例有很大影响。树高随着林龄的变化可用式（6.68）算出，树高为 1.3m 的林龄可由式（6.69）计算得出。由于 1.3m 的树高正好相当于测量树木时的胸径高度，因此把树高为 1.3m 林木的胸径设为 0，在郁闭森林中林龄大于 $t_{\text{h1.3}}$ 树木的胸径可以通过式（6.70）计算得出。

$$h=c_{22}\times\text{MAI}^{c_{23}}\times\left[1-\exp(c_{24}\times t)\right]^{c_{25}\times\text{MAI}^{c_{26}}} \tag{6.68}$$

$$t_{\text{h1.3}}=\frac{\ln\left(1-\dfrac{1.3}{c_{22}\times\text{MAI}^{c_{23}}}^{\frac{1}{c_{25}\times\text{MAI}^{c_{26}}}}\right)}{c_{24}} \tag{6.69}$$

$$d_{\text{fs}}=\text{cc}_3\times\left\{1-\exp\left[\text{cc}_4\times(t-t_{\text{h1.3}})\right]\right\}^{\text{cc}_5} \tag{6.70}$$

$$\text{cc}_3=c_{27}+c_{28}\times\text{MAI}$$

$$\text{cc}_4=c_{29}/\ (1+c_{30}\times\text{MAI}^{c_{31}})$$

$$\text{cc}_5=c_{32}/\ (1+c_{33}\times\text{MAI}^{c_{34}})$$

6.3.5.5　林分密度的影响

林分密度会影响树木的胸径（DBH）和单位面积上的森林蓄积增量。立木度与树木胸径呈负相关关系，当立木度较小时，树木胸径 DBH 变大；当立木度较大时，树木胸径 DBH 就变小。森林间伐措施去除林分中或大或小的林木必然会对森林其他树木的生长和胸径变化产生影响，但在计算中尚未考虑这些影响。非郁闭森林中的树木胸径（DBH）可由式（6.71）计算得出。其中 sd 表示郁闭森林林分密度，树木处于空地上时，sd=0，当处于郁闭森林中时，sd=1。单位面积上的森林蓄积增量同样受林分密度（sd）的影响，增量可以通过式（6.72）计算得出，其中 TCP_{sd}、TCP_{opt} 分别表示指定林分密度和最佳增长条件下的增量。

$$\frac{d_{\text{sd}}}{d_{\text{fs}}}=2-\text{sd}^{c_{35}} \tag{6.71}$$

$$\frac{\text{TCP}_{\text{sd}}}{\text{TCP}_{\text{opt}}}=\frac{\text{cc}_{11}-\text{cc}_{11}{}^{\text{cc}_6}}{\text{cc}_9} \tag{6.72}$$

$$\text{cc}_6=1+\frac{t^{c_{36}}}{c_{37}}\times\frac{1}{c_{38}+c_{39}\times\text{MAI}^{c_{40}}}$$

$$\text{cc}_7=1+\frac{c_{41}}{1+c_{42}\times t^{c_{43}}\times\dfrac{1}{c_{44}\times\text{MAI}^{c_{45}}}}$$

$$\text{cc}_8=\left(\frac{1}{\text{cc}_6}\right)^{\frac{1}{\text{cc}_6-1}}$$

$$cc_9 = cc_8 - cc_8^{cc_6}$$

$$cc_{10} = cc_8 \times cc_7$$

$$cc_{11} = \begin{cases} cc_8 : cc_8 \leqslant sd \times cc_{10} \\ sd \times cc_{10} : cc_8 > sd \times cc_{10} \end{cases}$$

式中，参数（c_0~c_{45}）将根据不同的森林类型和树种会有所不同（Kindermann et al.，2013）。在模型中，森林碳储量和碳收获量主要是指树干，不包括树枝、地下部分的根及较小的树木（树高低于 1.3m）。

6.4 草地生态系统碳管理

6.4.1 草地生态系统碳循环

草地生态系统作为陆地生态系统中的主体类型，占陆地总面积的 1/4~1/3，对气候和环境变化反应十分敏感，草地生态系统的碳循环是维系陆地生态系统的基本机理之一，并与陆地生态系统的维持、发展和稳定性机理等相联系。据估计，草地中储存的碳总量约为 266.3Pg，占陆地生态系统的 12.7%，其中 90%存在于土壤中，生物量中仅为 10%（Raich and Schlesinger，1992），加之碳素在草地生态系统各个部分的存有量与其他元素相比是较大的，碳素的循环特点基本上反映了生态系统物质循环的总体特征，因此把握草地生态系统碳循环的特征、规律，对陆地生态系统乃至全球碳循环的研究都将具有极其重要的意义（林慧龙等，2005）。

草地生态系统碳循环作为重要组成部分，在全球碳收支平衡中占有支配地位，其研究也被纳入目前的国际地圈-生物圈研究计划（IGBP）中。我国草地生态系统碳储量的估测及其植被对全球气候变化的贡献和生态价值的分析，对揭示草地在陆地生态系统碳循环中的作用及定量评价和预测草地碳循环在社会、经济方面的影响有着极其重大的意义，其成果也将为我国草地碳管理提供理论依据（陈晓鹏和尚占环，2011）。

在草地生态系统中，草地植物通过光合作用吸收大气中的 CO_2 合成有机物质，植物枯死后凋落于土壤表面，形成凋落物层进入土壤库，其中一部分凋落物经腐殖化作用，形成土壤有机碳固定在土壤中，这部分有机碳经土壤动物和微生物的矿化作用，部分分解产物被植物再次利用，构成了生态系统内部碳的生物循环。此外，植物光合作用固定的有机碳还有一部分通过植物自身的呼吸作用（自养呼吸）、草原动物呼吸、凋落物层的异养呼吸，以及土壤的呼吸代谢作用将碳以 CO_2 的形式重新释放到大气中，构成了草地植被-土壤-大气间的生物地球化学循环。在草地生态系统中，植物、凋落物、土壤腐殖质构成了系统的三大碳库，对于各碳库碳储量，以及碳库间碳流量大小及其变化的研究是整个草地碳循环研究的核心（李凌浩和陈佐忠，1998；齐玉春等，2003）。

草地生态系统碳储量特征明显区别于森林等其他类型的陆地生态系统，它不具有明显的地上碳库，其碳储量绝大部分集中在土壤中，即草地群落碳循环的主要过程是在土壤中。在这种意义上，草地生态系统近似于土壤-大气系统，那是因为草地植被地上生物量中的碳储量与土壤中储存的碳量相比是非常少的。此外，碳素由植被部分进入土壤的循环途径相对单一，通常在植物生长季结束后即可完成。如果把地表枯枝落叶层看作土壤库的一个部分，则草地植被与土壤间的界限通常难以区分，特别是对温带草地。因此，把植被与土壤部分作为一个整体处理，对问题的阐明较为方便。

早期的草地碳循环研究主要集中在土壤呼吸和碳平衡方面（Kucera and Irkham，1971；Behera and Pati，1986），其中土壤呼吸和光合作用被认为是草地生态系统碳循环最为重要的环节。近年来，采用实验和模型相结合的方法研究气候变化对草地碳储量的影响，精确估计全球土地利用变化对草地碳循环的影响是研究的热点（钟华平等，2005）。周立和王祖望（1991）以生态食物链理论建立了以“消费者”为核心的高寒草甸生态系统物质循环 QHB 模型。从该模型中可以清楚地看到一个半封闭的草地生态系统碳循环过程，包含食草动物的碳摄取、碳沉积和碳排放 3 个主要环节。

目前草地生态系统碳循环的研究主要建立在草地-土壤界面系统分室模型的基础上。然而，在草地-土壤界面系统框架下的生态系统碳循环研究不断深入的同时，以食草动物为中心的碳循环研究却停滞于草地生态系统能流物流的研究之中，滞后于全球碳循环和陆地生态系统碳循环的研究水平。草地生态系统中不仅有土壤碳库，而且食草动物是该系统一个很大的“流动”碳库，其周转期一般以食草动物的寿命为周期，因此应该包含草地-食草动物-土壤界面系统下的碳循环（钟华平等，2005），建立模型时应给予考虑。

对于草地生态系统碳循环研究的核心问题，即草地碳库的动态变化及草地碳储量的估测尚缺乏系统的理论及适用的模型，不同学者得出的结果差异较大。中国草地碳评估研究方法是一个复杂的问题，单一使用某种方法都有缺陷，不同时空尺度上的研究相结合才能获得较准确的结果。建立分布广泛的 C 通量观测网络，应用模型与新技术对年际间变化和不同地域间差异进行模拟检验，集成研究气候、社会、草地三系统间相互作用，才能更好地研究碳循环机理和预测未来碳循环动态变化（岳广阳等，2010）。

6.4.2　草地生态系统管理与碳汇潜力

人类活动是影响草地生态系统碳循环的关键因素，针对其影响的研究也成为草地生态系统的研究热点。对于草地生态系统来说，植物碳库相对比较稳定，因此，草地生态系统的固碳主要考虑土壤的固碳能力。目前大量实验观测表明，由于过度放牧等原因，草地退化将造成土壤有机碳的损失，而一些人类活动，特别是人工种草、围封草场和退耕还草等措施可以促进草地土壤有机碳的恢复和积累，具有固定大气 CO_2 的能力。

6.4.2.1　土地利用与覆被变化

土地利用变化是仅次于化石燃料燃烧的、影响人为二氧化碳排放的第二大因素。我国天然草地面积占国土面积的 41.4%，但在 1990~2010 年的 20 年，草地面积持续减少，共减少 532 万 hm^2，变化类型以草地开垦为耕地及草地上营造人工林为主（刘纪远等，2014）。根据实验分析，人工草地和旱地农田 CO_2 排放通量均高于天然草地，由此推断，天然草地转变为农田后，将有可能由碳汇转变为碳源（李玉娥和林而达，2000）。

土地利用变化对草原生态系统碳循环的影响主要在于对土壤碳储量和碳排放的影响。就其影响强度而言，草原开垦是影响土壤碳储量最为剧烈的人类活动因素（钟华平等，2005）。开垦草地极大地改变了土壤的理化性质和生物性质，破坏了致密的根系层，使土壤深层的有机碳暴露于空气中，从而影响开垦区域的碳循环。开垦后土壤有机碳减少与土壤呼吸强度提高有关，开垦草地会使其土壤碳储量减少，这些损失主要来自土壤呼吸的排放（尹萍，2008）。草地开垦为农田后，生态系统的碳储量下降可能是由于以下几方面原因：一是农田的地上生物量大部分被收割利用，使植被初级生产固定的碳素向土壤中输入的比例降低；二是开垦破坏了土壤团聚体结构，使土壤有机质直接暴露在空气中，加速了土壤有机质的分解；三是农田的翻耕犁土使土壤温度和湿度条件得到改善，从而极大地促进了土壤呼吸作用；四是开垦时伴随的烧荒措施使原来固定在植被中的有机碳全部释放到大气中。开垦的最初几年土壤呼吸碳量减少明显，20 年以后土壤碳库便会逐渐稳定（穆少杰等，2014）。

6.4.2.2 放牧

除气温和降水等环境因子外，放牧是影响草地生态系统植被固碳的主要人类活动因素之一（孙政国等，2011）。草地植被经光合作用固定大气中的 CO_2 形成有机物质，经食草动物采食，将其同化为自身的物质积累，完成草地生态系统的次级生产，实现草地生态系统碳素的次级积累，形成了草地生态系统的“流动”碳库（穆少杰等，2014）。放牧家畜对草地植被的干扰（如践踏、采食、排泄物的输入等）影响草地植被的繁育及整个草地植被群落的演替，进而影响草地碳循环（张玉勋，1995）。在无诸如火灾、病虫害等自然扰动和放牧等人为干扰状态下，草地生态系统的碳收支总体保持平衡（李金花等，2004）。放牧的影响不完全是负面的，适度放牧有利于草地的碳储存。长期过度放牧的状态下，地上净初级生产力大部分被家畜采食，只有少量的粪便和凋落物归还土壤，导致草地土壤理化性质改变；土壤得不到有机碳的输入，便会加速分解其腐殖层中的有机碳，土壤呼吸作用增强，使草地生态系统向大气释放 CO_2 量增大，草地可能转变成为碳源。何念鹏等（2011a）将放牧对土壤碳储量的影响途径概括为如下 3 个方面：①轻度放牧会增加营养循环或营养的可利用性，可促进植被更新和土壤碳氮储存；②过度放牧时，牲畜对土壤团聚体和地表结皮的严重破坏，提高了土壤有机质分解速率，并使土壤更易于水蚀和风蚀；③重度放牧导致牲畜大量取食，降低了土壤的通透性和营养可利用性，抑制了草地生产力，显著地降低了通过植被的有机质输入。因此，确定合理的放牧强度和放牧制度对提高草地生态系统固碳能力具有重要影响。

6.4.2.3 围封

围封（或禁牧）、补播、种草和退耕还草等草地植被恢复措施是广泛采用的改善和恢复退化生态系统，促进植被生长，以实现生态系统碳固持功能提高的策略和措施，其中围封是当前推广范围最广的草地恢复措施之一。围封（或禁牧）将显著提高草地的碳储量，随围封年限增加，土壤碳密度不断增大（贾宏涛等，2009），但围封草地生态系统处于主要受降水量调控的弱碳平衡状态，在更长时间尺度上，围封是否还能进一步提高草地碳储量，仍需进一步深入研究（何念鹏等，2011a）。人工草地建植对于退化严重的草地的碳汇功能恢复具有积极意义，但较天然草地却大大降低了其碳汇效应（李金芬等，2010）。

6.4.2.4　施肥灌溉

适量施肥能让植物由于营养元素缺乏导致的生长缺陷得到缓解，提高草地生态系统的固碳能力，还能增加土壤大量元素的含量，改变土壤的化学元素组成，在增加土壤呼吸底物的同时，促进土壤微生物分解活动和根系的呼吸（李小坤等，2008），而过量和长期施肥可能会限制植物生长。土壤呼吸的主要碳源是土壤有机质，施肥通常会改善土壤有机质含量，增加土壤根系生物量，增强土壤微生物活性，以及显著增加土壤呼吸速度。水分对牧草发育有很大影响。灌溉能改善牧草的生长条件，增加土壤对牧草生长的有效供给，从而提高草地生产力（阚雨晨等，2012）。

6.4.2.5　草地碳汇综合管理

针对草地生态系统碳增汇，人们已经提出了多种行之有效的人为管理措施，如天然草地封育、退耕还草、天然草地刈割、退化草地恢复、人工草地建植、合理控制放牧强度和划区轮牧/延迟放牧等，以提高区域尺度陆地生态系统的碳储量。根据何念鹏等（2011b）的总结，碳增汇措施主要包括：①提高增汇因子的强度，提高增汇措施的技术效果；②依据特定区域的自然和经济优势，优化布局各种增汇/减排措施，寻求多种措施的组合增汇或减排目的；③更合理地设定各种增汇/减排措施的活动水平，既保证其技术/经济的可行性，又使其增汇/减排效应不因规模扩大而降低；④降低增汇/减排措施实施过程中所引起碳池漏，提高生态系统净增汇效应。

针对上述有利于碳增汇的草地保护与恢复措施，如何科学评估/认证其碳汇效应，特别在我国已经实施了大量草地保护与恢复措施，科学评价其碳汇效应及其潜力，对于未来我国碳减排具有非常重要的现实意义。根据已经发表文献的 Meta 分析，我国草地通过减少畜牧承载量等方法恢复退化草地，可使有机碳库增加 4561.62Tg C，主要分布在内蒙古、西藏和新疆；草场围栏、种草和退耕还草 3 种草地管理措施的固碳潜力是 39.06Tg/a（郭然等，2008）。

6.4.3　草地生态系统碳循环模型

草地碳汇功能的维持和增强依赖于合理有效的草地碳管理。除了传统的合理放牧、草地恢复措施和采取一定的农艺措施以获得草地持续的碳效益外（林慧龙等，2007），使草地碳汇参与碳贸易，获得国际资金支持，建立牧民生态补偿机理，推动草原经济模式转变的新思路，不仅有利于维持我国草原区域可持续发展，还将为牧民带来额外的收益（高涛，2010）。量化草地碳汇是这一举措得以实施的前提，也是草地碳管理的研究重点（陈晓鹏和尚占环，2011）。

草地碳循环过程模型研究最早可追溯到 20 世纪 60 年代初期。1960 年，van Dyne 在美国蒙大拿中南部从事草地生物量研究过程中，首次提出了一个碳库 5 分室的碳循环模型。70 年代，美国 IBP 计划草地生物群区研究项目（Grassland Biome Study）实施期间，草地碳循环模型得到迅速发展，著名的 ELM 模型就是在此期间提出的（Innis，1978）。此后的草地生态系统碳循环模型，都是在此基础上改进和进一步完善的。第一个草地土壤有机质（SOM）模型，把土壤碳区分为活性（active）、缓性（slow）和钝性（passive）3 个分库，并具有不同的周转时间（1 年、30 年和 1500 年）。这个概念模型在近期发展起来的 SOM 模型中被广泛采用（Jenkinson et al.，1991；Parton et al.，1987）。van Veen 和 Paul（1981）增加了一些理化变量，如耕作措施和土壤侵蚀的影响。Parton 等（1988）增加了土壤质地对土壤有机碳动态的影响，并建立了一个草地养分元素循环的系统过程模型，即 CENTURY 模型，用以同时拟合土壤 C、N、P、S 等养分元素的动态。

目前草地碳循环模型多数集中在净初级生产力的估算与模拟。草地净初级生产力（NPP）是指单位面积的草地在单位时间所能累积的有机干物质，包括草地地上部分（含凋落物和立枯物）和地下部分有机物质的数量，反映了草地植被在自然条件下的生产能力。草地 NPP 是草原生态系统中土、草、畜 3 个子系统之间及其与气候等外界环境因子之间综合作用的结果。自然条件下，光、热、水是形成草地 NPP 的关键环境因素。草地 NPP 的研究对于合理利用草地资源，充分发挥草地气候生产潜力，最大限度地提高草地产量，以及对草地农业生态系统中的碳循环研究都具有重要的指导意义而备受重视（林慧龙等，2007）。

模型的开发和应用不仅有助于定量评估过去和当前陆地碳收支变化及其时空分布特征，也可用于固碳潜力的评估和未来变化的预测（杨红飞等，2011）。采用模型结合实测数据进行估算已经作为一种研究宏观生态学的重要方法并被广泛接受，它可以实现地区和全球尺度上对草地碳通量、碳储量的研究。基于模型是否利用给定的冠层光截获季节变化，以及是否给定植被分布，可将现有的草地生态系统碳循环模型分为 3 类：①遥感参数模型，基于光能利用率概念建立在卫星遥感的植被冠层吸收光合有效辐射（AFPAR）与初级生产力间关系的模型；②生物地球化学模型，基于土壤和气候特征，采用植被图或生物地理模型给定植被结构以模拟生物地球化学通量的模型；③全球植被动态模型，可同时模拟植被分布、物候及生物地球化学过程的模型（周广胜和王玉辉，2004）。关于陆地生态系统碳循环模型的介绍文献较多，可进一步参见周广胜和王玉辉（2004）、袁文平等（2014）的报道。

6.4.4 草地生态系统碳管理模型

草地生态系统碳管理的一般概念模型主要包括如下几个方面：①草地碳循环的自然过程模拟；②草地畜牧活动及其对碳循环的影响模拟；③草地管理措施（围封、灭鼠及病虫害防治、轮牧等）的碳增汇效应评价。由于所能得到的草地管理数据的不同，可将草地生态系统碳管理模型分为 IPCC 方法和生态系统过程模拟模型两种方法。

6.4.4.1 IPCC 方法

政府间气候变化组织（IPCC）为了能够让各国在有限的条件下，评估各自国家陆地生态系统的固碳现状与潜力，组织世界各国的科学家编写了《土地利用、土地覆盖变化和林业优良做法指南》（LULUCF）。在我国对 LULUCF 方法已经开展了大量研究，包括通过文献调研，获取不同草地管理措施固碳效应系数等，系统地进行了方法学发展和应用研究，详见陈泮勤等（2008）、石锋（2009）、孙政国等（2011）的报道。

6.4.4.2　生态系统过程模拟模型

这类模型在模拟草地碳循环自然过程基础上，不同程度地考虑人为活动对草地碳循环的影响，如 CENTURY 模型、RothC 模型及 GRASIM 模型等。鉴于多数模型介绍的文献侧重于模型对碳循环自然过程的模拟，而较少介绍模型对人为活动及其对碳循环影响的模拟，本部分以 CENTURY 模型为例，做一介绍。

CENTURY 模型是模拟不同生态系统类型（草地、森林、农田及稀树草原）植被和土壤系统中碳及养分动态的模型（Parton et al.，1987，1988；Sanford et al.，1991）。根据 CENTURY 模型 v5 版本（http：//www.nrel.colostate.edu/projects/century5/），其子模块包括：①土壤有机质子模块，模拟土壤有机质碳库（活性、慢性和惰性碳库）、地上和地下凋落物碳库、地表微生物碳库的分配和分解，同时分别模拟了各碳库中氮、磷和硫养分元素的分配与周转；②土壤水分、矿物质的淋溶和土壤温度子模块；③氮、磷和硫循环子模块；④植物生长子模块；⑤生态系统管理子模块，包括施肥、灌溉、栽培（翻耕、休耕、间苗或者施用除草剂）、放牧、火管理；⑥碳同位素标记模拟（^{14}C 和 ^{13}C）；⑦CO_2 的施肥效应；⑧土壤环境控制模拟。

生态系统管理措施模拟具体方法如下。①栽培措施模拟，是通过定义茎秆、根系、立枯和地表凋落物转移到立枯、地表和土壤凋落物碳库的比例，从而可以模拟一系列诸如翻耕或整地、间苗或施用除草剂等栽培措施，这些比例参数值的范围是 1.0~1.6，可根据实际栽培措施对土壤的干扰程度给定数值。②畜牧活动，是通过参数化每月移除的地上活生物量和立枯草地生物量的模拟；同时也模拟所研究区域上通过动物尸体和奶的碳流失，通过粪便和尿的碳转移及易挥发性氮素的流失，尿液中的氮和硫的淋溶；也考虑了畜牧活动对植被生长的影响。③火对碳循环的作用模拟，是通过定义活茎秆生物量、立枯生物量和凋落物碳库，通过不同强度火作用而移除的碳量，以及伴随的氮、磷和硫以无机物形式的移除量；也考虑了火对植被生长的作用。

至于具体模型应用可参考 Parton 等（1993）、李东（2011）及 Chang 等（2014）的报道。李东（2011）应用 CENTURY 模型，分别模拟了自然状态下高寒草甸土壤有机碳动态，以及放牧和开垦等草地管理对高寒草甸土壤有机碳的影响，进而评估了未来气候变化情景下草地管理措施对土壤有机碳的影响。

参考文献

巴特尔巴克，张旭东，彭镇华，等. 2008. 森林生态系统碳循环研究的模型方法. 世界林业研究, 21(1): 9-13.

蔡锦涛. 2013. 中国森林碳汇管理模拟及决策支持系统研究. 武汉：华中师范大学硕士学位论文.

蔡亚庆，仇焕广，徐志刚. 2011. 中国各区域秸秆资源可能源化利用的潜力分析. 自然资源学报, 26(10): 1638-1646.

曹卫星，罗卫红. 2000. 作物系统模拟及智能管理. 北京：华文出版社.

陈泮勤，王效科，王礼茂. 2008. 中国陆地生态系统碳收支与增汇对策. 北京：科学出版社: 100-101.

陈晓鹏，尚占环. 2011. 中国草地生态系统碳循环研究进展. 中国草地学报, 33(4): 99-110.

陈育峰，李克让. 1996. 应用林窗模型研究全球气候变化对森林群落的可能影响——以四川西部紫果云杉群落为例. 地理学报, (S1): 73-80.

崔明，赵立欣，田宜水，等. 2008. 中国主要农作物秸秆资源能源化利用分析评价. 农业工程学报, 12: 291.

范兰，吕昌河，陈朝. 2012. EPIC 模型及其应用. 地理科学进展, 31(5): 584-592.

冯险峰. 2004. 基于过程的中国陆地生态系统生产力和蒸散遥感研究. 北京：中国科学院地理科学与资源研究所博士

学位论文.
高海然. 2008. 我国清洁发展机制(CDM)项目实施现状和政策建议. 中国能源, 30(6): 33-38.
高涛. 2010. 草地生态系统碳储量及牧民生态补偿研究. 甘肃: 兰州大学硕士学位论文.
郭然, 王效科, 逯非, 等. 2008. 中国草地土壤生态系统固碳现状和潜力. 生态学报, 8(2): 862-867.
何念鹏, 韩兴国, 于贵瑞. 2011a. 长期封育对不同类型草地碳贮量及其固持速率的影响. 生态学报, (15): 4270-4276.
何念鹏, 王秋凤, 刘颖慧, 等. 2011b. 区域尺度陆地生态系统碳增汇途径及其可行性分析. 地理科学进展, (7): 788-794.
何勇, 董文杰, 季劲钧, 等. 2005. 基于AVIM的中国陆地生态系统净初级生产力模拟. 地球科学进展, 20(3): 345-349.
侯宁, 何继新, 朱学群. 2009. 陆地生态系统碳循环研究述评. 生态经济, 10: 140-143.
黄国勤, 张桃林, 赵其国. 1997. 中国南方耕作制度. 北京: 中国农业出版社.
黄耀, 刘世梁, 沈其荣, 等. 2002. 环境因子对农业土壤有机碳分解的影响. 应用生态学报, 13(6): 709-714.
季劲钧, 黄玫, 李克让. 2008. 21世纪中国陆地生态系统与大气碳交换的预测研究. 中国科学D辑, 38(2): 211-223.
冀建华, 刘秀梅, 侯红乾, 等. 2012. 鄱阳湖生态区长期施肥对稻田土壤碳汇效应与固碳潜力的影响. 长江流域资源与环境, 21(2): 188-194.
贾宏涛, 蒋平安, 赵成义, 等. 2009. 围封年限对草地生态系统碳分配的影响. 干旱地区农业研究, 27(1): 33-36.
江玉林, 任继周, Roy P S. 2003. 利用遥感技术对喜马拉雅山西北部高寒草地的研究. 草业学报, 12(5): 106-116.
阙雨晨, 黄欣颖, 王宇通, 等. 2012. 干扰对草地碳循环影响的研究与展望. 草业科学, 12: 1855-1861.
李长生. 2001. 生物地球化学的概念与方法: DNDC模型的发展. 第四纪研究, 21(2): 89-90.
李长生. 2004. 陆地生态系统的模型模拟. 复杂系统与复杂性科学, 1(1): 49-57.
李东. 2011. 基于CENTURY模型的高寒草甸土壤有机碳动态模拟研究. 南京: 南京农业大学博士学位论文: 31-70.
李金芬, 程积民, 刘伟, 等. 2010. 黄土高原云雾山草地土壤有机碳、全氮分布特征. 草地学报, 18(5): 661-668.
李金花, 潘浩文, 王刚. 2004. 内蒙古典型草原退化原因的初探. 草业科学, 21(5): 49-51.
李军, 邵明安, 张兴昌. 2004. EPIC模型中农田水分运移与利用的数学模拟. 干旱地区农业研究, 22(2): 72-75.
李克让, 黄玫, 陶波. 2009. 中国陆地生态系统过程及对全球变化响应与适应的模拟研究. 北京: 气象出版社: 318-330.
李凌浩, 陈佐忠. 1998. 草地生态系统碳循环及其对全球变化的响应Ⅰ. 碳循环的分室模型、碳输入与贮量. 植物学通报, 15(2): 15-23.
李怒云. 2007. 中国林业碳汇. 北京: 中国林业出版社.
李小坤, 鲁剑巍, 陈防. 2008. 牧草施肥研究进展. 草业学报, 17(2): 136-142.
李新宇, 唐海萍. 2006. 陆地植被的固碳功能与适用于碳贸易的生物固碳方式. 植物生态学报, 30(2): 200-209.
李玉娥, 林而达. 2000. 天然草地利用方式改变对土壤排放 CO_2 和吸收 CH_4 的影响. 农村生态环境, 16(2): 14-16, 44.
联合国粮食及农业组织(FAO). 2009. 统计年鉴. 北京: 中国农业出版社.
林慧龙, 常生华, 李飞. 2007. 草地净初级生产力模型研究进展. 草业科学, 24(12): 26-29.
林慧龙, 王军, 徐震, 等. 2005. 草地农业生态系统中的碳循环研究动态. 草业科学, 22(4): 59-62.
刘纪远, 匡文慧, 张增祥, 等. 2014. 20世纪80年代末以来中国土地利用变化的基本特征与空间格局. 地理学报, 69(1): 3-14.
刘纪远, 于贵瑞, 王绍强, 等. 2003. 陆地生态系统碳循环及其机理研究的地球信息科学方法初探. 地理研究, 22(4): 397-405.
刘守龙, 童成立, 张文菊, 等. 2006. 湖南省稻田表层土壤固碳潜力模拟研究. 自然资源学报, 21(1): 9-125.
刘昱, 陈敏鹏, 陈吉宁. 2015. 农田生态系统碳循环模型研究进展和展望. 农业工程学报, 31(3): 1-9.
毛留喜, 孙艳玲, 延晓冬. 2006. 陆地生态系统碳循环模型研究概述. 应用生态学报, 17(11): 2189-2195.
穆少杰, 周可新, 陈奕兆, 等. 2014. 草地生态系统碳循环及其影响因素研究进展. 草地学报, 22(3): 439-447.
聂道平, 徐德应, 王兵. 1997. 全球碳循环与森林关系的研究——问题与进展. 世界林业研究, (5): 33-40.
朴世龙, 方精云, 郭庆华. 2001. 利用CASA模型估算我国植被净第一性生产力. 植物生态学报, 25(5): 603-608.
朴世龙, 方精云, 黄耀. 2010. 中国陆地生态系统碳收支. 中国基础科学, 2: 20-22.
齐玉春, 董云社, 耿元波, 等. 2003. 我国草地生态系统碳循环研究进展. 地理科学进展, 22(4): 342-352.
曲云鹤, 余成群, 武俊喜, 等. 2014. 发达国家草原管理模型的发展趋势. 中国草地学报, 36(4): 110-115.
全国土壤普查办公室. 1993. 中国土种志. 第一卷. 北京: 农业出版社.
任伟, 王秋凤, 刘颖慧, 等. 2011. 区域尺度陆地生态系统固碳速率和潜力定量认证方法及其不确定性分析. 地理科学进展, 30(7): 795-804.
邵月红, 许信旺. 2006. 基于GIS和RS陆地生态系统碳循环的模型研究. 池州师专学报, 20(5): 88-92.
石锋. 2009. 管理措施对草地土壤有机碳含量的影响. 北京: 中国农业科学院硕士学位论文.

孙卫国，程炳岩，杨沈斌，等. 2011. 区域气候变化对华东地区水稻产量的影响. 中国农业气象, 32(2): 227-234.
孙政国，孙成明，李建龙，等. 2011. 我国草地生态系统碳循环机制及碳蓄积核算研究回顾与展望. 草业科学, (9): 1611-1616.
田汉勤，刘明亮，张弛，等. 2010. 全球变化与陆地系统综合集成模拟——新一代陆地生态系统动态模型(DLEM). 地理学报, 65(9): 1027-1047.
田云录. 2011. 冬小麦生产力对昼夜不同增温的响应研究. 南京：南京农业大学博士学位论文.
涂慧萍，陈世清，陈建群. 2004. 对森林碳汇及试点的思考. 林业资源管理, 6: 18-21.
汪业勋，赵士洞. 1998. 陆地碳循环研究中的模型方法. 应用生态学报, 9(6): 658-664.
王海霞，孙红霞，韩清芳，等. 2012. 免耕条件下秸秆覆盖对旱地小麦田土壤团聚体的影响. 应用生态学报, 23(4): 1025-1030.
王萍. 2009. 森林碳循环模型概述. 应用生态学报, 20(6): 1505-1510.
王秋凤，郑涵，朱先进，等. 2015. 2001~2010 年中国陆地生态系统碳收支的初步评估. 科学通报, 60(10): 962.
王绍强，刘纪远，于贵瑞. 2003. 中国陆地土壤有机碳蓄积量估算误差分析. 应用生态学报, 14(5): 797-802.
王伟光，郑国光，潘家华，等. 2014. 应对气候变化报告(2014). 北京：社会科学文献出版社.
王兮之，杜国桢，梁天刚，等. 2001. 基于RS和GIS的甘南草地生产力估测模型构建及其降水量空间分布模式的确立. 草业学报, 10(2): 95-102.
王燕，王小彬，刘爽，等. 2008. 保护性耕作及其对土壤有机碳的影响. 中国生态农业学报, 16(3): 767-769.
尉海东，马祥庆，刘爱琴，等. 2007. 森林生态系统碳循环研究进展. 中国生态农业学报, 15(2): 188-192.
吴承祯，洪伟. 2001. 马尾松人工林经营过程密度优化研究. 林业科学, (S1): 72-77.
吴家梅，纪雄辉，彭华，等. 2011. 南方双季稻田稻草还田的碳汇效应. 应用生态学报, 22(12): 3196-3202.
肖向明，王义凤，陈佐忠. 1996. 内蒙古锡林河流域典型草原初级生产力和土壤有机质的动态及其对气候变化的反应. 植物学报, 38(1): 45-52.
熊伟，杨婕，林而达，等. 2008. 未来不同气候变化情景下我国玉米产量的初步预测. 地球科学进展, 10: 1092-1101.
延晓冬，于振良. 2000. 林窗模型的几个基本问题的研究Ⅱ. 模拟样地个数的效应. 生态学杂志, 5: 1-6+18.
延晓冬，赵士洞. 1995. 温带针阔混交林林分碳贮量动态的模拟模型Ⅰ. 乔木层的碳贮量动态. 生态学杂志, 14(2): 6-12.
闫慧敏. 2005. 基于遥感观测的土地利用对中国农田生态系统生产力和碳吸收的影响研究. 北京：中国科学院研究生院博士学位论文.
杨红飞，穆少杰，孙成明，等. 2011. 草地生态系统土壤有机碳估算研究综述. 中国草地学报, 33(5): 107-114.
仪垂祥. 1994a. 地球表层动力学理论研究：陆地表层系统. 北京师范大学学报(自然科学版), (4): 511-515.
仪垂祥. 1994b. 地球表层动力学理论研究：动力学方程组. 北京师范大学学报(自然科学版), (4): 516-524.
尹萍. 2008. 开垦年限对亚高山草甸土壤有机碳库和团聚体稳定性的影响. 兰州：甘肃农业大学硕士学位论文.
于贵瑞. 2001. 略论生态系统管理的科学问题与发展方向. 资源科学, 23(6): 1-4.
于贵瑞，伏玉玲，孙晓敏，等. 2006. 中国陆地生态系统通量观测研究网络的研究进展及其发展思路. 中国科学 D 辑, (A01): 1-21.
于贵瑞，王秋凤，朱先进. 2011. 区域尺度陆地生态系统碳收支评估方法及其不确定性. 地理科学进展, 30(1): 103-113.
袁文平，蔡文文，刘丹，等. 2014. 陆地生态系统植被生产力遥感模型研究进展. 地球科学进展, 29(5): 541-550.
岳广阳，赵林，赵拥华，等. 2010. 青藏高原草地生态系统碳通量研究进展. 冰川冻土, 32(1): 166-174.
张海清，刘琪璟，陆佩玲，等. 2005. 陆地生态系统碳循环模型概述. 中国科技信息, 13: 25-19.
张金池，李海东，林杰，等. 2008. 基于小流域尺度的土壤可蚀性 K 值空间变异. 生态学报, (28)5: 2200-2205.
张庆忠. 2008. 秸秆焚烧缘何屡禁难止？世界环境, (10): 46-47.
张小全，武曙红，何英，等. 2005. 森林、林业活动与温室气体的减排增汇. 林业科学, 41(6): 150-156.
张玉勋. 1995. 羊草草地植被对放牧和保护的反应. 中国草地, (1): 1-5.
章力建，刘帅. 2010. 保护草原增强草原碳汇功能. 中国草地学报, 32(2): 1-5.
郑凌云，张佳华. 2007. 草地净第一性生产力估算的研究进展. 农业工程学报, 23(1): 279-285.
中国农业年鉴编辑委员会. 2011. 中国农业年鉴. 北京：中国农业出版社: 255.
中华人民共和国林业局. 1994. 全国森林资源统计(1989-1993). 北京：中国林业出版社.
中华人民共和国林业局. 2000. 全国森林资源统计(1994-1998). 北京：中国林业出版社.
钟华平，樊江文，于贵瑞，等. 2005. 草地生态系统碳循环研究进展. 草地学报, 13(S1): 67-73.
周广胜，何奇瑾. 2012. 生态系统响应全球变化的陆地样带研究. 地球科学进展, 27(5): 563-572.
周广胜，王玉辉. 2004. 草地生态系统碳循环模型//陈畔勤，黄耀，于贵瑞. 地球系统碳循环. 北京：科学出版社:

398-422.
周广胜, 王玉辉, 许振柱, 等. 2003. 中国东北样带碳循环研究进展. 自然科学进展, 13(9): 23-28.
周广胜, 张新时. 1995. 自然植被净第一性生产力模型初探. 植物生态学报, 19(3): 193-200.
周广胜, 张新时. 1996. 全球气候变化的中国自然植被的净初级生产力研究. 植物生态学报, 20(1): 11-19.
周立, 王祖望. 1991. 高寒草甸生态系统研究的若干数学模拟模型. 北京: 科学出版社: 112-122.
周宇飞, 贺红士, 金龙如, 等. 2009. 不同森林管理方案对森林景观长期影响的模拟研究. 沈阳农业大学学报, 40(1): 16-20.
朱志辉. 1993. 自然植被的净第一性生产力估计模型. 科学通报, 38(15): 1422-1426.
Alexandrov G A, Oikawa T, Esser G. 1999. Estimating terrestrial NPP: what the data say and how they may be interpreted? Ecological Modeling, 117: 361-369.
Andreae M O. 1991. Biomass burning: its history, use and distribution and its impact on environmental quality and global climate. *In*: Levine J S. Global Biomass Burning. Vol. 1. Massachusetts: MIT Press: 3-21.
Behera N, Pati D P. 1986. Carbon budget of protected tropical grassland with reference to primary production and total soil respiration. Rev Ecol Biol Sol, 23: 167-181.
Bierke A, Kaiser K, Guggenbergerg G. 2008. Crop residue management effects on organic matter in paddy soils-the lignin component. Geoderma, 46: 48-57.
Blanco J A, Seely B, Welham C, et al. 2007. Testing the performance of a forest ecosystem model (FORECAST) against 29 years of field data in a *Pseudotsuga menziesii* plantation. Canadian Journal of Forest Research-Revue Canadienne De Recherche Forestiere, 37(10): 1808-1820.
Briceno-Elizondo E, Garcia-Gonzalo J, Peltola H, et al. 2006. Carbon stocks and timber yield in two boreal forest ecosystems under current and changing climatic conditions subjected to varying management regimes. Environmental Science & Policy, 9(3): 237-252.
Bryan K, Cox M D. 1968. A nonlinear model of an ocean driven by wind and differential heating. J Atoms Sci, 25: 945-967.
Chang X F, Zhu X X, Wang S P, et al. 2014. Impacts of management practices on soil organic carbon in degraded alpine meadows on the Tibetan Plateau. Biogeosciences, 11: 3495-3503.
Chavas D R, Cesalzaurralde R, Thomson A M, et al. 2009. Long-term climate change impacts on agricultural productivity in eastern China. Agricultural and Forest Meteorology, 149: 1118-1128.
Cole M A, Rayner A J, Bates J M. 1997. The environmental kuznets curve: an empirical analysis. Environment and Development Economics, 2: 401-416.
Coleman K, Jenkinson D S. 1999. RothC-26. 3: a model for the turnover of carbon in soil. *In*: Powlson D S, Smith P, Smith P J U. Evaluation of Soil Organic Matter Models Using Existing Long-Term Datasets. NATO ASI Series I. Heidelberg: Springer-Verlag, 38: 237-246.
Cox P M, Betts R A, Jones C D, et al. 2000. Acceleration of global warming due to carbon cycle feedbacks in a coupled climate model. Nature, 408: 184-187.
Davis L S, Johnson K N, Bettinger P, et al. 2009. Forest Management to Sustain Ecological Economic and Social Values. 4th ed. New York: McGraw-Hill Publishing Company.
de Wit C T. 1965. Photosynthesis of Leaf Canopies. Wageningen, The Netherlands: Agricultural Research Report: 1-57.
Denning A S, Collatz G J, Zhang C, et al. 1996. Simulations of terrestrial carbon metabolism and atmospheric CO_2 in a general circulation model. Tellus, 48B: 521-542.
Deryng D, Sacks W J, Barford C C, et al. 2011. Simulating the effects of climate and agricultural management practices on global crop yield. Global Blog Cyc, 25: 18.
Duiker S W, Lai R. 1999. Crop residue and tillage effects on carbon sequestration in a luvisol in central Ohio. Soil & Tillage Research, 52: 73-81.
Dyson F J. 1977. Can we control the carbon dioxide in the environment? Energy, 2: 287-291.
Esser G. 1987. Sensitivity of global carbon pools and fluxes to human and potential climatic impacts. Tellus, 39B: 245-260.
FAO. 2001. Agriculture: Towards 2015/30. Technical Interim Report April 2000. Rome, Food and Agriculture Organization.
FAOSTAT. 2006. Crop Production. http: //faostat. fao. org/site/418/DesktopDefault. aspx. PageID=418 [2015-02-08].
Feng X, Liu G, Chen J M, et al. 2007. Net primary productivity of China's terrestrial ecosystems from a process model driven by remote sensing. Journal of Environmental Management, 85: 563-573.
Guo R P, Lin Z H, Mo X G. 2010. Responses of crop yield and water use efficiency to climate change in the North China Plain. Agricultural Water Management, 97(8): 1185-1194.
Gusti M, Havlik P, Obersteiner M. 2008. Technical description of the IIASA mode cluster. The Eliasch Review. London: Office of Climate Change, UK.
Gusti M, Havlik P, Obersteiner M. 2009. How much additional carbon can be stored in forests if economic measures are used and how much could it cost? Research Reports of the National University of Bio resources and Nature Management of Ukraine, 35: 21-26.
Gusti M, Kindermann G. 2011. An approach to modeling land use change and forest management on a global scale

SIMULTECH 2011-Proceedings of 1st International Conference on Simulation and Modeling Methodologies. Technologies and Applications, 16: 180-185.

Gusti M. 2010a. An algorithm for simulation of forest management decisions in the global forest model. Artificial Intelligence, 4: 45-49.

Gusti M. 2010b. An algorithm for simulation of forest management response to carbon price incentive. proceedings of the conference modem information technologies in economy. Management and Education, 13: 94-97.

Gusti M. 2010c. Uncertainty of BAU emissions in LULUCF sector: sensitivity analysis of the global forest model. proceedings of the 3rd international workshop on uncertainty in greenhouse gas inventories. LPNU, Lviv, 299: 73-80.

Hansen S, Jensen H E, Nielsen N E, et al. 1991. Simulation of nitrogen dynamics and biomass production in winter wheat using the Danish simulation mode DAISY. Fertiliser Research, 27: 245-259.

Heimann M. 2008. Terrestrial ecosystem carbon dynamics and climate feedbacks. Nature, 451(7176): 289-292.

Hicke J A, Asner G P, Kasischke E S, et al. 2003. Postfire response of North American boreal forest net primary productivity analyzed with satellite observations. Glob Change Biol, 9: 1145-1157.

Huang Y, Yu Y Q, Zhang W, et al. 2009. Agro-C: a biogeophysical model for simulating the carbon budget of agroecosystems. Agricultural and Forest Meteorology, 149: 106-129.

Innis G S. 1978. Ecological Studies 26 Grassland Simulation Model. New York: Springer-Verlag.

IPCC. 2000a. Special Report on Emissions Scenarios, Working Group Ⅲ, Intergovernmental Panel on Climate Change. UK: Cambridge University Press.

IPCC. 2000b. Special Report on land use, land use change and forestry. UK: Cambridge University Press.

IPCC. 2006. IPCC guidelines for national greenhouse gas inventories. Japan: IGES.

IPCC. 2013. Summary for policy makers of climate change 2013: the physical science basis. contribution of working group I to the fifth assessment report of the intergovernmental panel on climate change. UK: Cambridge University Press.

Izaurralde R C, Williams J R, McGill W B, et al. 2006. Simulating soil C dynamics with EPIC: model description and testing against long-term data. Ecological Modelling, 192: 362-384.

Jenkinson D S, Adams D E, Wild A. 1991. Model estimates of CO_2 emissions from soil in response to global warming. Nature, 351: 304-306.

Jenkinson D S, Ayanaba A. 1977. Decomposition of carbon-14 labeled plant material under tropical conditions. Soil Science Society of America Journal, 41(5): 912-915.

Jensen E S, Peoples M B, Boddey R M, et al. 2012. Legumes for mitigation of climate change and the provision of feedstock for biofuels and biorefineries. A review. Agronomy for Sustainable Development, 32: 329-364.

Keating B A, Carberry P S, Hammer G L, et al. 2003. An overviewof APSIM, a model designed for farming systems simulation. Europ J A gronomy, 18: 267-288.

Kindermann G, McCallum I, Fritz S, et al. 2008. A global forest growing stock, biomass and carbon map based on FAO statistics. Silva Fennica, 42(3): 387-396.

Kindermann G, Obersteiner M, Rametsteiner E, et al. 2006. Predicting the deforestation-trend under different carbon-prices. Carbon Balance and Management, 1(1): 1-15.

Kindermann G, Schorghuber S, Linkosalo T, et al. 2013. Potential stocks and increments of woody biomass in the European Union under different management and climate scenarios. Carbon Balance and Management, 8(1): 2-8.

King A W, Emanuel W R, Wullschleger S D, et al. 1995. A search of the missing carbon sink: a model of terrestrial biospheric response to land-use change and atmospheric CO_2. Tellus, 47B: 501-519.

Kirby K R, Laurance W F, Albemaz A K, et al. 2006. The future of deforestation in the Brazilian Amazon. Futures, 38: 432-453.

Kucera C K, Irkham D. 1971. Soil respiration studies in tall grass prairie in Missouri. Ecology, 52: 912-915.

Kurz W A, Apps M J A. 1999. 70 year retrospective analysis of carbon fluxes in the Canadian fo rest sector. Ecol Appl, 9: 526-547.

Kurz W A, Dymond C C, White T M, et al. 2009. CBM-CFS3: A model of carbon-dynamics in forestry and land-use change implementing IPCC standards. Ecological Model, 220(4): 480-504.

Lal R, Bruce J P. 1999. The potential of world cropland soils to sequester C and mitigate the greenhouse effect. Environmental Science & Policy, 2(2): 177-185.

Lal R, Kimble J M, Follett R F, et al. 1998. The Potential of US crop land to sequester carbon and mitigate the greenhouse effect. Chelsea, MI: Sleeping Bear Press: 128.

Li C S, Zhuang Y H, Frolking S, et al. 2003. Modeling soil organic changing in croplands of China. Ecolocal Applications, 13(2): 327-336.

Lieth H. 1972. Modeling the primary productivity of theworld. Nature and Resources, 8(2): 5-10.

Lin E D, Xiong W, Ju H, et al. 2005. Climate change impacts on crop yield and quality with CO_2 fertilization in China. Philosophical Transactions of the Royal Society B: Biological Sciences, 360(1463): 2149-2154.

Liu J, Liu M, Zhuang D, et al. 2003. Study on spatial pattern of land-use change n China during 1995-2000. Science in China(Series D), 46(4): 373-384.

Liu J, Tian H, Liu M, et al. 2005. China's changing landscape during the 1990s: Large-scale land ransformations estimated with satellite data. Geophysical Research Letters: 32, L02405: 1-5.

Liu Y J, Tao F L. 2013. Probabilistic change of wheat productivity and water use in China for global mean temperature changes of 1, 2, and 3℃. Journal of Applied Meteorology and Climatology, 52(1): 114-129.

Mann L K. 1986. Changes in soil carbon storage after cultivation. Soil Science, 142: 279-288.

Masek J G, Collatz G J. 2006. Estimating forest carbon fluxes in a disturbed southeastern landscape: integration of remote sensing, forest inventory, and biogeochemical modeling. Journal of Geophysical Research: 111: G01006. doi: 10.1029/2005JG000062.

McGuire A D, Melillo J M, Kicklighter D W, et al. 1995. Equilibrium responses of soil carbon to climate change: empirical and process-based estimates. Journal of Biogeography, 22: 785-796.

Melillo J M, Aber J D, Muratore J F. 1982. Nitrogen and lignin control of hardwood leaf litter decomposition dynamics. Ecology, 62: 621-626.

Metherell Alister K, Harding Laura A, Cole C, et al. 1993. CENTURY Soil Organic Matter Model Environment, Technical Documentation Agroecosystem Version 4. 0. GPSR Technical Report No. 4, United States Department of Agriculture, Agricultrual Research Service, Great Plains Systems Research Unit. Colorado State University: 3-35-3-36.

Miehele R, Nicola L, Zina F. 2003. Evaluation and application of the OILCROP-SUN model for sunflower in southern Italy. Agricultural Systems, 78: 17-30.

Monsi M, Saeki T. 1953. Über den lichtfaktor in den pflanzengesellschaften und seine bedeutung fürdie stoffproduktion. Jpn J Bot, 14: 22-52.

Monteith J L. 1972. Solar-radiation and productivity in tropical ecosystems. Journal of Applied Ecology, 9: 747-766.

Moore III B, Braswell Jr. B H. 1994. 地球的新陈代谢：了解碳循环. 刘文新译. 人类环境杂志, 23(1): 4-12.

Pan Y, Birdsey R A, Fang J, et al. 2011. A large and persistent carbon sink in the world's forests. Science, 333: 988-993.

Parton W J, Schimel D S, Cole CV. 1987. Analysis of factors controlling soil organic matter levels in great plain grasslands. Soil Sci Soc Am J, 51: 1173-1179.

Parton W J, Scurlock J M O, Ojima D S, et al. 1993. Observations and modeling of biomass and soil organic matter dynamics for the grassland biome worldwide. Global Biogeochemical Cycles, 7: 785-809.

Parton W J, Stewart J W B, Cole C V. 1988. Dynamics of C, N, P and S in grassland soils: a model. Biogeochemistry, 5(1): 109-131.

Paustian K, Six J, Elliott E T, et al. 2000. Management options for reducing CO_2 emissions from agricultural soils. Biogeochemistry, 48: 147-163.

Peng C H, Apps M J. 1999. Modeling the response of net primary productivity(NPP)of boreal forest ecosystems to changes in climate and fire disturbance regimes. Ecol Model, 122: 175-193.

Penning de Vries F W T, van Laar H H. 1982. Simulation of growth processes and the model BACROS. Simulation of Plant Growth and Crop Production, 1: 114-135.

Piao S L, Fang J Y. 2009. The carbon balance of terrestrial ecosystems in China. Nature, 458(7241): 1009-1013.

Post W M, Izaurralde R C, West T O, et al. 2012. Management opportunities for enhancing terrestrial carbon dioxide sinks. Frontiers in Ecology and the Environment, 10: 554-561.

Potter C S, Randerson J T, Field C B, et al. 1993. Terrestrial ecosystem production, a process model based on global satellite and surface data. Global Biogeochemical Cycles, (7): 811-841.

Raich J W, Schlesinger W H. 1992. The global carbon dioxide flux in soil respiration and its relationship to vegetation and climate. Tellus, 44B: 81-99.

Ramankutty N, Foley J A, Norman J, et al. 2002. The global distribution of cultivable lands: current patterns and sensitivity to possible climate change. Global Ecology & Biogeography, 11(5): 377-392.

Ranatunga K, Keenan R J, Wullschleger S D, et al. 2008. Effects of harvest management practices on forest biomass and soil carbon in eucalypt forests in New South Wales, Australia: Simulations with the forest succession model LINKAGES. Forest Ecology and Management, 255(7): 2407-2415.

Rapalee G, Trumbore S E, Davidson E A, et al. 1998. Estimating soil carbon stocks and fluxes in a boreal forest landscape. Glob Biogeochem CycL, 12: 687-701.

Rokityanskiy D, Benitez P, Kraxner F, et al. 2007. Geographically explicit global modeling of land-use change, carbon sequestration, and biomass supply. Technological Forecasting and Social Change, 74(7): 1057-1082.

Ruimy A, Saugier B, Dedieu G. 1994. Mesodology for the estimation of terrestiral NPP from remotely sensed data. J Geophy Res, 99(D3): 5263-5283.

Sampson D A, Waring R H, Maier C A, et al. 2006. Fertilization effects on forest carbon storage and exchange, and net primary production: a new hybrid process model for stand management. Forest Ecology and Management, 221: 91-109.

Sanford R L Jr., Parton W J, Ojima D S, et a. 1991. Hurricane effects on soil organic matter dynamics and forest production in the Luquillo Experimental Forest, Puerto Rico: results of simulation modeling. Biotropica, 23: 364-372.

Schlesinger W H. 2000. Carbon sequestration in soil: some cautions amidst optimism. Agricultural Ecosystems and Environment, 82: 121-127.

Schmid S, Thürig E, Kaufmann E, et al. 2006. Effect of forest management on future carbon pools and fluxes: a model comparison. Forest Ecology and Management, 237: 65-82.

Skidmore E L. 1986. Wind erosion climate erosivity. Climate Change, 9(1-2): 195-208.

Smith P, Martino D, Cai Z, et al. 2007. Policy and technological constraint to implementations of greenhouse gas mitigation options in agriculture. Agriculture, Ecosystem and Environment, 118: 6-8.

Smith P, Powlson D S, Glendining M J. 1996. Estabing a European soil organic matter network. NATO ASI Series I , 88: 81-98.

Snyder R L, Spano D, Cesaraccio C, et al. 1999. Determining degree-day thresholds from field observations. International Journal of Biometeorology, 42(4): 177-182.

Sollins P, Harris W F, Edwards N T. 1976. Simulating the physiology of a temperate deciduous forest. *In*: Patten B C. Systems Analysis and Simulation in Ecology. New York: Academic Press, 4: 173-218.

Song C H, Woodcock C E. 2003. A regional forest ecosystem carbon budget model: impacts of forest age structure and land use history. Ecological Modeling, 164(1): 33-47.

Tang H J, Qiu J J, van Ranst E, et al. 2006. Estimations of soil organic carbon storage in cropland of China based on DNDC model. Geoderma, 134(1-2): 200-206.

Tao F L, Yokozawa M, Xu Y L, et al. 2006. Climate changes and trends in phenology and yields of field crops in China, 1981-2000. Agricultural and Forest Meteorology, 138: 82-92.

van Veen J A, Paul E A. 1981. Organic carbon dynamics in grassland soils. Can J Soil Sci, 61: 185-201.

Walker B, Steffen W. 1997. IGBP Science No. 1: Asynthesis of GCTE and related research. Stockholm: IGBP: 1-24.

Wang H J, Jian Q S, Huo P C, et al. 2012. Extreme climate in China: facts, simulation and projection. Meteorologische Zeitschrift, 21(3): 279-304.

Wang L G, Qiu J J, Tang H J, et al. 2008. Modelling soil organic carbon dynamics in the major agricultural regions of China. Geoderma, 147: 47-55.

Wang S Q, Chen J M, Ju W M, et al. 2007. Carbon sinks and sources in China's forests during 1901-2001. Journal of Environmental Management, 85: 524-537.

Wang S Q, Zhou L, Chen J M, et al. 2011. Relationships between net primary productivity and stand age for several forest types and their influence on China's carbon balance. Journal of Environmental Management, 92: 1651-1662.

Warnant P, Francois L, Strivary D, et al. 1994. CARAIB: a global model of terrestrial biological productivity. Global Biogeochemical Cycles, 8(3): 255-270.

Welch J R, Vincent J R, Auffhammer M, et al. 2010. Rice yields in tropical/subtropical Asia exhibit large but opposing sensitivities to minimum and maximum temperatures. Proceedings of the National Academy of Sciences, USA, 107: 14562-14567.

Wildung R E, Garland T R, Buschbom R L. 1975. The interdependent effects of soil temperature and water content on soil respiration rate and plant root decomposition in arid grassland soils. Soil Biological Biochemistry, 7: 373-378.

Williams J R, Jones C A, Kiniry J R, et al. 1989. The EPIC crop growth model. Soil and Water Transactions of the ASAE, 32(2): 497-511.

Woodruff N P, Siddoway F H. 1965. A wind erosion equation. Soil Science Society of America Proceedings, 29: 602-608.

Yan W H, Wang P, Chen H X, et al. 2011. A major Q T L, Ghd8, playes pleiotropic roles in regulating grain productivity, plant height, and heading date in rice. Mil Plant, 4: 319-330.

Yu Y, Huang Y, Zhang W. 2012. Modeling soil organic carbon change in croplands of China, 1980-2009. Global Planetary Change, 82-83: 115-128.

Zhang H F, Ye X N, Cheng T T, et al. 2008. A laboratory study of agricultural crop residue combustion in China: emission factors and emission inventory. Atmospheric Environment, 42: 8432-8441.

Zhang W, Yu Y, Li T, et al. 2014. Net greenhouse gas balance in China's croplands over the last three decades and its mitigation potential. Environmental Science & Technology, 48(5): 2589-2597.

第 7 章　基于模型数据融合的陆地生态系统碳收支模拟研究

工业革命以来，人类活动引起的气温升高、大气 CO_2 浓度增加、降水变化、极端气候事件频发等全球变化，强烈地影响着全球碳循环过程（IPCC，2013）。由于陆地生态系统碳循环是全球碳循环的重要组成部分，准确估计陆地生态系统碳收支的格局和变率不仅是预测未来气候变化及其对陆地生态系统影响的基础，同时也是政府制定应对气候变化策略的科学依据。然而，目前利用地球系统模式评估全球碳循环及其对气候变化的反馈还存在很大的不确定性（Bonan，2014；Friedlingstein et al.，2014）。

模型数据融合是利用统计学和数学方法系统性地调整模型的参数或者变量，使模拟结果与观测数据之间的差异达到最小，从而更为准确地预测系统状态的变化（Raupach et al.，2005；骆亦其和张黎，2009；张黎等，2009a）。为降低碳循环模拟结果的不确定性，近十几年来模型数据融合（model-data fusion）方法被广泛用于碳循环模型关键参数的估计（Luo et al.，2003；Braswell et al.，2005；Knorr and Kattge，2005；Xu et al.，2006；Zhang et al.，2010）和不确定性评估（Verstraeten et al.，2008；Cressie et al.，2009；Ricciuto et al.，2011；Zobitz et al.，2011）。本章在介绍陆地生态系统碳循环模型数据融合方法的基础上，重点阐述这些方法在涡度相关通量观测数据的不确定性分析、陆地生态系统碳循环模型关键参数的估计，以及中国典型生态系统和区域陆地生态系统碳收支的模拟及其不确定性分析等方面的应用。

7.1　模型数据融合方法

由于陆地生态系统碳循环模型包含大量的参数，目前陆地生态系统碳循环模型数据融合研究主要集中在参数估计和不确定性分析方面。为实现模型数据融合，首先要从模型的参数、驱动变量、状态变量或者状态变量的初始值中选择出需要被估计的目标变量；其次，选用一种数学优化算法对目标变量进行优化，即“反演”，并根据优化的结果对参数的不确定性进行分析；然后，将优化得到的目标变量值输入模型进行状态变量的预测，即“正演”；最后，利用数学和统计方法对模拟结果的不确定性进行定量分析。开展这些研究所需的数学方法主要包括敏感性分析方法、参数估计方法和不确定性分析方法。本节将对这些数学方法依次进行简要介绍。

7.1.1　敏感性分析方法

7.1.1.1　OAT 局部敏感性分析方法

OAT（one-at-a-time）是一种局部敏感性分析方法。变量模拟值对单个参数的敏感性可以用敏感度系数（变化百分率的比）表示（Churkina et al.，2003；Dufrene et al.，2005），敏感度系数的计算公式如下：

$$\beta = \frac{\Delta \text{run}}{\Delta P} \tag{7.1}$$

式中，β 为变量模拟值 run 对参数 P 的敏感度系数；ΔP 为参数 P 的变化率（%）；Δrun 为参数 P 发生 ΔP 变化率时，变量模拟值 run 的相应变化率（%）。以参数变化 10%为例，变量模拟值对单个参数的敏感性可以用式（7.2）~式（7.5）计算出。

$$\text{VR}_{+10\%} = 100 \times \frac{\left|\text{run}_{+10\%} - \text{run}_{\text{ref}}\right|}{\text{run}_{\text{ref}}} \tag{7.2}$$

$$\text{VR}_{-10\%} = 100 \times \frac{\left|\text{run}_{-10\%} - \text{run}_{\text{ref}}\right|}{\text{run}_{\text{ref}}} \tag{7.3}$$

$$\text{VR}_{10\%} = \max\left\{\text{VR}_{+10\%}, \text{VR}_{-10\%}\right\} \tag{7.4}$$

$$\beta = \frac{\text{VR}_{10\%}}{10} \tag{7.5}$$

式中，$\text{VR}_{+10\%}$ 为参数 P 增加 10%时变量模拟值变化的百分率；$\text{VR}_{-10\%}$ 为参数 P 减小 10%时变量模拟值变化的百分率；$\text{VR}_{10\%}$ 为参数 P 变化 10%时变量模拟值变化的百分率，β 为变量模拟值对参数 P 的敏感度系数。run_{ref} 为参数 P 取默认值时对应的模拟值，$\text{run}_{+10\%}$ 为参数 P 增加 10%时对应的模拟值，$\text{run}_{-10\%}$ 为参数 P 减少 10%时对应的模拟值。

7.1.1.2 全局敏感性分析方法

Morris 敏感性分析方法（Morris，1991）能够在全局范围内研究模型输出对模型参数的敏感性。该方法基于“基本作用（elementary effect，EE）”，采样设计非常巧妙，计算便捷，费时少；其中“基本作用”的概念类似于 OAT 敏感性分析中的敏感度系数，为参数变化引起的模型输出变化与相应参数变化的比值。

假设模型形式如式（7.6）所示，其中 y 为模型输出，k 为参数个数，x_i 为第 i 个参数。首先将参数取值范围（$x_{i\min}$，$x_{i\max}$）离散化为 p 个值，使得参数只能从式（7.7）所示的集合中取值，其中 p 为参数的水平数；这样所有参数的取值就限定在 $p\times k$ 的网格集合中。然后开始采样，每个参数在集合 A 中随机地取值获得第一个样本点 $X_1=\{x_1, x_2, \ldots, x_k\}$，然后对第一个样本点的任意一个参数做扰动，扰动必须是 $1/(p-1)$ 的整数倍，从而得到第二个样本点 $X_2=\{x_1, \ldots, x_i+\Delta, \ldots, x_k\}$，之后再对第二个样本点的第 i 个参数之外的任意一个参数做扰动，得到第三个样本点 X_3，以此类推，得到第一组 $k+1$ 个样本点$\{X_1, X_2, \ldots, X_{k+1}\}$，由此可以求出每个参数的基本作用。

$$y=f(x_1, x_2, \ldots x_i, \ldots, x_k) \tag{7.6}$$

$$A=\{x_{i\min}, x_{i\min}+1/(p-1)\times(x_{i\max}-x_{i\min}), x_{i\min}+2/(p-1)\times(x_{i\max}-x_{i\min}), \ldots, x_{i\max}\} \tag{7.7}$$

Morris 方法之所以是全局敏感性分析方法，是因为上述取样过程被重复了 r 次，其中 r 为预先设定的整数，这样样本点就可以代表整个样本空间。由 r 组 $k+1$ 个样本点，每个参数都可以得到 r 个“基本作用”，每个参数的敏感性用 r 个“基本作用”的均值和标准差来衡量。“基本作用”的均值比较大，说明参数对模型输出影响较大，标准差较大说明参数与其他参数有交互作用或与模型输出存在非线性关系。

7.1.2 参数估计方法

7.1.2.1 马尔可夫链-蒙特卡罗方法

基于贝叶斯原理和马尔可夫链-蒙特卡罗方法的参数估计方法，主要利用参数的先验知识与观测数据的信息得到参数的后验分布，然后依据后验分布来推断未知参数。

$$\rho(p \mid Z)=\frac{\rho(Z \mid p)\rho(p)}{\rho(Z)} \tag{7.8}$$

式中，$\rho(p)$、$\rho(p \mid Z)$ 分别为参数的先验和后验概率密度分布，$\rho(Z)$ 为观测数据的概率，$\rho(Z \mid p)$ 为观测数据在先验参数值下的条件概率密度，又称为参数 p 的似然函数。通常假设观测误差服从零均值的正态分布，此时似然函数可表示为

$$\rho(Z \mid p)=\prod_{i=1}^{n}\frac{1}{\sqrt{2\pi}\sigma}e^{-(x_i-u_i)^2/2\sigma^2} \tag{7.9}$$

式中，x_i 和 u_i 分别为观测值和模拟值，σ 为观测数据的标准差。

选取 Metropolis-Hastings 采样法在模型参数的取值范围内，按照假定的参数后验分布进行参数值的随机采样，其主要包括如下步骤。

1）在取值范围内随机给定参数的初始估计值。

2）根据参数后验的推荐分布产生新参数值 p_{new}。

3）计算接受概率 $\rho=\min\{1,\rho(p_{\text{new}} \mid Z)/\rho(p_{k-1} \mid Z)\}$。

4）产生[0,1]区间均匀分布的随机数 U。

5）若 $\rho \geqslant U$，则接受新参数值，$p_k=p_{\text{new}}$，否则拒绝新参数值，$p_k=p_{k-1}$。

6）重复步骤 2~5，直到获得足够多的样本。

7.1.2.2 Metropolis 模拟退火算法

Metropolis 模拟退火算法是结合了模拟退火（simulated annealing）和马尔可夫链-蒙特卡罗方法（Markov chain Monte Carlo，MCMC）中 Metropolis-Hastings 算法的一种启发式全局搜索算法。其思想是根据贝叶斯公式，结合参数先验知识，运用 Metropolis 准则融合观测数据信息，从而得到参数后验分布。该算法优点在于可较快搜索到全局最优解，避免局部最优；并提供参数后验分布信息，量化参数不确定性。算法具体流程如下。

1）确定优化参数集 P 的初值和范围，以及控制参数变化范围变量 t 的初值。

2）从当前参数集 P 中随机选取参数 θ，根据当前 θ 值 $\theta_{i,\text{current}}$、$\theta$ 的先验取值范围 range 及 t 值生成候选参数值 $\theta_{i,\text{new}}$（式 7.10），构成候选参数集。

$$\theta_{i,\text{new}} \in (\theta_{i,\text{current}}-0.5\cdot t\cdot \text{range}, \theta_{i,\text{current}}+0.5\cdot t\cdot \text{range}) \tag{7.10}$$

3）计算当前参数集和候选参数集对应的后验概率密度 $p(\theta_{\text{current}}|D)$和 $p(\theta_{\text{new}}|D)$；如果

$p(\theta_{new}|D)>p(\theta_{current}|D)$，则接受候选参数集，作为下次迭代中的当前参数集，并减小 t 值。否则计算候选参数集和当前参数集后验概率密度的比率 R，并从[0,1]均匀分布中随机选取 U，如果 $R\geqslant U$ 则接受候选参数集，否则拒绝候选参数集。如果候选参数集被拒绝，仍然使用本次迭代的当前参数集作为下次迭代的当前参数集，并增大 t 值。

4）重复 2~3 步，直到参数接受概率收敛于指定阈值（40%）为止；之后固定 t 值再重复第 2~3 步 50 万次，取最后 70%~80%参数集作为后验分布的样本进行统计分析。

7.1.3　不确定性分析方法

针对目前碳循环研究中的不确定性分析研究现状，构建了一个较为系统的碳循环研究不确定性分析框架（图 7.1），主要包括以下 4 个步骤。①关键参数筛选：利用参数敏感性分析方法筛选出模型关键参数。②关键参数优化：利用模型数据融合方法减小并量化模型参数的不确定性。③模型输出不确定性的量化：利用 Monte Carlo（MC）数值模拟方法，根据模型参数和驱动数据的不确定性进行随机取样，运行模型得到随机模拟结果并统计分析模型模拟值的不确定性。④模型输出不确定性的拆分：利用方差分解方法将模拟结果的不确定性追溯到各个模型参数及其交互作用，确定对模拟结果影响较大的参数（Zhang et al.，2012；Ren et al.，2013）。

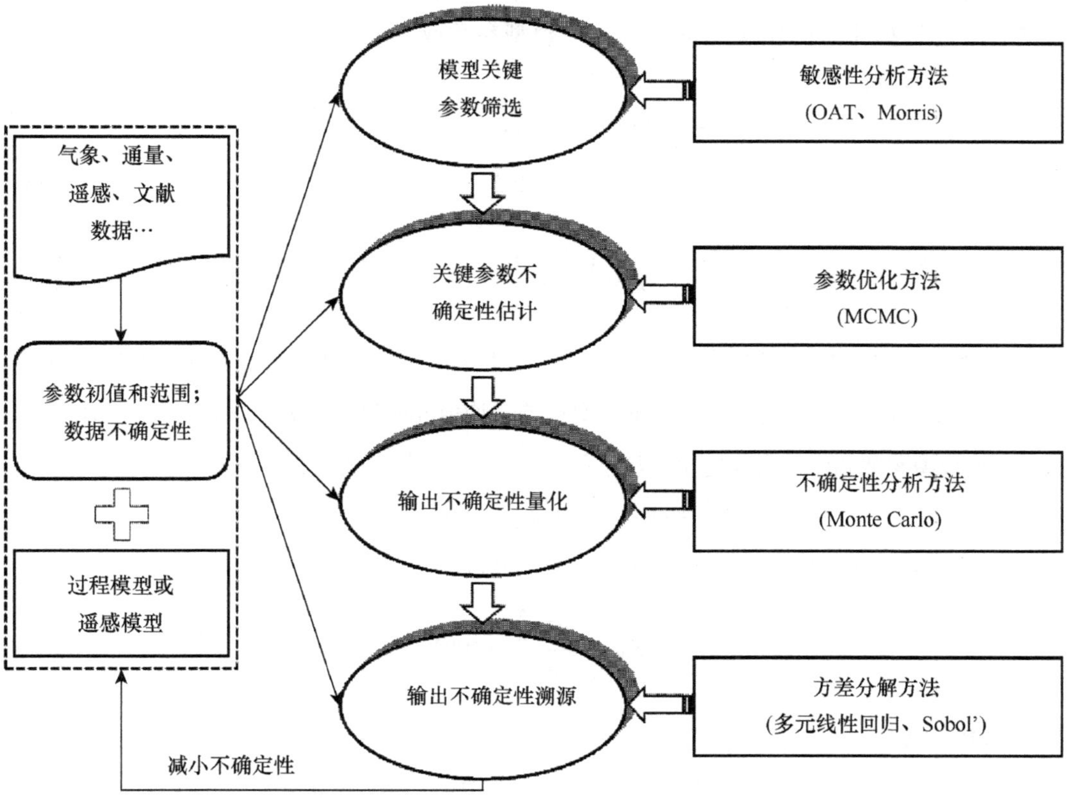

图 7.1　生态模型不确定性分析框架

7.1.3.1　Monte Carlo 不确定性量化方法

通常可以采用蒙特卡罗（Monte Carlo）方法（Gardner and O'Neill，1983；Katz，2002）、广义似然法（generalized likelihood uncertainty estimation）（Zak and Beven，1999；Mitchell et al.，2009）、贝叶斯统计法（Bayesian statistical methods）（Knorr and Kattge，2005；Xu et al.，2006）等定量评价模型的不确定性。其中 Monte Carlo 数值模拟方法是一种计算机随机模拟方法或随机抽样方法。对于某个特定的模型，可以根据模型参数和驱动数据的误差分布和大小，随机抽取参数或变量值，再运行模型若干次，得到若干组模型模拟值，从而统计分析模型模拟值的不确定性。该方法的计算复杂性不再依赖于维数，因此尤其适用于复杂的过程模型。

7.1.3.2　不确定性拆分方法

对于模拟结果的不确定性分析，通常采用方差分解的方法来分析可能的误差来源。下面分别介绍较为常用的多元线性回归方法和 Sobol'方法。

1. 多元线性回归方法

在利用该方法计算每个模型参数或驱动变量对模拟结果不确定性的贡献之前，需要对模型参数、驱动变量和结果变量进行标准归一化处理，以剔除不同变量在单位和量级上的差异。标准化后的结果变量（Y'）与模型参数或驱动变量（$X'_1, X'_2, ..., X'_n$）的回归方程可以表示为

$$Y' = \omega_1 X'_1 + \omega_2 X'_2 + ... + \omega_n X'_n \tag{7.11}$$

$$Y' = \frac{(Y - m_Y)}{\sigma_Y} \tag{7.12}$$

$$X'_i = \frac{(X_i - m_{X_i})}{\sigma_{X_i}} \tag{7.13}$$

式中，m_Y 和 σ_Y 分别为模拟结果变 Y 的平均值和标准差，$m_{X_i}\left(i = 1, 2, \cdots, n\right)$ 和 $\sigma_{X_i}\left(i = 1, 2, \cdots, n\right)$ 分别为模型参数或驱动变量的平均值和标准差，$\omega_i\left(i = 1, 2, \cdots, n\right)$ 为回归系数。假设模型参数和驱动变量之间相互独立，则结果变量模拟值的总体方差可以表示为

$$\sigma_{Y'}^2 \approx \omega_1^2 \sigma_{X'_1}^2 + \omega_2^2 \sigma_{X'_2}^2 + ... + \omega_n^2 \sigma_{X'_n}^2 \tag{7.14}$$

结果变量对某一模型参数或驱动变量的敏感度（S_{X_i}）即可表示为

$$S_{X_i} = \frac{\omega_i^2 \sigma_{X'_i}^2}{\sigma_{Y'}^2} \times 100\% \tag{7.15}$$

2. Sobol'方法

多元线性回归方法不能量化参数之间交互作用的贡献。Sobol'方法是 Sobol（1993）基于方差分解思想提出的一种不确定性拆分方法，可用于拆分不同参数对模拟结果不确定性的贡献比例；不仅能够得到主效应（一阶敏感度），还可以得到总效应（总敏感度）

和交互效应（Sobol，1993；Saltelli，2002；Tarantola et al.，2006）。

若模型参数相互独立，则方差分解可以表示为

$$V(y)=\sum_{i}V_i+\sum_{i}\sum_{j>i}V_{ij}+\ldots+V_{12\ldots k} \tag{7.16}$$

式中，$V(y)$为总方差，表示所有参数对模拟结果的影响程度；V_i为第 i 个参数的单因子方差，表示单个参数对模拟结果的影响程度；V_{ij}为第 i 和第 j 个参数之间交互作用导致的双因子方差，表示两个参数之间的交互作用对模拟结果的影响程度；依此类推，$V_{12\ldots k}$为所有因子共同作用导致的方差，表示所有参数共同作用对模拟结果的影响程度。

对式（7.16）进行归一化处理，等号两边同时除以 $V(y)$，则可得到 Sobol'敏感度指数（式 7.17）。一般较为常用的 Sobol'敏感度指数包括一阶敏感度指数（S_i）（式 7.18）、二阶敏感度指数（S_{ij}）（式 7.19）和总敏感度指数（S_{Ti}）（式 7.20），分别用来描述参数的主效应（单个参数对模拟结果的影响）、交互效应（两个参数交互作用对模拟结果的影响）和总效应（涉及该参数的所有影响的和）。

$$1=\sum_{i}S_i+\sum_{i}\sum_{j>i}S_{ij}+\ldots+S_{12\ldots k} \tag{7.17}$$

$$S_i=\frac{V_i}{V}=\frac{V[E(y\mid x_i)]}{V} \tag{7.18}$$

$$S_{ij}=\frac{V_{ij}}{V}=\frac{V[E(y\mid x_i,x_j)]-V_i-V_j}{V} \tag{7.19}$$

$$S_{Ti}=1-\frac{V_{\sim i}}{V}=\frac{V-V[E(y\mid x_{-i})]}{V} \tag{7.20}$$

总敏感度指数是度量参数不确定性对模拟结果不确定性贡献大小的最全面的指标，因为其包含了涉及该参数的所有不确定性贡献的总和（Tang et al.，2007）。如果一个参数的一阶敏感度较小而总敏感度较大，说明该参数对模拟结果的影响主要通过与其他参数的交互作用，进而我们可以通过二阶敏感度指数分析该参数与其他参数之间的交互作用。

7.2　涡度相关通量数据的不确定性分析

7.2.1　涡度相关通量数据的观测误差

在模型数据融合研究中，同化数据的误差分析是一个重要环节。以涡度相关技术测定的 CO_2 通量数据为例，观测系统（如气体分析仪、超声仪、数据获取系统等）本身的误差、湍流传输引起的误差、通量贡献区的异质性等因素会导致 CO_2 通量观测的随机误差。这一随机观测误差一般不可消除，但可以通过统计分析估算随机误差的分布和大小。在以往参数估计研究中，涡度相关技术测定的 NEE 数据的随机误差通常被假设为服从零均值的正态分布。然而近年来美洲通量网 Howland 站及其他 5 个通量站的通量数据误差分析结果显示，涡度相关技术测定的通量数据的随机观测误差服从双指数分布。

为定量分析中国通量数据的随机观测误差，基于 ChinaFLUX 6 个站点（千烟洲、长白山、海北灌丛、当雄、内蒙古、禹城）2003~2006 年碳水通量观测数据，利用“单塔

日变化（daily-differencing）方法”（Hollinger and Richardson，2005），估算了各台站通量观测数据的随机观测误差，并分析了通量数据的随机观测误差与环境因子的关系（He，2010）。“单塔日变化法”以时间替代空间，当相邻两天同一时刻环境条件“相同”时[平均半小时ΔPPFD≤75μmol（m^2·s），Δ温度≤3℃，Δ风速≤1m/s]，将满足这一条件的数据作为有效重复观测对（x_1，x_2），并用 $(x_1-x_2)/\sqrt{2}$ 表示通量观测随机误差δ，同时通过计算随机误差的概率分布函数（PDF）和标准差等来表征通量观测数据的不确定性。

CO_2 通量、潜热和显热通量随机观测误差的平均值近似于零，通量随机观测误差的标准差 $\sigma(\delta)$ 在不同站点、不同植被类型之间存在一定差异（表 7.1）。总体上，CO_2 通量随机误差的 $\sigma(\delta)$ 为 0.29~5.0μmol/(m^2·s)，潜热通量随机误差的 $\sigma(\delta)$ 在 9.16~49.77W/m^2，显热通量随机误差的 $\sigma(\delta)$ 为 15.72~43.85W/m^2；白天通量随机误差的标准差略大于夜间；草地生态系统 CO_2 通量随机误差的 $\sigma(\delta)$ 普遍低于森林和农田站点。

表 7.1　ChinaFLUX 6 个站点 CO_2 通量、潜热通量（LE）和显热通量（H）随机观测误差的标准差

通量	时间	QYZ	CBS	HBGC	NM	DX	YC
CO_2/[μmol/（m^2·s）]	白天	4.10	2.89	0.94	0.85	0.58	4.19
	夜间	1.70	1.91	0.91	0.88	0.53	2.65
	全天	3.91	3.48（G） 0.80（D）	1.11（G） 0.29（D）	1.00（G） 0.45（D）	0.69（G） 0.29（D）	5.00（G） 1.87（D）
LE/（W/m^2）	白天	49.77	36.10	20.93	36.33	21.54	31.11
	夜间	34.97	27.11	21.03	34.35	30.69	22.63
	全天	48.14	44.50（G） 14.34（D）	30.30（G） 9.16（D）	36.12（G） 34.92（D）	32.59（G） 16.06（D）	35.64（G） 21.14（D）
H/（W/m^2）	白天	31.70	26.24	25.91	38.00	23.29	31.06
	夜间	18.27	18.43	19.15	36.15	27.62	39.25
	全天	30.31	24.90（G） 21.61（D）	24.34（G） 24.37（D）	28.75（G） 43.85（D）	15.72（G） 28.39（D）	40.30（G） 25.56（D）

注：QYZ. 千烟洲；CBS. 长白山；HBGC. 海北灌丛；DX. 当雄；NM. 内蒙古；YC. 禹城；G. 生长季（CBS. DOY 102~296；HBGC. DOY 115~300；NM. DOY 123~280；DX. DOY 123~289）；D. 非生长季

从通量随机观测误差的概率分布来看，CO_2 通量、潜热通量和显热通量随机观测误差均呈现尖峰厚尾的特征。以长白山阔叶红松林为例，经 Kolmogorov-Smirnov 检验表明通量观测随机误差并不服从正态分布（Gauss）（$P<0.01$），而用双边指数分布（Laplace）能更好地反映通量观测随机误差的分布特征（图 7.2A）。如果将随机误差根据通量大小进行分组，在 CO_2 高通量部分的随机误差呈现正态分布的特征（图 7.2B）。当考虑更多的数据，通量随机误差更接近双边指数的分布，这说明通量观测数据随机误差的双边指数分布特征是高通量部分的正态分布与低通量部分双边指数分布的叠加。为了进一步分析通量随机误差的分布特征，根据 7 天窗口内误差标准差对随机误差进行标准化（误差-均值/标准差），标准化后的随机误差分布更接近于正态分布（图 7.2D）。

所有 6 个站点的 CO_2 通量、潜热通量和显热通量随机观测误差均随着通量大小的增大而增大。除了农田生态系统显热通量外，3 种通量随机观测误差与通量大小存在显著

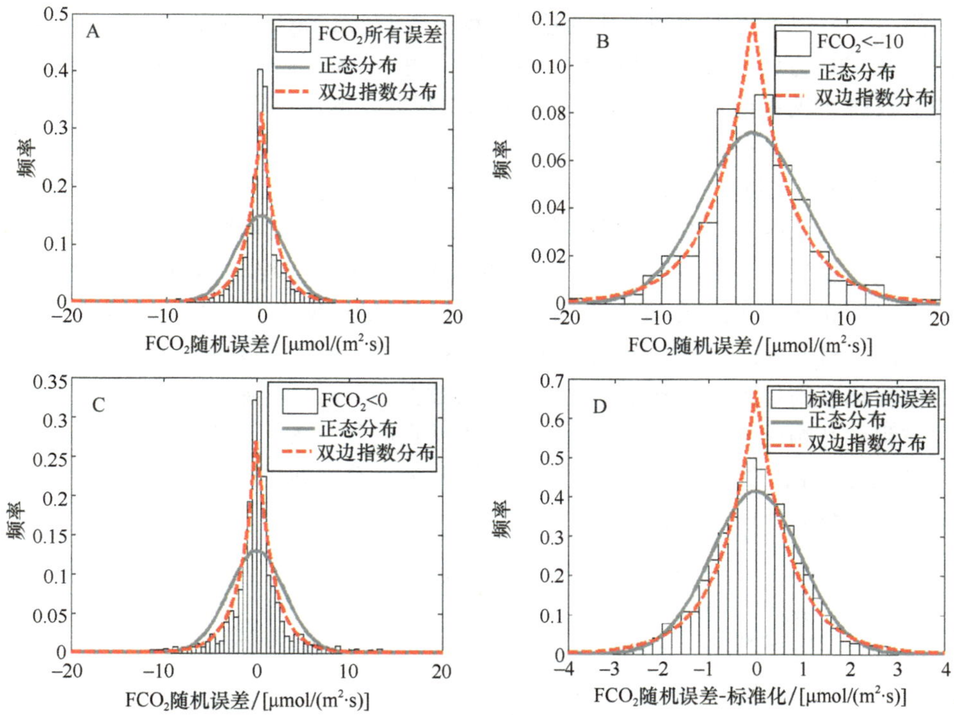

图 7.2　CBS CO_2 通量的随机误差分布

A. 所有误差；B. 高值通量（前 10%）；C. 高值及中值通量（前 50%）；D. 通过 7 天窗口标准差进行标准化后的误差

的线性关系（$R^2>0.9$）。此外，CO_2 通量随机观测误差还与风速有很好的相关性。方差分析结果表明，通量大小和风速这两个因素对森林站点 CO_2 通量随机误差方差的贡献率分别为 72%和 26%。在森林和农田生态系统，通量大小和风速都是显著影响 CO_2 通量随机误差的因素（$P<0.01$），通量大小可解释 CO_2 通量随机误差 50%~75%的变异性。

7.2.2　涡度相关通量观测数据处理方法的误差

涡度相关技术测定的 NEE 数据一般为 30min 的平均值。受到通量贡献区的改变或湍流条件的快速变化等生物物理因素及仪器本身的影响，涡度相关技术获取的观测数据中存在着偏离正常数据变化范围的“野点”。同时，由于夜间空气层结构较稳定，涡度相关技术观测的 CO_2 通量不能真实地反映地气间 CO_2 交换。此外，由于供电、降水等野外观测基础设施和环境对仪器的影响，观测数据中不可避免地存在数据缺失的情况。因此，为剔除异常值及不合理的夜间观测数据，需要对 CO_2 通量的原始观测数据进行质量控制；并且，需要对质量控制后的缺失数据进行插补，才能进一步计算出日、月、年等时间尺度上的通量数据。这些数据处理过程中存在一定的不确定性。

为了定量分析通量数据处理方法对碳水通量数据的影响，基于 ChinaFLUX 的 3 个森林站点（长白山、千烟洲、鼎湖山）2003~2005 年的通量观测数据，定量研究了在夜间数据剔除、非线性插补过程中的呼吸方程和光响应方程，以及参数优化准则这 4 个环节中采用不同的方法对 NEE 估算结果的影响（Liu et al.，2012）。其中，夜间数据剔除包括 3 种夜间摩擦风速阈值（U^*），非线性插补过程中的呼吸方程包括 Lloyd-Taylor 方程和考虑土壤含水量的 Q_{10} 方程，光响应方程包括是否考虑 VPD 限制的两种 Michaelis-Menten 方程，参数优化准则包括基于 NEE 的两种误差分布（正态分布和双边指数分布）情况下对应的两种目标函数。

研究表明：采用不同方法计算的 NEE 不确定性为 61~108g C/（m^2·a），相对于 NEE 均值为 16%~25%。其中，夜间数据剔除环节中采用 U^*值选取的差异导致 NEE 年总量的变化量为 5.8~22.4g C/（m^2·a），平均为 14.8g C/（m^2·a）；两种呼吸方程的差异导致 NEE 年总量的变化量为 1.8~18.3g C/（m^2·a）；选用不同的光合方程对 NEE 年总量的影响为 3.5~23.6g C/（m^2·a）；两种参数优化准则的选取导致夜间 NEE 年总量的差异为 40.8~74.0 g C/（m^2·a），白天 NEE 年总量的差异为 0.9~13.5g C/（m^2·a）（图 7.3）。因子分析结果表明，参数优化准则导致的不确定性最大；夜间数据剔除对所有站点年的影响基本相同，而呼吸方程和光响应方程选择的影响则依赖于站点的气候条件。由于数据处理方法带来的不确定性与 NEE 的年际变异幅度相当，因此为了准确地进行年际变异和站点对比分析，必须考虑数据处理的不确定性。

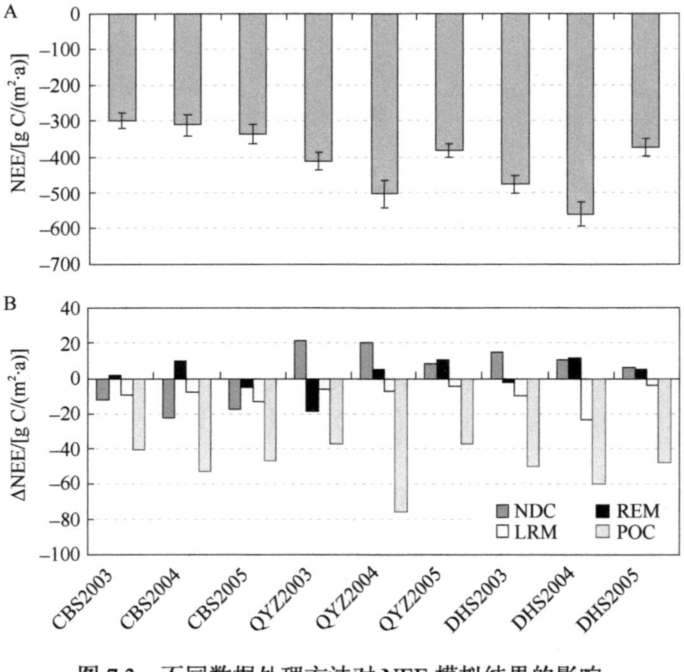

图 7.3　不同数据处理方法对 NEE 模拟结果的影响

7.3　基于模型数据融合的典型陆地生态系统碳循环模拟

如何充分、有效地利用涡度相关通量数据、植物生物量、土壤碳等碳循环观测数据并改进现有的陆地生态系统模型以提高模型的预测能力，从而更为准确地评估我国陆地生态系统碳循环的时空格局及其变异规律，是当前我国陆地生态系统碳循环研究领域亟待解决的重要问题。围绕模型数据融合方法在陆地生态系统碳循环过程模拟研究中的应用问题，张黎等（2008）采用马尔可夫链-蒙特卡罗（Markov chain Monte Carlo，MCMC）方法，对比分析了正态和双指数两种误差分布类型对模型参数的估计结果，以及碳通量模拟值的差异；深入研究了涡度相关技术测定的 NEE 数据和生物计量数据对碳滞留时间的不同约束作用（Zhang et al.，2010；骆亦其和张黎，2009），并评估了简单碳循环模型的结构差异（具体表现为碳库个数的差异）对模型参数估计和模拟结果的作用和影响（张黎等，2009a）。在此基础上，本节分别以长白山阔叶红松林和千烟洲亚热带人工针叶林生态系统为例，进一步探讨应用模型数据融合方法开展生态系统碳水通量及其不确定性的可行性及其效果。

7.3.1　长白山阔叶红松林生态系统碳通量模拟及其不确定性分析

以 2003~2005 年长白山阔叶红松林的 6 组生物计量观测数据和涡度相关技术测定的碳通量数据为基础，利用马尔可夫链-蒙特卡罗方法对陆地生态系统模型的关键参数（即碳滞留时间）进行了反演，进而预测了长白山阔叶红松林生态系统碳库、碳通量及其不确定性（张黎等，2009b）。结果表明：长白山阔叶红松林叶凋落物和微生物碳的平均滞留时间最短，为 2~6 个月；其次是叶和细根生物量碳，二者的平均滞留时间为 1~2 年；慢性土壤有机碳的平均滞留时间为 8~16 年；碳在木质生物量和惰性土壤有机质库中的滞留时间最长，平均滞留时间分别为 77~109 年和 409~1879 年。将碳滞留时间的后验估计值输入到 TECO 模型中，分别模拟了 2003~2005 年长白山阔叶红松林的叶生物量、细根生物量、木质生物量、土壤有机碳、土壤呼吸及净生态系统生产力（NEP），进而计算出各状态变量的平均值、标准差和 90%置信区间（图 7.4）。2003~2005 年长白山阔叶红松林 NEP 年总量分别为（234±27）g C/（m^2·a）、（292±19）g C/（m^2·a）和（198±19）g C/（m^2·a）。碳库和累积碳通量模拟值的不确定性随着模拟时间的延长而增大。

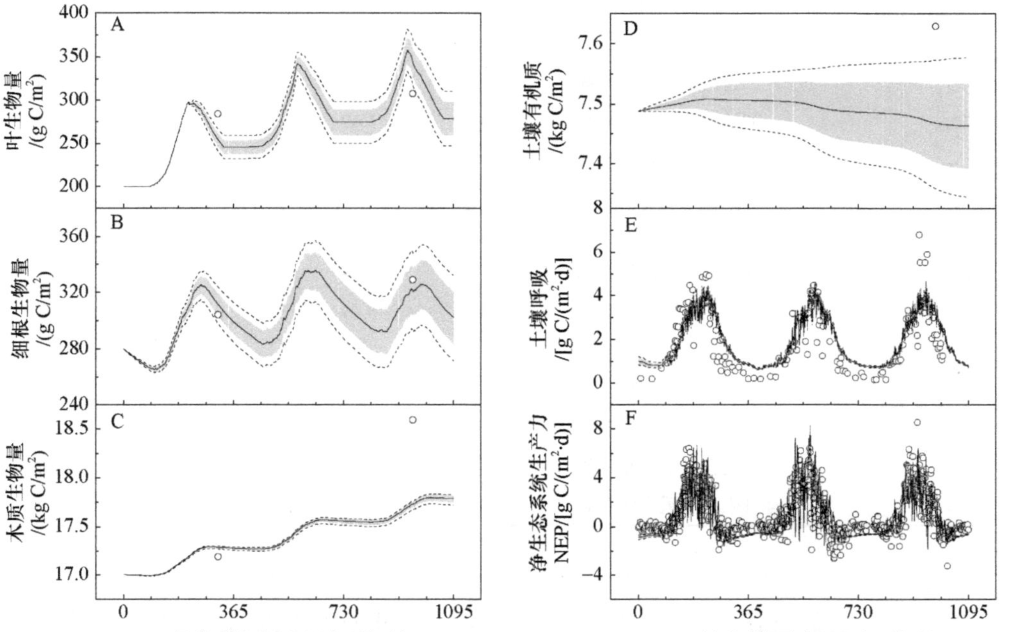

图 7.4　2003~2005 年长白山阔叶红松林碳库和碳通量的模拟值与观测值比较

图中实线表示 10 000 组模型结果的平均值，灰色区域表示基于平均值的标准差，虚线表示 90%的置信区间，圆圈表示观测值基于碳滞留时间的最优估计值，对长白山阔叶红松林碳通量随温度的变化进行敏感性分析。结果显示：当气温升高 10%和 20%时，长白山阔叶红松林总初级生产力年总量将分别增加 6.5%和 9.9%，NEP 年总量的变化取决于土壤温度的变化。若土壤温度保持不变，NEP 年总量将分别增加 11.4%~21.9%和 17.6%~33.1%；若土壤温度也相应升高 10%和 20%，NEP 年总量的增幅反而下降甚至低于原来的水平。假设气候和植被保持在 2003~2005 年的状态，则 2020 年长白山阔叶红松林 NEP 年总量为（163±12）g C/（m^2·a），土壤呼吸年总量为（721±14）g C/（m^2·a）。

为了量化生态系统过程模型模拟结果的不确定性及其来源，基于长白山阔叶红松林 2003~2005 年通量数据，分析了 CEVSA2 模型对模型参数和状态变量的敏感性，并利用蒙特卡罗不确定分析和多元回归方法估算了模型参数和状态变量对模拟结果的影响；同时，利用两种不同来源的气象数据，分析了气象驱动数据对模型模拟结果的影响（Zhang et al.，2012）。结果表明：模型参数和状态变量导致的 GPP 和生态系统呼吸模拟值的不确定性为 5%~8%，而 NEE 的不确定性相对较大，为 23%~37%。对模拟结果影响较大的参数有 16 个，其中由田间持水量（W_{fc}）、维持性呼吸系数（K_m）、最大叶面积指数（LAI_{max}）、土壤容重（k_w）、日照下叶片暗呼吸（R_d）这 5 个参数引起的 NEE 年总量不确定性约占总误差的 92.2%（表 7.2）。

表 7.2　敏感性参数对模拟 NEE、GPP 和 RE 年总量不确定性的贡献（%）

参数	定义	NEE	GPP	RE
W_c	田间持水量	75.35	90.55	25.69
K_m	维持性呼吸系数	7.45	0.03	35.21
LAI_{max}	最大叶面积指数	4.36	0.04	22.03
k_w	土壤容重	2.96	3.39	0.80
R_d	日照下叶片暗呼吸	2.08	2.42	0.61
C_{psom}	初始惰性土壤有机质碳	1.49	1.85	0.58
C_{mrl}	初始代谢性根凋落物碳	0.97	0.05	2.19
f	生长性呼吸系数	0.95	0	3.79
N_s	氮含量	0.81	0.02	4.48
C_{ssl}	初始地表结构性凋落物碳	0.79	0.57	0
C_{sm}	初始地表微生物碳	0.69	0.04	1.42
W_s	土壤饱和含水量	0.58	0	2.07
C_{ssom}	初始慢性土壤有机碳	0.53	0.63	0.19
C_{srl}	初始结构性根凋落物碳	0.48	0.1	0.44
S	气孔导度模型参数	0.30	0.3	0.03
W_{opt}	有机碳分解适宜土壤含水量	0.20	0.01	0.46

由气象观测站点观测数据插值得到的 1km×1km 气象数据与通量站点观测的气象数据相比，月平均气温相近，但是月总降水偏低，月均相对湿度偏高。结果表明，相对湿度的插值结果高于站点观测值 2.9%~15.8%，降水量的插值结果低于站点观测值 3.8%~33.7%，相对湿度的高估会引起 GPP、生态系统呼吸和 NEE 年总量的估算偏高 1.9%、0.7%、5.1%，降水量的低估会引起 GPP、生态系统呼吸和 NEE 年总量的估算偏低 1.0%、

0.4%和 2.8%。因此，在未来的生态系统模型及其对气候变化响应研究中，应该注意模型参数的精确估计和气象驱动变量的精度。

7.3.2　千烟洲亚热带人工针叶林碳水通量模拟及其不确定性分析

利用千烟洲亚热带人工针叶林通量观测站的碳水通量和气象观测数据，以及碳水循环过程模型——SIPNET 模型（the simplified photosynthesis and evapo-transpiration model），系统地分析了千烟洲亚热带人工针叶林碳水通量模拟的不确定性及其来源，以确定对碳水通量模拟不确定性贡献最大的参数。

通过对 SIPNET 模型的 42 个参数进行敏感性分析，确定了对模拟结果影响较大的参数，从而选取了 20 个参数作为待优化参数（表 7.3），包含 5 类：初始状态相关参数（LAI_i、$C_{S,0}$），光合作用相关参数（A_d、A_{max}、k、$PAR_{1/2}$、K_F、K_{VPD}、T_{opt}），呼吸作用相关参数（$Q_{10,S}$、K_S、$Q_{10,v}$），水分相关参数（W_C、K_{WUE}、$R_{soil,1}$、$R_{soil,2}$）和植物生理相关参数（C_{frac}、SLW、A_L、K_L）。

表 7.3　SIPNET 模型关键参数对模拟结果的影响（QYZ）

ID	参数	定义	β_{NEE}	β_{ET}	β_{GPP}	β_{RE}	β_T
1	A_d	平均日最大光合作用占 A_{max} 的比例	3.53	0.60	1.04	0.07	1.04
2	$Q_{10,s}$	土壤温度上升 10℃土壤呼吸增加的倍数	3.47	0.00	0.00	1.36	0.00
3	C_{frac}	叶片质量含碳量	3.12	0.64	1.16	0.40	1.12
4	A_{max}	最大净 CO_2 同化速率	3.09	0.64	1.12	0.35	1.12
5	SLW	叶片面积含碳量	2.75	0.56	0.98	0.29	0.97
6	$C_{S,0}$	初始土壤碳库大小	1.73	0.00	0.00	0.68	0.00
7	K_S	0℃参考温度下无水分胁迫的土壤基础呼吸	1.65	0.00	0.00	0.65	0.00
8	k	冠层 PAR 消光系数	1.47	0.23	0.43	0.03	0.40
9	LAI_i	初始叶面积指数大小（leaf area index，LAI）	1.37	0.35	0.57	0.26	0.60
10	$PAR_{1/2}$	光合作用半饱和 PAR 值	1.22	0.17	0.36	0.03	0.30
11	$Q_{10,v}$	温度每上升 10℃植物呼吸增加的倍数	0.80	0.03	0.04	0.26	0.04
12	K_F	叶片基础呼吸占 A_{max} 的比例	0.47	0.04	0.07	0.28	0.07
13	A_L	NPP 分配至叶片的比例	0.34	0.09	0.15	0.07	0.16
14	W_C	土壤田间持水量	0.32	0.17	0.10	0.02	0.15
15	K_L	植物叶碳周转速率	0.27	0.07	0.11	0.05	0.12
16	K_{WUE}	WUE 计算中的 1 个常量（VPD 与 WUE 的乘积）	0.25	0.56	0.09	0.02	0.97
17	K_{VPD}	D_{VPD} 计算中的斜率 ($D_{VPD}=1-K_{VPD}\cdot \text{VPD}^{E_{VPD}}$)	0.20	0.05	0.06	0.00	0.08
18	T_{opt}	光合作用最适温度	0.18	0.13	0.29	0.37	0.22
19	$R_{soil,1}$	土壤表面阻力（r_{soil}）计算中的第 1 个常量 ($r_{soil}=e^{R_{soil,1}-R_{soil,2}\cdot(W/W_C)}$)	0.15	0.65	0.06	0.03	0.09
20	$R_{soil,2}$	土壤表面阻力（r_{soil}）计算中的第 2 个常量 ($r_{soil}=e^{R_{soil,1}-R_{soil,2}\cdot(W/W_C)}$)	0.03	0.21	0.01	0.01	0.02

利用 2004~2006 年气象和碳水通量观测数据反演参数，获取最优参数集和参数后验分布。为分析不同类型反演数据对参数约束作用的差异，采用 2 种方式优化参数：①仅

利用 NEE 观测数据反演参数（实验 1）；②同时使用 NEE 和 ET 观测数据反演参数（实验 2）。基于千烟洲 2004~2009 年气象观测数据，利用实验 1 和实验 2 的优化参数对千烟洲人工林生态系统的碳水通量进行模拟，并对其模拟性能进行了对比评价。

图 7.5 为实验 1 和实验 2 半日尺度 NEE、ET 模拟值与实测值的散点图，实验 1 能较好地模拟 NEE，R^2 达到 0.934，但 ET 模拟效果较差，R^2 仅有 0.188，说明用碳通量观测数据约束模型时，NEE 模拟值与实测值较为一致，但水通量模拟效果较差；实验 2 也能较好地模拟 NEE，R^2 为 0.929，且 ET 模拟效果较实验 1 有明显改善，R^2 提升到 0.824，说明碳水通量同时约束时，虽然 NEE 模拟精度略有下降，但 ET 模拟精度显著提升。

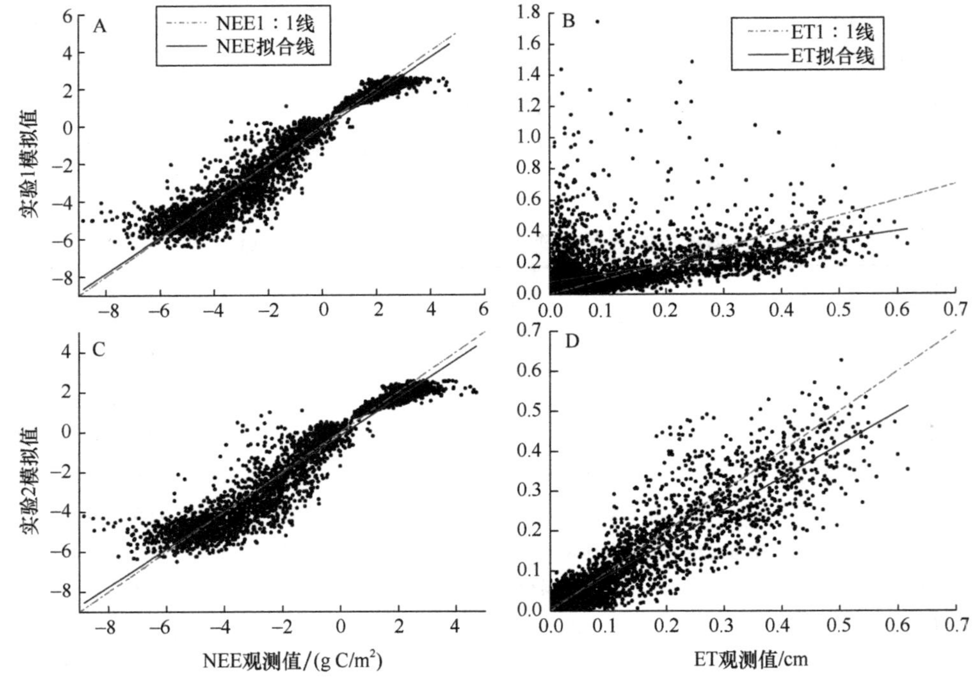

图 7.5　实验 1 和实验 2 半日尺度 NEE 和 ET 模拟值与实测值散点图

图 7.6 为实验 1 和实验 2 半日尺度 NEE、ET 模拟值与观测值的 RMSE 对比图，实验 2 的 NEE 模拟效果除 2004 年和 2008 年以外其余年份都较实验 1 稍差；实验 1 的 NEE 平均 RMSE 为 0.736g C/m^2，实验 2 为 0.763g C/m^2；由于增加了 ET 观测数据参与优化，实验 2 所有年份 ET 模拟效果均优于实验 1，ET 的平均 RMSE 由 0.152cm 降到 0.053cm，降低了 65%。说明同时利用碳水通量优化参数可显著提升模型的综合模拟精度。

基于碳水通量同时优化的模型参数后验分布，量化并拆分了千烟洲人工林碳水通量模拟的不确定性（图 7.7，图 7.8）；图 7.7 是 NEE、ET、GPP、RE 和 T（蒸腾）模拟值的后验分布图，可以看出响应变量的后验分布近似符合正态分布；不同响应变量模拟值的不确定性差异很大，NEE 不确定性为 61.0%，GPP 为 20.6%，RE 为 12.7%，ET 为 14.2%，蒸腾为 19.9%；NEE 的不确定性相比 GPP 和 RE 明显偏大，这是由于 NEE 是 GPP 和 RE 这两个方向相反且量级相近的较大通量平衡的结果，GPP 和 RE 各自较小的波动就可能引起 NEE 较大变化。

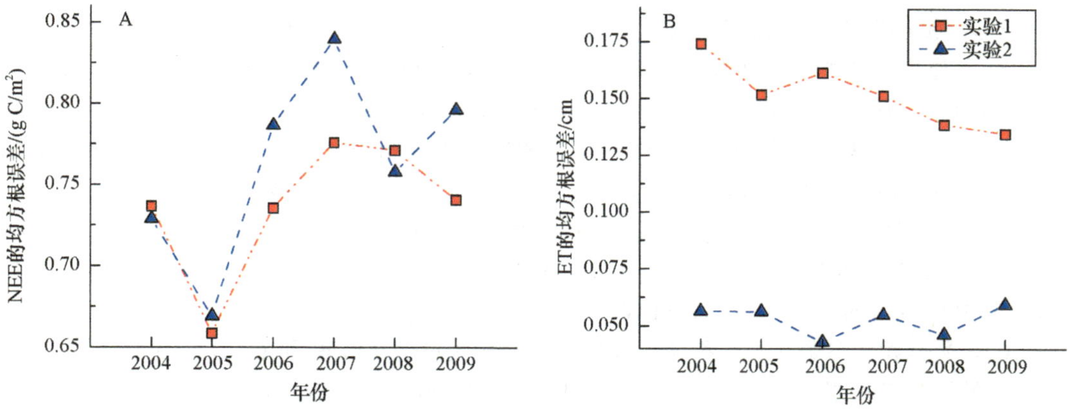

图 7.6　实验 1 和实验 2 半日尺度 NEE、ET 模拟值与实测值的 RMSE 对比图

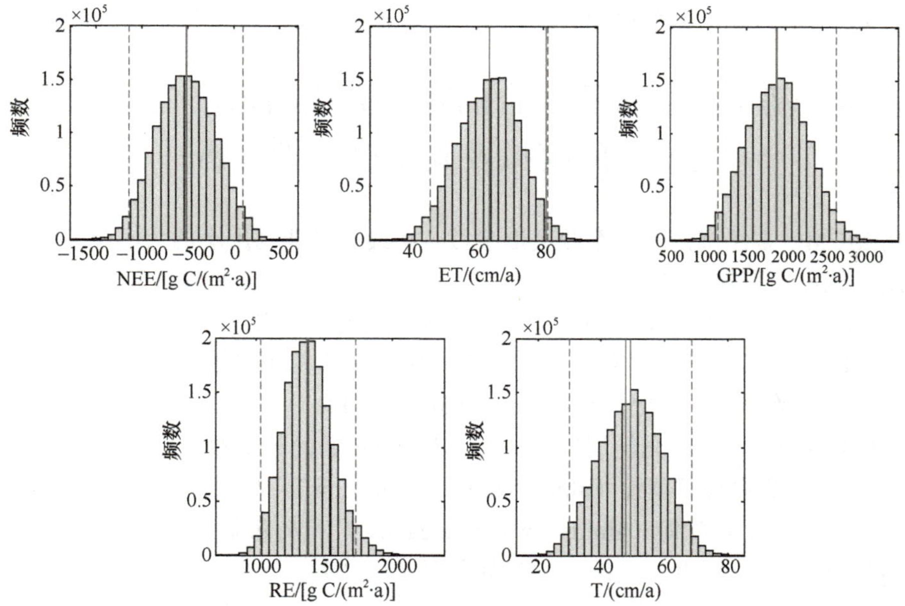

图 7.7　碳水通量模拟值的不确定性

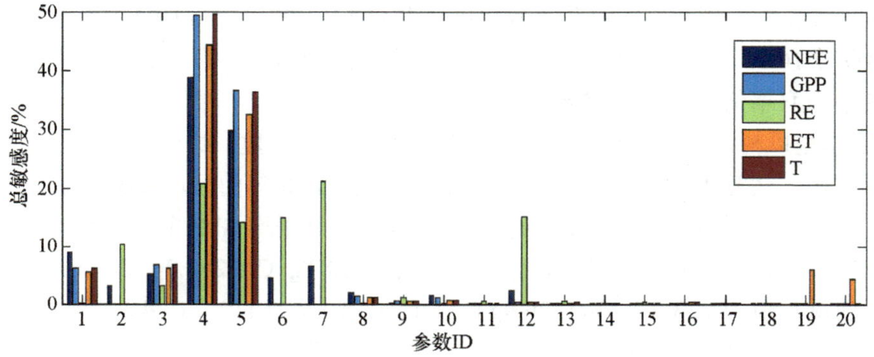

图 7.8　NEE、GPP、RE、ET 和 T 不确定性拆分结果（图中参数 ID 对应表 7.3 中的 ID 号）

碳水通量模拟值对 20 个关键参数的一阶和总敏感度指数的差值很小，说明千烟洲站参数交互作用对碳水通量模拟结果影响较小。NEE 不确定性的 90%以上是由 6 个关键参数引起的，包括 A_{max}、SLW、A_d、K_S、C_{frac}和 $C_{S,0}$，而其他 14 个关键参数只贡献了 NEE 不确定性的不到 10%。光合作用、呼吸作用和植物生理相关参数贡献了 NEE 不确定性的 97%以上，包括 A_{max}、SLW、A_d、K_S、C_{frac}、$C_{S,0}$、$Q_{10,S}$和 K_F（参数 ID：4、5、1、7、3、6、2、12）。ET 不确定性的 90%以上是由 5 个参数（A_{max}、SLW、C_{frac}、$R_{soil,1}$、A_d）贡献的，剩余 15 个关键参数的贡献和小于 10；97%以上的不确定性是由光合、水分和植物生理相关参数贡献的，包括 A_{max}、SLW、C_{frac}、$R_{soil,1}$、A_d和 $R_{soil,2}$（参数 ID：4、5、3、19、1、20）。光合相关参数（A_{max}和 A_d）及植物生理相关参数（SLW 和 C_{frac}）对千烟洲站 NEE 和 ET 的影响都很显著，这可能是由 SIPNET 模型中碳水动态的耦合机理引起的。最大净 CO_2同化速率（A_{max}）和比叶重（SLW）对碳水模拟的不确定性影响最大，对 NEE、GPP、ET 和 T 模拟的不确定性贡献了 60%以上，对 RE 模拟的不确定性贡献了 30%以上（图 7.8）；表明 A_{max}和 SLW 这两个参数在 SIPNET 模型碳水通量模拟中扮演非常重要的角色。

7.4　基于模型数据融合的青藏高原高寒草甸总初级生产力的模拟及其不确定性分析

运用 MCMC 方法确定生态系统关键参数——最大光能利用率的大小及其不确定性，从而利用光能利用率模型 VPM 定量估算了青藏高原区域尺度高寒草甸的总初级生产力（GPP）；在综合考虑参数不确定性、驱动数据不确定性的基础上，采用 MC 方法量化了区域尺度 GPP 的不确定性，并利用 Sobol'方法对 GPP 模拟不确定性进行了拆分，量化了各个参数和驱动数据的不确定性贡献（He et al.，2014）。

在 VPM 模型中，最大光能利用率（ε_0）是极为重要的一个参数。选取青藏高原 4 种高寒草甸亚类[高寒矮蒿草草甸（alpine kobresia meadow），高寒灌丛草甸（alpine shrub meadow），高寒沼泽化草甸（alpine swamp meadow）和高寒草甸草原（alpine meadow steppe）]的 10 个台站涡度相关碳通量观测数据（图 7.9），运用 MCMC 方法，估算了不同生态系统最大光能利用率及其不确定性。不同草地类型的参数估计均值差异较大，高寒沼泽化草甸的 ε_0最高，达 0.522g C/mol PAR，高寒草甸草原的 ε_0最低，为 0.204g C/mol PAR，高寒矮蒿草草甸和高寒灌丛草甸居中，分别为 0.425g C/mol PAR 和 0.443g C/mol PAR。由图 7.10 可以看出，4 种草甸类型的最大光能利用率参数后验分布基本符合正态分布，其中高寒草甸草原的 ε_0参数不确定性最大。

VPM 模型以植被光合作用对太阳辐射的响应为主体函数，综合考虑温度、水分和物候的限制作用，估算生态系统 GPP。本研究用 2003~2008 年的区域气象数据、遥感植被指数作为驱动变量，估算了青藏高原高寒草甸的 GPP；区域平均 GPP 多年均值为 223.3Tg C/a [312.3g C/（m^2·a）]，2008 年最小，区域均值为 212.8Tg C/a[297.7g C/（m^2·a）]；2006 年最大，区域均值为 233.7Tg C/a[326.9g C/（m^2·a）]（图 7.11）。在 4 种草地类型中，高寒矮蒿草草甸对青藏高原区域 GPP 的贡献最大，占总量的 69.3%，其次是高寒灌丛草甸。在空间分布上，GPP 具有明显的经向梯度，从西到东呈增加趋势，主要受温度、降水和海拔的影响；而南北格局的变化与温度梯度一致。

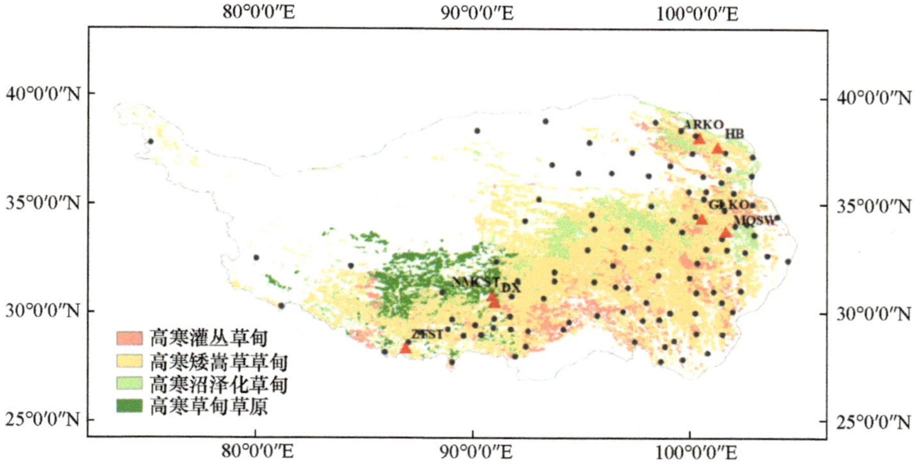

图 7.9　青藏高原高寒草甸空间分布图

10 个通量观测站点用红色三角形表示，其中 3 个站点位于海北，2 个站点位于当雄；108 个气象站点用黑色圆点表示
HB：海北矮嵩草草甸、海北灌丛草甸、海北沼泽化草甸；DX：当雄沼泽化草甸、当雄草甸草原、GLKO：果洛矮嵩草草甸；ARKO：阿柔矮嵩草草甸；MQSW：玛曲沼泽化草甸；ZFST：珠峰草甸草原；NMCST：呐木措草甸草原

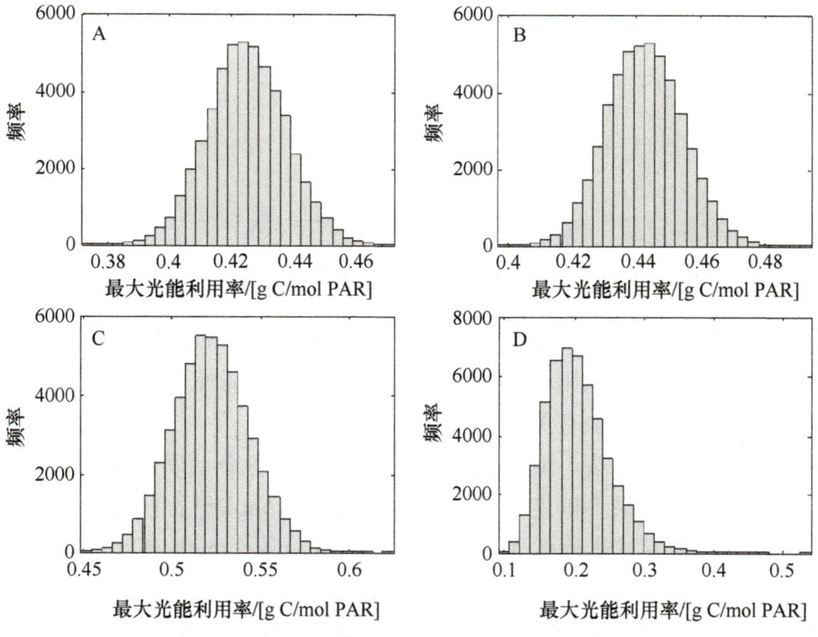

图 7.10　4 种草地类型的最大光能利用率参数不确定性

A. 高寒矮嵩草草甸；B. 高寒灌丛草甸；C. 高寒沼泽化草甸；D. 高寒草甸草原

虽然运用生态系统模型估算区域尺度碳收支的研究工作已经大范围开展，但是其中大部分模拟所用的参数是根据经验给出，或是通过植被类型图简单划分；充分考虑生态系统异质性，运用观测数据修正模型参数，并给出不确定性范围的研究目前较为少见。本研究在量化模型关键参数和驱动变量不确定性的基础上，采用 Monte Carlo 方法量化了 2003~2008 年青藏高原高寒草甸区域 GPP 估算的不确定性。结果表明，模拟的 6 年 GPP 不确定性变化范围为 6.9%~34.6%，平均值为 18.3%；空间分布上，GPP 值较低的区域，

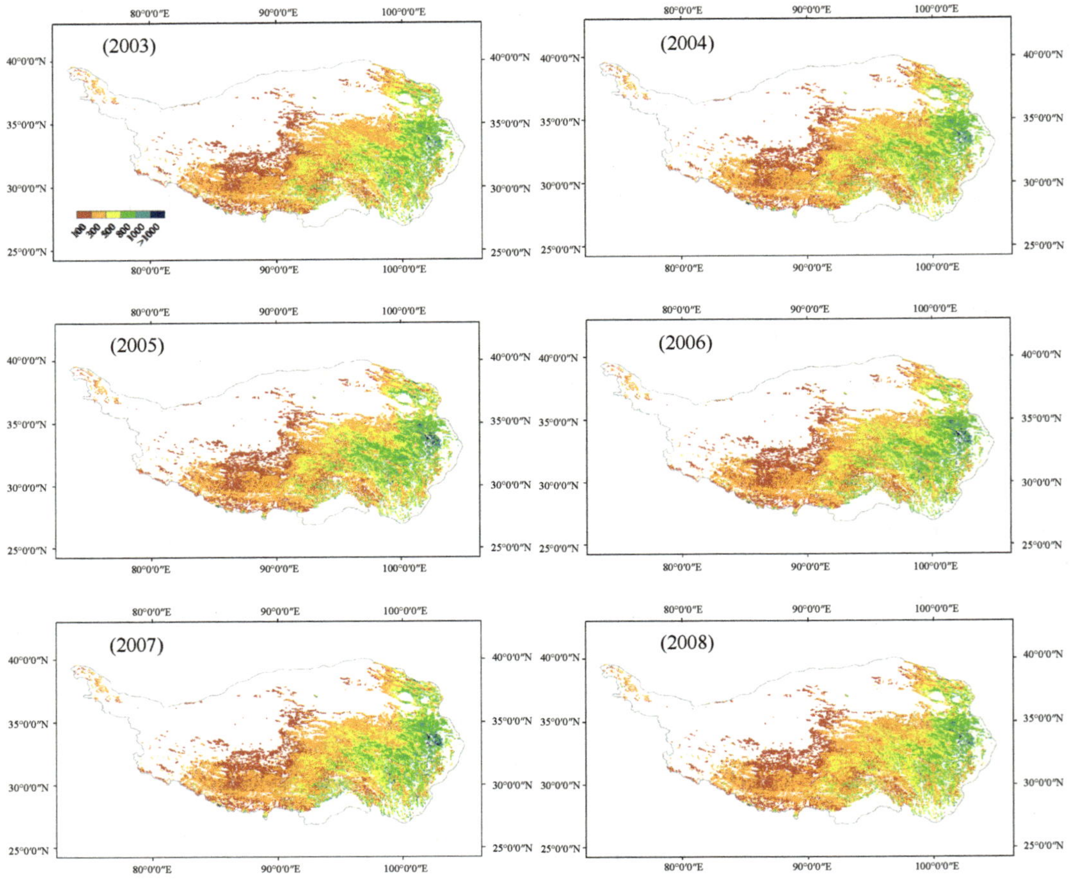

图 7.11　2003~2008 年青藏高原高寒草甸 GPP 模拟结果[单位：g C/（m^2·a）]

不确定性较大；不确定性的最大值集中在青藏高原的中西部（图 7.12）；其原因一方面因为该地区海拔高、温度低、太阳辐射强，使得生态系统脆弱而不稳定，另一方面，也跟该地区的气象站分布数量较少有关。

利用 Sobol'方差分解方法，量化了 GPP 估算过程中各个不确定性来源（包括模型参数和输入数据）对估算结果不确定性的贡献率。利用 Sobol'进行区域尺度的不确定性拆分有两种实现方案：第一种是逐像元的方法（pixel-by-pixel method），每个栅格单独进行 Sobol'分析，最后可以得到每个模型输入的不确定性贡献空间分布图（图 7.13）；第二种是地图标记方法（map-labeling method），将模型输入和输出均转换为标量，最后得到以区域作为整体的每个模型输入的不确定性贡献（表 7.4）。可以看出，PAR 是区域尺度 GPP 估算不确定性的最大来源，贡献了 GPP 不确定性的 36.8%；其次是 EVI 和最大光能利用率参数，分别贡献了 26.9%和 22%；温度和 LSWI 贡献最小，分别贡献了 8.0%和 7.4%；所有输入的一阶敏感度指数与总敏感度指数的和分别为 99.5%和 101.1%，差值较小，说明输入之间的交互作用不明显。已有的研究一般认为最大光能利用率是应用光能利用率模型进行生产力模拟时的最大不确定性来源，为准确模拟生产力应致力于减小该参数的不确定性，而本研究发现驱动数据的不确定性对模拟结果的影响也很大，表明驱动数据的不确定性同样需要给以足够的重视。

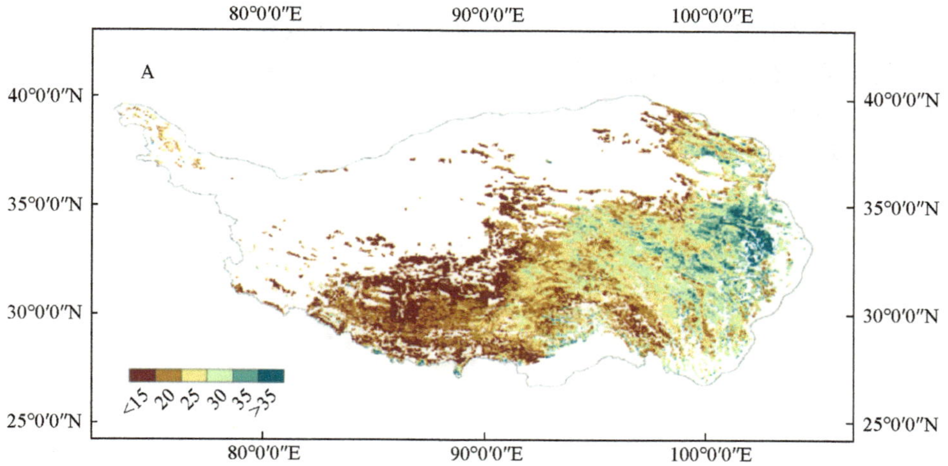

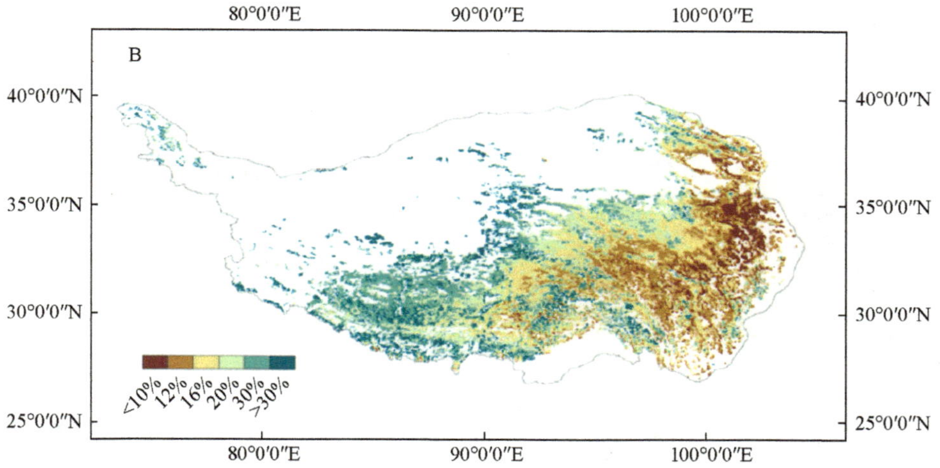

图 7.12　青藏高原高寒草甸 2003~2008 年 GPP 模拟的不确定性

A. 标准差[单位：g C/（$m^2 \cdot a$）]；B. 相对不确定性（relative uncertainty，RU，%），RU=2×标准差/平均值×100

表 7.4　基于地图标记 Sobol'方法的青藏高原高寒草甸 GPP 不确定性拆分结果（%）

变量	Sobol'一阶敏感度（S_i）	Sobol'总敏感度（S_{Ti}）
PAR	36.8	36.8
EVI	26.8	26.9
ε_0	21.8	22
T	7.0	8.0
LSWI	7.1	7.4

基于模型数据融合方法，利用多源的观测数据对模型参数和变量进行优化，从而降低模型的不确定性，是增强碳循环模型预测的可靠性的重要途径。本章列举了利用涡度相关通量、生物计量等观测数据对陆地生态系统碳循环模型中的关键参数进行反演，进而定量估计陆地生态系统碳收支大小及其不确定性的研究示例。这些研究为利用模型数据融合方法开展中国区域的碳循环模拟、预测及其不确定性评估奠定了很好的基础。然

而，由于过程模型的复杂性、观测数据与模拟结果的尺度差异、观测数据的代表性、计算耗时等问题的存在，模型数据融合方法在区域和全球尺度碳循环模拟和预测方面的应用还存在一定的难度。这是目前和今后一段时间陆地生态系统碳循环模型数据融合研究需要重点探讨和解决的问题。

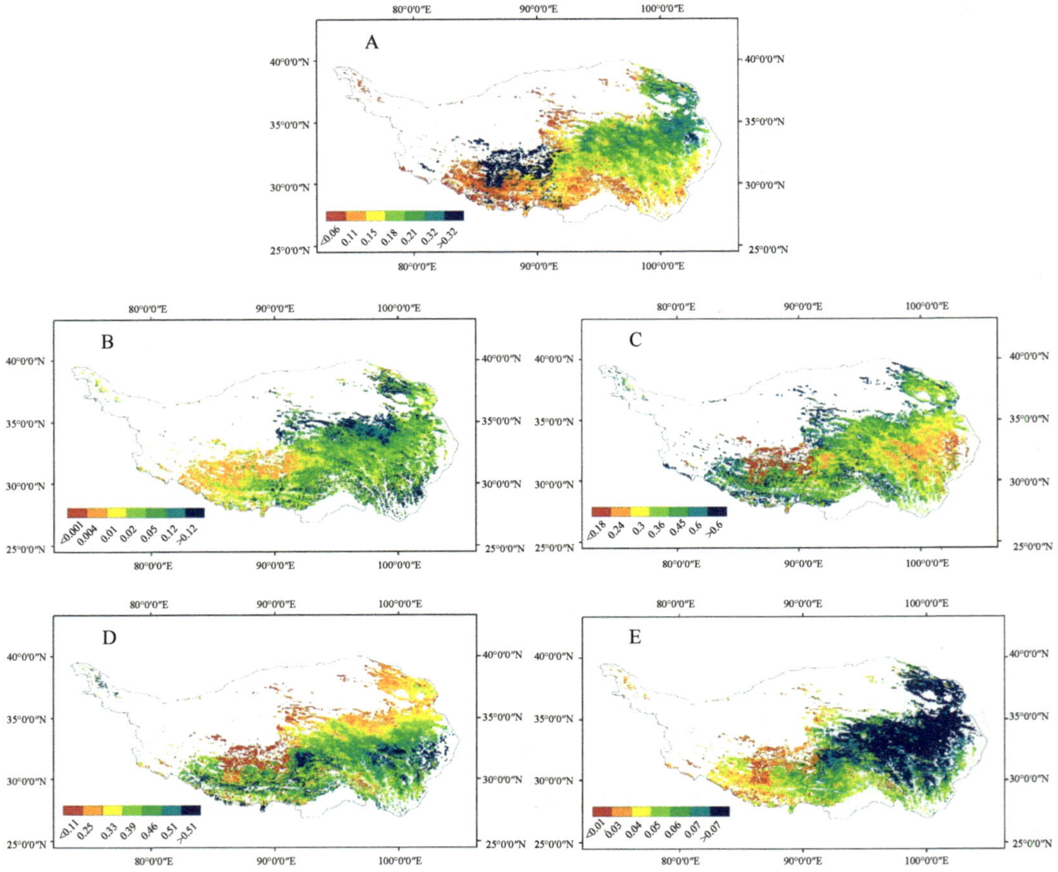

图 7.13　基于逐像元 Sobol'方法的青藏高原高寒草甸 GPP 不确定性拆分结果

A~E 分别代表最大光能利用率、温度、EVI、PAR 和 LSWI

参 考 文 献

骆亦其，张黎. 2012. 多尺度、多源生态观测数据的同化技术及其在碳循环研究中的应用 //于贵瑞，等. 人类活动与生态系统变化的前沿科学问题. 北京：高等教育出版社.

任小丽，何洪林，刘敏，等. 2009. 基于模型数据融合的千烟洲亚热带人工林碳水通量模拟. 生态学报, 32(23): 1-14.

张黎，于贵瑞，Luo Y Q，等. 2008. NEE 观测误差分布类型对陆地生态系统机理模型参数估计的影响——以长白山温带阔叶红松林为例，生态学报, 28(7): 3017-3026.

张黎，于贵瑞，Luo Y Q，等. 2009a. 基于模型数据融合的长白山阔叶红松林碳循环模拟. 植物生态学报, 33(6): 1044-1055.

张黎，于贵瑞，骆亦其. 2009b. 陆地生态系统碳循环模型数据融合研究//李克让，黄玫，陶波，等. 态系统过程及对全球变化响应与适应的模拟研究. 北京：气象出版社.

Bonan G B. 2014. Connecting mathematical ecosystems, real-world ecosystems, and climate science. New Phytologist, 202(3): 731-733.

Braswell B H, William J S, Linder E, et al. 2005. Estimating diurnal to annual ecosystem parameters by synthesis of a carbon flux model with eddy covariance net ecosystem exchange observations. Global Change Biology, 11: 335-355.

Churkina G, Tenhunen J, Thornton P, et al. 2003. Analyzing the ecosystem carbon dynamics of four European coniferous forests using a biogeochemistry model. Ecosystems, 6(2): 168-184.

Cressie N, Calder C A, Clark J S, et al. 2009. Accounting for uncertainty in ecological analysis: the strengths and limitations of hierarchical statistical modeling. Ecological Applications, 19(3): 553-570.

Dufrene E, Davi H, Francois C, et al. 2005. Modelling carbon and water cycles in a Beech forest. Part Ⅰ: Model description and uncertainty analysis on modeled NEE. Ecol Model, 185: 407-436.

Friedlingstein P, Meinshausen M, Arora V K, et al. 2014. Uncertainties in CMIP5 climate projections due to carbon cycle feedbacks. Journal of Climate, 27(2): 511-526.

Gardner R H, O'Neill R V. 1983. Parameter uncertainty and model predictions: a review of Monte Carlo results. *In*: Berk M B, Straten G V. Uncertainty and Forecasting of Water Quality. New York: Springer-Verlag: 245-257.

He H L. 2010. Uncertainty analysis of eddy flux measurements in typical ecosystems of ChinaFLUX. Ecological Informatics, 5(6): 492-502.

He H, Liu M, Xiao X, et al. 2014. Large-scale estimation and uncertainty analysis of gross primary production in Tibetan alpine grasslands. Journal of Geophysical Research Biogeosciences, 119(3): 466-486.

Hollinger D Y, Richardson A D. 2005. Uncertainty in eddy covariance measurements and its application to physiological models. Tree Physiology, 25(7): 873-885.

IPCC. 2013. Summary for Policy makers of Climate Change 2013: The Physical Science Basis. Contribution of Working Group Ⅰ to the Fifth Assessment Report of the Intergovernmental Panel on Climate Change. London: Cambridge University Press.

Katz R W. 2002. Techniques for estimating uncertainty in climate change scenarios and impact studies. Climate Res, 20: 167-185.

Knorr W, Kattge J. 2005 Inversion of terrestrial ecosystem model parameter values against eddy covariance measurements by Monte Carlo sampling. Glob Change Biol, 11: 1333-1351.

Liu M, He H L, Yu G R, et al. 2012. Uncertainty analysis in data processing on the estimation of net carbon exchanges at different forest ecosystems in China. Journal of Forest Research, 17: 312-322.

Luo Y Q, White L W, Canadell J G, et al. 2003. Sustainability of terrestrial carbon sequestration: A case study in Duke Forest with inversion approach. Global Biogeochemical Cycles, 17(1): 21-1-21-13.

Mitchell S, Beven K, Freer J. 2009. Multiple sources of predictive uncertainty in modeled estimates of net ecosystem CO_2 exchange. Ecol Model, 220: 3259-3270.

Morris M D. 1991. Factorial sampling plans for preliminary computational experiments. Technometrics, 33(2): 161-174.

Raupach M R, Rayner P J, Barrett D J, et al. 2005. Model-data synthesis in terrestrial carbon observation: methods, data requirements and data uncertainty specifications. Global Change Biology, 11: 378-397.

Ren X L, He H, Moore D J P, et al. 2013. Uncertainty analysis of modeled carbon and water fluxes in a subtropical coniferous plantation. Journal of Geophysical Research: Biogeosciences, 118(4): 1674-1688.

Ricciuto D M, King A W, Dragoni D, et al. 2011. Parameter and prediction uncertainty in an optimized terrestrial carbon cycle model: Effects of constraining variables and data record length. Journal of Geophysical Research-Biogeosciences, 116(G1): 104-121.

Saltelli A. 2002. Making best use of model evaluations to compute sensitivity indices. Comput Phys Commun, 145(2): 280-297.

Sobol I M. 1993. Sensitivity estimates for nonlinear mathematical models. Mathematical Modeling and Computational Experiment, 1(4): 407-414.

Tang Y, Reed P, Wagener T, et al. 2007. Comparing sensitivity analysis methods to advance lumped watershed model identification and evaluation. Hydrol Earth Syst Sc, 11(2): 793-817.

Tarantola S, Nardo M, Saisana M, et al. 2006. A new estimator for sensitivity analysis of model output: an application to the e-business readiness composite indicator. Reliab Eng Syst Safe, 91(10-11): 1135-1141.

Verstraeten W W, Veroustraete F, Feyen J. 2008. Assessment of evapotranspiration and soil moisture content across different scales of observation. Sensors, 8: 70-117.

Xu T, White L, Hui D, et al. 2006. Probabilistic inversion of a terrestrial ecosystem model: analysis of uncertainty in parameter estimation and model prediction. Global Biogeochemical Cycles, 20(2): 179-212.

Zak S K, Beven K J. 1999. Equifinality, sensitivity and predictive uncertainty in the estimation of critical load. Sci Total Environ, 236: 191-214.

Zhang L, Luo Y, Yu G, et al. 2010. Estimated carbon residence times in three forest ecosystems of eastern China: applications of probabilistic inversion. J Geophys Res, 115: G01010. doi: 10. 1029/2009JG001004.

Zhang L, Yu G R, Gu F X, et al. 2012. Uncertainty analysis on modeled carbon fluxes in a broad-leaved Korean pine mixed forest by a process-based ecosystem model. Journal of Forest Research, 17: 268-282.

Zobitz J, Desai A, Moore D J P, et al. 2011. A primer for data assimilation with ecological models using Markov Chain Monte Carlo(MCMC). Oecologia, 167(3): 599-611.

第 8 章　中国陆地生态系统碳收支综合模拟分析

8.1　引　　言

当前大尺度对地观测技术极大地提高了人们对区域碳收支方面的认识。虽然现有的遥感技术不能直接提供陆地碳通量的信息，但是在提取与地表碳通量/储量的组分或者与其相关的植被参数方面发挥着重要的作用。例如，提取植被类型、叶面积指数和集聚度指数等地表参数用于陆地碳循环模型的输入数据、估算地上生物量，以及火灾等干扰引起的直接碳排放等。因此，利用卫星遥感观测获得更大区域尺度高时空分辨率的植被特性，将极大地促进区域碳收支格局的综合评估，从而更准确地诊断生态系统对气候变化响应的区域变异。生态系统过程模型集成了植被光合作用、呼吸作用、碳分配、土壤分解等过程，但是生态过程可以有多种生态机理来表征，因此不同模型描述生态过程的方式存在着较大的差异。这就需要集成多种生态系统模型和多时空数据来模拟区域碳收支，从而分析生态系统碳循环过程的调控机理，减少碳收支评估的不确定性（图 8.1）。由此，从短期到百年时间尺度，借助于最新遥感观测数据，集成多种碳循环模型成为模拟生态系统碳水循环的重要发展方向。

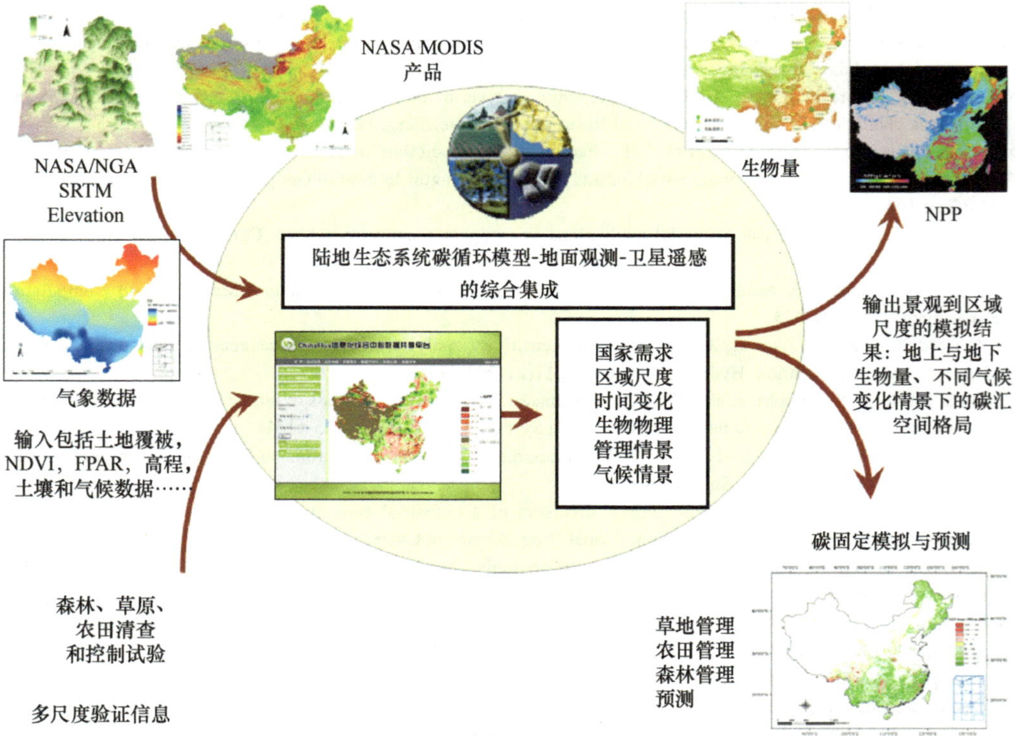

图 8.1　多模型利用卫星遥感数据开展陆地碳收支综合评估

本章首先是基于卫星遥感数据的多个碳循环模型分析中国 1982~2010 年陆地生态系统总初级生产力（GPP）和净初级生产力（NPP）的时空变异及其对气候变化的响应；其次，利用农田和森林碳管理模型模拟多情景下中国农田和森林生态系统的固碳潜力。

8.2　中国陆地生态系统固碳现状综合分析

8.2.1　中国过去 30 年陆地生态系统 GPP 和 NPP 时空变异及其对气候变化的响应

陆地生态系统总初级生产力（GPP）和净初级生产力（NPP）能够定量化植被从大气吸收的碳量（Cao and Woodward，1998）。因此，认识生态系统 GPP 和 NPP 的变异趋势及其驱动机理，有助于准确估算陆地碳汇的动态变化（Ogutu et al.，2013；Running，2013）。根据多种模型的模拟结果，表明中国陆地生态系统 GPP 和 NPP 范围分别为 3.9~12.26Pg C（Li et al.，2013）和 1.43~3.30Pg C（Gao et al.，2012；Liu et al.，2013），不同模型的模拟结果之间存在着较大的差异，这主要来自于模型结构、输入数据、参数优化及模型验证方面的不确定性（Li et al.，2013）。因此需要集成多种类型的生态系统模型，利用涡度相关通量观测数据来验证模型，综合分析中国陆地生态系统 GPP 和 NPP 的时空变异，探讨气候变化对 GPP 和 NPP 的影响，从而减少我国陆地生态系统碳收支模拟的不确定性。

本研究采用遥感和气象观测数据驱动的有 3 个模型，即 BEPS（Liu et al.，1997）、TEC（Yan et al.，2015）、GLCV（Wang et al.，2011）（表 8.1）。气候变化通过影响光合作用、维持性呼吸、土壤分解等影响陆地生态系统碳平衡，所有模型均考虑了气候变化的影响。遥感植被指数（LAI 和 NDVI）分别作为 BEPS、TEC 和 GLCV 模型的主要驱动数据。

表 8.1　模型信息表

模型	时间步长	空间分辨率	模拟时段	物候	光合作用	土壤碳分解	输出变量	参考文献
BEPS	天	8km	1982~2011 年	MODIS/AVHRR LAI	Farquhar 模型，两叶	一阶	GPP、NPP、NEP、碳库	Ju et al.，2010
TEC	月	8km	1982~2011 年	AVHRR NDVI	LUE	无	GPP、NPP、NEP	Yan et al.，2015
GLCV	15 天	8km	1982~2011 年	AVHRR NDVI	LUE	一阶	GPP、NPP、NEP、碳库	Wang et al.，2011

3 个模型基于各自需要的输入数据模拟了中国 1982~2011 年的碳通量（GPP 和 NPP）。模型所需要的输入数据包括气象数据、遥感数据及用于模型验证的通量数据。

（1）气象数据

利用国家气象信息中心提供的站点气象资料结合 ANUSPLIN（Australian National University Spline ）插值得到栅格气象数据（温度、降水、相对湿度）。采用 Angstrom 方程及辐射与日照时数的经验关系得到太阳辐射（Zhu et al.，2010）。气象数据的空间分辨率为 8km。

（2）遥感数据

遥感提供了大尺度上地表参数的连续观测，广泛应用于监测区域陆地植被的生长。长时间序列的植被叶面积指数（LAI）和光合有效辐射比例（fPAR）是监测区域乃至全球植被动态、模拟陆地与大气之间物质和能量交换的有效参数。

模型集成采用两种植被指数（FPAR 3g 数据集和 GLOBMAP LAI 数据集）。FPAR 3g 利用神经网络技术整合第三代 GIMMIS NDVI 数据集（1982~2011 年）和 Terra MODI 的 FPAR（2000~2009 年）估算得到（Zhu et al.，2013）。1982~2011 年的 GIMMIS NDVI 3g 空间分辨率为 8km，时间分辨率为 15 天，相对于原有的 GIMMS NDVI 产品改进了其在北半球的适应性，提高了融雪检测精度。通过融合 AVHRR（1982~2000 年）和 MODIS 数据（2000~2011 年）生成 1982~2011 年的 GLOBMAP LAI 数据（Liu et al.，2012）。首先，利用 2000 年后的 MODIS 数据反演生成 LAI；通过分析每个像元 2000~2006 年 AVHRR NDVI 与 MODIS LAI 的关系，建立基于 AVHRR NDVI 的 LAI 估算模型；利用 1982~2000 年的 AVHRR NDVI 和建立的每个像元 LAI 估算模型生成 LAI 数据，空间分辨率为 8km，时间分辨率与 GIMMS 一致。

（3）土地覆盖数据

Chinacover2010 是利用面向对象的技术整合 Landsat TM/ETM 数据、HJ-1 卫星数据，以及野外调查数据生产的 2010 年中国土地覆盖数据，通过高空间分辨率图像和野外数据的验证表明该土地覆盖数据具有较高精度（94%），森林、草地和农田分别占全国总面积的 27.3%、18.2%和 20.2%（吴炳方等，2014）。

（4）涡度相关通量观测数据

涡度相关通量站通过连续的观测得到半小时尺度的 NEE，主要用于模型的多尺度验证。Reichenstein 等（2005）采用经验温度响应函数来模拟生态系统呼吸，从而通过 NEE 与生态系统呼吸的差值得到半小时尺度的 GPP。半小时尺度的 GPP 求和可以得到日、月及年尺度上的 GPP。本研究利用中国生态系统通量观测研究网络的 8 个通量站的观测数据来校验模型参数，具体包括 4 个森林站（CBS、QYZ、DHS、XSBN）、3 个草原站（LSDX、NMG、HBGC）和 1 个农田站（YC）（表 8.2）。

表 8.2 ChinaFLUX 站点基本信息

站点	植被类型	经度	纬度	数据年份
长白山 CBS	森林	128°05′45″E	42°24′9″N	2003~2011
鼎湖山 DHS		112°30′E	23°09′N	2003~2011
千烟洲 QYZ		115°03′E	26°44′N	2003~2011
西双版纳 XSBN		101°16′E	21°54′N	2003~2011
当雄 LSDX	草地	91°03′58.90″E	30°29′50.21″N	2004~2011
海北灌丛 HBGC		101°19.870′E	37°39.912′N	2003~2011
内蒙古 NMG		116°18′E	44°08′N	2004~2011
禹城 YC	农田	116°38′26″E	36°57′30″N	2003~2011

Piao 等（2013）采用多元回归方程来估算过去 30 年 GPP 和 NPP 对气候变异的响应（年均温、年总降水量和年总辐射）。

$$y = b_{tem} \times X\_T + b_{pre} \times X\_P + b_{rad} \times X\_R + \delta \quad (8.1)$$

式中，y 是指碳通量 GPP 和 NPP 的标准化值；X_T 是年均温的标准化值；X_P 是年总降水量的标准化值，X_R 是年总辐射的标准化值；b_{tem}、b_{pre} 和 b_{rad} 是碳通量对温度、降水和辐射年际变异的敏感性；δ 是误差项。

1982~2011 年模拟数据集（GPP 和 NPP）来自于 3 个模型（BEPS、TEC 和 GLCV）30 年模拟结果的平均值。全国尺度上，整合每年所有像元的碳通量得到全国总碳通量，采用每年总碳通量减去 30 年平均碳通量除以 30 年标准差的方法进行标准化变量。温度和降水的标准化方法与此类似。利用多元回归方程（式 8.1）结合每年碳通量标准化值与对应的温度、降水标准化值来估算全国尺度的温度、降水和辐射敏感性参数。由于植被对气候的响应存在差异，可将全国分为 9 个区域（Piao et al.，2009），分别估算区域碳通量对温度、降水和辐射的敏感性参数（图 8.2）。

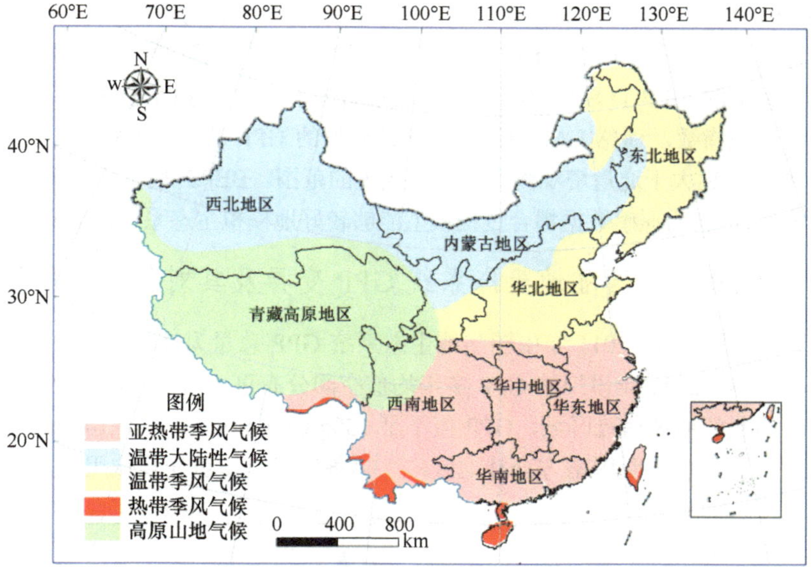

图 8.2　本研究中中国分为九大区域

8.2.1.1　中国近 30 年气候变化趋势

1982~2011 年的近 30 年，中国年均温显著增加，10 年增加 0.46℃（表 8.3）。中国各个地区温度都有显著增加，增加速率有所差异：青藏高原年均温增加速率最快，达到 0.75℃/10a；而东北地区和华南地区年均温增加速率较慢，分别为 0.28℃/10a 和 0.29℃/10a。国家尺度总降水量在 1982~2011 年没有显著变化趋势，除了内蒙古地区和青藏高原降水显著减少（–1.652mm/a）和显著增加（1.653mm/a）以外其他地区没有显著变化。1982~2011 年太阳辐射在国家尺度上没有显著变异趋势，而青藏高原和华北地区的辐射表现为显著下降。

表 8.3 中国 1982~2011 年气温、降水和辐射的变化趋势

区域	温度变化趋势/（℃/10a）	降水变化趋势/（mm/a）	辐射变化趋势/[MJ/（m^2·a）]
内蒙古	0.46**	−1.652*	0.903
西北	0.59**	0.617	0.689
青藏高原	0.75**	1.653*	−1.924**
西南	0.41**	−2.325	0.379
华中	0.46**	−2.929	−0.234
东北	0.28*	−2.220	0.108
华北	0.46**	0.121	−5.080**
华东	0.46**	−2.411	−1.008
华南	0.29**	−0.603	−0.401
中国	0.46**	−1.083	−0.730

*表示 0.05 显著性水平，**表示 0.001 显著性水平

8.2.1.2 GPP 在站点尺度上的验证

本研究利用中国通量网络（ChinaFLUX）8 个通量塔的观测数据，验证了 3 个模型模拟中国地区 GPP 的能力（图 8.3）。结果表明，3 个模型能够有效地模拟出不同生态系统 GPP 的季节和年际变化。但在长白山（CBS）站，模拟的 GPP 比观测数据系统性地偏低；在草地和农田站，模拟的 GPP 日际变化幅度较观测数据偏小。主要原因是 BEPS 模型使用的是遥感生成的叶面积指数，遥感 LAI 的误差会导致模拟的 GPP 的系统性偏差，并且模型的空间分辨率为 8km，远大于通量塔观测数据所能代表的范围。BEPS 模型可以模拟通量观测年 GPP 变化的 64%，这表明遥感数据耦合过程模型能够较好地模拟生态系统的固碳能力（图 8.4）。

8.2.1.3 过去 30 年中国陆地生态系统 GPP 变异及其对气候变化的响应

3 个模型模拟的 1982~2011 年中国陆地生态系统 GPP 总量为 4.6~5.3Pg C/a，平均值为 5.1Pg C/a。从 1982~2011 年模拟的 GPP 多年均值空间分布可以看出：GPP 的低值区主要集中分布在我国西北的植被稀疏区域，GPP 值不足 150g C/（m^2·a）；大于 1400g C/（m^2·a）为 GPP 的高值区，主要位于我国南方森林地区，水热条件好，植被光合作用强烈（图 8.5）。

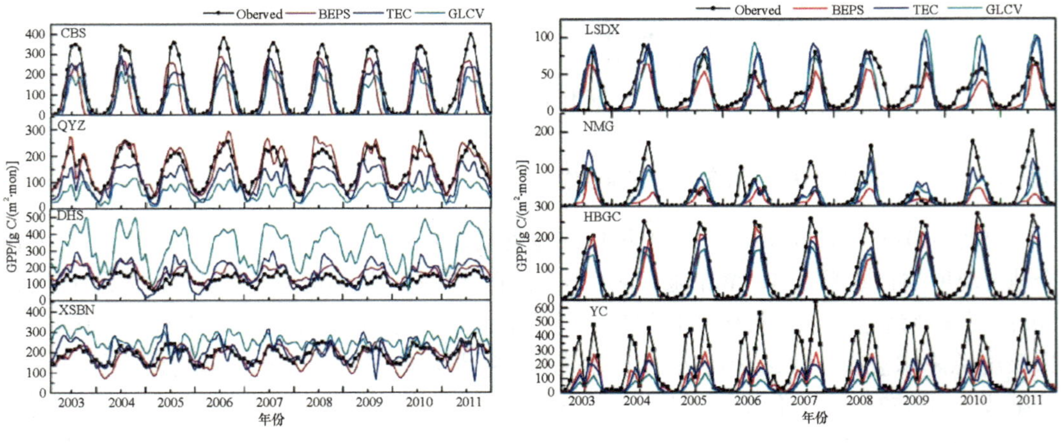

图 8.3 BEPS 模型模拟的月 GPP 与观测数据的比较结果
CBS. 长白山；DHS. 鼎湖山；QYZ. 千烟洲；XSBN. 西双版纳；LSDX. 当雄；HBGC. 海北灌丛；NMG. 内蒙古；YC. 禹城

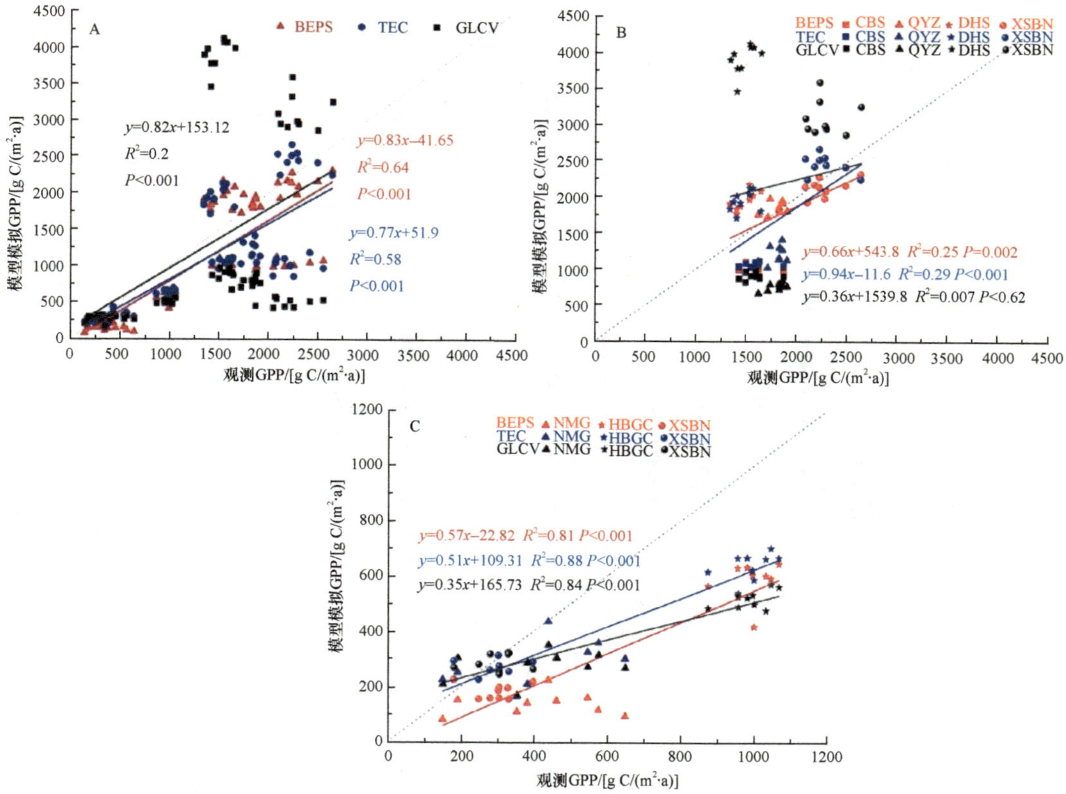

图 8.4　年 GPP 模拟值与观测数据的比较结果

A. 所有站点；B. 森林站点；C. 草地站点

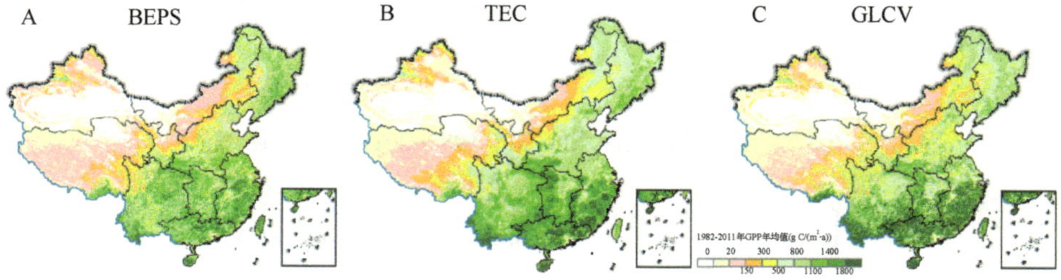

图 8.5　中国陆地生态系统年 GPP 30 年平均值空间分布

模型模拟研究发现，1982~2011 年我国森林、灌丛和草地生态系统总 GPP 多年平均值分别为 2.1Pg C/a、0.26Pg C/a 和 0.59Pg C/a，分别为全国总 GPP 的 41%、5%、12%。其中，常绿针叶林 GPP 总量占全国总量的 17%，西南地区 GPP 总量占全国总量的 19%（图 8.6）。

1982~2011 年，我国陆地生态系统 GPP 总量呈现增加的趋势，平均每年增加 10Tg C/a。前 20 年增加速度较快，后 10 年增加速度变缓（图 8.7，图 8.8）。

研究发现，在年尺度上 GPP 距平值与年均温度呈现正相关（R^2=0.48，P<0.001），这表明 1982~2011 年 GPP 的增加主要归因于气温的增加。由于温度的增加与 CO_2 浓度的升高有显著的相关关系，因此气温升高和 CO_2 浓度增加是 1982~2011 年 GPP 增加的主要

原因。根据研究结果，温度每增加 1℃，GPP 增加 0.11~0.16Pg C。温度升高，植被生长季延长，促进植被生长（Piao et al.，2013）。而 GPP 距平值与辐射和降水相关性不显著（图 8.9），但是在某些年份，极端干旱能导致 GPP 的快速下降，从 GPP 30 年的距平值可以看出（图 8.8）。

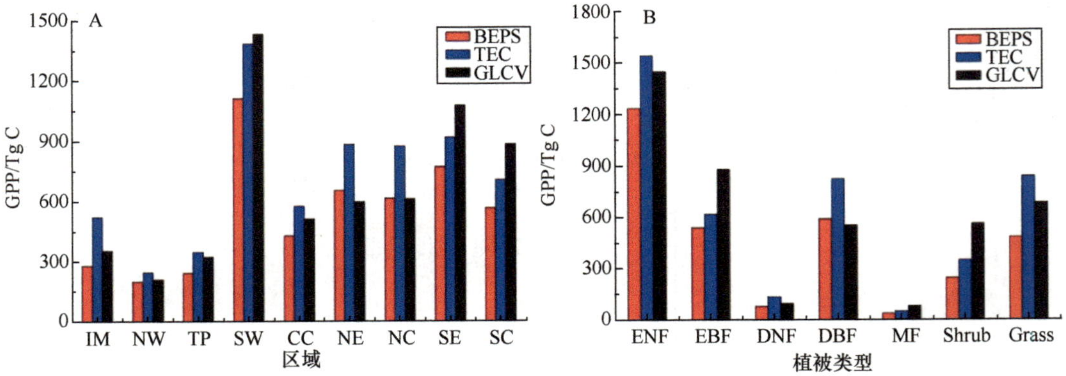

图 8.6　各区域和各植被类型 GPP 总量

IM. 内蒙古；NW. 西北；TP. 青藏高原；SW. 西南；CC. 华中；NE. 东北；NC. 华北；SE. 华东；SC. 华南；ENF. 常绿针叶林；EBF. 常绿阔叶林；DNF. 落叶针叶林；DBF. 落叶阔叶林；MF. 针阔混交林；Shrub. 灌丛；Grass. 草地

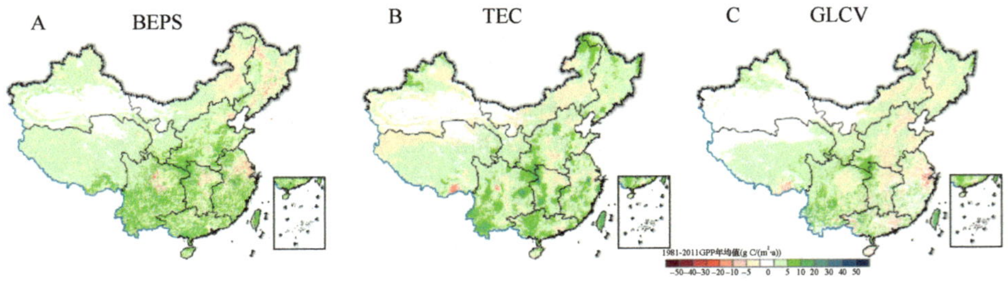

图 8.7　中国陆地生态系统 GPP 1982~2011 年的变化率

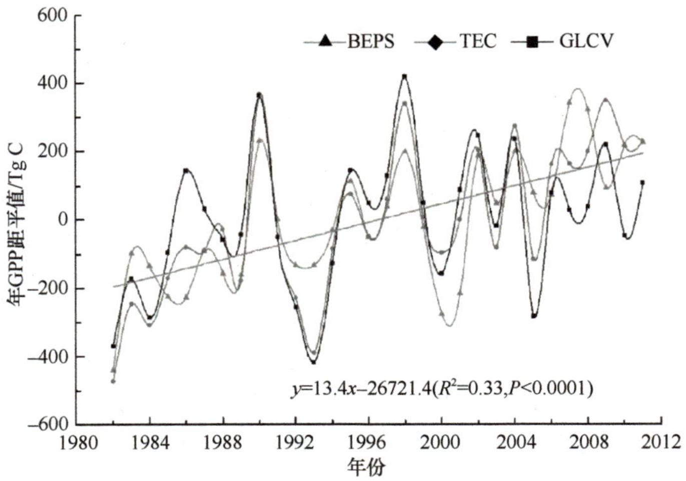

图 8.8　1982~2011 年 GPP 距平值变化趋势

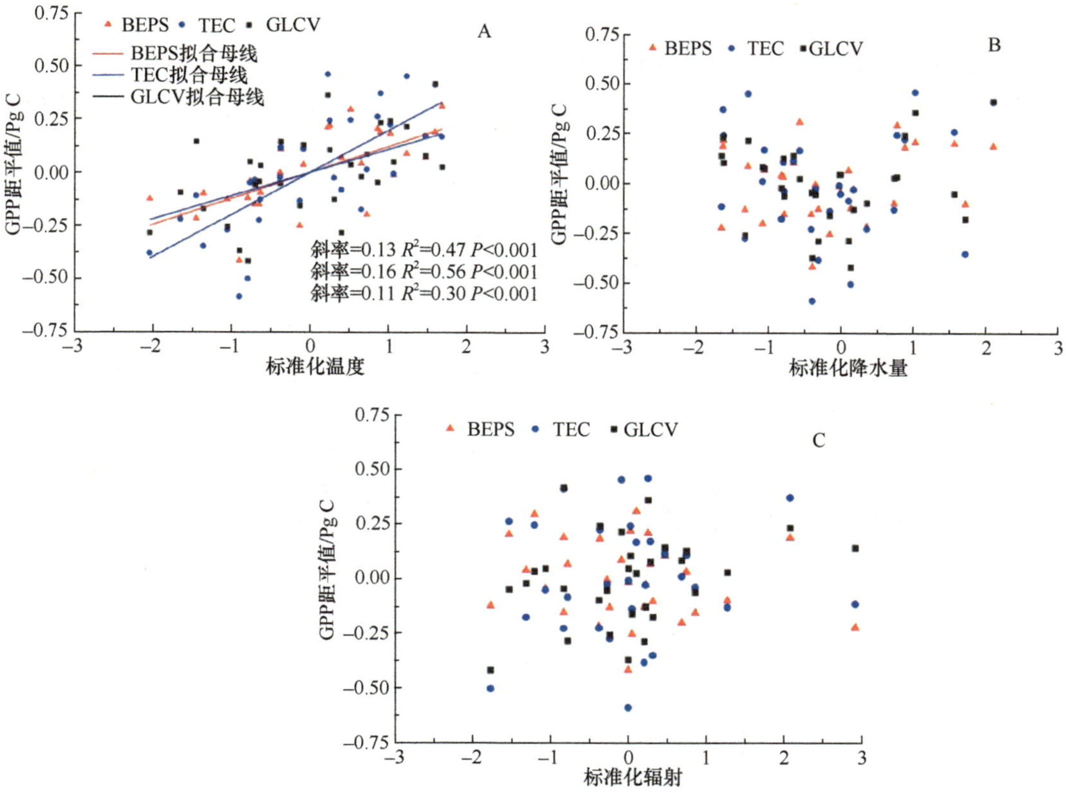

图 8.9　1982~2011 年模拟的年 GPP 总量距平值与环境因子（温度、降水和辐射）的关系

从区域上来看，除了内蒙古和东北地区，所有地区 GPP 在 1982~2011 年呈现增加的趋势（图 8.10）。其中西南地区 GPP 总量增加速度最快，达到 4.21Tg C/a；随后是华北和东南，GPP 总量增加速率集中在 2.1~2.7Tg C/a；青藏高原和华南地区的 GPP 总量增加速率相近，分别是 1.89Tg C/a 和 1.81Tg C/a。

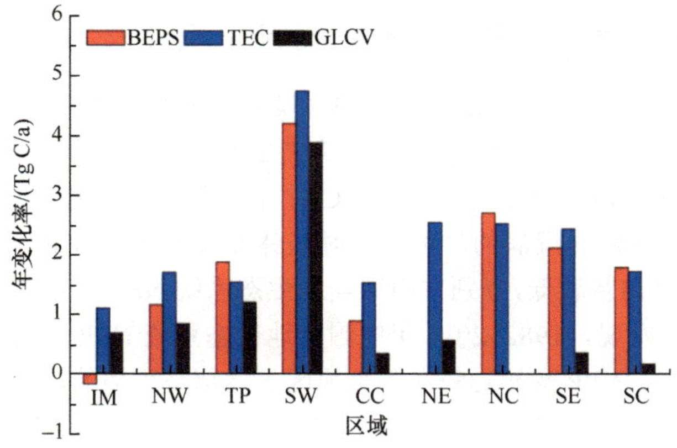

图 8.10　1982~2011 年中国各区域 GPP 总量年际变化趋势

斜率为 1982~2011 年 GPP 在各个区域的变化率大小；IM. 内蒙古；NW. 西北；TP. 青藏高原；SW. 西南；CC. 华中；NE. 东北；NC. 华北；SE. 华东；SC. 华南

根据各个地区 GPP 变化趋势与环境因子的相关性分析（R^2）可以发现，温度是主控因子的地区包括青藏高原、西南地区、华中、东南及华南地区；降水为主控因子的地区包括内蒙古、东北及华北地区；辐射分别在青藏高原、华中、东北地区起着限制作用（图 8.11）。

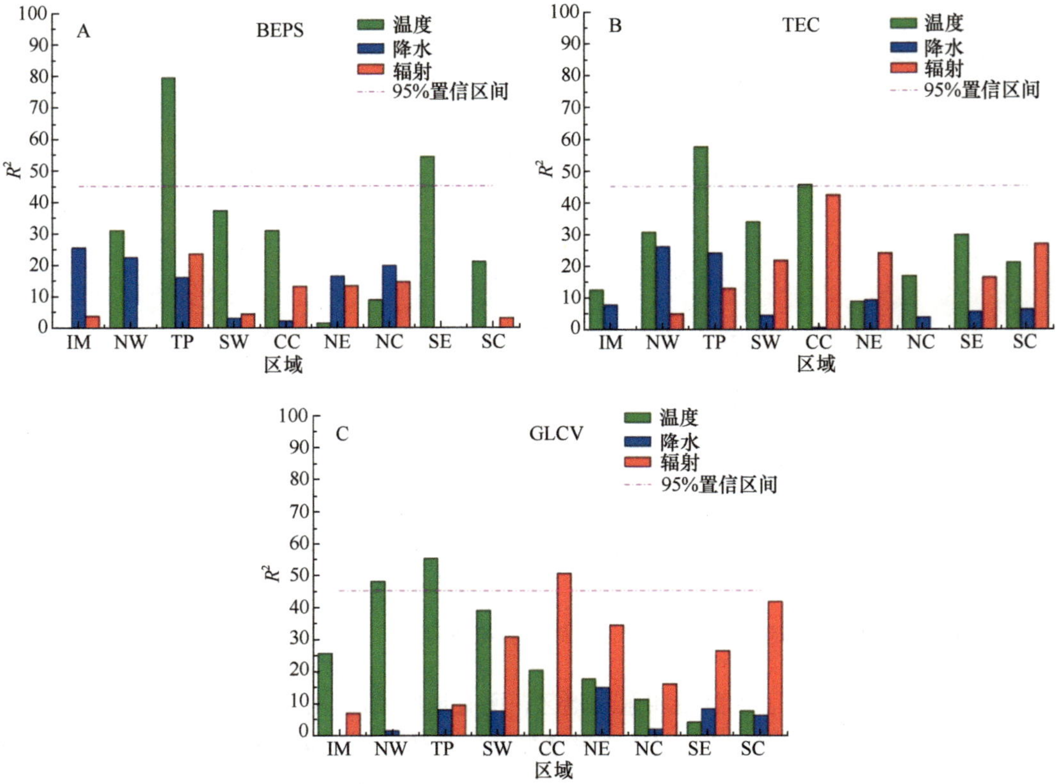

图 8.11 1982~2011 年各区域 GPP 与环境因子（温度、降水和辐射）拟合曲线的决定系数
IM. 内蒙古；NW. 西北；TP. 青藏高原；SW. 西南；CC. 华中；NE. 东北；NC. 华北；SE. 华东；SC. 华南

8.2.1.4 1982~2011 年中国陆地生态系统 NPP 变异及其对气候变化的响应

1982~2011 年中国陆地生态系统 NPP 总量变化范围为 2.57~3.02Pg C/a，平均值为 2.79Pg C/a。中国陆地生态系统 NPP 的空间分布特征与 GPP 相似，从东南向西北减少（图 8.12）。其中西南地区 NPP 总量达到 0.63Pg C/a，占中国陆地生态系统总 NPP 的 22%，这主要归因于这些地区温暖湿润的气候，同时森林覆盖度高；而草地占多数面积的西北地区和青藏高原 NPP 总量较低，分别占中国陆地生态系统 NPP 的 4.2%和 5.8%（图 8.13）。

多模型模拟研究发现，1982~2011 年中国陆地生态系统 NPP 显著增加，平均每年增加 4.1Tg C（图 8.14）。NPP 变异趋势在各个地区虽然都是增加的，但是增加的趋势有比较大的差异。西南地区 NPP 在 1982~2011 年的增加速率为 1.7Tg C/a，贡献了全国 NPP 增加速率的 41%。而青藏高原 NPP 增加速率为 0.8Tg C/a，占全国 NPP 增加速率的 20%；而内蒙古地区和东北地区在 1982~2011 年 NPP 增加较少，仅占全国 NPP 增加速率的 0.4%和 1.3%（图 8.15）。

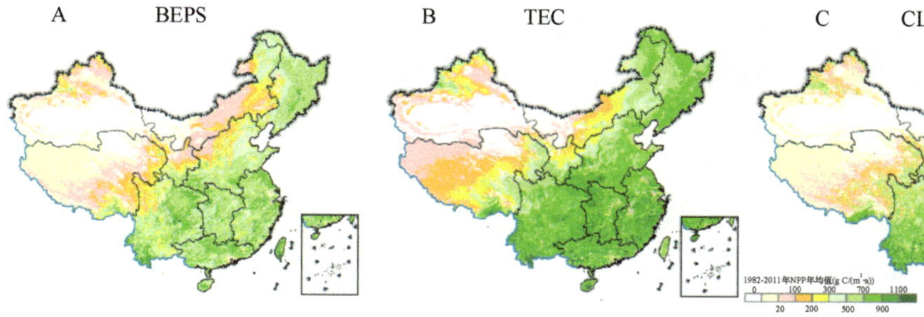

图 8.12　1982~2011 年中国陆地生态系统年 NPP 30 年平均值空间分布

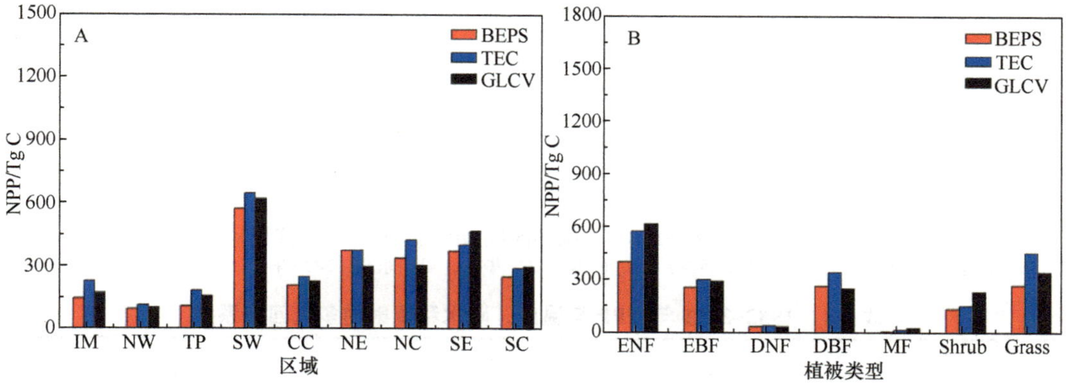

图 8.13　1982~2011 年各区域和各植被类型 NPP 总量

IM. 内蒙古；NW. 西北；TP. 青藏高原；SW. 西南；CC. 华中；NE. 东北；NC. 华北；SE. 华东；SC. 华南；ENF. 常绿针叶林；EBF. 常绿阔叶林；DNF. 落叶针叶林；DBF. 落叶阔叶林；MF. 针阔混交林；Shrub. 灌丛；Grass. 草地

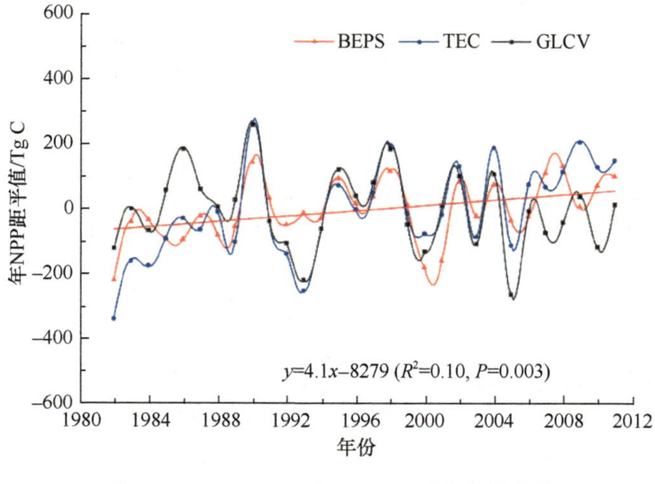

图 8.14　1982~2011 年 NPP 距平值变化趋势

多模型研究发现，1982~2011 年 NPP 年际变异可以由温度、降水和辐射的变异来解释（R^2=0.38，P=0.005）。各个地区 NPP 受到气候变化的影响存在着较大的差异（表 8.4）。在西北地区和青藏高原，温度是促进 1982~2011 年 NPP 增加的主要气候因子；而在内蒙古地区和华中地区，主要受到降水限制；而南方地区（西南、华中、华南及华东地区）

1982~2011 年 NPP 的变异主要归因于辐射的影响。对于南方地区 NPP 受辐射限制的原因主要在于热带雨林受到辐射的影响（Nemeani et al.，2003）。

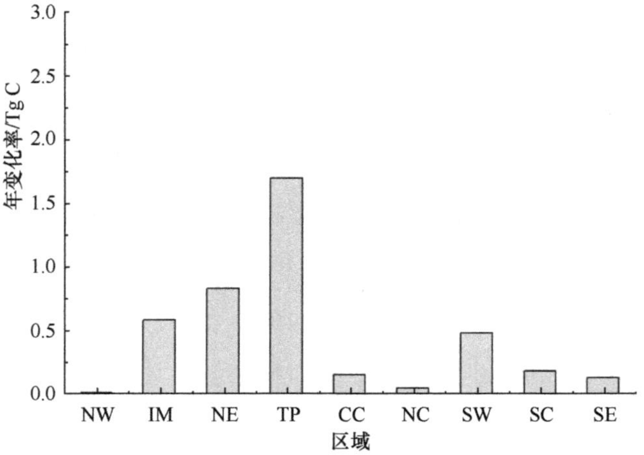

图 8.15 1982~2011 年中国各区域 NPP 总量年际变化趋势

IM. 内蒙古；NW. 西北；TP. 青藏高原；SW. 西南；CC. 华中；NE. 东北；NC. 华北；SE. 华东；SC. 华南

表 8.4 1982~2011 年 NPP 与温度、降水和辐射的多元回归系数

区域	b_{tem}	b_{pre}	b_{rad}	R^2
内蒙古	0.21	0.96	0.59	0.43
西北	0.56	0.32	−0.23	0.49
青藏高原	0.77	0.13	0.01	0.68
西南	0.35	0.05	0.47	0.40
华中	0.21	0.36	0.78	0.61
东北	0.27	0.45	0.42	0.14
华北	0.40	0.60	0.41	0.25
华东	0.25	0.01	0.50	0.29
华南	0.00	0.30	0.73	0.33
总计	0.53	0.23	0.44	0.38

注：b_{tem}、b_{pre}、b_{rad} 分别是多元回归方程中温度、降水和辐射的系数，R^2 是拟合曲线的决定系数

8.2.2 极端气候事件对中国陆地生态系统 NPP 的影响

森林是非常重要的陆地生态系统，在气候变化和全球碳循环中起着关键性作用（Yu et al.，2008），研究表明全球陆地生态系统的碳汇主要存在于森林生态系统（Pan et al.，2011）。而森林 LAI 不仅是其碳吸收的主要影响因子（Barr et al.，2004），还通过改变感热和潜热通量的比例而直接影响区域乃至全球气候（Hogg et al.，2002）。所以，可靠的森林 LAI 数据将会提高生态和陆面过程等模型结果的可靠性，减小陆地生态系统碳源汇估算的不确定性（Yuan et al.，2011）。

利用 MOD09A1 及 MCD43A1 数据和基于 4 尺度几何光学模型的反演算法，生成了中国森林 2000~2010 年每 8 天的 500m LAI 产品，具体反演方法流程如下。

1）利用 MOD09A1 数据和 GLC2000 数据驱动基于 4 尺度几何光学模型的 LAI 反演

算法（Deng et al.，2006）生成每 8 天的 500m 有效叶面积指数（LAIe）数据，并对其进行平滑处理和插补（Chen et al.，2006），生成 2000~2010 年每 8 天的 500m LAIe 数据。

2）利用 MCD 43A1 与 MCD 43A2 数据和改进的 Ross_Li 模型（Zhu et al.，2011）模拟计算“热点”和“暗点”反射率，计算归一化的热点与暗点反射率差值指数，生成 500m 聚集度系数，利用 500m DEM 数据对其进行地形订正（Zhu et al.，2011）和平滑处理（Chen et al.，2006）。

3）结合聚集度系数和 LAIe 数据，生成 2000~2010 年每 8 天的 500m LAI 产品。

根据在黑龙江帽儿山、吉林长白山、陕西褒河、浙江天童山、江西千烟洲、贵州黎平等 6 个地区利用 TRAC 和 LAI2000 观测的 LAI 和聚集度系数数据，与观测时间相近的 TM 数据，生成观测区 30m 分辨率的 TM LAI，对其进行采样到 500m 分辨率，用于评价反演的 LAI 精度。结果表明，利用 MODIS 数据反演生成的 500m LAI 产品具有可靠的质量，6 个典型森林样区的验证精度达到 70%以上。

2000~2010 年，我国东北、华北、中南部地区森林 LAI 呈增加趋势，但在东南部和西南的地区森林 LAI 则呈下降趋势，主要原因是 2008~2010 年该地区的 LAI 明显下降（图 8.16）。森林 LAI 年平均值与年平均气温在东北地区正相关，主要原因为东北地区温度是森林生长的限制因子，温度升高，森林生长期延长，年平均 LAI 增大；在西南地区 LAI 年平均值与年平均气温负相关，特别是云贵高原北部地区两者相关性可达–0.6。在华北和中南部地区 LAI 年平均值与年降水量正相关（图 8.17），在这些地区中，水分是抑制森林生长的主要因子。

2001 年和 2009 年的异常气候导致我国秦岭和淮河以南地区的森林 LAI 明显低于常年，部分地区的 LAI 年平均值较正常年份下降 1.0 左右（图 8.18）。其原因是，2001 年我国除福建、广东、广西、云南和四川以外的广大地区降水偏少，是 1999 年和 2000 年连续大旱之后的又一个特大旱灾年，四季均出现不同程度的干旱，长江中游的年降水量比常年偏少 360mm 以上，特别是北方地区的春夏旱和长江中下游地区的夏伏旱及我国东部地区的秋旱影响较大。2009 春秋季干旱使该地区的森林生长受到抑制，LAI 减少 0.2~0.4。

根据反演 LAI 驱动 BEPS 模型模拟中国陆地生态系统 2000~2010 年 NPP 和 ET 变异，分析 NPP 和 ET 的变化规律，评价气候变化特别是极端气候对碳水循环的影响。2000~2010 年全国的 NPP 总量为 2.63~2.84Pg C/a，平均值为 2.74Pg C/a。中国陆地生态系统的 NPP 呈

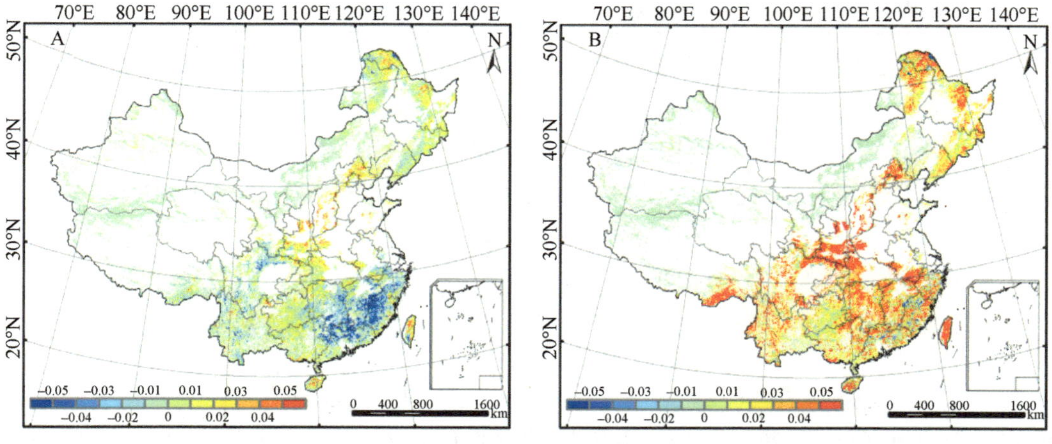

图 8.16　2000~2010 年（A）和 2000~2007 年（B）中国森林年平均 LAI 变化速率[单位为：$m^2/(m^2 \cdot a)$]

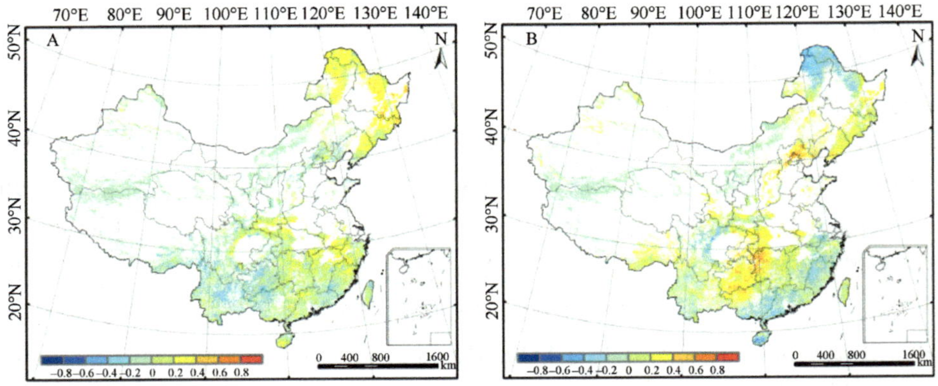

图 8.17　2000~2010 年年均 LAI 与年平均温度（A）和年降水量（B）之间的相关系数

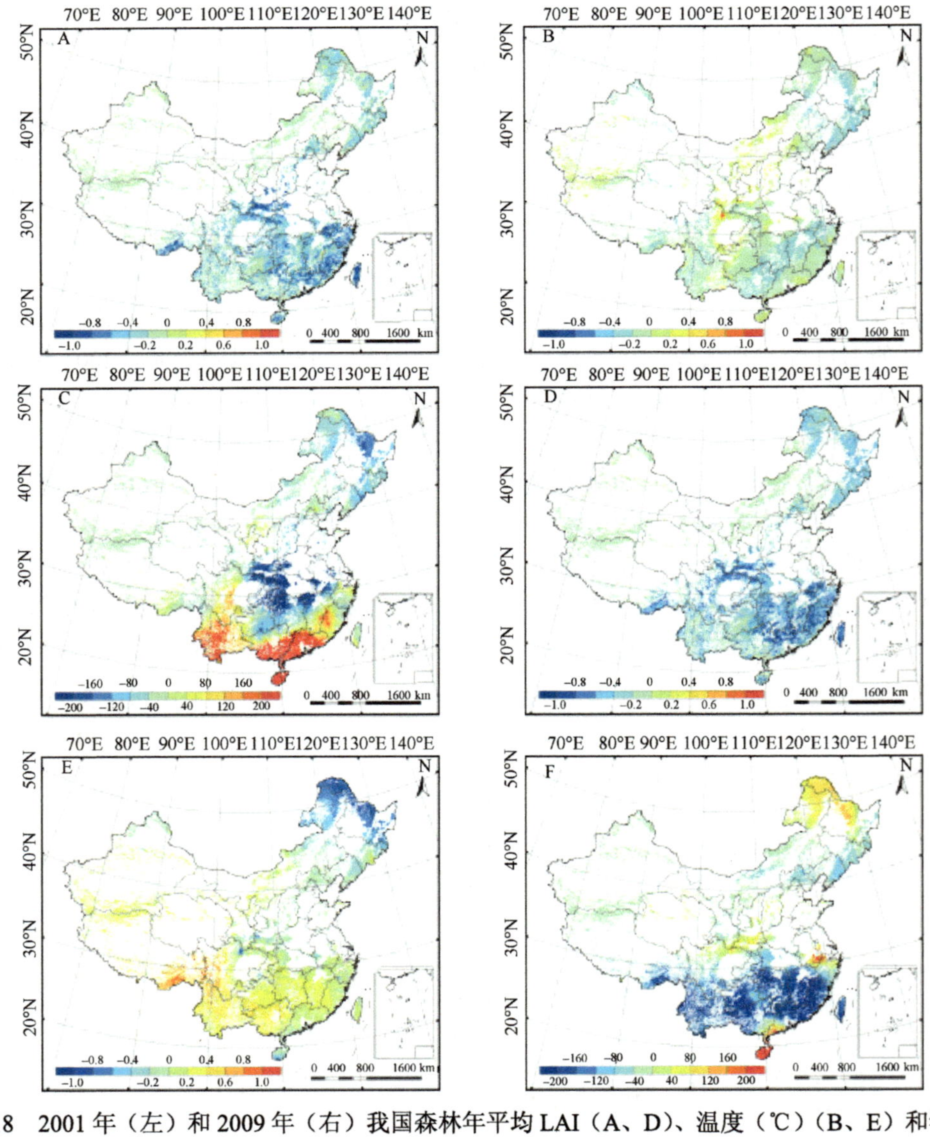

图 8.18　2001 年（左）和 2009 年（右）我国森林年平均 LAI（A、D）、温度（℃）（B、E）和年降水量（mm）（C、F）与多年平均值的差值

现明显的由东南向西北递减的趋势，森林区＞农田＞草地。2000~2010 年中国大部分地区的 NPP 呈现上升趋势，但在东南部地区，NPP 呈现下降趋势，主要是由 2008 年的低温冻害对森林影响的后续效应所致。其中湖南、福建、广东、广西、浙江和江西等地 2008 年的 NPP 比多年平均值下降了 4%~10%，云南、贵州和东北地区 NPP 比常年明显增加（表 8.5）。

表 8.5　模拟计算的 2008 年 NPP 与多年平均值比较的变化率

省（市、区）	NPP 变化率/%	省（市、区）	NPP 变化率/%
湖南	–4.9	安徽	–0.1
福建	–5.7	湖北	1.4
广东	–10.5	四川	1.1
广西	–4.3	云南	3.5
浙江	–6.8	贵州	6.4
江西	–6.5	重庆	–0.4

2009 年，我国西南部地区发生了严重干旱（图 8.19D），导致该地区的 GPP 和 NPP 比常年明显下降（图 8.19ABC），导致全国大部分地区的 NPP 较常年下降 20g C/（m^2·a）。其中，贵州、广西、湖南、重庆等地 2009 年的 NPP 下降 100g C/（m^2·a）以上。而在东北北部和海南等地，NPP 增加了 60g C/（m^2·a）以上。

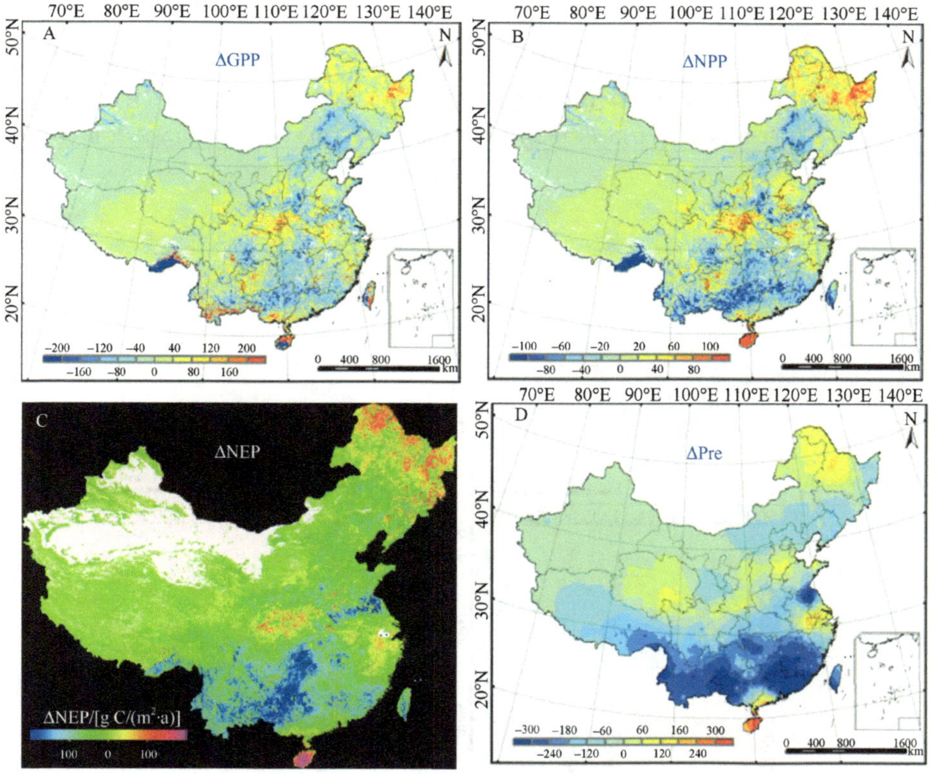

图 8.19　模拟的 2009 年 GPP（A）、NPP（B）和 NEP（C）及年降水量与（D）多年（2000~2010）平均值的差异

正值表示 2009 年的值高于多年平均值

中国生态系统的蒸散（ET）存在明显的由西北向东南增加的趋势，东南部地区的年 ET 大多在 800mm 以上，西北干旱地区的年 ET 小于 50mm。在 2000~2010 年，江南北部、

东南中南部和青海的 ET 呈现上升趋势，西藏地区的 ET 呈现明显的下降趋势。

2000~2010 年 ET 平均值表现出明显的由南向北递减的空间分布特征（图 8.20），与气候和植被类型有关；在长江以南的大部分地区，年 ET 大于 700mm/a 以上，而在干旱的西北地区，年 ET 小于 50mm/a；在中国大部地区产水量大于零，特别是在东南和华南地区可以高达 700mm/a 以上（图 8.20）。在西南大部、华南、华东地区，特别是青藏中部和长江中游地区，温度的升高导致 ET 的增多。在干旱和半干旱的西北和华北地区，年 ET 与年降水正相关；相反，在青藏高原和湿润的南方，降水的增多反而会导致 ET 的下降（图 8.21）。

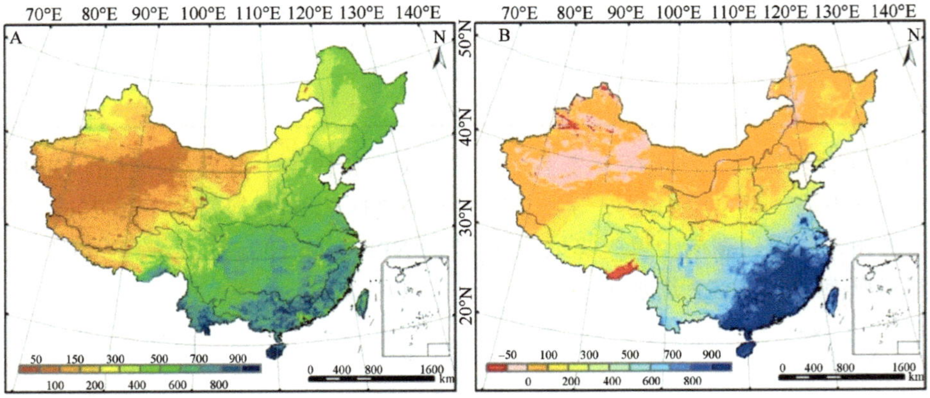

图 8.20　模拟的 2000~2010 年平均年 ET（A）和产水量空间分布（B）

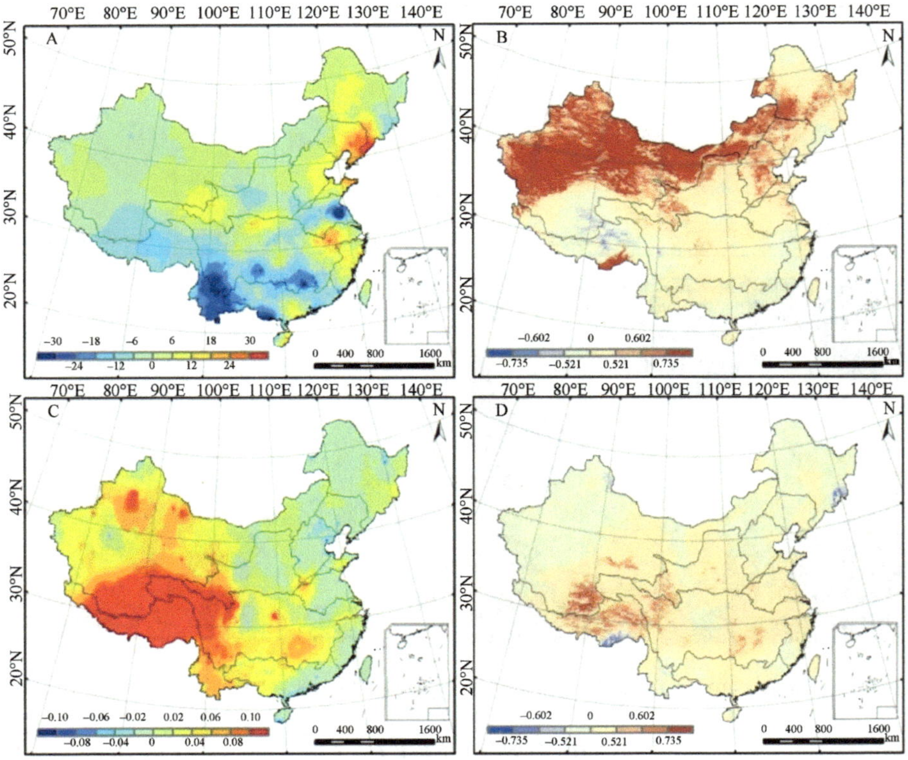

图 8.21　年降水量（mm/a）（A）和年平均温度（MAT）（℃/a）（C）变化趋势，以及 ET 与年降水量（B）和年平均温度（D）之间的相关系数

负值表示下降趋势，反之亦然；值 0.521、0.602 和 0.735 分别代表 0.10、0.05 和 0.01 的相关显著水平

在全国 62.2%的地区，ET 呈现上升趋势（图 8.22），特别是在淮河流域的农田地区和长江流域的东南部地区尤为明显；在东北的部分地区、华北、西北和华南，ET 呈下降趋势，其中，青藏高原东部、云南省南部、海南等地，ET 的下降速度达到 8mm/a。与此同时，在华北、华南和西南地区，产水量呈下降趋势，在一些地区，产水量的下降速度达到 20mm/a，主要由 ET 的增加和降水的减少导致。这表明，气候变化和人类活动已经加速了中国陆地生态系统的水循环过程。

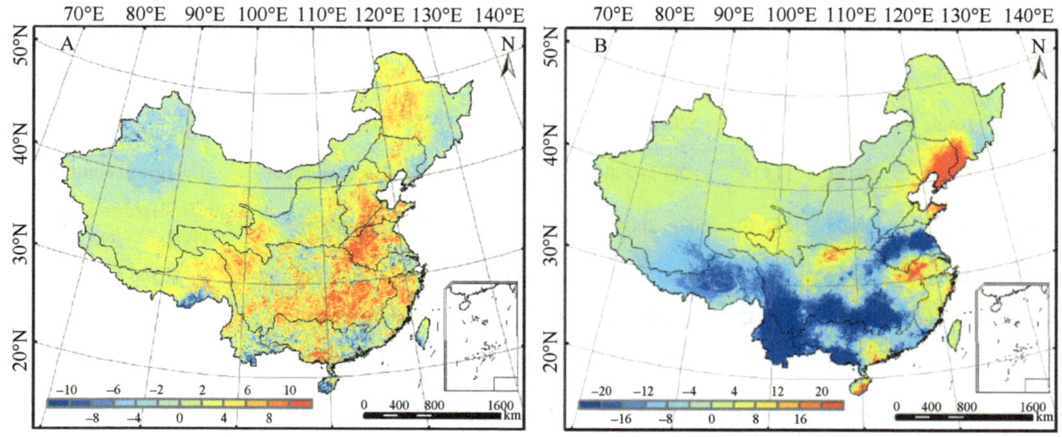

图 8.22　2000~2010 年 ET（A）和产水量（B）变化趋势

8.2.3　东亚地区陆地生态系统碳水循环的时空变化特征

8.2.3.1　BEPS 模型在东亚地区的验证

科学家利用东亚地区 21 个通量塔的观测数据（表 8.6）验证了 BEPS 模型模拟东亚地区 GPP 和 ET 的能力。结果表明，BEPS 模型可以模拟出不同生态系统 GPP 的年际和季节变化（图 8.23）。但在长白山（CBS）站，模拟的冬季 GPP 比观测数据系统性偏低；在 QYZ 站，夏季高温干旱时期，模拟的 GPP 常比观测数据偏高，主要原因是模型低估了高温干旱对光合的胁迫作用。在禹城站，与观测数据相对比时，模拟的 GPP 季节性变化出现了一定的位相偏差；但是，模拟的 GPP 日际变化幅度较观测数据偏小。主要原因是该模型使用的是遥感生成的 LAI，遥感的 LAI 的误差会导致模拟的 GPP 的系统性偏差；模型的空间分辨率为 8km，远大于通量塔观测数据所能代表的范围。

BEPS 模型模拟的日 ET 与观测数据的比较结果如图 8.24 所示。总体而言，模拟和观测的日 ET 具有较好的一致性，但在 NMG、SKR 和 BKS 站，两者的差别较大。这种差别的主要原因除了驱动模型的 LAI 误差和观测数据与模型分辨率尺度不一致外，土壤质地资料误差导致的土壤水分模拟结果的不确定性也是重要原因之一，模拟的月 ET 与观测数据相关的 R^2 为 0.4832~0.9633。

表 8.6 用于验证 BEPS 模型的东亚地区通量数据信息

站点	国家	北纬	东经	年份	LAI	气候	植被
SKT	Mongolia	48.35	108.65	2003~2006	2.2~2.7	Cold and semi-arid	Larch forest
KBU	Mongolia	47.21	108.74	2003~2206	＜1.0	Cold and semi-arid	Uniform grassland
NMG	China	43.55	116.68	2004	\	Temperate semiarid continental	Temperate steppe
CBS	China	42.4	128.47	2003~2004	6.1	Temperate continental	Korean pine
QHB	China	37.6	101.33	2003~2004	3.0（max.）	Cold semi-arid	Alpine meadow
YC	China	36.57	116.36	2003~2004	\	Semi-arid and monsoon	Winter wheat and corn
DHS	China	23.17	112.53	2003~2004	\	Monsoon humid	Subtropical evergreen broadleaf forest
QYZ	China	26.73	115.07	2003~2004	3.2	Sub-tropical monsoon	Evergreen conifer
TSE	Japan	45.05	142.10	2002，2004~2005	3.0~5.7	Cool temperate	Conifer-Hardwood mixed forest，Young larch
MMF	Japan	44.32	142.26	2003~2005	3.4（PAi）	Cool temperate	Mixed forest
MBF	Japan	44.38	142.32	2003~2005	2.7（PAI）	Cool temperate	Birch forest
TMK	Japan	42.74	141.51	2001~2003	9.2（max.）	Cool temperate	Japanese larch forest
TKY	Japan	36.15	137.42	1996~2006	3.6（PAI）	Cool temperate	Cool temperate deciduous forest
MSE	Japan	36.05	140.03	2001~2003	5.0（max.）	Warm and humid	Rice paddy field
SMF	Japan	35.25	137.07	2003~2006	1.0~6.0	Warm temperate	Mixed forest
GDK	Korea	37.75	127.16	2005~2006	6	Temperate	Mixed deciduous/ coniferous forest
HFk	Korea	34.55	1266.57	2004~2006	3.0~4.0	Warm oceanic	Rice/Farm land
MKL	Thailand	14.58	98.84	2003~2004	2~3.0（PAI）	Tropical-monsoon	Tropical seasonal deciduous forest
SKR	Thailand	14.49	101.92	2001~2003	3.5~4（PAI）	Tropical-desert	Tropical seasonal evergreen forest
PDF	Indonesia	2.35	114.04	2002~2005	5.0（PAI）	Tropical	Topical peat swamp forest
BKS	Indonesia	0.83	117.05	2002	3.0（PAI）	Tropical	Tropical secondary forest

8.2.3.2 东亚地区陆地生态系统 NPP、ET 和 WUE 变化特征及其控制机理

通过 MODIS 数据反演的 LAI 与 AVHRR NDVI 数据融合生成了 1982~2006 年长时间序列的 LAI 数据，该数据驱动参数优化和验证的 BEPS 模型，模拟分析了东亚地区陆地生态系统碳收支时空演变特征，并分析了其主要原因。

利用 BEPS 模拟的东亚地区 NPP 存在着明显的空间变化，总体呈现沿海向内陆递减，在沿海地区由南向北递减的空间分布特征（图 8.25）。在干旱地区 NPP 的年际变异明显，近 30 年来东亚地区 NPP 呈现上升趋势，但存在地区差异。在 1982~2006 年，东亚地区的 NPP 呈现上升趋势（图 8.26），但在不同的季节，NPP 的变化趋势不同，秋季的 NPP 明显上升，其次为冬季，夏季的 NPP 没有明显的变化趋势。在 1982~2000 年，春季的 NPP 明显上升，但 2001~2006 年春季 NPP 连续下降。

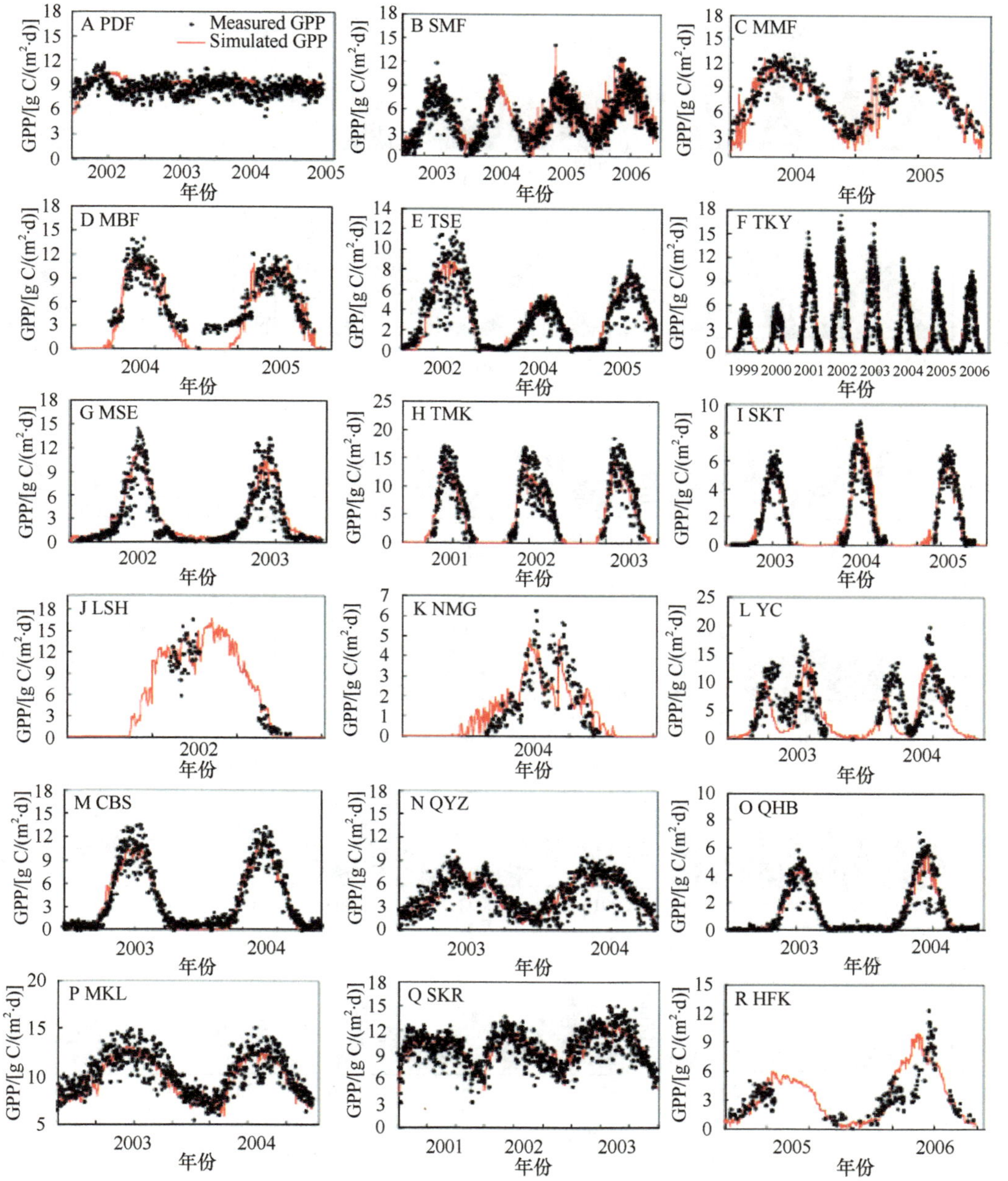

图 8.23　BEPS 模型模拟的每天 GPP 与观测数据的比较结果

通过相关分析，降水量是东亚地区 NPP 空间时空分布特征的主要决定因子，在 1982~2006 年大部分地区的 NPP 与年降水量正相关（图 8.27~图 8.29）；在西藏地区温度升高会导致 NPP 的增加，在其他地区温度与 NPP 的相关性不显著，在热带稀树草原和季风气候区，温度与 NPP 呈负相关性（图 8.27~图 8.29）。在西北和中国的华北等地辐射与 NPP 呈显著负相关，主要是因为在这些地区中降水是植被生长的主要限制因子，辐射偏多的年份，降水偏少，NPP 下降。

在 1982~2006 年，东亚地区的 ET 呈现由东南向西北递减的趋势，在东南亚年 ET 达

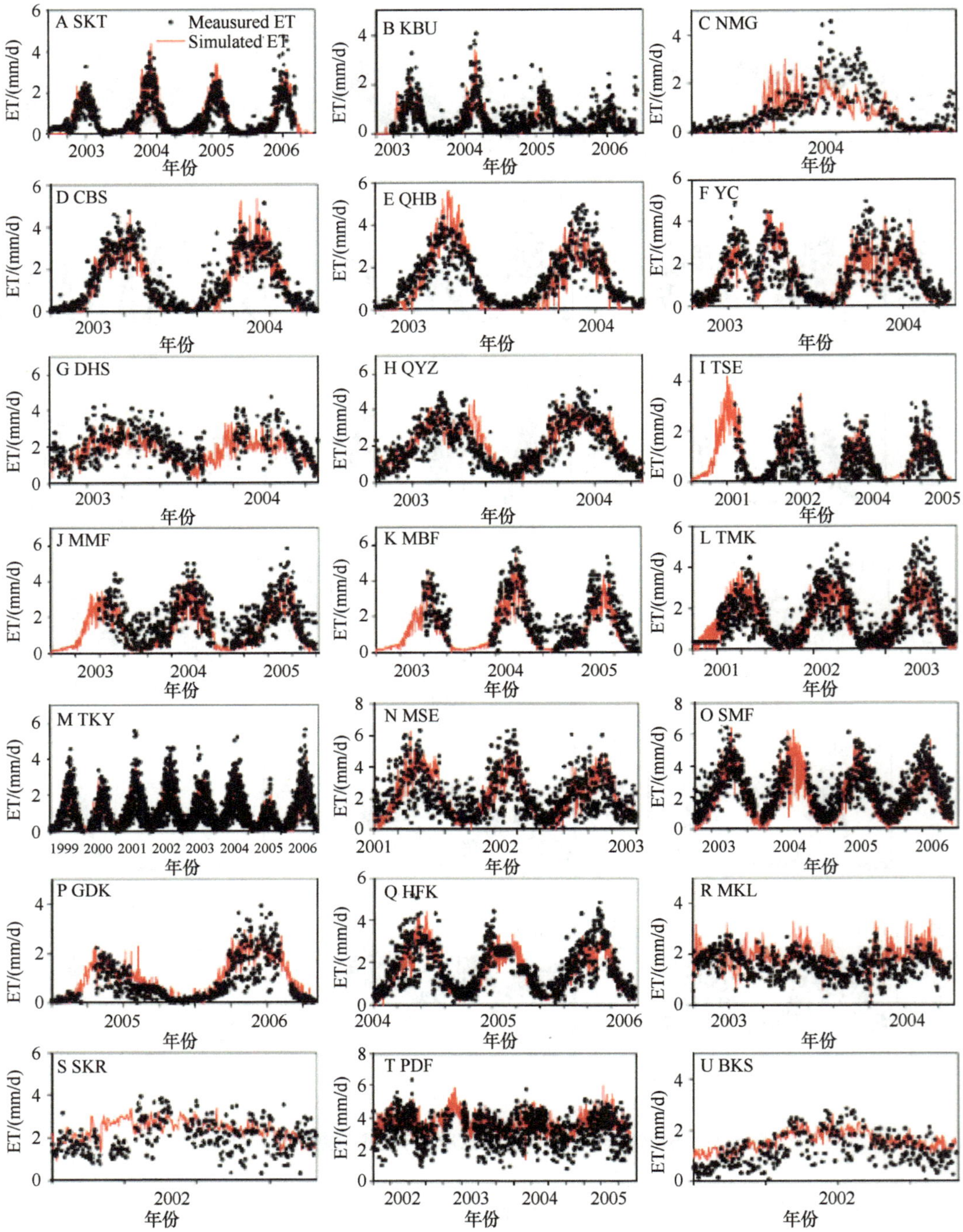

图 8.24　BEPS 模型模拟的日 ET 与 21 个通量塔观测数据的比较结果

到 1200mm 以上，而在沙漠地区小于 50mm。25 年中，研究区西北部的 ET 上升明显（图 8.30）。在中高纬度，温度的上升导致 ET 上升，但在赤道附近的热带地区温度对 ET 的影响不明显；在所有的纬度带，降水量的上升导致 ET 的增加，在沙漠和干旱区尤为明显，在沿海大陆气候区和亚热带气候区，温度的上升导致 ET 的明显上升（图 8.31）。

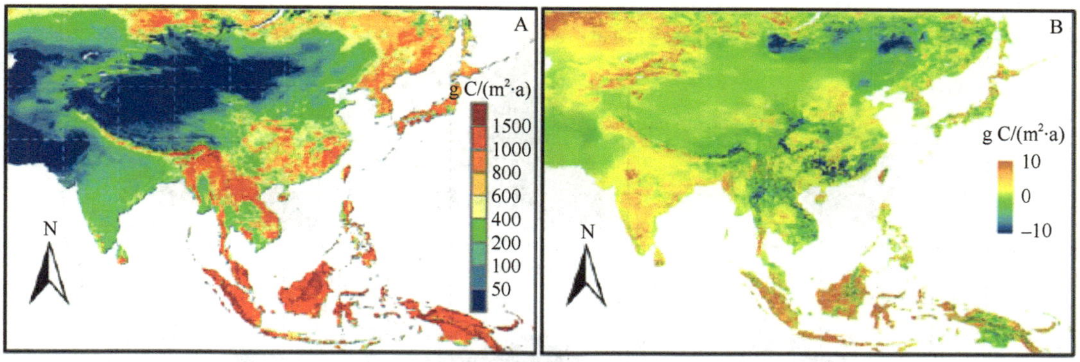

图 8.25　利用 BEPS 模型模拟的 1982~2006 年东亚地区 NPP 分布及其变异系数

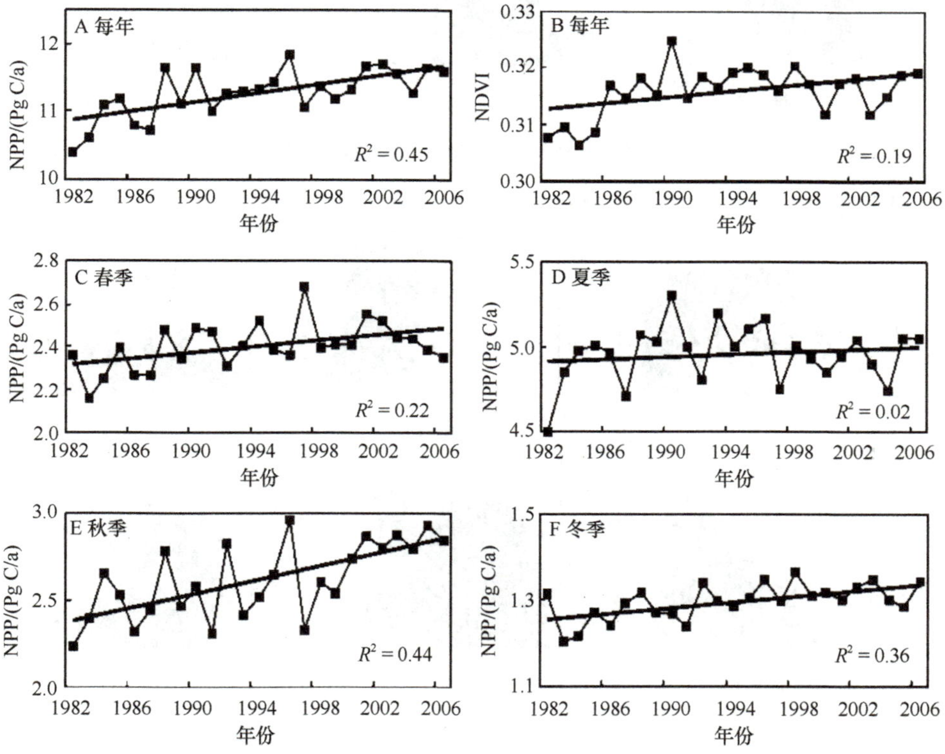

图 8.26　利用 BEPS 模型模拟的 1982~2006 年东亚地区年和不同季节 NPP 总量的变化趋势

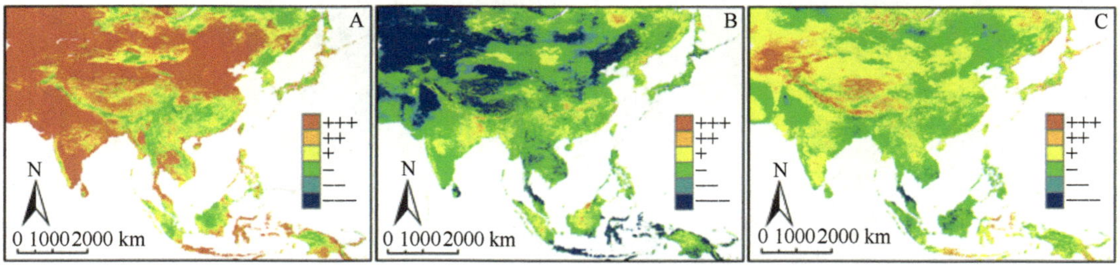

图 8.27　利用 BEPS 模型模拟的 1982~2006 年东亚地区 NPP 与降水（A）、辐射（B）和温度（C）的相关关系

+++/− − −和++/− − 分别代表正负相关性分别达到了 0.01 和 0.05 的显著水平面；+/−表示正负相关不显著

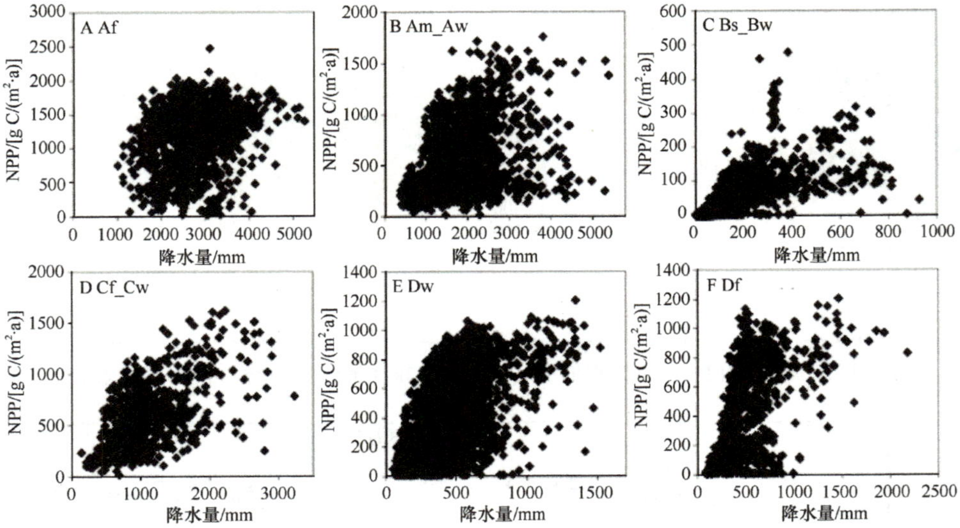

图 8.28　东亚不同气候区降水量与 NPP 之间关系

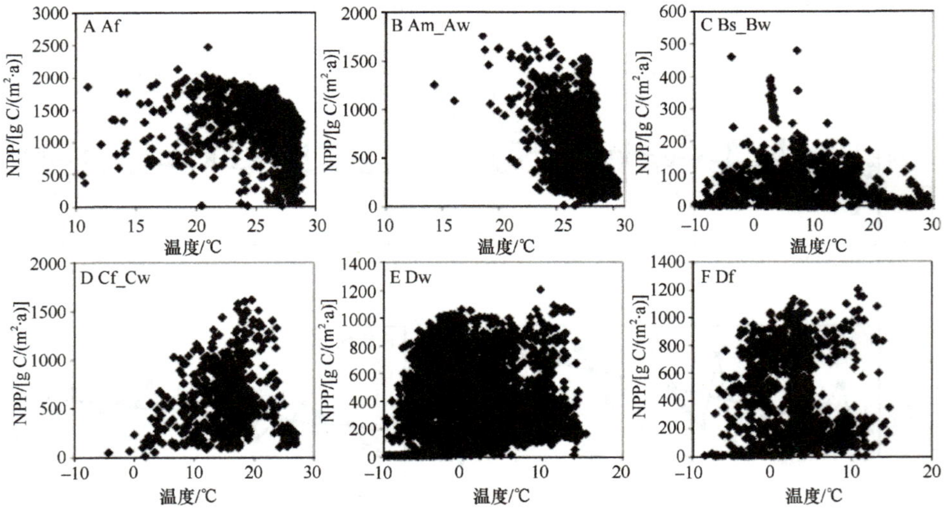

图 8.29　东亚不同气候区温度与 NPP 之间关系

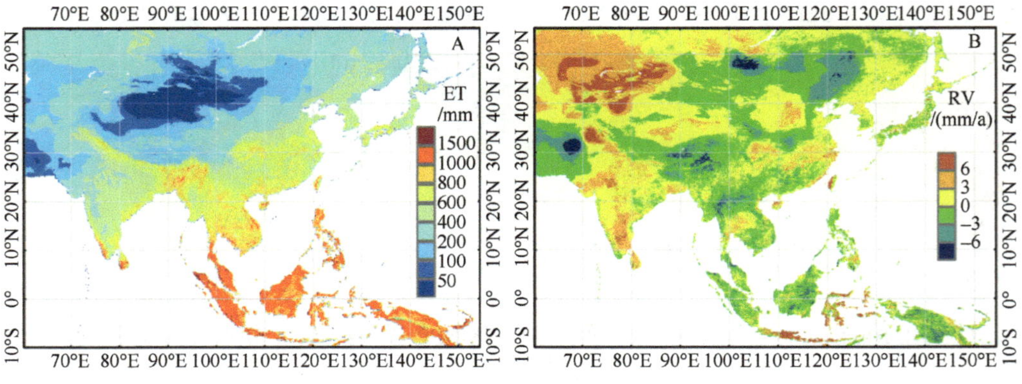

图 8.30　利用 BEPS 模型模拟的 1982~2006 年东亚地区 ET 分布及其变化率（RV）

图 8.32 是模拟的 1982~2006 年东亚地区年 NPP 平均值分布及其在不同气候和 LAI 变化情景下的变化趋势。1982~2006 年东亚地区 NPP 的变化存在明显的地区差异，在中

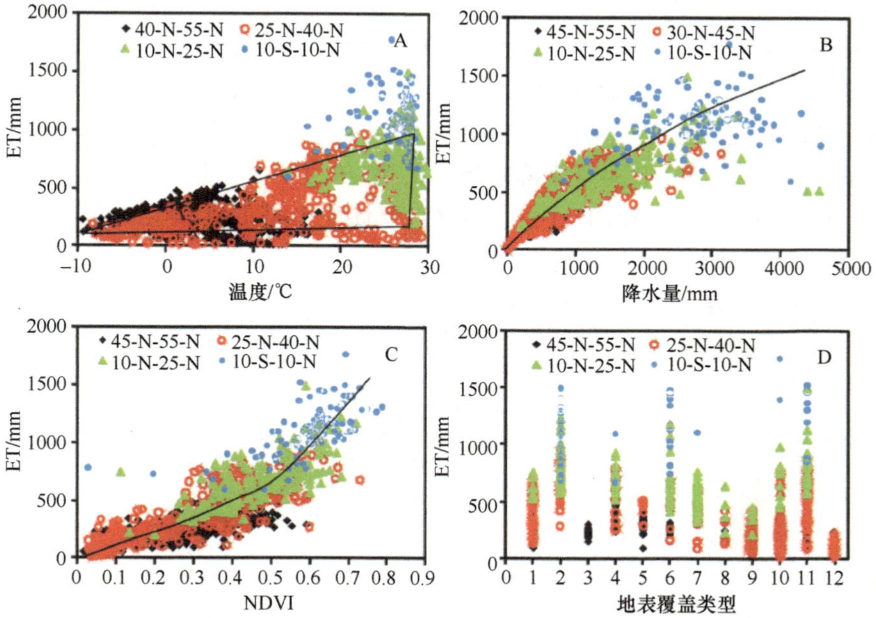

图 8.31　利用 BEPS 模型模拟的不同纬度带 ET 与温度、降水、NDVI 和地表覆盖类型之间的关系

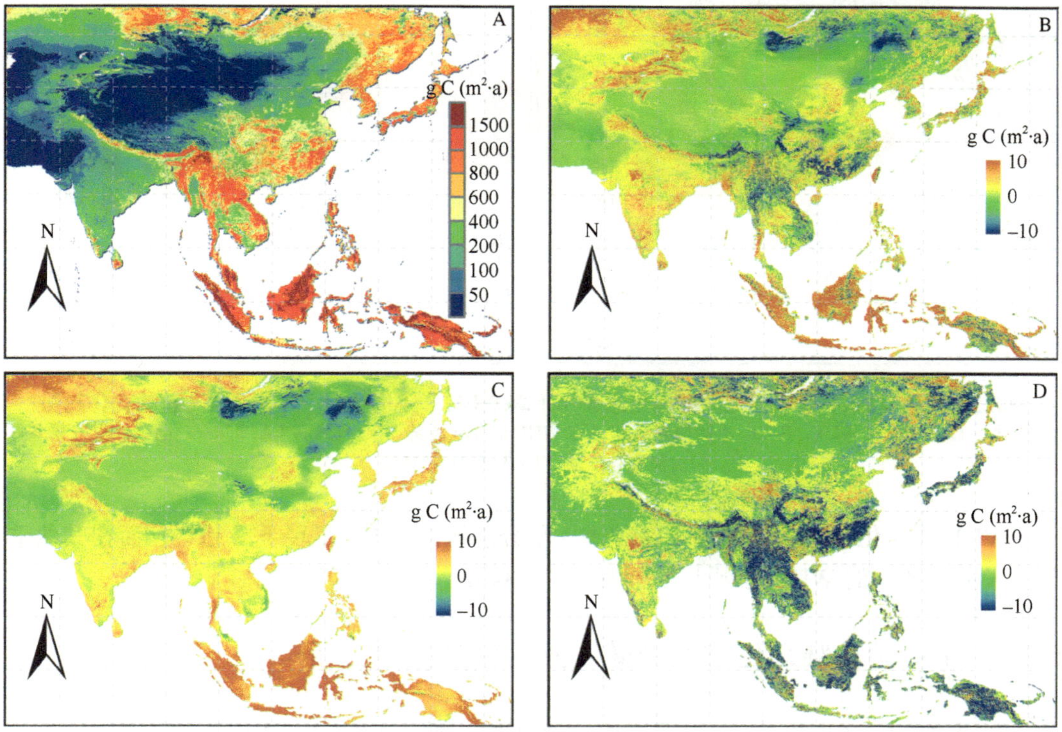

图 8.32　1982~2006 年东亚地区陆地生态系统 NPP 和不同情景下 NPP 的变化趋势

A. 陆地生态系统 NPP 的变化趋势；B~D. 不同情景下 NPP 的变化趋势（B. 气候和 LAI 同时变化；C. 仅气候条件随时间变化；D. 仅 LAI 随时间变化）

国东南部、越南、泰国和俄罗斯的西伯利亚地区，NPP 明显下降，而在印度半岛和中亚地区 NPP 呈上升趋势。东南亚、印度半岛、越南、泰国、中国东南部和中亚东部地区气候变化导致 NPP 上升，而 LAI 导致 NPP 的降低。

通过模拟分析发现，东亚地区 WUE 总体呈现东高西低的特征，与植被类型分布有关，森林的 WUE 高于其他植被类型（图 8.33）。1982~2006 年印度半岛、中国西南和中国东北地区 WUE 呈现上升趋势，而在越南、缅甸、泰国、中国东南部、中亚东部、俄罗斯的西伯利亚地区，WUE 呈现下降趋势。在 WUE 上升的地区，WUE 的增大主要是由 LAI 的变化所致。而在 WUE 下降的地区，气候变化和 LAI 变化的共同作用，导致 WUE 的下降。

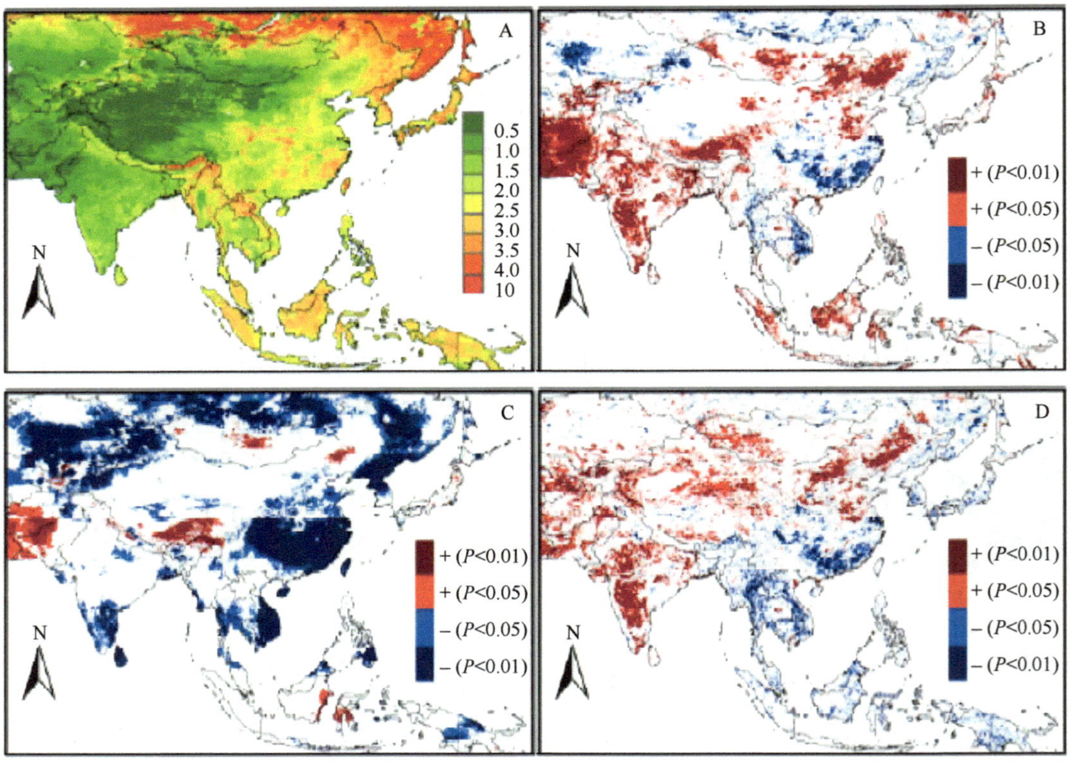

图 8.33　1982~2006 年东亚地区陆地生态系统平均 WUE 和不同情景下年平均 WUE 的变化趋势

A. 陆地生态系统平均 WUE；B~D. 不同情景下年平均 WUE 的变化趋势（B. 气候和 LAI 同时变化；C. 仅气候条件随时间变化；D. 仅 LAI 随时间变化）

WUE 的变化存在季节差异，在秋季大部分地区的 WUE 呈现下降趋势，而在其他季节，大部分地区的 WUE 呈现上升趋势（图 8.34）。

8.2.4　东亚地区陆地生态系统碳收支的集成模拟分析

利用 BEPS、CEVSA、IBIS 和 LPJ 模型集成分析了 1982~2012 年东亚地区陆地生态系统碳收支的时空变化特征，4 个模型的结果都表明，东亚地区陆地生态系统的碳汇呈增大的趋势，但不同的模型结果之间存在着较大的差异（图 8.35），在大多数年份 CEVSA

的结果较其他模型偏低。BEPS、IBIS 和 LPJ 模型的结果都显示，东亚地区的陆地生态系统在绝大多数年份为碳汇，而 CEVSA 的结果显示，有 14 年东亚地区陆地生态系统总体为碳源。4 个模型的集成结果表明，在 1982~2012 年，东亚地区陆地生态系统的碳汇增加速率为 11.6Tg C/a（R^2=0.2309，P<0.05）。

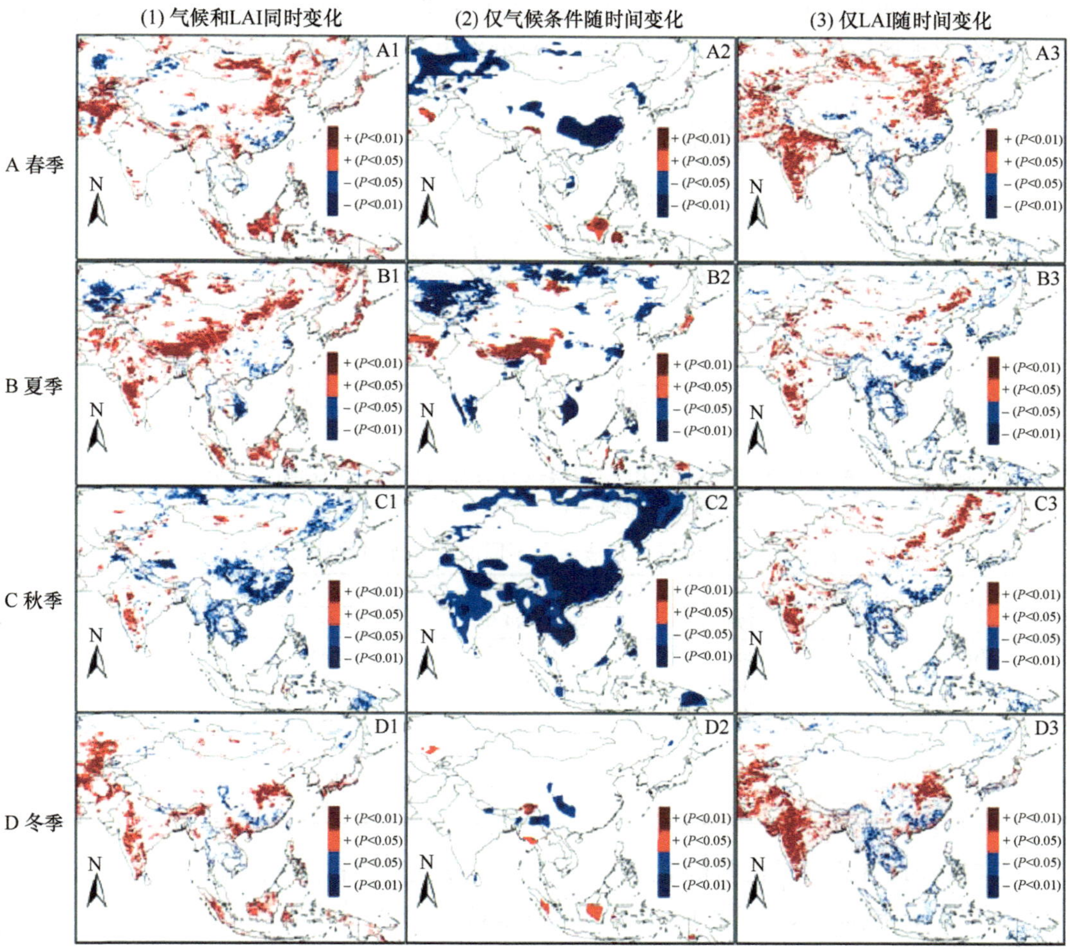

图 8.34　1982~2006 年东亚地区陆地生态系统不同季节平均 WUE 和不同情景下 WUE 的变化趋势
A. 陆地生态系统不同季节平均 WUE；B~D. 不同情景下年 WUE 的变化趋势（B. 气候和 LAI 同时变化；C. 仅气候条件随时间变化；D. 仅 LAI 随时间变化）

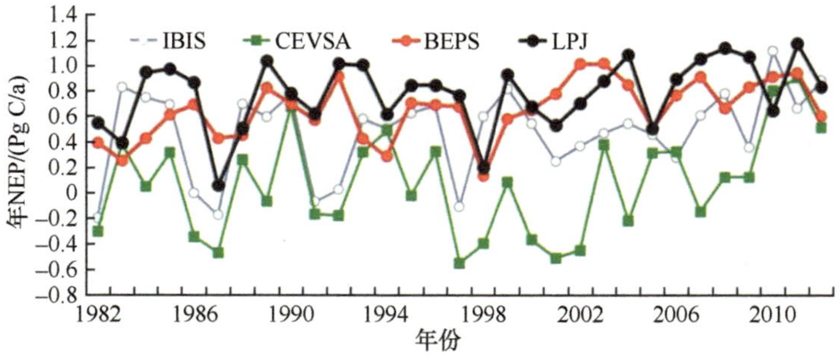

图 8.35　利用 CEVSA、BEPS、IBIS 和 LPJ 模型模拟的 1982~2012 年东亚地区 NEP 总量变化趋势

4 个模型的集成结果表明，4 个生态模型（BEPS、CVESA、LPJ 和 IBIS）的结果表明，东亚地区生态系统碳汇有增大趋势（图 8.36），在 1982~1989 年、1990~1999 年和 2000~2012 年分别为 0.39Pg C/a、0.43Pg C/a 和 0.60Pg C/a（表 8.7）。而全球碳计划根据 CO_2 浓度观测数据和各个国家的排放清单等数据，采用余项法得到的这 3 个时段的全球陆地生态系统的碳汇分别为 1.62Pg C/a、2.59Pg C/a 和 2.55Pg C/a。因此，模型集成结果表明，东亚地区陆地生态系统碳汇的全球贡献分别为 24%、17%和 23%。

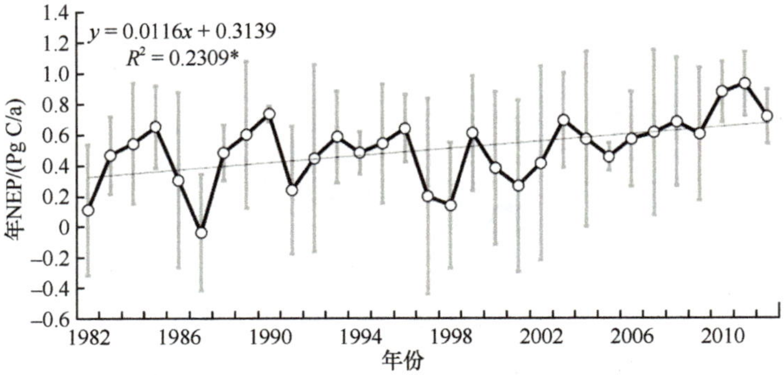

图 8.36　利用 CEVSA、BEPS、IBIS 和 LPJ 模型模拟的 1982~2012 年东亚地区 NEP 总量平均值变化趋势（灰色垂直线代表 4 个模型结果的方差）

表 8.7　不同模型和方法得到不同时期东亚地区碳汇强度

模型	NEP/（Pg C/a）			
	1982~1989 年	1990~1999 年	2000~2012 年	1982~2012 年
BEPS	0.53	0.57	0.81	0.66
CEVSA	–0.02	0.06	0.14	0.07
IBIS	0.40	0.45	0.57	0.49
LPJ	0.67	0.76	0.87	0.78
4 个模型平均	0.39	0.43	0.59	0.50
大气反演			0.98	

2002~2012 年东亚地区陆地生态系统的总碳汇变化趋势相似（图 8.37），在此期间，全球陆地生态系统总碳汇的增加速度为 217.5Tg C/a^2，其中东亚地区为 34.4Tg C/a^2 ，贡献了 16%。

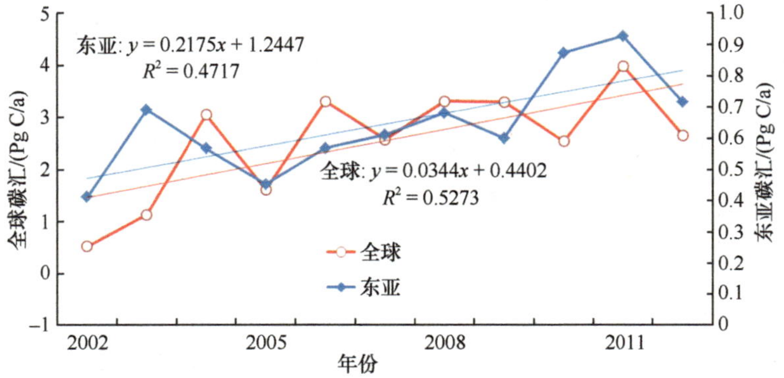

图 8.37　2002~2012 年东亚和全球陆地生态系统碳收支的变化趋势

东亚地区的数据来自 4 个生态模型结果的集成，全球数据来自全球碳计划

图 8.38 是 4 个模型模拟的 2000~2012 年 NEP 平均值的空间分布，总体而言，4 个模型的结果都显示，东亚地区陆地生态系统的 NEP 呈现由北向南增大的格局。4 个模型的结果都表明，东南亚和我国的东南部为较强的碳汇，多在 50g C/（m^2·a）；CEVSA 模型与其他模型结果的差异主要发生在蒙古国北部、我国内蒙古东部和与我国新疆接壤的俄罗斯的部分地区。该模型的结果表明，这些地区在 2000~2012 年为较强的碳源，而其他模型的结果表明该地区为小的碳汇或小的碳源。

图 8.39 是 4 个模型模拟的东亚地区陆地生态系统碳收支 2000~2012 年平均值的方

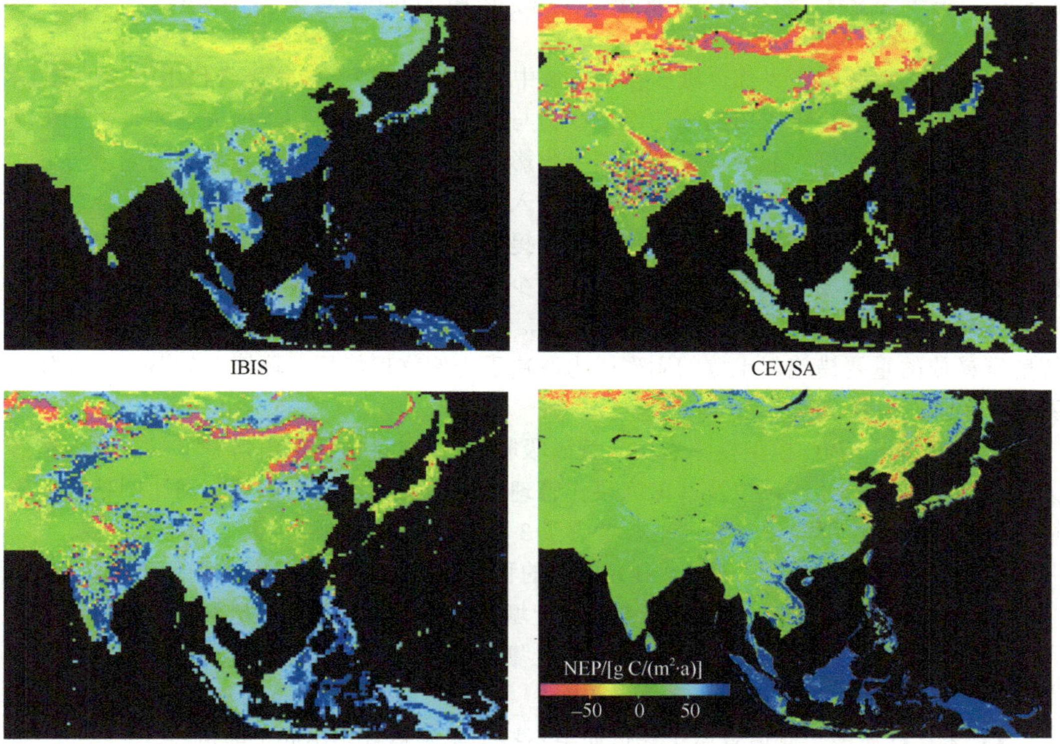

图 8.38　4 个模型模拟东亚地区陆地生态系统碳收支 2000~2012 年平均值
负值为碳源，用红色和黄色表表示；正值为碳汇，用蓝色和绿色表示

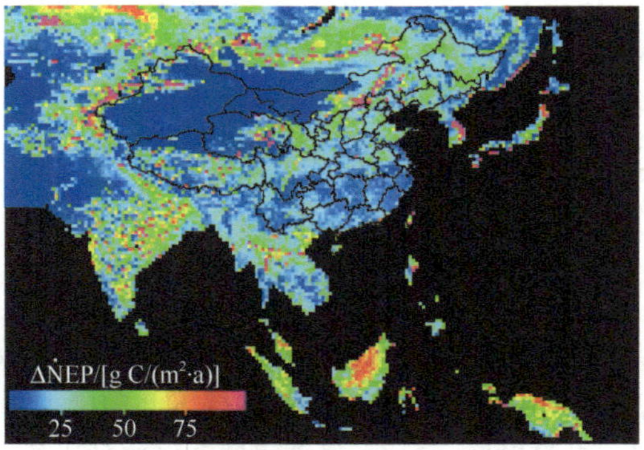

图 8.39　4 个模型模拟的东亚地区陆地生态系统碳收支 2000~2012 年平均值的方差
值越小表明模型结果的一致性越好

差，值越大表明模型结果的一致性越差。可见，从蒙古国北部到贝加尔湖地区、东南亚、印度、我国的华北和东北、与我国新疆接壤的俄罗斯的部分地区，模型结果的差异性较大；在我国的华中、华南和华东地区，巴基斯坦，俄罗斯的贝加尔湖以东地区，模型结果的一致性较高。

8.3 中国陆地生态系统碳管理情景模拟分析

8.3.1 基于 EPIC 模型中国农田土壤碳储量及固碳潜力变化趋势

农田生态系统中绝大部分碳储存于土壤中，土壤碳来源于植物光合作用固定的 CO_2，农田碳输入主要取决于农田的净初级生产力与秸秆还田的比例，碳损失主要是由于土壤有机质的分解。评价农业管理措施对碳吸收影响的焦点集中在土壤有机碳的输出与输入两方面，提高土壤碳含量其实就是增加碳输入或减少碳输出或者两种途径相结合。而作物秸秆是农业土壤碳的重要输入来源，因此提高还田秸秆比例是增加土壤碳输入的重要措施之一；耕作土壤要比不被扰动或扰动很少的土壤的碳释放多，因此减少土壤碳输出可以从减少土壤扰动着手，如采取减耕措施。保护性耕作、秸秆还田是增加土壤碳吸收、缓解碳释放的重要措施。土壤的固碳潜力取决于土壤物理特征、环境（如温度、水分和养分）条件及有机碳输入量。

本研究基于 EPIC 模型模拟农田土壤碳吸收，探讨多种秸秆还田情景下中国的固碳潜力。根据中国农田秸秆还田及其田间耕作管理措施的实施现状，估算不同比例秸秆还田情景下的农田耕作层的碳储量，主要考虑了 3 种主要的农作物：水稻、小麦、玉米。

秸秆还田设置的第一种情景（S1）：农田的秸秆还田率是作为一个统一值进行模拟的。

1）30%的秸秆还田，这种情景是维持土壤耕地地力稳定且可能达到的近期目标。

2）50%的秸秆还田，这种情景是维持土壤耕地地力稳定且可能达到的近期目标。

3）理论最大潜力——100%秸秆还田。

4）无秸秆还田，此情景用于评价如果不持续实施秸秆还田的可能风险。

秸秆还田设置的第二种情景（S2）如下。

为了提高模型模拟的精度和准确度，根据中国目前秸秆还田的现状，将中国农业区分为东北、华北、西北、西南、华中、华东、华南七大区。根据七大区域实际的秸秆还田率模拟 6 遍，从而得到秸秆还田情景下中国农田土壤耕作层实际的碳储量。

秸秆还田设置的第三种情景（S3）如下。

假设将焚烧的秸秆部分加入到农田土壤中会固定多少碳，基线情景为 30%+秸秆焚烧 19%。

8.3.1.1 S1 情景——统一还田率模拟

0%、30%、100%秸秆还田情景下碳储量的变化分别是 0.05Tg C、4.16Tg C、13.8Tg C（表 8.8）。可以看出 30%秸秆还田、100%秸秆还田情景下分别比未实施秸秆还田碳储量的措施提高 95%、99%。相对于秸秆移除，2010 年我国秸秆还田的土壤固碳潜力为 0.99Tg C/a，如果全面推广秸秆还田，可以增加土壤固碳 13.75Tg C/a，其减排效益可以抵消我国 2010

年化石燃料碳排放的 1.83%。

表 8.8　2010 年不同秸秆还田比例下中国农田耕作层土壤碳储量对比

秸秆还田比例/%	农田面积/Mhm^2	土层深度/cm	土壤碳储量变化量/（Tg/a）
0	130	20	0.05
30	130	20	4.16
50	130	20	6.68
100	130	20	13.8

从中国区域空间的变异性可以看出，虽然全国的秸秆还田率是统一的，但是不同区域碳储量、碳吸收量是不同的。总体上北方农田生态系统土壤的碳吸收效率、碳储量高于南方（图 8.40）。模拟结果发现，在温度、降水量和蒸发量综合作用影响下农田生态系统随着不同秸秆还田比例的变化，土壤有机碳储量有较为复杂的对应关系，温度、降水与蒸发的综合作用将决定土壤有机碳的分解速率。北方干旱不利于土壤有机质的分解，更多的有机碳驻留在土壤里面；尤其在东北地区温度比较低、蒸发不强烈，不利于土壤有机质的分解，同时北方秸秆还田量较高（陈泮勤等，2008）。南方地区温度高、水热配合协调，土壤有机质分解速度快，旺盛的土壤呼吸使绝大部分有机质矿化，导致土壤有机碳储量较低，这与我国南方复种指数高，为了不影响正常农作，秸秆还田率较低有关。寒冷的青藏区、干旱的西北地区的土壤有机碳储量较低。

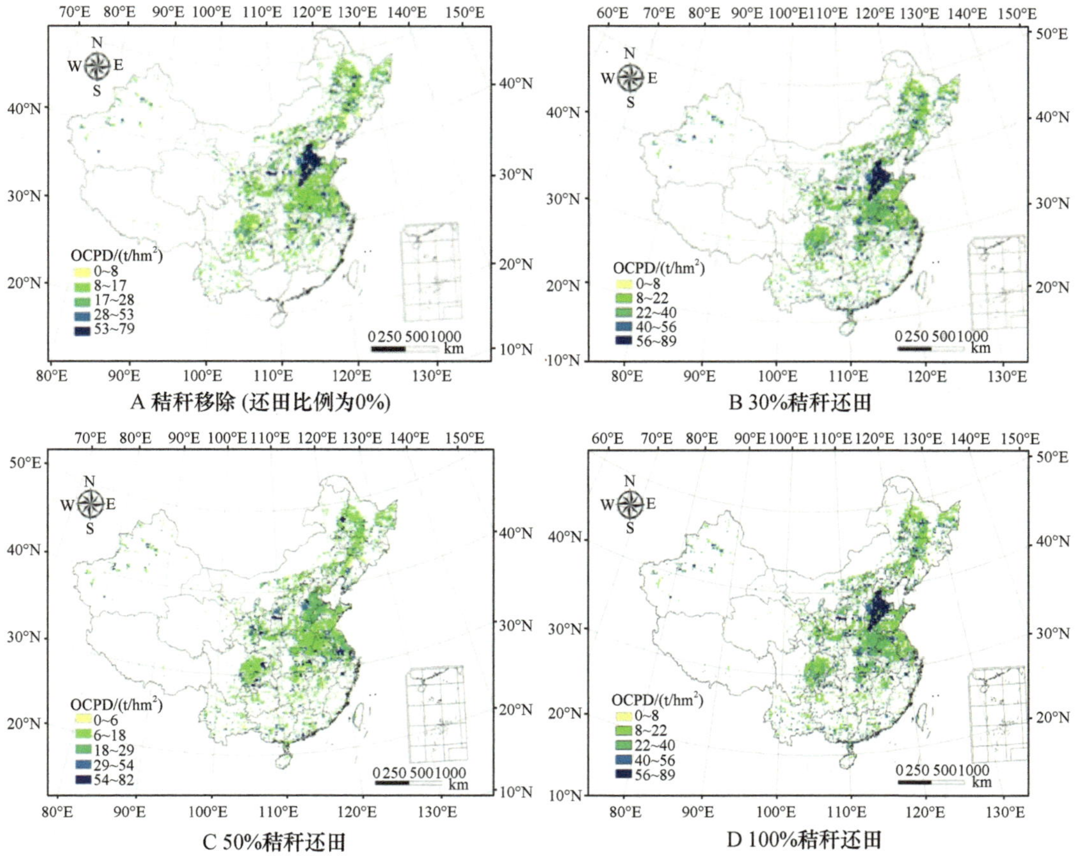

图 8.40　2010 年不同秸秆还田比例下中国农田耕作层土壤碳储量模拟图

在中国，绝大部分作物秸秆被作为家畜饲料或燃烧，不能归还土壤；而且长期以来依靠大量施用化肥刺激耕地地力，而有机肥投入不足，致使土壤养分平衡破坏和土壤养分含量下降，土地贫瘠化普遍发生。过去农业耕作历史导致了大量的土壤有机碳损失，也意味着当前我国农田土壤有更大的固碳潜力（表 8.9），这可能是 EPIC 模拟结果相对于其他中国农田土壤碳储量估算结果较低的一个重要原因。

表 8.9 中国农田土壤固碳潜力估算结果

研究时期（年）	农田面积 /Mhm^2	耕作措施	土壤碳储量变化量 /（Tg/a）	研究方法	参考文献
1980~2000	118	秸秆还田和免耕	15.6~20.1	Meta 分析	Huang and Sun，2006
1980~2009	156	秸秆还田和免耕	23.6	Meta 分析	Xie et al.，2007
1985~2006	130	秸秆还田、免耕和施用有机肥	22.2~27.6	统计分析	Pan et al.，2010
1980~2000	130	秸秆还田	16.6~27.8	统计分析	Sun et al.，2010
1980~2000	154	秸秆还田	13.0（17.5）	人工神经网络	Yu et al.，2009
2000~2009	118	秸秆还田、免耕和施用氮肥	16.5	统计模型	Lu et al.，2009
1980~2005	141	秸秆还田（考虑土地变化）	16	DLEM 模型	Ren et al.，2011
1980~2009	130	秸秆还田	11.0~36.5	Agro-C 模型	Yu et al.，2012
2010	130	秸秆还田	13	EPIC 模型	本研究

8.3.1.2 S2 情景——分区模拟

中国地域辽阔，气候、土壤条件地域性差异很大，七大农业区的年均温从华南地区的 20.1℃到西南青藏地区的–0.9℃；年降水量从西边地区的 150mm 到华南区的 1579mm；净初级生产力（NPP）从西北区的 27g C/m^2 到华南区的 912g C/m^2（李克让等，2009），所以将其分成东北、西北、华北、华东、华南、华中、西南七个大区（图 8.41，表 8.10）。

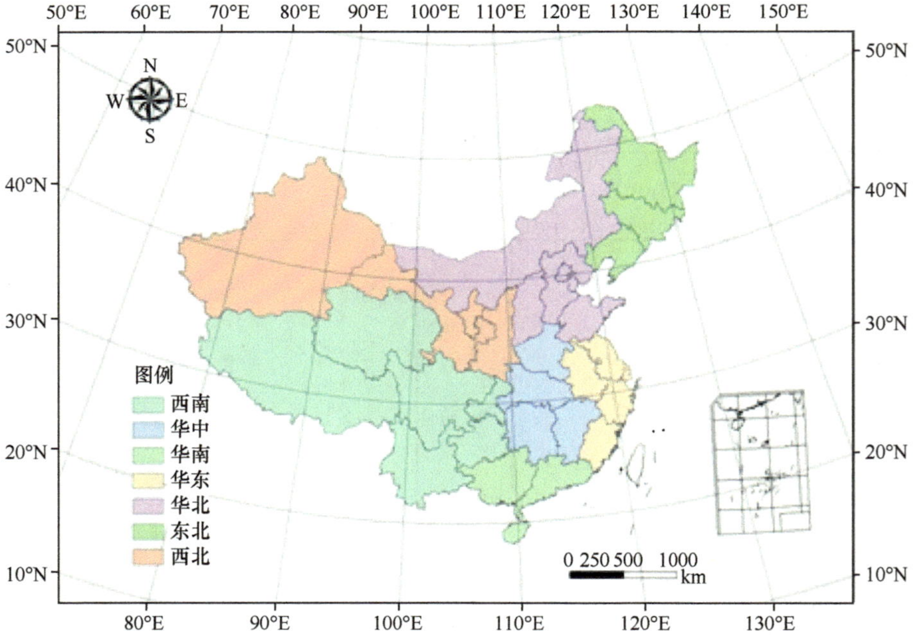

图 8.41 中国七大农业区域空间分布图

表 8.10　中国各农业区域的秸秆还田模式

区域	种植制度	主要的秸秆还田模式	主要作物
东北地区	一年一熟制	玉米、小麦、大豆秸秆粉碎翻压还田、秸秆还田、水稻留高茬还田	小麦、玉米、大豆和水稻
华北地区	一年一熟制	①小麦留高茬免耕覆盖还田；②麦秸覆盖还田；③玉米秸秆粉碎翻压还田；④玉米秸秆整株翻压还田；⑤玉米秸秆覆盖还田	玉米和小麦
华东地区	一年两熟制	1）秸秆覆盖小麦、棉花等作物：①小麦从播种到四叶期均可覆盖，以播种后覆盖和分蘖初期（冬至）覆盖较好；②棉花盖草适宜时间为 6 月中下旬。2）水田秸秆还田：①翻压还田；②稻草免耕整草还田	水稻、小麦、玉米、棉花、油菜
华中地区	一年两熟制	1）秸秆覆盖小麦、棉花等作物：①小麦从播种到四叶期均可覆盖，以播种后覆盖和分蘖初期（冬至）覆盖较好；②棉花盖草适宜时间为 6 月中下旬。2）水田秸秆还田：①翻压还田；②稻草免耕整草还田	水稻、小麦、玉米、棉花、油菜
华南地区	早晚稻连作或一年三熟	①稻草覆盖甘薯、马铃薯、冬大蒜等旱作物；②稻草直接翻压还田	水稻
西南地区	一年两熟制	①冬水田稻草还田；②麦田免耕稻草覆盖还田；③油菜田免耕稻草覆盖还田	水稻、油菜
西北地区	一年一熟制	①水稻、小麦留高茬还田；②棉花秆粉碎还田	小麦、玉米、棉花

资料来源：中国肥料网

根据中国农业统计年鉴中提供的主要农作物产量，之后利用谷草比得出各地区、各种农作物的秸秆产量（中国农业年鉴编辑委员会，2010；蔡亚庆等，2011）（表 8.11）。根据统计年鉴得到各个农业区的秸秆还田率、秸秆焚烧率（表 8.12）。根据 7 个区的秸秆还田率，将 EPIC 模型逐一运行 7 遍，之后经过 ArcGIS 软件操作得到 2010 年不同秸秆还田比例下中国农田耕作层土壤碳储量，为 1.54Tg C（图 8.42）。

表 8.11　2010 年中国主要农作物的产量和秸秆产量（单位：10^4t）

作物类型	作物产量	秸秆产量
水稻	19 613.7	12 219.34
小麦	11 500.5	15 709.68
玉米	17 704.8	35 409.6

表 8.12　中国七大区域的秸秆焚烧率和秸秆还田率（2010 年）

区域	秸秆焚烧烧率/%	秸秆还田率/%
华北地区	0.24	0.28
东北地区	0.22	0.33
华东地区	0.29	0.23
华中地区	0.23	0.22
华南地区	0.27	0.23
西南地区	0.17	0.15
西北地区	0.17	0.17

一般而言，除荒漠地区外，土壤呼吸随温度升高而增强（Raich and Schlesinger，1992），在淹水条件和干旱条件下土壤有机质分解速率较慢（黄耀，2002），受温度和水分共同限制的北方干旱半干旱地区有利于土壤有机碳积累（Wildung，1975；McGuire，1995）。尽管碳固定随碳输入的增加而增加，但是在不同的秸秆还田条件的调控下，中国土壤碳固

定表现出明显的区域差异。各农业区以不同的作物秸秆比例进入土壤时，各农业区碳储量由少到多依次为：西北地区—东北地区—华南地区—西南地区—华东地区—华中地区—华北地区。

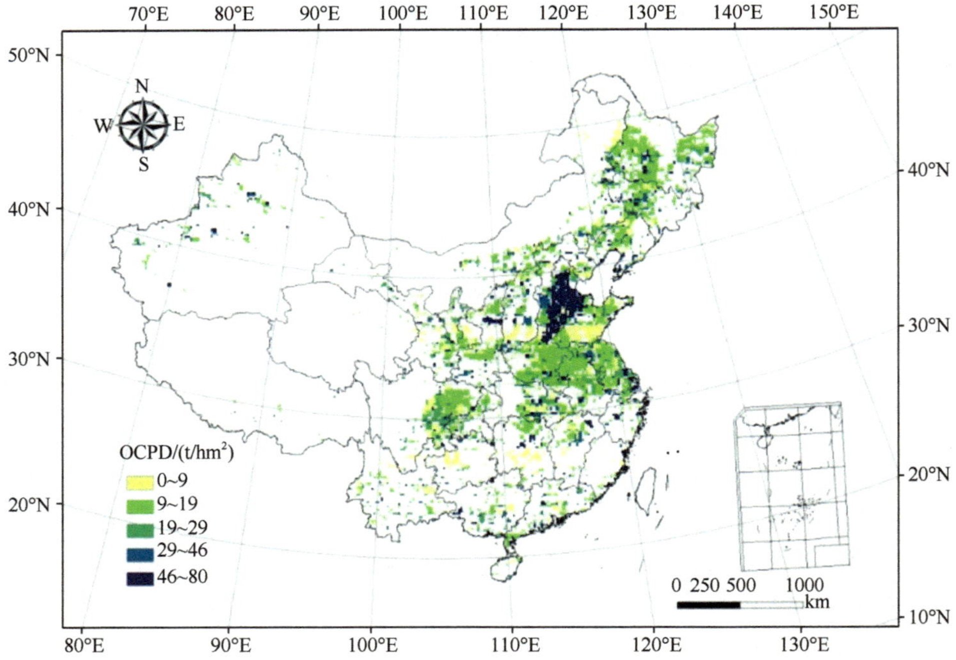

图 8.42 2010 年不同秸秆还田比例下中国农田耕作层土壤碳储量

8.3.1.3 S3 情景——秸秆+秸秆还田模拟

农田土壤固定的碳并非永久性地保存下来，一旦不继续实施秸秆还田、保护性耕作等措施，或者改变土地利用变化方式，被固定下来的碳会很容易地释放到大气中去，流失速度甚至要比积累的速度更快（Smith et al.，1996）。从全球范围看，每年大约有 3.9Pg 碳通过生物质燃烧排放到大气中，相当于人类每年燃烧化石燃料排放量的 70%（Andreae，1991）。农田秸秆焚烧是生物质燃烧的一个重要组成部分，我国秸秆资源丰富（表 8.13，表 8.14），占世界秸秆总产量的 13%~20%（FAO，2009），每年的含碳量为 0.28Pg。据统计年鉴可以知道秸秆焚烧在我国占很大比例，2010 年达到 19%（表 8.15）。如果将焚烧的部分秸秆回归到田里，不仅能够减少对大气的污染，同时可以增加土壤碳储量。图 8.43 为 2010 年 49%秸秆还田（30%还田+19%焚烧）比例下中国农田耕作层土壤碳储量，模拟的总量为 6.54Tg/a。

8.3.1.4 土壤碳吸收潜力的空间格局及影响因素

土壤碳吸收过程受土壤质地、土壤环境条件、土壤有机质的共同影响。土壤有机质（SOM）输入决定着碳的供给程度，土壤环境条件通过影响土壤呼吸速率控制碳排放，土壤质地通过影响土壤团聚体的形成和土壤黏粒对土壤有机质的物理保护作用决定土壤碳固定能力（闫慧敏，2005）。

表 8.13　2000~2010 年我国主要作物产量（单位：10^4t）

作物	水稻	小麦	玉米
2000 年	18 790.8	9 963.7	10 599.5
2001 年	17 758.1	9 387.6	11 409.0
2002 年	17 454.0	9 029.0	12 130.0
2003 年	16 065.5	8 648.8	11 583.0
2004 年	17 912.0	9 196.0	13 034.0
2005 年	18 117.0	9 746.0	13 034.0
2006 年	18 231.3	10 794.5	13 938.0
2007 年	18 603.5	10 930.1	15 163.4
2008 年	19 189.5	11 246.4	15 230.2
2009 年	19 549.3	11 484.7	16 591.5
2010 年	19 613.7	11 500.5	17 704.8

表 8.14　2000~2010 年我国主要作物秸秆产量（单位：10^4t）

作物	水稻	小麦	玉米
2000 年	11 706.6	13 610.0	21 199.0
2001 年	11 063.3	12 823.0	22 818.0
2002 年	10 873.0	12 333.0.	24 261.0
2003 年	10 008.0	11 814.0	23 166.0
2004 年	11 159.0	12 561.0	26 068.0
2005 年	11 286.0	13 313.0	27 876.0
2006 年	11 358.0	14 745.0	30 326.0
2007 年	11 589.0	14 930.0	30 460.0
2008 年	11 955.0	15 362.0	33 183.0
2009 年	12 179.0	15 688.0	32 770.0
2010 年	12 219.0	15 709.0	35 409.0

表 8.15　2010 年中国秸秆主要利用方式（%）（崔明等，2008）

秸秆利用方式	秸秆还田	牲畜饲料等	燃料	工业燃料造纸	焚烧
所占秸秆利用的比例	30	18	25	8	19

增加有机碳的投入是增强土壤碳吸收十分重要的措施，不同的秸秆还田比例意味着有机碳投入的不同，0%、30%、50%、100%四种情景下的秸秆还田量和土壤有机碳储量的关系显示随着秸秆还田量的增加，碳储量也增加。多种秸秆还田情景下碳储量的空间格局分布图也显示中国总体碳储量是西北低、东南高，这种格局主要是由不同秸秆量所决定的。

作物残茬聚集在土壤表面，在土壤和大气之间形成了一层较大的屏障，减少土壤水分蒸腾，同时也能够降低土壤表面风速，使得水分和热量之间互相交换得到降低。干的作物残茬比土壤有更高的反射率和热辐射性，使得土壤表面的温度降低，影响到土壤微生物活性，降低土壤呼吸。

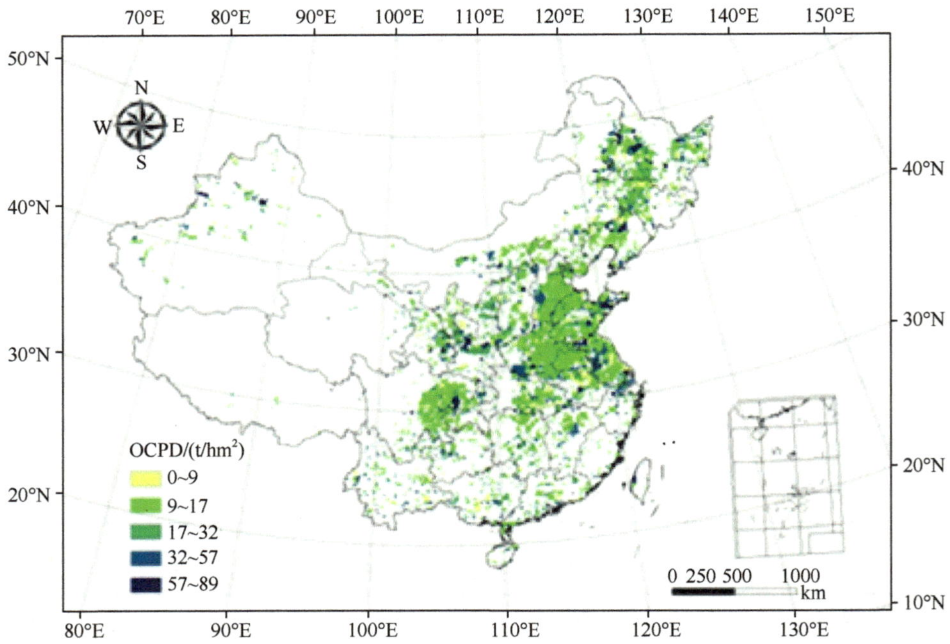

图 8.43 2010 年 49%秸秆还田比例下中国农田耕作层土壤碳储量

秸秆还田导致土壤不稳定碳收入增加、流失减少，意味着土壤碳增加，而流失到大气中的 CO_2 减少，总之农作物秸秆还田是改良土壤、补充和平衡土壤养分的有效方法，同时也是高产田建设的基本措施之一，对于提高资源利用率、提高耕地基础能力、节本增效和农业的可持续发展具有重大的意义。

8.3.2 基于 G4M 模型中国森林固碳潜力分析

森林作为陆地生态系统的主体，其碳储量（450~650Pg C）占陆地生物圈的绝大部分，吸收人类 33%的碳排放，在全球碳循环和碳平衡中发挥着重要作用（Prentice et al.，2001）。然而森林碳储量主要受两方面的影响，一是土地利用的变化（如森林砍伐、破坏），二是森林生物量的变化（森林退化、自然干扰、生产力下降等）（Cox et al.，2000）。研究表明，森林的砍伐和破坏，特别是热带雨林的消失引起的土地利用变化已经成为大气 CO_2 的第二大来源，IPCC 报告显示，21 世纪前 5 年全球森林的碳储量是下降的，原因就在于低纬地区的热带雨林被破坏，森林大规模被破坏加快了森林碳的释放，加速了大气中 CO_2 的累积和气候变暖的速度（IPCC，2007）。因此如何保护好森林，增加森林碳储量和碳吸收能力，减缓气候变暖，成为各国科学家一直以来研究的重点。

森林碳汇是指森林具有吸收大气 CO_2 的能力，可以通过森林可持续经营管理、减少毁林、恢复退化生态系统、造林和再造林等活动，以及与碳汇贸易相结合的机理来加强其碳汇功能（张小全等，2005）。森林碳汇既包含自然属性又包含社会属性（李怒云等，2007）。由于森林固碳和吸收碳的能力与森林的年龄、树种、林分密度、质量及结构密切相关（涂慧萍等，2004），因此加强森林碳汇必须对各森林生态系统进行深入研究。相比于减少能源消耗造成的碳排放，通过森林管理增加碳吸收和碳储量则是一种成本较低的减排措施。特别是在全球土地资源越来越紧张的情景下，这种方式更体现出优越性。与此同时，对森林碳汇的清查量化核算对于了解国家碳排放状况，完成温室气体减排目标也很重要。已有的研究表明，通过对森林生态系统进行优化管理，可以提高其固碳潜力、社会经济价值及生态价值。造林和再造林等措施可以一定程度上增加森林面积和碳储量，但对现存森林的保护和管理也很重要，研究表明，20%~25%人为温室气体排放是由于发展中国家的毁林活动和森林的退化造成的（Schimel et al.，1996），联合国粮食及农业组织（FAO）资料表明，在亚洲地区森林退化造成的碳释放量与森林采伐造成的碳释放相当（FAO，2001）。因此，缓解全球气候变暖需要结合不同地区的森林实际情况，通过多种措施进行管理，既要造林营林，又要防止毁林和森林的退化。对于不同的森林管理固碳措施，其固碳潜力也是不同的，表 8.16 列出了全球主要的森林固碳措施及其潜力（胡会峰等，2006）。其中减少森林砍伐、植树造林、以薪柴替代化石燃料在重要性和实施的可能性方面都较好，能够适用于包括我国在内的全球地区的措施主要有植树造林、病虫害管理和以薪柴替代化石燃料。在固碳潜力方面，各管理措施也存在差距，其中减少森林砍伐的固碳潜力最高。模型模拟作为重要方法之一在估算森林固碳潜力方面发挥着重要作用，主要运用在植树造林、火灾、病虫害管理、以薪柴替代化石燃料等措施上（胡会峰和刘国华，2006）。

表 8.16　全球主要森林管理措施的固碳潜力（2000~2050 年）（胡会峰和刘国华，2006）

固碳措施	估算方法	固碳潜力/（Pg C/a）	重要性及实施范围
植树造林	立地实测，森林清查，遥感模型模拟，情景分析	0.12~1.2	措施重要，实施可能性很大，全球范围适用
减少森林砍伐	立地实测，森林清查，情景分析	0.3~1.6	措施重要，实施可能性一般，适合于热带雨林地区
火灾管理	半经验模型估算，模型模拟预测	0.11~1.13	措施一般，实施可能性小，成本较大，适合于北美和俄罗斯地区
肥料管理	田间试验，情景分析	0.12~1.6	措施一般，实施可能性小，成本较大，适合于北美和欧洲地区
以薪柴替代化石燃料	政府清查估算，情境分析，模型预测	0.2~1	措施重要，实施可能性一般，存在技术难题，全球范围适用
病虫害管理	半经验模型估算，模型模拟预测	0.04~1.2	措施一般，实施可能性小，成本较大，全球范围适用
合计		0.9~7.7	

利用 AVIM2 模型提供的未来气候变化（IPCC B2）情景下的全国 NPP 数据，TM 遥感影像解译获取的中国植被类型数据，以及从第四次全国森林资源清查资料中提取的全国森林林龄数据，运用全球森林模型（G4M），模拟了中国森林在两种不同森林管理目标（最大增量、最大生物量）下 2000~2100 年森林（包括灌丛）植被碳储量和碳收获量的变化及空间分布格局，通过与不同数据来源（来源于 InTEC 模型的 NPP）的结果比较，分析其存在的差异及可能的原因。

8.3.2.1　数据处理

1. 植被类型

2001 年中国土地覆盖类型空间分布是通过 Landsat 陆地卫星 TM 解译得到的 30m 分

辨率的土地利用数据（Liu et al.，2003，2005a）和 1∶25 万植被类型图融合而成（Feng et al.，2007）。经过与地面的数据验证，精确度和可靠性较高。假设每个像元的植被类型在整个模拟时间段（2000~2100 年）保持不变，如果该像元上植被被轮伐收获，那么林龄重置为 0，但植被类型不变。

图 8.44 显示了中国森林生态系统的空间分布，在 4 种森林类型中，混交林面积最大，分布最广，北方主要分布在东北大、小兴安岭和长白山地区，为落叶常绿阔叶混交林。南方主要分布在东南丘陵地区、藏东南、台湾山地等，主要为针阔混交林，而阔叶林也主要分布在东南地区，为我国自 20 世纪 80 年代以来造林的主要森林类型，东北长白山地区分布的阔叶林主要为落叶阔叶林。针叶林则主要分布在东北北部、滇西、藏东南、川西等地，东南林区亦有分布。灌丛主要分布在我国南方的广大丘陵地区，西北地区亦有星散分布，但灌丛面积不大，主要为稀疏灌丛，面积多小于 10 000km^2。

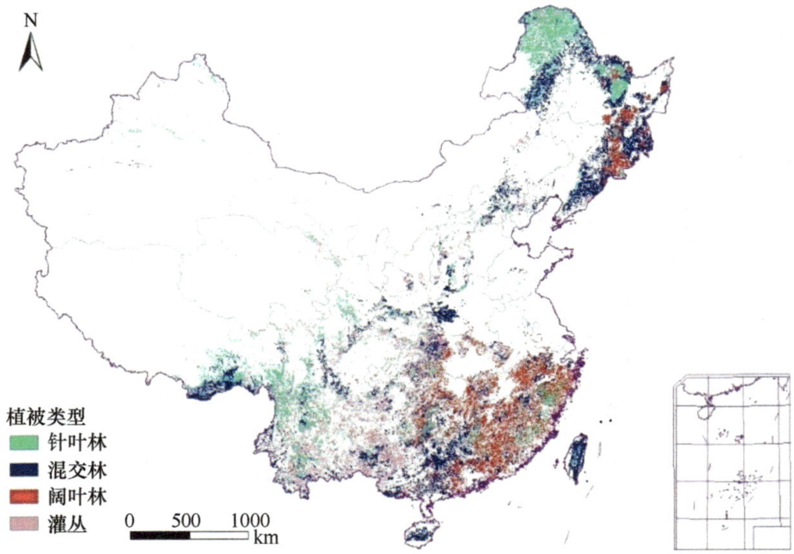

图 8.44　中国森林植被类型分布图

2. 林龄

森林年龄被认为是影响森林结构功能和碳循环的重要决定因子，森林碳库的变化都和森林年龄相关（Masek and Collatz，2006），一般来说，随着年龄的增加，NPP 增加，在一定的年龄 NPP 将达到最大值，而后 NPP 开始下降（Song and Woodcock，2003）。

2001 年，全国林龄分布图是根据 1989~1993 年第四次全国各省、市、自治区的森林普查数据处理得到的（Wang et al.，2007）（图 8.45）。其具体过程为：在每个省市中，假定该区域中的所有像元的林龄是正态分布的；根据森林类型分布图，每一个森林像元的林龄为该像元所处的省市的平均森林林龄与其标准差和集合（–1，1）中的随机数乘积的和；而其中的标准差根据每一个省市的样本数据计算得到，而每个像元的林龄是根据每个省的多次森林调查结果而得到的平均林龄（Wang et al.，2007）。

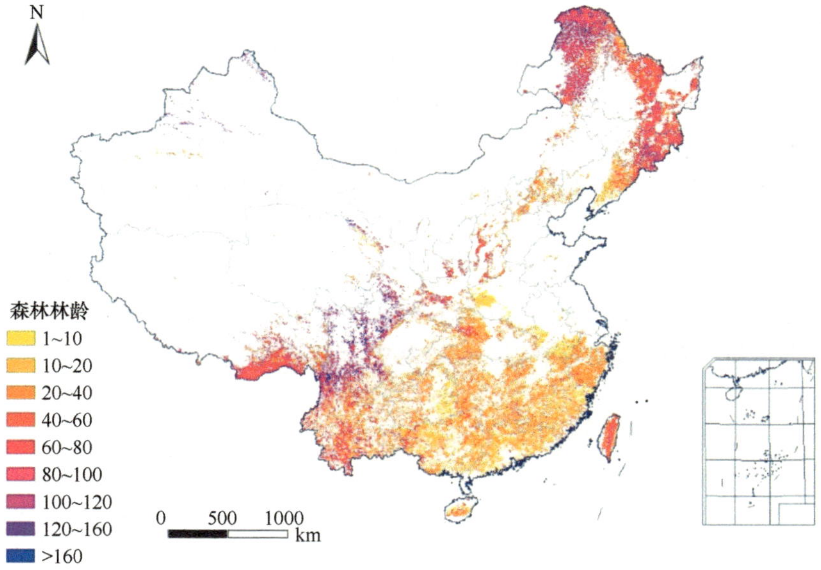

图 8.45　全国森林林龄分布图

东南地区的森林林龄比较小，多为 1~40 年，同时也是整个森林生态系统生产力较高的地区。大于 120 年的森林主要分布在四川地区。东北森林地区的林龄介于上述两者之间，主要集中在 40~120 年，从其西部的 100~120 年过渡到东部的 40~60 年，从所有森林生态系统年龄组柱状图（图 8.46）可以看出，各类森林龄级各自所占面积有很大的差异，呈现单峰非正态分布。其中 20~40 年森林面积最大（表 8.17），达到 77.48 万 km^2，是 40~60 年森林面积（36.85 万 km^2）的两倍多，占所有森林面积的 41.6%；大于 160 年的森林面积仅占 0.44%。总体来说，林龄为 10~80 年的森林面积占了总面积的 84.46%，说明中国绝大多数森林都比较年轻，主要为幼龄林、中龄林、近熟林。

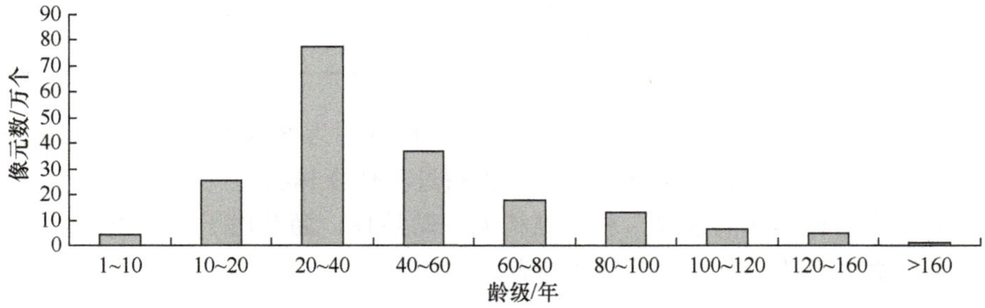

图 8.46　中国各龄级森林的像元数分布

表 8.17　中国主要 4 种森林类型各龄级的面积（单位：万 km^2）

龄级/年	1~10	10~20	20~40	40~60	60~80	80~100	100~120	120~160	>160
针叶林	0.52	2.45	11.37	8.13	5.15	6.95	3.94	2.38	0.40
混交林	1.43	7.76	21.34	15.05	7.28	2.76	0.68	0.56	0.15
阔叶林	1.15	9.78	22.56	3.59	1.92	0.94	0.47	0.23	0.02
灌丛	1.06	5.33	22.21	10.08	3.32	2.16	1.36	1.52	0.25
小计	4.16	25.32	77.48	36.85	17.67	12.81	6.45	4.69	0.82

各类森林生态系统的林龄结构有很大差异（图 8.47），小于 40 年的针叶林的面积（只占针叶林总面积的 34.72%）大大小于其他森林类型，其中在 10~20 年、20~40 年阶段分别为阔叶林相应龄级面积的 1/4 和 1/2。当龄级大于 40 年时，针叶林面积在同森林类型中的比例开始上升，其中超过 80 年以上的针叶林面积为 13.67 万 km^2，占总针叶林面积的 33.2%，在比例上超过其他森林类型。针叶林在面积上也分别是混交林的（4.15km^2）、阔叶林（1.65 万 km^2）的 3.3 倍和 8.3 倍（表 8.18），说明我国森林生态系统的幼龄林主要为阔叶林和混交林，而针叶林的林龄结构偏向于成熟林。结合森林类型分布图，可知我国的针叶林主要分布在东北北部、川西和藏南地区，这里是我国主要的天然林分布区，由于开发历史晚和受人类活动影响较小，森林的年龄较大。

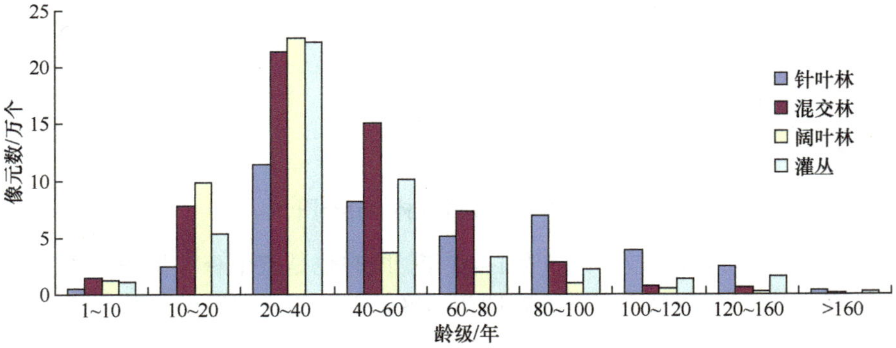

图 8.47　中国 4 种主要森林类型各龄级像元数分布

表 8.18　中国主要 4 种森林类型各龄级面积所占该类型总面积的百分比

龄级/年	1~10	10~20	20~40	40~60	60~80	80~100	100~120	120~160	＞160
针叶林	1.3%	5.9%	27.5%	19.7%	12.5%	16.8%	9.6%	5.8%	1.0%
混交林	2.5%	13.6%	37.4%	26.4%	12.8%	4.8%	1.2%	1.0%	0.3%
阔叶林	2.8%	24.1%	55.5%	8.8%	4.7%	2.3%	1.1%	0.6%	0.1%
灌丛	2.2%	11.3%	47.0%	21.3%	7.0%	4.6%	2.9%	3.2%	0.5%

阔叶林、混交林、灌丛 40 年以下龄级所占比例分别为 82.40%、53.50%、60.50%，其中阔叶林 20~40 年所占比例为 55.5%，大大超过其他森林类型，是 20 世纪 80 年代开始的我国大规模造林运动的成果，林龄结构偏于幼龄林。灌丛由于受人类活动、自然干扰、火灾及群落内部的影响，灌丛的年龄普遍偏小。

3. 森林 NPP

全国森林（包括灌丛）的 NPP 数据来源于中国科学院地理科学与资源研究所提供的 AVIM2（大气植被相互作用模型）的结果数据——全国陆地生态系统 NPP 数据（空间分辨率为 50km）（季劲钧等，2008）。全国森林的 NPP 数据是在全国陆地生态系统 NPP 的基础上，经过在 ArcGIS 软件平台上进行反距离方法插值并与全国植被类型图（1km）数据的融合切割而成，模拟的时间段都是 2000~2100 年，共 101 年。

图 8.48 显示了我国 2000 年全国森林 NPP 的空间分布，可以发现 NPP 的高值区主要

分布在西南和东南沿海及台湾的阔叶林地区，为 900~1200g C/（m^2·a），包括滇西、黔中、川南、台中山地地区。其次是东南林区、鄂西和川东、藏东南和南部林区，以及东北东部和北部地区的针阔混交及针叶林区，而在非季风区的西北山地地区和西部高原干旱区的 NPP 都在 200g C/（m^2·a）以下，这些分布特点与其他的研究结果一致（何勇等，2005）。

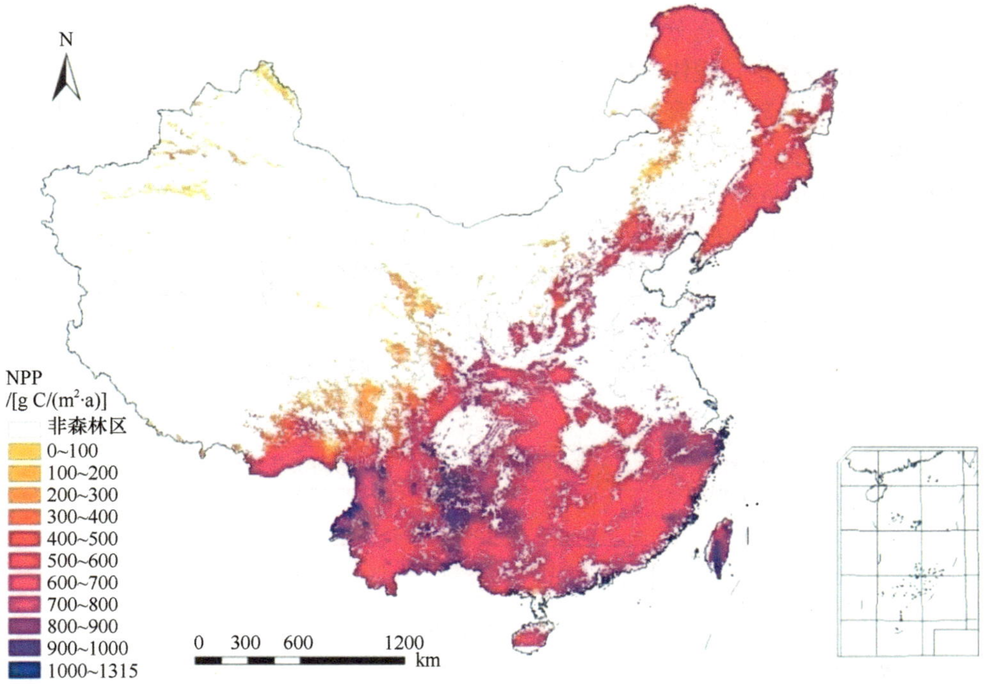

图 8.48　2000 年中国森林 NPP 空间分布图（AVIM2 模型模拟结果）

8.3.2.2　模型情景设置与模拟

1. 未来气候情景

模型基于政府间气候变化专门委员会（IPCC）2000 年发布的《排放情景特别报告》（SRES）中设计的 B2 情景（SRES B2 情景）模拟预测未来中国森林生态系统茎生物量和碳收获量的变化。

IPCC 发布的 SRES B2 情景为：全球人口增长较慢、社会发展符合环境保护要求、经济和社会维持可持续发展，农作物种植面积到 2100 年增加约 14%，大气 CO_2 浓度将达到 621μl/L。21 世纪中国区域平均气温和降水量都呈增加趋势。从中国区域平均来看，到 2100 年，年平均气温将比 2000 年增加约 3℃，年降水量将约增加 100mm。

2. 森林管理目标

本研究主要探讨在未来气候变化情景（IPCC SRES B2）下，两种管理目标下中国森林的碳储量和碳收获量的变化，这两种管理目标分别为最大平均增量和最大平均生物量（表 8.19）。

表 8.19　森林管理情景设置

气候变化情景	管理目标	模型参数表述
IPCC SRES B2	最大平均增量	0. highest average increment
	最大平均生物量	1. maximum average biomass

最大平均增量目标：充分发挥林业土地的生产力，获取森林最大的生长量，一般来说，新生林、幼龄林生长较快，NPP 生产力较高，森林每年的生物增长量和生产力都较高。但由于土壤呼吸较强，森林茎生物量和木材储量较低。该目标注重发挥森林的生长功能，以探讨该目标下，森林能够收获的最大生物量，轮伐期一般较短。

最大平均生物量目标：充分发挥林业用地的碳储存功能，尽可能减少砍伐次数，以保持森林高生物量，但由于高生物量森林一般处于成熟林或过成熟林，生物生产力较低，呼吸作用强，整体碳汇（NEP）功能较低。该目标注重发挥林业储碳功能，轮伐期较长（图 8.49）。

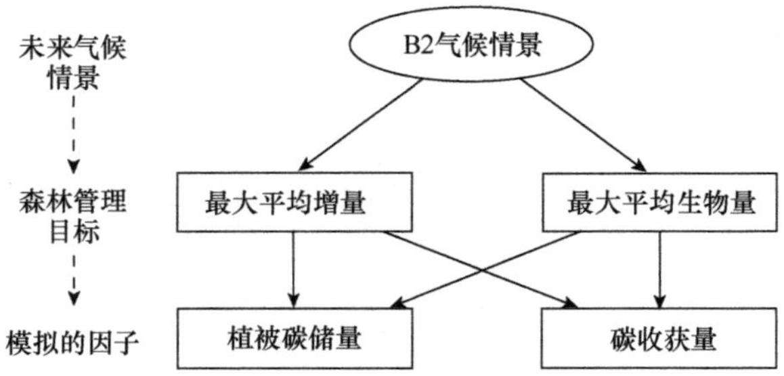

图 8.49　模型情景结构图

3. 模型参数设置

模型包含 5 个主要参数：管理目标、NPP 转换 MAI 系数、轮伐时间参数、初植林分密度参数及目标林分密度参数（表 8.20）。

表 8.20　模型中的参数设置

管理目标	NPP 转换 MAI 系数	轮伐时间参数	初始植林分密度参数	目标林分密度参数
0. 最大平均增量	0.2	1	1	1
1. 最大平均生物量	0.2	1	1	1

模拟的时间段为 2000~2100 年，目的在于给出中国森林生态系统在未来气候变化情景下碳循环的可能变化范围。作为一项预估模拟实验研究，由于缺乏实测数据验证，模拟结果存在一定的不确定性。为了估算模拟效果，模拟结果将与其他研究结果进行比较，对比的数据是来源于 AIB 气候情景下的 NPP(经过了验证)，以及经过 G4M 模型(图 8.50)模拟后的结果，采用国际上常用的观测值与模拟值之间的根均方差（RMSE）对 B2 和 A1B 情景的模拟结果进行统计分析，以表示本模型的模拟效果和精度。公式为

$$\mathrm{RMSE}=\sqrt{\frac{\sum_{i=1}^{N}(P_i-Q_i)^2}{N}}\times\frac{100}{\overline{O}} \tag{8.2}$$

其中 P_i、Q_i、N 分别表示 B2 情景下模拟的值、A1B 情景下模拟的值和样本容量，$\overline{O}$ 为

A1B 情景下模拟的平均值。RMSE 值小于 10%，表明模拟值与预测值一致性非常好，10%~20%为较好，20%~30%表明模拟效果一般，RMSE 大于 30%表明模拟值与实际值偏差大，模拟效果差（Miehele et al.，2003）。

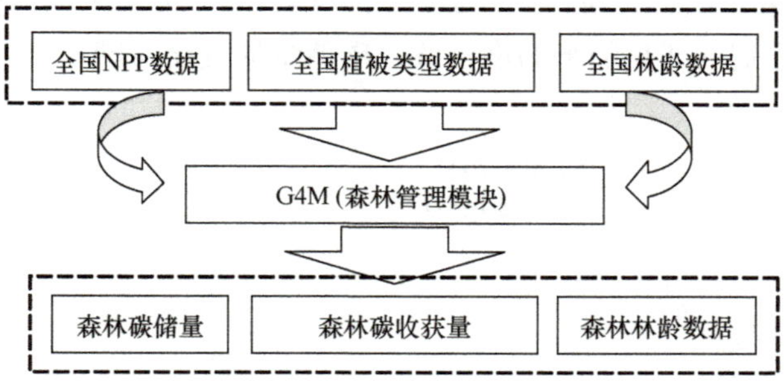

图 8.50　G4M 模型输入输出数据

8.3.2.3　中国森林茎生物量和碳收获量时间变化分析

1. 中国森林未来 100 年茎生物量对比分析

在 B2 气候情景下，21 世纪中国森林茎生物量在两种管理目标情景下表现出很大的差异（图 8.51），最大平均生物量目标下森林碳储量一直处于快速波动上升，由 2010 年的 33.29t C/（hm^2·a）增加到 2100 年的 131.55t C/（hm^2·a），平均值为 88.3t C/（hm^2·a），而植被碳总量也由 2010 年的 6.2Pg/a 上升到 24.4Pg/a。在最大增量目标下茎生物量则出现先上升后下降最后略有增加，从 2010 年 26.53t C/（hm^2·a）上升到 2050 年 62.07t C/（hm^2·a），随后下降到 2100 年 32.2t C/（hm^2·a），平均值为 42.11t C/（hm^2·a），植被碳总量在 4.64~11.56Pg/a 波动。

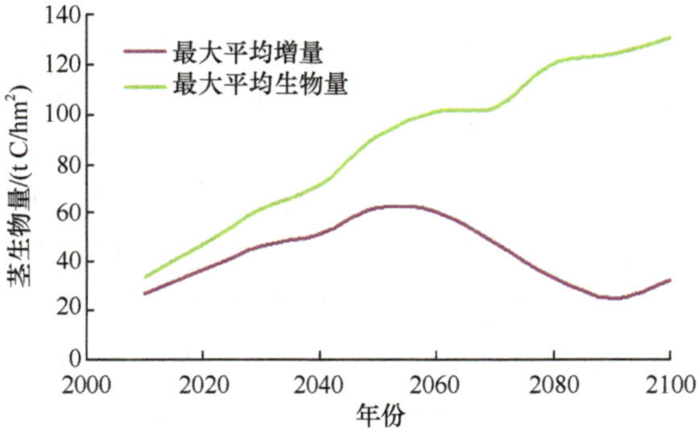

图 8.51　两种管理目标情景下中国森林茎生物量的变化

2. 中国森林碳收获量对比分析

在 B2 气候情景下，21 世纪中国森林的碳收获量在两种管理目标情景下同样表现出很大差异（图 8.52），最大平均生物量目标下森林碳收获量一直处于快速上升，由 2010 年的 8.63t C/（hm^2·a）增加到 2100 年的 36.64t C/（hm^2·a），平均值为 24.85t C/（hm^2·a），而碳收获总量也由 2010 年的 1.61Pg/a 上升到 6.83Pg/a。在最大增量目标下碳收获量则出现先上升后下降，从 2010 年 7.63t C/（hm^2·a）上升到 2060 年 18.42t C/（hm^2·a），随后下降到 2100 年 10.61t C/（hm^2·a），平均值为 13.05t C/（hm^2·a），碳收获量在 1.42~3.43Pg/a 波动。在 2090 年两个管理目标情景之间差距最大，相差 4.98Pg/a。而在最大平均生物量下，碳储量和收获量变化趋势的相关系数高达 99.4%，在最大平均增量目标下，两者也高达 94.2%，表明它们的变化趋势高度一致，碳储量的变化与碳收获量变化同步。

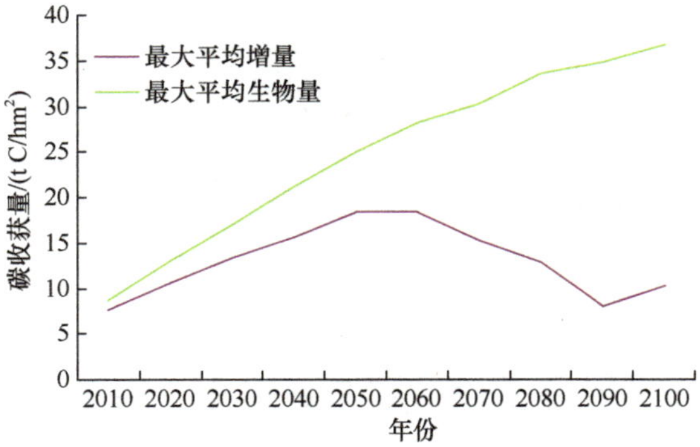

图 8.52 两种管理目标情景下中国森林植被碳收获量的变化

3. 与 A1B 气候情景结果的对比分析

对比数据是 IPCC-SERES-A1B 气候情景下的 21 世纪中国森林茎生物量和碳收获量的变化，NPP 数据来源于 InTEC 模型（Feng et al.，2007），植被类型和林龄数据两者都采用同一份数据，在结果输出上 A1B 情景的茎生物量和碳收获量没有考虑灌丛，而模拟结果则将灌丛一并计算在其中，模拟的时间都是 2000~2100 年。

两种气候情景下的 NPP 趋势都在增长（图 8.53），但增长率存在较大差异，B2 气候情景下 NPP 波动中略有上升，波动幅度在 611.43~761.34g C/（m^2·a），而在 A1B 气候情景下，NPP 快速上升，从 2000 年的 517g C/（m^2·a）上升到 21 世纪末的 1120g C/（m^2·a），达到 B2 情景的 1.47 倍。NPP 总量也从 2010 年的 0.96Pg C 到 2050 年的 1.35Pg C，再到 2100 年的 2.09Pg C，其中 2000~2050 年升高了 0.39Pg C，年增长量为 7.8Tg C，波动幅度为±151Tg C，略低于 FGOALS 模型模拟的 A1B 情景下中国陆地生态系统 NPP（50 年升高了 590Tg C，平均增长量为 11.4Tg C，波动幅度为±110Tg C）（陈泮勤，2008），但增长趋势一致。在 2040 年之前，B2 情景的 NPP 模拟值高于 A1B 情景的 NPP。原因在于气候情景不同，根据 IPCC 排放情景特别报告（SRES）中使用 Bern-CC 模式对于 2100 年 CO_2 浓度的预测表明，B2 情景为 611（544~769）ppm；而 A1B 情景为 703（617~918）ppm；远高于 B2 情景，考虑到 CO_2 增温和施肥效应，A1B 情景的 NPP 的增长比 B2 情景快。

4. 不同管理措施下中国森林茎生物量和收获量变化

在最大平均增量目标下（图 8.54，图 8.55），两种气候情景下茎生物量在未来 100 年的趋势大体一致，先升高到 2050 年（达到最大），而后下降，但两者下降幅度和持续时间有差异，B2 下降幅度大，持续时间长，在 2090 年之前，B2 气候情景下的茎生物量都大于 A1B 气候情景，21 世纪最后 10 年，则小于 A1B 情景。两者之间的整体相关系数为 0.48。

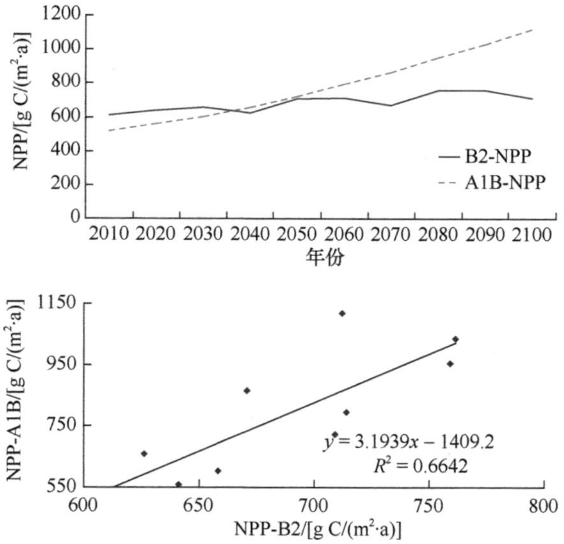

图 8.53　两种气候情景下 21 世纪 NPP 的变化趋势及相关系数

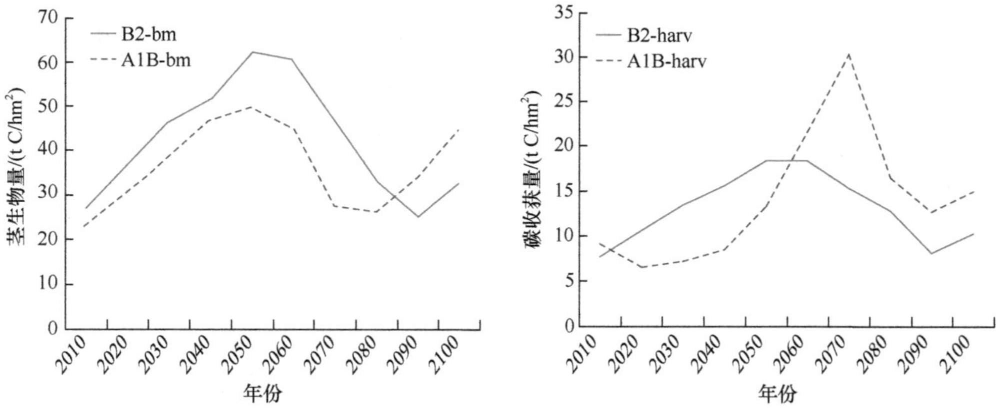

图 8.54　最大增量目标下 21 世纪茎生物量和收获量的变化

而碳收获量则表现出较大差异，B2 情景显示收获量在 2050 年之前一直递增，而后开始下降，在 2090 年后又开始增长，变化趋势与 B2 情景下的茎生物量相同，而与 A1B 气候情景下碳收获量相比两者之间相关系数为 0.163，基本不相关。A1B 情景下碳收获量波动幅度较大，在 2070 年碳收获量达到最大，达到 30.42t C/（hm^2·a），而后迅速下降。原因在于 A1B 气候情景下的 NPP 平均值为 783.1g C/(hm^2·a)，高于 B2 情景的 686.41g C/(hm^2·a)，而模型中的轮伐时间根据 MAI 决定，MAI 又根据 NPP 的大小决定，NPP 越大，MAI 越大，相应的轮伐时间越短。因此对于 A1B 情景来说，轮伐时间短于 B2 情景。因此收获量快速增加并且波动大，在总量上也大于 B2 情景。

在最大平均生物量目标下（图 8.55，图 8.56），两种气候情景下茎生物量在未来 100 年的趋势基本一致，呈直线上升趋势，两者之间相关系数为 98.78%，但在 2060 年之前 B2 情景大于 A1B 情景，总体上 B2 情景增加幅度小于 A1B 情景，原因可能在于 CO_2 的增温和施肥效应对于长时间尺度的模拟影响较大。

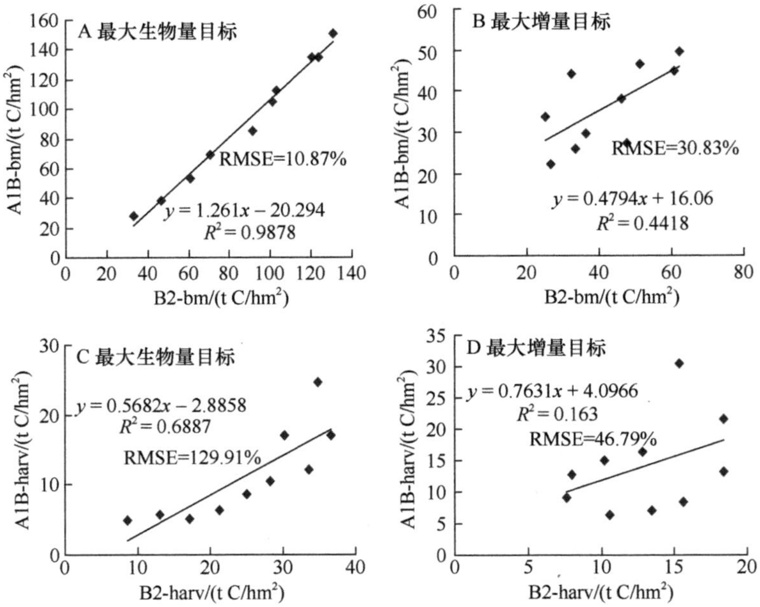

图 8.55　两种气候情景（B2 和 A1B）下两种不同管理目标的茎生物量和碳收获量比较（R^2）及均方根误差（RMSE）

A、C 分别表示最大生物量目标下茎生物量和碳收获量；B、D 分别表示最大增量目标下茎生物量和碳收获量

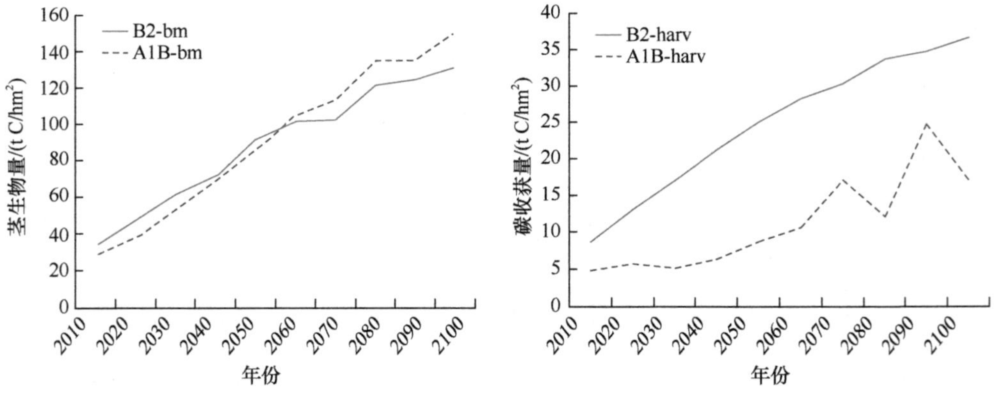

图 8.56　最大平均生物量下 21 世纪茎生物量和收获量的变化

对于碳收获量的未来变化趋势，两种气候情景总体上都表现为上升（相关系数为 0.68），但上升幅度、波动程度及数值的差别上比较明显，A1B 情景下波动幅度较大，特别是 21 世纪中后期，而在未来 100 年碳收获量都明显小于 B2 情景。

8.3.2.4　中国森林茎生物量和碳收获量空间格局变化分析

由于森林生态系统类型不同，对管理措施的响应也是不同的，因此茎生物量在空间上会随着森林类型的不同而不同，在 21 世纪的 101 年中（包括 2000 年），截取 2000~2010 年、2040~2060 年、2080~2100 年 3 个时间段分别代表 21 世纪的初期、中期、后期，用后两个时间段内的两种不同管理目标情景下的茎生物量和碳收获量分别于 21 世纪初期时段相减得到 21 世纪中后期茎生物量和碳收获量的变化，以此来分析中国森林生态系统在森林管理措施下 21 世纪的时间变化特征。

1. 21 世纪初期中国森林生态系统碳分布空间格局

从图 8.57 给出的 21 世纪初期的 21 年（2000~2020 年）两种目标情景下的茎生物量空间分布来看，我国森林茎生物量存在很大的区域差异，森林碳库（高值区）主要集中在东北、西北、西南地区及台湾地区。这些地区的森林多为生物量较高的亚高山针叶林，在最大增量目标情景下其茎生物量多在 80~100t C/（hm^2·a），而在最大生物量目标下可达到 100t C/（hm^2·a）以上。而东南、华中、华北地区的森林由于受人类活动影响大，为我国人工林的主要分布区，森林茎生物量较低［多在 40t C/（hm^2·a）以下］。

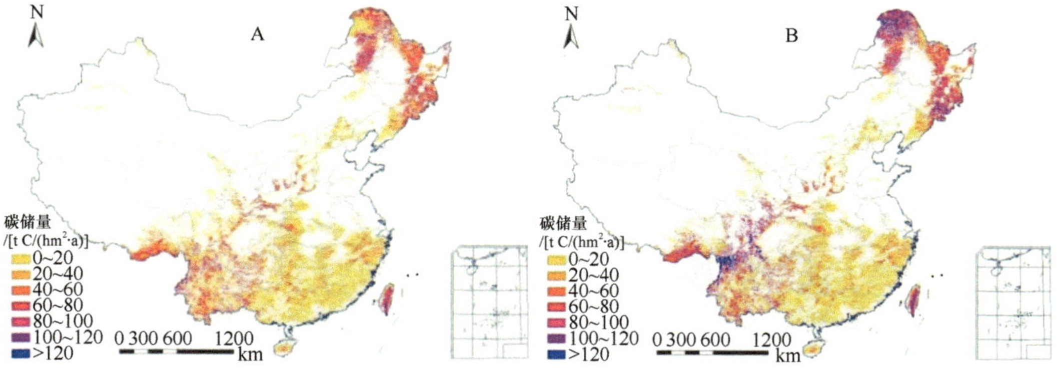

图 8.57　21 世纪初期最大平均增量（A）和最大平均生物量（B）目标下中国森林茎生物量空间分布

图 8.58 分别显示了两种目标情景下中国森林碳收获量在 21 世纪初期的空间分布格局，碳收获量的高值区分布大致与茎生物量是一致的，主要分布于我国东北和西南林区，还有台湾地区，数值在 10~40t C/（hm^2·a），其他地区多在 10t C/（hm^2·a）以下。

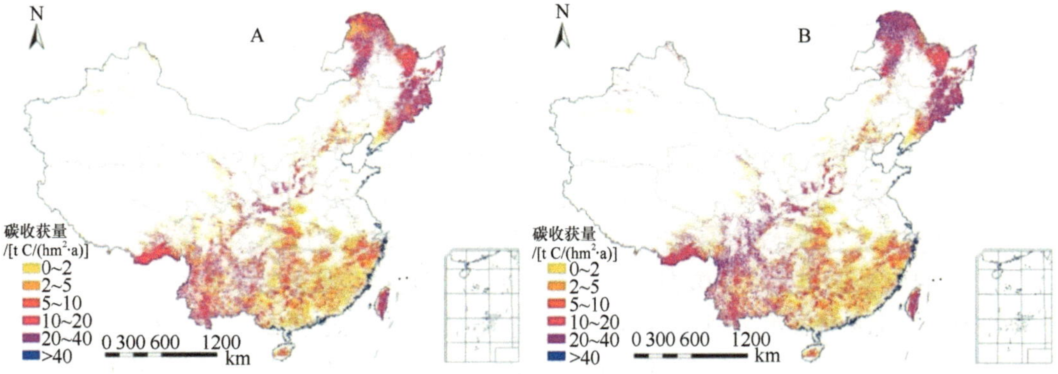

图 8.58　21 世纪初期最大平均增量（A）和最大平均生物量（B）目标下中国森林碳收获量空间分布

2. 21 世纪中后期中国森林生态系统碳空间格局变化

与 21 世纪初期相比，全国森林茎生物量在 21 世纪中期呈现快速增长（图 8.59，表

8.21），除了东北、西南及台湾等地区茎生物量减少或不变外，全国其他地区都在增长，碳储量平均增长 30.89t C/（hm^2·a），总量增加 5.65Gt C/a，特别是南方广大丘陵地区，增加幅度更大，达 75t C/（hm^2·a）以上，增速明显。到 21 世纪后期，相对于 21 世纪初森林茎生物量略有下降，减少 3t C/（hm^2·a），除西南的川西和东北地区增加显著外，其他地区都基本不变甚至减少。2080~2100 年，茎生物量碳储量总量减少 0.66Gt C/a，在西北新疆等地的森林茎生物量在 21 世纪中后期都是增加的。由于各个森林生态系统类型的林龄结构、面积、NPP 存在差异，因此各个森林类型对未来森林管理措施的响应是不同的，造成各个森林类型的茎生物量变化在整个 21 世纪出现不同的变化趋势。具体来说，在 21 世纪中期的森林茎生物量的增加主要由于阔叶林和灌丛的显著增加，而针叶林和混交林增加幅度较小。

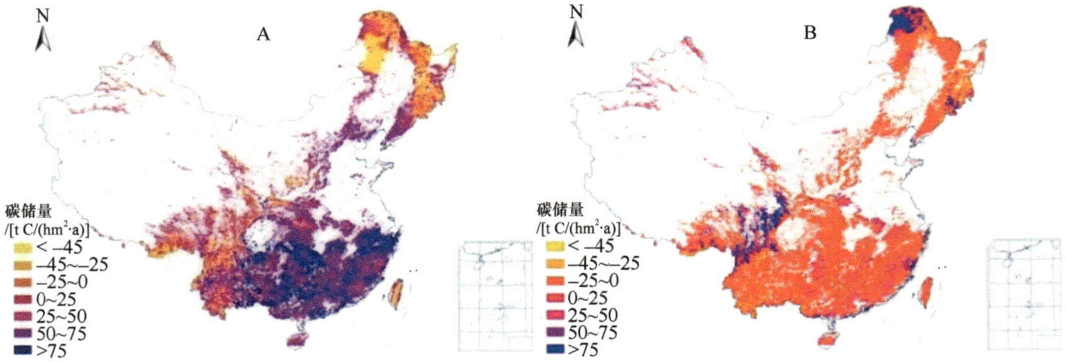

图 8.59　最大增量目标下 21 世纪中（A）后期（B）（相对于 21 世纪初期）的森林茎生物量空间变化

表 8.21　最大增量目标下不同森林类型茎生物量在 2040~2060 年和 2080~2100 年平均碳储量[t C/（hm^2·a）］和总碳储量（Pg）与 2000~2020 年平均之差

时段	针叶林		混交林		阔叶林		灌丛		总计	
	均值	总量	均值	总量	均值	总量	均值	总量	均值	总量
2040~2060 年	12.71	0.52	23.53	1.34	52.73	2.14	34.60	1.64	30.89	5.65
2080~2100 年	8.24	0.34	−9.25	−0.53	−6.74	−0.27	−4.25	−0.20	−3.0	−0.66

21 世纪后期除针叶林外，其他森林类型都呈现不同程度减少，其中混交林和阔叶林茎生物量分别减少达 9.25t C/（hm^2·a）和 6.74t C/（hm^2·a），总量减少 0.53G tC/a 和 0.27G tC/a，由于阔叶林主要分布在我国东南地区及东北长白山地区，因此该地区减少较为明显。

与 21 世纪初期相比，全国森林茎生物量在 21 世纪中后期都大幅增长，但不同地区不同的森林生态系统类型表现出不同的增长速率（图 8.60，表 8.22）。21 世纪中期，东北地区的森林茎生物量增长 20~80t C/（hm^2·a），而南方地区的森林茎生物量增加达 80~100t C/（hm^2·a），高于其他地区。西北地区森林茎生物量增速不明显。各森林类型都增长比较明显，其中阔叶林增长了 64.98t C/（hm^2·a），混交林和灌丛各增加了约 57t C/（hm^2·a），针叶林也增加了 44.94tC/（hm^2·a），合计总量增加达 10.48Gt C/a，而 21 世纪后期相对于 21 世纪初期来说，茎生物量增加更为显著，南方地区普遍增加 100t C/（hm^2·a）

以上，很多地方超过 120t C/（hm^2·a），而东北北部和西北地区增加相对较少。在森林类型上，阔叶林和混交林仍然是增加的主要类型，其中混交林增加的总量达 4.7Gt C/a，占总增量（15.24Gt C/a）的近 1/3，这是由于混交林的面积最大，而阔叶林的森林生产力较高，因此茎生物量增速明显。对于最大生物量目标来说，其主要为了获得最大生物量，因此轮伐时间相对最大增量来说较长，茎生物量较高。

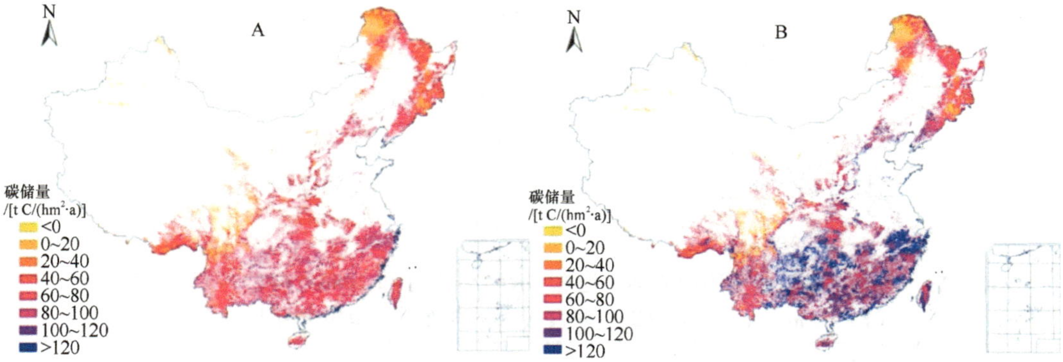

图 8.60　最大生物量目标下 21 世纪中（A）后期（B）（相对于 21 世纪初期）的森林茎生物量空间变化

表 8.22　最大生物量目标下不同森林类型茎生物量在 2040~2060 年和 2080~2100 年平均碳储量［t C/（hm^2·a）］和总碳储量（Pg）与 2000~2020 年平均之差

时段	针叶林		混交林		阔叶林		灌丛		总计	
	均值	总量	均值	总量	均值	总量	均值	总量	均值	总量
2040~2060 年	44.94	1.86	57.62	3.28	64.98	2.64	57.11	2.70	56.16	10.48
2080~2100 年	62.72	2.59	82.70	4.71	96.94	3.94	84.56	4.00	81.73	15.24

3. 21 世纪中后期中国森林生态系统收获量空间分布格局的变化

图 8.61 显示的是最大增量目标下与 21 世纪初期相比，全国森林碳收获量在 21 世纪中期和后期的空间变化，其空间格局变化与全国森林茎生物量的变化基本一致。其中南方地区的阔叶林、灌丛区增加较为明显，而北方针叶林增长较慢，东北的北部及西南的部分地区出现减少，碳储量平均增长 9.7t C/（hm^2·a），总量增加 1.8Gt C/a。到 21 世纪后期，相对于 21 世纪初森林碳收获量略有下降，减少了 0.28t C/（hm^2·a），但西南的川西和东北的北部却显示增加。这主要是由于针叶林碳收获量的增长。总量相对于 21 世纪初期基本保持不变，在西北新疆等地的森林碳收获量在整个 21 世纪中后期都是增加的（表 8.23）。

图 8.62A 显示 21 世纪中期与 21 世纪初期相比，全国森林茎生物量呈现出增长趋势，增量为 16.18t C/（hm^2·a），总量为 3.03Gt C/a，空间上南方也为主要增加区域，多为 20~30t C/（hm^2·a），东北多为 5~20t C/（hm^2·a），不同地区不同的森林生态系统类型表现出的增长速率也大致相同，都在 10~20t C/（hm^2·a），由于各森林面积相差不大，因此各森林增加的碳收获总量都在 0.55~0.97Gt C/a。到 21 世纪后期，增加量加大，总量达到 4.44Gt C/a。全国森林的碳收获量普遍增加，西南地区增长较为显著，有些地方甚至大于 40t C/（hm^2·a）。

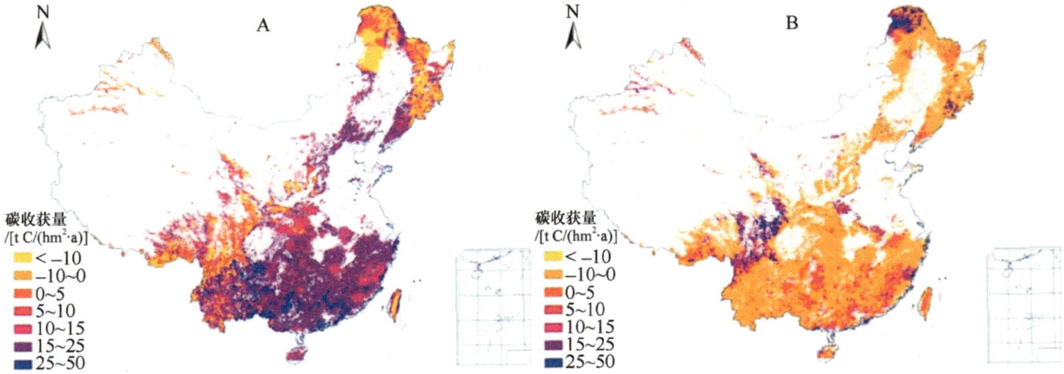

图 8.61 最大增量目标下 21 世纪中（A）后（B）期（相对于 21 世纪初期）中国森林生态系统碳收获量的空间格局变化

表 8.23 最大增量目标下不同森林类型在 2040~2060 年和 2080~2100 年平均碳收获量［t C/（hm²·a）］和总碳收获量（Pg）与 2000~2020 年平均之差

时段	针叶林		混交林		阔叶林		灌丛		总计	
	均值	总量	均值	总量	均值	总量	均值	总量	均值	总量
2040~2060 年	4.23	0.17	8.54	0.49	14.75	0.6	11.40	0.54	9.73	1.8
2080~2100 年	3.29	0.14	−1.48	−0.08	−0.78	−0.03	0.07	0.0035	0.28	0.02

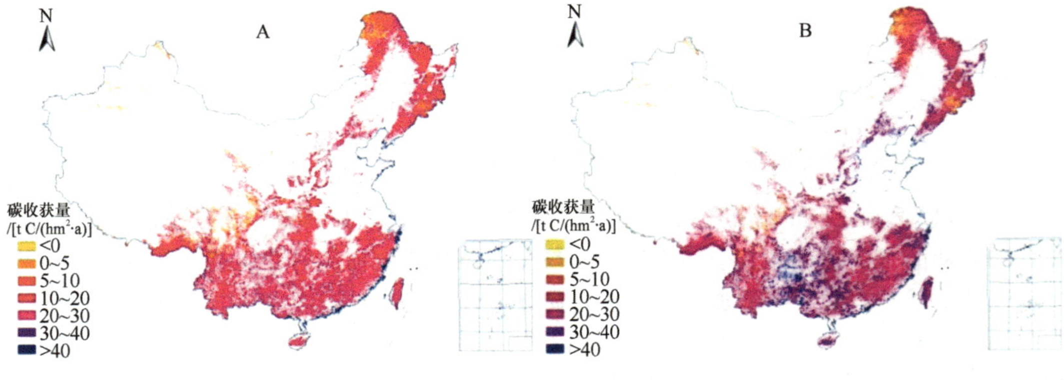

图 8.62 最大生物量目标下 21 世纪中期（A）、后期（B）（相对于 21 世纪初期）中国森林生态系统碳收获量的空间格局变化

21 世纪初期，我国森林茎生物量和碳收获量的高值区空间上主要集中分布在东北、西南及台湾等地区，东南地区由于人工林面积广阔、林龄较小，茎生物量和碳收获量都较低。该地区植被类型主要为阔叶林、混交林和灌丛，至 21 世纪中期，全国茎生物量和碳收获量都显著增长，其增长高速区主要集中在南方地区，21 世纪后期最大生物量目标下的茎生物量和碳收获量继续增长，增长量分别达到 15.24Pg 和 4.44Pg，而最大增量目标下的碳储量和收获量都出现下降趋势，全国除东北北部和西南川西的针叶林区外，其他地区和其他植被类型都普遍下降，其中混交林和阔叶林下降速度最快（表 8.24）。

表 8.24　最大生物量目标下不同森林类型碳收获量在 2040~2060 年和 2080~2100 年平均碳收获量［t C/（hm^2·a）］和总碳收获量（Pg）与 2000~2020 年平均之差

时段	针叶林		混交林		阔叶林		灌丛		总计	
	均值	总量	均值	总量	均值	总量	均值	总量	均值	总量
2040~2060 年	13.39	0.55	17.04	0.97	17.86	0.73	16.45	0.78	16.18	3.03
2080~2100 年	18.91	0.78	24.91	1.42	25.77	1.05	25.26	1.19	23.71	4.44

8.4　小　　结

8.4.1　1982~2011 年中国陆地生态系统 GPP 和 NPP 时空变异及其对气候变化的响应

根据以往研究统计，中国陆地生态系统 GPP 和 NPP 的模拟结果均存在着较大的不确定性。因此基于 3 类遥感过程模型（BEPS、TEC 和 GLCV 模型）模拟过去 30 年中国陆地生态系统 GPP 和 NPP 的时空变异及其对气候变化的响应。结果表明如下。

1）1982~2011 年，中国陆地生态系统 GPP 总量变化范围为 4.6~5.3Pg C/a，平均值为 5.1Pg C/a。森林、灌丛和草地 GPP 总量多年平均值分别为 2.1Pg C/a、0.26Pg C/a 和 0.59Pg C/a，分别为全国总量的 41%、5%、12%。

2）1982~2011 年，我国陆地生态系统 GPP 总量呈现增加的趋势，平均每年增加 10Tg C/a，主要归因于气温增加和 CO_2 增加。

3）1982~2011 年，中国陆地生态系统 NPP 总量变化范围为 2.57~3.02Pg C/a，平均值为 2.79Pg C/a。西南地区 NPP 总量达到 0.63Pg C/a，占中国陆地生态系统总 NPP 的 22%。过去 30 年中国陆地生态系统 NPP 显著增加，平均每年增加 4.1Tg C。

4）NPP 年际变化可以由温度、降水和辐射的变化来解释，并且各个地区 NPP 受到气候变化的影响均存在着较大的差异。

在气候变暖的背景下，全球极端天气事件（干旱、洪涝、热浪、雨雪冰冻等）发生的频度和程度都将加剧。而中国过去 10 年中发生了 2008 年的雨雪冰冻灾害和 2009 年年末的西南特大干旱，对陆地生态系统碳水循环都有重要的影响。

1）根据最近 10 年模拟的 NPP 变化趋势可以发现，中国南部地区，NPP 呈现下降趋势，主要是由 2008 年的低温冻害对森林影响的后续效应所致。其中湖南、福建、广东、广西、浙江和江西等地 2008 年的 NPP 比多年平均值下降了 4%~10%，云南、贵州和东北地区的 NPP 比常年明显增加。

2）2009 年，西南部地区发生的严重干旱，导致该地区的 GPP 和 NPP 比常年明显下降，使得全国大部分地区的 NPP 较常年下降 20g C/（m^2·a）。其中，贵州、广西、湖南、重庆等地 2009 年的 NPP 下降 100g C/（m^2·a）以上。而在东北北部和海南等地，NPP 增加了 60g C/（m^2·a）以上。

8.4.2　中国陆地生态系统碳管理情景模拟分析

秸秆还田等农田管理措施能有效地增加土壤碳储量，从而有利于减缓大气 CO_2 浓度的上升趋势。基于验证和优化参数的环境政策综合气候模型（EPIC），设置不同的秸秆还田情景分析我国农田固碳潜力。中国水稻、小麦和玉米种植农田的秸秆还田率设定无秸秆还田 0%、秸秆还田 30%、每个区实际秸秆还田、49%秸秆还田（30%还田+19%焚烧）、秸秆还田 100% 5 种情景，中国农田土壤碳储量分别增加 0.05Tg C、4.16Tg C、4.66Tg C、6.54Tg C、13.8Tg C。可以看出 CR30%、CR100%情景的土壤碳储量分别比未实施秸秆还田措施提高 82.2%、275%。秸秆还田增加了土壤有机质的投入，同时导致土壤不稳定碳收入增加、流失减少，意味着土壤碳汇增加。如果全面推广秸秆还田，100%秸秆还田可以增加土壤碳储量 13.8Tg C/a，其减排效益可以抵消我国 2010 年化石燃料碳排放的 1.83%。

研究全球气候变化背景下不同森林管理措施对森林固碳的影响，尤其是对未来气候变化非常重要。过去以往的研究仅侧重于站点尺度的森林管理措施的影响，而很少在区域或者国家尺度上研究森林管理措施和气候变化对森林固碳能力的耦合效应。因此采用过程模型，即 InTEC 模型和森林管理模型 G4M 整合的方法结合气候模式数据，模拟了中国21世纪不同气候变化、CO_2浓度上升，以及森林管理措施下森林生物量及收获量的时空变异。两种森林管理目标下 CO_2施肥和气候变化的耦合效应显著增加了未来100年的生物量及收获量，相比仅有气候变化的情景下生物量增加比例为12%~23%；追求最大化生物量的管理目标下气候变化导致更多生物量和收获量的增加。同时，轮伐时间的长短也会影响中国森林100年碳循环时空格局：在初始阶段，追求最大化增长量的管理目标下较短的轮伐时间导致生物量较低，并且收获了更多的碳；而较长的轮伐时间导致收获量在2070年左右达到了最大值；总体而言，轮伐时间从中等程度增加到长时间将会导致森林生物量增加43%。因此，研究结果表明国家或者区域尺度上考虑森林管理措施的影响在预测未来气候变化，以及 CO_2浓度上升背景下森林固碳能力的变化尤为重要。

8.5 基于遥感和模型的陆地生态系统碳收支研究发展趋势

第一，借助于多源-多尺度数据（遥感数据、通量数据、野外控制实验数据）的融合和生态系统模型的综合集成技术有助于准确和全面地评价我国陆地生态系统碳源/汇时空变化格局，阐明陆地生态系统对气候变化的响应和适应机理。

生态系统模型在陆地生态系统碳循环研究中的作用主要是研究陆地生态系统与气候、大气和人类活动之间的关系，提出和验证有关碳循环的科学假设，模型应用于研究过去陆地生态系统碳收支格局及其对气候和大气，以及人类活动影响及其反馈，优势在于预测未来气候和大气变化及人类活动对陆地生态系统碳循环的可能影响，以及陆地生态系统对气候变化的反馈作用。而遥感除了直接提取与陆地生态系统碳循环有关的参数驱动模型，还可以通过植被指数和光能利用率模型来间接估算碳通量。因此，生态过程模型利用传统监测数据，如气象数据、控制实验数据、样地调查数据等来验证和校准，而生态-遥感模型在常规数据的基础上融合了长时间连续的遥感数据，更加准确地估算区域碳收支。两类模型在多个尺度上互相印证（图 8.63），有助于综合集成分析生态系统固碳速率及其潜力。

第二，结合大量地面清查资料对生态系统模型进行优化和验证，构建模型参数数据集，提高模型模拟结果的精度和可靠性。

森林、草地的植被和土壤碳清查可以直接获取植被碳储量，但是难以应用于区域乃至全国陆地碳汇的精确计算，并且地面清查仅能计算一段时间内植被或者土壤的平均碳汇，不能提供整个生态系统实时的碳汇量，更加不能预测陆地碳汇的未来趋势。陆地碳循环模型可以模拟生态系统碳循环过去的变化特征，更加可以预测未来趋势，但是模型的可靠性受到了模型结构、参数取值及输入数据质量的影响。而地面清查资料正是可以为完善模型结构，优化模型参数，以及提高输入数据质量等方面提供详尽的数据，提高了模型的可靠性。另外，地面清查得到的各类生态系统陆地固碳速率和潜力又可以和模型模拟结果相互印证，从而减少区域碳收支评估的不确定性（图 8.64）。

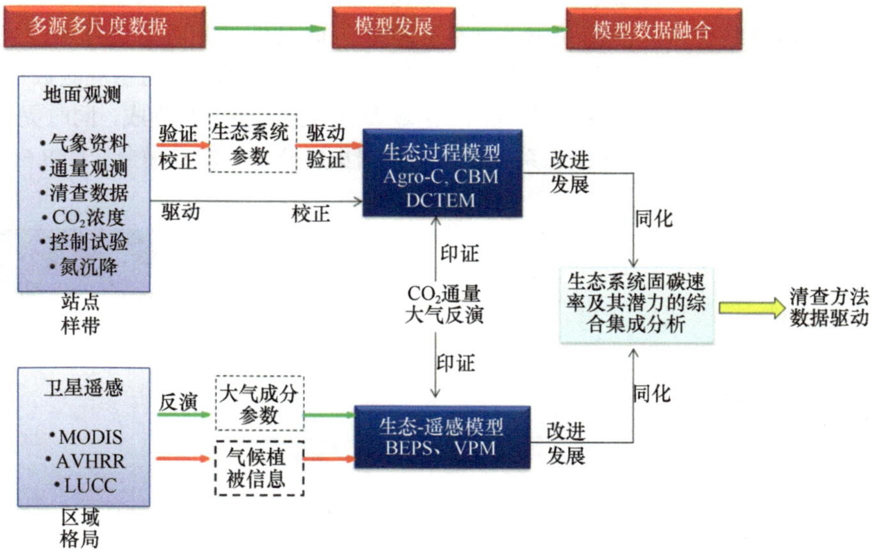

图 8.63　生态过程模型和遥感模型的结合

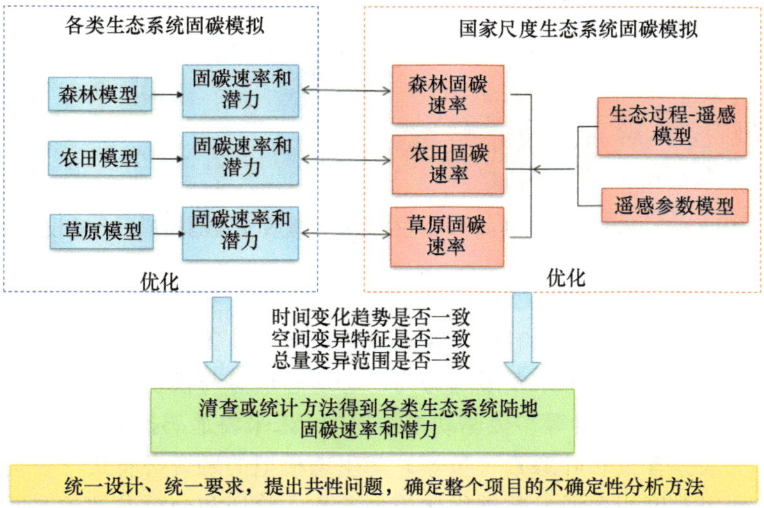

图 8.64　陆地碳循环模型与地面清查综合集成方案

第三，构建中国陆地生态系统碳循环集成分析的基础平台，实现多源多尺度生态观测和实验观测，以及区域调查数据的实时监测和快速传输，与卫星遥感、多模型综合集成分析。

全国或者区域陆地生态系统碳循环研究具有多台站联网观测、数据多源、多模型综合分析等特点，需要结合多个领域的科学家在不同尺度协同开展数据观测、数据分析及模型模拟等工作。因此，构建多尺度野外观测网络，建立快速数据的采集传输和分析共享服务工作，有利于我国碳循环领域的发展。同时利用服务于生态系统碳循环模拟分析的模型运行和可视化环境，促进跨领域科学家的协同工作环境。因此陆地生态系统碳循环继承系统的开发和完善，将实现区域和全国碳收支状况的快速评估，有助于国家外交谈判需求的快速反应。未来生态系统研究网络是传感器时代，建设快速传输海量通量观测数据的传感器网络技术，提高观测的网络化程序，而另外一方面要进行多源多尺度数据的整合和共享，从而形成中国陆地生态系统碳循环数据集成环境，以通量观测数据为基础，实现与卫星遥感数据、生态观测和实验观测、区域调查数据的整合和集成，同时提供数据分析和处理的工具，构建中国陆地生态系统碳循环数据集成分析的基础平台（图 8.65）。

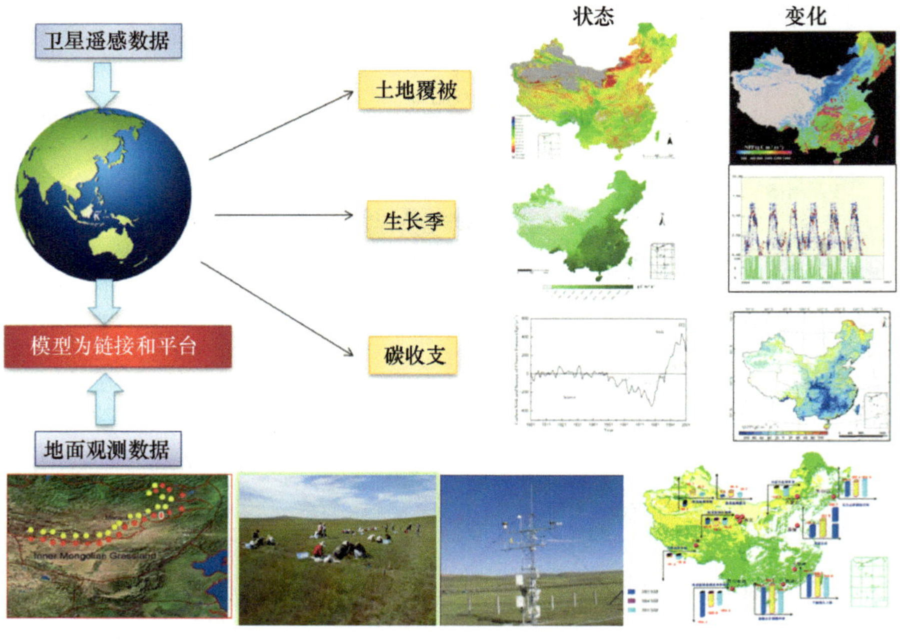

图 8.65　基于遥感与模型的陆地生态系统碳收支监测模拟平台建设

第四，综合集成卫星影像、GIS 技术，以及动态监测和模型空间模拟定量化气候与人类活动对生态系统碳收支的影响，为我国应对未来气候变化提供政策建议（图 8.66）。

目前陆地碳循环模型的未来发展趋势为：①遥感信息与模型的融合，利用遥感反演的土地覆被类型、LAI 及林龄等参数驱动过程模型，未来将遥感提取的植被理化参数（叶片氮含量、叶片水分含量和叶绿素含量等）与生态模型的融合必将进一步提高模型结果的可靠性；②利用涡度相关通量数据优化模型参数，验证和分析参数的时间变异特征；③多源多尺度观测数据与模型同化，提高模型的精度。基于遥感和 GIS 技术结合野外观

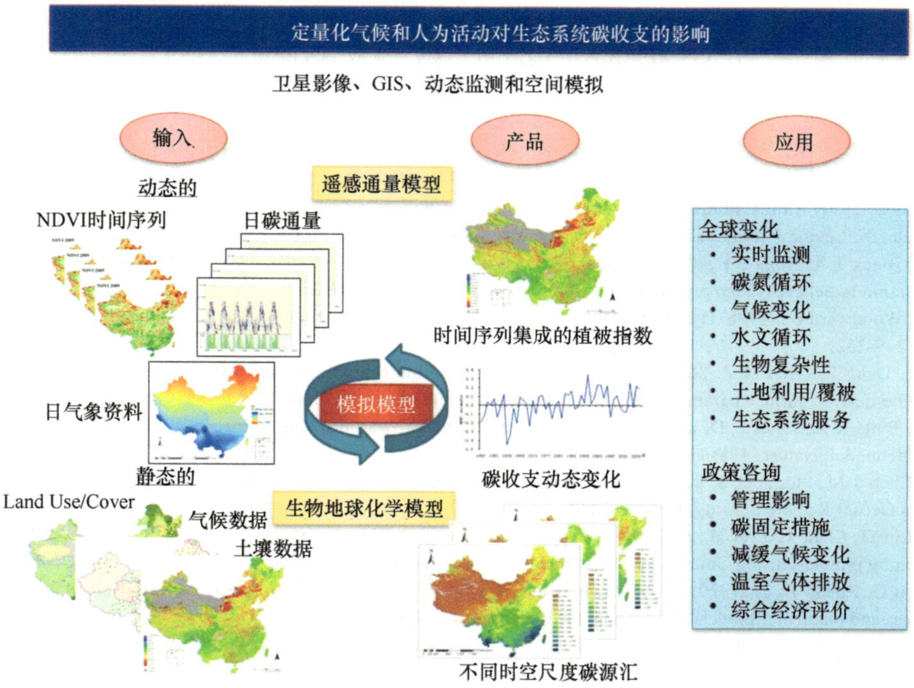

图 8.66 陆地生态系统碳循环的集成研究

测与模型模拟定量化分析气候变化和人类活动对陆地生态系统碳收支的影响。

综上所述，在建立由长期监测数据、样带调查数据、控制实验数据等地面实测数据库，以及长时间序列遥感数据组成的陆地生态系统参数数据库的基础上，整合遥感参数模型、生态过程模型等陆地生态系统碳循环模型，利用陆地生态系统分析平台，实现定量模拟典型陆地生态系统对气候变化相应的机理和响应过程，揭示不同时空尺度森林草地生态系统与气候变化的交互反馈作用，综合评估全球气候变化背景下陆地生态系统时空变化和演替的关键科学问题，从而为国家制定减缓和适应气候变化政策构建生态安全等提供依据。

参 考 文 献

蔡亚庆，仇焕广，徐志刚. 2011. 中国各区域秸秆资源可能源化利用的潜力分析. 自然资源学报, 26(10): 1638-1646.

陈畔勤，王效科，王礼茂. 2008. 中国陆地生态系统碳收支与增汇对策. 北京：科学出版社: 100-101.

何勇，董文杰，季劲均，等. 2005. 基于 AVIM 的中国陆地生态系统净初级生产力模拟. 地球科学进展，20(3): 345-349.

胡会峰，刘国华. 2006. 森林管理在全球 CO_2 减排中的作用. 应用生态学报, 17(4): 709-714.

胡会峰，王志恒，刘国华，等. 2006. 中国主要灌丛植被碳储量. 植物生态学报, 30(4): 539-544.

黄耀，刘世梁，沈其荣，等. 2002. 环境因子对农业土壤有机碳分解的影响. 应用生态学报, 13(6): 709-714.

季劲钧，黄玫，李克让. 2008. 21 世纪中国陆地生态系统与大气碳交换的预测研究. 中国科学 D 辑, 38(2): 211-223.

李克让，黄玫，陶波. 2009. 中国陆地生态系统过程及对全球变化响应与适应的模拟研究. 北京：气象出版社: 318-330.

李怒云，徐泽鸿，王春峰，等. 2007. 中国造林再造林碳汇项目的优先发展区域选择与评价. 林业科学, 43(7): 5-9.

联合国粮食及农业组织(FAO). 2001. 统计年鉴. 北京：中国农业出版社.

联合国粮食及农业组织(FAO). 2009. 统计年鉴. 北京：中国农业出版社.

涂慧萍, 陈世清, 陈建群. 2004. 对森林碳汇及试点的思考. 林业资源管理, 6: 18-21.
吴炳方, 苑全治, 颜长珍, 等. 2014. 21世纪前十年的中国土地覆盖变化. 第四际研究, 34(4): 723-731.
闫慧敏. 2005. 基于遥感观测的土地利用对中国农田生态系统生产力和碳吸收的影响研究. 北京: 中国科学院研究生院博士学位论文.
张小全, 武曙红, 何英, 等. 2005. 森林、林业活动与温室气体的减排增汇. 林业科学, 41(6): 150-156.
中国农业年鉴编辑委员会. 2010. 中国农业年鉴. 北京: 中国农业出版社.
Andreae M O. 1991. Biomass burning: its history, use and distribution and its impact on environmental quality and global climate. *In*: Levine J S. Global Biomass Burning. Vol. 1. Massachusetts: MIT Press: 3-21.
Barr A G, Black T A, Hogg E H, et al. 2004. Inter-annual variability in the leaf area index of a boreal aspen-hazelnut forest in relation to net ecosystem production. Agr Forest Meteorol, 13-14: 237-255.
Cao M K, Woodward F I. 1998. Dynamic responses of terrestrial ecosystem carbon cycling to global climate change. Nature, 393: 249-252.
Chen J M, Deng F, Chen M Z. 2006. Locally adjusted cubic-spline capping for reconstructing seasonal trajectories of a satellite-derived surface parameter. IEEE Trans Geosci Remote Sens, 8: 2230-2238.
Cox P M, Betts R A, Jones C D, et al. 2000. Acceleration of global warming due to carbon-cycle feedbacks in a coupled climate model. Nature, 408: 184-187.
Deng F, Chen J M, Plummer S, et al. 2006. Algorithm for global leaf area index retrieval using satellite imagery. IEEE Trans Geosci Remote Sensing, 8: 2219-2229.
Feng X, Liu G, Chen J M, et al. 2007. Net primary productivity of China's terrestrial ecosystems from a process model driven by remote sensing. Journal of Environmental Management, 85: 563-573.
Gao Y, Yu G, Zhang L, et al. 2012. The changes of net primary productivity in Chinese terrestrial ecosystem: based on process and parameter models. Progress in Geography, 31: 109-117.
Hogg E H, Brandt J P, Kochtubajda B. 2002. Growth and dieback of Aspen forests in northwestern Alberta, Canada, in relation to climate and insects. Can J Forest Res, 5: 823-832.
IPCC. 2007. Summary for Policymakers of Climate Change. The Physical Science Basis. Contribution of Working Group I to the Fourth Assessment Report of the Intergovernmental Panel on Climate Change. Cambridge: Cambridge University Press.
Ju W M, Gao P, Wang J, et al. 2010. Combing an ecological model with remote sensing and GIS techniques to monitor soil water content of croplands with a monsoon climate. Agricultural Water Management, 97: 1221-1231.
Li X, Liang S, Yu G, et al. 2013. Estimation of gross primary production over the terrestrial ecosystems in China. Ecological Modelling, 261: 80-92.
Liu J, Chen J M, Cihlar J, et al. 1997. A process-based boreal ecosystem productivity simulator using remote sensing inputs. Remote Sensing of Environment, 62(2): 158-175.
Liu J, Chen S, Han X. 2012. Modeling gross primary production of two steppes in Northern China using MODIS time series and climate data. Procedia Environmental Sciences, 13: 742-754.
Liu J, Liu M, Zhuang D, et al. 2003. Study on spatial pattern of land-use change n China during 1995-2000. Science in China (Series D), 46(4): 373-384.
Liu J, Tian H, Liu M, et al. 2005. China's changing landscape during the 1990s: large-scale land ransformations estimated with satellite data. Geophysical Research Letters, 32(2): L02405.
Liu Y B, Ju W M, He H L, et al. 2013. Changes of net primary productivity in China during recent 11 years detected using an ecological model driven by MODIS data. Frontiers of Earth Science, 7: 112-127.
Masek J G, Collatz G J. 2006. Estimating forest carbon fluxes in a disturbed southeastern landscape: integration of remote sensing, forest inventory, and biogeochemical modeling. Journal of Geophysical Research, 111(G1): 670-674.
McGuire A D, Melillo J M, Kicklighter D W, et al. 1995. Equilibrium responses of soil carbon to climate change: empirical and process-based estimates. Journal of Biogeography, 22: 785-796.
Miehele R, Nicola L, Zina F. 2003. Evaluation and application of the OILCROP-SUN model for sunflower in southern Italy. Agricultural Systems, 78: 17-30.
Nemeani R R, Keeling C D, Hirofumi H, et al. 2003. Climate-driven increases in global terrestrial net primary production from 1982 to 1999. Science, 300: 1560-1563.
Ogutu B O, Dash J, Dawson T P. 2013. Developing a diagnostic model for estimating terrestrial vegetation gross primary productivity using the photosynthetic quantum yield and Earth Observation data. Global Change Biology, 19: 2878-2892.
Pan Y, Birdsey R A, Fang J, et al. 2011. A large and persistent carbon sink in the World's Forests. Science, 6045: 988-993.
Piao S L, Fang J Y. 2009. The carbon balance of terrestrial ecosystems in China. Nature, 458(7241): 1009-1013..
Piao S L, Sitch S, Ciais P, et al. 2013. Evaluation of terrestrial carbon cycle models for their response to climate variability and to CO_2 trends. Global Change Biology, 19: 2117-2132.
Prentice I C, Farquhar G D, Fasham M J R, et al. 2001. The carbon cycle and atmospheric carbon dioxide, in Climate

Change 2001. *In*: Houghton J T, et al. The Scientific Basis: Contribution of Working Group Ⅰ to the Third Assessment Report of the Intergovernmental Panel on Climate Change. New York: Cambridge University Press: 881.
Raich J W, Schlesinger W H. 1992. The global carbon dioxide flux in soil respiration and its relationship to vegetation and climate. Tellus, 44B: 81-99.
Reichenstein M, German T, Barrash I. 2005. BLG-e1—A novel regulatory element in the distal region of the β-lactoglobulin gene promoter. Febs Letters, 579(10): 2097-2104.
Running S W. 2013. Approaching the limits. Science, 339: 1276-1277.
Schimel J P, Clein J S. 1996. Microbial response to freeze-thaw cycles in tundra and taiga soils. Soil Biol Biochem, 28: 1061-1066.
Smith P, Powlson D S, Glendining M J. 1996. Estabing a European soil organic matter network. NATO ASI Series Ⅰ, 88: 81-98.
Song C H, Woodcock C E. 2003. A regional forest ecosystem carbon budget model: impacts of forest age structure and land use history. Ecological Modeling, 164(1): 33-47.
Wang S Q, Chen J M, Ju W M, et al. 2007. Carbon sinks and sources in China's forests during 1901-2001. Journal of Environmental Management, 85: 524-537.
Wang Y P, Kowalczyk E, Leuning R, et al. 2011. Diagnosing errors in a land surface model (CABLE) in the time and frequency domains. Journal of Geophysical Research-Biogeoscience, 116: 652-670 .
Wildung R E, Garland T R, Buschbom R L. 1975. The interdependent effects of soil temperature and water content on soil respiration rate and plant root decomposition in arid grassland soils. Soil Biological Biochemistry, 7: 373-378.
Yan H, Wang S Q, Billesbach D, et al. 2015. Improved global simulations of gross primary product based on a new definition of water stress factor and a separate treatment of C_3 and C_4 plants. Ecol Model, 297: 42-59.
Yu G R, Zhang L M, Sun X M, et al. 2008. Environmental controls over carbon exchange of three forest ecosystems in eastern China. Glob Change Biol, 11: 2555-2571.
Yuan W, Luo Y, Li X, et al. 2011. Redefinition and global estimation of basal ecosystem respiration rate. Global Biogeochemical Cycles, 25(4): 1441-1458.
Zhu G L, Ju W M, Chen J M, et al. 2011. Foliage clumping index over China's landmass retrieved from the MODIS BRDF products. IEEE Trans Geosci Remote Sens, 99: 1-16.
Zhu X D, He H L, Liu M, et al. 2010. Spatio-temporal variation characteristics of photosynthetically active radiation in China in recent 50 years. Acta Geographic Sinica, 65(3): 270-280.
Zhu Z, Bi J, Pan Y, et al. 2013. Global Data Sets of Vegetation Leaf Area Index (LAI) 3g and Fraction of Photosynthetically Active Radiation (FPAR) 3g Derived from Global Inventory Modeling and Mapping Studies (GIMMS) Normalized Difference Vegetation Index (NDVI3g) for the Period 1981 to 2011. Remote Sens, 5: 927-948.